DIANYE SIFUFA YEYAGANG
JIQI XITONG

电液伺服阀/液压缸及其系统

唐颖达　刘尧　编著

化学工业出版社
·北京·

本书是编著者三十多年液压传动及控制技术尤其是电液伺服控制技术和经验的总结。本书按照标准、全面、准确、实用、新颖的原则编写，主要包括：摘录了电液伺服控制技术现行相关标准中界定的名词、术语、词汇和定义，并有所辨正；根据电液伺服控制技术理论和对电液伺服阀/液压缸及其系统的静态、动态特性分析，给出了电液伺服阀/液压缸及其系统包括主要零部件的技术要求；根据编著者的实践经验并参照现行相关标准及有关文献编写了电液伺服阀/液压缸及其系统的加工工艺、装配工艺，试验（调试）方法、使用和维护方法；电液伺服阀控制液压缸系列等内容。

本书是一部电液伺服控制技术专著，注重理论与工程实践相结合，具有在理论指导下总结经验的特点。可供从事液压传动及控制或机、电、液一体化的工程技术人员，高等院校相关专业教师、学生等参考和使用；对从事航天航空乃至军工领域液压系统及元件设计、制造、使用和维护等工作的工程技术人员也具有一定参考价值。

图书在版编目（CIP）数据

电液伺服阀/液压缸及其系统/唐颖达，刘尧编著．—北京：化学工业出版社，2018.10（2022.9 重印）
ISBN 978-7-122-32732-1

Ⅰ．①电…　Ⅱ．①唐…②刘…　Ⅲ．①电-液伺服阀-研究②液压缸-研究　Ⅳ．①TH134②TH137.51

中国版本图书馆 CIP 数据核字（2018）第 170451 号

责任编辑：张兴辉　　　　　　　　　　　文字编辑：陈　喆
责任校对：宋　夏　　　　　　　　　　　装帧设计：王晓宇

出版发行：化学工业出版社（北京市东城区青年湖南街 13 号　邮政编码 100011）
印　　装：北京七彩京通数码快印有限公司
787mm×1092mm　1/16　印张 26½　字数 712 千字　2022 年 9 月北京第 1 版第 2 次印刷

购书咨询：010-64518888　售后服务：010-64518899
网　　址：http://www.cip.com.cn
凡购买本书，如有缺损质量问题，本社销售中心负责调换。

定　　价：138.00 元

前言

在液压传动系统或液压传动及控制系统中，如其含有电液伺服阀或/和电液伺服液压泵这些典型元件，则可将其称为电液伺服（控制）系统。而本书没有采用所列参考文献中使用的"液压控制系统"这一词汇，因为作者认为将"液压传动系统"与"液压控制系统"断然分开值得商榷。

电液伺服系统因综合了电气和液压等两个主要方面的特长，具有控制精度高、响应速度快、输出功率大、信号处理灵活、易于实现各种参量的反馈控制（闭环控制）等优点，所以在负载（质量）大又要求响应速度快的场合使用最为合适。现在，其应用已遍及国民经济包括军事工业在内的各个工程技术领域。

虽然电液伺服阀控制液压缸或马达系统和电液伺服变量泵控制液压缸或马达系统同属于电液伺服（控制）系统，但因电液伺服阀（控制）系统的动态响应可以更快，所以本书主要研究电液伺服阀、电液伺服阀控制液压缸和电液伺服阀控制液压缸系统。

常见的电液伺服阀是一种电调制液压连续控制阀，其作为电液伺服系统中的核心元件，非常精密而又复杂，阀本身质量（品质）对整个系统的静态、动态性能影响很大，且使用、维护要求也非常严格。到目前为止，电液伺服阀在设计、加工、装配、试验、使用和维护等方面仍存在着一些技术难题，其中在"参数不确定性"、"数模非线性"、"零部件互换性"、"质量一致性"和"可靠性"等方面存在的问题尤为突出。

电液伺服控制液压缸现在已经被现行标准所定义，即"用于伺服控制，有动态特性要求的液压缸"。一般包括活塞式液压缸和柱塞式液压缸。然而，本书所述主要是指电液伺服阀控制的液压缸，而非是电液伺服变量泵控制的液压缸。

但根据对现在可见的相关标准、文献的研究及实机验证，本书作者认为现行标准中不仅电液伺服阀控制液压缸的定义存在问题，而且（伺服液压缸）技术条件（要求）和试验方法也有很多地方值得商榷。

本书根据作者给出的电液伺服阀控制液压缸技术要求和试验方法，设计了电液伺服（阀）控制液压缸系列，包括分类、标记、基本参数、型式与尺寸等，力争能为我国电液伺服阀控制液压缸的标准化、系列化和模块化设计做一点工作。

电液伺服阀控制液压缸系统一般采用反馈控制，其设计需要全面、准确地把握设计（技术）要求、正确制定系统控制方案、按相关标准绘制液压原理图和元件及管路布置图，其中必须重点考虑控制精度要求和各元器件性能的匹配以及稳定性、随动性、抗干扰性、可靠性和使用寿命（或概述为稳定性、精确性和快速性），而这些恰恰也是当前电液伺服阀控制液压缸系统设计的难题。

为了解决上述各项难题，完成一种新型高性能电液伺服阀设计与制造，促进电液伺服阀控制液压缸的标准化、系列化和模块化设计，提高电液伺服阀控制液压缸系统的设计、制造、使用和维护水平，本书作者通过所从事的一种新型高性能电液伺服阀、电液伺服阀控制液压缸标准化、系列化和模块化设计、材料及零部件疲劳寿命试验机通用电液伺服阀控制液压缸系统等研制工作，较为全面、系统、深入地研究了电液伺服控制技术所涉及的主要问题，并将液压系统设计与电控系统设计结合在一起，力求体现新技术、新方法、新思路，由此实现液压传动及控制技术的创新与进步。

这是一部力求精准且能解决工程技术问题的电液伺服控制技术方面的专著。因作者学识、水平有限，恳请专家、读者批评指正。

最后，衷心感谢哈尔滨工业大学姜继海、燕山大学姜万录两位老师在本书编著出版过程中给予的多方面指导和帮助！

编著者

目录
Contents

第1章 | 电液伺服控制技术基础

1.1 电液伺服控制技术概论

液压伺服控制技术是自动控制技术的一个重要的分支，是典型的机电液一体化技术，是多学科交叉融合发展的范例。

液压伺服控制技术是现代控制工程的基本技术要素。它涉及了机械设计制造技术、液压传动及控制技术、微电子技术、检测传感技术、计算机控制技术及自动控制技术及理论，是衡量一个国家工业制造能力和现代工业发展水平的重要标志之一。

目前，电液伺服技术在装备制造业、汽车工业、工程机械、舰船、航天航空、水电核能、兵器工业、冶金石化工业、医疗器械、运动模拟器、仿生机器人、材料或零部件试验机和振动试验台等多个领域获得越来越广泛的应用。

在液压传动及控制系统中，机械-液压控制系统、电气-液压控制系统和气动-液压控制系统都很常见。电液控制系统是电气-液压控制系统的简称，其中以电液伺服阀作为电液控制元件的称为阀控电液伺服控制系统，以电液伺服变量泵作为液压动力元件的称为泵控电液伺服控制系统，其两者统称为液压伺服控制系统。

但是，不能将电液伺服系统简称为伺服系统。因为凡是输出能以一定精度自动、快速、准确地复现输入变化规律的自动控制系统都可称为伺服系统，其中就包括电气伺服系统。而只有采用液压控制元件（或液压动力元件）和液压执行元件的伺服系统才可称为液压伺服系统。

从广义而言，凡是系统的被控参量（输出）能随输入信号或指令的变化而连续地、成比例地得到控制的系统，都可以称为比例控制系统。因此，电液伺服控制系统也应属于电液比例控制系统的范畴，但通常将含有电液比例控制元件或电液比例变量泵的系统称为电液比例控制系统，将含有电液伺服控制元件或电液伺服变量泵的系统称为电液伺服控制系统。

一种惯常说法是，以电液伺服控制技术、电液比例控制技术和电液数字控制技术构成了现代液压控制技术的完整体系，其正朝着高压化、集成化、轻量化、数字化、智能化、机电液一体化、高精度、高可靠性、节能降耗和绿色环保的方向持续发展。但电液伺服控制技术在超大型化和超重型化的传统优势方面将进一步发展。

1.1.1 电液伺服控制系统的分类与组成

电液伺服控制系统（即电气-液压伺服控制系统）是自动控制系统之一，如省略"电液"两字，只讲伺服控制系统，则可能是指电气伺服控制系统。"电液"两字还用于区别"机液"和"气液"，因为还有机液伺服控制系统（即机械-液压伺服控制系统）和气液伺服控制系统（即气动-液压伺服控制系统）。

自动控制系统是无须人干预其运行的控制系统，它分成主控系统和被控系统。

1.1.1.1 电液伺服控制系统的分类

电液伺服系统或电液伺服控制系统可以按选定的属性（或概念）进行分类，将具有某种共同属性（或特征）液压系统集合在一起，而其每一种分类都代表液压系统一定的特点（征）。

（1）按系统输入信号的变化规律分类

根据参考文献［46］："液压伺服控制系统按输入信号的变化规律不同可分为：定值控制系统、程序控制系统和伺服控制系统。当系统输入信号为定值时，称为定值控制系统。对定值控制系统，基本任务是提高系统的抗干扰性，将系统的实际输出量保持在希望值上。当系统的输入信号按预先给定的规律变化时，称为程序控制系统。伺服系统也称随动系统，其输入信号是时间的未知函数，而输出量能够准确、快速地复现输入量的变化规律。对伺服系统来说，能否获得快速响应往往是它的主要矛盾。"这段话，作者认为其涉及如下一些问题。

① 经各标准定义的定值控制系统、程序控制系统和伺服控制系统是否与上文相符。

② 液压伺服控制系统与伺服控制系统是否有区别，且前者能否包括后者。

③ 液压伺服控制系统能否简称为伺服控制系统，甚至伺服系统。

④ 伺服系统或伺服控制系统或液压伺服控制系统的输入信号是否是时间的未知函数。

⑤ 将系统的实际输出量保持在希望值上，不但涉及是量还是值的问题，而且还涉及其是否只是定值控制系统的基本任务问题。

"定值控制"和"随动控制"这两个术语在 GB/T 17212—1998《工业过程测量和控制术语和定义》中都有定义。经比对，上文内容还是与此标准中的定义有一些出入，具体请见第 1.3.1 节及相关标准。但在上述标准中未见"程序控制"或"程序控制系统"。

在 GB/T 2900.56—2008《电工术语控制技术》中定义的"程序控制"是由预先输入程序决定功能的控制。

程序控制系统的输入量不是常值，但其变化规律是预先知道的和确定的。可以预先将输入量的变化规律编成程序，由该程序发出控制指令，在输入装置中再将控制指令转换为控制信号，经过全系统的作用，使控制对象按控制指令的要求而运动。

研究"程序控制"这一定义的意义很重要，其直接关系到控制及控制系统的一些根本性问题，如输入控制信号的性质、控制系统的分类、控制器及全系统的技术要求等问题。

究竟伺服系统输入信号是"时间的未知函数"，还是"时间的函数"、"输入量的变化规律是不能预先确定的"或"时变函数"，在本书所列参考文献中说法不一，且存在同一位作者在不同著作中或有相反的说法。如参考文献［29］"按输入信号的不同，液压控制系统可分为伺服控制系统和定值调节系统。其中伺服控制系统的输入信号是时间的函数，系统的输出以一定的控制精度跟随输入信号变化的控制系统"和参考文献［35］"随动系统在工业部门又称伺服系统。这种系统的输入量的变化规律是不能预先确定的。当输入量发生变化时，则要求输出量迅速而平稳地跟随着变化，且能排除各种干扰因素的影响，准确地复现控制信号的变化规律（此即伺服的含义）。控制指令可以由操作者根据需要随时发出，也可以由目标物或相应的测量装置发出"。

作者认为：伺服控制系统的输入（控制）信号既可以是"时间的未知函数"，亦可是"时间的函数"，前者是伺服控制的原意，而后者是现在常用伺服控制系统的输入（控制）信号的主要型式，亦即现在常用伺服控制系统采用的是程序控制。

上述作者提出的其他问题，因在本书其他地方已有论述，此处不再赘述。

（2）按采用的液压控制元件分类

在液压传动系统或液压传动及控制系统中，如其含有电液伺服阀或/和电液伺服变量泵这些典型元件，则可将其称为电液伺服系统或电液伺服控制系统。

按所采用的液压控制元件不同，电液伺服控制系统可分为阀控电液伺服控制系统和泵控电液伺服控制系统。进一步根据采用的液压执行元件的不同，还可分为阀控液压缸、阀控液压马达、泵控液压缸和泵控液压马达电液伺服控制系统。但是实践中却有电液伺服变量泵和电液伺服阀这种组合的电液伺服控制系统，因此只能讲阀控电液伺服控制系统一般是节流控制，泵控电液伺服控制系统一般是容积控制。

伺服阀是一种连续控制阀，而连续控制阀是响应连续的输入信号以连续方式控制系统能量流的阀，其包括所有类型的伺服阀和比例控制阀。

电调制液压控制阀主要包括电调制液压（方向）流量控制阀和电调制压力控制阀两大类。因目前普通工业领域较少采用电调制压力控制阀，所以，如不加特别说明，在本书中电液伺服阀均指电调制液压（方向）流量控制阀或电调制液压流量控制阀。

电调制液压流量控制阀是随连续不断变化的电输入信号而提供成比例的流量控制的液压阀。

液压变量泵（马达）的变量型式多种多样，按照操纵方式不同，有手动、机动、电动、液动、气动、比例、伺服及它们的组合等；按变量控制方式可分为压力控制、流量控制、功率控制、负载（荷）敏感（传感）控制、功率限制控制、转矩限制控制及它们的组合；还可分为开环控制和闭环控制，其中闭环控制又有恒压、恒流、恒功率和负载敏感的适应性控制等。

电液伺服变量泵只是液压变量泵中的一种，且本身应是闭环控制，其变量机构亦是一种电液伺服控制系统。

在大部分参考文献中都将液压控制元件与液压执行元件的组合称为"液压动力元件"，但此术语在 GB/T 17446—2012《流体传动系统及元件　词汇》中没有定义，所以本书也没有采用。

注：参考文献 ［77］ 指出："液压动力机构"的概念是由李洪人先生在 1976 年科学出版社出版的《液压控制系统》一书中提出的。

（3）按控制信号类型分类

按控制系统中控制信号类型来分，电液伺服控制系统可分模拟信号、离散（数字）信号和混合信号三种。

因在实际中很难见到纯数字控制系统，作者倾向于将混合信号控制系统归类到离散（数字）信号控制系统，在其他参考文献中也有如此分类。

因此，如在系统中某一处或数处的信号是脉冲序列或数字量传递的系统即可称为离散（数字）控制系统，亦即分为电液数字伺服控制系统。在离散控制系统中，数字测量、放大、比较、给定等一般均由微处理机实现。计算机的输出经 D/A 转换加给电液伺服阀放大器，然后再去驱动液压执行元件；或由（数字）计算机直接输出数字信号，经数字放大器后驱动数字式液压执行元件。

在系统中各部分传递的信号都是连续时间变量的系统称为连续控制系统，亦即可分为电液模拟伺服控制系统。连续控制系统又有线性系统和非线性系统之分。用线性微分方程描述的系统称为线性系统，不能用线性微分方程描述、存在着非线性部件的系统称为非线性系统。

在连续控制系统中，其所传递的控制信号、反馈信号、偏差信号等都是连续时间的函数。而在离散控制系统中，上述这些信号都是以数字的型式给出的，这些信号都是离散的时间函数。

因连续控制系统和离散控制系统的信号型式有较大差别，所以在系统分析方法上也有明显不同。连续控制系统用微分方程来描述系统的运行状态，并用拉氏变换法求解微分方程；而离散控制系统则用差分方程来描述系统的运行状态，用 Z 变换法引出脉冲传递函数来研究系统的动态特性。

（4）按被控物理量分类

按被控物理量的不同，电液伺服控制系统可分为位置（或转角）控制电液伺服控制系统、速度（或转速）控制电液伺服控制系统、力（或力矩）控制系统、压力控制系统和其他物理量［温度、加速度（或角加速度）等］控制系统等。

在被控对象是机械平动（直线）运动时，位置控制电液伺服控制系统的被控物理量还可为位移。

在被控对象是机械转动（旋转）运动时，转角控制电液伺服控制系统的被控物理量还可（表述）为角位置或角位移。

（5）按系统的控制方式分类

按控制方式来分，电液伺服控制系统可分为开环控制和闭环控制两种。开环控制是输出变量不持久影响其本身具有的控制作用的控制；闭环控制或反馈控制是使控制作用持久地取决于被控变量测量结果的控制。开环控制系统结构简单、操作方便、一般不存在稳定性问题，但系统的控制精度易受内、外部干扰的影响，因此常用于对于控制精度要求一般的场合。闭环控制系统不仅能使被控（输出）变量随参比变量的变化而变化，而且还能将输出变量反馈到输入端，用以与输入变量进行比较，再将比较后的偏差信号经过功率放大，推动执行元（部）件，从而实现了以偏差来消除误差，或将误差控制在所要求的精度范围内。闭环控制系统因此具有一定的抗干扰能力，但却存在一个稳定性问题，控制调节也比较复杂，所以一般用于精度要求较高的重要场合。

从原理上讲，开环控制和闭环控制均可以用于电液伺服控制系统，但就目前大多数情况而言，开环控制主要用于比例控制，闭环控制主要用于伺服控制。因此，一些参考文献包括手册指出：电液伺服控制系统是闭环控制系统。

随着闭环比例阀和伺服比例阀的出现，电液比例控制系统中采用闭环控制的也在增加，这是比例控制技术和伺服控制技术相互融合、发展的结果。实际上，现在的伺服控制与比例控制已越来越难以区分。

1.1.1.2 电液伺服控制系统的组成

图 1-1 所示为典型的液压伺服控制系统组成方块图，亦即工作原理方块图。

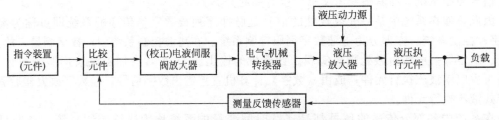

图 1-1 液压伺服控制系统组成方块图

液压伺服控制系统通常由指令装置（元件）、比较元件、电液伺服阀放大器（电气放大器或控制放大器——电气放大元件或装置或器件）、液压动力源、电气-机械转换器、液压放大器（液压前置级放大器、输出级液压放大器——液压主控制阀）、液压执行元件、测量反馈传感器和/或校正元件及负载组成。下面简要介绍各组成元器件作用。

① 指令元件 主要用于产生给定信号或输入信号（统称为指令信号），并将此指令信号施加给系统输入端的元件，所以也可将指令元件或装置称为给定元件、输入元件或装置。通

常采用的指令元件或装置有指令电位器（计）、信号发生器、程序控制器、（数字）计算机等。

②　比较元件　用于接收输入信号与反馈信号并进行比较，产生反映两者差值的偏差信号，并将此偏差信号施加给系统输入端的元件。如差运算电路、计算机软件的差运算等。

③　测量反馈元件　用于检测被控制量并将其转换成反馈信号，施加在比较元件上与输入信号相比较，从而构成反馈控制。如位移、速度、力（压力或拉力）等各类传感器等。

④　电气放大元件　用于增大偏差（对电液伺服阀而言，即为其输入信号）信号的振幅和功率，其输出信号一般直接施加给电液伺服阀的电气-机械转换装置，如电液伺服阀放大器等。

⑤　液压动力源　为液压放大器提供具有一定压力和（足够）流量的液压油液。

⑥　液压放大元件　亦即液压放大器、电液伺服阀，是起放大器作用的液压元件。常见的喷嘴挡板（式）双（二、两）级电液伺服阀，其液压前置级放大器是由永磁动铁式力矩马达和喷嘴挡板组成的喷嘴挡板阀，输出级液压放大器（液压主控制阀）为四通滑阀。

⑦　液压执行元件　产生可调节动作，施加于控制对象（负载）上，实现调节任务，如液压缸和液压马达等。

⑧　控制对象　被控制的元件或其组成（部件、组件、装置或装备等实体单元），亦即负载。

⑨　校正元件　校正元件又称校正装置。串联在系统前向通路上的称为串联校正装置，并接在反馈回路上的称为并联校正装置。

作者注：关于校正装置更加具体的描述请见第 1.2.7 节控制系统的校正。

1.1.2　电液伺服阀控制液压缸系统的工作原理及特点

1.1.2.1　电液伺服阀控制液压缸系统的工作原理

图 1-2 所示为电液伺服阀控制液压缸系统的数控加工中心工作台液压原理。

该电液伺服阀控制液压缸系统由液压动力源、电液伺服阀、电液伺服阀控制（的）液压缸、工作台以及测量液压缸（或工作台）位置（和/或速度）的位置（和/或速度）传感器、指令元件、比较元件、电液伺服阀放大器等组成。

当操作者通过指令元件给出指令信号 u_i 时，指令信号 u_i 与反馈信号 u_f 同时输入比较元件并进行比较后，产生偏差信号 Δu 输出，通过电液伺服阀放大器产生电流信号 i 控制电液伺服阀。控制信号 i 的极性和大小可控制电液伺服阀阀芯的换向和阀口开度，因此可控制电液伺服阀输出液压油液的液流方向和大小（流量及液压能、液压功率），进而使电液伺服阀控制的液压缸将液压能转换成直线机械功，通过工作台（往复）运动输出。

电液伺服阀阀芯换向由控制信号 i 的正负极性决定，进而控制液压缸及工作台往复运动。电液伺服阀阀口开度与控制信号 i 以及偏差信号 Δu 的大小成比例，当液压缸及工作台趋近并达到操作者设定的位置时，指令信号 u_i 与反馈信号 u_f 比较后的偏差信号 Δu 趋近于零并等于零，此时电液伺服阀停止输出液压油液，液压缸及工作台停止于期望位置上。

如果电液伺服阀控制液压缸系统受到外部干扰（图 1-2 中扰动信号未示出），液压缸及工作台没能停止在期望位置上，则位置偏差信号 Δu 不为零；电液伺服阀仍有输出液压油液，液压缸及工作台始终向期望位置趋近，直至达到期望位置，亦即位置偏差信号 Δu 为零，液压缸及工作台最终停止于期望位置上。

该系统只要液压缸及工作台位置的实际值与期望值之间存在误差值，则指令信号与反馈信号比较后的偏差信号即对其实施控制，亦即以偏差来消除误差，这就是反馈（闭环）控制的工作原理。

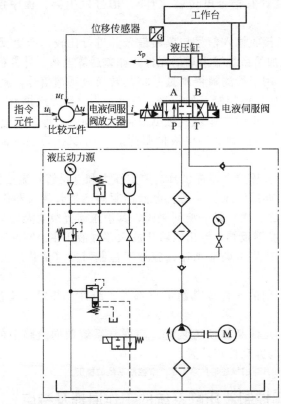

图 1-2　电液伺服阀控制液压缸系统液压原理

　　需要说明的是图 1-2 所示反馈（闭环）控制系统将用于检测位置的位置传感器安装在液压缸上，当然也可安装在工作台（负载）上，同样可以检测位置并将信号反馈到比较元件上。一般比较元件和控制元件一起集成在控制器中，图 1-2 所示只是为了说明反馈（闭环）控制的工作原理。另外，通过电液伺服阀输出的液压油液（或液压能）全部来源于液压动力源，应正确理解"液压放大器"这一概念。还有，指令元件给出的指令信号可以只包含指定某一位置的信息，也可以既包含指定某一位置信息，也包含到达该位置过程中所期望的运动速度信息，但如果没有对液压缸及工作台的运动速度进行检测并将此信号反馈到比较元件上，则对此运动速度的控制只能是开环控制，亦即上述系统仅是电液伺服阀位置控制系统。

　　作者注：还可参考本书所列参考文献［65］第 74 页第 2.2.13 节伺服动力滑台液压控制系统，但其电气和液压回路图及叙述中有多处值得商榷。

　　参考文献［65］在"伺服动力滑台液压控制系统技术特点推广"中指出：

　　"① 组合机床液压动力滑台采用阀控伺服缸控制，能够实现低速运动时高精度定位（可达 0.99mm）。

　　② 电液伺服阀系统采用"定量泵＋蓄能器＋电磁溢流阀"恒压能源。可保证液压泵有一定的卸载时间，供油压力在一定的范围内变动。结构简单、能量损失少、效率高。

　　③ 采用蓄能器形成的动压反馈装置，增大了闭环控制系统的阻尼比，提高了系统的相对稳定性。

　　④ 滑台的线性滑轨具有承受大负载、低摩擦的能力；液压缸密封圈材料采用四氟乙烯复合材料（PTFE），改变了缸的摩擦特性。

　　⑤ 该电液伺服控制系统可解决精密组合机床的高精度要求，并可供数控机床的滑台借鉴。"

1.1.2.2　电液伺服阀控制液压缸系统的特点

　　（1）电液伺服阀控制液压缸系统的优点

　　从工作原理上讲，电液伺服阀控制液压缸系统有如下优点。

①　液压元件具有单位功率的质量小，力-质量比大的优点，因此电液伺服阀控制液压缸系统可以传递及控制的功率密度较大。在相同工况下，可以组成结构更加紧凑，体积、质量、惯性更小，加速性更好的传动及控制系统。其对于中、大功率的传动及控制系统而言，这一优点尤为突出。

作者注：有资料介绍，优质的电磁铁能产生的最大推力大致为 $175N/cm^2$，使用昂贵的坡莫合金制造的电磁铁所产生的力也不超过 $215.7N/cm^2$，而液压缸的最大工作压力可达 $3200N/cm^2$，甚至更高。

②　响应速度快，动态特性优异。由于液压元件的力-质量比大，因此电液伺服阀控制液压缸系统加速能力强，能够安全、可靠地带动负载启动、制动与换向。液压弹簧刚度大，其与惯性负载构成的液压系统的固有频率高，使液压系统的频带宽、响应快，非常适用于对动态特性要求较高的场合。

③　负载刚度大、控制精度高。由于电液伺服阀控制液压缸系统的输出位移受负载变化影响小，即具有较大的速度-负载刚度；液压系统所使用的工作介质——液压油的体积弹性模量大，压缩性和泄漏量很小，因此液压系统的静态刚度很大，组成的闭环控制系统也可以提供更大的动态刚度，控制精度高，定位准确，不易受外界扰动。

④　易于实现直线运动和变速运动，适合重载直接驱动。电液伺服阀控制液压缸系统很容易实现负载的直线运动和变速运动，而且结构简单，调速范围宽，传动效率高。在相同工况下，液压执行元件更适合直接驱动负载。

⑤　电液伺服阀控制液压缸系统润滑性好，利于散热和延长使用寿命；利用液压蓄能器易于实现能量存储及压力消振。

⑥　电液伺服阀控制液压缸系统易于设置压力过载保护装置，如设置一个或多个起安全作用的溢流阀（卸压阀）。

（2）电液伺服阀控制液压缸系统的缺点

总体而言，电液伺服阀控制液压缸系统技术较为复杂、制造成本较高，其缺点主要表现在以下几个方面。

①　能源供给不方便、噪声较大、效率不高。具有压力的液压油液不宜长距离传输，所以一般需要为电液伺服阀控制液压缸系统配备专用的液压动力源。因此液压能源的获得不像电能那样方便，储存也不像（压缩）空气那样容易，且将液压动力源的噪声控制在一个较低水平仍存在一定困难。

对于电液伺服阀控制液压缸系统这种阀控式（节流式）控制系统而言，其与泵控式（容积式）控制系统或一些其他型式的控制系统比较，能量的转换效率不高。

②　对工作介质的清洁度要求高。电液伺服阀对工作介质的清洁度要求高，对工作介质的污染较为敏感。因此要求系统在设计、制造、使用和维护等各个环境必须保证系统及元件的清洁度指标。

污染的液压油液会使电液伺服阀磨损加剧并降低其性能，甚至会使其堵塞而不能正常工作，这也是电液伺服阀控制液压缸系统发生故障的主要原因。

③　工作稳定性易受温度影响。环境温度及工作介质温度变化会导致工作介质黏度变化，工作介质黏度变化对液压系统的（动态）性能影响很大。

在电液伺服阀控制液压缸系统中，液压油液的流体体积弹性模量会随温度高低（黏度大小）和空气的混入（量）多少而发生变化，其直接影响控制系统的稳定性。

④　系统分析、设计较为复杂。在电液伺服阀控制液压缸系统中存在着各类非线性和建模不确定性，因此，系统的分析与设计比较复杂。同时，液压信号（压力、流量等）的传输、检测和处理不及电气信号便利。

参考文献［72］指出：“（因为）系统的分析、设计、调整和维护需要高技术，（所以需要）请专业厂或公司设计、制造和安装调试，（同时还需要）加强维护，使用人员的技术培训。"正因为如此，掌握这门技术的专业公司以及工程技术人员才可能在一定时期内有工作可做。

⑤ 制造精度高，经济性较差。至今电液伺服阀尤其是高品质的电液伺服阀的制造精度高仍然是业内共识，其中的若干项关键技术依然不被大多数液压工作者所熟知和掌握。高精度直接导致了高成本，因此使得构建电液伺服阀控制液压缸系统的投入较大，经济性较差。

⑥ 存在环境污染风险。同其他液压系统一样，如果系统及元件设计、制造、使用和维护不当，则容易造成液压油液外泄漏，污染工作环境。现在报废的液压油液处理也是一个问题，存在着进一步环境污染的风险。

1.1.3 电液伺服控制技术的发展趋势与关键技术

21 世纪是一个信息化、网络化、知识化和全球化的时代。参考文献 [60] 指出："液压控制技术的发展方向可以概括为集成化、数字化、微型化、超大型化和超重型化发展。"

电液伺服控制技术必将依托机械制造、材料工程、微电子、计算机、数学、力学及控制科学等方面的研究成果，进一步探索新理论、引入新技术，发挥自身优势、弥补现行不足，扬长避短，不断进取。新技术往往都率先在军用装备上，尤其在航空航天领域内应用。

1.1.3.1 电液伺服控制技术的发展趋势

（1）液压动力源智能化技术

参考文献 [77] 介绍：目前，飞机液压系统液压动力源中的主泵（EDP）和辅助泵（EMP）多采用恒压变量泵，其供给压力是根据负载的最大值设定的且为恒值。而飞机在整个飞行过程中，经常会经历中断、起飞、起飞爬升、复飞等大流量飞行工作剖面，也有起飞滑跑、巡航、下降等小流量工作需求，并且小流量飞行工作剖面占据飞机完整飞行剖面的90%以上。"由于恒压变量泵只能输出一种压力，飞机液压系统大部分时间处于输出压力过大的状态，存在大量的节流功率损失，导致系统出现发热量大，散热困难等问题"。

作者注：参考文献 [77] 中上述这段用引号标出的论述是有问题的，查其引用文献也没有此段文字。

智能液压动力源利用负载敏感性原理，反馈系统的工作压力，结合飞机的工作状态对液压动力源进行调节，根据负载工况调整液压动力源的工作状态，输出与负载匹配的工作压力，亦即智能液压动力源可以与负载实现最佳匹配。

总的来说，从原理上智能液压动力源能够完成流量调节、压力控制、功率匹配和负载敏感的（四种）工作方式，还具有故障工作模式和状态检测功能。但是，根据参考文献 [77] 的介绍，由于其响应慢，"因而目前压力流量匹配性好的飞机智能泵源还没有在飞机上很好地应用"。

（2）电液伺服控制系统高压化技术

研究表明，高压化是减轻液压系统重量和缩小其体积的最有效途径。进入 21 世纪，A380、B787 实现了 5000psi（每平方英寸受到多少磅的压力，1MPa≈145psi）成功应用，其中 A380 采用了 5000psi 后，实现了减重 1.4t，并提高了飞控系统的响应速度。

目前国外已经成功地解决了 5000psi，甚至 8000psi 的高压化技术，而我国还没有完全掌握飞机液压系统的高压化技术。这是因为飞机高压化涉及很多问题，首先需要解决元件及配管的强度和密封问题，保证液压系统具有高的可靠性。

（3）电液伺服控制系统模块化设计技术

据参考资料介绍，Parker 公司在为 B787 配置液压系统时，提出了一种模块化设计技术，即将飞机上的某液压系统中的 60 个液压元件，包括辅助泵（EMP）、过滤器、配管等预先安装在一个特定的安装支架上，完成功能测试和可靠性测试后，将该模块化部分安装在

B787 飞机上。

该种模块化技术可以大大提高生产效率，减少飞机液压系统安装带来的安全隐患。但在应用该项技术时，必须预先考虑各液压元件在飞机上的空间布局，以不能影响其他系统为前提。

（4）包容性液压技术

包容性液压技术（也称多电液压技术）是指含有部分电气系统的液压系统。而多电是指由液压提供动力的部分改为由电气系统部分或全部代替。

A380 和 B787 飞机都采用了全新的多电技术，设计有混合动力系统，其中 B787 采用机电作动器（EMA）技术来控制部分飞行控制舵面，采用电刹车技术代替液压刹车等。

目前，F35、A380、B787 等均成功应用了多电执行器，如电动静液作动器（EHA）、机电作动器（EMA）、电备份液压作动器（EBHA）等新型电动作动器，以及新型电气系统（270V DC），因此提高飞机的可靠性、效率、执行力、扩展性和环保性。

虽然多电驱动器暂时还不能代替传统液压去驱动大功率飞机舵面，但是随着多电发动机、电动机等关键技术的不断提高，多电和全电飞机会进入快速发展阶段。

1.1.3.2 电液伺服控制的关键技术

（1）高可靠性技术

电液伺服控制系统的可靠度是由高质量的零部件与余度设计来保证的，也就是说，提高电液伺服控制系统的可靠性主要是通过提升电液伺服控制系统余度配置，应用可靠性元件来实现的。

① 电液伺服控制系统组成元件高可靠性设计。以民用飞机为例，目前，因国内液压元件设计水平落后，加工精度低，国内飞机液压产品的可靠性远低于国外产品，民用飞机上的液压元件主要采用国外公司产品，如 EDP、EMP 等重要的液压泵以及配管、密封件等。

② 电液伺服控制系统及其元件多余度设计。对构成液压系统的主要元件泵、缸、阀而言，泵和缸多余度设计进展不大。

据《中国航天报》2014 年 1 月 26 日报道："近日，中国航天科技集团公司一院 18 所'大流量四余度三级电液伺服阀'原理样机研制成功，标志着该所在伺服阀余度控制领域有了重大突破，已初步掌握'故障隔离式四余度伺服阀技术'。'四余度电液伺服阀'与目前应用的'三余度伺服阀'不同，能有效防止各路前置级的相互影响，真正做到故障隔离，可大大提高产品的可靠性。"

以现在飞机液压系统余度设计（配置）为例，A380 液压系统不仅有绿（A）、黄（B）两套液压系统，而且还包括两套蓝（备用）系统。绿、黄两套液压系统＋两套以电为动力的分布式电作动器（作为备用作动器），两者共同构成了混合作动系统（2H/2E 模式）。

有参考资料介绍，"飞机的作动器的硬件冗余指的是作动器依靠多套元件来实现余度设计"，因此作者认为其属于飞机作动系统冗余，而非元件冗余。

（2）抑制压力脉动与减小压力冲击技术

压力脉动通常被认为是液压系统振动和噪声的主要来源。一般而言，液压泵的瞬时流量总是脉动的，由于液阻的存在，流量脉动必然导致压力脉动，而且压力脉动的基频与流量脉动的基频相同。当管路中压力波不发生干涉时，由流量脉动引起的压力脉动的幅值一般不大。但是，一旦发生干涉形成驻波，则压力脉动的振幅将显著增大，从而发生管路的谐振，噪声也随之增大。

以飞机液压系统为例，其液压动力源一般均采用柱塞泵，泵出口瞬时流量呈周期性变化，为了降低液压系统的压力脉动和管路振动、减小压力冲击，目前主要采取以下措施减振降噪。

　　a.优化柱塞泵设计，如采用 11 个柱塞的柱塞泵。

　　b.采用自增压油箱，控制（减少）工作介质中的混入空气量。

　　c.加装液压蓄能器，减小压力冲击。

　　d.泵出口接软管，以隔离泵壳体的振动。

　　e.固定液压元件及配管时采用隔振、减振措施。

　　f.合理布置液压元件及管路，调整系统阻抗，避免共振。

　　g.加装压力脉动衰减器。

　　作者注：压力脉动衰减器或称为在线减震消声器或消音器。

　　（3）控制工作介质温升技术

　　电液伺服控制系统及其工作介质温度过高或过低都会严重影响系统的性能及元件使用寿命，有效地控制电液伺服控制系统及其工作介质的温升是保证系统可靠性的前提。

　　电液伺服控制系统的功率损失的（绝）大部分都转化为了热能，一般包括液压动力源的容积损失、机械损失和/或溢流损失，液压阀阀口节流损失，配管沿程和/或局部损失等功率损失。除此以外，电液伺服控制系统及其工作介质还可能因受到外部热辐射而造成温升，如飞机发动机对其电液伺服控制系统的热辐射。

　　现在控制电液伺服控制系统及其工作介质温升的主要措施有以下几点。

　　① 提高液压动力源效率。提高液压动力源效率，减小功率损失是电液伺服控制系统设计的重要内容。应用上述液压动力源智能化技术，可以无级调节供给压力和流量，即与负载实现最佳匹配，减少了无用功率的产生，降低系统发热。

　　采用双泵液压动力源是现在应用较多是一种降低温升措施，其可以通过双泵组合、切换来适应电液伺服控制系统对供给压力和流量的需要。虽然其不能实现完全无级地调节供给压力和流量以及与负载的最佳匹配，但对于减少无用功率，降低系统温升却是行之有效的。有参考文献介绍，双泵液压动力源即使采用了 5000psi 的工作压力，液压系统温升并不大。

　　② 设置冷却器来增强散热能力。通过设置冷却器来增强电液伺服控制系统的散热能力，使电液伺服控制系统及其工作介质的温升被控制在一个较低的数值下，这是现在普遍采用的一种降低温升措施，尤其是固定式液压设备或装置。

　　③ 消除外部热源或将其与电液伺服控制系统远离、隔离，都可以有效地减小外部热辐射对电液伺服控制系统的影响。如可以采用黑度系数较小的材料或多层隔热板来阻挡飞机发动机对液压系统的热辐射，也可以将液压管路合理地布置在前机身和机翼部分，从而有效地降低热辐射的影响。

　　（4）非线性控制技术

　　实际的电液伺服控制系统在某种程度上、某种范围内均存在非线性特性，电液伺服控制系统的各物理量之间的关系并不是完全线性的。如果用数学模型描述这种系统，所得到的微分方程也不是线性的。但为了分析上的方便、数学上的简化，通常采用线性化理论进行线性化处理，用线性化方程近似逼近它。如果用这种数学上的简化所得到的解与实验的结果很相近，并在工程应用上得到认可，那么数学上的这种简化是合理的。

　　然而并不是所有的非线性电液伺服控制系统都可以通过线性化理论，用线性化方程来近似分析，并在工程上得到认可。在这种情况下，为获得满意的分析结果，需用非线性控制理论加以分析。

　　现在，据参考文献［78］两篇序言中的介绍，该书"独创了自适应积分鲁棒控制、主动摩擦补偿、非线性鲁棒输出反馈、自抗扰与反步控制一体化设计等非线性控制方法，形成了完整的电液伺服系统非线性控制理论……"。"该书系统地研究了影响电液伺服系统性能的各种因素，并针对具体问题给出了优良的解决方案，涵盖了电液伺服系统非线性控制技术最核心的问题，所呈现的研究成果不仅具有重要的理论价值，也具有巨大的工程实际意义，特别是在工程实践中的成功应用与实施，体现了我国在该领域的理论水平和技术实力"。

该理论"已经应用于高精度负载模拟器、高速运动转台等重大精密伺服装备中，引领了电液伺服控制专业的发展方向，部分研究成果具有国际上获得好评的首创性……"。

作者认为在参考文献［35］中给出的常见的典型非线性特性归纳仍具有重要参考价值，即"在非线性液压控制系统中，常见的典型非线性特性可归纳为以下几种：①饱和非线性特性；②死区非线性特性；③继电器非线性特性；④间隙非线性特性；⑤静摩擦、库仑摩擦及其他非线性摩擦；⑥非线性弹性元件；⑦流体的可压缩性等。"

需要说明的是，如上述参考文献所述："有时为了改善控制系统的某个性能或简化系统某个控制结构而人为引入非线性控制元件参与系统性能的控制。例如在自适应控制系统中，为了提高系统控制的鲁棒性能，在自适应控制器的输出端与被控对象的输入端引进饱和非线性特性。"

1.1.4　电液伺服阀控制液压缸系统的建模与仿真

电液伺服阀控制液压缸系统的仿真分析集中体现在两个步骤上，即建模与仿真。

1.1.4.1　电液伺服阀控制液压缸系统的建模

为了对电液伺服阀控制液压缸系统进行性能分析，首先需要建立系统的数学模型。

建立数学模型，一般采用解析法或实验法。所谓解析法建模，即依据系统及元件各变量之间所遵循的物理学定律，理论推导出各变量间的数学关系式，从而建立数学模型。

用解析法列写系统或元件微分方程的一般步骤如下。

a. 分析系统的工作原理和信号的传递变换过程，确定系统的各元件的输入、输出量。

b. 从系统的输入端开始，按照信号传递变换过程，依据各变量所遵循的物理学定律，依次列写各元件、部件的动态微分方程。

c. 消去中间变量，得到一个描述系统或元件输入、输出变量之间关系的微分方程。

d. 写成标准化型式，即将与输入有关的项放在等式右侧，将与输出有关的项放在等式的左侧，且将各阶导数项按降幂排列。

值得注意的是，由于多种液压仿真软件可以直接求解用传递函数表示的系统方块图，因此方块图已经可以被看作一种可以运行的数学模型。

1.1.4.2　电液伺服阀控制液压缸系统的仿真

液压仿真技术作为液压传动及控制系统设计阶段的必要手段，随着流体力学、现代控制理论、算法理论、可靠性理论等相关学科的发展，特别是计算机技术的突飞猛进，液压仿真技术也日臻成熟，现在其已经越来越成为液压系统设计人员的有力工具。

目前，国内外主要的液压仿真软件有 AMESim、Hopsan、ADAMS/Hydraulics、EASY5、Matlab/Simulink、SIMUL-ZD、DSHPlus、FluidSIM、automtion studio、20-sin、HyPneu 等多种，其中以 AMESim 和 Matlab/Simulink 等仿真软件较为常用。

参考文献［29］指出："数字计算机、控制理论的迅速发展，特别是 MATLAB 与 SIMULINK 仿真软件的推出，给液压控制系统的分析与设计带来了极大的方便。"

MATLAB 是一个高级的数值分析、处理和计算的软件，其强大的矩阵运算能力和完美的图形可视化功能，使得它成为国际控制界应用最广的首选计算机工具。

MATLAB 具有良好的可扩展性，其函数大多为 ASCⅡ文件，可以直接进行编辑、修改；其工具箱可以任意增减，任何人都可以生成自己 MATLAB 工具箱。因此，很多研究成果被直接做成 MATLAB 工具箱发表。

SIMULINK 是基于模型化图形的动态系统仿真软件，是 MATLAB 的一个工具箱，它不需要过多地了解数值问题，而是侧重于系统的建模、分析和设计。其良好的人机界面及周到的帮助功能使得它广为科技界和工程界所采用。

在参考文献［35］中，MATLAB 与 SIMULINK 仿真软件有以下应用。

a. 用 MATLAB 进行部分分式展开。

b. 基于 MATLAB 与 SIMULINK 的时域特性分析。

c. 基于 MATLAB 与 SIMULINK 的频域特性分析。

d. 基于 MATLAB 与 SIMULINK 的控制系统设计与校正。

e. 基于 SIMULINK 的离散系统时域特性分析。

f. 基于 MATLAB 与 SIMULINK 的系统状态空间分析。

g. 基于 MATLAB 的系统数学模型转换。

h. 带钢卷取电液伺服控制系统稳定性校核、（瞬态）响应特性分析等。

AMESim 是基于键合图的液压/机械系统建模、仿真及动力学分析软件，该软件包含了 IMAGINE 技术，其为项目设计、系统分析、工程应用提供了强有力的工具。它能为设计人员提供便捷的开发平台，实现多学科交叉领域系统的建模，并能在此基础上设置参数进行仿真分析。

AMESim 软件中的元件间都可以双向传递数据，并且变量都有物理意义。它用图形的方式来描述系统中各设备间的联系，能够反映元件间的负载效应和系统中的能量和功率流动情况。该元件中元件的一个接口可以传递多个变量，使得不同领域的模块可以连接在一起，这样大大简化了模型的规模。另外，该软件具有多种仿真模式，如稳态仿真、动态仿真、批处理仿真、间断连续仿真模式等。利用这些模式能实现稳态分析、动态分析和参数优化。

AMESim 软件可以使物理系统模型直接转换成实时仿真模型；AMESim 软件提供了 17 种优化算法，依照所建模型，可灵活地利用求解器挑选最适合模型求解的积分算法，为了缩短仿真时间和提高仿真精度，可在不同仿真时刻根据系统的特点动态切换积分算法和调整积分步长；AMESim 软件为了获得与其他软件的兼容，提供了多种软件接口，如编程语言接口（C 或 Fortran）、控制软件接口（Matlab/Simulink 和 MatrixX）、实时仿真接口（RTLVab、xPC、dSPACE）、多维软件接口（Adam 和 Simpack、Virtual Lab Motion、3D Virtual）、优化软件接口（iSIGHT、OPTIMUS）、FEM 软件接口（Flux2D）和数据处理接口（Excel）等。

在参考文献［70］中，AMESim 仿真软件有以下应用。

a. 滑阀的数字仿真。

b. 喷嘴挡板阀的仿真。

c. 四通阀控对称缸的动态特性仿真。

d. 四通阀控非对称缸的动态特性仿真。

e. 三通阀控非对称缸的动态特性仿真。

f. 四通阀控马达的动态特性仿真。

g. 变量泵控马达的仿真分析。

h. 力矩马达的仿真分析。

i. 力反馈式喷嘴挡板两级伺服阀（包括力矩马达、喷嘴挡板阀和滑阀 3 个组件）仿真分析。

j. 三级伺服阀（包括前置级伺服阀、功率级滑阀、功率放大器和位移传感器 4 个组件）建模与仿真分析。

k.（不带校正）阀控缸式电液位置伺服系统的仿真分析。

l. 带滞后校正阀控缸式电液位置伺服系统的仿真分析。

m.带速度和加速度反馈校正阀控缸式电液位置伺服系统的仿真分析。

n.带静压和动压反馈校正阀控缸式电液位置伺服系统的仿真分析等。

关于 AMESim 和 Matlab/Simulink 等仿真软件更为详细的操作，除可参考上述或其他文献外，还可参考这些软件的相关教程或帮助文档等。

国内的液压仿真软件如 SIMUL-ZD 等应用还不够广泛，作者希望我国液压技术领域专家、学者能大力加快具有自主知识产权的商品软件开发，使国产的液压仿真软件能在工程实际中得到越来越广泛的应用，并能解决仿真不真的问题。

1.2 电液伺服控制技术理论基础

常见的电液伺服控制系统是一种反馈控制系统，其理论基础之一是反馈控制理论。

1.2.1 反馈控制

1.2.1.1 反馈控制原理

在控制系统中信号从一级向该级以前的一级的传输即为反馈，反馈（闭环）控制即是使控制作用持久地取决于被控变量测量结果的控制。

更为具体地讲，反馈（闭环）控制是对被控变量进行连续测量，并将其与参比变量相比较，以影响被控变量，使之调整到参比变量的过程。控制变量连续在闭环的作用通路上影响自身的闭环作用方式是闭环控制特征。

而在一些液压控制系统相关专著中却有其他的表述，例如：

a."可以看出，这个系统是靠偏差工作的，即以偏差来消除偏差，这就是反馈控制的原理"。

b."由指令元件发出指令，通过比较元件与反馈元件输出信号比较，产生偏差信号，通过校正装置、放大元件产生控制信号控制执行元件，带动被控对象运动，传感器的输出信号通过反馈元件反馈到输入端。当偏差信号趋于零时，系统的输出将被控制在希望的位置上"。

c."在控制系统中，将被控对象的输出信号反馈到系统的输入端，并与给定值进行比较而形成偏差信号，从而产生对被控信号的控制作用。反馈信号与被控信号相反，即总是形成差值，这种反馈称之为负反馈。用负反馈产生的偏差信号进行调节是反馈控制的基本特征"。

d."在液压控制系统中，液压执行元件的运动即系统的输出（包括位移、速度、加速度和力等），通过反馈元件传递给控制器，根据误差大小调节控制元件的输出信号，使系统的输出能够自动、快速和准确地跟踪系统的输入指令。……根据上述原理分析，液压控制系统一般具有以下特征：（1）以液压为能源，具有功率放大和能量转换的作用；（2）液压控制系统是一个负反馈控制系统，根据误差信号进行控制；（3）液压控制系统是一个自动跟踪系统，及随动系统或伺服系统"。

上述各专著的表述涉及反馈（闭环）控制原理的一些基本问题，如负反馈问题、偏差问题、误差问题、反馈控制特征问题等。

在反馈控制系统中，如果一般没有正反馈，则也没有负反馈，即只有反馈。反馈变量的反馈通路（或信道）是明确的，即相对于正向通道，其是反向的。

作者注：本书如无特别指出，其反馈皆为负反馈，因正反馈在某种意义上不适合反馈控制定义。

参比变量与反馈变量之差即为偏差变量或偏差，一般应该没有异议，因为现行标准都是如此定义的，但如表述为误差，即反馈控制是"根据误差信号进行控制"，就现在情况而言则可能产生一系列问题，因为误差与精度有重要关联。

　　如果用一句话来描述反馈控制（系统）的特征，其莫过于"反馈系统是靠偏差来控制的"。

　　顺便说一句，如果用"以偏差来消除偏差"或"检测偏差再纠正偏差"来描述反馈控制系统特征（原理），容易产生系统中必须具有两个比较元件的误解，因为只有比较元件才具有使两个输入变量比较后产生（输出）偏差（变量）的功能，而反馈元件或测量元件不具有如此功能。如果"以偏差来消除误差"来表述控制系统的基本特征，或许还比较适当。

　　作者注：关于偏差与误差问题，还可参见第 1.3.2.12 节。

　　由于反馈控制系统具有"以偏差来消除误差"的特征，因此，反馈系统的输出信号能够自动地跟踪指令信号，减小跟踪误差，提高控制精度，抑制扰动信号的影响。同时，反馈控制系统降低了对正向通道中的各元件参数变化的灵敏度，使正向通道中的各元件的精度对系统性能影响较小；反馈控制系统还降低了对正向通道中某些环节非线性的灵敏度，使正向通道中的这些非线性环节对系统性能影响较小。

1.2.1.2　反馈控制系统构成

　　图 1-3 所示为在 GB/T 17212—1998 中给出的反馈（闭环）控制（系统）。

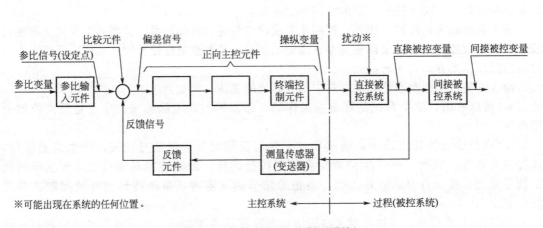

图 1-3　反馈（闭环）控制（系统）

　　该反馈（闭环）控制（系统）由如图 1-3 所示各元件构成，其中包括了变量（信号）制导或操纵以及主控系统和被控系统。

　　图 1-4 所示为在 GB/T 2900.56—2008《电工术语控制技术》中给出的基本控制系统典型组成的功能图。

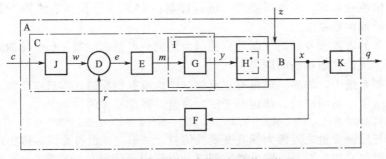

图 1-4　基本控制系统典型组成的功能图

图 1-4 中各符号含义见表 1-1。

表 1-1　图 1-4 中各符号含义

符号	含义	符号	含义
A	控制系统	K	终端被控变量发生器
B	被控系统	c	命令变量
C	施控系统	w	参比变量
D	比较元件	e	偏差变量
E	控制元件	m	控制器输出变量
F	测量传感器	y	操纵变量
G	执行机构	z	扰动变量
H*	最终控制元件	x	被控变量
I	最终控制设备	q	终端被控变量
J	参比变量发生器	r	反馈变量

注 1. "＊"按 GB/T 2900.56—2008《电工术语控制技术》中（351-28-08）定义，最终控制元件 H 是被控系统 B 的一部分。

2. 控制器（351-28-11）由比较元件 D 和控制元件 E 组成。

1.2.1.3　反馈控制系统分类

控制系统的种类很多，在实际工程中可以从不同角度对控制系统进行分类，如按系统的输入量的特征分类，或按在系统中传递信号的性质分类等。

常见的反馈控制系统有以下几种。

（1）定值控制系统、程序控制系统和随动系统

定值控制系统是参比变量值固定的闭环控制系统。这种控制系统的输入量是个定值，一经给定，在系统运行过程中即不再改变（或可定期校准或更改输入量）。定值控制系统的任务是保证在任何扰动作用下系统输出量的定值，因此，定值控制系统也是使被控变量保持基本恒定的反馈控制系统。还有将其称为"自动调节系统"。

程序控制系统是由预先输入程序决定功能的控制系统。这种控制系统的输入量的变化规律是事先确定的，系统将自动地使输出量尽可能准确地按事先给定的规律变化。但作者认为程序控制系统不一定全都是闭环（反馈）控制系统。

不管将随动控制表述为参比变量因其他变量而随时间变化的闭环控制，但其时间进程并不预知，还是将其表述为使被控变量随参比变量的变化而变化的反馈控制，随动控制（系统）应是闭环（反馈）控制系统确定无疑。

关于随动控制系统与伺服控制系统关系请见前文。

（2）线性系统与非线性系统

其行为符合叠加原理的系统即为线性系统，叠加原理表明此种系统可以用一组线性方程描述。对规定范围内的任何输入值，线性系统传递函数的系数是恒定的。它对同时存在的几个输入的时间响应等于对每个单独输入的时间响应之和。不符合这些条件的系统称为"非线性系统"。

（3）定常系统和时变系统

"定常系统"可能是过去的概念，现在与时变系统相对的是时不变系统。其行为符合偏移原理的系统即为时不变系统，而偏移原理表明方程组及其系数是不随时间变化的。不具有这一性质的系统称为时变系统。

(4) 连续系统和离散系统

参考文献 [72] 指出："系统中各部分的信号均为连续的时间变量 t 的函数，称为连续系统，其运动特性可用微分方程来描述。若系统中的一处或某几处信号的型式是脉冲或数码的，这类系统称为离散系统，离散控制系统运动特性可用差分方程来描述。"

关于连续系统和离散系统还可参考前文。

但是在 GB/T 2900.56—2008《电工术语控制技术》中连续 [反馈] 控制的定义为时间上连续地取得参比变量和被控变量，由连续作用产生操作变量的一种控制型式。

其他还有自调节被控系统和无自调节被控系统，单输入单输出系统和多输入多输出系统，以及确定系统和不确定系统等。

1.2.1.4 反馈控制系统性能

根据反馈控制系统应用场合的不同，对其也有不同的性能要求。但从控制工程的角度来看，对反馈控制系统性能却有一些基本要求，一般可表述为其对响应的稳定性、精确性和快速性要求。

(1) 稳定性

由于实际应用的控制系统很多都是二阶系统，从物理学上讲，二阶系统包含两个独立的储能元件，若系统参数匹配不当，便可能引起振荡。稳定性就是指系统动态过程的振荡倾向及其恢复平衡状态的能力（或表述为受相对于静止位置足够小的初始偏移或扰动时，可使系统状态变量与输出变量保持在该位置足够小的领域内的系统特性）。对于稳定的系统，当输出量偏离平衡状态时，应随着时间收敛并且最后回到初始的平衡状态。稳定性乃是保证控制系统正常工作的先决条件。

(2) 精确性

控制系统的精确性及控制精度，一般以稳态误差来衡量。所谓稳态误差，是指以一定变化规律的输入信号作用于系统后，当调整过程结束而趋于稳定时，输出量的实际值与期望值之间的误差值，它反映了动态过程后期的系统性能。

(3) 快速性

快速性是指当系统输出量与输入量之间产生偏差时，消除这种偏差的快速程度。快速性好的系统，它消除偏差的过渡过程就短，就能复现快速变化的输入信号，因此具有较好的动态性能。

反馈控制系统的性能指标即按此分为稳定性指标、精确性指标和快速性指标三类，亦即称为反馈控制系统的一般性能指标。这些性能指标是评价系统动态品质的定量指标，也是对系统进行定量分析的基础。

反馈控制系统的性能指标往往可以采用几个特征量来表示，这些指标既可以在时域提出，也可以在频域提出。从使用的角度来看，因时域指标比较直观，所以反馈控制系统的性能指标常以时域指标的方式提出。

反馈控制系统时域指标是以系统对单位阶跃输入信号的时间响应型式给出的。反馈控制系统常用的时域、频域性能指标及其他指标见表1-2。

反馈控制系统的性能指标通常是由用户首先提出的，但一般可能存在如不标准、不全面、不准确或不切实际等方面问题。性能指标的选择和确定需要反复权衡利弊，大多数情况下鱼和熊掌不可兼得，亦即反馈控制系统的稳定性、准确性和快速性是相互制约的。在系统设计和调试过程中，若过分强调系统的稳定性，则可能会造成系统响应迟缓和控制精度较低的后果；反之，若过分强调系统响应的快速性，则又会使系统的振荡加剧，甚至引起不稳定。因此，分析和解决这些矛盾正是控制工程这门学科所要研究的课题，协调、平衡稳定性、准确性和快速性也是反馈控制系统设计和调试的主要任务。

表 1-2　反馈控制系统常用的时域、频域性能指标及其他指标

分类	名称		符号	主要内容	要求
时域指标	上升时间		t_r	对阶跃输入信号的瞬态响应曲线从稳态值的 10% 上升到 90% 所需时间	
	峰值时间		t_p	响应曲线达到过调量的第一个峰值所需时间	
	最大超调量		σ_p	响应曲线的最大超调量与稳态值之比的百分数,即 $$\sigma_p = \frac{y(t_p) - y(\infty)}{y(\infty)} \times 100\%$$	$\sigma_{pmax} < 25\%$
	调节时间		t_s	响应曲线衰减到与稳态值之差不超过稳态值的 $\pm 5\%$(或 $\pm 2\%$)时所需时间	
	其他动态指标			系统分析中还可能根据具体情况提出其他动态指标,如瞬态恢复过程中的振荡次数、单调无超调响应以及扰动输入作用下的性能评价等	
频域指标	开环频域指标	增益交界频率	ω_c	开环伯德图上幅频特性的增益 $L = 0$ 处的频率值	
		相位裕量	γ	在 ω_c 的开环相频特性与 $-180°$ 的相位差,即 $$\gamma = 180° + \varphi(\omega_c)$$	$30° \sim 60°$
		增益裕量	K_g	在相位等于 $-180°$ 时的频率 ω_g(相位交界频率)处频率特性增益的相反数,即 $$K_g = -L(\omega_g)(dB)$$	$> 8dB$
		谐振频率	ω_r	闭环伯德图上幅频特性的增益为最大值 L_{max} 处的最大值	$> 300rad/s$
	闭环频域指标	谐振峰值	M_r	对应于 L_{max} 的闭环频率特性的幅值	< 1.04
		截止频率	ω_b	在闭环伯德图上,当幅频特性的增益值下降到零频率处以下 3dB 时所对应的频率	
		$-3dB$ 带宽	ω_{-3dB}	零到截止频率 ω_b 之间的频率范围	$0 \sim 400rad/s$
		$-90°$ 带宽	$\omega_{-90°}$	在闭环伯德图上,零频率到相频特性等于 $-90°$ 处所对应频率的频率范围	$0 \sim 350rad/s$
准确性指标	稳态误差	动态误差系数	e	动态误差系数用来衡量各类控制作用下的系统准确度	阶跃指令输入时 $e_{ssr} = 0$
		稳态误差系数		静态误差系数用来衡量系统对于一些典型输入函数的跟踪能力和准确度	斜坡干扰输入时 $e_{ssf} < 0.01mm$
综合性能指标	误差性能指标		J	综合性能指标是控制系统性能的综合测量,它们是系统参数的函数 误差性能指标考虑系统的误差 e 和发生误差过程所需的时间 t,系统力图使 e 或者和 t 所构成的目标函数 J 的值最小。常用的目标函数为:误差绝对值积分准则(IAE 准则) $$J = \int_0^\infty |e(t)| dt$$ 时间误差绝对值积分准则(ITAE 准则) $$J = \int_0^\infty t|e(t)| dt$$	J 最小
	二次型性能指标		J	略	

　　作者注：1.时域性能指标可以应用相关公式转换为频域指标,具体可参考表 1-9。

　　2."调节时间"在 GB/T 15623.1—2003《液压传动　电调制液压控制阀　第 1 部分:四通方向流量控制阀试验方法》中为"瞬态恢复时间"。

　　3.表 1-2 中"相位裕量"的表述与在第 1.2.4 节控制系统的稳定性中的表述略有不同；在参考文献［34］中还有这样的表述："相位裕量 γ 等于 180°加相位角 φ(φ 是开环传递函数在增益交界频率上的相角)"。

根据现实情况及实际需要选择和确定性能指标具有可行性，具体的反馈控制系统的性能还取决于该系统的设计水平和工艺水平。

1.2.2 数学模型

为了从理论上对电液伺服控制系统性能进行定量地分析与研究，首先需要建立系统的数学模型。"数学模型是定量描述动力学系统的动态特性的数学表达式，它揭示了系统的结构、参数与动态特性之间的关系"。

作者注：上述引述及"动力学系统"请见参考文献［60］，但数学模型是否都能准确反映系统本身结构（或物理结构）值得商榷。

数学模型的型式取决于变量和坐标系统的选择。在时间域，通常采用微分方程或一阶微分方程组（状态方程）的型式；在复数域则采用传递函数型式；而在频率域采用频率特性型式。

微分方程是描述电液伺服控制系统动态性能数学模型的基本型式；而对于可分解为单输入-单输出的大多数电液伺服控制系统，传递函数是工程实用性很强的数学模型。

需要指出的是，在经典控制理论中，频率特性分析法（简称频率法）相对时域特性分析法（简称时域法）而言占有更为重要的位置，它不仅是系统分析与研究的重要方法，也是系统设计的重要手段。

作者注：除上述两种系统分析与研究方法外，还有"状态空间分析法"等。

1.2.2.1 微分方程

工程中的控制系统，不管它是机械的、电气的、液压的、气动的，还是热力的、化学的，其运动规律都可以用微分方程来描述。因此，用解析法建立系统或元件的数学模型就是从列写它们的运动微分方程开始的，通过对这些微分方程的求解，就可以获得系统在输入作用下的输出响应。

微分方程是以物理学定律及实验规律为依据的。在工程实践中，可实现的线性定常系统均能用 n 阶常系数线性微分方程来描述其运动特性。设系统的输入量为 $x_i(t)$，系统的输出量为 $x_o(t)$，则单输入、单输出 n 阶系统常系数线性微分方程有如下的一般形式：

$$a_0\frac{\mathrm{d}^n x_o}{\mathrm{d}t^n}+a_1\frac{\mathrm{d}^{n-1}x_o}{\mathrm{d}t^{n-1}}+\cdots+a_{n-1}\frac{\mathrm{d}x_o}{\mathrm{d}t}+a_n x_o=b_0\frac{\mathrm{d}^m x_i}{\mathrm{d}t^m}+b_1\frac{\mathrm{d}^{m-1}x_i}{\mathrm{d}t^{m-1}}+\cdots+b_{m-1}\frac{\mathrm{d}x_i}{\mathrm{d}t}+b_m x_i$$

$$(1-1)$$

式中 $a_0, a_1, \cdots, a_{n-1}, a_n; b_0, b_1, \cdots, b_{m-1}, b_m$——由系统结构参数决定的实常数。

由于实际系统中总含有惯性元件以及受到能源能量的限制，所以总是满足：

$$n \geqslant m$$

注意：微分方程列写一般应写成标准化型式。

1.2.2.2 复数和复数变换

（1）复数的概念

复数 s 有一个实部 σ 和一个虚部 ω，即为：

$$s = \sigma + \mathrm{j}\omega \tag{1-2}$$

式中 σ, ω——实数；

$\mathrm{j}=\sqrt{-1}$——虚数单位。

两个复数相等是指，必须且只需它们的实部和虚部分别相等；一个复数为零是指，必须且只需它们的实部和虚部同时为零。

（2）复数的表示法

任一复数 $s=\sigma+\mathrm{j}\omega$ 与其实数 σ 和 ω 是一一对应的关系，在平面直角坐标系中，σ 为横坐

标（实轴），$j\omega$ 为纵坐标（虚轴）。实轴和虚轴所构成的平面称为复平面或 $[s]$ 平面。复数 $s = \sigma + j\omega$ 可在复平面或 $[s]$ 平面中用点 (s, ω) 表示，如图 1-5(a) 所示。这样，一个复数就对应与复平面上一个点。

① 复数的向量表示法。

复数可以用从圆点指向点 (s, ω) 的向量表示，如图 1-5(b) 所示。向量的长度称为复数 s 的模，即 $|s| = r = \sqrt{\sigma^2 + \omega^2}$。

向量与 σ 轴的夹角 θ 称为复数 s 的幅角，即 $\theta = \arctan(\omega/\sigma)$。

② 复数的三角函数表示法与指数表示法。

由图 1-5(b) 可见，$\sigma = r\cos\theta$，$\omega = r\sin\theta$。因此，复数的三角函数表示法为：

$$s = r(\cos\theta + j\sin\theta) \tag{1-3}$$

利用欧拉公式：

$$e^{j\theta} = \cos\theta + j\sin\theta \tag{1-4}$$

故复数 s 可用指数形式表示为：

$$s = r e^{j\theta} \tag{1-5}$$

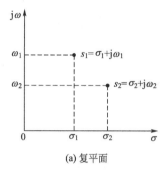

(a) 复平面　　　　　　　　　　　　(b) 复数的向量表示

图 1-5　复数的表示

（3）复数函数、极点与零点的概念

以复数 $s = \sigma + j\omega$ 为自变量构成的函数 $G(s)$ 称为复变函数，记为：

$$G(s) = u + jv \tag{1-6}$$

式中　u——复变函数的实部；

v——复变函数的虚部。

通常，在线性控制系统中复变函数 $G(s)$ 是复数 s 的单值函数，即对应 s 的一个给定值，$G(s)$ 就有一个唯一确定的值与之对应。

当复变函数表示成：

$$G(s) = \frac{k \prod(s + z_i)}{\prod(s + p_j)} \tag{1-7}$$

分别考虑其分子和分母为零的情况。

当取 $s = -z_i$ 时，使 $G(s) = 0$，则 $s = -z_i$ 称为 $G(s)$ 的零点；当取 $s = -p_j$ 时，$G(s)$ 趋于无穷大，则 $s = -p_j$ 称为 $G(s)$ 的极点。

1.2.2.3　拉普拉斯变换与传递函数

控制工程所涉及的数学问题很多，经常需要解算一些线性方程。按照一般方法解算比较麻烦，如果用拉普拉斯变换（拉氏）求解线性微分方程，可将经典数学中的微积分运算转换成代数运算，又能够单独地表明初始条件的影响，并有变换表可查找，因而是一种较为简便的工程数学方法。更重要的是，由于采用了拉氏变换，能够把描述系统运动状态的微分方程很方便地转换为系统的传递函数，并由此发展出用传递函数的零点、极点分布、频率特性等间接地分析和设计控制系统的工程方法。

(1) 拉普拉斯变换

① 拉氏变换的定义。

在 GB/T 17212—1998《工业过程测量和控制术语和定义》中定义了拉普拉斯变换 (Laplace transform) 这一术语，即函数 $f(t)$ 对复变量 s 的函数 $F(s)$ 的变换，变换式为：

$$F(s) = L[f(t)] = \int_0^\infty f(t)\mathrm{e}^{-st}\,\mathrm{d}t \tag{1-8}$$

式中　$F(s)$——函数 $f(t)$ 的拉氏变换，它是一个复变函数，通常称 $F(s)$ 为 $f(t)$ 的象函数；

　　　　s——复变数，$s = \sigma + \mathrm{j}\omega$（$\sigma$、$\omega$ 均为实数）；

　　　$f(t)$——以时间为自变量的时变函数 $f(t)$ 称为 $F(s)$ 的原函数；

　$L[f(t)]$——其中 L 是表示进行拉氏变换的符号；

$\int_0^\infty f(t)\mathrm{e}^{-st}$——称为拉普拉斯积分。

式(1-8)表明拉氏变换是这样一种变换，即在一定条件下，它能把一实数域中的时变函数 $f(t)$ 变成为一个在复数域内与之等价的复变函数 $F(s)$。

在拉氏变换中，s 的量纲是时间的倒数，即 T^{-1}，$F(s)$ 的量纲则是 $f(t)$ 的量纲与时间 s 的乘积。

② 几种典型函数的拉氏变换。

在实际应用中并不需要对原函数逐一作积分运算，查拉氏变换表即可。几种典型函数的拉氏变换见表 1-3。

表 1-3　几种典型函数的拉氏变换表（部分）

序号	原函数	象函数	原函数图形
1	单位脉冲函数 $\delta(t) = \begin{cases} 0\,(t<0 \text{ 和 } t>\varepsilon) \\ \lim\limits_{\varepsilon\to0}\dfrac{1}{\varepsilon}\,(0\leqslant t\leqslant\varepsilon) \end{cases}$	1	
2	单位阶跃函数 $1(t) = \begin{cases} 0\,(t<0) \\ 1\,(t\geqslant0) \end{cases}$	$\dfrac{1}{s}$	
3	单位速度函数 $f(t) = \begin{cases} 0\,(t<0) \\ t\,(t\geqslant0) \end{cases}$	$\dfrac{1}{s^2}$	
4	单位加速度函数 $f(t) = \begin{cases} 0\,(t<0) \\ \dfrac{1}{2}t^2\,(t\geqslant0) \end{cases}$	$\dfrac{1}{s^3}$	

续表

序号	原函数	象函数	原函数图形
5	指数函数 $f(t)=e^{-at}$	$\dfrac{1}{s+a}$	
6	正弦函数 $f(t)=\sin\omega t$	$\dfrac{\omega}{s^2+\omega^2}$	
7	余弦函数 $f(t)=\cos\omega t$	$\dfrac{s}{s^2+\omega^2}$	

　　作者注：表 1-3 参考了参考文献 [51] 中表 2.1，其他常用函数的拉氏变换请查阅参考文献 [35] 附录 A 或各版设计手册。

　　③ 拉氏变换的主要定理。

　　根据拉氏变换定义或查表能对一些典型的函数进行拉氏变换和反变换。对一般的函数，利用以下的定理，可使运算简化。

　　a. 叠加原理。

　　拉氏变换也服从线性函数的齐次性和叠加性。

　　• 齐次性。

　　设 $L[f(t)]=F(s)$，则：

$$L[af(t)]=aF(s) \tag{1-9}$$

式中　a——常数。

　　• 叠加性。

　　设 $L[f_1(t)]=F_1(s)$，$L[f_2(t)]=F_2(s)$，则：

$$L[f_1(t)+f_2(t)]=F_1(s)+F_2(s) \tag{1-10}$$

　　将式(1-9) 和式(1-10) 结合起来，就有：

$$L[af_1(t)+bf_2(t)]=aF_1(s)+bF_2(s) \tag{1-11}$$

式中　b——常数。

　　这说明拉氏变换是线性变换。

　　b. 微分定理。

　　设 $L[f(t)]=F(s)$，则：

$$L\left[\frac{\mathrm{d}f(t)}{\mathrm{d}t}\right]=sF(s)-f(0) \tag{1-12}$$

式中　$f(0)$——函数 $f(t)$ 在 $t=0$ 时刻的值，即初始值。

　　同样，可得 $f(t)$ 的各阶导数的拉氏变换为：

$$L\left[\frac{\mathrm{d}^n f(t)}{\mathrm{d}t^n}\right]=s^n F(s)-s^{n-1}f(0)-s^{n-2}f'(0)-\cdots-f^{n-1}(0) \tag{1-13}$$

式中　$f'(0)$，$f''(0)$，$\cdots$，$f^{n-1}(0)$——原函数各阶导数在 $t=0$ 时刻的值。

　　如果函数 $f(t)$ 及其各阶导数的初始值均为零（称为零初始条件），则 $f(t)$ 各阶导数

的拉氏变换为:

$$L[f^n(t)] = s^n F(s) \qquad (1\text{-}14)$$

c. 复微分定理。

若 $f(t)$ 可以进行拉氏变换，且 $L[f(t)] = F(s)$，则除了在 $F(s)$ 的极点以外，有:

$$\frac{\mathrm{d}}{\mathrm{d}s} F(s) = -L[tf(t)] \qquad (1\text{-}15)$$

一般来说有:

$$\frac{\mathrm{d}^n}{\mathrm{d}s^n} F(s) = (-1)^n L[t^n f(t)] \quad (n=1,2,3,\cdots,n) \qquad (1\text{-}16)$$

d. 积分定理。

设 $L[f(t)] = F(s)$，则:

$$L\left[\int f(t)\mathrm{d}t\right] = \frac{1}{s} F(s) + \frac{1}{s} f^{-1}(0) \qquad (1\text{-}17)$$

式中　$f^{-1}(0)$——积分 $\int f(t)\mathrm{d}t$ 在 $t=0$ 时刻的值。

当初始条件为零时:

$$L\left[\int f(t)\mathrm{d}t\right] = \frac{1}{s} F(s) \qquad (1\text{-}18)$$

e. 延迟定理。

设 $L[f(t)] = F(s)$，且 $t<0$ 时，$f(t)=0$，则:

$$L[f(t-\tau)] = \mathrm{e}^{-\tau s} F(s) \qquad (1\text{-}19)$$

式中　$f(t-\tau)$——原函数 $f(t)$ 沿时间轴延迟了 τ。

f. 位移定理。

在控制理论中，经常会遇到 $\mathrm{e}^{at} f(t)$ 一类的函数，它的象函数只需把 s 用 $s+a$ 代替即可，这相当于在复数 s 坐标中，有一位移 a。

设 $L[f(t)] = F(s)$，则:

$$L\left[\mathrm{e}^{-at} f(t)\right] = F(s+a) \qquad (1\text{-}20)$$

g. 初值定理。

它表明原函数在 $t=0^+$ 时的数值。

$$\lim_{t \to 0} f(t) = \lim_{s \to \infty} s F(s) \qquad (1\text{-}21)$$

即原函数的初值等于 s 乘以象函数的终值。

h. 终值定理。

设 $L[f(t)] = F(s)$，且 $\lim_{t \to \infty} f(t)$ 存在，则:

$$\lim_{t \to \infty} f(t) = f(\infty) = \lim_{s \to 0} s F(s) \qquad (1\text{-}22)$$

即原函数的终值等于 s 乘以象函数的初值。

i. 卷积定理。

设 $L[f(t)] = F(s)$，$L[g(t)] = G(s)$，则有:

$$L[f(t) * g(t)] = F(s)G(s) \qquad (1\text{-}23)$$

即两个原函数的卷积分的拉氏变换等于它们的象函数的乘积。

④ 拉氏反变换。

拉普拉斯反变换的公式为:

$$f(t) = L^{-1}[F(s)] = \frac{1}{2\pi \mathrm{j}} \int_{c-\mathrm{j}\infty}^{c+\mathrm{j}\infty} F(s) \mathrm{e}^{st} \mathrm{d}s \qquad (1\text{-}24)$$

式中　$L^{-1}[F(s)]$——其中 L^{-1} 是表示进行反拉氏变换的符号。

根据定义计算拉氏反变换，要进行复变函数的积分，一般很难直接计算。通常用部分分式展开法将复变函数展开成有理分式之和，然后由拉氏变换表一一查对的反变换函数，即得所求的原函数。

可用 MATLAB 等软件进行部分分式展开。

线性微分方程表征了系统的动态特性，它在经过拉氏变换后转换成了代数方程，仍然表征了系统的动态特性。

在建立系统或元件的数学模型后，即可对其直接求解，系统方程的解就是系统的输出响应，通过系统方程的表达式，可以分析系统的动态特性，绘出输出响应曲线，直观地反映系统的动态过程。在控制工程中，直接求解系统微分方程是分析研究系统的基本方法。但是，微分方程尤其是高阶微分方程的求解非常复杂，具体求解时可参考这方面专著。

（2）传递函数

参考文献［35］指出："传递函数是经典控制理论的基础，是一个极其重要的基本概念"。

① 传递函数的定义。

在 GB/T 2900.56—2008 中定义了传递函数这一术语："在线性时不变系统中，当所有初始条件等于零时，输出变量的拉布拉斯变换与相应输入变量的拉布拉斯变换之比"。而在 GB/T 17212—1998《工业过程测量和控制术语和定义》中定义的传递函数为："在线性系统中，当所有初始条件为零时，输出信号的拉普拉斯变换对相应输入信号的拉普拉斯变换之比"。

设初始条件为零，对如式(1-1)所示一般型式的单输入、单输出 n 阶系统常系数线性微分方程进行拉氏变换，可得线性定常系统传递函数的一般型式：

$$G(s)=\frac{X_o(s)}{X_i(s)}=\frac{b_0 s^m+b_1 s^{m-1}+b_{m-1}s+b_m}{a_0 s^n+a_1 s^{n-1}+a_{n-1}s+a_n}\quad (n\geqslant m) \tag{1-25}$$

② 特征方程、零点和极点。

若在式(1-25)中，令：

$$M(s)=b_0 s^m+b_1 s^{m-1}+b_{m-1}s+b_m$$

$$D(s)=a_0 s^n+a_1 s^{n-1}+a_{n-1}s+a_n$$

则式(1-25)可表示为：

$$G(s)=\frac{X_o(s)}{X_i(s)}=\frac{M(s)}{D(s)} \tag{1-26}$$

$D(s)=0$ 称为系统的特征方程，其根称为系统的特征根。特征方程决定着系统的稳定性。

根据多项式定理，线性定常系统传递函数的一般型式即式(1-25)也可写成：

$$G(s)=\frac{b_0(s+z_1)(s+z_2)\cdots(s+z_m)}{a_0(s+p_1)(s+p_2)\cdots(s+p_n)}=\frac{M(s)}{D(s)} \tag{1-27}$$

式中，$M(s)=0$ 的根 $s=-z_i$ $(i=1,2,\cdots,m)$，称为传递函数的零点；$D(s)=0$ 的根 $s=-p_j$ $(j=1,2,\cdots,n)$，称为传递函数的极点。显然，系统传递函数的极点就是系统的特征根。零点和极点的数值完全取决于系统各参数 b_0，b_1，$\cdots$，b_m 和 a_0，a_1，$\cdots$，a_n，即取决于系统的结构参数。一般来说，零点和极点可以为实数（包括零）或复数。若为复数，必共轭成对出现，这是因为系统结构参数均为正实数的缘故。把传递函数的零点、极点表示在复平面上的图形，称为传递函数的零点、极点的分布图，如图 1-6 所示，其为传递函数 $G(s)=\dfrac{s+2}{(s+3)(s^2+2s+2)}$ 的零点、极点的分布图。

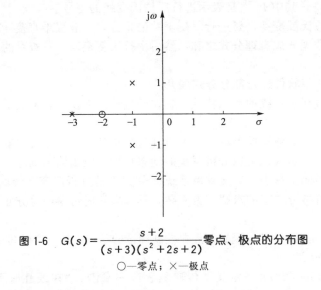

图 1-6　$G(s)=\dfrac{s+2}{(s+3)(s^2+2s+2)}$ 零点、极点的分布图

○—零点；×—极点

③ 关于传递函数的几点说明。

a. 传递函数是经拉氏变换导出的，而拉氏变换是一种线性积分运算，因此传递函数的概念只适用于线性定常系统。

b. 传递函数是系统在复数域中的动态数学模型，传递函数本身是 s 的复变函数。传递函数中各项系数和相应的微分方程中的各项系数对应相等，其完全取决于系统的结构参数。

c. 传递函数是在零初始条件下定义的，即在零时刻之前，系统对所给定的平衡工作点是处于相对静止状态的。因此，传递函数原则上不能反映系统的非零初始条件下的全部运动规律。

d. 一个传递函数只能表示一个输入对一个输出的关系，所以只适合于单输入单输出系统的描述，而且系统内部的中间变量的变化情况，传递函数也无法反映。

e. 当两个元件串联时，若两者之间存在负载效应，必须将它们归并在一起求传递函数；如果能够做到它们彼此之间没有负载效应，则可以分别求传递函数，然后相乘。

最后特别说明是，在复数域内，输入信号乘以传递函数即为输出信号[$X_\mathrm{o}(s)=G(s)X_\mathrm{i}(s)$]。当系统输入单位脉冲信号时，传递函数就表示系统的输出函数。

利用系统的单位脉冲响应函数或单位阶跃响应函数可以求取在任何其他型式输入条件下的系统响应。同时系统的单位脉冲响应函数和单位阶跃响应函数还反映了系统本身的固有特性。

作者注：关于"定常系统"请见第 1.2.1.3 节反馈控制系统分类。

1.2.2.4　方块图及其等效变换

方块图或方框图是用表示信号流向的定向连线（但无须表明全部连线）所连接的功能块来表示系统或系统一部分及其内部功能关系的图。而功能块是指明输入输出变量之间函数关系的矩形符号，表示含有一个或多个输入变量和一个或多个输出变量的系统或元件。功能块应至少具有一种功能，其特征是具有最低数量的明确的输入和输出信号。

还有一种说法，就自动控制而言，功能图有时称为方块图。而功能图是以作用连线连接的各个功能块来表示系统各种作用的符号表述。

但作者认为不宜将方块图或方框图称为框图。因为框图是"一种系统、计算机或装置的表示图，图中主要部件均用经适当注释的几何图形表示，以表明该部件的基本功能及其相互关系"。

（1）系统方块图的建立

建立系统的方块图的步骤如下。

① 建立系统中各元部件的微分方程。列写方程时，应特别注意明确信号的因果关系，即应分清元件方程中的自变量（输入量）和因变量（输出量）。

② 对各元部件的微分方程进行拉氏变换，并绘出相应的功能块。

③ 按照信号在系统的传递、变换的过程，依次将各部件的功能块连接起来，系统输入量置于左端、输出量置于右端。

（2）方块图的运算法则

参考文献［35］指出："框图的基本连接型式可分为三种：串联、并联和反馈连接。"但在 GB/T 2900—2008 中分别将其定义为链状结构、并行结构和环形结构。

① 链状结构（串联连接）。所谓链状结构即为系统内的一种结构，其中一个功能块的输出变量是下一个功能块的输入变量，如图 1-7（a）所示；其运算法则为串联后总的传递函数等于各功能块传递函数的乘积，如图 1-7（b）所示。

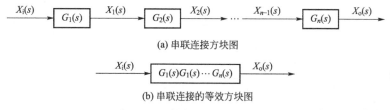

(a) 串联连接方块图

(b) 串联连接的等效方块图

图 1-7　链状结构（串联连接）

② 并行结构（并联连接）。所谓并行结构即为系统内的一种结构，其中有共同输入变量的部分系统的输出变量用并排的作用连线进行连接，如图 1-8（a）所示；其运算法则为并联后总的传递函数等于各功能块传递函数之和，如图 1-8（b）所示。

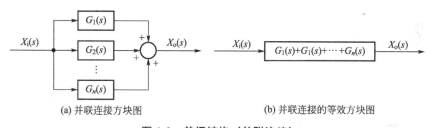

(a) 并联连接方块图　　　　(b) 并联连接的等效方块图

图 1-8　并行结构（并联连接）

③ 环形结构（反馈连接）。所谓环形结构即为系统内的一种结构，其中从一个子系统的输出变量生成的变量用作前一子系统的附加输入变量，如图 1-9（a）所示；其运算法则为反馈连接后闭环传递函数等于前（正）向通道的传递函数除以 1 加（或减）前向通道与反馈通道传递函数的乘积，如图 1-9（b）所示。

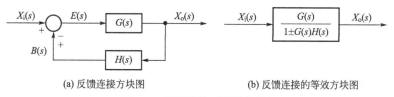

(a) 反馈连接方块图　　　　(b) 反馈连接的等效方块图

图 1-9　环形结构（反馈连接）

任何复杂系统的方块图都不外乎是由以上这三种基本连接方式的方块图交织组成的，但要实现上述三种运算，则必须将复杂的交织状况变换成可运算的状态，这就需要进行方块图的等效变换。

（3）方块图的等效变换法则

方块图的等效变换就是将一些相加点和/或分支点的位置，在符合等效原则前提下作适当的调整（移动），消除各功能块之间的交叉连接，然后按方块图运算法则，求出系统总的传递函数。方块图等效变换法则见表1-4。

表1-4　方块图等效变换法则

变换方式	原方块图	等效方块图
相加点互换	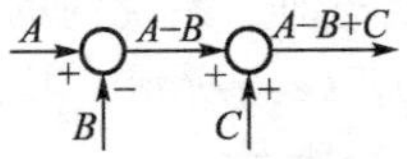	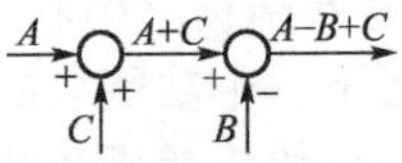
相加点重新安排	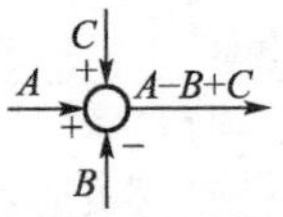	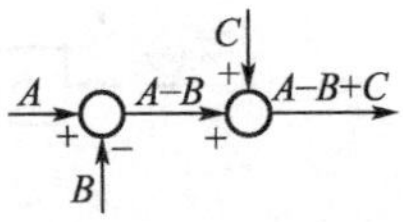
环节互换	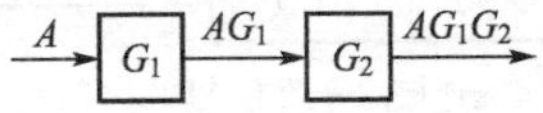	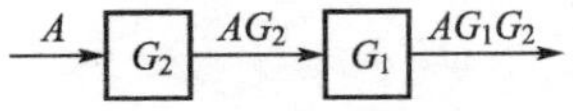
环节串联	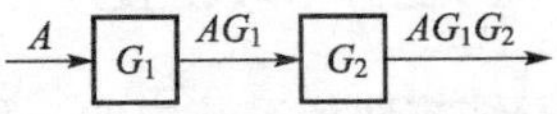	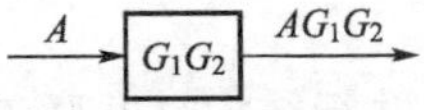
环节并联	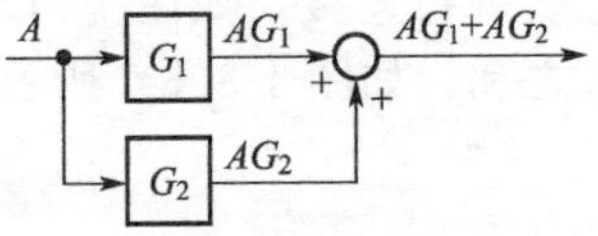	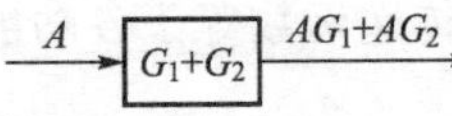
相加点左移	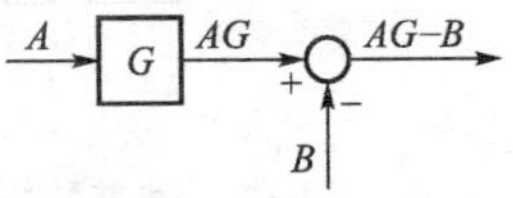	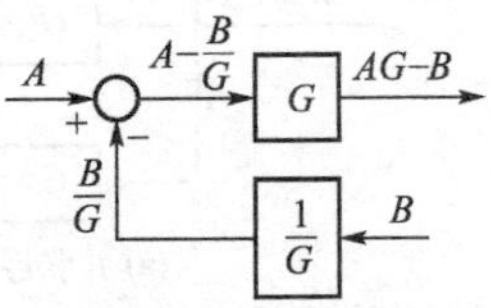
相加点右移	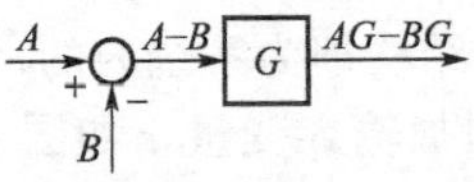	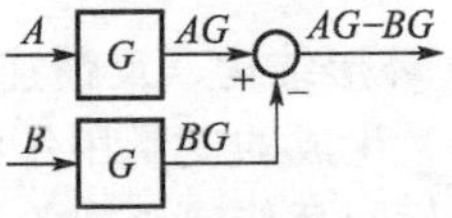
分支点左移	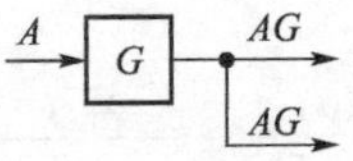	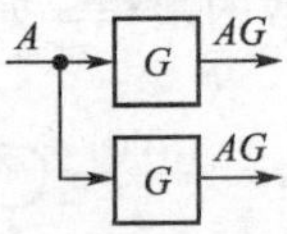
分支点右移	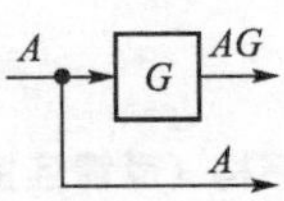	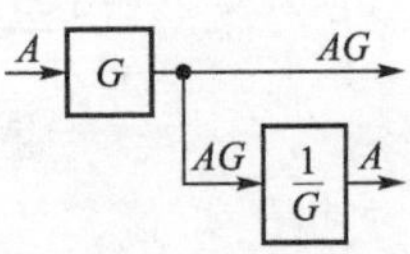

续表

变换方式	原方块图	等效方块图
分支点移到相加点左边	$A \xrightarrow{+} \otimes \xrightarrow{A-B}$ 分支 $\xrightarrow{A-B}$，B（$-$）	B（$-$）$\to \otimes \xrightarrow{A-B}$；$A \to \otimes \xrightarrow{A-B}$，$B$（$-$）
从反馈回路中移出环节	$A \xrightarrow{+} \otimes \xrightarrow{} G_1 \xrightarrow{B}$，反馈 G_2（$-$）	$A \to \dfrac{1}{G_2} \to \otimes \xrightarrow{+} G_1 \to G_2 \xrightarrow{B}$（$-$ 反馈）
简化反馈回路	$A \xrightarrow{+} \otimes \xrightarrow{} G_1 \xrightarrow{B}$，反馈 G_2（$-$）	$A \to \dfrac{1}{1+G_1 G_2} \xrightarrow{B}$

1.2.2.5　系统辨识

参考文献 [35] 指出："近二十年来，在计算机技术和现代应用数学高速发展的推动下，现代控制理论在最优滤波、系统辨识、自适应控制、智能控制等方面又有了重大进展。"

辨识或系统辨识是确定系统或过程的（数学）模型的依据之一，而控制理论与自动化（控制）技术的基础就是数学模型。

（1）系统辨识的定义

在 GB/T 2900.56—2008 中给出了辨识或系统辨识、参数辨识的定义，即"辨识或系统的辨识是指建立系统静态和瞬态行为的数学模型的过程"。系统辨识或包含结构辨识和参数辨识，其中参数辨识是"通过测量系统的时变变量确定系统的参数"。

现在的问题是，上述定义与国内外权威专家、学者所给出的定义有一定的差别，这涉及系统辨识的理论与方法，下面举例说明这一问题。

美国学者 L. A. Zadeh 在其 1962 年发表的论文中曾对系统辨识给出了一个定义，即"系统辨识是在输入和输出数据的基础上，在指定的一类模型中，确定一个与被识别系统等价的模型"。这个定义明确了系统辨识的三个要素，即输入输出数据、模型类和等价原则。

瑞典学者 L. Ljungz 在 1978 年也给系统辨识下了一个定义，即"系统辨识有三个要素：数据、模型和准则。系统辨识是按照一个准则，在模型类中选择一个数据拟合得最好的模型"。

我国专家、学者在其专著或论文中对系统辨识也给出过定义，如"系统辨识是通过设计适当的输入信号，利用实验的输入输出数据，选择一类模型，构造一误差准则函数，用优化方法确定一个与数据拟合得最好的一个模型。""系统辨识是研究如何利用系统试验或运行的、含有噪声的输入输出数据来建立被研究对象数学模型的一种理论和方法。[51]""系统辨识是以数据为基础，以信息为手段，以模型为媒体，以减少系统、信号、环境不确定性为目标的学科"等。

比较上述各定义并根据作者对系统辨识的理解，对电液伺服阀控制液压缸系统而言，其系统辨识定义至少应具有以下内涵。

① 其是系统建模的方法之一，即试验法建模。

② 系统的输入和输出是可知的，或表述为系统的输入是选择（设计）好的，系统的输

出（和输入）是可以测量准的，且可以在系统正常运行时进行。

③ 通常在已知数学模型中按既定准则选择一种模型（如传递函数），其输入、输出和传递函数的理论关系（数学模型）与实际系统吻合得较好。

④ 工程实际中没有完全相同的系统，系统辨识的较好结果只能是比较接近实际系统，这需要一定的评价办法来确定所建数学模型精度。

数学模型同实际系统的吻合程度与这门科学技术的发展水平以及工程设计人员的理论水平、实际能力密切相关，即使使用一些辨识软件进行系统辨识也是如此。

（2）系统辨识的基本方法

系统辨识的基本方法为统计辨识方法或统计建模方法。统计建模方法是基于实验的系统辨识方法，其也称为实验建模方法或黑箱建模方法。

然而，黑箱建模一般是无法实现的，通常采用的系统辨识方法是灰箱建模方法。

① 黑箱建模方法。

所谓黑箱建模方法，是指系统内部行为对建模者来说是未知的，只能根据外部的系统输入和输出数据序列，确定系统行为的数学模型。

如果黑箱建模得以实现，即意味着发现了该系统的科学规律。

② 灰箱建模方法。

所谓灰箱建模方法，就是白箱建模方法（也称机理建模方法）与黑箱建模方法相结合的建模方法。实际中，如知道系统的运行规律，就用机理方法推导描述系统运行的数学表达式，然后用试验的方法估计模型的参数。

值得注意的是，虽然有的系统可以根据机理推导出系统的模型，但这种模型可能是分布函数的偏微分方程、高度非线性，不利于系统的综合和分析，不利于用线性控制理论方法设计控制器，对这样的系统我们也采用统计试验的方法建立其数学模型。

在灰箱建模中，如果选择阶跃信号作为输入信号，则可称为阶跃响应辨识方法。

有文献指出："在理论建模的基础上，采用系统辨识来获得精确模型是目前的主要型式。"

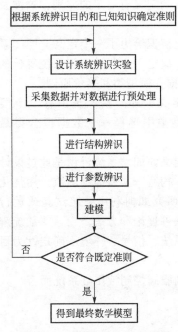

图 1-10　系统辨识的基本步骤

（3）系统辨识的基本步骤

系统辨识首先应明确辨识的目的，辨识目的不同对模型的要求也不同，其关系到对结构辨识和参数辨识的侧重点。图 1-10 给出了系统辨识的基本步骤。

在进行系统辨识时，需要充分了解系统并明确辨识目的，包括系统的输入、输出、信号范围和系统操作条件，以及所得到的模型的最终应用目的等；还需要选择适当的模型类，比如时变系统、定常系统、随机系统、确定性系统、线性系统、非线性系统，还包括模型的阶次、滞后时间的选择等；在试验设计和数据采集时，一般要求输入能持续激励，也就是要求输入能包含足够丰富的频率成分，并且采样频率应符合香农采样定理；对于估计参数或函数，包括离线算法（或称非递推算法）和在线算法（也称递推算法），后者能实时处理数据并得到更新的辨识结果；最后关于模型验证，一般将系统输出与模型输出作比较，评估辨识结果的可靠性和有效性，或在模型应用中检验模型质量，若不满足要求，则需重复执行上述步骤，直至辨识结果通过模型验证。

在具体进行系统辨识时，对于特定的系统应选择适合的辨识步骤或辨识内容，如将结构辨识和参数辨识不作分开等，因此图 1-10 所示系统辨识的基本步骤仅是给出一个参考。

　　（4）**系统辨识的应用与发展**

　　从美国学者 Zadeh 的标志性论文引入"辨识"这一术语开始，系统辨识这一作为对动态系统控制设计而引入的建模方法已经过了半个多世纪的发展。从内容上看，系统辨识不仅包括系统数学模型的建立，还包括数据的采集、模型的验证；从目标上看，系统辨识本质上以控制为导向，系统辨识与反馈控制相结合就产生了自适应控制；从方法上看，传统的系统辨识在随机框架下，逐步形成了利用带噪声的观测数据对系统未知参数进行建模优化的典型型式，发展完善了一批算法，如递推最小二乘算法、预报误差算法、随机逼近算法、常微分方程法、Akaike 信息准则、Rissanen 的最短数据描述建模等，以及在输出信号预处理思想基础上建立的基于偏差补偿系统建模、开环及闭环动态系统辨识、降阶建模、集元辨识、频率特性辨识等，系统建模与反馈控制的结合形成的自适应控制，得到了一大批成功的应用。同时，系统辨识与反馈密切联系，要求算法能够实时、在线更新估计这些特点，使得系统辨识既得益又区别于统计及后来的时间序列分析，赋予其独特的内涵及生命力。

　　系统辨识一直在不断自我发展与完善，一个例子是 20 世纪 90 年代以来十分活跃的 Worst-case 系统辨识，将噪声看作是"非随机"、"未知且有界"，利用模型的集元特征，得到一批重要概念和成果。"控制导向的系统辨识"这一术语常被用来强调系统辨识的目的是为了控制设计，这一思想推动了 20 世纪 90 年代的系统辨识研究，其显著特点是引入了以逼近论及复杂性理论为基础并以相应控制为目标的一批新颖的方法，其中包括在 H_∞ 和 L_1 测度下的模型逼近、用时域数据的 Worst-case 系统辨识和以频域为主的 H_∞ 辨识，以及借助于算子理论中的函数逼近与插值理论的一系列算法并与模型验证形成有机结合。这些方法的优点是辨识所得到模型和误差界可直接与 20 世纪 80 年代发展的 H_∞ 和 L_1 鲁棒控制挂钩。同时其复杂性研究对系统辨识的本质性局限有了更深刻的认识。对这些方法存在的技术复杂性，结果的保守性，与自适应控制的关联等问题以及与传统系统辨识相比优劣和互补关系的探讨促进了系统辨识向新领域的推进。

　　随着信息化技术革命的到来，自动化技术所直接面对的工业过程、航空航天等领域发生了巨大变化。传统工业工程大多关注个体装置的建模与控制，而现在人们常要面对时间、空间上相互联系的群体，如传感器网络、多智能体系统、新能源并网后的智能电网等；工程技术人员现今要面对诸多高速、极端环境（如高速轨道交通、高超音速飞行器）的建模与控制问题。与此同时，新学科不断涌现、新技术层出不穷，就电液伺服系统建模而言，采用神经网络、Hammerstein 和 P-H-W 等灰箱模型对系统进行非线性辨识比机理模型辨识精度高。但目前常见的几种灰箱模型辨识都是采用离线辨识方法，应用范围有限，研究实时在线的电液伺服系统非线性模型辨识算法，并将其应用到控制设计中，将是未来一个重要的研究方向。另外，一些非线性控制方法，如鲁棒控制、自适应控制、滑膜控制、反演控制以及智能控制等被证明更适合电液伺服系统，其中鲁棒控制与自适应控制方法因能较好地克服系统非线性和不确定干扰，而得到了学者的青睐。但是，在设计自适应控制律时，Lyapunov 函数的选择难，参数估计的收敛性难以保证；在设计鲁棒控制时，鲁棒性、稳定性及可控性在实践上相互矛盾等，使得鲁棒自适应控制设计变得复杂，难以在实际系统中推广应用，如何应用先进的控制方法，在提高系统适应性和鲁棒性的同时，提高系统控制的可操作性，是未来研究的热点和方向。

　　作者注：1. 参考了王乐一，赵文虓撰写的《系统辨识：新的模式、挑战及机遇》一文，其中指出引入"辨识"之名的美国学者 Zadeh 的标志性论文发表于 20 世纪 50（1956）年代；包括引用了其中的系统辨识的定义。

2.参考了丁峰撰写的或参加撰写的《系统辨识（1）：辨识引导》《传递函数辨识（1）：阶跃响应两点法和三点法》等多篇论文，包括引用了其中的系统辨识的定义。

3.参考了黎波，陈军，张伟明，张镇，陈雁撰写的《电液伺服系统建模、辨识与控制的研究现状》一文，以及其他多篇论文。

1.2.3 典型环节

电液伺服控制系统一般是由若干个元件以一定型式连接而成的，尽管这些元件的结构和/或工作原理可能不尽相同，但其数学模型却可能（完全）相同。在控制工程中，常常将具有某种确定信号传递关系的元件、组件或元件的一部分称为环节，经常遇到的环节则称为典型环节。因此，一个环节不一定代表一个元件，也许是几个元件才组成了一个环节。

通常情况下，任何复杂的系统都可归结为由一些典型环节组成，从而给建立数学模型、研究系统特性带来方便，使问题简化。

为了分析与设计电液伺服控制系统，熟悉和掌握一些典型环节的数学模型是十分必要的。下面对各个环节分别进行研究。

请注意，以下各环节中 K 含义不尽相同。

（1）比例环节

如图 1-11 所示，如果忽略其泄漏和液压油液的可压缩性，当以输入液压缸的流量为输入量，液压缸活塞的运动速度为输出量时，其关系式为：

$$q = vA_p \tag{1-28}$$

式中　q——输入液压缸的流量；

　　　v——液压缸活塞的运动速度；

　　　A_p——缸有效面积。

经拉氏变换，得传递函数为：

$$G(s) = \frac{V(s)}{Q(s)} = \frac{1}{A_p} = K \tag{1-29}$$

式中　K——比例环节的放大系数，等于输出量与输入量之比。

作者注：在 GB/T 2900.56—2008 中将"K"定义为比例作用系数，用"K_p"表示。

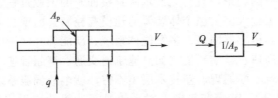

图 1-11　液压缸比例环节及其方框图

式(1-29) 表明，输入量经放大 K 倍后输出，K 称为该环节的放大系数或增益。由此可见，传递函数为一常数的环节称为比例（放大）环节。

作者注：在参考文献 [35] 中定义的比例环节为："输出量不失真、无惯性地跟随输入量，且两者成比例关系的环节称为比例环节。比例环节又称无惯性环节。"

（2）积分环节

如图 1-12 所示，如果忽略其泄漏和液压油液的可压缩性，当以输入液压缸流量为输入量，液压缸活塞位移为输出量时，其关系式为：

$$x(t) = \int_0^t \frac{q(t)}{A_p} dt \tag{1-30}$$

式中　x——液压缸活塞的位移。

经拉氏变换得：

$$X(s)=\frac{Q(s)}{A_\text{p}s} \tag{1-31}$$

传递函数则为：

$$G(s)=\frac{X(s)}{Q(s)}=\frac{\frac{1}{A_\text{p}}}{s}=\frac{K}{s} \tag{1-32}$$

式中　K——积分环节的放大系数，$K=1/A_\text{p}$。

作者注：在 GB/T 2900.56—2008 中将"K"定义为积分作用系数，用"K_1"表示。

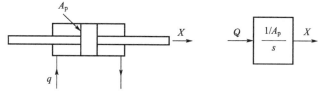

图 1-12　液压缸积分环节及其方框图

传递函数为 $G(s)=K/s$ 的环节称为积分环节，其输出量与输入量之间存在积分关系（或表述为积分环节的输出量与输入量对时间的积分成正比）。

积分环节具有的一个明显特点是输出量取决于输入量对时间的积累过程，其另一个特点是具有明显的滞后作用。因此，积分环节常被用来改善控制系统的稳态性能。

同时，由公式（1-29）和公式（1-32）可以看出，同一元件，因将不同的物理量作为其输出量（和/或输出量），则可以有不同的传递函数。

（3）惯性环节

如图 1-13 所示，液压缸驱动刚度为 K_s 的弹性负载（弹簧）和阻尼系数为 B_c 的阻尼负载（液压阻尼器）。设输入液压缸的液压油液压力 p 为输入量，液压缸活塞的位移 x 为输出量，则其力平衡方程为：

$$B_\text{c}\frac{\text{d}x}{\text{d}t}+K_\text{s}x=A_\text{p}p \tag{1-33}$$

式中　p——液压缸输入压力；

　　　A_p——缸有效面积；

　　　x——液压缸活塞位移；

　　　B_c——阻尼负载的阻尼系数；

　　　K_s——弹性负载的弹簧刚度。

经拉氏变换后，得其传递函数为：

$$G(s)=\frac{X(s)}{P(s)}=\frac{A_\text{p}}{B_\text{c}s+K_\text{s}}=\frac{\frac{A_\text{p}}{K_\text{s}}}{\frac{B_\text{c}}{K_\text{s}}s+1}=\frac{K}{Ts+1} \tag{1-34}$$

式中　K——惯性环节的放大系数，$K=A_\text{p}/K_\text{s}$；

　　　T——惯性环节的时间常数，$T=B_\text{c}/K_\text{s}$。

传递函数为 $G(s)=K/(Ts+1)$ 的环节称为惯性环节〔或凡运动方程为一阶微分方程

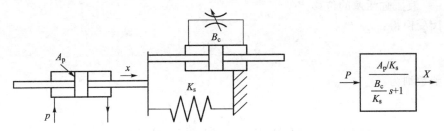

图 1-13　液压缸与弹簧和阻尼器组成的惯性环节及其方框图

$T \dfrac{\mathrm{d}x_{\mathrm{o}}(t)}{\mathrm{d}t} + x_{\mathrm{o}}(t) = K x_{\mathrm{i}}(t)$ 型式的称为惯性环节]。

（4）微分环节

凡输出量正比于输入量的微分的环节称为微分环节，其运动方程为：

$$x_{\mathrm{o}}(t) = T \dfrac{\mathrm{d}x_{\mathrm{i}}(t)}{\mathrm{d}t} \tag{1-35}$$

经拉氏变换后，得其传递函数为：

$$G(s) = \dfrac{X_{\mathrm{o}}(s)}{X_{\mathrm{i}}(s)} = Ts \tag{1-36}$$

式中　T——微分环节的时间常数。

如图 1-14 所示，其为机械弹簧-液压阻尼器（阻尼缸）原理图。

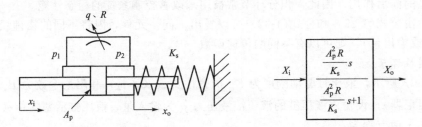

图 1-14　机械弹簧-液压阻尼器组成的微分环节及其方块图

当活塞作位移 x_{i}（以此作为输入量）时，阻尼缸（体）瞬时位移 x_{o}（以此作为输出量）力图与 x_{i} 相等，但由于弹簧被（进一步）压缩，弹簧恢复力加大，阻尼缸右腔内油液压力 p_2 增大，迫使该腔油液以流量 q 通过节流阀流到阻尼缸左腔，从而使阻尼缸（体）左移，直到阻尼缸受力平衡时为止。

阻尼缸的力平衡方程为：

$$A_{\mathrm{p}}(p_2 - p_1) = K_{\mathrm{s}} x_{\mathrm{o}} \tag{1-37}$$

通过节流阀的流量为：

$$q = \dfrac{p_2 - p_1}{R} = A_{\mathrm{p}}(\dot{x}_{\mathrm{i}} - \dot{x}_{\mathrm{o}}) \tag{1-38}$$

式中　p_1——阻尼缸右腔油液压力；

　　　p_2——阻尼缸左腔油液压力。

由上两式得：

$$\dot{x}_{\mathrm{i}} - \dot{x}_{\mathrm{o}} = \dfrac{K_{\mathrm{s}}}{A_{\mathrm{p}}^2 R} x_{\mathrm{o}} \tag{1-39}$$

经拉氏变换后，得其传递函数为：

$$G(s)=\frac{x_{o}(s)}{x_{i}(s)}=\frac{s}{s+\dfrac{K_{s}}{A_{p}^{2}R}}=\frac{\dfrac{A_{p}^{2}R}{K_{s}}s}{\dfrac{A_{p}^{2}R}{K_{s}}s+1}=\frac{Ts}{Ts+1} \tag{1-40}$$

式中　A_{p}——阻尼缸有效面积；

　　　K_{s}——弹簧刚度；

　　　R——节流阀液阻；

　　　x_{i}——阻尼缸活塞位移；

　　　x_{o}——阻尼缸（体）位移；

　　　T——时间常数，$T=\dfrac{A_{p}^{2}R}{K_{s}}$。

由此可知，此机械弹簧-液压阻尼器（阻尼缸）为包括惯性环节和微分环节的系统，此系统也被称为惯性微分环节。仅当 T 很小时，$Ts+1\approx1$，$G(s)=Ts$，才近似称为微分环节。

（5）振荡环节

振荡环节含有两个独立的（或表述为具有两种型式的）储能元件，并且所储存的能量能够相互转换，从而导致输出带有振荡的性质。这种环节的微分方程式为：

$$T^{2}\frac{d^{2}x_{o}(t)}{dt^{2}}+2\zeta T\frac{dx_{o}(t)}{dt}+x_{o}(t)=Kx_{i}(t) \tag{1-41}$$

经拉氏变换后，得其传递函数为：

$$G(s)=\frac{X_{o}(s)}{X_{i}(s)}=\frac{K}{T^{2}s^{2}+2\zeta Ts+1} \tag{1-42}$$

式中　T——振荡环节的时间常数；

　　　ζ——阻尼比；

　　　K——比例系数。

如图 1-15 所示，如果考虑液压缸容腔内液压油液的可压缩性、负载质量、液压阻尼器阻尼等因素，液压缸输入流量 q 与输出速度 v 之间的传递函数为振荡环节。下面试推导其传递函数。

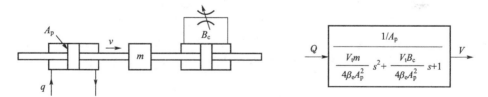

图 1-15　液压缸-负载质量-液压阻尼器组成的振荡环节及其方块图

液压缸力平衡方程为：

$$pA_{p}=m\frac{dv}{dt}+B_{c}v \tag{1-43}$$

式中　p——输入液压缸油液压力；

　　　A_{p}——缸有效面积；

　　　m——负载质量；

v——液压缸输出速度；

B_c——液压阻尼器阻尼系数。

液压缸流量连续性方程为：

$$q = A_p v + \frac{V_t}{4\beta_e} \times \frac{\mathrm{d}p}{\mathrm{d}t} \qquad (1\text{-}44)$$

式中　q——液压缸输入流量；

V_t——液压缸密闭容积；

β_e——工作介质的体积弹性模量。

合并上述式(1-43)和式(1-44)并消去 p 得：

$$q = \frac{V_t m}{4\beta_e A_p} \times \frac{\mathrm{d}^2 v}{\mathrm{d}t} + \frac{V_t B_c}{4\beta_e A_p} \times \frac{\mathrm{d}v}{\mathrm{d}t} + A_p v \qquad (1\text{-}45)$$

经拉氏变换，得其传递函数为：

$$G(s) = \frac{V(s)}{Q(s)} = \frac{\dfrac{1}{A_p}}{\dfrac{V_t m}{4\beta_e A_p^2} s^2 + \dfrac{V_t B_c}{4\beta_e A_p^2} s + 1} = \frac{K}{\dfrac{1}{\omega_n^2} s^2 + \dfrac{2\zeta}{\omega} s + 1} \qquad (1\text{-}46)$$

式中　K——比例系数；

$$K = \frac{1}{A_p}$$

ω_n——无阻尼固有（自然）频率；

$$\omega_n = \sqrt{\frac{4B_c A_p^2}{V_t m}}$$

ζ——阻尼比。

$$\zeta = \frac{B_c}{4A_p} \sqrt{\frac{V_t}{\beta_e m}}$$

1.2.4　控制系统的稳定性

稳定性是控制系统的重要性能指标之一，是系统正常工作的首要条件。

控制系统的稳定性是指受相对于静止位置足够小的初始偏移或扰动时，可使系统状态变量与输出变量保持在该位置足够小的领域内的系统特性。

线性系统的稳定性只取决于系统本身的结构和参数，与系统的初始状态无关；而非线性系统除与系统的结构、参数有关外，还与系统的初始状态有关，初始状态不同，非线性系统的稳定性可能不同。因此，在讨论某个非线性系统的稳定性时，还应指出它是在什么初始条件、什么范围的稳定性。

(1) 稳定性定义和系统稳定性的充分必要条件

① 定义。

当扰动作用消失后，控制系统能自动地由初始偏差状态恢复到原来的平衡状态，则此系统是稳定的，否则此系统是不稳定的。

如果初始偏差在一定的限度内，系统才能保持稳定，初始偏差超出某一限制时，系统就不稳定，则称系统是小范围内稳定的。如果无论初始偏差多大，系统总是稳定的，则称系统是大范围稳定的。线性系统若在小范围内是稳定的，则一定也是大范围内稳定。非线性系统则可能存在小范围稳定而大范围不稳定的情况。

作者注：据参考文献［60］介绍，系统运动稳定性的一般定义首先是李雅普诺夫 1892 年在其博士论文中提出的。

② 稳定性的充分必要条件。

线性反馈控制系统稳定的充分必要条件是它的特征方程的根均具有负实部，或者说系统传递函数的全部极点均位于复平面的左半部。

（2）稳定性准则

稳定性准则是分析控制系统是否稳定的依据，又称为稳定判据。工程中常用的判别系统稳定性的准则有劳斯（Routh）稳定判据和奈魁斯特（Nyquist）稳定判据。

① 劳斯稳定判据。

劳斯稳定判据是一种代数准则，它利用系统的特征方程的系数来判据（别）系统是否稳定。

劳斯判据：如（劳斯）表中第一列元素（a_n，a_{n-1}，b_1，c_1，…）不为零且均为正，则系统稳定；否则，系统不稳定。第一列元素符号改变的次数表示系统的特征方程根中不稳定根的数目。

劳斯表中元素计算时，可能出现第一列为零元素或全零行的情况，此时的劳斯表的计算需参考专门文献。

② 奈魁斯特稳定判据。

奈魁斯特稳定判据是一种频率准则，它利用系统的开环频率特性来判别闭环系统是否稳定。奈魁斯特稳定判据如下。

a.若系统的开环传递函数没有正实部的极点（$P=0$），当频率 ω 由 $-\infty$ 变化到 ∞ 时，开环频率特性 $G_k(j\omega)$ 不包围复平面上的（-1，$j0$）点，则系统稳定，否则系统不稳定。

b.若系统的开环传递函数有 P 个极点具有正实部，当频率 ω 由 $-\infty$ 变化到 ∞ 时，开环可以含有延迟环节的控制系统的奈魁斯特稳定性判据为：若除延迟环节外，开环传递函数中不包含正实部的极点，闭环状态下系统的稳定性的充分必要条件是其开环频率特性 $G_k(j\omega)$ 不包围（-1，$j0$）点，则系统是稳定的，否则系统是不稳定。

（3）稳定裕量

稳定裕量是衡量一个闭环控制系统相对稳定性的指标。在频率准则中稳定裕量通常用相位裕量 γ 和增益裕量 K_g 来表示。他们可以根据系统的开环对数频率来求取，其物理含义是相位滞后多少度，或开环增益大多少倍，则系统将从稳定状态变为临界稳定状态。

换一种说法，在设计控制系统时，我们要求系统是稳定的。此外，系统还必须具备适当的相对稳定性，即还需了解稳定系统的稳定程度。

① 相位裕量 γ。

γ 指在开环对数频率特性图上，幅频特性的增益 $L=0$ 处的相位 $\varphi(\omega_c)$ 和 180° 之和，即：

$$\gamma=180°+\varphi(\omega_c) \tag{1-47}$$

式中　ω_c——增益交界频率或穿越频率。

由式(1-47) 可知，$\gamma>0°$ 为正相位裕量，$\gamma<0°$ 为负相位裕量。

② 增益裕量 K_g。

K_g 指在开环对数频率特性图上，相频特性 $\varphi(\omega_g)=-180°$ 时，对应的幅频特性的增益 $L(\omega_g)$ 的相反数，即：

$$K_g=-L(\omega_g) \tag{1-48}$$

式中　ω_g——相位交界频率。

由式(1-48) 可知，$K_g>0$ 为正增益裕量，$K_g<0$ 为负增益裕量。

对于最小相位系统，当 $\gamma>0°$，$K_g>0$ 时系统是稳定的。一般来讲，只有单一的相位裕量或增益裕量是不足以充分说明系统的相对稳定程度的，必须同时考虑两个量。工程实际中通常要求相位裕量 γ 为 $30°\sim 60°$，对数幅频特性在增益交界频率（穿越频率）ω_c 处的斜率为 $-20\mathrm{dB/dec}$。

关于稳定裕量的定义和求取方法见图 1-16。

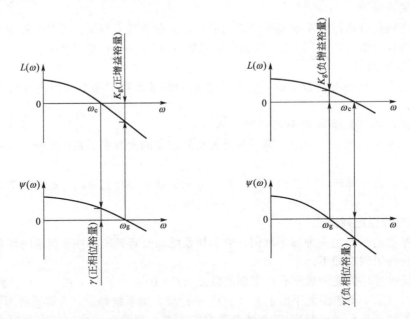

图 1-16　稳定裕量定义和求取方法（图解）

1.2.5　控制系统的精确性

控制系统的精确度是用系统的误差来衡量的，因此，系统的稳态误差是系统的重要性能指标之一。

参考文献 [61] 指出："常见的控制系统误差概念有稳定误差、动态误差、跟踪误差等。"但本节只讨论稳态误差。

（1）误差、稳态误差及其传递函数

① 偏差信号与误差信号的关系。

图 1-17 所示为一般反馈控制系统的一般模型。

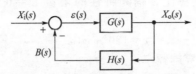

图 1-17　反馈控制系统一般模型

由于偏差信号 $\varepsilon(s)$ 为：

$$\varepsilon(s)=X_i(s)-B(s)=X_i(s)-H(s)X_o(s) \tag{1-49}$$

则误差信号 $E(s)$ 为：

$$E(s)=\frac{X_i(s)}{H(s)}-X_o(s)=\frac{X_i-H(s)X_o(s)}{H(s)}=\frac{\varepsilon(s)}{H(s)}$$

即：

$$E(s) = \frac{\varepsilon(s)}{H(s)} \tag{1-50}$$

式(1-50) 就是偏差信号 $\varepsilon(s)$ 与误差信号 $E(s)$ 之间的关系式。由此式可知，对于一般的控制系统，误差不等于偏差。对于单位反馈系统，因为 $H(s)=1$，所以才有 $E(s)=\varepsilon(s)$。

② 偏差传递函数。

图 1-18(a) 所示为 $x_i(t)$ 作用下的闭环系统。

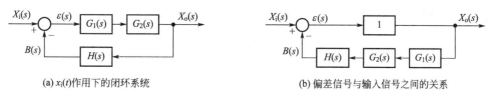

(a) $x_i(t)$作用下的闭环系统　　　　　　(b) 偏差信号与输入信号之间的关系

图 1-18　闭环系统

为了分析系统偏差信号 $\varepsilon(s)$ 的变化规律，求解偏差信号之间的关系，现将系统方块图等效变换为图 1-18(b)，并列写其传递函数：

$$\phi(s) = \frac{\varepsilon(s)}{X_i(s)} = \frac{1}{1+G_1(s)G_2(s)H(s)} = \frac{1}{1+G_0(s)} \tag{1-51}$$

式(1-51) 用 $\phi(s)$ 表示的传递函数称为输入作用下的偏差传递函数，其中令 $G_0(s) = G_1(s)G_2(s)H(s)$，$G_0(s)$ 称为该闭环系统的开环传递函数。

由式(1-51) 可见，偏差与输入和该闭环系统的开环传递函数相关。

③ 稳态误差。

控制系统的稳态误差 e_{ss} 被定义为控制系统误差信号 $e(t)$ 的稳态分量，即：

$$e_{ss} = \lim_{t \to \infty} e(t)$$

根据拉氏变换的终值定理，得：

$$e_{ss} = \lim_{t \to \infty} e(t) = \lim_{t \to 0} sE(s) \tag{1-52}$$

(2) 稳态误差的计算

引入误差传递函数 $\phi_e(s)$，即为：

$$\phi_e(s) = \frac{E(s)}{X_i(s)} \tag{1-53}$$

对于图 1-17 所示的反馈控制系统一般模型，其误差传递函数 $\phi_e(s)$ 可根据式(1-50) 计算如下：

$$\phi_e(s) = \frac{E(s)}{X_i(s)} = \frac{\varepsilon(s)}{H(s)X_i(s)} = \frac{X_i(s) - H(s)X_o(s)}{H(s)X_i(s)} = \frac{1}{H(s)} - \frac{X_o(s)}{X_i(s)}$$

$$= \frac{1}{H(s)} - \frac{G(s)}{1+G(s)H(s)} = \frac{1}{H(s)} \times \frac{1}{1+G(s)H(s)}$$

即：

$$\phi_e(s) = \frac{1}{H(s)} \times \frac{1}{1+G(s)H(s)} \tag{1-54}$$

亦即：

$$E(s) = \phi_e(s)X_i(s) = \frac{1}{H(s)} \times \frac{1}{1+G(s)H(s)} X_i(s) \tag{1-55}$$

将式(1-55) 代入式(1-52) 得该反馈控制系统的稳态误差 e_{ss} 为：

$$e_{ss} = \lim_{s \to 0} s\phi_e(s)X_i(s) = \lim_{s \to 0} s \times \frac{1}{H(s)} \times \frac{1}{1+G(s)H(s)} \times X_i(s) \tag{1-56}$$

由式(1-56)可见，闭环控制系统的稳态误差 e_{ss} 取决于系统的结构参数 $G(s)$ 和 $H(s)$ 以及输入信号 $X_i(s)$ 的性质。

对于单位反馈系统，因为 $H(s)=1$。所以其稳态误差 e_{ss} 为：

$$e_{ss}=\lim_{s\to 0}s\times\frac{1}{1+G(s)}\times X_i(s) \tag{1-57}$$

对于如干扰信号的稳态误差的计算等，限于本书篇幅予以省略。

(3) 稳态误差系数

对于图 1-17 所示的反馈控制系统一般模型，当不同类型的典型信号输入时，其稳态误差不同。因此可以根据不同的输入信号来定义不同的稳态误差系数，进而用稳态误差系数来表示稳态误差。

① 单位阶跃输入。

根据式(1-56)，反馈控制系统在单位阶跃输入信号 $X_i(s)=1/s$ 作用下的稳态误差 e_{ss} 为：

$$e_{ss}=\lim_{s\to 0}s\times\frac{1}{H(s)}\times\frac{1}{1+G(s)H(s)}\times\frac{1}{s}=\frac{1}{H(0)}\times\frac{1}{1+\lim_{s\to 0}G(s)H(s)}$$

定义 $K_p=\lim_{s\to 0}G(s)H(s)=G(0)H(0)$ 为稳态位置误差系数，则：

$$e_{ss}=\frac{1}{H(0)}\times\frac{1}{1+K_p} \tag{1-58}$$

对于单位反馈系统，则 $K_p=G(0)$，$e_{ss}=1/(1+K_p)$。

作者注：在表 1-2 中，阶跃指令输入时的误差系数用"e_{ssr}"表示。

② 单位速度输入。

根据式(1-56)，反馈控制系统在单位速度输入信号 $X_i(s)=1/s^2$ 作用下的稳态误差 e_{ss} 为：

$$\begin{aligned}e_{ss}&=\lim_{s\to 0}s\times\frac{1}{H(s)}\times\frac{1}{1+G(s)H(s)}\times\frac{1}{s^2}\\&=\frac{1}{H(0)}\times\lim_{s\to 0}\frac{1}{s+sG(s)H(s)}=\frac{1}{H(0)}\times\frac{1}{\lim_{s\to 0}sG(s)H(s)}\end{aligned}$$

定义 $K_v=\lim_{s\to 0}sG(s)H(s)$ 为稳态速度误差系数，则：

$$e_{ss}=\frac{1}{H(0)}\times\frac{1}{K_v} \tag{1-59}$$

对于单位反馈系统，则 $K_v=\lim_{s\to 0}sG(s)$，$e_{ss}=1/K_v$。

③ 单位加速度输入。

根据式(1-56)，反馈控制系统在单位加速度输入信号 $X_i(s)=1/s^3$ 作用下的稳态误差 e_{ss} 为：

$$\begin{aligned}e_{ss}&=\lim_{s\to 0}s\times\frac{1}{H(s)}\times\frac{1}{1+G(s)H(s)}\times\frac{1}{s^3}\\&=\frac{1}{H(0)}\times\lim_{s\to 0}\frac{1}{s^2+s^2G(s)H(s)}=\frac{1}{H(0)}\times\frac{1}{\lim_{s\to 0}s^2G(s)H(s)}\end{aligned}$$

定义 $K_a=\lim_{s\to 0}s^2G(s)H(s)$ 为稳态加速度误差系数，则：

$$e_{ss}=\frac{1}{H(0)}\times\frac{1}{K_a} \tag{1-60}$$

对于单位反馈系统，则 $K_a = \lim\limits_{s \to 0} s^2 G(s)$，$e_{ss} = 1/K_a$。

以上用反馈控制系统的稳态误差系数表示了反馈系统的稳态误差，其表明稳态误差系数只与反馈控制系统的开环传递函数 $G(s)H(s)$ 有关，而与输入信号无关，即只取决于系统的结构和参数。

(4) 系统的类型

对于图 1-17 所示的反馈控制系统一般模型，其开环传递函数一般可以写成：

$$G(s)H(s) = \frac{K(\tau_1 s+1)(\tau_2 s+1)\cdots(\tau_m s+1)}{s^\nu (T_1 s+1)(T_2 s+1)\cdots(T_{n-\nu} s+1)} \tag{1-61}$$

式中 K——系统的开环增益；

$\tau_1,\tau_2,\cdots,\tau_m$；$T_1,T_2,\cdots,T_{n-\nu}$——时间系数。

式(1-61)的分母中包含了 s^ν 项，其指数 ν 对应系统中积分环节的个数。当 s 趋于零时，积分环节 s^ν 项在确定控制系统稳态误差方面起主导作用，因此，控制系统可以按其开环传递函数中的积分环节的个数来分类。

当 $\nu=0$ 时，即没有积分环节，则称该系统为 0 型系统，其开环传递函数可表示为：

$$G(s)H(s) = \frac{K_0(\tau_1 s+1)(\tau_2 s+1)\cdots(\tau_m s+1)}{(T_1 s+1)(T_2 s+1)\cdots(T_n s+1)} \tag{1-62}$$

式中 K_0——0 型系统的开环增益。

当 $\nu=1$ 时，即有一个积分环节，则称该系统为 Ⅰ 型系统，其开环传递函数可表示为：

$$G(s)H(s) = \frac{K_1(\tau_1 s+1)(\tau_2 s+1)\cdots(\tau_m s+1)}{s(T_1 s+1)(T_2 s+1)\cdots(T_{n-1} s+1)} \tag{1-63}$$

式中 K_1——Ⅰ 型系统的开环增益。

当 $\nu=2$ 时，即有两个积分环节，则称该系统为 Ⅱ 型系统，其开环传递函数可表示为：

$$G(s)H(s) = \frac{K_2(\tau_1 s+1)(\tau_2 s+1)\cdots(\tau_m s+1)}{s^2(T_1 s+1)(T_2 s+1)\cdots(T_{n-2} s+1)} \tag{1-64}$$

式中 K_2——Ⅱ 型系统的开环增益。

其他以此类推，但从系统稳定性方面考虑，实际系统中一般不会含有两个以上的积分环节，亦即 $\nu \leqslant 2$。

对于不同类型反馈控制系统，其稳态误差系数也不同；在三种典型输入信号作用下，其以稳态误差系数表示的稳态误差当然也不同，具体见表 1-5。

表 1-5　单位反馈控制系统在不同输入信号作用下的稳态误差

系统类型	典型输入信号		
	单位阶跃输入	单位速度输入	单位加速度输入
	反馈控制系统的稳态误差（稳态误差系数）		
0 型	$1/(1+K_0)[K_0]$	$\infty[0]$	$\infty[0]$
Ⅰ 型	$0[\infty]$	$1/K_1[K_1]$	$\infty[0]$
Ⅱ 型	$0[\infty]$	$0[\infty]$	$1/K_2[K_2]$

由表 1-5 可以得出如下结论。

① 同一个系统，如果输入的控制信号不同，其稳态误差也不同。

② 同一个控制信号作用下的不同控制系统，其稳态误差也不同。

③ 系统的稳态误差与其开环增益有关，开环增益越大，其稳态误差越小；反之，开环增益越小，其稳态误差越大。

④ 关于系统的稳态误差与系统类型和控制信号的关系，可通过系统类型的 ν 值和控制信号拉氏变换后拉氏算子 s 的阶次 L 值来分析。如当 $L \leqslant \nu$ 时，无稳态误差；当 $L > \nu$ 时，有稳态误差，且当 $L - \nu = 1$ 时，$e_{ss} = $ 常数，$L - \nu = 2$ 时，$e_{ss} = \infty$。

需要说明的是，用稳态误差系数 K_p、K_v 和 K_a 表示的稳态误差分别称为位置误差、速度误差和加速度误差，都表示系统的过渡过程结束后，虽然输出能够跟踪输入，但是却存在着位置误差。速度误差和加速度误差并不是指速度上和加速度上的误差，而是指在速度信号输入和加速度信号输入时所产生的在位置上的误差。位置误差、速度误差和加速度误差的量纲是一样的。

如果系统输入的是阶跃函数、速度函数和加速度函数的三种输入的组合，即：

$$x_i(t) = A + Bt + Ct^2 \tag{1-65}$$

式中　A，B，C——常数。

根据线性叠加原理可以证明，系统的稳态误差为：

$$e_{ss} = \frac{A}{1 + K_p} + \frac{B}{K_v} + 2\frac{C}{K_a} \tag{1-66}$$

1.2.6　控制系统的快速性

快速性是控制系统的三个重要性能指标之一，其反映了系统输出对系统输入的动态响应速度，因此在一些参考文献中又以动态特性表述。

快速性可以通过动态过渡过程时间长短表征。过渡过程时间越短，表明系统快速性好；反之表明系统快速性差。

确定系统动态性能指标可以采取时域分析法和频域分析法，亦即在时域或频域上均可对系统的快速性进行分析与评估。

（1）时域分析法

控制系统的动态性能可以通过系统对输入信号的响应过程来评价，而系统的响应过程不仅取决于系统本身的特性，而且还与输入信号的型式有关。所谓时域分析，是指在时间域内研究系统在单位阶跃信号作用下，其输出信号随时间的变化情况。

① 一阶惯性环节的单位阶跃响应。

凡是能够用一阶微分方程描述的系统称为一阶系统，它的典型型式是一阶惯性环节。系统在单位阶跃信号作用下的输出称为阶跃响应。单位阶跃信号 $x_i(t) = 1(t)$ 的拉氏变换为 $X_i(s) = 1/s$，则一阶惯性环节在单位阶跃信号作用下的输出拉氏变换为：

$$X_o(s) = G(s)X_i(s) = \frac{1}{Ts + 1} \times \frac{1}{s} = \frac{1}{s} - \frac{1}{s - \dfrac{1}{T}} \tag{1-67}$$

将式(1-67)进行拉氏反变换，得出一阶惯性环节的单位阶跃响应为：

$$x_o(t) = L^{-1}[X_o(s)] = 1 - e^{-\frac{1}{T}t} \quad (t \geqslant 0) \tag{1-68}$$

式中　T——时间常数。

根据式(1-68)，当 t 取 T 的不同倍数时，可得出表 1-6 的数据。

表 1-6　一阶惯性环节的单位阶跃响应

t	0	T	$2T$	$3T$	$4T$	$5T$	...	∞
$x_o(t)$	0	0.632	0.865	0.950	0.982	0.993	...	1

一阶惯性环节在单位阶跃信号作用下的时间响应曲线如图 1-19 所示，它是一条单调上升的指数曲线，其值随自变量的增大而趋近于稳态值 1。

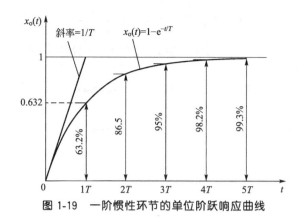

图 1-19　一阶惯性环节的单位阶跃响应曲线

由式(1-68) 和图 1-19 可以得出：

a. 一阶惯性环节是稳定的，无振荡。

b. 当 $t=T$ 时，$x_o(t)=0.623$，即经过时间 T，曲线上升到 0.623 的高度。反过来，如果有实验的方法测出响应曲线达到 0.632 高度点时所用的时间，则该时间就是一阶惯性环节的时间常数 T。

c. 经过时间 $3T \sim 4T$，响应曲线已达到稳态值的 95%～98%，在工程上可以认为其瞬态响应过程基本结束，系统进入了稳态过程，即 $t_s=4T$。因此，时间常数 T 反映了一阶惯性环节的固有特性，其值越小，系统惯性越小，响应越快。

d. 在 $t=0$ 处，响应曲线的切线斜率为 $1/T$。

将式(1-68) 改写为：

$$e^{-\frac{1}{T}t}=1-x_o(t) \tag{1-69}$$

两边取对数，得：

$$\left(-\frac{1}{T}\lg e\right)t=\lg[1-x_o(t)] \tag{1-70}$$

式中　$-\dfrac{1}{T}\lg e$——常数。

由式(1-70) 可知，$\lg[1-x_o(t)]$ 与时间 t 为线性比例关系。如以时间 t 为横坐标，$\lg[1-x_o(t)]$ 为纵坐标，则可得到如图 1-20 所示的一条经过原点的直线。因此，此特点可用于一阶惯性环节的识别。

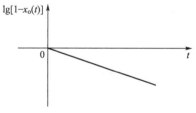

图 1-20　一阶惯性环节的识别曲线

② 二阶系统的单位阶跃响应。

凡是能够用二阶微分方程描述的系统称为二阶系统。从物理上讲，二阶系统包含两个独立的储能元件，能量在两个元件之间交换，使系统具有往复振荡的趋势。当阻尼不够充分大时，系统呈现出振荡的特性，所以，二阶系统也称二阶振荡环节。

二阶系统对控制工程来说是非常重要的，因为很多实际控制系统都是二阶系统，而且许多高阶系统在一定条件下也可将其简化为二阶系统来近似求解。因此，分析二阶系统的时间响应以及特性具有重要的实际意义。

单位阶跃信号 $x_i(t)=1(t)$ 的拉氏变换为 $X_i(s)=1/s$，则二阶系统在单位阶跃信号作用下的输出拉氏变换为：

$$X_o(s) = G(s)X_i(s) = \frac{\omega_n^2}{s(s^2 + 2\zeta\omega_n s + \omega_n^2)} \tag{1-71}$$

将式(1-71)进行拉氏反变换，得出二阶系统的单位阶跃响应为：

$$x_o(t) = L^{-1}[X_o(s)] = L^{-1}\left[\frac{\omega_n^2}{s(s^2 + 2\zeta\omega_n s + \omega_n^2)}\right] \tag{1-72}$$

$$\omega_n = 1/T$$

式中 ω_n——二阶系统的无阻尼固有角频率（或称自然频率）；

T——时间常数；

ζ——系统阻尼比。

根据阻尼比 ζ 的不同取值情况，二阶系统的时间响应函数也不同，具体请见表1-7。

表1-7　二阶系统输入单位阶跃信号的时间响应

阻尼比	时间响应函数
$\zeta > 1$	$x_o(t) = 1 - \dfrac{1}{2(1 + \zeta\sqrt{\zeta^2-1} - \zeta^2)}e^{-(\zeta-\sqrt{\zeta^2-1})\omega_n t} - \dfrac{1}{2(1 - \zeta\sqrt{\zeta^2-1} - \zeta^2)}e^{-(\zeta+\sqrt{\zeta^2-1})\omega_n t}$　$(t \geq 0)$
$\zeta = 1$	$x_o(s) = 1 - (1 + \omega_n t)e^{-\omega_n t}$　$(t \geq 0)$
$0 < \zeta < 1$	$x_o(t) = 1 - \dfrac{e^{-\zeta\omega_n t}}{\sqrt{1-\zeta^2}}\sin(\omega_d + \varphi)$　$(t \geq 0)$ $\omega_d = \omega_n\sqrt{1-\zeta^2}, \varphi = \arctan\dfrac{\sqrt{1-\zeta^2}}{\zeta}$
$\zeta = 0$	$x_o(t) = 1 - \cos\omega_n t$　$(t \geq 0)$

注：本表摘自参考文献［35］中表3.2，但其与参考文献［72］中相关公式出入较大。

在欠阻尼（$0 < \zeta < 1$）情况下二阶系统的性能指标计算公式见表1-8。

表1-8　二阶系统的性能指标计算公式

指标	计算公式	说　明
上升时间 t_r	$t_r = \dfrac{\pi - \arctan\dfrac{\sqrt{1-\zeta^2}}{\zeta}}{\omega_n\sqrt{1-\zeta^2}} = \dfrac{\pi - \arctan\dfrac{\sqrt{1-\zeta^2}}{\zeta}}{\omega_d}$	由左式可见，当 ζ 一定时，ω_n 增大，t_r 就减小；当 ω_n 一定时，ζ 增大，t_r 就增大
峰值时间 t_p	$t_p = \dfrac{\pi}{\omega_n\sqrt{1-\zeta^2}} = \dfrac{\pi}{\omega_d}$	由左式可见，当 ζ 一定时，ω_n 增大，t_p 就减小；当 ω_n 一定时，ζ 增大，t_p 就增大
超调量 σ_p	$\sigma_p = e^{-\frac{\zeta\pi}{\sqrt{1-\zeta^2}}} \times 100\%$	由左式可见，超调量只与系统的阻尼 ζ 有关，而与固有频率 ω_n 无关，所以 σ_p 是系统阻尼特性的描述
调节时间 t_s	$t_s = \dfrac{-\ln\Delta - \ln\sqrt{1-\zeta^2}}{\zeta\omega_n}$	由左式可见，当 $0 < \zeta < 0.7$ 时，可简化为 $t_s = \dfrac{-\ln\Delta}{\zeta\omega_n}$，故当取允差 $\Delta = 0.05$ 时，$t_s = 3/\zeta\omega_n$；取 $\Delta = 0.02$ 时，$t_s = 4/\zeta\omega_n$。当 ζ 一定时，ω_n 越大，t_s 就越小，即系统的响应速度就越快。若 ω_n 一定，当 $\zeta = 0.707$ 时，系统的响应速度最快

指标	计算公式	说　明
振荡次数 N	$N=\dfrac{t_s}{T_d}=t_s \times \dfrac{\omega_n \sqrt{1-\zeta^2}}{2\pi}$	若将上面 t_s 代入左式，即可将其中 ω_n 消除，由此可见，振动次数 N 只与系统的阻尼比 ζ 有关。阻尼比越大，振荡次数 N 越小，系统的平稳性越好。所以，振动次数 N 也直接反映了系统的阻尼特性

注："调节时间"在 GB/T 15623.1—2003《液压传动　电调制液压控制阀　第 1 部分：四通方向流量控制阀试验方法》中为"瞬态恢复时间"。

（2）频域分析法

频域分析法是以输入信号的频率为变量，对系统的性能在频率域内进行研究。工程设计中主要是运用开环和闭环对数频率特性来评价系统的瞬态响应特征。当利用开环对数频率特性时，主要利用开环频率指标，如穿越频率 ω_c、相位裕量 γ 和增益裕量 K_g 等来评价系统；当利用闭环对数频率特性时，主要利用闭环频率特性指标，如谐振频率 ω_r、截止频率 ω_b 和谐振峰值 M_r 等来评价系统。这些指标与闭环系统瞬态响应的关系，对二阶系统来讲是可以准确计算的，但对高阶系统来讲，由于二者的关系比较复杂，通常是近似估算或按经验公式估算。

设二阶系统的闭环传递函数为：

$$G(s)=\frac{\omega_n^2}{s^2+2\zeta\omega_n s+\omega_n^2} \tag{1-73}$$

则二阶系统频域性能指标与时域性能指标之间的关系式见表 1-9。

表 1-9　频域性能指标与时域性能指标的关系式

系统特性	关系式	说　明
系统开环特性	$\omega_c=\omega_n \sqrt{\sqrt{1+4\zeta^4}-2\zeta^2}$ $\gamma=\arctan\dfrac{2\zeta}{\sqrt{\sqrt{1+4\zeta^4}-2\zeta^2}}$ $t_s=\dfrac{6\sim8}{\omega_c \tan\gamma}$	当 $0<\zeta\leqslant0.4$ 时，$0.85<\omega_c/\omega_n<1$，阻尼比在此范围内，用 ω_c 代替 ω_n，误差小于 15%。因此，ω_c 对上升时间 t_r 和调节时间 t_s 的影响与 ω_n 对 t_r、t_s 的影响近似，即当 ζ 为常数时，ω_c 越大，上升时间 t_r 和调节时间 t_s 越小
系统闭环特性	$\omega_r=\omega_n \sqrt{1-2\zeta^2} \quad (0<\zeta\leqslant0.707)$ $\omega_b=\omega_n \sqrt{1-2\zeta^2+\sqrt{2-4\zeta^2+4\zeta^4}}$ $M_r=\dfrac{1}{2\zeta \sqrt{1-\zeta^2}} \quad (0<\zeta\leqslant0.707)$ $\sigma_p=e^{-\pi\sqrt{\dfrac{M_r-\sqrt{M_r^2-1}}{M_r+\sqrt{M_r^2-1}}}} \times 100\%$	谐振峰值 M_r 为谐振频率 ω_r 所对应的闭环幅值，其反映了系统瞬态响应的速度和相对稳定性 　如将二阶系统瞬态响应时间 $t_s=3/(\zeta\omega_n)$ 代入左侧截止频率 ω_b 关系式，可见，当阻尼比 ζ 确定后，系统的截止频率 ω_b 与 t_s 呈反比关系，即控制系统的频带宽度越大，则系统反映输入信号的快速性越好，这说明带宽表征控制系统响应的快速性

利用频域性能指标与时域性能指标的关系式或关系曲线来确定闭环系统的过渡过程的品质时可按以下步骤进行。

① 根据开环伯德图或闭环伯德图确定频域指标，如穿越频率 ω_c、相位裕量 γ 或谐振峰值 M_r、谐振频率 ω_r 和截止频率 ω_b。

② 根据相位裕量 γ 或谐振峰值 M_r，求取系统的阻尼比 ζ。

③ 根据 ω_c/ω_n 相位裕量 γ 或谐振峰值 M_r，求取系统瞬态响应的超调量 σ_p。

④ 由阻尼比 ζ 和/或 ω_c/ω_n、ω_r/ω_n、ω_d/ω_n，求取系统的无阻尼自然角频率 ω_n。

⑤ 根据公式或关系曲线，求取系统的调整时间 t_s。

限于本书篇幅，三阶及以上高阶系统在此就不作分析与评估了。

1.2.7 控制系统的校正

当控制系统不能通过调整自身的结构参数来满足系统性能指标要求时，就需要在原系统中引入附加装置来改善系统的性能，这种改善系统性能的方法称为系统的校正（或补偿），所引入的附加装置称为校正装置（或补偿器、补偿元件）。有多部参考文献指出："高性能的电液伺服系统一般都需要加校正装置。"

　　作者注：作者现在还没有在相关标准中查找到"校正"及"校正装置"这些术语。

系统的校正是一种再设计，对控制系统进行校正亦即设计校正装置，弥补原系统的性能不足或缺陷，其也是控制系统设计的内容之一。

校正装置的物理属性可以是电气的、机械的、液压的、气动的或者是它们的组合。如果不存在发生火灾的危险，则一般都采用电气校正装置（即电网络），因为其实现起来最为方便。

（1）校正的分类

根据校正装置在系统中的接法不同，可将控制系统校正分为串联校正和并联校正两大类。

如图 1-21 所示，将校正装置 $G_c(s)$ 串联在系统的前（正）向通道中称为串联校正。

根据校正环节 $G_c(s)$ 的性质，可将串联校正分为：增益调整、相位超前校正、相位滞后校正和相位滞后-超前校正。

根据信号流动的方向不同，并联校正可分为反馈校正和顺馈校正。

反馈校正又可分为负反馈校正和正反馈校正。常用的是负反馈校正，即对系统的部分环节建立局部负反馈。

图 1-22 所示为一种将校正装置 $G_c(s)$ 与系统并联的反馈校正。

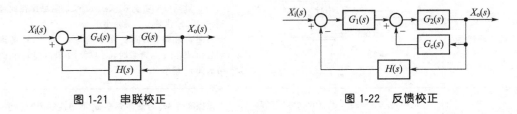

图 1-21　串联校正　　　　　　　　　图 1-22　反馈校正

当然，所谓"全局反馈"，亦即反馈包围的是全部环节，也可广义地理解为一种反馈校正。

图 1-23 所示为一种将校正装置 $G_c(s)$ 与系统并联的顺馈校正。

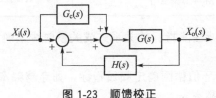

图 1-23　顺馈校正

据参考资料［60］介绍："按补偿信号的不同，顺馈校正一般可以分为按输入顺馈校正和按干扰顺馈校正两种方式。"但参考文献［35］将后者称为"前馈补偿"。

（2）常用的校正装置

参考文献［51］指出："最常见、最主要的串联校正就是在主（正向）通道上的比较环节后面的串联校正环节，此校正环节称为控制器"。

① 串联校正装置。

a. 相位超前校正装置。

相位超前校正环节（装置或网络）的传递函数可以写作成式(1-74)，其（无源）网络与伯德图见图 1-24。

$$G_c(s)=\frac{Ts+1}{\alpha Ts+1} \tag{1-74}$$

式中　T——时间常数，$T=R_1C$；

　　　α——衰减系数，$\alpha=\dfrac{R_2}{R_1+R_2}<1$。

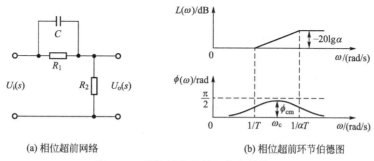

(a) 相位超前网络　　　　(b) 相位超前环节伯德图

图 1-24　相位超前环节网络与伯德图

相位超前校正环节（装置）能产生（或提供）的最大相位超前（量）相角 φ_{cm} 及所对应的频率 ω_c 为：

$$\varphi_{cm}=\arcsin\frac{1-\alpha}{1+\alpha} \tag{1-75}$$

$$\omega_c=\frac{1}{\sqrt{\alpha}\,T} \tag{1-76}$$

相位超前装置是一种高通滤波器，如果把它作为校正环节串联在主通道上，其能产生的校正效果如下。

Ⅰ. 由于 $\alpha<1$，串联在主通道上的超前校正环节（装置）产生一个 α 倍的增益衰减。

Ⅱ. 在开环频率特性低频与中频段能产生明显的相位超前相角，可弥补系统中其他环节造成的相位滞后。

Ⅲ. 不改变高频段幅频特性，而压低低频段幅频特性。

参考文献［61］指出："超前校正经常用来提高控制系统的快速性，增大相角裕量［能使系统的相位角稳定裕度增大（稳定性要求）］[51]，降低系统超调量。"

b. 相位滞后校正装置。

相位滞后校正环节（装置或网络）的传递函数可以写作成式(1-77)，其（无源）网络与伯德图见图 1-25。

$$G_c(s)=\frac{Ts+1}{\beta Ts+1} \tag{1-77}$$

式中　T——时间常数，$T=R_2C$；

$$\beta \text{——滞后超前比，} \beta = \frac{R_1 + R_2}{R_2} > 1。$$

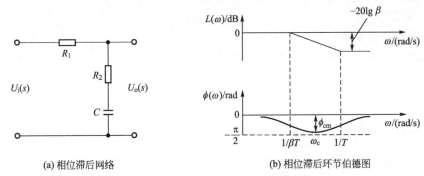

(a) 相位滞后网络　　　　　(b) 相位滞后环节伯德图

图 1-25　相位滞后环节网络与伯德图

相位滞后校正环节（装置）能产生的最大相位滞后（量）相角 φ_{cm} 及所对应的频率 ω_c 为：

$$\varphi_{cm} = \arcsin \frac{\beta - 1}{\beta + 1} \tag{1-78}$$

$$\omega_c = \frac{1}{\sqrt{\beta}\, T} \tag{1-79}$$

相位滞后装置是一种低通滤波器，如果把它作为校正环节串联在主通道上，其能产生的校正效果如下。

Ⅰ. 由于 $\beta > 1$，串联在主通道上的滞后校正环节（装置）可将系统的开环（低频）增益提高 β 倍。

Ⅱ. 在开环频率特性中频段能产生明显的相位滞后相角。

Ⅲ. 不改变低频段幅频特性，而压低高频段幅频特性。

参考文献 [46] 指出："利用它（滞后校正装置）的高频衰减特性，可以在保持系统稳定的条件下，提高系统的低频增益，改善系统的稳态性能，或者在保证系统稳态精度的条件下，降低系统的高频增益，以保证系统的稳定性。滞后校正利用的是高频衰减特性，而不是相位滞后。在阻尼比较小的液压伺服系统中，提高放大系数的限制因素是增益裕量，而不是相位裕量，因此采用滞后校正是合适的。"

尽管滞后校正的优点在于能够增大系统的开环（低频）增益，从而减小了稳态误差，提高了控制精度和闭环刚度。但是滞后校正降低了系统频带宽，影响了系统的动态响应速度，并且使系统对阶跃响应产生较大的超调和振荡。

c. 相位滞后-超前校正装置。

相位滞后-超前校正环节（装置或网络）的传递函数可以写作式(1-80)，其（无源）网络与伯德图见图 1-26。

$$G_c(s) = \frac{T_1 s + 1}{\beta T_1 s + 1} \times \frac{T_2 s + 1}{\dfrac{T_2}{\beta} s + 1} \tag{1-80}$$

设定 $\beta > 1$，则其中$(T_1 s + 1)/(\beta T_1 s + 1)$即为相位滞后环节的传递函数，$(T_2 s + 1)/(T_2 s/\beta + 1)$即为相位超前环节的传递函数。

由图 1-26 可见，曲线的低频部分为负斜率、负相移，起滞后校正作用；高频部分为正斜率、正相移，起超前校正作用。

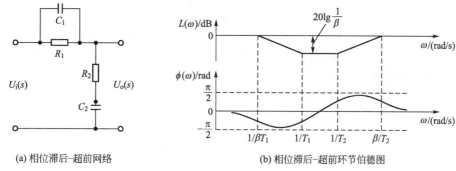

(a) 相位滞后-超前网络　　　　　　(b) 相位滞后-超前环节伯德图

图 1-26　相位滞后-超前环节网络与伯德图

② 控制器类型及控制器。

在实际模拟控制系统中的控制器常为有源控制装置，它们是由电阻、电容与运算放大器构成的网络。由于运算放大器是有源的，所以由它构成的校正装置常称为有源校正装置。在工业中常采用的控制器有比例控制器（P）、比例积分控制器（PI）、比例微分控制器（PD）和比例积分微分控制器（PID），它们都属于有源校正装置。

PID 控制可以方便灵活改变控制策略，实施 P、PI、PD 或 PID 控制。

当采用计算机控制时，PID 控制策略可在计算机中由相应的算法来实现。

a. 比例控制器。

比例控制器（P）的有源网络如图 1-27 所示，其传递函数为：

$$G_c(s) = \frac{U_o(s)}{U_i(s)} = K_p \tag{1-81}$$

$$K_p = -R_2/R_1$$

比例控制的作用是调节系统的开环增益。在保证系统稳定性的情况下，提高开环增益可以提高系统的稳态精度和快速性。

b. 比例积分控制器。

比例积分控制器（PI）的有源网络如图 1-28 所示，其传递函数为：

$$G_c(s) = K_p + \frac{1}{T_i s} \tag{1-82}$$

$$K_p = -R_2/R_1 ; T_i = -R_1 C$$

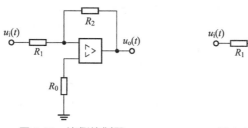

图 1-27　比例控制器　　　　　图 1-28　比例积分控制器

比例积分控制器中的积分控制可提高系统的稳态精度，而其中的比例控制可对因积分控制减低的快速性有所补偿，因此可以较好地解决系统静、动态特性要求相互矛盾的问题。此比例积分控制器相当于滞后校正。

c. 比例微分控制器。

比例微分控制器（PD）的有源网络如图 1-29 所示，其传递函数为：

$$G_c(s) = K_p + T_d s \tag{1-83}$$
$$K_p = -R_2/R_1 ; T_d = -R_2 C$$

比例微分控制器中的微分控制与误差的变化率成正比，它利用误差的变化趋势对误差起修正作用，这样可提高系统的稳定性和快速性。此比例微分控制器相当于超前校正。

d. 比例积分微分控制器。

比例积分微分控制器（PID）的有源网络如图 1-30 所示，其传递函数为：

$$G_c(s) = K_p + \frac{1}{T_i s} + T_d s \tag{1-84}$$

$$K_p = -(R_1 C_1 + R_2 C_2)/(R_1 C_2) ; T_i = -R_1 C_2 ; T_d = -R_2 C_1$$

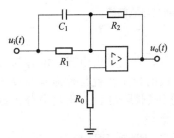

图 1-29　比例微分控制器

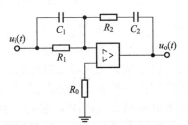

图 1-30　比例积分微分控制器

比例积分微分控制器综合了三种单独控制器的各自优点，其积分控制可提高系统的稳定性，其微分控制可改善系统的快速性。若配以高频噪声滤波环节，此比例积分微分控制器相当于滞后-超前校正。

③ 串联校正中几种校正装置的比较。

在串联校正方式中常采用超前、滞后或滞后-超前校正装置，各类校正装置适用场合和校正效果比较如下。

a. 超前校正是通过相位超前的效果来改善系统的品质。校正后系统的相位裕量和频带宽都会增大，因此能有效地改善系统的动态品质，但对系统的稳态精确度影响不大。超前校正适用于稳态精度已满足但动态品质不满足要求的系统。

但是，如果存在噪声信号，则频带宽不能过大，因为随着高频增益的增大，系统对噪声信号更加敏感。

b. 超前校正需要有一个附加的增益增量，以补偿超前校正网络本身的衰减，即由于超前校正环节产生了一个 $\alpha(\alpha<1)$ 倍的增益衰减，为了不影响系统的稳态精度，就必须将系统中放大器的放大倍数提高 α 倍。这表明超前校正比滞后校正需要更大的增量。一般而言，增益越大，系统的体积和质量越大，成本也越高。

c. 滞后校正是通过高频衰减的特性来改善系统的品质。校正后系统的稳态精确度可以提高，但滞后校正将使系统的频带宽减小，响应速度变慢。滞后校正主要适用于动态品质已满足要求，而希望改善稳态精度的系统。此外，系统中包含的任何高频噪声都可以得到衰减。

d. 当系统需要同时改善动态品质和稳态精度时，宜采用滞后-超前校正。应用滞后-超前校正，可使低频增益增大（改善了系统的稳态性能），也增大了系统的频带宽和稳定裕量。

e. 虽然应用相位超前、相位滞后和相位滞后-超前校正可以完成大多数系统的校正任务，但是对于复杂的系统，采用由这些校正装置组成的简单校正，可能仍得不到满意的结果。因此，在这种情况下必须采用其他型式的校正装置。

④ 反馈校正。

并联校正（负反馈校正）与串联校正相比具有突出的优点，其能有效地改变被包围部分结构和参数，并在一定条件下甚至可以取代被包围的部分，从而可以去除或削弱被包围部分给系统造成的不利影响。

a. 去除被包围环节的影响。

如图 1-31 所示，若环节 $G_2(s)$ 的性能是不希望的，如存在非线性因素、结构参数易变、易受干扰等，现引入局部负反馈校正环节 $G_c(s)$，可用此局部负反馈回路去除环节 $G_2(s)$ 对系统的不利影响。此局部回路的传递函数为：

$$G(s)=\frac{X_2(s)}{X_1(s)}=\frac{G_2(s)}{1+G_2(s)G_c(s)} \tag{1-85}$$

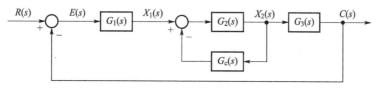

图 1-31　一种反馈校正回路

在能够影响系统动态性能的频率范围内，如果能使 $|G_2(\mathrm{j}\omega)G_c(\mathrm{j}\omega)|\gg1$，则此局部回路的传递函数可近似地表示为：

$$G(s)\approx\frac{1}{G_c(s)} \tag{1-86}$$

由此可见，此局部负反馈回路的特性几乎与被并联校正装置包围的环节 $G_2(s)$ 无关，而为并联校正装置频率特性的倒数。

因此，可以在局部反馈回路的 $|G_2(\mathrm{j}\omega)G_c(\mathrm{j}\omega)|\gg1$ 范围内，改善被包围部分的性能。

b. 减小被包围环节的时间常数。

时间常数太大，常常对系统性能产生不良影响，采用反馈校正可以减小时间常数。如图 1-32 所示，对惯性环节接入比例反馈，其局部反馈回路的传递函数为：

$$G(s)=\frac{\dfrac{K}{Ts+1}}{1+\dfrac{KK_c}{Ts+1}}=\frac{\dfrac{K}{1+KK_c}}{\dfrac{T}{1+KK_c}s+1} \tag{1-87}$$

由此可见，其仍然是惯性环节，但并联校正（局部反馈）使回路的放大系数和时间常数都下降了 $(1+KK_c)$ 倍，时间常数的减小将使系统的快速性得到改善。

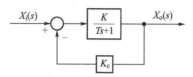

图 1-32　一种包围惯性环节反馈校正回路

c. 削弱被包围元件参数变化的敏感性。

如图 1-33(a) 所示，在 $G(s)$ 没有被并联校正装置包围时，其输出为 $X_o(s)=G(s)X_i(s)$。若 $G(s)$ 的元件参数发生 $\Delta G(s)$ 变化，由此引起输出变化为 $\Delta X_o(s)=\Delta G(s)X_i(s)$。

如图 1-33(b) 所示，采用并联校正后，当 $G(s)$ 的元件参数同样发生 $\Delta G(s)$ 变化时，则此局部反馈回路的输出为：

$$X_o(s)+\Delta X_o(s)=\frac{G(s)+\Delta G(s)}{1+[G(s)+\Delta G(s)]G_c(s)}X_i(s)$$

通常 $G(s)\gg\Delta G(s)$，则近似地有：

$$X_o(s)+\Delta X_o(s)\approx\frac{G(s)}{1+G(s)G_c(s)}X_i(s)+\frac{\Delta G(s)}{1+G(s)G_c(s)}X_i(s)$$

所以

$$\Delta X_o(s)\approx\frac{\Delta G(s)}{1+G(s)G_c(s)}X_i(s)$$

一般 $1+G(s)G_c(s)\gg1$，因此，采用并联校正能大大地削弱被包围元件参数变化给系统带来的影响。

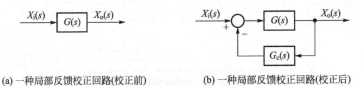

(a) 一种局部反馈校正回路(校正前)　　　　(b) 一种局部反馈校正回路(校正后)

图 1-33　一种局部反馈校正回路

d. 替代串联校正。

可以用并联校正来等效地替代串联校正。

如图 1-34(a) 所示，被比例负反馈包围的惯性环节其传递函数为 $G_2(s)=K_2/(T_2s+1)$。包围后的传递函数为：

$$G_{2c}(s)=\frac{K_2}{T_2s+1+K_2K_c}=\frac{1}{1+K_2K_c}\times\frac{T_2s+1}{\frac{T_2}{1+K_2K_c}s+1}\times\frac{K_2}{T_2s+1}=\frac{1}{\alpha}\times\frac{T_2s+1}{\frac{T_2}{\alpha}s+1}\times G_2(s)$$

(1-88)

$$\alpha=1+K_2K_c>1$$

由此可见，在式(1-88)中包含了超前校正传递函数，当惯性环节被比例负反馈包围（并联校正）后，系统相当于串联一个超前校正网络。

作者注：有参考文献将局部反馈为比例负反馈的称为硬反馈。

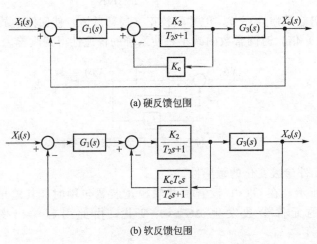

(a) 硬反馈包围

(b) 软反馈包围

图 1-34　反馈包围

如图 1-34（b）所示，惯性环节被微分负反馈包围后的传递函数为：

$$G_{2c} = \frac{T_2 s + 1}{\frac{T_2}{\alpha} s + 1} \times \frac{T_c s + 1}{\alpha T_c s + 1} \times G_2(s) \tag{1-89}$$

$$T_c > T_2, \alpha = (1 + K_2 K_c) \gg 1$$

由此可见，在式（1-89）中包含了滞后-超前传递函数，当惯性环节被微分负反馈包围（并联校正）后，系统相当于串联一个滞后-超前校正网络。

作者注：有参考文献将局部反馈为微分负反馈的称为软反馈。

⑤ 顺馈校正。

对于稳态精度要求很高的系统，为了减小误差，通常采用提高系统的开环增益或型次来解决。但这样做往往会导致系统的稳定性变差，甚至会使系统不稳定。

为了解决这个矛盾，常常把开环控制和闭环控制结合起来，组成复合控制，如图 1-35 所示。此复合控制有两个通道，一个是由 $G_c(s)G_2(s)$ 组成的顺馈校正通道，其是按开环控制；另一个是由 $G_1(s)G_2(s)$ 组成的主控制通道，其是按闭环控制的。复合控制是复合校正的另一种型式。

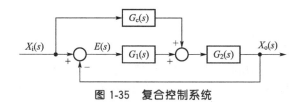

图 1-35　复合控制系统

下面以图 1-35 所示系统为例，说明顺馈校正的作用。

系统按偏差 $E(s)$ 控制时的闭环传递函数为：

$$G'(s) = \frac{G_1(s)G_2(s)}{1 + G_1(s)G_2(s)} \tag{1-90}$$

在接入顺馈校正后复合控制系统的传递函数为：

$$G(s) = \frac{[G_1(s) + G_c(s)]G_2(s)}{1 + G_1(s)G_2(s)} \tag{1-91}$$

由式（1-90）和式（1-91）可以看出，顺馈校正接入系统前后的系统特征多项式是完全一致的，因此，系统虽然接入了顺馈校正，但其稳定性未受影响。

由于此系统是单位反馈系统，系统的误差与偏差相等，所以系统的误差可（等于）写为：

$$E(s) = X_i(s) - X_o(s)$$

经进一步整理得：

$$E(s) = \frac{1 - G_c(s)G_2(s)}{1 + G_1(s)G_2(s)} X_i(s) \tag{1-92}$$

若选择：

$$G_c(s) = \frac{1}{G_2(s)} \tag{1-93}$$

则：

$$E(s) = 0$$

因此，系统的输出 $x_o(t)$ 就能完全复现系统的输入 $x_i(t)$，使得系统既没有稳态误差，也没有动态误差，并可把系统看成是一个无惯性系统，其快速性能可达到最佳状态。

以上就是采用复合控制既能消除系统稳态误差，又能保证系统动态误差性能的基本原理。

应当指出，在工程实际中要完全满足式(1-93)的条件往往是困难的，一般只能采用部分顺馈即 $G_c(s) \approx 1/G_2(s)$ 校正。

1.3 电液伺服控制技术相关术语与辨正

术语或词汇是标准化的最基本主题。对于术语和定义如果没有公认的标准，则一个技术领域内其他技术标准的制定将会变成一项艰巨而费时的工作，最终会导致工作效率低下，并且产生误解的概率也会很高。

尽管摘录以下术语的主要目的是为了对一些术语进行辨正，但这些术语却是在从事电液伺服控制技术工作时常用的，其是判别是非、对错的标准之一，也是统一认识、做法的依据，其更是阅读、理解本书的技术基础之一。

限于本书的篇幅，下文术语与辨正所涉及的术语并没有全部列入摘录，由此可能给读者带来不便。但本书及下文术语与辨正所涉及的术语一般没有超出附录 A 所列各项标准的规定。

1.3.1 常用术语和定义

在国内现行各标准中，阀或伺服阀或电液伺服阀、伺服控制液压缸及其系统所涉及的相关名词、术语、词汇（以下统称为术语）和定义并不统一。为了方便读者查对，表 1-10 所列术语和定义的序号仍采用其在原标准中的序号。

电液伺服控制技术所涉及的相关常用术语和定义见表 1-10。

表 1-10　电液伺服控制技术相关常用术语和定义

序号	术语	定　　义
GB/T 10844—2007《船用电液伺服阀通用技术条件》		
3.1.1	电液伺服阀	输入为电信号，输出为液压能的伺服阀
3.1.2	流量控制电液伺服阀	以控制输出流量为主的电液伺服阀
3.1.3	级	伺服阀中的液压放大器。伺服阀可以是单级、双级或三级
3.1.4	压力增益	控制流量为零时，负载压降对输入电流的变化率
3.1.5	零位	负载压降为零时，使控制流量为零的输出级相对几何位置
3.1.6	零位区域	零位附近，流量增益受遮盖和内漏等参数影响的区域
3.1.7	分辨率	使伺服阀的输出产生变化所需的最小输入电流之增量，以额定电流的百分比表示
3.1.8	正向分辨率	沿着输入电流变化的方向，使伺服阀输出产生变化所需的最小输入电流的增量。用其与额定电流的百分比表示
3.1.9	反向分辨率	逆着输入电流变化的方向，使伺服阀输出产生变化所需的最小输入电流的增量。用其与额定电流的百分比表示。通常分辨率用反向分辨率来衡量
3.1.10	零漂	因压力、温度等工作条件的变化而引起的零偏的变化，以额定电流的百分比表示
3.1.11	内漏	伺服阀控制流量为零时，从进油口到回油口的内部流量，它随进油口压力和输入电流的变化而变化

序号	术语	定　义
GB/T 10844—2007《船用电液伺服阀通用技术条件》		
3.1.12	控制流量	从伺服阀的控制油口(A 或 B)流出的流量。负载压降为零时的控制流量称为空载流量,负载压降不为零时的控制流量称为负载流量
3.1.13	空载流量曲线	空载控制流量随输入电流在正负额定电流之间做出的一个完整循环的连续曲线
3.1.14	名义流量曲线	流量曲线中点的轨迹
3.1.15	流量增益	流量曲线的斜率
3.1.16	名义流量增益	从名义流量曲线的零流量点向两极性方向各作一条与名义曲线偏差最小的直线,为名义流量增益线。其斜率即为名义流量增益
3.1.17	线性度	名义流量曲线的直线性。用名义流量曲线与名义流量增益的最大偏差来衡量,并以额定电流的百分比表示
3.1.18	对称度	两个极性的名义流量增益一致的程度。用二者之差对较大者的百分比表示
3.1.19	滞环	在正负额定电流之间,以小于测试设备动态特性起作用的速度循环,对于产生相同输出的往与返的输入电流之差的最大值,以其与额定电流的百分比表示为滞环
3.1.20	遮盖	滑阀位于零位时,固定节流棱边与可动节流棱边轴向位置的相对关系
3.1.20.1	零遮盖	二级名义流量曲线的延长线的零流量点之间不存在间隙遮盖
3.1.20.2	正遮盖	在零位区域,导致名义流量曲线斜率减小的遮盖
3.1.20.3	负遮盖	在零位区域,导致名义流量曲线斜率增大的遮盖
3.1.21	频率响应	当恒幅正弦输入信号在规定频率范围内变化时,控制流量对输入电流的复数比
3.1.22	幅值比	在某频率范围内,控制流量幅值对正弦输入电流幅值比
3.1.23	相位滞后	在规定频率范围内,正弦输出跟踪正弦输入电流的瞬时时间差。在一个特定的频率下测量,以角度表示
3.1.24	瞬态响应	阶跃输入时,输出的跟踪特性
GB/T 13854—2008《射流管电液伺服阀》		
3.1.1	射流管电液伺服阀	前置放大级为射流管的电液伺服阀
3.1.2	压力增益	控制流量为零时,负载压降对输入电流的变化率
3.1.3	零位	负载压降为零时,使控制流量为零的输出级相对几何位置
3.1.4	零位区域	零位附近,流量增益受遮盖和内漏等参数影响的区域
3.1.5	分辨率	使伺服阀的输出产生变化所需的最小输入电流之增量,以额定电流的百分比表示
3.1.6	正向分辨率	沿着输入电流变化的方向,使伺服阀输出产生变化所需的最小输入电流的增量。用其与额定电流的百分比表示
3.1.7	反向分辨率	逆着输入电流变化的方向,使伺服阀输出产生变化所需的最小输入电流的增量。用其与额定电流的百分比表示
3.1.8	零漂	因压力、温度等工作条件的变化而引起的零偏的变化,以额定电流的百分比表示
3.1.9	内漏	伺服阀控制流量为零时,从进油口到回油口的内部流量,它随进油口压力和输入电流的变化而变化

序号	术语	定　义
		GB/T 13854—2008《射流管电液伺服阀》
3.1.10	控制流量	从伺服阀的控制油口(A或B)流出的流量。负载压降为零时的控制流量称为空载流量,负载压降不为零的控制流量称为负载流量
3.1.11	空载流量曲线	空载控制流量随输入电流在正负额定电流之间变化时做出的一个完整循环的连续曲线
3.1.12	额定流量	伺服阀压降在额定供油压力情况下,对应于额定电流的空载流量
3.1.13	名义流量曲线	完整循环流量曲线中点的轨迹
3.1.14	流量增益	流量曲线的斜率
3.1.15	名义流量增益	从名义流量曲线的零流量点向两级性方向各作一条与名义流量曲线偏差最小的直线,为名义流量增益线。其斜率即为名义流量增益
3.1.16	线性度	名义流量曲线的直线性。用名义流量曲线与名义流量增益线的最大偏差来衡量,并以额定电流的百分比表示
3.1.17	对称度	两个极性的名义流量增益一致的程度。用二者之差对较大者的百分比表示
3.1.18	滞环	在正负额定电流之间,以小于测试设备动态特性起作用的速度循环,对于产生相同输出的往与返的输入电流之差的最大值,以其与额定电流的百分比表示为滞环
3.1.19	遮盖	滑阀位于零位时,固定节流棱边与可动节流棱边轴向位置的相对关系
3.1.20	零遮盖	二极名义流量曲线的延长线的零流量点之间不存在间隙遮盖
3.1.21	正遮盖	在零位区域,导致名义流量曲线斜率减小的遮盖
3.1.22	负遮盖	在零位区域,导致名义流量曲线斜率增大的遮盖
3.1.23	频率响应	当恒幅正弦输入信号在规定频率范围内变化时,控制流量对输入电流的复数比
3.1.24	幅值比	在某频率范围内,控制流量幅值对正弦输入电流幅值比
3.1.25	相位滞后	在规定频率范围内,正弦输出跟踪正弦输入电流的瞬时时间差。在一个特定的频率下测量,以角度表示
3.1.26	瞬态响应	阶跃输入时,输出的跟踪特性
		GB/T 15623.1—2003《液压传动　电调制液压控制阀　第1部分:四通方向流量控制阀试验方法》
3.1	电调制液压流量控制阀	随连续不断变化的电输入信号而提供成比例的流量控制的(液压)阀
		GB/T 15623.2—2017《液压传动　电调制液压控制阀　第2部分:三通方向流量控制阀试验方法》
3.1.1	电调制液压三通方向流量控制阀	能响应连续变化的电输入信号以控制输出流量连续变化和方向的三通阀
3.1.2	输入信号死区	不能产生控制流量变化的输入信号范围
3.1.3	阈值	连续控制阀产生反向输出所需输入信号的变化量 注:阈值以额定信号的百分数表示
3.1.4	额定输入信号	由制造商给定的达到额定输出时的输入信号
		GB/T 15623.3—2012《液压传动　电调制液压控制阀　第3部分:压力控制阀试验方法》
3.1.1	电调制压力控制阀	将系统压力限值在一定范围内,使其与输入电信号成比例、连续变化的(液压)阀

续表

序号	术语	定　　义
	GB/T 15623.3—2012《液压传动　电调制液压控制阀　第 3 部分:压力控制阀试验方法》	
3.1.2	电调制溢流阀	通过将过多流量排入油箱来控制进口压力的电调制压力控制阀
3.1.3	电调制减压阀	通过限制进口流量来控制出口压力稳定的电调制压力控制阀
3.1.4	控制压力	被试溢流阀进、出口之间的压差或被试阀的出口压力
3.1.5	控制压力容积	连接溢流阀进口或减压阀出口处的试验设备内总的流体体积
3.1.6	压力损失	通过阀的最小压降。 注:压力损失常用压力-流量曲线来表示
3.1.7	参考压力	额定流量的 10% 测得的控制压力
	GB/T 17446—2012《流体传动系统及元件　词汇》	
3.1.1	实际的	在给定时间和特定点进行物理测量所得到的
3.1.2	特性	物理现象
3.1.3	工况	一组特性值
3.1.7	额定的	通过试验确定的,据此设计元件或配管以保证足够的使用寿命 注:可以规定最大值和/或最小值
3.1.8	运行的	系统、子系统、元件或配管,当执行其功能时所经历的
3.1.9	理论的	利用基本设计尺寸,仅以可能包括估计值、经验数据和特性系数的公式计算出的,而非基于实际的测量
3.1.10	工作的	系统或子系统预期在稳态工况下运行的特性含义
3.2.11	执行元件	将流体能量转换成机械功的元件
3.2.39	放大	输出信号与输入信号之比
3.2.83	流体的体积弹性模量	施加于流体的压力变化与所引起的体积应变之比 注:流体的体积弹性模量是流体压缩率的倒数
3.2.89	气穴	在液流中局部压力降低到临界压力(通常是液体的蒸气压力)处,出现气体或蒸汽的空穴 注:在气穴状态下,液体会高速穿过空穴产生输出力效应,这不仅会产生噪声,而且可能损坏元件
3.2.100	清洁度	与污染度对应的,衡量元件或系统清洁程度的量化指标
3.2.111	元件	由除配管以外的一个或多个零件组成的独立单元,作为流体传动系统的一个功能件
3.2.124	污染物	对系统可能有不良影响的任何物质或物质组合(固体、液体或气体)
3.2.127	污染物敏感度	由污染物引起的性能降低
3.2.128	污染	污染物的侵入或存在
3.2.130	污染度	规定污染程度的量化术语
3.2.131	连续控制阀	响应连续的输入信号以连续方式控制系统能量流的阀 注:包括所有类型的伺服阀和比例控制阀
3.2.133	控制流量	实现控制功能的流量
3.2.134	控制机构	向元件提供输入信号的装置

序号	术语	定义
		GB/T 17446—2012《流体传动系统及元件　词汇》
3.2.135	控制压力	在控制口用来提供控制功能的压力 作者注:与控制压力(3.2.511)重复且不一致
3.2.136	控制信号	施加于控制机构的电气信号或流体压力
3.2.137	控制系统	控制流体传动系统的手段,将此系统与操作者和控制信号源的任何一个连接以实现控制作用
3.2.151	循环	以周期性或循环方式重复的一组完整事件或条件
3.2.152	循环稳定条件	相关因素的值以循环方式变化的条件
3.2.154	缸	提供线性运动的执行元件
3.2.181	缸行程	其可动件从一个极限位置到另一个极限位置所移动的距离
3.2.209	直动阀	阀芯被控制机构直接操纵的阀
3.2.222	泄油口	通向泄油管路的油口
3.2.225	漂移	随时间的推移,参数出现不希望的偏离基准值的缓慢变化
3.2.241	电零点	当电的输入信号为零时,电气操作的连续控制阀的液压或气动状态
3.2.250	冲蚀磨损	由流体或悬浮颗粒流体的冲刷、微射流或它们的组合引起的机械零件的材料损失 注:冲蚀磨损的产物作为生成的颗粒性污染存在于系统中
3.2.258	反馈	元件的实际输出状态借以传达到控制系统或回到控制机构的手段
3.2.272	五通阀	具有五个主阀口的阀
3.2.277	喷嘴挡板控制	喷嘴(3.2.532)和配套的冲击平板或圆板,造成可变的缝隙,借以控制穿过该喷嘴的流量 作者注:原标准中 3.2.532 为油(气)口,而非"喷嘴"
3.2.283	流动	靠压力差产生的流体流动
3.2.284	流量特性	对相关参数变化导致流量变化的描述(通常以图形表达)
3.2.285	流量系数	表征流体传动元件或配管的流通能力的系数
3.2.286	流量控制阀	主要功能是控制流量的阀
3.2.288	液动力	由流体流动引起的,作用在元件内运动件上的力
3.2.289	流量增益	在给定点,输出流量的变化与输入信号变化之比
3.2.291	流道	输送流体的通道
3.2.292	流量	在规定工况下,单位时间穿过流道横截面的流体的体积
3.2.293	流量放大率	输出流量与控制流量之间的比值
3.2.294	流量放大器	放大流量的阀
3.2.295	流量不对称度	(仅用于连续控制的方向控制阀)对于正负信号极性,名义流量增益的偏差 注:以两个增益之差除以较大一个的百分比表示
3.2.296	流量非线性度	指常规流量曲线与理想化流量曲线之间的偏差,理想化流量曲线的斜率等于常规流量的增益 注:线性度定义成最大偏差,并以额定信号的百分比表示

序号	术语	定　　义
		GB/T 17446—2012《流体传动系统及元件　词汇》
3.2.305	流体	在流体传动系统中用作传动介质的流体或气体
3.2.313	流体传动	用受压流体作为介质传递、控制、分配信号和能量的方式、方法
3.2.316	流体传动系统	产生、传递、控制和转换流体传动能量的相互连接元件的配置
3.2.315	流体动力源 流体传动源	产生并维持有压力流体的流量的能量源 作者注：正文与索引中的术语不一致
3.2.322	四通阀	带有四个主阀口的阀
3.2.357	液压零位	（液压）连续控制阀供给的控制流量为零的状态
3.2.363	流动损失	（液压）由于液体运动引起的功率损失
3.2.372	滞环	在整个信号范围的一个完整循环内，与相同输出量所对应的输入信号的最大值
3.2.380	间接操纵阀	其控制信号不直接作用于阀芯的阀
3.2.384	进口	输入流体的油（气）口
3.2.387	输入信号	提供给元件使其产生给定输出的信号
3.2.400	遮盖	（常规的）圆柱滑阀的固定节流边与可动节流边之间的轴向关系 注：以正遮盖（盖住了）、负遮盖（没盖住）和零遮盖表达
3.2.401	遮盖	（连续控制阀，即比例控制阀和伺服阀）在零区内因阀口台肩部位的几何条件引起的流量对信号特性的线性偏差 注：它以名义流量特性的直线延长线在零流量处的总间距度量，以额定输入信号的百分比表示
3.2.408	负载曲线	将出口压力表示为出口流量函数的曲线
3.2.409	负载压力	由外部负载所产生的压力
3.2.410	有载流量	当负载压力下降时，通过阀出口的流量
3.2.416	主级	（液压）用于连续控制阀的液压放大的最终级
3.2.472	喷嘴	具有平滑形状的进口，以及平滑形状的或可迅速打开的出口的节流结构
3.2.473	零偏	（液压）使阀处于液压零位所需要的输入信号
3.2.474	零位压力	连续控制的方向控制阀处于液压零位时，其两个工作口存在的相等压力
3.2.475	零漂	因运行工况的变化、环境因素或输入信号的长期影响，而导致的零偏的变化
3.2.483	开启中位	阀的进口与回油口连通，而工作油口封闭的阀中位机能
3.2.487	运行工况	系统、子系统、元件或配管在实现其功能时所经历的一组特性值
3.2.488	操作装置	向控制机构提供输入信号的装置
3.2.492	出口	为输出流动（3.2.283）（流体）提供通道的油（气）口
3.2.493	出口压力	元件、配管或系统的出口处的压力
3.2.509	先导控制阀	其阀芯受液压控制或气动控制影响的阀
3.2.510	控制口	连接到控制管路的油（气）口
3.2.512	先导阀	被操纵以提供控制信号的阀

序号	术语	定 义
		GB/T 17446—2012《流体传动系统及元件　词汇》
3.2.513	配管	允许流体在元件之间流动的管接头、软管接头、硬管和/或软管的任何组合
3.2.532	油(气)口	元件内流道的终端,可对外连接
3.2.536	功率损失	流体传动元件或系统所吸收的而没有等量有用输出的功率
3.2.541	压力	流体垂直施加在其约束体单位面积上的力
3.2.542	压力增益	出口压力与控制压力之比
3.2.553	压力梯度	在稳态流动(3.2.283)期间,压力随时间的变化率
3.2.560	压力脉动	压力的周期性变化
3.2.562	压力脉冲	压力短暂的升降或降升
3.2.575	耐压压力	在装配后施加的,超过元件或配管的最高额定压力,不引起损坏或后期故障的试验压力
3.2.576	比例控制阀	一种电气调制的连续控制阀,其死区大于或等于阀芯行程的3%
3.2.577	比例阀	其输出量与控制输入量成比例的阀
3.2.595	额定工况	通过试验确定的,以基本特性的最高值和最低值(必要时)表示的工况 元件或配管按此工况设计以保证足够的使用寿命
3.2.615	响应时间	在规定工况下测量的,从动作开始到引起反应所经历的时间
3.2.618	回油口	元件上的油口,液压油液通过该口通往油箱
3.2.653	伺服缸	(气动)能够响应可变控制信号而采取特定行程位置的缸
3.2.654	伺服阀	死区小于阀芯行程的3%的电调制连续控制阀
3.2.663	淤积卡紧	活塞或阀芯因污染所致的不良锁紧 注:索引中为"淤积卡死"
3.2.668	六通阀	带有六个主阀口的阀
3.2.674	规定工况	在运行或试验期间需要满足的工况
3.2.676	阀芯位移	阀芯沿任何一个方向上的位移
3.2.677	圆柱滑阀	其阀芯是滑动圆柱件的阀
3.2.690	静态工况	相关参数不随时间变化的工况
3.2.693	稳态	物理参数随时间没有明显变化的状态
3.2.694	稳态工况	在稳态作用期之后,相关参数处于稳态的运行工况
3.2.704	供给流量	由动力源所产生的流量
3.2.705	供给压力	由动力源所产生的压力
3.2.723	试验压力	元件、配管、子系统或系统为试验目的所承受的压力
3.2.728	三通阀	带有三个主阀口(3.2.757)的阀
3.2.730	阈值	连续控制阀在零位时,产生反向输出所需的输入信号的变化量,以额定信号的百分比表示

序号	术语	定　义
		GB/T 17446—2012《流体传动系统及元件　词汇》
3.2.733	总流量	用于以下消耗的流量： ——控制流量 ——内泄漏流量 ——输出流量
3.2.753	阀	控制流体的方向、压力或流量的元件
3.2.755	阀液压卡紧	由于径向压力不平衡使活塞或阀芯被推向一侧，引起足以阻碍其轴向运动的摩擦力，从而导致活塞或阀芯产生不良锁紧
3.2.757	主阀口	阀的油(气)口。当控制机构操作时，其与另一个油(气)口连通或封闭 注：控制口、泄油口和其他辅助口不是主阀口
3.2.759	阀芯	阀的内部零件，靠它的运动提供方向控制、压力控制或流量控制的基本功能
3.2.760	阀芯位置	控制基本功能的阀芯的位置
3.2.778	管路	将流体传送到执行元件的流道
3.2.779	工作(油)口	与工作管路配合使用的元件的油(气)口
		GB/T 30206.1—2013《航空航天流体系统词汇　第 1 部分：压力相关的通用术语和定义》
2.1	绝对压力	以绝对真空为参考的压力值
2.2	实际压力	系统或附件在给定部位和运动时的压力值
2.3	环境压力	工作部件所处特定区域压力
2.4	大气压力	在给定区域和时间内大气的绝对压力
2.5	反压	与工作压力作用相反的力或压力
2.6	启动压力	附件在规定的条件下克服静摩擦所需要的最小压力
2.7	实际爆破压力	由于结构故障，附件出现爆破或显示过多泄漏时的压力
2.8	最小爆破压力/极限压力	爆破压力测试期间，无外部可破裂和泄漏发生时的最高压力
2.9	检定压力	验收试验时，使系统或附件稳定和正常工作时的认可压力
2.10	充填压力	附件预先充填或充气压力
2.11	控制压力	控制或改变工作状态时所需的压力
2.12	切断压力	附件或系统改变工作顺序开始转换或系统开始供压时的压力
2.13	压差	附件或系统中，同一时刻任意两点间的压力差
2.14	动压	流体中某处由于某种原因上升或下降但可恢复的压力
2.15	清洗压力	在规定条件(如规定流量)下清洗系统所需的压力
2.16	表压	绝对压力减去大气压力所得的压力测量值
2.17	慢车压力	在慢车转速下维持系统或附件的流量和/或负载的所需压力
2.18	内部压力	系统或附件内部的压力
2.19	最大压力	瞬时发生的对附件或系统的性能无严重影响的最大瞬时压力
2.20	最小工作压力	附件或系统能够工作的最低压力

续表

序号	术语	定　义
GB/T 30206.1—2013《航空航天流体系统词汇　第1部分:压力相关的通用术语和定义》		
2.21	空载压力	在无负荷状态下,维持系统工作速度时所需的压力
2.22	名义压力/ 系统压力/ 额定压力	能作为定量设计依据参考的圆整的压力值,该压力能使附件完成适宜的功能
2.23	工作压力	使附件或系统正常工作时的压力
2.24	出口压力/ 输出压力	附件出口的压力
2.25	峰值压力	短时间内工作压力的最大值
2.26	允许压力	系统或附件安全工作允许达到的压力 注:仅对维修时重要
2.27	预压力	由于施加相同或其他流体压力或由外部载荷导致附件或系统在某部分产生的压力
2.28	压力	作用在单位面积的力
2.29	压力曲线	表示压力随其他参数(如时间)变化的关系的曲线图 注:压力曲线的图形描述见附录A
2.30	压降	处于同一条流体回路中的上游压力与下游压力之间的差值
2.31	压力波动	压力随时间的任意变化值
2.32	压力增益	输出压力和输入压力的比率
2.33	压力梯度	在稳态流动情况下,压力随距离的变化率
2.34	压力脉冲	压力快速上升和下降的瞬时变化
2.35	压力损失	由于流体阻力或其他外部没有转换成有用功的能量导致的压力减小
2.36	压力脉动	压力随时间的周期变化
2.37	压力比	两个压力值之间的数值比率
2.38	压升	压力从低水平向高水平变化(由于增加了能量或泄漏产生的)
2.39	压力冲击	某一段时间内超出了范围的压力上升和下降
2.40	瞬时压力	极短时间内高于名义压力的上升压力,此压力为系统带来的能量较小
2.41	压头	为了产生给定压力的等效液柱高
2.42	负载压力	对静态或动态载荷的响应压力
2.43	压力值	压力的数值
2.44	压力波	低幅值长时间的压力周期性变化
2.45	耐压压力/ 检验压力	附件或系统在超过额定压力值后在规定的试验条件下无泄漏、永久变形和不影响其功能所能承受的规定的压力
2.46	参考压力	作为设定的参考压力值
2.47	响应压力	某一功能启动时的压力
2.48	回流压力	由于流体阻力和/或油箱预充压力引起的回流管路压力

续表

序号	术语	定　义
GB/T 30206.1—2013《航空航天流体系统词汇　第 1 部分：压力相关的通用术语和定义》		
2.49	设定压力	附件调节至规定工作状态时的压力
2.50	标准大气压	海平面的平均大气压力
2.51	静压	流体除流速影响之外的压力
2.52	吸油压力（负压）	大气压力减去测得的绝对压力，压力值低于大气压力
2.53	供油压力/入口压力	附件入口压力
2.54	转换压力	系统或附件动作、非动作或换向时的压力
2.55	总压	给定位置处静压和动压之和
GB/T 30206.2—2013《航空航天流体系统词汇　第 2 部分：流量相关的通用术语和定义》		
2.1	气穴	液体局部压力减至蒸汽压力时，液体中气体或水蒸气将形成空穴。它可能包括当压力降低时空气从液体中析出（软气穴）
2.3	流量	由压力差产生的流体流动，其定义为单位时间沿流程通过横截面的流体量值
2.4	流量系数	流体装置、管路或连接件的流量传导特性
2.6	流量波动	流量瞬时上升和下降
2.7	层流	流体按顺序依次在各层面中流动的特性
2.8	泄漏	通过较小孔径的相对少量的介质。泄漏通常表现为无用流量并造成能量损失
2.8.1	外泄漏	通常从附件/装置流向外部的不可接受的泄漏。外部泄漏的发生通常表示装置或系统某部件出现了故障
2.8.2	内泄漏	装置内部空腔之间的泄漏。在多数情况下，内泄漏对校正附件功能是必要的
2.9	静流	静止状态的液压系统、分系统或附件的总的内泄漏量
2.10	额定流量	附件或系统在额定工作条件下的规定流量
2.11	卸荷流量	在规定条件下测量的控制压力值增加至高于初始设定值时，通过卸荷装置的流量
2.12	反流	与预定工作方向相反的流量
2.13	渗漏/密封泄漏	附件表面非常少量的流体外漏，通常是由于密封件承受周期性压力载荷出现压缩膨胀现象造成的。对于液体，将在附件外表面形成一层薄的油膜，但规定时间内观察不应形成液滴
2.14	湍流	流体颗粒在与主液流方向相切的方向上无规则运动的流体流动特性
2.15	渗出	由于浸湿表面的密封或刮尘圈而存在流体擦拭，造成滑动部分表面形成的非常少量的外漏。足够多的运动周期之后将形成液滴
GB/T 30206.3—2013《航空航天流体系统词汇　第 3 部分：温度相关的通用术语和定义》		
2.1	环境温度	设备工作时的外围温度
2.2	自燃温度	在没有外部火源和持续燃烧的情况下，流体闪现火焰的温度
2.3	冷启动温度	液压系统启动工作温度，但是不需要满足全部性能
2.4	设备温度	某指定位置设备的温度，通常在表面某一指定点进行测量

序号	术语	定　义
GB/T 30206.3—2013《航空航天流体系统词汇　第3部分:温度相关的通用术语和定义》		
2.5	极限工作温度	不会导致系统或附件出现故障或永久性能衰退的工作温度
2.6	闪点	在控制条件下有小的火焰时,流体释放出足够的蒸气能够在空气中即刻点燃的温度
2.7	流体温度	在系统某指定点测得的流体温度
2.8	入口温度	进入截面的流体温度
2.9	最高流体温度	流体处于工作状态的最高温度
2.10	正常流体温度/正常流体工作温度	通常连续工作所能达到的流体稳态温度
2.11	出口温度	附件出口的流体温度
2.12	顷点	在指定条件下,流体流动的最低温度点
2.13	储存温度	附件暴露在其中不会导致可靠性或性能衰退的极限环境温度
2.14	生存温度	高于规定的温度范围,附件和系统仍能工作但性能退化,不严重影响飞行任务的极限温度
2.15	设备温度范围	设备能良好工作的规定的环境温度范围
2.16	流体温度范围	不超过系统工作要求的规定的流体温度范围
2.17	液压系统温度型别	基于最高允许的流体温度,将飞机液压系统分为几个型别,即Ⅰ型、Ⅱ型、Ⅲ型: ——Ⅰ型:$-55\sim+70℃$ ——Ⅱ型:$-55\sim+135℃$ ——Ⅲ型:$-55\sim+240℃$
GB/T 32216—2015《液压传动　比例/伺服控制液压缸的试验方法》		
3.1	比例/伺服控制液压缸	用于比例/伺服控制,有动态特性要求的液压缸
3.2	阶跃响应	比例/伺服控制液压缸输入信号(对应被测试液压缸活塞杆或缸筒的实际位移)对输入阶跃信号(对应期望的阶跃位移)的跟踪过程(特性)
3.2.1	阶跃响应时间	阶跃响应曲线的输出信号从达到稳定幅值(或目标值)的10%开始,至初次达到稳定幅值(或目标值)的90%,该过程所用时间
3.3	频率响应	额定压力下,输入的恒幅值正弦电流在一定的频率范围内变化时,输出位移信号对输入电流的复数比,包括幅频特性和相频特性
3.3.1	幅频特性	输出位移信号的幅值与输入电流幅值之比 注:幅值比为$-3dB$时的频率为幅频宽
3.3.2	相频特性	输出位移信号与输入电流的相位角差 注:相位角滞后90°的频率为相频宽
3.4	动摩擦力	比例/伺服控制液压缸带负载运动条件下,活塞和活塞杆受到的运动阻力
3.5	工作行程	液压缸在稳态工况下运行,其运动件从一个工作位置到另一工作位置的最大移动距离
GJB 3370—1998《飞机电液流量伺服阀通用规范》		
6.1.1	电液伺服阀	输入电信号,输出液压能,并能进行连续控制的阀

序号	术语	定　义
		GJB 3370—1998《飞机电液流量伺服阀通用规范》
6.1.2	电液流量控制伺服阀	其主要功能是对输出流量进行控制的电液伺服阀。简称电液流量伺服阀
6.1.3	液压放大器	起功率放大作用的液压调节装置。如滑阀、喷嘴挡板或射流喷口及接收器
6.1.4	级	伺服阀中的液压放大器。伺服阀可以是单级、两级和三级的
6.1.5	输出级	伺服阀中使用的最后一级液压放大器
6.1.6	窗口	工作液进、出伺服阀的通油口。如供油窗口、回油窗口、控制窗口
6.1.7	三通阀	一种具有供油窗口、回油窗口和一个控制窗口的多节流孔流量控制装置。当阀向一个方向动作时，开通供油窗口到控制窗口；阀反向动作时，开通控制窗口到回油窗口
6.1.8	四通阀	一种具有供油窗口、回油窗口和两个控制窗口的多节流孔流量控制装置。当阀向一个方向动作时，开通供油窗口到控制窗口 1，同时开通控制窗口 2 到回油窗口；阀反向动作时，开通供油窗口到控制窗口 2，同时开通控制窗口 1 到回油窗口
6.1.9	力矩马达	电—机械转换器。通常用于伺服阀的输入级
6.1.10	输入电流	输入伺服阀以控制输出流量的电流，以符号 I 表示，单位为 mA
6.1.11	额定电流	为产生额定流量而规定的任一极性的输入电流(不包括零偏电流)，以符号 I_e 表示，单位为 mA 通常额定电流是对单线圈连接、差动连接或并联连接工作而言，当串联连接工作时，其额定电流为上述额定电流之半
6.1.12	零值电流	对于线圈差动连接时，当差动电流为零时，流经每个线圈的直流电流。由于两个线圈电极性相反，故电控制功率为零
6.1.13	过载电流	流经力矩马达线圈的最大允许电流
6.1.14	线圈电阻	力矩马达单个线圈的直流电阻，单位为 Ω
6.1.15	线圈阻抗	线圈电压对线圈电流的复数比，单位为 Ω
6.1.16	线圈电感	线圈阻抗的电感分量，单位为 H
6.1.17	极性	控制流量方向与输入电流方向之间的关系
6.1.18	励振	为改变阀的分辨率而叠加在伺服阀输入信号上的一个低幅值、较高频率的周期电信号，它用励振频率和励振信号峰间值的电流幅值表示
6.1.19	控制流量	通过阀控制窗口的流量，单位为 L/min 负载压降为零时的控制流量称为空载流量；负载压降不为零时的控制流量称为负载流量。以阀所在系统的阀压降作为供油压力时的空载流量即代表该系统工作时的负载流量
6.1.20	额定流量	在阀压降为额定供油压力条件下，对应于额定电流所规定的控制流量，以符号 Q_e 表示，单位为 L/min
6.1.21	流量曲线	控制流量对输入电流的关系曲线。通常是正、负额定电流之间的一个完整周期的连续曲线
6.1.22	名义流量曲线	流量曲线的中点轨迹。阀的滞环通常很小，因而可将流量曲线的任一侧作为名义流量曲线使用
6.1.23	流量增益	在所规定的工作区域内，流量曲线的斜率，单位为 L/min·mA。流量控制伺服阀通常可划分为三个工作区域：零位区域、名义流量控制区域、饱和区域。凡是未加附加说明使用该术语的地方，均指名义流量增益

续表

序号	术语	定 义
		GJB 3370—1998《飞机电液流量伺服阀通用规范》
6.1.24	名义流量增益	以名义流量曲线的零流量点分别向两级所做的与名义流量曲线偏差最小的直线称为名义流量增益线,其斜率即为名义流量增益
6.1.25	额定流量增益	额定流量与额定电流之比,单位为 L/min·mA
6.1.26	流量饱和区域	在输入电流接近额定电流的范围内流量增益随输入电流的增加而减小的区域
6.1.27	流量极限	控制流量不随输入电流的增加而增加的状态
6.1.28	对称度	两个极性流量增益之间相一致的程度。取两极性名义流量增益之差对其中较大者之比,以百分数表示
6.1.29	线性度	在其他工作变量保持不变的情况下,名义流量曲线与名义流量增益线相一致的程度。用名义流量曲线与名义流量增益线的最大偏差与额定电流之比,以百分数表示
6.1.30	滞环	当输入电流在正、负额定电流之间,以小于记录仪表的特性起作用的速度循环时,产生相同控制流量往和返的输入电流之差的最大值。以其对额定电流之比的百分数表示
6.1.31	分辨率	使阀的控制流量发生变化(增加或减少)的输入电流最小增量。一般使阀的输出从增加输出状态回复到减小输出状态所需输入电流的最小该变量,以其对额定电流之比的百分数表示
6.1.32	内漏	在额定供油压力下,控制流量为零(控制窗口关闭)时,从回油窗口流出的流量,单位为 L/min。随输入电流的变化而变化,一般当阀处于零位时(零位泄漏)为最大值
6.1.33	负载压降	两控制窗口之间的压差,以 p 表示。单位为 MPa
6.1.34	阀压降	输出级控制节流孔处的压差之和,以 p_v 表示,单位为 MPa。阀压降等于供油压力(以 p_s 表示)减去回油压力(以 p_R 表示),再减去负载压降
6.1.35	压力增益	在控制流量为零(控制窗口关闭)时,负载压降对输入电流的变化率,单位为 MPa/mA。通常规定为负载压降与输入电流关系曲线在最大负载压降的±40%之间的平均斜率。生产中常用控制电流变化1%额定电流所对应的负载压降的变化与额定电流之比的百分数表示
6.1.36	重叠	在滑阀中,阀芯处在零位时,固定与可动节流棱边之间的相对轴向位置关系。对伺服阀来说,重叠应这样计量:对每一极性分别作出名义流量曲线近似直线部分的延长线,该两延长线与零流量点之间的总间隔即为重叠,以其对额定电流的百分数表示
6.1.36.1	零重叠	两延长线的零流量点之间不存在间隔的重叠状态
6.1.36.2	正重叠	在零位区域,导致名义流量曲线斜率减小的重叠状态
6.1.36.3	负重叠	在零位区域,导致名义流量曲线斜率增加的重叠状态
6.1.37	零位区域	输出级的重叠效应占主导地位的零位附近区域。一般指以零位为基准,±3%额定电流范围内的区域
6.1.38	零位	在负载压降为零时,阀控制流量为零的状态
6.1.39	零位压力	零位状态时,两控制窗口的压力,单位为 MPa
6.1.40	零偏	为使阀回归零位所需要的输入电流(不包括滞环的影响),以其对额定电流之比的百分数表示
6.1.41	零漂	零偏的变化,以其对额定电流之比的百分数表示
6.1.42	频率响应	当输入电流在整个频率范围内作正弦变化时,空载流量对输入电流的复数比。通常在输入电流幅值保持不变及零负载压降下测量。以对数频率特性表示。用幅频宽和相频宽来衡量

序号	术语	定　义
		GJB 3370—1998《飞机电液流量伺服阀通用规范》
6.1.42.1	幅值比和幅频宽	在输入正弦电流峰间值保持恒定条件下,在特定频率下的控制流量幅值相对于某一指定低频(通常为 5Hz 或 10Hz)下的控制流量幅值之比称为幅值比,用 dB 表示,dB= $20\log AR$,当幅值比衰减到 -3dB 时所对应的那一特定频率为幅频宽,单位为 Hz 注:AR 即幅频比
6.1.42.2	相位滞后和相频宽	在特定频率下,控制流量对输入电流之间的即刻时间间隔称为相位滞后,单位为度。相位滞后达到 $-90°$时所对应的那一特定频率为相频宽,单位为 Hz
6.1.43	瞬态响应	阶跃输入时,输出的跟踪过程。通常以响应时间表示。即当输入阶跃信号为额定电流时,阀输出由零控制流量上升到 90% 额定流量所需的瞬态响应时间,单位为 s
		GJB 4069—2000《舰船用电液伺服阀规范》
6.3.1	电液伺服阀	输入为电信号,输出为液压能的伺服阀
6.3.2	级	伺服阀中的液压放大器为伺服阀的级,伺服阀可以是单极、两级或三级
6.3.3	压力增益	控制流量为零时,负载压降对输入电流的变化率
6.3.4	零位	负载压降为零时,使控制流量为零的输出级相对几何位置
6.3.5	零位区域	零位附近,流量增益受遮盖和内泄漏等参数影响的区域
6.3.6	分辨率	使阀的输出产生变化所需的最小输入电流的增量,以额定电流的百分比表示
6.3.7	正向分辨率	沿着输入电流变化的方向,使阀输出产生变化所需的最小输入电流的增量。用其与额定电流的百分比表示
6.3.8	反向分辨率	逆着输入电流变化的方向,使阀输出产生变化所需的最小输入电流的增量。用其与额定电流的百分比表示 通常分辨率用反向分辨率来衡量
6.3.9	零漂	因为压力、温度等工作条件的变化而引起的零偏的变化,以额定电流的百分比表示
6.3.10	零偏	使阀归零时所需的输入信号,扣除阀滞环的影响,用信号的百分比表示
6.3.11	内漏	阀控制流量为零时,从进油口到回油口的内部流量,它随进油口压力和输入电流的变化而变化
6.3.12	控制流量	从阀的控制口(A 或 B)流出的流量,负载压降为零时的控制流量称为空载流量,负载压降不为零时的控制流量称为有载流量
6.3.13	空载控制流量	空载控制流量随输入电流在正负额定电流之间做出的一个完整循环的连续曲线
6.3.14	名义流量曲线	流量曲线中点的轨迹
6.3.15	流量增益	流量曲线的斜率
6.3.16	名义流量增益	从名义流量曲线的零流量点向两极方向各作一条与名义流量曲线偏差最小的直线,为名义增益曲线。其斜率即为名义流量增益
6.3.17	线性度	名义流量曲线的直线性,用名义流量曲线与名义流量增益的最大偏差来衡量,并以额定电流的百分比表示
6.3.18	对称度	两个极性的名义流量增益一致的程度。用两者之差对较大者的百分比表示
6.3.19	滞环	在正负额定电流之间,以小于测试设备动态特性作用的速度循环,对于产生相同输出的往与返的输入电流之差的最大值,以其与额定电流的百分比表示
6.3.20	遮盖	滑阀位于零位时,固定节流棱边与可动节流棱边轴向位置的相对关系

序号	术语	定　义
GJB 4069—2000《舰船用电液伺服阀规范》		
6.3.20.1	零遮盖	二极名义流量曲线的延长线的零流量点之间存在的间隙
6.3.20.2	正遮盖	在零位区域,导致名义流量曲线斜率减小的遮盖
6.3.20.3	负遮盖	在零位区域,导致名义流量曲线斜率增大的遮盖
6.3.21	频率响应	等幅正弦输入信号在规定频率范围内变化时,控制流量对输入电流的复数比
6.3.22	幅比值	在某频率范围内,控制流量幅值对正弦输入电流幅值比
6.3.23	相位滞后	在规定频率范围内,正弦输出跟踪正弦输入电流的瞬时时间差,在一个特定的频率下测量,以角度表示
6.3.24	正流量极性	输入正极性电流时,液流从控制油口"A"流出,由控制油孔"B"流入回油口,规定为正流量极性
CB/T 3398—2013《船用电液伺服阀放大器》		
3.1.1	电液伺服阀	输入为电信号,输出为液压能的伺服阀
3.1.2	放大器	借助外来能源以增大输入信号的振幅和功率的器件
3.1.3	线性度	实际测量线性特性与理想现行特性间的最大偏差,并以额定输入信号的百分比表示
3.1.4	颤振信号	叠加在输入信号上的高频、小振幅,以改善系统分辨率的周期电信号
QJ 1499A—2001《伺服系统零、部件制造通用技术要求》		
3.1	同一批次	由同一牌号、同一批号的原材料、同一批热处理及同一批加工而成的零件。同一批热处理、同一批加工是指按相同工艺规范,在相同调整状态下不间断地进行热处理或加工

1.3.2　一些术语和定义的辨正

术语（概念）和定义是产品的生命（寿命）周期的起点,其重要程度不言而喻。

1.3.2.1　液压传动系统与液压控制系统

（1）问题提出

在现在可见的一些机械（液压）设计手册和液压技术专著中,将含有电液伺服阀和/或电液伺服液压泵这些典型元件的液压系统称为液压控制系统而非液压传动系统。如王春行先生将其主编的《液压伺服控制系统》改为《液压控制系统》,或见本书其他参考文献等。

"液压传动系统"与"液压控制系统"是否可以并行,或两者可以相互取代,或后者可以单独应用,涉及一门工程技术或工程科学的分类,或是一门新技术新科学,对流体传动及控制这门工程技术（或称液压技术）的影响将是多方面的。

（2）背景资料

在 GB/T 17446—2012《流体传动系统及元件　词汇》中定义了"控制系统",在 GB/T 16855.1—2008《机械安全　控制系统有关安全部件　第 1 部分:设计通则》中定义了"机器控制系统",以及在 GB/T 17446—2012《流体传动系统及元件　词汇》中定义了"流体传动系统",具体请见第 1.3.1 节或相关标准。

本书作者至今未在相关标准中查找到"液压控制系统"或"流体控制系统"这样的术语或词汇。

（3）分析与辨正

如果没有限定技术领域或在上下文中确认是何种控制系统,单单说"控制系统"应没有确切含义。应明确如在"流体传动系统及元件"这样的技术领域中的"控制系统"，或"电气、电子、液压、气动、机械控制系统"这样的机器控制系统。

"流体传动与控制"或"流体传动及控制"是一门工程技术或技术科学。根据现行标准及"传动"与"控制"在这门工程技术中的重要程度，可以将"流体传动及控制系统"简称为"流体传动系统"而不能简称为"流体控制系统"。

就"流体传动与控制"与"流体传动及控制"比较而言，作者认为"流体传动及控制"优于"流体传动与控制"。

如果将"流体控制系统"或"液压控制系统"单列，则可能失去"产生、传递、控制和转换流体传动能量的相互连接元件的配置"这样含义中的部分内容，亦即不能涵盖"流体传动系统"或"液压传动系统"。

所以本书没有采用所列参考文献中使用的"液压控制系统"这一词汇，因为作者认为将"液压传动系统"与"液压控制系统"断然分开值得商榷。

同样，张利平在其编著的《液压控制系统设计与使用》一书中也指出："传动与控制两者很难截然分开"。

进一步，电调制液压控制阀、比例/伺服控制液压缸所在液压系统也应表述为"液压传动系统"而不是"液压控制系统"。

在 GB/T 10179—2009《液压伺服振动试验设备特性的描述方法》引言中的一段话："术语'液压'的含义通常是指：由液压传动系统给液压控制装置输送液压油液以获得可变流量的液体，并采用单一或多个控制环路使其作用在作动器上而生产振动运动"，其可佐证作者上述论点的正确。

1.3.2.2　电液伺服阀与伺服阀及其他

（1）问题提出

在国内现行各标准中，伺服阀、电液伺服阀、流量电液伺服阀、电液流量伺服阀、电液流量控制伺服阀、四（三、五）油口电液流量控制伺服阀、电调制液压控制阀、电调制液压流量控制阀、电调制液压四（三）通方向流量控制阀、压力控制伺服阀、电液压力控制伺服阀、电调制压力控制阀、有级间电反馈伺服阀等术语或词汇都被定义或使用过，这显然不符合关于术语的"统一性"原则，即"每项标准或系列标准（或一项标准的不同部分）内，对于同一概念应使用同一术语。对于已定义的概念应避免使用同义词。每个选用的术语应尽可能只有唯一的含义"。

（2）背景资料

在 GB/T 15623《液压传动　电调制液压控制阀》总标题下，涉及了"四通方向流量控制阀""三通方向流量控制阀"和"压力控制阀"，其中在 GB/T 15623.1—2003《液压传动电调制液压控制阀　第 1 部分：四通方向流量控制阀试验方法》和 GB/T 15623.2—2003《液压传动电调制液压控制阀　第 2 部分：三通方向控制阀试验方法》（已被代替）中都定义了"电调制液压流量控制阀"，在 GB/T 15623.3—2012《液压传动电调制液压控制阀　第 3 部分：压力控制阀试验方法》中定义了"电调制压力控制阀""电调制溢流阀"和"电调制减压阀"等。

在 GB/T 10844—2007《船用电液伺服阀通用技术条件》中定义了"电液伺服阀"，在 GB/T 17446—2012《流体传动系统及元件　词汇》中定义了"连续控制阀（包括所有类型的伺服阀和比例控制阀）"、"伺服阀"，在 GJB 3370—1998《飞机电流流量伺服阀通用规范》中定义了"电液伺服阀"、"电液流量控制伺服阀"，在 GJB 4069—2000《舰船用电液伺服阀规范》中定义了"电液伺服阀"，在 CB/T 3398—2013《船用电液伺服阀放大器》中定义了"电液伺服阀"等。

在其他一些标准如 GB/T 17487—1998《回油口和五油口液压伺服阀安装面》、QJ 504A—1996《流量电液伺服阀通用规范》和 QJ 2078A—1998《电液伺服阀试验方法》中还使用了"液压伺服阀"、"四油口和五油口（先导级单独提供油液）电液流量控制伺服阀"、"流量电液伺服阀（以下简称伺服阀）"、"电液伺服阀（以下简称伺服阀）"、"以电流为输入的各种伺服阀"等。

（3）分析与辨正

电液伺服阀是一种液压放大器应该具有普遍共识，一般没有异议，且在"级"、"主级"、"输出级"、"液压放大器"等定义中有所表述。一般认为电液伺服阀是电气-液压控制伺服阀的简称，电液伺服阀中的"电液"两字不可或缺，因为需要其区分控制信号所传递介质的性质，如是机械信号、电气信号、流体压力信号或是它们的组合等。但此区别特征不是本节分析与辨正的重点，本节所要分析与辨正的重点在于"电液伺服阀"的本质特征。

作者注：按照信号传递介质分类可参见本书参考文献 [60]。

在第 1.3.1 节摘录的常用术语和定义中，GB/T 10844—2007《船用电液伺服阀通用技术条件》、GJB 4069—2000《舰船用电液伺服阀规范》和 CB/T 3398—2013《船用电液伺服阀放大器》都将"电液伺服阀"定义为"输入为电信号，输出为液压能的伺服阀"，而 GJB 3370—1998《飞机电流流量伺服阀通用规范》将"电液伺服阀"定义为"输入电信号，输出液压能，并能进行连续控制的阀"。由此可以看出："电液"两字不一定是用来表述控制信号所传递介质的性质，而可能是表述输入信号和输出信号所传递介质的性质。

仅由上述四项标准来看，还可能产生将"电液伺服阀"误解为动力（转换）元件，即将电能量转换成液压能量的"液压泵"。

根据以上分析，上述四项标准中"电液伺服阀"的定义存在如下问题。

① 电液伺服阀所具有的"液压放大"功能这一本质特征没有明确反映出来。

② 电液伺服阀所进行的液压放大其能量来源没有反映出来。

③ 连续控制阀中包括比例控制阀，应予剔除。

④ 以"死区小于阀芯行程的 3％ 的电调制连续控制阀"来定义伺服阀，现在看来是否准确值得商榷。

关于"液压放大"在参考文献 [70] 中的一段表述是正确的，即"这里需要注意的是，放大的液压能不是凭空产生的，它来自液压泵站的能量"。

因"电液伺服阀"的定义涉及电液伺服阀的工作原理，上述分析与辨正是十分必要的。

1.3.2.3 伺服机构与液压动力元件或液压动力机构

（1）问题提出

在标准 QJ 1499—1988《电液伺服机构及元件制造通用技术条件》（已被 QJ 1499A—2001《伺服系统零、部件制造通用技术要求》代替）、QJ 504A—1996《流量电液伺服阀通用规范》中使用了"电液伺服机构"、"伺服机构"，能否按 GB/T 16978—1997《工业自动化 词汇》将"伺服机构"理解为："受控变量为机械位置或其某个对时间的微分的伺服系统"是一个问题；或"电液伺服机构"与"伺服系统"是否是同义词也是一个问题；"电液伺服机构"或"伺服机构"与下文的液压动力机构（或液压动力元件）是何种关系，更是本节想要解决的重点问题。

作者注：在 QJ 1495—1988《航天流体系统术语》中也定义了"伺服机构"这一术语。

"液压动力元件"或"液压动力机构"出现在本书所列大部分参考文献中，但作者却在各标准中没有查找到这一术语或词汇。

"液压动力元件"或"液压动力机构"在各文献中都被赋予了重要地位（作用），但在描述其组成时却说法不一。

（2）背景资料

QJ 1499A—2001《伺服系统零、部件制造通用技术要求》于 2001 年 11 月 15 日发布，2002 年 2 月 1 日实施，该标准代替了 QJ 1499—1988《电液伺服机构及元件制造通用技术条件》。

关于"液压动力元件"或"液压动力机构"的组成主要有两种说法，其中的一种说法为："液压动力元件"或"液压动力机构"由液压控制元件、液压执行元件和负载组成，具体请见参考文献［24］、［29］、［57］和［70］等。另外一种说法为："液压动力元件"或"液压动力机构"是由液压控制元件和液压执行元件组成的，具体请见参考文献［33］、［51］等。

至于参考文献［74］《现代冶金设备液压传动与控制》一书中："由于在液压伺服系统中，泵、伺服阀（能量转换元件）及执行元件的参数设计是相互耦合的，所以通常又把泵、伺服阀（能量转换元件）及执行元件合在一起称为液压伺服阀系统的动力元件"的说法，本书作者不清楚其"通常"的根据在哪里。

但关于"液压动力元件"或"液压动力机构"的地位和作用的表述在各参考文献中基本一致，即对大多数液压控制系统来说，液压动力机构（或液压动力元件）的动态特性在很大程度上决定着整个系统的性能。

（3）分析与辨正

由 QJ 1499—1988《电液伺服机构及元件制造通用技术条件》标准名称改为《伺服系统零、部件制造通用技术要求》来看，"电液伺服机构"已不被采用，但与"伺服系统"存在传承关联，且 GB/T 16978—1997《工业自动化词汇》定义"伺服机构"在前，按"伺服机构即是伺服系统"来理解应该没有问题，但同样存在是否应该继续使用的问题。

将一个完整的电液伺服控制系统如此划分（分割）出一个液压动力机构（或液压动力元件）来，其总得有一个比较充分的理由。对于液压动力机构（或液压动力元件）由液压控制元件、液压执行元件和负载组成这种说法，如果其中的液压控制元件是"伺服变量泵"，则液压动力机构（或液压动力元件）就几乎是整个电液伺服控制系统，即液压动力机构（或液压动力元件）等同于电液伺服控制系统，亦即没有分割电液伺服控制系统，因此这种划分也就失去了任何意义。

如果"伺服机构即是伺服系统"，而液压动力机构（或液压动力元件）既可能是整个电液伺服控制系统，也可能是电液伺服控制系统的一部分，则伺服机构可能（以）等同于电液伺服控制系统。

注："伺服机构装配工"、"伺服机构调试工"都是现在中国航天科工集团公司职业技能鉴定指导中心鉴定工种目录（试行版）中规定的工种。

1.3.2.4　油口、窗口、工作油口与控制窗口

（1）问题提出

在现行各标准中，油口、主油口、主阀口、进油口、供油口、供油阀口、通油口、压力油口、出油口、工作口、工作油口、控制油口、控制阀口、回油口、回油阀口、液控油口、先导级的供油口、先导级的回油口、先导阀的供油口、先导阀的回油口、窗、供油窗口、回油窗口、控制窗口等分别用于表述三油口、四油口和五油口，甚至六油口电液伺服阀的各油口（主油口和辅助油口），其中存在的问题仍是不符合关于术语的"统一性"原则。

（2）背景资料

在 GB/T 10844—2007《船用电液伺服阀通用技术条件》和 GB/T 13854—2008《射流管电液伺服阀》中规定了"控制油口"、"控制阀口"、"供油阀口"和"回油阀口"等。

在 GB/T 15623.1—2003《液压传动电调制液压控制阀　第 1 部分：四通方向流量控制

阀试验方法》和 GB/T 15623.2—2003《液压传动电调制液压控制阀 第 3 部分：压力控制阀试验方法》前言中有：ISO 10770-1：1998 中将 A、B 油口称为"控制油口"，为符合我国液压行业的习惯以及区别于"先导控制油口、外控制油口"的概念，本部分将其改为"工作油口"。

在 GB/T 17446—2012《流体传动系统及元件 词汇》中定义了"泄油口"、"进口"、"出口"、"控制口"、"油（气）口"、"回油口"、"主阀口"和"工作口"，其中"工作油口"出现在术语"浮动位置"和"开启中位"等定义中，且在"浮动位置"这一术语中将 A、B、T 油口统称为工作油口，具体请见第 1.3.1 节常用术语和定义。

在 GB/T 17490—1998《液压控制阀底板、控制装置和电磁体的标识》中有："油口"、"主油口"、"供油口"、"进油口"、"回油口"、"出油口"、"回油箱油口"等。

在 GJB 3370—1998《飞机电液流量伺服阀通用规范》中规定了"通油窗口"、"进油窗口"、"回油窗口"和"控制窗口"等。

在其他一些标准如 QJ 504A—1996《流量电液伺服阀通用规范》中还使用了"供油窗口"等。

（3）分析与辨正

通过以上背景资料介绍得知，"工作油口"不是 GB/T 17446—2012《流体传动系统及元件 词汇》中直接定义的术语，其在 GB/T 15623.1—2003《液压传动电调制液压控制阀 第 1 部分：四通方向流量控制阀试验方法》和 GB/T 15623.2—2003《液压传动电调制液压控制阀 第 2 部分：三通方向流量控制阀试验方法》中使用却没有定义。

经查对，GB/T 17446—2012《流体传动系统及元件 词汇》没有定义在 GB/T 15623.1—2003《液压传动电调制液压控制阀 第 1 部分：四通方向流量控制阀试验方法》和 GB/T 15623.2—2003《液压传动电调制液压控制阀 第 2 部分：三通方向流量控制阀试验方法》前言中提到的"先导控制油口、外控制油口"。

表述电液伺服阀上的各油口，宜采用元件上或阀上的油口术语，且最宜采用在 GB/T 17446—2012《流体传动系统及元件 词汇》中定义过的术语，因为其具有普遍共识，但不适（实）用，也没有办法。

统一这些术语是必要的，也是本书标准化的一项基本要求。因此本书表述电液伺服阀各油口采用如下术语。

① 电液伺服阀的主油口或主阀口包括 P、A、B 和 T，其中：

P——供油口；

A，B——工作油口；

T——回油口和/或泄油口。

② 电液伺服阀的辅助油口包括 X 和 Y，其中：

X——先导控制油口；

Y——泄油口。

对三、四或五油口电液伺服阀，用字母"T"来标识该阀回油口和泄油口，其不但具有阀回油功能，还具有用来使工作间隙造成的泄漏流量和为了使阀正常工作必需的喷嘴的连续流量返回油箱的作用。

为了强调和/或区别电液伺服阀（如五油口或六油口电液伺服阀）具有先导级单独提供油液的油口，术语"先导控制油口"可加前词"外部"；同样，术语"泄油口"也可加前词"外部"。

此处顺便说一下，不可将三、四、五或六油口电液伺服阀说成三、四、五或六通阀，因为三、四、五或六通阀是根据主阀口（主油口）数量分类的，而三、四、五或六油口电液伺服阀的主油口或主阀口至多不超过四个。

作者注：1. 在 GB/T 17446—2012《流体传动系统及元件　词汇》正文中"四通阀""五通阀"和"六通阀"与其索引中"四口阀""五口阀"和"六口阀"不一致。

2. 一些标准或制造商将电液伺服阀回油口标记为"R"。

1.3.2.5　四通阀与四边阀

（1）问题提出

在现行标准中"四通阀"已经被定义，而"四边阀""四边滑阀"或"四边圆柱滑阀"却经常出现在各参考文献中。"通"与"边"是否具有对应关系，或可以以此类推，如三通阀对应三边阀、二通阀对应二边阀，以及引入"边"的必要性等都是需要解答的问题。

作者注：在 GB/T 17446—2012《流体传动系统及元件　词汇》中还定义了"五通阀"和"六通阀"。

（2）背景资料

在 GB/T 17446—2012《流体传动系统及元件　词汇》中定义了"四通阀"，即"带有四个主阀口的阀"，而在 GJB 3370—1998《飞机电流流量伺服阀通用规范》中"四通阀"的定义更为具体，即"一种具有供油窗口、回油窗口和两个控制窗口的多节流孔流量控制装置。当阀向一个方向动作时，开通供油窗口到控制窗口 1，同时开通控制窗口 2 到回油窗口；阀反向动作时，开通供油窗口到控制窗口 2，同时开通控制窗口 1 到回油窗口"。

"边"、"四边"或"四边阀"等在现行标准中没有查找到这样的术语和定义，但在 GB/T 10844—2007《船用电液伺服阀通用技术条件》中"遮盖"定义中有"固定节流棱边"和"可调节流棱边"，在 GB/T 17446—2012《流体传动系统及元件　词汇》"遮盖"的定义之一为："（常规的）圆柱滑阀的固定节流边与可动节流边之间的轴向关系。"

（3）分析与辨正

根据上述背景资料，"四通阀"及其他几通阀定义没有关于"节流"的描述，亦即没有流量控制方面的要求；而"边"是与"节流"密切相关的，且必定是成对的，亦即"四边"即是四对边或四对节流边。任何一对边都涉及两个零件（固定零件与可动零件）上的各一条相关边，其可形成节流口，如两边间有距离即为负遮盖、两边正好重合（叠或迭）即为零遮盖、两边（过）重合（叠或迭）即为正遮盖，但所述应指的是"常规的"圆柱滑阀，而非电液伺服阀。

作者理解，以"四通阀"、"四边阀"或"四边滑阀"等来描述电液伺服阀应是借用了"常规的"圆柱滑阀的概念，其在 GB/T 17446—2012《流体传动系统及元件　词汇》中规定的另一"遮盖"定义即可看出。

另外，在 GJB 3370—1998《飞机电流流量伺服阀通用规范》中定义"阀压降"这一术语，其等于供油压力减去回油压力，再减去负载压降。阀压降即应是各对串联的节流边压降之和。

1.3.2.6　遮盖、重叠与重迭

（1）问题提出

在国内现行各标准中，"遮盖"、"重叠"或"重迭"等术语或词汇都被定义或使用过，然而，究竟应该如何作出选择以避免使用同义词，确实是一个问题。

（2）背景资料

在 GB/T 10844—2007《船用电液伺服阀通用技术条件》、GB/T 13854—2008《射流管电液伺服阀》、GB/T 17446—2012《流体传动系统及元件　词汇》和 GJB 4069—2000《舰船用电液伺服阀规范》等标准中都定义"遮盖"等术语，其中 GB/T 10844—2007《船用电液伺服阀通用技术条件》、GB/T 13854—2008《射流管电液伺服阀》和 GJB 4069—2000《舰船用电液伺服阀规范》定义了遮盖、零遮盖、正遮盖和负遮盖，且定义内容相同；GB/T

17446—2012《流体传动系统及元件　词汇》给出"遮盖"定义，且包含了性能指标内容。

作者注：在 GJB 4069—2000《舰船用电液伺服阀规范》中"零遮盖"的定义存在明显错误。

在 GJB 3370—1998《飞机电流流量伺服阀通用规范》中定义了"重叠"、"零重叠"、"正重叠"和"负重叠"，且与 GB/T 10844—2007《船用电液伺服阀通用技术条件》和 GB/T 13854—2008《射流管电液伺服阀》相对应术语含义差别不大；在 QJ 504A—1996《流量电液伺服阀通用规范》中使用了"重迭"；具体请见第 1.3.1 节及相关标准。

（3）分析与辨正

虽然 GB/T 17446—2012《流体传动系统及元件　词汇》给出"遮盖"定义且包含了性能指标内容，但其图示显然存在问题；然而适用于"常规的"圆柱滑阀的"遮盖"定义的注更为直白，即（遮盖）以正遮盖（盖住了）、负遮盖（没盖住）和零遮盖表达。

因在 GB/T 17446—2012《流体传动系统及元件　词汇》中给出"遮盖"定义，所以本书采用"遮盖"来表述固定与可动节流棱边之间在滑阀阀芯处在零位时的相对轴向位置关系，同时也避免了"重叠"与"重迭"的一字之争。

1.3.2.7　颤振信号与励振信号

（1）问题提出

"颤振"与"励振"或"颤振信号"与"励振信号"都有标准对其进行定义和/或使用，而且其定义基本一致，即出现了"同义词"问题。

（2）背景资料

"颤振"或"颤振信号"在 GB/T 15623.1—2003《液压传动电调制液压控制阀　第1部分：四通方向流量控制阀试验方法》、CB/T 3398—2013《船用电液伺服阀放大器》等标准中定义和/或使用过；"励振"与"励振信号"在 GB/T 10844—2007《船用电液阀通用技术条件》、GJB 3370—1998《飞机电流流量伺服阀通用规范》等标准中定义和/或使用过，其定义的主要内容为：叠加在输入信号上的（较）高频、小（低）振幅，以改善系统分辨率的周期电信号。

（3）分析与辨正

"颤振信号"是叠加在电液伺服阀输入信号上的，可致使电液伺服阀可动件"颤抖"或"抖动"；而因"励"字具有劝勉之义，用在此处并不十分准确。

经过比较与分析，作者认为"颤振"或"颤振信号"能较好地反映该信号的本质特征与区别特征，建议优先采用。

另外，一些标准具体规定了"颤振信号"，例如：

① 颤振信号频率要比系统频率高，大于 200Hz（或一般为 400Hz），避开系统谐振频率。

② 颤振信号幅值（峰—峰值）小于 30%（或峰间值为 10%）额定输出电流。

需要说明的是，不是所有的电液伺服阀放大器都具有输出颤振信号的功能，也不是所有的电液伺服阀在任何情况下都需要颤振信号的输入。

作者注："抖动信号"在 JB/T 7406.3—1994《试验机术语　振动台与冲击台》中定义过。

1.3.2.8　额定电流与正负（正、负）额定电流

（1）问题提出

在现行各标准中，一般将"额定电流"确定为参数、基本参数或主要参数，但同时却有"正负额定电流"、"正、负额定电流"、"正额定电流"、"负额定电流"等在标准中使用。"额定电流"是否只能有一个还是允许有两个，可能不只是表述问题。

（2）背景资料

只有在 GJB 3370—1998《飞机电流流量伺服阀通用规范》中定义了"额定电流"这一

术语，即"为产生额定流量而规定的任一极性的输入电流（不包括零偏电流），以符号 I_e 表示，单位为 mA"，而以"额定电流"定义的或与之相关的术语（参数）确有一些，如表 1-11 所示。

表 1-11　以额定电流定义或与之相关的电液伺服阀术语（参数）

序号	术语(参数)	注释
1	额定流量	以额定电流定义
2	流量曲线	以正、负额定电流之间（范围限定）定义
3	额定流量增益	以与额定电流之比表示
4	流量饱和区域	以接近额定电流的范围（限定）定义
5	线性度	以与额定电流之比的百分数表示
6	滞环	以与额定电流之比的百分数表示
7	分辨率	以与额定电流之比的百分数表示
8	压力增益	以与额定电流之比的百分数表示
9	重叠	以与额定电流之比的百分数表示
10	零位区域	以±3%额定电流范围内的区域定义
11	零偏	以与额定电流之比的百分数表示
12	零漂	以与额定电流之比的百分数表示
13	瞬态响应	以额定电流(值)为输入阶跃信号(值)定义

作者注：表 1-11 以 GJB 3370—1998《飞机电流流量伺服阀通用规范》中定义为准给出。

（3）分析与辨正

"额定的"在 GB/T 17446—2012《流体传动系统及元件　词汇》中已经定义，其可以规定最大值和/或最小值。如果按此理解"正额定电流"为最大额定电流，"负额定电流"为最小额定电流，则与"额定电流"定义不符，因无法将任一极性的输入电流定义为最小的。

正、负额定电流的确定与极性的确定相关联，因此在 QJ 2078A—1998 中还有"输入任一极性额定电流，保持 3min，再输入反向额定电流，保持 3min"这样的表述，进一步说明正、负额定电流与极性的关系。

因此，目前额定电流与正负（正、负）额定电流只能并行，并将"以与额定电流之比的百分数表示"中的"额定电流"理解为正额定电流或正负（正、负）额定电流的绝对值。

1.3.2.9　缸、液压缸、伺服缸、伺服液压缸与比例/伺服控制液压缸

（1）问题提出

想写一部关于电液伺服阀/液压缸及其系统的专著，却对其中的液压缸不知如何称呼，确实是个问题。

在现在可见的一些机械（液压）设计手册和液压技术专著中，缸、液压缸、伺服缸、伺服液压缸、液压助力器、液压作动筒、液压作动器、液压伺服动作器和比例/伺服控制液压缸等都有使用，且一些已经经过标准进行了定义，而作者却认为这些术语和/或定义都存在一定问题。

（2）背景资料

在 GB/T 17446—2012《流体传动系统及元件　词汇》中定义了"缸"和"伺服缸"，但其将"伺服缸"限定为仅与气动技术有关的术语。

在 GB/T 32216—2015《液压传动　比例/伺服控制液压缸的试验方法》中定义了"比例/伺服控制液压缸"这一术语，即"用于比例/伺服控制，有动态特性要求的液压缸"。

在 HB 0—83—2005 中有"液压助力器"和"液压作动筒"名称，但却没有定义。而"液压伺服作动器"见于王永熙著《飞机飞行控制液压伺服作动器》一书，但不清楚其出处。

QJ 1495—1988《航天流体系统术语》中定义了"作动器"、"伺服作动器"、"电液伺服作动器"和"伺服液压缸"等术语，其适用于航天产品技术文件以及各种论文专著，民品技术文件亦可参照使用。

在 DB44/T 1169.1—2013《伺服液压缸　第 1 部分：技术条件》中定义了"伺服液压缸"这一术语，即"有静态和动态指标要求的液压缸。通过与内置或外置传感器、伺服阀或比例阀、控制器等配合，可构成具有较高控制精度和较快响应速度的液压控制系统。静态指标包括试运行、耐压、内泄漏、外泄漏、最低起动压力、带载动摩擦力、偏摆、低压下的泄漏、行程检测、负载效率、高温试验、耐久性等。动态指标包括阶跃响应、频率响应等"。

(3) 分析与辨正

至少应使用"液压缸"，因为需要区别于"气缸"；现在在液压技术领域使用"伺服缸"也不行，因为其已经被限定为仅与气动技术有关的术语；而如果使用"伺服液压缸"，作者认为其在 DB44/T 1169.1—2013《伺服液压缸　第 1 部分：技术条件》中的定义存在一定问题。该定义应是伺服液压缸这一概念的表述，反映伺服液压缸的本质特征和区别其他液压缸的区别特征，不应包含要求，且宜能在上下文表述中代替其术语。

"比例/伺服控制液压缸"或"伺服控制液压缸"也存在一些问题。因为"伺服控制"是有确切含义的，具体请见第 1.3.1 节或相关标准，一般应理解为"闭环控制"，但实际中其经常用于开环控制。另外，其定义也不够全面、准确。

因为有标准，本书使用"比例/伺服控制液压缸"、"伺服控制液压缸"、"伺服液压缸"或"液压缸"。除另有说明外，"液压缸"是其简称。

根据或参考一些现行标准，如 GB/T 8129—2015《工业自动化系统　机床数值控制词汇》，作者试定义"伺服液压缸"为：缸进程、缸回程运动和/或停止根据指令运行的液压缸。指令中既可能指出所需的下一位置值，也可能指出移到该位置所需的进给速度，或可能指出其保持在预定位置上（附近）的时间、振幅和/或频率。

作者注：1.不应只将液压缸和伺服阀集成在一起的称为"伺服液压缸"，因此在 QJ 1495—1988《航天流体系统术语》中"伺服液压缸"定义无法继续使用。

2.在一些领域内，液压振动发生器（或振动发生器、激振器等）可能指伺服控制液压缸，具体请见 GB/T 2298—2010《机械振动、冲击与状态监测词汇》等标准。

1.3.2.10　缸行程、工作行程、全行程与最大缸行程

(1) 问题提出

采用 GB/T 17446—2012《流体传动系统及元件　词汇》中定义的相关术语表述各种液压缸存在一定困难，其中就包括与"缸行程"相关的一些表述。如"可调行程缸（或可调行程液压缸）"定义为："其行程停止位置可以改变，以允许行程长度变化的缸"。"缸行程"的定义为："其可动件从一个极限位置到另一个极限位置所移动的距离"。上述两个术语的定义有相互抵触的地方。

根据第 1.3.2.9 节所述，因伺服液压缸也是其行程停止位置可以改变，以允许行程长度变化的缸，所以也存在同样的问题。

(2) 背景资料

"行程"、"缸行程"、"工作行程"、"全行程"等术语都被相关标准定义或使用过，其中"全行程"在 CB/T 3812—2013《船用舱口盖液压缸》、JB/T 10205—2010《液压缸》、QC/T 460—2010《自卸汽车液压缸技术条件》和 DB44/T 1169.1—2013《伺服液压缸　第 1 部分：

技术条件》等标准中使用过。而"最大行程"在《液压缸设计与制造》一书中定义过。

（3）分析与辨正

如果"行程"是两个极限位置间距离，那么行程不可改变；如果极限位置可以改变，那也不是极限位置。所以极限位置和行程两个定义必须否定一个（忽略一个或改变其内涵）。如果"行程"是可以变化的，即是可以调节的，那么在液压缸中将没有一个能标定（表示）基本参数的参数，因此有必要界定"最大缸行程"这一术语和定义。

在《液压缸设计与制造》一书中将"缸最大行程"定义为："在其可动件从缸回程（进程）极限死点到缸进程（回程）极限死点所移动的距离。"

既然可以定义"缸最大行程"，同样也可以定义"缸最小行程"，由此可将"缸行程"理解为具有一定范围，或可表述为"缸行程范围"。

进一步还可定义"缸工作行程范围"，其应包含在"缸行程范围"内。

对伺服液压缸而言，定义"缸最大行程"、"缸最小行程"、"缸行程范围"及"缸工作行程范围"等具有重要意义。

因将"缸进程极限死点"定义为缸结构限定的缸进程极限位置，所以"最大缸行程"是由缸结构决定的，也是此缸区别于彼缸的特征之一。这种特征应具有唯一性，且应有一个确切含义，就是缸进程极限死点。缸进程极限死点在一个特定的伺服液压缸中只有一个（点），也是唯一的。

在"缸工作行程范围"下可派生出"缸最大工作行程"和"缸最小工作行程"。因"缸工作行程范围"包含在"缸行程范围"内，所以"缸最大工作行程"和"缸最小工作行程"也包含在"缸最大行程"和"缸最小行程"内，因此伺服液压缸可以通过所在控制系统设定"软限位"避免运动件撞击上其他缸零件。

1.3.2.11　带载动摩擦力与动摩擦力

（1）问题提出

本节所涉及的"带载动摩擦力"和"动摩擦"与伺服液压缸或比例/伺服控制液压缸相关，其是否是同义词或哪一个比较准确，是伺服液压缸设计者需要考虑的问题。

（2）背景资料

在 DB44/T 1169.1—2013《伺服液压缸　第 1 部分：技术条件》中定义了"带载动摩擦力"这一术语，即"伺服液压缸活塞杆带负荷移动条件下，缸筒、端盖和密封装置对活塞杆产生的运动阻力"。在 GB/T 32216—2015《液压传动比例/伺服控制液压缸的试验方法》定义了"动摩擦力"这一术语，即"比例/伺服控制液压缸带负载运动条件下，活塞和活塞杆受到的运动阻力"。

（3）分析与辨正

不管是"带载动摩擦力"还是"动摩擦力"，其术语和定义都有一定问题，现简述如下。

① 尽管"带载动摩擦力"比"动摩擦力"稍好，但其都与摩擦学中的术语"动摩擦力"重复，即使是改写已经标准化的定义，也应加以说明。

② 在"带载动摩擦力"定义中，"缸筒、端盖和密封装置对活塞杆产生的运动阻力"这种说法值得商榷，因为缸筒对活塞杆如何产生运动阻力作者不甚清楚。

③ 在"动摩擦力"定义中，柱塞式液压缸应该没有活塞，其"活塞和活塞杆受到的运动阻力"这样定义不够严密。

④ 在负载条件不明确情况下（术语中未加以说明或限定），是否可以保证在一定检测（验）精度范围内，检测（验）出（准）或重复检测（验）出（准）"动摩擦力"，值得商榷。

各种负载对动摩擦力和液压缸静、动特性产生何种影响，以及动摩擦本质非线性特征及其建模不确定性等都是现在液压工作者研究的课题。

对 JB/T 10205—2010《液压缸》规定的液压缸而言，动摩擦力是负载效率试验的内容。

根据以上简述，作者认为，以"运行摩擦力"、"空载运行摩擦力"、"加（带）载运行摩擦力"这一组词汇（指称）来区别其他液压缸（特定）是比较恰当的。

作者注："动摩擦力"见于 GB/T 17754—2012《摩擦学术语》。

1.3.2.12 偏差与误差

（1）问题提出

"偏差"与"误差"这两个术语本身并不存在什么问题，但其涉及控制理论中闭环控制（系统）或反馈控制（系统）工作原理的表述问题。

在现在可见的一些与流体传动及控制这门工程技术相关的机械（液压）设计手册和液压技术（包括控制工程）专著中，典型表述分别为："这个系统（作者注：其原著指为液压伺服控制系统）是靠偏差工作的，即以偏差来消除偏差，这就是反馈控制的原理"和"液压控制系统是一个负反馈控制系统，根据误差信号进行控制"。

究竟应该如何正确表述控制理论中闭环控制（系统）或反馈控制（系统）工作原理确实是一个问题。作者曾就此当面请教过多位液压技术包括控制技术界高端人士，其说法不一。

（2）背景资料

"偏差"与"误差"这两个术语在不同技术领域内定义不同，现在仅在流体传动及控制包括控制工程相关技术领域内考察其背景资料。

在 GB/T 2900.56—2008《电工术语控制技术》（适用于涉及控制技术的所有科学技术领域）、GB/T 16978—1997 和 GB/T 17212—1998 等标准中定义了"偏差"与"误差"这两个术语，其中关于"偏差"的定义区别不大，且涉及"预期值"或"期望值"、"实际值"、"变量值"乃至"输出变量"或"被控变量"等术语；而对"误差"定义却可能有不同的理解，其涉及"真值"等一系列术语和定义，具体请见第 1.3.1 节及相关标准。

作者注：在 GB/T 2900.99—2016（适用于包括电工技术应用在内的可信性技术方面的所有领域）中也定义了"误差"这一术语，具体请见相关标准。

（3）分析与辨正

在闭环控制（系统）或反馈控制（系统）中必须含有至少一个比较元件或环节应该没有异议，暂且忽略其中的校正元件或环节，比较元件的输出信号究竟是偏差信号还是误差信号是本节要分析与辨正的重点。

在第 1.3.1 节摘录的常用术语和定义中，"比较元件"的输出信号都被定义为"偏差信号"，其为参比变量与反馈变量之差（或差值）。

各标准中对"偏差信号"的定义为给定瞬间（时刻）变量的预期值（期望值）与实际值之差，其中在圆括号内示出的差别可能与标准翻译有一定关系。

"预期值"或"期望值"都是在规定条件下，给定瞬间（或时刻）所要求的变量值，其应理解为（被控）输出变量而非输入变量，但将其理解为"参比变量"存在困难；而"实际值"是给定瞬间的变量值，其既可能是输入变量值，也可能是输出变量值，因为"变量"是其值可变且通常可测出的量或状态。

由此可得出这样的暂时性结论：根据相关标准中偏差信号定义，以及对预期值（期望值）和实际值定义的理解，"偏差信号"这一术语适用于描述被控（输出）变量的精度，但可能存在如下问题。

① 在现行各标准中，比较元件的输出信号被定义为偏差信号，因此上述暂时性结论与现行标准不符。

② 精度通常是对误差的评定，如使用"偏差"来评定，则与精度定义并不完全相符。

"参比变量"或是一种规定的（给定的）输入变量，而"反馈变量"是通过对"被控变量"值的检测产生（生成）的。根据在 GB/T 16978—1997 中给出的"误差"定义，参比变量与反馈变量之差（比较的结果）更符合该定义，亦即是误差信号。然而，如果按照在 GB/T 17212—1998 中给出的"误差"定义，因其中涉及对"真值"这一术语的理解，只有在将其理解成"给定值"情况下，上述两标准中给出的"误差"定义才较为一致。因此，按相关标准中的"误差"定义，参比变量与反馈变量之差即为误差（信号）。

　　作者注：在 QJ 1495—1988 定义的"伺服控制"这一术语中输入量与反馈量比较得到的就是"误差量"，具体请见相关标准。

　　综合以上分析与辨正，如果得出这样的结论：闭环控制（系统）或反馈控制（系统）是以误差来调整（消除）偏差的原理工作的，那么可能产生的问题将是多方面的。

　　通过以上分析与辨正读者不难发现，各标准中的术语和定义存在相互抵触等问题。对闭环控制（系统）或反馈控制（系统）而言，对其稳定性、精确性和快速性的要求是基本要求，也是最重要的要求。因此，对其描述或术语的定义应着眼于系统而不是局部，且应与其他技术领域的描述与术语的定义相衔接。基于此种观点，作者还是认为："关于误差与偏差问题，在控制系统中描述输入端为偏差，描述输出端为误差"的观点较为科学、实用。

第2章 电液伺服阀设计与制造

在电液伺服控制系统中，电液伺服阀是将该系统的电气部分和液压部分联系起来的核心控制元件，也是这类系统中的典型元件之一。

电液伺服阀是一种接受电的控制信号并从动力源获得液压动力，然后根据输入电信号的大小和极性，控制流向负载的液压油液流动方向和流量的元件。因为输入的电信号功率很小，而输出的液压功率可以很大，所以，电液伺服阀既是电-液转换元件，也是功率放大元件。

但在电液伺服控制系统中，功率依靠来自液压动力源的有压流体（液压油液）通过电液伺服阀传递到一个或几个负载，"传递"仍是电液伺服阀的基本功能。

电液伺服阀与电液比例阀相比，由于电液伺服阀具有控制精度高、功率放大倍数大、线性好、死区小、动态性能好等优点，使其在要求控制精度高、响应速度快、输出功率大的电液伺服控制系统中得到广泛应用。

2.1 电液伺服阀的组成

通常讲的电液伺服阀一般是由电气-机械转换器（力马达或力矩马达）、液压放大器（液压前置级放大器和液压主控阀）和反馈或平衡机构等三部分组成。但对电液伺服阀这种连续控制阀而言，液压伺服阀放大器这种电气器件一般是必不可少的，所以，一般电液伺服阀是由电液伺服阀放大器、电气-机械转换器、液压放大器和反馈或平衡机构等四部分组成的这种说法比较准确。如"为了使（电液伺服）阀的结构布置、控制和使用更为灵活、方便、可靠，目前越来越多的电液伺服阀采用电反馈，并将（电液）伺服（阀）放大器也做成内置式，成为电液伺服阀的一个组成部分"，即有可取之处。

图 2-1 所示为电液伺服阀组成及工作原理方块图，该方块图较为明了地说明了组成电液伺服阀的四个组成部分之间的相互关系及信号（电信号、液压信号）的传递及控制。

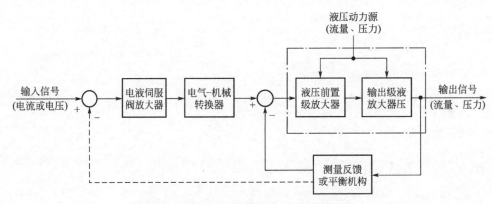

图 2-1 电液伺服阀组成及工作原理方块图

2.1.1　电液伺服阀放大器

电液伺服系统的控制输入信号一般都是较弱的，通常都需要经过处理和功率放大后，才能驱动电气-机械转换器如力马达、力矩马达或比例电磁铁运行，实现参数调节。电液伺服阀放大器是借助外来能源以增大输入（电）信号的振幅和功率的电气器件。电液伺服阀放大器和电气-机械转换器都是电液伺服阀必不可少的重要组成部分，而且两者关系密切、相互依存。

电液伺服阀放大器的主要功能是驱动、控制电气-机械转换器，满足电液伺服控制系统的性能要求。在闭环控制场合其还承担着反馈检测信号、测量放大和系统性能的控制校正作用。

电液伺服阀放大器是电液伺服控制系统中的前置环节，其性能优劣直接影响着系统的控制性能和可靠性。

在进行电液伺服阀性能试验时，在试验系统中应包括由阀制造商指定的放大器（当放大器被指定时）。如果使用外部脉宽调制放大器，应记录调制频率、颤振频率和颤振幅值。在所有情况下，应记录放大器电源电压。输入信号是加在放大器上而不是直接加于阀上。

2.1.2　电气-机械转换器

电气-机械转换器是电液控制系统中的重要元件，它将电气装置输入的电信号转换成机械量，即力（力矩）和（角）位移的装置。电气-机械转换器作为液压控制元件的前置级，对其稳态控制精度和动态响应特性以及抗干扰能力和工作可靠性要求都很高。

电液控制系统中最常用的电气-机械转换器有动圈式力马达或力矩马达、动铁式力矩马达、比例电磁铁、步进电动机、直流或交流伺服电动机，其中除步进电动机是典型的数模转换型电气-机械转换元件外，其他通常都作为模拟转换元件应用。但是，原则上这些元件也可借助频率调整或脉冲调制，用作数字式或数模转换式电气-机械转换器。

电液伺服阀作为电液转换和功率放大元件，其电气-机械转换器有电流-力（矩）转换和力（矩）-（角）位移转换两种功能。典型的电气-机械转换器为力马达和力矩马达。力马达是一种直线运动的电气-机械转换器，而力矩马达则是一种旋转运动的电气-机械转换器。力马达或力矩马达的功能都是将输入的控制（电流）信号转换成为与输入（电流）信号成比例的输出力或力矩，再经弹性元件（如弹簧管、弹簧片等）转换成为驱动先导级阀运动的直线位移或转角（或称摆角、偏转角），使先导级阀定位、回零。

磁场的励磁方式有永磁式和电磁式两种。因尺寸较为紧凑，工程上多采用永磁式结构。

永磁动圈式或动铁式两种结构的电气-机械转换器常用于电液伺服阀的电气-机械转换器，包括可作为单极电液伺服阀的前置级。

（1）永磁动圈式力马达

图 2-2 所示为永磁动圈式力马达的结构简图。永磁动圈式力马达输入为电（流）信号，输出为力及直线往复位移。

永磁动圈式力马达由永久磁铁、内导磁体、外导磁体、绕制在线圈架上的可动控制线圈和（平衡）弹簧等组成。

由永久磁铁、内导磁铁和外导磁体构成闭合磁路，在环形工作气隙中形成固定磁通，由平衡弹簧将可移动的控制线圈悬置于工作气隙中。当控制线圈输入控制电流时，绕制在线圈架上的控制线圈及所带动的阀芯（图中未示出）按照载流导体在磁场中受力的原理移动，该力的大小与磁场强度、线圈导线长度及控制电流大小成比例，其方向由控制电流方向及固定磁通方向按电磁学左手定则确定。受该力作用的线圈组件克服弹簧力和负载力，使线圈组件产生了一个与输入控制线圈电流大小成比例的位移。通过改变输入控制线圈电流的大小和方向，即可使线圈组件输出力及直线往复位移。

（2）永磁动圈式力矩马达

图 2-3 所示为永磁动圈式力矩马达的结构简图。永磁动圈式力矩马达输入为电（流）信号，输出为力矩及角位移。

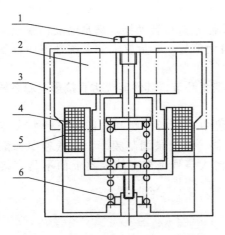

图 2-2　永磁动圈式力马达的结构简图

1—调整螺钉；2—永久磁铁；3—工作气隙；
4—导磁体；5—可动控制线圈；6—弹簧

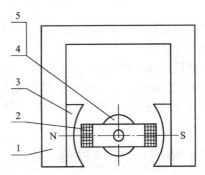

图 2-3　永磁动圈式力矩马达的结构简图

1—导体；2—可动控制线圈；3—永久磁铁；
4—转子（转轴）；5—扭力弹簧

永磁动圈式力矩马达由永久磁铁、内导磁体、外导磁体、绕制在线圈架上的控制线圈（转子）和扭力弹簧（或轴承加盘圈扭力弹簧）等组成。

（3）永磁动铁式力矩马达

图 2-4 所示为永磁动铁式力矩马达的结构简图。永磁动铁式力矩马达输入为电（流）信号，输出为力矩及转角。

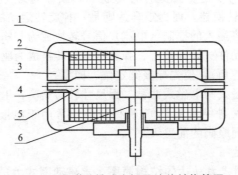

图 2-4　永磁动铁式力矩马达的结构简图

1—永久磁铁；2—控制线圈；3—导磁体；4—气隙；5—铁芯；6—弹簧管

永磁动铁式力矩马达由左、右两块永久磁铁（或称磁钢），上、下两块导磁体（或称轭铁），与铁芯（或称衔铁）固定连接在一起的弹簧管（或称扭轴），以及绕制在线圈架上的两个控制线圈等组成。此永磁动铁式力矩马达的结构是全对称的。

铁芯与弹簧管等固定连接（或称衔铁组件），可以绕弹簧管上一点在四个气隙间来回摆动。左、右两块永久磁铁使上、下两块导磁体在气隙中产生相同方向的极化磁场。在控制线圈没有输入电（流）信号时，铁芯与上、下两块导磁体之间的四个气隙距离相等，铁芯因受到的永久磁铁的吸引力平衡而使铁芯也处于中间平衡状态。当控制线圈输入（控制）电流时，即产生了控制磁场，其在铁芯中的磁通量发生变化（铁芯变成了电磁铁），使得铁芯在（新）磁场中的受力状态发生了改变，打破了原来的平衡，铁芯产生了与控制电流大小和方向相对应的转矩，进而使铁芯及弹簧管等转动产生转角，直至电磁力矩与负载力矩和弹簧管（扭轴）反力矩等相等（平衡）为止。

在转角很小的情况下，可以将角位移近似地看成是线位移；所产生的电磁力矩大小与输入电（流）信号的大小成比例，其转角方向由输入电（流）信号的方向决定。

（4）永磁动圈式力马达与永磁动铁式力矩马达的性能比较

永磁动圈式力马达与永磁动铁式力矩马达各有特点，现就其性能试比较如下。

① 在相同惯性条件下，永磁动铁式力矩马达的输出力矩较大，而永磁动圈式力马达的输出力较小。因永磁动铁式力矩马达的输出力矩可以较大，其弹簧管的刚度也就可以制成较大，因此可以使衔铁组件的固有频率较高，甚至可达 $1000\mathrm{Hz}$ 以上，而永磁动圈式力马达的弹簧刚度较小，因此其固有频率也较低。

② 永磁动圈式力马达的控制电流较大，输出位移（或称行程）也较大，可达 $\pm(2\sim4)\mathrm{mm}$。而永磁动铁式力矩马达受气隙的限制，输出转角较小，近似线位移（或称行程）通常小于 $0.2\mathrm{mm}$；且因其控制电流较小，故其抗干扰能力较差。

③ 永磁动圈式力马达的稳态特性、线性度较好，滞环也较小。而永磁动铁式力矩马达因磁滞影响而引起的输出位移非线性较严重，滞环也比永磁动圈式力马达大。

④ 在相同功率条件下，永磁动圈式力马达较永磁动铁式力矩马达的体积大，材料及制造精度要求也没有那么高，因此永磁动圈式力马达的造价较低。

综上所述，因永磁动铁式力矩马达具有固有频率高、动态响应快、功率-质量比较大、加速度零漂小等优点，在要求频率高、动态响应快、体积小、重量轻的场合，适合采用其控制喷嘴挡板一类的先导级阀。而在对频率、动态响应和尺寸要求不高，又希望造价较低的场合，如一般工业用途的电液伺服阀，往往采用永磁动圈式力马达。但现在也有用于控制高频电液伺服阀的特殊结构的永磁动圈式力马达。

2.1.3　液压前置级放大器

根据控制对象的不同要求，电液伺服阀可设计成不同型式。推荐采用两级电液伺服阀，其前置级采用一些无摩擦可变节流孔式放大器，如双喷嘴挡板式、射流管式或射流偏转板式等。其输出级液压放大器通常采用四通滑阀结构。由输出级至力矩马达采用一些反馈结构以提高阀的性能，如力反馈、电反馈等。

以常见的喷嘴挡板（式）两（二、双）级电液伺服阀为例，其液压前置级放大器是由永磁动铁式力矩马达和喷嘴挡板组成的喷嘴挡板阀，即为（第）一级液压放大器，且为液压主控制阀（四通滑阀）——输出级液压放大器的先导级阀。

但对三级电液伺服阀而言，则可将上述两级电液伺服阀作为先导级阀，即为输出级液压放大器的液压前置级放大器。对四级电液伺服阀而言，则也可照此类推。

由永磁动铁式力矩马达和喷嘴挡板组成的喷嘴挡板阀是本书研究的重点对象之一，其现在仍是最高端电液伺服阀的一个重要组成部分。

（1）双喷嘴挡板阀

喷嘴挡板阀是一类液压控制阀，有单喷嘴挡板阀和双喷嘴挡板阀之分。单喷嘴挡板阀相当于一个三通阀，可以控制差动液压缸；双喷嘴挡板阀相当于一个四通阀，可以控制双作用液压缸。

图 2-5 所示为一种常用的双喷嘴挡板阀结构原理简图和等效桥路图。双喷嘴挡板阀是由两个结构尺寸完全相同的单喷嘴共用一个挡板组合而成的。

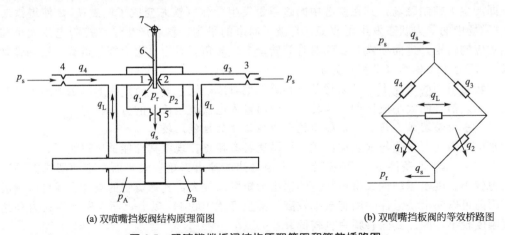

(a) 双喷嘴挡板阀结构原理简图　　　　　　　　　　(b) 双喷嘴挡板阀的等效桥路图

图 2-5　双喷嘴挡板阀结构原理简图和等效桥路图

1,2—喷嘴；3,4—固定节流孔；5—回油节流孔；6—挡板；7—单板回转中心

双喷嘴挡板阀由挡板 6、喷嘴 1 和 2、固定节流孔 3 和 4（或还包括一个回油节流孔 5）等组成。在挡板 6 的两边对称设置了两个喷嘴 1 和 2，由此组成了两个可变节流孔，或表述为造成了两个可变的缝隙。当挡板 6 处于两喷嘴的中间位置时，挡板与两个喷嘴的间隙相等，此时如压力为 p_s 的液压油分别通过两个固定节流孔 3 和 4，再通过两个喷嘴与挡板的间隙流回油箱，则两液流的阻尼（液阻）相等，因而两控制腔压力也相等，即 $p_A = p_B$。如双喷嘴挡板阀的两控制腔连接双杆缸的两腔，则双杆缸因两腔压力相等而处于停止不动状态，此时双杆缸两腔都没有液压油流入流出，亦即负载控制流量 $q_L = 0$。如挡板 6 向右偏转一个角度，则挡板 6 与喷嘴 2 的间隙减小，其液阻增大；相应挡板 6 与喷嘴 1 的间隙增大，其液阻减小，因此造成了 $p_B > p_A$，双杆缸活塞（或也可是滑阀阀芯）在此压力差的作用下将向左运动。如挡板 6 向左偏转一个角度，压力变化情况将相反，双杆缸活塞将向右运动。

双喷嘴挡板阀是依据节流控制原理设计的，其优点是结构简单、体积小、运动部件质量小、运动（转动）惯量小、位移量小、驱动力小、无摩擦、动态响应快、灵敏度高、压力增益大。但双喷嘴挡板阀也有其缺点，一般认为挡板与喷嘴的间隙小，固定节流孔直径小，因此易堵塞，抗污染能力低；输出流量小，驱动负载功率有限；中位（零位）时阀口常开，负载刚度差，泄漏量稍大。

如果任一喷嘴堵塞，则其所控制的双杆缸活塞或滑阀阀芯将偏向一侧。

作者注：作者对参考文献 [24] 和 [70] 的"喷嘴挡板阀对污物不敏感"和"喷嘴挡板阀抗污染能力强"等说法持否定态度。

（2）射流管阀

射流式液压控制阀按其运动部件的不同，可分为射流管式和射流偏转板式两种。图 2-6（a）所示为射流管阀的结构原理简图，图 2-6（b）所示为接收器小孔与喷嘴面积重叠示意图。

射流管阀由射流管（喷嘴或喷口）1、弹簧 2 和接收器 3 等组成。射流管喷嘴相对于接收器上的两个圆形孔可以转动，如将接收器上的两个圆形孔与双杆缸两腔连接，则当射流管喷嘴处于接收器上的两个圆孔中间位置时，因两个圆孔接收到的喷射能量相等，亦即两圆孔中的压力相等，其向双杆缸两腔输出的压力也相等，即 $p_A = p_B$，此时，双杆缸停止不

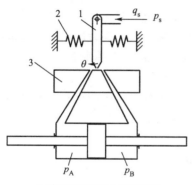

(a) 射流管阀的结构原理简图

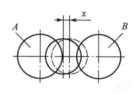

(b) 接收器小孔与喷嘴面积重叠示意图

图 2-6　射流管阀的结构原理简图和接收器小孔与喷嘴面积重叠示意图
1—射流管；2—弹簧；3—接收器

动。当射流管偏转一个角度 θ 后，喷嘴对应圆形孔中间位置偏移了一个位移 x，这时喷嘴喷射出的流体进入两个圆孔的能量产生了不同，即进入左圆（A）孔的能量大于进入右圆（B）孔的能量，从而使左圆（A）孔的压力升高，右圆（B）孔的压力降低，即产生了 $p_A - p_B = p_L > 0$ 的负载压力 p_L，由此压力推动双杆缸活塞向右运动。当射流管偏转一个相反角度 θ 后，压力变化情况将相反，双杆缸活塞将向左运动。

射流管阀是依据动量转换原理设计的，其优点是结构简单，无死区，无微小孔（或表述为射流管喷嘴孔较大），对液压油的污染较为不敏感，抗污染能力强，从而可以获得较高的可靠性和使用寿命。工作时液压功率损失不大，效率较高，所以射流管阀既可以作为前置级放大元件，也可作为小功率电液伺服系统的功率放大元件。但射流管阀也有其缺点，射流管运动（转动）惯量较大，其动态特性稍差，且易在射流力作用下产生振动；零位泄漏量大，功率损失大；其特性不易预测，受液压油黏度变化影响大，低温时特性较差。

如果射流管堵塞，则其所控的双杆缸活塞或滑阀阀芯可能停止不动或回中位，往往可使被控对象处于安全状态。

为了克服射流管运动（转动）惯量大、动态特性稍差的缺点，可以将运动部件改为接收器作用的偏转板，使其运动惯量小，响应变快，亦即射流偏转板式阀或射流偏转板式液压放大器。

作者注：因射流管与供油管容易产生谐振，射流管也易受到反射流的冲击而产生扰动，所以作者对参考文献［70］的"射流管阀具有较好的可靠性和稳定性"的说法存疑。

（3）综合式多级液压放大器

因一般电-机械转换器可控制的单级电液伺服阀的输出功率都很小（有限），在电液伺服阀传递及控制的液压功率较大时，无法直接驱动输出级（或称功率级）液压放大器（滑阀）的运动，此时需要增大液压前置级放大能力，即把一级电液伺服阀作为液压前置级放大器来控制二级电液伺服阀的输出级，此种结构的电液伺服阀称为两级（或二级或双级）伺服阀。当然，还有把电-机械转换器控制的液压前置一级放大器、液压前置一级放大器控制的液压前置二级放大器和液压前置二级放大器控制的输出级（功率级）组合成三级电液伺服阀的，进一步还可用三级伺服阀控制输出级（功率级）组成四级电液伺服阀。

在两级、三级甚至四级电液伺服阀中，除最后一级液压放大器被称为输出级（功率级）液压放大器外，其他级液压放大器都可称为液压前置级放大器。液压前置级放大器可以是综合式多级液压放大器，如喷嘴挡板-滑阀式、射流管-滑阀式等，而输出级（功率级）液压放大器或称液压主控制阀一般均采用滑阀。

图 2-10(f) 所示为一种典型的三级电液流量伺服阀结构简图。

此三级电液方向流量伺服阀是由专用电子控制器，两级双喷嘴力反馈电液流量伺服阀作为液压前置二级放大器以及滑阀式输出级液压放大器（液压主控制阀——三级阀）等组成的。

三级电液伺服阀是为了满足大功率和特大功率负载驱动或控制的需要，采用两级电液伺服阀作为液压前置级放大器，控制大直径圆柱滑阀阀芯移动，从而控制 $500 \sim 1000 \mathrm{L/min}$ 这样的大流量，甚至控制特大流量。

2.1.4 输出级液压放大器（液压主控制阀）

带有四个或三个主阀口的四通圆柱滑阀（四通阀）或三通圆柱滑阀（三通阀）最为常用。

圆柱滑阀是靠节流原理工作的，其借助于阀芯与阀套间的相对运动来改变节流口面积的大小，对流体的流量和/或压力进行控制。圆柱滑阀的结构型式多，控制性能好，在电液伺服控制系统中应用最为广泛，其既可以用作功率级液压控制阀，也可以用作前置级液压控制阀，接受力矩马达的控制。

如图 2-7 所示，圆柱滑阀根据其结构型式可以从不同角度来分类。

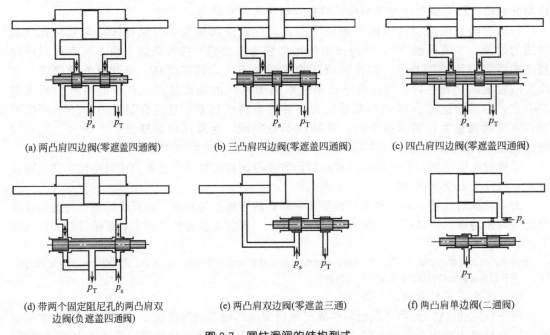

(a) 两凸肩四边阀(零遮盖四通阀)　　(b) 三凸肩四边阀(零遮盖四通阀)　　(c) 四凸肩四边阀(零遮盖四通阀)

(d) 带两个固定阻尼孔的两凸肩双　　(e) 两凸肩双边阀(零遮盖三通)　　(f) 两凸肩单边阀(二通阀)
　　 边阀(负遮盖四通阀)

图 2-7 圆柱滑阀的结构型式

（1）按主阀口数量分类

按阀的主阀口数目分类，可以分为四通阀［见图 2-7(a)～(d)］、三通阀［见图 2-7(e)］和二通阀［见图 2-7(f)］。

四通阀有两个工作油口，可用于控制双作用液压缸或液压马达作双向运动。由于三通只有一个工作油口用于控制，故只能用来控制差动液压缸，且该工作油口应与差动缸无杆腔油口连接（或表述为应与缸有效面积较大者连接）。为了实现液压缸往复运动，须在液压缸有杆腔施加一个固定的偏置压力，这个偏置压力一般可以从供油压力处引入，也可利用弹簧等产生。二通阀只有一个工作油口用于控制，必须与一个固定节流孔（固定阻尼）配合使用才能控制液压缸一个腔；而在液压缸的另一腔也必须施加一个固定的偏置压力，才能使液压缸可做往复运动。

（2）按工作边数目分类

按滑阀形成的可变节流口的工作边对数目，可分为四边阀［见图 2-7（a）～（c）］、双边阀［见图 2-7（d）、（e）］和单边阀［见图 2-7（f）］。

当滑阀向一个方向有一个位移时，四边阀在阀芯上有四条节流工作边控制四个可变节流口，双作用液压缸的两个腔可由其中的两个可变节流口分别同时控制；而当滑阀向另一个方向有一个足够位移时，双作用液压缸的两个腔可由其中另外两个可变节流口分别同时控制。这样双作用液压缸的每一腔都由一个可变节流口控制，其控制性能最好。而单边阀在阀芯上只有一条节流工作边控制一个可变节流口，只能控制液压缸的一个腔，控制性能较差；双边阀控制性能居中。但从产品结构工艺性上看，四边阀最为复杂，单边阀最为简单。

（3）按阀芯台肩数目分类

按圆柱滑阀阀芯的凸肩数目，可分为两凸肩［见图 2-7（a）、（d）～（f）］、三凸肩［见图 2-7（b）］、四凸肩［见图 2-7（c）］等各种滑阀。二通阀一般采用两凸肩，三通阀或四通阀可以采用两凸肩，也可采用多于两凸肩，如图 2-7（a）所示，两凸肩四通阀结构简单，阀芯长度可以较短，但阀芯轴向移动导向性差，阀芯上的凸肩容易被阀套槽勾住、卡住，更不能做成全周开口的阀。另外，阀芯两端回油流道的液流阻力不同，阀芯两端所受的液压力不相等，使阀芯不能稳定在确定位置，给阀的控制造成了困难。四凸肩四通阀导向性能和密封性能均较好，但轴向尺寸较大。三凸肩阀芯轴向尺寸适中。

（4）按遮盖状况分类

关于遮盖，因为存在着常规的圆柱滑阀和连续控制阀之分，而现在可见的参考文献基本上都是以常规的圆柱滑阀为基础来对电液伺服阀进行分类的。

例如，根据阀芯凸肩与阀套（内环）槽宽的不同组合或阀芯凸肩在阀套槽间的位置不同，滑阀预开口型式可分为负开口（正重叠、正遮盖）、零开口（零重叠、零遮盖）和正开口（负重叠、负遮盖）。图 2-8 所示为不同阀芯凸肩与阀套槽宽组合形成的三种预开口型式。

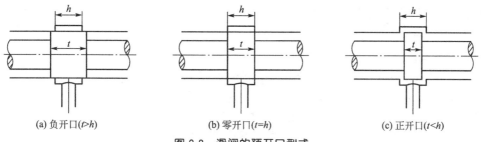

(a) 负开口($t>h$) (b) 零开口($t=h$) (c) 正开口($t<h$)

图 2-8 滑阀的预开口型式

对于径向间隙为零、节流工作边棱锐利的理想滑阀，其流量特性曲线如图 2-9 所示。实际上滑阀总存在径向间隙和工作边棱圆角的影响，因此，实际工程中根据滑阀的流量特性曲线来确定阀的预开口型式更为合理。

阀的预开口型式，特别是零位附近（零区）特性对电液伺服阀及其系统的性能有很大影响。零开口阀的流量与阀芯位移呈线性，线性的流量增益对反馈控制非常有利，因而零开口滑阀应用最为广泛，但其加工制造也非常困难。工程上具有线性零开口特性的滑阀，往往需

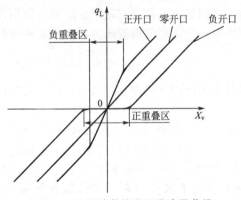

图 2-9　不同遮盖状况下的流量曲线

要阀芯凸肩与阀套内环槽槽宽的轴向尺寸关系具有很小的正重叠，以消除实际滑阀存在径向间隙和工作边棱圆角的影响。负开口滑阀零位泄漏小，但是负开口滑阀的流量增益曲线存在死区非线性，这是一种本质非线性，对反馈控制非常不利，将影响控制系统的稳态误差，因此在高精度的电液伺服系统中较少应用。正开口滑阀在零位附近流量增益变大，超过正开口范围，增益降低；在滑阀工作区间内的流量增益是非线性的，但不是本质非线性的。正开口滑阀在零位压力敏感度低，泄漏量大，功率损耗大，在一定程度上限制了其应用。

（5）按阀套上节流窗口的形状分类

按阀套上节流窗口的形状，可分为矩形、圆形、三角形或其他形状的节流窗口，其中因矩形节流窗口的过流面积与阀芯位移成正比，可以获得线性的流量增益，因此在电液伺服阀中应用最多。

2.1.5　电液伺服阀反馈或平衡机构

在现代的电液伺服阀中，一般均有各种测量、反馈机构，其对电液伺服阀输出参数进行测量、反馈，并与输入信号进行比较，构成闭环控制，可使电液伺服阀获得输出的流量和/或压力与输入的电信号成比例的控制特性，也可使电液伺服阀对各种干扰引起的控制误差得到抑制，进而使得电液伺服阀成为控制精度很高的液压控制元件。

为了使电液伺服阀的结构布置、控制和使用更为灵活、方便、可靠，目前，越来越多的电液伺服阀采用电反馈，并将伺服放大器也做成内置式，成为电液伺服阀的一个组成部分。

因此，电液伺服阀本身一般是一个闭环控制系统。

限于本书篇幅现对本节不再做展开介绍了，且电液伺服阀反馈或平衡机构在本书其他章节（如下节）中已有一些描述，读者如需进一步了解还可参阅参考文献［27］等。

2.2　电液伺服阀的分类

（1）电液伺服阀的分类

电液伺服阀的系列、品种和规格很多，结构原理也各式各样，且各部手册、专著以及各电液伺服阀制造商的产品样本的分类也各不相同，下面仅对一些常见的电液伺服阀进行分类。

电液伺服阀按照选定的属性（或特征）可以有以下分类。

① 按项目的用途分类，可分为通用型电液伺服阀和专用型电液伺服阀。

② 按项目的功能分类，可分为液压（方向）流量控制伺服阀、压力控制伺服阀和电液压力流量伺服阀（也称 PQ 阀）。

③ 按液压放大器级数分为单级电液伺服阀、两（二、双）级电液伺服阀和三级电液伺服阀或四级电液伺服阀。

④ 按电气-机械转换器动作方式可分为力马达式（输出直线位移）和力矩马达式（输出转角或摆角或角位移）。

⑤ 按前置第一级液压放大器的结构型式可分为单喷嘴挡板式、双喷嘴挡板式、四喷嘴

挡板式、射流管式、偏转板射流式和滑阀式。

⑥ 按液压主控制阀或级间反馈型式(或反馈量)可分为位置反馈式、负载流量反馈式和负载压力反馈式，其中位置反馈式包括力反馈式、电反馈式和直接位置反馈式等。

⑦ 按输入信号型式可分为连续控制式和脉宽调制式。

作者注：1. "项目"的定义见于 GB/T 5094.1—2002《工业系统、装置与设备以及工业产品结构原则与参照代号　第1部分：基本规则》。

2. 在 GJB 4069—2000 中还有按液压工作放大级数分为单级电液伺服阀、两级电液伺服阀和三级电液伺服阀这样的分类。

3. 参考文献［46］指出："此类（滑阀位置反馈）阀又可分为：位置力反馈、直接位置反馈、机械位置反馈、位置电反馈和弹簧对中式。"

关于电液伺服阀分类不一致（或统一）问题，下面仅举一例。

在参考文献［33］中，位置反馈式电液伺服阀包括位置力反馈两级电液伺服阀、位置直接反馈式二级电液伺服阀和位置电反馈式两级电液伺服阀；而在参考文献［51］中，将力反馈式电液伺服阀、射流管式电液伺服阀（应为电反馈式）和位置反馈式伺服阀三者并列在常用电液伺服阀下；比较参考文献［33］和［51］中图 4-8 和图 3.46 及结构、原理介绍，可以认定，在参考文献［33］中的位置直接反馈式二级电液伺服阀和在参考文献［51］中位置反馈式伺服阀为同一种阀。

（2）双喷嘴挡板电液伺服阀的分类

根据参考文献［72］的介绍，其将双喷嘴挡板电液伺服阀分成 a、b、c、d、e 和 f 类。将双喷嘴挡板式电液伺服阀这样进一步分类（下位类）是否科学是个问题；其中一些介绍是否准确也是一个问题。尽管如此，由于其具有概述性质，可以为读者较为全面的了解双喷嘴挡板电液伺服阀的典型结构及主要特征提供帮助，因此具有一定参考价值。

根据国内外双喷嘴挡板电液伺服阀制造商的产品样本，进一步明确了替代进口产品，此点对扩大国产伺服阀的市场占有份额具有一定意义。

图 2-10 所示为几种双喷嘴挡板电液伺服阀的典型结构。

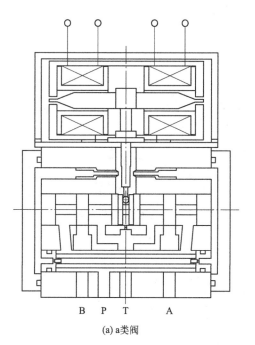

(a) a类阀

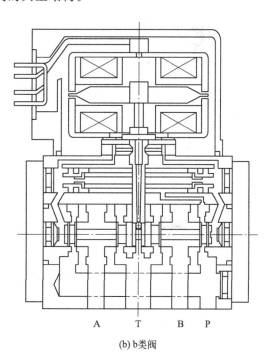

(b) b类阀

图 2-10

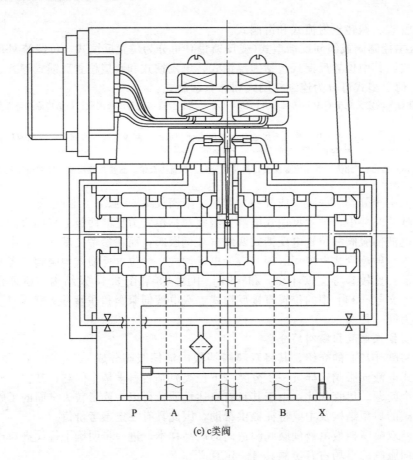

(c) c类阀

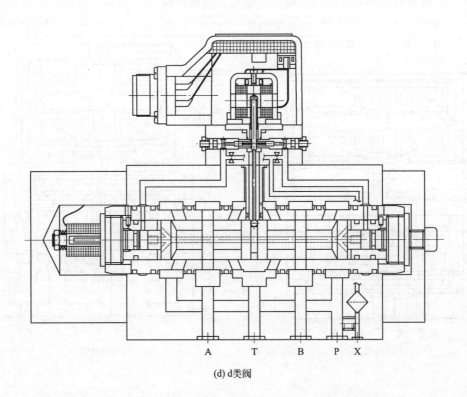

(d) d类阀

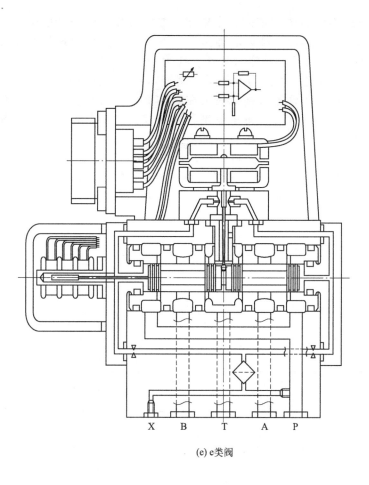

(e) e类阀

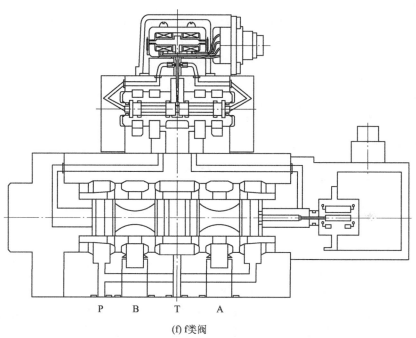

(f) f类阀

图 2-10　几种双喷嘴挡板电液伺服阀的典型结构

① 图 2-10(a) 所示这一类阀属于精密阀。主要用于航空和航天领域。由于其苛刻的环境温度（-55~+150℃甚至更高）、高离心加速度、高冲击和严格的重量及安装空间要求，而且为了满足一定的流量要求，额定（工作）压力一般在 21MPa 以上，使得这类阀结构异常紧凑，体积小、重量轻。阀体为不锈钢（制造），两个喷嘴压合在阀体内，力矩马达和衔铁-挡板-弹簧管-反馈杆组件都直接固定在阀体上部。无阀套，或有阀套和阀体间隙密封。各零部件尽可能小，这必然带来零部件精密度高，工艺复杂。为了满足严格的静、动态性能要求，尤其是各种工作条件下的零漂要求，要反复进行调试，所以这类阀工作异常可靠。在正常寿命期内零偏无须调整，零漂也很小。工作寿命长，（经过）正常大修寿命可超过十年。该类阀在 21MPa（额定）阀压降下，额定流量不大于 54L/min，频宽在 100Hz 以上。造价高，价格贵，对油液清洁度要求高是其缺点。属于这类阀的见表 2-1。

表 2-1 a 类阀产品型号与制造商

序号	产品型号	制造商
1	DOWTY30、DOWTY31、DOWTY32	英国道蒂公司（Dowty）
2	FF101、FF102	中国航空工业第六〇九研究所
3	MOOG30、MOOG31、MOOG32	美国穆格公司（MOOG）
4	YF7、YF12	陕西汉中秦峰机械厂

根据航空工业南京伺服控制系统有限公司（原 609 所）FF-101 和 FF-102 系列双喷嘴-挡板力反馈电液流量控制伺服阀产品样本介绍，FF-101、FF-102 系列电液伺服阀的技术参数、外形尺寸及安装接口尺寸分别与 MOOG 30、MOOG 31 系列完全一致。

根据陕西秦峰航空液压公司伺服阀产品样本介绍，两级流量控制伺服阀 YF-12 和 YF-7 系高性能，小型化产品，可用于军事或工业控制。YF-12、YF-7 与 MOOG 产品对应号分别为 MOOG 30、MOOG 31。

② 图 2-10(b) 所示这一类阀为了满足军用地面设备及部分工作条件恶劣、要求减少调整维护时间、适当增大流量的民用工业的要求，在保留 a 类阀结构特点的基础上，将零部件尺寸适当增大，只是全部具有和阀体间隙密封的阀套。该类阀基本保留了 a 类阀的静态性能指标，但动态性能稍有下降，而且前置级零位静耗流量增大近一倍。（额定）阀压降（21MPa）下的额定流量为 50~100L/min，个别的达到 170L/min。该类阀和 a 类阀一样工作可靠，寿命期内零偏无须调整，但造价依然较高，价格较贵。属于该类阀的见表 2-2。

表 2-2 b 类阀产品型号与制造商

序号	产品型号	制造商
1	FF106、FF106A、FF130	中国航空工业第六〇九研究所
2	MOOG34、MOOG35	美国穆格公司（MOOG）
3	YF13	陕西汉中秦峰机械厂

根据航空工业南京伺服控制系统有限公司（原 609 所）FF-106、FF-106A 和 FF-130 系列双喷嘴-挡板力反馈电液流量控制伺服阀产品样本介绍，只有 FF-130 系列电液伺服阀的技术参数、外形尺寸及安装接口尺寸与 MOOG 34 系列一致或类似。

根据陕西秦峰航空液压公司伺服阀产品样本介绍，两级流量控制伺服阀 YF-13 系高性能，小型化产品，可用于军事或工业控制。YF-13 与 MOOG 产品对应号为 MOOG 35。

③ 图 2-10(c) 所示这一类阀是现在最常用的一类阀。随着自动化技术的发展，工业各领域对廉价、性能良好而又便于现场调试的各种规格的伺服阀的需求越来越大。由于多年的经验积累，双喷嘴挡板力反馈伺服阀的理论和加工工艺日渐成熟。伺服阀各产生厂家在原有的基础上对结构、材料和工艺进行了改进。主要有将阀体材料改为铝合金，阀套与阀体间采用橡胶密封圈密封，并在阀体上加上偏心销以使阀套轴向移动调整零位，或增加衔铁组件调零机构。另外一个重要的改进就是增加了一个一级座，力矩马达、衔铁组件和喷嘴挡板前置放大级全部装在其上，调好零位后直接装在阀体上，简化了调试程序。还有的将喷嘴和阀体或一级座用螺纹连接，便于调零。有的阀在阀体上装有可现场更换的滤油器。有的为前置级附加单独进油孔，以便在主油路压力波动大时仍能保证良好的性能等。但是，凡是影响伺服阀静、动态性能的关键尺寸的关键精度都不降低。

这类阀流量规格从 $40 \sim 150 \text{L/min}$（阀压降 $\Delta p = 7 \text{MPa}$），供油压力一般为 $1 \sim 21 \text{MPa}$，有的可达 28MPa 和 31.5MPa。工作温度范围一般为 $-40 \sim +100 ℃$，有的可达 $+135 ℃$。动态特性随着流量的增加逐步变差，当额定流量达到 150L/min 时，幅频宽只有 10Hz 左右。为解决大流量的动态问题，出现了 d 类阀。

到目前为止，这一类规格齐全、性能良好、品种繁多、工作可靠、价格适宜的伺服阀遍布于工业的各个领域。该类阀的典型产品见表 2-3。

表 2-3　c 类阀产品型号与制造商

序号	产品型号	制造商
1	DOWTY4551、DOWTY4658、DOWTY4659	英国道蒂公司（Dowty）
2	DYSF-3Q	中国航空精密机械研究所
3	FF131	中国航空工业第六〇九研究所
4	MOOG73、MOOG78、MOOG760、MOOG D630、MOOG D761、MOOG G631、MOOG G761	美国穆格公司（MOOG）
5	QDY1、QDY2、QDY6、QDY10、QDY12	北京机床所精密机电有限公司
6	4WS(E)2EM6、4WS(E)2EM10	博世力士乐（中国）有限公司
7	YFW08、YFW106	陕西汉中秦峰机械厂

根据航空工业南京伺服控制系统有限公司（原 609 所）FF-131 系列双喷嘴-挡板力反馈电液流量控制伺服阀产品样本介绍，FF-131 系列电液伺服阀的技术参数、外形尺寸及安装接口尺寸与 MOOG 761 系列完全一致，且可用于航空、航天、雷达等军事领域。

④ 图 2-10(d) 所示这一类阀是一类改进型阀。该类阀阀端减小控制面积，提高了大流量阀的动态品质。230L/min（阀压降 7MPa）的阀幅频宽大于 30Hz，但由于阀芯驱动面积减小，造成分辨率由 0.5（％）增大到 1.5（％）。这类阀主要产品见表 2-4。

表 2-4　d 类阀产品型号与制造商

序号	产品型号	制造商
1	DOWTY4550	英国道蒂公司（Dowty）
2	DYSF-4Q	中国航空精密机械研究所
3	FF113	中国航空工业第六〇九研究所

序号	产品型号	制造商
4	MOOG72	美国穆格公司（MOOG）
5	4WS（E）2EM16	博世力士乐(中国)有限公司
6	YFW10	陕西汉中秦峰机械厂

根据航空工业南京伺服控制系统有限公司（原 609 所）FF-113 系列双喷嘴-挡板力反馈电液流量控制伺服阀产品样本介绍，FF-113 系列电液伺服阀的技术参数、外形尺寸及安装接口尺寸与 MOOG72 系列完全一致。

⑤ 图 2-10(e) 所示这一类阀是一类二级阀。为解决中大流量的动态响应和进一步提高静态精度，出现了在力反馈基础上增加阀芯位移电反馈的二级阀。这类阀由于伺服放大器的校正作用，不但滞环和分辨率由 3％以下和 0.5％以下降到 0.3％以下和 0.1％以下，而且对中小信号输入下的动态响应能力有了成倍的提高。但受喷嘴挡板级输出流量的限制，对大信号输入的动态响应作用不大。该类阀的典型产品见表 2-5。

表 2-5　e 类阀产品型号与制造商

序号	产品型号	制造商
1	MOOGD765	美国穆格公司（MOOG）
2	QDY8	北京机床所精密机电有限公司
3	4WSE2ED10、4WSE2ED16	博世力士乐(中国)有限公司

⑥ 图 2-10(f) 所示这一类是一类三级阀。为了满足中大流量（100～1000L/min）伺服阀高动态响应的要求，出现了以双喷嘴挡板力反馈两级阀作为前置级，功率级阀芯位移电反馈的三级阀。其静、动态性能达到中小流量（阀）的水平，甚至更高。该类阀的典型产品见表 2-6。

表 2-6　f 类阀产品型号与制造商

序号	产品型号	制造商
1	DYSF	中国航空精密机械研究所
2	FF109	中国航空工业第六〇九研究所
3	MOOG79、MOOG D791、MOOG D792	美国穆格公司（MOOG）
4	QDY3	北京机床所精密机电有限公司
5	4WSE3EE	博世力士乐(中国)有限公司

根据航空工业南京伺服控制系统有限公司（原 609 所）FF-791 系列大流量三级电液伺服阀产品样本介绍，FF-791 系列电液伺服阀的技术参数、外形尺寸及安装接口尺寸与 MOOG 791 系列完全一致。

尽管双喷嘴挡板力反馈（电反馈）伺服阀是目前各工业领域应用最为广泛，数量最多的一种伺服阀，但这类阀也存在一个先天性的问题，即喷嘴挡板之间间隙太小（0.025～0.06mm），容易堵塞，而且一旦堵塞就会造成伺服阀以最大流量（压力）输出，从而造成重大事故。虽然由于人们对油液清洁度的重视及过滤技术的成熟，以及电子、控制技术的发展可以对有关参量进行监控，在出现上述或类似故障时采取故障保护措施，如切断供油、将供油与回油直接接通、切换为另一个阀工作（多余度控制）等，使得这一问题已经淡化。但在一些关键场合，人们还是愿意采用像射流管或射流偏转板阀以及近几年出现的力马达直接驱动电反馈阀（DDV）这样一些抗污染能力好、失效回零的伺服阀。如民航机的舵面控制就无一例外地采用射流管式伺服阀。

性能良好、价格便宜、工作安全可靠的伺服阀依然是人们的追求。

2.3　电液伺服阀的一般技术要求

2.3.1　电液伺服阀的型式、主要参数、型号编制方法及接口

（1）型式

电液伺服阀可按液压放大器级数分为单级、两（或二级、双级）级、三级或四级电液伺服阀。

（2）主要参数

电液伺服阀的主要参数应包括电液伺服阀额定电流、额定压力和额定流量。

① 额定电流　电液伺服阀额定电流按表 2-7 的规定。

表 2-7　电液伺服阀额定电流　　mA

8	10	16	20	25	30	40	50	63	80

② 额定压力　电液伺服阀额定压力按表 2-8 的规定。

表 2-8　电液伺服阀额定压力　　MPa

6.3	16	21	25	31.5

③ 额定流量　电液伺服阀额定流量按表 2-9 的规定。

表 2-9　电液伺服阀额定流量　　L/min

1	2	4	8	10	15	20	30	40	60	80
100	120	140	180	200	220	250	300	350	400	450

注：大于 450L/min 的电液伺服阀额定流量可由用户与制造商商定。

（3）型号编制方法

① 编制方法

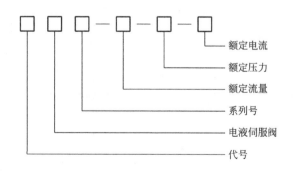

额定电流
额定压力
额定流量
系列号
电液伺服阀
代号

② 产品标记示例

a. 额定压力为 21MPa，额定流量为 30L/min，额定电流为 8mA，系列号为 1 的（两线圈）通用型及船用型射流管电液伺服阀标记为：

伺服阀　GB/T 13854—2008　CSDY1-30-21-8

b. 额定压力为16MPa，额定流量为20L/min，额定电流为20mA，系列号为2的三线圈射流管电液伺服阀标记为：

伺服阀　GB/T 13854—2008　DSDY2-20-16-20

（4）接口

① 液压接口　除另有规定外，电液伺服阀安装面尺寸应符合本要求2.3.2（2）中②的规定。

② 电气接口　除另有规定外，线圈的连接方式、接线端标记、外引出线颜色及输入电流极性应符合本要求2.3.3（1）的规定。

2.3.2　电液伺服阀的机械设计要求

（1）设计布局

根据控制对象的不同要求，电液伺服阀可设计成不同型式。推荐采用两级电液伺服阀，其一级液压放大器的前置级可采用一些无摩擦可变节流孔式放大器，如双喷嘴挡板式、射流管式或射流偏转板式等，其输出级液压放大器通常采用四通滑阀结构。由输出级液压放大器至电气-机械转换器（如力矩马达）可采用一些反馈结构以提高阀的性能，如力反馈、电反馈等。

（2）互换性要求

① 安装要求　新研制的电液伺服阀外廓尺寸应等于或小于同类型同规格的正在服役的电液伺服阀。修改阀的零、部件设计时，不应任意更改安装的结构要素。

电连接器应与正在服役的电液伺服阀相同。推荐选用GJB 599A—1993中规定的插头座。

② 安装面尺寸要求　电液伺服阀安装面采用下列符号。

a. 采用A、B、P、T、X和Y（L）按GB/T 17490规定标识各油口。

b. 采用F_1、F_2、F_3和F_4标识固定螺钉的螺纹孔。

c. 采用G标识定位销孔。

d. 采用r_{max}标注安装面边缘半径。

电液伺服阀安装面精度应符合以下规定。

a. 安装面表面平面度的公差允许值为0.025mm。

b. 安装面表面粗糙度Ra值应小于或等于0.8μm。

c. 安装面孔的位置度公差允许值为0.2mm。

电液伺服阀安装面尺寸应该从下列a～e项所规定的各图和各表中选择。

a. 最大油口直径为3.8mm的四油口伺服阀的安装面（17487-01-01-0-98）尺寸在图2-11和表2-10中给出。

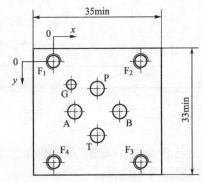

图2-11　最大油口直径为3.8mm的四油口伺服阀的安装面尺寸

表 2-10 最大油口直径为 3.8mm 的四油口伺服阀的安装面尺寸 mm

轴	P	A	T	B	G	F_1	F_2	F_3	F_4
	$\phi3.8max$	$\phi3.8max$	$\phi3.8max$	$\phi3.8max$	$\phi2.5$	M4	M4	M4	M4
x	11.9	5.8	11.9	18	4.8	0	23.8	23.8	0
y	7	13.1	19.2	13.1	6	0	0	26.2	26.2

b. 最大油口直径为 5mm 的四油口伺服阀的安装面（17487-02-02-0-98）尺寸在图 2-12 和表 2-11 中给出。

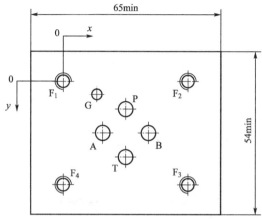

图 2-12 最大油口直径为 5mm 的四油口伺服阀的安装面尺寸

表 2-11 最大油口直径为 5mm 的四油口伺服阀的安装面尺寸 mm

轴	P	A	T	B	G	F_1	F_2	F_3	F_4
	$\phi5max$	$\phi5max$	$\phi5max$	$\phi5max$	$\phi3.5$	M5	M5	M5	M5
x	21.4	13.5	21.4	29.3	11.5	0	42.8	42.8	0
y	9.2	17.1	25	17.1	4.4	0	0	34.2	34.2

c. 最大油口直径为 6.6mm 的四油口伺服阀的安装面（17487-03-03-0-98）尺寸在图 2-13 和表 2-12 中给出。

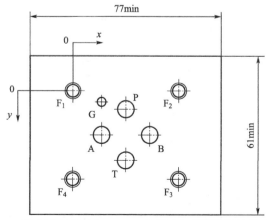

图 2-13 最大油口直径为 6.6mm 的四油口伺服阀的安装面尺寸

表 2-12　最大油口直径为 6.6mm 的四油口伺服阀的安装面尺寸　　　　　mm

轴	P	A	T	B	G	F₁	F₂	F₃	F₄
	$\phi6.6$max	$\phi6.6$max	$\phi6.6$max	$\phi6.6$max	$\phi3.5$	M6	M6	M6	M6
x	21.4	11.5	21.4	31.1	11.5	0	42.8	42.8	0
y	7.2	17.1	27	17.1	4.4	0	0	34.2	34.2

d. 最大油口直径为 8.2mm 的五油口伺服阀的安装面（17487-04-04-0-98）尺寸在图 2-14 和表 2-13 中给出。

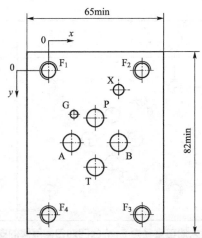

图 2-14　最大油口直径为 8.2mm 的五油口伺服阀的安装面尺寸

表 2-13　最大油口直径为 8.2mm 的五油口伺服阀的安装面尺寸　　　　　mm

轴	P	A	T	B	G	X	F₁	F₂	F₃	F₄
	$\phi8.2$max	$\phi8.2$max	$\phi8.2$max	$\phi8.2$max	$\phi3.5$	$\phi5$	M8	M8	M8	M8
x	22.2	11.1	22.2	33.3	12.3	33.3	0	44.4	44.4	0
y	21.4	32.5	43.6	32.5	19.8	8.7	0	0	65	65

e. 最大油口直径为 16mm 的五油口伺服阀的安装面（17487-05-05-0-98）尺寸在图 2-15 和表 2-14 中给出。

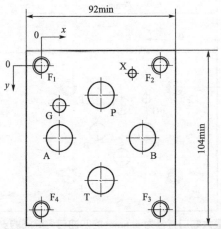

图 2-15　最大油口直径为 16mm 的五油口伺服阀的安装面尺寸

表 2-14　最大油口直径为 16mm 的五油口伺服阀的安装面尺寸 mm

轴	P	A	T	B	G	X	F_1	F_2	F_3	F_4
	$\phi 16max$	$\phi 16max$	$\phi 16max$	$\phi 16max$	$\phi 8$	$\phi 5max$	M10	M10	M10	M10
x	36.5	11.1	36.5	61.9	11.1	55.6	0	73	73	0
y	17.4	42.8	68.2	42.8	23.7	4.6	0	0	85.6	85.6

f. 最大油口直径大于 16mm 的伺服阀的安装面由用户和制造商商定。

作者注：1. 关于圆括号内代号的解释见 GB/T 14043—2005。

2.（外部）先导控制油口 X 的尺寸仅在该先导级由与其他各级分开的液压油液供油时使用。

3. 尽管（外控）泄油口 Y 的尺寸未在下列电液伺服阀安装面上示出，但在试验方法中却有要求（先导油外控外泄的六油口阀——如英国 star557 系列阀）。

各图规定的面积的尺寸是安装面的最小尺寸。矩形的四角可以修圆到最大半径（r_{max}）等于固定螺钉的直径。沿每个轴，固定螺纹孔离安装面边缘的距离应相等。

安装面固定要求。电液伺服阀如果安装在铁质安装座上，则推荐：

a. 安装螺钉可旋入铁质安装座上固定螺纹孔的最小螺纹长度宜为 1.5D（D 为螺钉直径）。

b. 铁质安装座上固定螺纹孔深度宜为（2D＋6)mm。

带有电液伺服阀安装面的铁质安装座（底板、油路块）的最高工作压力将由制造商规定。

定位销尺寸要求。推荐的伸出安装面的定位销尺寸由表 2-15 中给出。

表 2-15　推荐的定位销尺寸 mm

定位销孔 G	定位销
$\phi 2.5 \times 3min$	$\phi 1.5 \times 2max$
$\phi 3.5 \times 5min$	$\phi 2.5 \times 4max$
$\phi 8 \times 7min$	$\phi 6 \times 6max$

③ 材料　所有材料应符合 GJB 1482—1992 中第 3.4 节的要求。

④ 锁紧　所有螺纹连接零件均应按 HB 0-2 的规定用锁紧丝牢固地锁紧，不能用锁紧丝的地方（如弹簧管底座）可用弹簧垫圈锁紧。

⑤ 结构强度　产品的所有零件均应具有足够的强度、刚度，以承受由液压、温度、传动和运输所产生的各种载荷和载荷组合，并能承受在安装和额定条件下工作期间所作用的扭矩载荷。

⑥ 标准件和通用件　凡适用的都应优先选用标准件和通用件。

⑦ 密封件　密封圈和密封垫的材料应选用 GJB 250A—1996 规定的丁腈胶料或与所在系统的工作介质相容的其他材料。密封圈的尺寸和其安装沟槽的尺寸应符合 HB/Z 4 和 HB 4-56～57—1987 的规定，螺纹连接件的密封结构应符合 HB 4-59—1987 的规定。个别由于结构尺寸和重量有特殊要求的地方允许采用非标准件。

或表述为：液压系统及其元件所采用的密封圈橡胶材料应通过验证，证明与所采用的液压油相容；除非对密封材料有特殊要求，密封装置尺寸应该符合 HB 4-56～57—1987、HB 4-59—1987 或 SAE AS 4716C 的要求；当液压系统额定工作压力超过 10.5MPa（1500psi），应在 O 形圈处安装保护圈（挡圈），保护圈尺寸应满足 HB 4-58—1987 的要求。

⑧ 外观质量　产品表面不应有锈蚀、压伤、毛刺、裂纹及其他缺陷。

⑨ **表面处理** 内部金属零件不宜（应）使用任何镀层。其余零件的表面处理应符合 GJB/Z 594A—2000 的规定。外部金属零件的表面处理应适用于产品所处的环境条件。

⑩ **重量** 不包括油液（如灌注的液压油）、底面护板的电液伺服阀重量，以 kg 表示。其指标应符合行业详细规范的规定。

2.3.3 电液伺服阀的电气设计要求

（1）线圈连接与输入电流极性

除另有规定外，伺服阀力矩马达线圈一般分为双线圈与三线圈两种。

双线圈伺服阀力矩马达线圈的连接方式、接线端标记、外引出线颜色及输入电流极性按表 2-16 的规定。

表 2-16　双线圈伺服阀力矩马达线圈的连接方式

线圈连接方式 接线端标号	单线圈 2　1　4　3	串联 2　(1, 4)　3	并联 2(4)　1(3)	差动 2　1(4)　3
外引出导线 颜色	绿 红 黄 蓝	绿　　蓝	绿　红	绿　红　蓝
控制电流的 正极性	2＋1－或 4＋3－ 供油腔通 A 腔 回油腔通 B 腔	2＋　　3－ 供油腔通 A 腔 回油腔通 B 腔	2＋　　3－ 供油腔通 A 腔 回油腔通 B 腔	当 1＋时 1 到 2＜1 到 3 当 1－时 2 到 1＞3 到 1

三线圈伺服阀力矩马达线圈的连接方式、接线端标记、外引出线颜色及输入电流极性按表 2-17 的规定。

表 2-17　三线圈伺服阀力矩马达线圈的连接方式

线圈连接方式	单线圈	并联
外引出导线颜色	红　白　黄　绿　橙　蓝	红(黄、橙)　白(绿、蓝)
控制电流的 正极性	＋　－　＋　－　＋　－ 供油腔通 A 腔,回油腔通 B 腔	＋　　　－ 供油腔通 A 腔,回油腔通 B 腔

注：适用于 GB/T 13854—2008《射流管电液伺服阀》规定的射流管电液伺服阀。

（2）额定电流

除另有规定外，一般额定电流应符合 2.3.1（2）中①表 2-7 的规定。

（3）零值电流

一般零值电流为 0.6～1 倍额定电流。

（4）过载电流

电液伺服阀应能承受 2 倍额定电流。

（5）线圈电阻

应符合行业详细规范的规定。电液伺服阀电阻偏差值，在 20℃时应为名义电阻值的 ±10％。同一台电液伺服阀配对的两线圈电阻值差应不大于名义电阻值的 5％。

（6）绝缘电阻

电液伺服阀各分离线圈之间和各线圈与壳体之间的绝缘电阻在正常试验条件（25℃±10℃，相对湿度 20％～80％）下，用 500V 兆欧表测量不小于 50MΩ。

在温度冲击、烟雾、霉菌试验后，湿热、高度、高温试验时不小于 5MΩ（其中高度试验时应用 250V 兆欧表测量）。

（7）绝缘介电强度

电液伺服阀绝缘介电强度是指各分离线圈之间和各线圈与壳体之间经受频率为 50Hz，按表 2-18 规定的交流试验电压，历时 1min，不应击穿。

表 2-18　电液伺服阀介电强度试验电压

项目	60℃	相对湿度不小于 95％	10^7 次寿命试验后
电压/V	500	375	250

（8）线圈阻抗和电感

应符合行业详细规范的规定。

（9）励（颤）振

应符合行业详细规范的规定。一般励振或颤振频率 400Hz，峰间值 10％额定电流。

2.3.4　电液伺服阀的液压设计要求

（1）工作压力

额定供油压力和回油压力应符合 2.3.1（2）中②的规定。并符合 GB/T 2346—2003 或 GJB 456 规定的压力级别。

（2）耐压

电液伺服阀的压力油口 P、工作油口 A、B 及（外部）先导供油口 X 应能承受 1.3 倍额定供油压力作用（回油口 T 开启）；回油口 T 应能承受 1.3 倍回油口 T 额定供油压力作用。在施加正、反向额定电流各保持 2.5min 情况下，不允许阀有明显的外部泄漏（允许湿润，不允许滴下）和永久变形。试验中和/或试验后，阀额定流量、滞环、零偏应符合行业详细规范的要求。不可对阀的（外控）泄油口 Y 进行耐压试验。

　　注：关于外部泄漏或参考 GB/Z 18427—2001 的规定表述为不劣于 3 级（出现流体形成不滴落液滴）。

（3）破坏压力

以 2.5 倍额定供油压力施加于压力油口 P、工作油口 A、B（回油口 T 开启）；以 1.5 倍额定供油压力施加于回油口 T，各保持 30s，电液伺服阀不应破坏，不要求阀恢复工作性能。经历了破坏压力试验的阀，不可再作产品使用。

（4）压力脉冲

如果行业详细规范要求对电液伺服阀进行压力脉冲试验，则电液伺服阀在额定压力下应能承受正、负额定电流下 $2.5×10^5$ 次循环脉冲。试验后其性能应符合行业详细规范的要求。

（5）工作介质

应符合行业详细规范的规定。一般应使用符合 GB 11118.1 规定的石油（矿物）基液压油，或符合 SH 0358、Q/SY 11507、GJB 1177A 规定的 10 号、12 号和 15 号航空液压油。

试验所用和防护包装灌注、充满的油液一般应与电液伺服阀实际工作的工作介质一致。

（6）工作介质温度

工作介质温度型别应符合行业详细规范的规定。如符合 GJB 456 的要求－55(54)～＋135℃。

注：1. GJB 456 中温度型别Ⅲ型与 GB/T 30206.3—2013 中温度型别Ⅲ型不同。

2. GJB 1177A—2013 规定的石油基航空液压油的使用温度范围为—54～+134℃。

3. 在 ISO 10770-1：2009 中输出流量或阀芯位置-油液温度特性试验规定的油液温度应达到 70℃。

（7）抗污染度

电液伺服阀应在油液固体颗粒污染等级代号不劣（高）于 GB/T 14039—2002 规定的—/17/14 的情况下正常工作。

注：在 GJB 3370—1998 中规定：对于喷嘴挡板型伺服阀，性能试验、验收试验和内部油封所用的工作液固体污染度验收水平不高于 GJB 420B—2006 6/A 级，控制水平不高于 7/A 级；其他试验所用的工作液固体污染度不高于 8/A 级。对于射流管和直接驱动伺服阀，允许相应降低要求，并应符合详细规范的规定。

（8）过滤精度

电液伺服阀在常规使用时的进油口（压力油口）前应安装名义过滤精度不低于 $10\mu m$ 的过滤器。

注：1. 电液伺服阀在力求长寿命使用时，进油口（压力油口）前宜安装名义过滤精度不低于 $5\mu m$ 的过滤器。

2. 在电液伺服阀试验时，建议在尽量靠近电液伺服阀进油口（压力油口）的地方安装名义过滤精度 $3\mu m$ 的过滤器。

（9）外部密封性

电液伺服阀在各种规定使用条件下和整个工作期间不得有明显的外部泄漏（允许湿润、不允许滴下油滴）。

2.3.5 电液伺服阀的性能要求

电液伺服阀的主要性能指标如表 2-19 所示。

表 2-19 电液伺服阀的主要性能指标

项目		性能指标	备注
静态特性	额定流量 q_n/(L/min)	$q_n\pm10\% q_n$	额定流量(容)允差一般为±10%
	压力增益/(MPa/mA)	≥30	$\Delta p/1\% I_n$
	零偏/%	≤2	寿命期内不大于 5%
	滞环/%	≤3.0	
	遮盖/%	+2.5～—2.5	零遮盖阀的指标
	线性度/%	≤7.5	
	对称度/%	≤10	
	分辨率/%	≤0.25	不加励振信号
	内漏/(L/min)	≤3%额定流量或 0.45	两者取大值
	供油压力零漂/%	≤2	供油压力在(0.8～1.1)p_n范围
	回油压力零漂/%	≤2	供油压力在(0.8～1.1)p_n范围
	温度零漂/%	≤2	$\Delta t=56℃$
	极性	输入正极性控制电流时，液流从控制口"A"流出，从控制口"B"流入,规定为正极性	
频率特性	—3dB 幅频/Hz	≥120%计算值	或按行业详细规范的规定
	—90°相频/Hz	≥120%计算值	或按行业详细规范的规定

注：GB/T 13854—2008《射流管电液伺服阀》规定的滞环≤5.0%、分辨率≤0.5%。

2.3.6 电液伺服阀的环境要求

（1）低温启动

电液伺服阀在环境温度和工作介质温度均为−30℃时，应能以±50％的额定电流启动，其密封处不得有明显的外部泄漏（允许湿润、不允许滴下油滴）。

（2）高低温

电液伺服阀在环境温度和工作介质温度均为−30～+135(90)℃范围时，其额定流量偏差应不大于±25％，分辨率应不大于2％或滞环应不大于6％。高温时其绝缘电阻应不小于5MΩ，其密封处不应有明显外泄漏（允许湿润、不允许滴下油滴）。

注：1. 在 GB/T 13854—2008 中规定的环境要求（高低温）为伺服阀在−30～+60℃环境温度和工作液在−30～+90℃。

2. 在 JB/T 10205—2010 中规定的高温试验的工作油液温度为90℃。

（3）温度冲击

电液伺服阀经受图 2-16 所示的温度冲击 3 次循环后，其绝缘电阻不小于5MΩ，零偏应不大于2％（射流管零偏应不大于5％）。

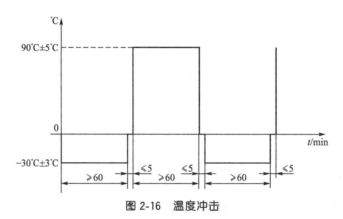

图 2-16　温度冲击

（4）湿热

电液伺服阀在 GBJ 4000—2000 中表 072-8 规定的湿度95％、温度35℃的湿热条件下，其绝缘电阻和介电强度应符合 2.3.3（6）和 2.3.3（7）的要求，其外观质量应符合下列要求。

① 色泽无明显变暗。

② 镀层腐蚀面积不大于3％。

③ 主体金属无腐蚀（在通常电镀条件下不易或不能镀到的表面，一般不作腐蚀面积计算）。

（5）盐雾

电液伺服阀在 GBJ 4000—2000 中表 072-16 规定的盐雾条件下，其绝缘电阻应符合 2.3.3（6）的要求，其外观质量应符合下述要求。

① 色泽无明显变暗或镀层布有均匀连续的轻度膜状腐蚀。

② 镀层腐蚀面积小于60％。

③ 主体金属无腐蚀（在通常电镀条件下不易或不能镀到的表面，一般不作腐蚀面积计算）。

（6）霉菌

电液伺服阀在 GJB 4000—2000 表 072-14 的霉菌条件下，长霉等级应不劣于2级，绝缘电阻应符合 2.3.3（6）的要求。

或：防霉性应不低于 GJB 4.10—1983 中规定的 2 级。

（7）振动

电液伺服阀在 GJB 4000—2000 中图 074-1 规定的 3 类振动条件下，不应有影响工作性能的谐振，零部件不应松动和损伤，其零偏应不大于 2%（射流管电液伺服阀的零偏应不大于 5%）。

（8）颠震

电液伺服阀在 GJB 4000—2000 中表 072-23 规定的颠震等级 2 的条件下，零部件不应松动和损伤，其绝缘电阻应不小于 5MΩ，额定流量允差不大于 ±10%，滞环应不大于 5%，零偏应不大于 2%（射流管电液伺服阀的零偏应不大于 5%）。

（9）加速度

电液伺服阀在各主轴方向所承受的加速度值应按用户提出的要求或按行业详细技术要求的规定。

加速度值分为三级：

Ⅰ级　　　$10 \times 9.8 \text{m/s}^2$

Ⅱ级　　　$20 \times 9.8 \text{m/s}^2$

Ⅲ级　　　$30 \times 9.8 \text{m/s}^2$

加速度作用时间为 5min。

电液伺服阀在加速试验过程中，零漂应不大于 3%。试验后零部件不应松动和损伤，零位变化应不大于额定电流的 2%。

注：一般规定加速度每变化 1g，（加速度）零漂应不大于 0.3%。

（10）冲击

电液伺服阀在 GJB 4000—2000 中 074.4 规定的 A 级条件下，零部件应无松动和损坏，绝缘电阻应不小于 5MΩ，额定流量允差不大于 ±10%，滞环应不大于 5%，零偏应不大于 2%。

2.3.7　电液伺服阀的耐久性要求

在设计的额定工况下，电液伺服阀的使用寿命应不小于 10^7 次。在寿命期内，电液伺服阀的额定流量允差为 ±25%，滞环应不大于 6%，零偏应不大于 5%（原文为额定流量偏差）。

注：1.“额定工况”的定义可参见 GB/T 17446—2012。

2.“耐久性试验”和“寿命试验”是同义词，见 GB/T 2900.99—2016。

2.3.8　电液伺服阀的质量保证规定

（1）一般要求

① 质量保证大纲　电液伺服阀制造商必须建立符合 GJB/Z 9001—1996 和 GJB/Z 9004—1996 的质量保证体系，编制并执行产品质量保证大纲。

② 相似产品的合格鉴定原则　对于预定在液压系统中起相同功能的一系列产品而言，只要产品的结构原理、零组件结构型式、采用的原材料、加工工艺、热处理、表面处理等与业经合格检定的产品完全相同，而且满足耐压压力和破坏压力以及合格鉴定主管部门所指定的有关使用要求，则产品系列中某一产品的合格鉴定结果即可适用于该系列中的任何其他产品。例如，对于仅仅在油口尺寸、油口位置、外壳尺寸和外壳形状等方面与业经合格鉴定的产品有所差别的所有其他产品，这种合格鉴定的原则均适用。但是，应由合格鉴定主管部门作出能否适用的决定。

③ 剪裁　用户和制造商经协商，可对本要求规定的检验项目进行剪裁。

（2）检验责任

① 检验责任　除合同或订单中另有规定外，制造商应负责完成本要求或行业详细规范规定的全部检验项目。应保存每台产品的配套记录和最终性能试验记录，从制造日期起至少保存五年。必要时，用户或上级鉴定机构有权对规范所述的任一检验项目进行检查。

② 合格责任　所有产品必须符合 2.3.1 条～2.3.7 条、2.3.9 条和合同的要求。本要求中规定的检验应成为制造商整个检验体系或质量大纲的一个组成部分。

（3）检验分类

检验可分为：

① 鉴定检验；

② 质量一致性检验。

检验还可分为：

① 型式检验；

② 出厂检验。

（4）鉴定检验

鉴定检验的目的在于全面验证产品是否符合合同规定的性能要求和使用环境条件，并以此作为批准定型的依据。遇有下列情况之一时，应进行鉴定检验。

a. 产品首次装机前。

b. 产品设计定型前。

c. 设计和工艺有重大更改时。

① 抽样规则　从一批验收的产品中随机抽取两台（批量小时可只抽一台，并应符合 GB/T 2828.1—2012 的规定）产品进行试验。

② 检验项目　两台产品中的一台按表 2-20 进行检验，其中性能检验按表 2-21 进行。第二台产品按表 2-22 顺序进行检验。

表 2-20　第一台样品鉴定检验项目

序号	项目	技术要求	说明
1	性能试验[①]	见表 2-21	
2	线圈阻抗和电阻	2.3.3(8)	
3	过载电流	2.3.3(4)	
4	加速度零漂	2.3.6(9)注	按行业详细规范规定确定加速度范围
5	零值电流零漂	一般规定为不大于±2%	按行业详细规范规定,取两流向中的最大值
6	低温试验	2.3.6(2)	
7	最低温试验[①]	2.3.6(1)、2.3.6(2)	
8	高温试验[①]	2.3.6(2)、2.3.3(6)、2.3.3(7)、2.3.4(9)	
9	温度零漂试验	表 2-19 性能指标	
10	温度冲击试验	2.3.6(3)	
11	高度试验	2.3.3(6)	按行业详细规范规定,只检查绝缘电阻
12	湿热试验[①]	2.3.6(4)	
13	霉菌试验[②]	2.3.6(6)	
14	盐雾试验[①]	2.3.6(5)	

序号	项目	技术要求	说明
15	振动试验	2.3.6(7)	
16	加速度试验	2.3.6(9)	
17	冲击试验	2.3.6(10)	
18	性能试验①	见表 2-21	
19	压力脉冲试验③	2.3.4(4)	
20	性能试验①	见表 2-21	
21	可靠性验证试验	2.3.4(7)	或按行业详细规范规定

①除此项外，其余各项试验顺序可以变换。
②若伺服阀外部无外露各金属零件，则不必做霉菌试验。
③当订购方要求做压力脉冲试验时才进行。

表 2-21　第二台样品鉴定检验项目

序号	项目	技术要求	说明
1	耐压、外部密封性	2.3.4(2)、2.3.4(9)	
2	线圈电阻	2.3.3(5)	
3	绝缘电阻	2.3.3(6)	
4	低压密封性	2.3.4(9)	
5	极性	表 2-19 性能指标	
6	额定流量	表 2-19 性能指标	
7	线性度	表 2-19 性能指标	
8	对称度	表 2-19 性能指标	
9	滞环	表 2-19 性能指标	
10	内漏	表 2-19 性能指标	
11	分辨率	表 2-19 性能指标	
12	压力增益	表 2-19 性能指标	
13	重叠	零重叠阀的重叠公差为−2.5%～+2.5%。正重叠和负重叠阀的重叠公差应符合行业详细标准的规定。但公差带一般为5%	或参考表 2-19 中遮盖指标
14	零偏	表 2-19 性能指标	
15	供油压力零漂	表 2-19 性能指标	
16	回油压力零漂	表 2-19 性能指标	
17	频率响应	表 2-19 性能指标	或按行业详细规范的规定

表 2-22　第二台样品鉴定检验项目顺序

序号	项目	技术要求	说明
1	性能试验	见表 2-21	
2	耐久性试验	2.3.7	

序号	项目	技术要求	说明
3	性能试验	见表 2-21	在寿命期内,检验额定流量偏差、滞环、零偏等性能
4	破坏试验	2.3.4(3)	

③ 合格判定　规定的所有检验项目都符合要求,则判定该批产品可以提交或产品可以定型。若第一次鉴定试验不合格,允许加倍抽样再次进行鉴定试验。若第二次试验仍不合格,则该批产品不能提交或产品不能定型,但该批产品的合格零、组件仍可使用。

（5）质量一致性检验

质量一致性检验分为:验收检验;定期检验。

① 验收检验

a.抽样规则。制造商提交的每台产品均应进行验收检验。

b.检验项目。检验验收按表 2-23 进行。

表 2-23　质量一致性验收检验项目

序号	项目	技术要求	说明
1	安装孔与通油孔检查	2.3.2(2)②	
2	铭牌检查	2.3.9(1)①	
3	外观质量检查	2.3.2(2)⑧	
4	性能试验	见表 2-21	或根据 2.3.8(1)③条对性能试验项目进行剪裁
5	重量检查	2.3.2(2)⑩	

c.合格判定。所有验收检验项目通过的产品为合格品。有一项性能不符合要求者,就判为不合格品。

不合格品允许重新调试或更换合格零、组件,在纠正缺陷后,重新提交验收。

② 定期检验　为保证产品持续稳定地生产,考验材料、工艺、加工等的稳定性,产品在设计定型后,批量生产的产品需按本要求的规定进行定期检验。

a.抽样规则。视产品批量而定。产品批量每年大于 50 台时,每年进行一次定期检验;在产品质量稳定的情况下,产品提交数一年小于 50 台,两年累计超过 50 台时,两年进行一次定期检验;两年累计数不足 50 台,第三年不论累计数量是多少,均需进行定期检验。

试验样品从一批验收产品中随机抽取一台。

b.检验项目。定期检验按表 2-24 进行。

表 2-24　质量一致性定期检验项目

序号	项目	技术要求	检验方法
1	性能试验	见表 2-21	不可对性能试验项目进行任意剪裁
2	低温试验和最低温试验	2.3.6(1)、2.3.6(2)	
3	高温试验	2.3.6(2)、2.3.3(6)、2.3.3(7)、2.3.4(9)	
4	振动试验	2.3.6(7)	
5	耐久性试验	2.3.7	
6	性能试验	见表 2-21	在寿命期内,检验额定流量偏差、滞环、零偏等性能

c. 合格判定。若试验中有一项特性不符合要求，则认为试验不合格，允许加倍抽样重新试验。加倍抽样中的任一样品存在一项特性不符合要求时，则作为定期检验最终失败，本次产品不得提交。

经分析故障产生原因，采用纠正措施之后，根据合格鉴定单位的意见，重新进行全部试验或只对不合格项目进行试验。若试验仍不合格，应将不合格情况通知合格鉴定单位。

2.3.9 电液伺服阀的交货准备

（1）标志

① 铭牌　每台电液伺服阀应有耐久、滞燃、清晰、牢固的铭牌，铭牌上的标志应包括下列内容。

a. 生产厂名称。

b. 名称、型号。

c. 额定（公称）供油压力、额定流量、额定电流。

d. 产品编号，生产日期。

② 油口标志　在电液伺服阀阀体适合部位应清晰标出工作油口"A""B"，进油口"P"，回油口"T"等。

（2）包装

① 防护包装　防护包装的一般技术要求按 GJB 145A—1993 的规定。

所有螺纹连接零件，均应（牢固地）锁紧，产品上的外露螺钉应加铅封。

电液伺服阀体内应灌注、充满与使用条件相符的液压油，各油口采用密封堵或盖（护）板封住。将污染度检验结果填入产品合格证或产品履历书中。

应使用有防震措施的专用包装盒包装电液伺服阀。包装盒外面应有与内装电液伺服阀铭牌内容一致的标志。

② 随机文件　电液伺服阀的随机文件应装入密封良好、内有干燥剂的塑料包装中。随机文件应包括：

a. 产品说明书；

b. 制造商提交的合格证书；

c. 履历书。

（3）运输

电液伺服阀在运输过程中应避免破坏性损伤事故发生。

（4）储存

电液伺服阀应储存在阴凉、干燥处，要定期更换防潮砂。

2.4　电液伺服阀的特殊（详细）技术要求

因（喷嘴挡板式）电液伺服阀的应用场合不同，如舰船及海上液压装置、飞机、导弹、（运载）火箭等，其技术要求或条件或规程或规范各有不同。

2.4.1　电液伺服阀接口

（1）液压接口

电液伺服阀安装面尺寸应符合国家、行业（详细）标准的规定，如应符合 GB/T 17487—1998 或 GB/T 10844—2007 规定的安装面尺寸要求。

（2）电气接口

电液伺服阀的电气接口应符合国家、行业（详细）标准的规定。

2.4.2 电液伺服阀的机械设计要求

（1）设计（布局）

电液伺服阀设计（布局）应符合国家、行业（详细）标准的规定，如应符合 QJ 504A—1996 中相关规定。

① 电液伺服阀的设计应符合电液伺服阀的设计任务书的要求。

② 电液伺服阀的工作温度和公称压力分级应按 QJ 976 的规定。

③ 电液伺服阀的零、组件应能承受多种载荷的复合作用。

④ 电液伺服阀的设计应符合通用化、系列化和组合化要求。

作者注：或表述为电液伺服阀的设计应符合标准化、系列化和模块化设计要求。

⑤ 电液伺服阀的螺纹连接件应设置防松或锁紧装置。重要的螺纹连接件应规定拧紧力矩。

⑥ 零、组件设计应保证装配过程不易装错，如阀芯、阀套两端的标记和电液伺服阀的供油等标记必须刻在明显的位置上。安装面应有定位销。

（2）安装面尺寸要求

GB/T 10844—2007 规定了船用流量控制伺服阀的安装面尺寸要求。

① 安装面精度

a.安装面表面平面度的公差允许值为 0.025mm。

b. 安装面表面粗糙度：Ra_{max} 为 1.25μm，Ra_{min} 为 0.32μm。

c.安装面孔的位置度公差允许值为 0.2mm。

② 安装面尺寸

a.型式。安装面分为 9 个型式，分别为：安装面 1、安装面 2、安装面 3、安装面 4、安装面 5、安装面 6、安装面 7、安装面 8 和安装面 9。

b.示意图。安装面尺寸示意图见图 2-17。

c.尺寸。安装面尺寸见表 2-25～表 2-33。

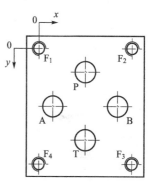

图 2-17 安装面尺寸示意图

表 2-25 安装面 1 mm

项目	P	A	T	B	F_1	F_2	F_3	F_4
x	12	6	12	18	0	24	24	0
y	7	13	19	13	0	0	26	26
直径	3.0	3.0	3.0	3.0	M4	M4	M4	M4

最小安装面：$L = 35, W = 33$

表 2-26 安装面 2 mm

项目	P	A	T	B	F_1	F_2	F_3	F_4
x	21.5	13.5	21.5	29.5	0	43	43	0
y	9	17	25	17	0	0	34	34
直径	5.0	5.0	5.0	5.0	M5	M5	M5	M5

最小安装面：$L = 65, W = 54$

表 2-27　安装面 3   mm

项目	P	A	T	B	F$_1$	F$_2$	F$_3$	F$_4$
x	21.5	11.5	21.5	31.5	0	43	43	0
y	7	17	27	17	0	0	34	34
直径	7.0	7.0	7.0	7.0	M5	M5	M5	M5

最小安装面:$L=70,W=54$

表 2-28　安装面 4   mm

项目	P	A	T	B	F$_1$	F$_2$	F$_3$	F$_4$
x	22	11	22	33	0	44	44	0
y	21.5	32.5	43.5	32.5	0	0	65	65
直径	8.2	8.2	8.2	8.2	M8	M8	M8	M8

最小安装面:$L=65,W=82$

表 2-29　安装面 5   mm

项目	P	A	T	B	F$_1$	F$_2$	F$_3$	F$_4$
x	25.5	13	25.5	38	0	51	51	0
y	9.5	22	34.5	22	0	0	44	44
直径	(10.2)	10.2	10.2	10.2	M6	M6	M6	M6

最小安装面:$L=80,W=65$

注:原表 6 中圆括号内尺寸为 10.0。

表 2-30　安装面 6   mm

项目	P	A	T	B	F$_1$	F$_2$	F$_3$	F$_4$
x	35	21	35	49	0	70	70	0
y	9	23	37	23	0	0	46	46
直径	6.0	6.0	6.0	6.0	M6	M6	M6	M6

最小安装面:$L=108,W=65$

表 2-31　安装面 7   mm

项目	P	A	T	B	F$_1$	F$_2$	F$_3$	F$_4$
x	44.5	27	44.5	62	0	89	89	0
y	4.5	22	59.5	22	0	0	44	44
直径	13.0	13.0	13.0	13.0	M8	M8	M8	M8

最小安装面:$L=108,W=58$

表 2-32　安装面 8   mm

项目	P	A	T	B	F$_1$	F$_2$	F$_3$	F$_4$
x	36.5	11	36.5	62	0	73	73	0
y	17.5	43	68	43	0	0	86	86
直径	16.0	16.0	16.0	16.0	M10	M10	M10	M10

最小安装面:$L=92,W=104$

表 2-33　安装面 9　　　　　　　　　　　　　　　　　　　　　　mm

项目	P	A	T	B	F₁	F₂	F₃	F₄
x	43	25.5	43	60.5	0	86	86	0
y	19	36.5	54	36.5	0	0	73	73
直径	12.5	12.5	12.5	12.5	M8	M8	M8	M8

最小安装面：$L=92,W=104$

注：原表 10 最小安装面尺寸可能有问题。

（3）材料

电液伺服阀材料等应符合国家、行业（详细）标准的规定，如材料、半成品和成品件均应按 QJ 1499A—2001 的规定。

（4）密封件

电液伺服阀密封件应符合国家、行业（详细）标准的规定，如应符合 QJ 504A—1996 的规定；O 形橡胶密封圈推荐选用 QJ 1035.1—1986 规定的品种。

（5）重量

不包括工作液、运输帽盖、护板和支座等在内的附件重量在型号规范中规定。

2.4.3　电液伺服阀的电气设计要求

（1）电液伺服阀放大器

制造商宜提供或指定电液伺服阀放大器。输入信号应施加于放大器上，而不直接加于电液伺服阀。

（2）线圈连接与输入电流极性

电液伺服阀线圈（力矩马达线圈）的连接方式、接线端的标号、外引出线的颜色及输入电流的极性等应在合同或订单中明确。

（3）额定电流

电液伺服阀放大器额定输出电流或额定电流应符合国家、行业（详细）标准的规定，如应符合 CB/T 3398—2013 表 2 中规定的额定电流。

（4）线圈电阻

电液伺服阀放大器线圈电阻应符合国家、行业（详细）标准的规定。

（5）线圈阻抗和电感

电液伺服阀放大器额定输出电流及对应负载（阀线圈阻抗）应符合国家、行业（详细）标准的规定，如应符合 CB/T 3398—2013 表 2 中规定的负载阻抗。

（6）励振或颤振

当电液伺服阀要求放大器有颤振信号输出时，其颤振信号应符合以下要求。

① 颤振信号频率要比系统频率高，大于 200Hz，避开系统谐振频率。

② 颤振信号幅值（峰—峰值）小于 30% 额定输出电流。

2.4.4　电液伺服阀的液压设计要求

（1）耐压

电液伺服阀耐压应符合国家、行业（详细）标准的规定，如 GB/T 10844—2007 或 GB/T 13854—2008 规定："伺服阀的供（进）油口 'P' 和两个控制油口 'A' 和 'B' 应承受 1.5 倍额定压力；回油口 'T' 应能承受额定压力。"

（2）压力脉冲

电液伺服阀压力脉冲应符合国家、行业（详细）标准的规定，如 GJB 3370—1998 规定的伺服阀进油窗口 P 和（或）回油窗口 R（T）应各经受 20 万次压力脉冲试验。试验后其性能应符合详细规范的要求。

（3）工作介质

电液伺服阀推荐选用的工作介质应符合国家、行业（详细）标准的规定，如 QJ 504A—1996 推荐选用下列品种。

① 符合 SH 0358—1995 要求的 10 号航空液压油。

② 12 号航空液压油。

③ 4601 号合成液压油。

作者注：或可按第 5.1.1 节电液伺服阀控制系统工作介质的选择与使用。

（4）抗污染度

电液伺服阀试验与实际使用的工作介质清洁度应符合国家、行业（详细）标准的规定，如应符合 QJ 2724.1—1995 规定的要求，其应在此情况下正常工作。

试验所用的工作液一般应与实际工作时的工作液一致。每毫升内所含污染微粒极限应符合 QJ 2724.1—1995 的要求。

颗粒尺寸　　　　　　　　5/15/25/50/100
等级编码　　　　　　　　19/17/14/12/9

作者注：或可按第 5.1.2 节电液伺服阀控制系统及元件要求的清洁度指标计。

2.4.5　电液伺服阀的性能要求

电液伺服阀静态、动态特性的主要性能指标应符合国家、行业（详细）标准的规定，如应符合 QJ 504A—1996 规定的要求。

QJ 504A—1996 规定的电液伺服阀的主要性能指标见表 2-34。

表 2-34　电液伺服阀的主要性能指标

	项目	性能指标	备注
静态特性	极性	输入正极性电流,即力矩马达红色或绿色导线接正极,黑色或黄色导线接负极时,输出流量从工作油口"A"流向"B"规定为正流量极性。反之为负流量极性	
	内部泄漏	额定流量不大于 7L/min,内部泄漏应不大于额定流量的 4%加前置级流量 额定流量不大于 7~20L/min,内部泄漏应不大于额定流量的 3%加前置级流量 额定流量不大于 20~100L/min,内部泄漏应不大于额定流量的 2.5%加前置级流量 额定流量不大于 100~300L/min,内部泄漏应不大于额定流量的 2%加前置级流量	
	额定流量	偏差不超出其±7.5%	按相关详细规范的规定
	额定电流	偏差不超出其±10%	按相关详细规范的规定
	饱和流量	偏差不超出其±7.5%	按相关详细规范的规定
	饱和电流	偏差不超出其±10%	按相关详细规范的规定
	流量增益	偏差不超出其±7.5%	按相关详细规范的规定
	线性度	不大于 7.5%	
	对称度	不大于 7.5%	

续表

项目		性能指标	备注
静态特性	滞环	不大于额定电流的 5%	
	分辨率	不大于额定电流的 1%	
	重叠量（遮盖）	不大于额定电流的 2.5%	
	零偏	不大于额定电流的 2%	
	压力增益	控制电流变化 1% 额定电流时，应对的负载压差变化量应大于最大负载压差的 25%	
	低频振动	按相关详细规范规定的频率、振幅和方向，振动 5min，伺服阀的性能应无异常，所有紧固件不应松动，并无任何损伤	
动态特性	幅频宽	幅频宽按相关详细规范的规定	
	一阶或二阶相频宽	一阶或二阶相频宽按相关详细规范的规定	

2.4.6 电液伺服阀的环境要求

含有电液伺服阀的液压装置可能实际应用于不同的环境条件下，也许有必要进行其他试验来证实在不同环境条件下的特性。在这种情况下，环境测试的要求宜由电液伺服阀制造商和用户商定。

（1）各标准规定的环境试验

① GB/T 10844—2007 规定的船用电液伺服阀的环境要求见表 2-35。

表 2-35 GB/T 10844—2007 规定的船用电液伺服阀的环境要求

序号	项目	试验方法标准	试验条件标准
1	湿热	CB 1146.4—1966《舰船设备环境试验与工程导则 湿热》	GJB 4000—2000
2	冲击	CB 1146.6—1996《舰船设备环境试验与工程导则 冲击》	GJB 4000—2000
3	振动	CB 1146.9—1996《舰船设备环境试验与工程导则 振动（正弦）》	GJB 4000—2000
4	霉菌	CB 1146.11—1996《舰船设备环境试验与工程导则 霉菌》	GJB 4000—2000
5	盐雾	CB 1146.12—1996《舰船设备环境试验与工程导则 盐雾》	GJB 4000—2000

注：1. 规范性引用文件中还引用了 GJB 4000—2000《舰船通用规范总册》。
2. 除上述 5 项外，还有低温启动、高低温、温度冲击、颠震 4 项环境要求，其中颠震试验条件标准按 GJB 4000—2000。

② GB/T 13854—2008 规定的射流管电液伺服阀的环境要求见表 2-36。

表 2-36 GB/T 13854—2008 规定的射流管电液伺服阀的环境要求

序号	项目	试验方法标准	试验条件标准
1	湿热	GJB 4.6—1983《舰船电子设备环境试验 交变湿热试验》	GJB 4000—2000
2	振动	GJB 4.7—1983《舰船电子设备环境试验 振动试验》	GJB 4000—2000
3	冲击	GJB 4.9—1983《舰船电子设备环境试验 冲击试验》	GJB 4000—2000
4	霉菌	GJB 4.10—1983《舰船电子设备环境试验 霉菌试验》	—
5	盐雾	GJB 4.11—1983《舰船电子设备环境试验 盐雾试验》	—

注：1. 规范性引用文件中还引用了 GJB 4000—2000《舰船通用规范总册》。
2. 除上述 5 项外，还有低温启动、高低温、温度冲击、颠震 4 项环境要求，其中颠震试验条件标准按 GJB 4000—2000。

③ GB/T 15623.1—2003 规定的电调制四通方向流量控制阀环境要求见表 2-37。

表 2-37　GB/T 15623.1—2003 规定的电调制四通方向流量控制阀环境要求

序号	项目	试验方法标准	试验条件标准
1	环境温度范围	—	—
2	油液温度范围	—	—
3	振动	—	—
4	冲击	—	—
5	加速度	—	—
6	防爆阻抗	—	—
7	防火阻抗	—	—
8	浸蚀阻抗	—	—
9	真空度	—	—
10	环境压力	—	—
11	防热辐射	—	—
12	抗浸水性	—	—
13	湿度	—	—
14	电灵敏度	—	—
15	空气粉尘含量	—	—
16	EMC(电磁兼容性)	—	—
17	污染敏感度	—	—

④ GJB 3370—1998 规定的飞机电液流量伺服阀环境要求见表 2-38。

表 2-38　GJB 3370—1998 规定的飞机电液流量伺服阀环境要求

序号	项目	试验方法标准
1	高温(储存)	GJB 150.3—1986《军用设备环境试验方法　高温试验》
2	(最)低温(储存)	GJB 150.4—1986《军用设备环境试验方法　低温试验》
3	湿热	GJB 150.9—1986《军用设备环境试验方法　湿热试验》
4	霉菌	GJB 150.10—1986《军用设备环境试验方法　霉菌试验》
5	盐雾	GJB 150.11—1986《军用设备环境试验方法　盐雾试验》
6	加速度	GJB 150.15—1986《军用设备环境试验方法　加速度试验》
7	振动	GJB 150.16—1986《军用设备环境试验方法　振动试验》
8	冲击	GJB 150.18—1986《军用设备环境试验方法　冲击试验》

注：上述标准已更新为 GJB 150A—2009《军用装备实验室环境试验方法》。

⑤ GJB 4069—2000 规定的舰船用电液伺服阀环境要求见表 2-39。

表 2-39　GJB 4069—2000 规定的舰船用电液伺服阀环境要求

序号	项目	试验方法标准
1	低温启动	GJB 4069—2000 规定的试验方法
2	高低温	GJB 4069—2000 规定的试验方法

序号	项目	试验方法标准
3	温度冲击	GJB 4069—2000 规定的试验方法
4	湿热	GJB 4.6—1983《舰船电子设备环境试验　交变湿热试验》
5	盐雾	GJB 4.11—1983《舰船电子设备环境试验　盐雾试验》
6	霉菌	GJB 4.10—1983《舰船电子设备环境试验　霉菌试验》
7	振动	GJB 4.7—1983《舰船电子设备环境试验　振动试验》
8	颠震	GJB 4.8—1983《舰船电子设备环境试验　颠震试验》
9	冲击	GJB 4.9—1983《舰船电子设备环境试验　冲击试验》

⑥ QJ 504A—1996 和 QJ 2078A—1998 规定的流量电液伺服阀环境要求见表 2-40。

表 2-40　QJ 504A—1996 和 QJ 2078A—1998 规定的流量电液伺服阀环境要求

序号	项目	试验方法标准
1	低温	—
2	最低温储存	GJB 150.4—1986《军用设备环境试验方法　低温试验》
3	最低温工作	—
4	高温储存	GJB 150.3—1986《军用设备环境试验方法　高温试验》
5	高温工作	—
6	温度冲击	—
7	高度	—
8	湿热	GJB 150.9—1986《军用设备环境试验方法　湿热试验》
9	霉菌	GJB 150.10—1986《军用设备环境试验方法　霉菌试验》
10	盐雾	GJB 150.11—1986《军用设备环境试验方法　盐雾试验》
11	振动	GJB 150.16—1986《军用设备环境试验方法　振动试验》
12	加速度	GJB 150.15—1986《军用设备环境试验方法　加速度试验》
13	冲击	GJB 150.18—1986《军用设备环境试验方法　冲击试验》
14	压力脉冲	

注：1. 上述标准已更新为 GJB 150A—2009《军用装备实验室环境试验方法》。
　　2. 环境适应性性能指标及试验方法可进一步参考 QJ 504A—1996。

（2）环境试验后性能要求

电液伺服阀环境试验后的性能要求应符合国家、行业（详细）标准的规定，如应符合 QJ 504A—1996 规定的环境试验后的性能要求。

QJ 504A—1996 规定的环境试验后的性能要求见表 2-41。

表 2-41　QJ 504A—1996 规定的环境试验后的性能（验证）要求

项目	性能验证指标
额定流量	(1±10%)公称值
饱和流量	(1±10%)公称值
饱和电流	(1±10%)公称值

续表

项目	性能验证指标	
流量增益	(1±10%)公称值	
线性度	<7.5%	
对称度	<7.5%	
滞环	<6%额定电流	
分辨率	<1.5%额定电流	
重叠量	<3%额定电流	
零偏	<5%额定电流	
压力增益	控制电流变化1%额定电流时,应对的负载压差变化量 应大于最大负载压差的25%	
内泄漏	额定流量<7L/min	<额定流量的4%加前置级流量
	额定流量>7~20L/min	<额定流量的3.5%加前置级流量
	额定流量>20~100L/min	<额定流量的3%加前置级流量
	额定流量>100~300L/min	<额定流量的2.5%加前置级流量
线圈电阻、绝缘电阻	符合 QJ 504A—1996 中 3.8.1.2、3.8.1.4 条的要求	

2.4.7 电液伺服阀的耐久性要求

电液伺服阀的耐久性或（使用、工作）寿命要求应符合国家、行业（详细）标准的规定，如应符合 QJ 504A—1996 规定的工作寿命要求。

注：有标准将耐久性和寿命分开要求的,如 GJB 3370—1998。

伺服阀在储存期内，在标准试验条件下，其累计工作寿命应不小于100h,保证输出级的滑阀全行程往返30万次，其中前50h往返15万次，性能要求见表2-42。

表 2-42　工作寿命期内保证性能指标

项目	0~50h 指标	>50~100h 指标
额定流量	(1±7.5%)公称值	(1±10%)公称值
饱和流量	(1±7.5%)公称值	(1±10%)公称值
饱和电流	(1±10%)公称值	(1±10%)公称值
流量增益	(1±7.5%)公称值	(1±10%)公称值
线性度	<7.5%	<10%
对称度	<7.5%	<10%
滞环	<5%额定电流	<6.5%额定电流
分辨率	<1%额定电流	<1.5%额定电流
重叠量	<2.5%额定电流	<3%额定电流
零偏	<2%额定电流	<5%额定电流
压力增益	>30%最大负载压差 (变化1%额定电流时)	>20%最大负载压差 (变化1%额定电流时)

续表

项目		0~50h 指标	>50~100h 指标
内泄漏	额定流量<7L/min	<额定流量的 4％加前置级流量	<额定流量的 5％加前置级流量
	额定流量>7~20L/min	<额定流量的 3.5％加前置级流量	<额定流量的 4％加前置级流量
	额定流量>20~100L/min	<额定流量的 2.5％加前置级流量	<额定流量的 3.5％加前置级流量
	额定流量>100~300L/min	<额定流量的 2％加前置级流量	<额定流量的 3％加前置级流量

2.5　电液伺服阀放大器技术要求

对一般液压工程技术人员而言，电液伺服阀放大器设计不常遇到。但在设计阀控电液伺服控制系统时，因电液伺服阀放大器是电液伺服阀的一个组成部分，其性能直接关系到电液伺服阀及电液伺服控制系统的（品质）质量，所以必须重视其选型及其性能。

2.5.1　电液伺服放大器选型

（1）型式

电液伺服阀放大器按照安装方式可分为机箱式、DIN 导轨式。

（2）额定电流及负载阻抗

电液伺服阀放大器额定输出电流及对应负载（阀线圈阻抗）见表 2-43 的规定。

表 2-43　额定电流及负载阻抗

	代号		1	2	3	4	5	6	7	8	9	10
单线圈	额定电流输出/mA		±8	±10	±15	±20	±25	±30	±40	±50	±64	±80
	阀线圈阻抗/Ω		1000	650	350	160	105	75	40	25	16	10.5
双线圈	并联	额定电流输出/mA	±8	±10	±15	±20	±25	±30	±40	±50	±64	±80
		阀线圈阻抗/Ω	500	325	175	80	52.5	(35.5)	20	12.5	8	5.25
	串联	额定电流输出/mA	±4	±5	±7.5	±10	±12.5	±15	±20	±25	±32	±40
		阀线圈阻抗/Ω	2000	1300	(750)	320	210	150	80	50	32	21

注：两线圈并联时，各线圈占额定电流的 1/2。

作者注：带括号的数据有疑。

（3）型号释义

电液伺服阀放大器的型号含义见图 2-18。

（4）产品标记示例

01 型标准机箱式，220V AC 供电 8mA 输出，输入/反馈指令为 0~±10V 的无颤振信号伺服阀放大器标记为：

放大器　CB/T 3398—2013　　SA-01　ⅠA08BBN

03 型特殊规格 DIN 式，24V AC 供电 8mA 输出，输入/反馈指令为 4~20mA 的有颤振信号伺服阀放大器标记为：

放大器　CB/T 3398—2013　　SAZ03　ⅡC08CCY

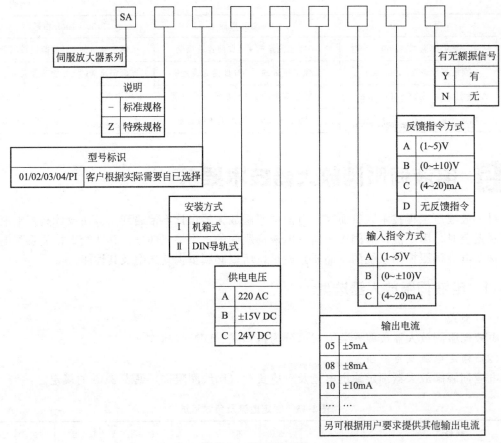

图 2-18　放大器型号

2.5.2　电液伺服阀放大器技术要求

（1）一般要求

① 产品外观　产品表面不应有压伤、起皱、裂纹、擦伤及其他缺陷。

② 内部连接　内部所有焊接的焊点应没有虚焊和脱焊，紧固件应没有松动的现象。

③ 原材料与元器件　原材料和元器件应符合下列要求。

a. 伺服阀放大器所采用的原材料、元器件、零部件都应具有合格证或产品说明书。

b. 伺服阀放大器所采用的电子元器件应按 QJ 786、QJ 787、QJ 788、QJ 789 等标准和专用技术条件进行筛选。

④ 结构与制造要求　放大器的结构与制造应符合下列要求。

a. 放大器的外壳箱体的防护等级由使用环境和安装位置确定。若放大器置于电控箱（柜）内使用时，防护型式应符合 GB 4208—2008 中 IP20，其他可采用 IP22。

b. 外壳应有良好的接地措施。

c. 放大器的部件、结构和布线应便于检修、调整或定期更换。

d. 放大器的印制电路板应更换方便，结构上应用防止误插错位的措施。

e. 可调部位应定位可靠，插入式底座和印制板应接触良好，并有防松措施，防止受到冲击和振动时脱开。

f. 应有足够空间，使电缆和电线能够方便地进行连接和敷设。一个接线端子不得超过两根接线，所有端子应有清晰的识别标志。

（2）电气要求

① 电源输入　电源输入应满足如下要求。

a. 交流电源供电其电压和频率在下列变化情况下，放大器应能正常工作：交流网络供电时，电压变化±10％，频率±5％；电压瞬变±20％，频率瞬变±10％，恢复时间为 3s。

b. 直流电源供电其电压在±25％范围内，放大器应能正常工作。

如：24V DC 供电，18～30V DC 电源输入，放大器正常工作。

② 信号输入　放大器在下列输入信号下应能正常工作。

电液输入信号为 0～±10V，电流输入信号为 0～±10mA 或 4～20mA。

③ 输入阻抗　放大器输入信号为电压信号时，输入阻抗应不小于 33kΩ；输入信号为（4～20）mA 电流信号时，其输入阻抗应大于 250Ω。

（3）性能指标

① 限幅电流　放大器输出电流（I_o）最大幅值不超过额定电流（I_n）的两倍，即 $I_o \leqslant 2I_n$。

② 颤振信号　当伺服阀要求放大器有颤振信号输出时，其颤振信号应符合下列要求；

a. 颤振信号频率要比系统频率高，大于 200Hz，避开系统谐振频率；

b. 颤振信号幅值（峰—峰值）小于 30％额定输出电流。

③ 非线性失真　放大器的非线性失真不得大于±％

④ 稳定性　放大器的稳定性应符合下列要求。

a. 放大器的始动漂移不大于 2％额定输出电流。

b. 在长期连续工作过程中，放大器的长期漂移应不大于额定电流的 2％（含始动漂移值）。

⑤ 适应性　在使用环境条件下，放大器的输出电流变化率 σ 按式(2-1)计算，其值应不大于 1％。

$$\sigma = \frac{|\Delta|}{I_n} \times 100\% \qquad (2\text{-}1)$$

式中　σ——输出电流变化率；

　　　Δ——试验前后输出电流最大代数差，mA；

　　　I_n——额定电流，mA。

⑥ 输出信号零位调节　放大器应有输出零位可调装置，零位调节范围应大于 10％额定电流。

（4）使用环境要求

放大器在下列环境下，应符合下列要求，且非线性失真符合 2.5.2（3）中③的要求，输出电流变化率符合 2.5.2（3）中⑤的要求。

① 放大器工作环境温度范围为－25～55℃。当放大器安装在有发热部件的柜（箱、台）内工作时，应能承受高温 70℃ 1h，不失效。

② 在温度不大于 40℃ 时，相对湿度为 95％～100％或温度高于 40℃，相对湿度为 70％时，放大器应能正常工作。

③ 在频率为 2.0～13.2Hz，位移幅值为±1.0mm，频率在 13.2～80Hz，加速度幅值±0.7g 时，应能正常工作。

④ ±22.5°，周期 10s，其线性垂直加速度为±1.0g 时，应能正常工作。

⑤ 从安装位置向各个方向倾斜 22.5°时，应能正常工作。

⑥ 周围环境空气中含有盐雾、霉菌时，应能正常工作。

2.6 喷嘴-挡板式液压放大器设计

在参考文献 [46] 中介绍，与滑阀相比，喷嘴挡板阀具有结构简单、加工容易，运动部件质量小，对油污污染不太敏感等优点。但零位泄漏流量大，所以只适用于小功率系统。在两级液压放大器中，多采用喷嘴挡板阀作为第一级。

根据现在常用的双喷嘴-挡板力反馈电液流量控制伺服阀来看，作为液压前置级放大器的喷嘴-挡板式液压放大器已经小型化，尽管结构比较简单，但制造精密，成本并不低。另外，由于喷嘴与挡板间距很小，一般仅为 $0.02\sim0.06\text{mm}$，因此抗污染能力差，且调整及维护困难，要求液压油液的清洁度很高。

现以双喷嘴挡板阀为例，其主要结构参数是喷嘴直径 D_N、零位间隙 x_{f0}、固定节流孔直径 D_0，以及喷嘴口长度、固定节流孔长度、喷嘴孔端面壁厚（或外圆直径）及喷嘴前端的锥角等。

（1）喷嘴直径 D_N

喷嘴直径可根据阀的零位流量增益来确定，即：

$$D_N = \frac{\sqrt{1+\alpha^2}\,K_{q0}}{\pi C_{df}\sqrt{2p_s/\rho}} \tag{2-2}$$

式中　K_{q0}——阀的零位流量增益。

根据该阀及其控制的稳定性、稳态及动态性能要求确定 K_{q0}。通常 D_N 在 $0.3\sim0.8\text{mm}$ 区间。

（2）零位间隙 x_{f0}

x_{f0} 可以这样确定：使喷嘴孔面积比喷嘴与挡板间的环形节流面积充分地大，以保证环形节流面积是可控的节流孔，为避免产生流量饱和现象，通常取 $\pi D_N x_{f0} \leqslant A_N/4 = \pi D_N^2/16$

所以：

$$x_{f0} \leqslant D_N/16 \tag{2-3}$$

通常 x_{f0} 在 $20\sim60\mu\text{m}$ 区间。

作者注：参考文献 [46] 中介绍，x_{f0} "一般可在 $0.025\sim0.125$ 之间选取"。

（3）固定节流孔直径 D_0

当 D_N 和 x_{f0} 确定后，且流量系数 C_{d0}、C_{df} 已知时，可求得固定节流孔直径 D_0，即：

$$D_0 = 2\sqrt{C_{df}D_N x_{f0}/(C_{d0}\alpha)} \tag{2-4}$$

当 $\alpha=1$ 时，零位压力增益最大，压力增益特性的线性度最好，且零位压力 $p_{10}=p_{20}=p_s/2$，所以通常取 $\alpha=1$；但如果为减少零位泄漏，减少供油流量及功率损耗，则 $\alpha\leqslant0.707$。

（4）其他参数

当喷嘴端为锐边时，可变节流孔流量系数与固定节流孔流量系数之比可取 0.8，即 $C_{df}/C_{d0}=0.8$。喷嘴与挡板间环形面积处的液流流动情况很复杂，流量系数 C_{df} 与雷诺数及喷嘴端部的尖锐程度有关。固定节流孔为细长型，$C_{df}=0.8$ 左右。

参考文献 [46] 指出：实验证明，当喷嘴孔端面与零位间隙之比小于 2 时，可变节流孔可以认为是锐边的。此时节流孔出流比较稳定，流量系数 C_{df} 为 0.6 左右。喷嘴前端的锥角应大于 30°，此时它对流量系数无明显影响。喷嘴孔长度一般等于其直径。固定节流孔的长度与其直径之比小于或等于 3，属于短孔而具有少量长孔成分，其流量系数 C_{df} 一般为 0.8～0.9。

2.7　射流管式液压放大器设计

由于射流管阀的射流情况和能量转换情况比较复杂，难以进行准确的理论分析和计算，性能也难以预测，其静态特性主要靠实验得到。

由于以上原因，目前射流管阀主要靠经验和实验来设计。下面介绍一种实验研究的结果。

射流管阀的主要几何参数有喷嘴的锥角、喷嘴孔直径、喷嘴端面至接收孔的距离、接收孔直径以及孔间距等。

通过射流管喷嘴的流量可表示为：

$$q_n = C_d A_n \sqrt{\frac{2}{\rho}(p_s - p_1 - p_0)} \tag{2-5}$$

式中　p_s——供油压力；

$\quad\quad p_1$——管内压力；

$\quad\quad p_0$——喷嘴外介质的压力；

$\quad\quad A_n$——喷嘴孔面积，$A_n = \pi D_n^2 / 4$，D_n 为喷嘴孔直径；

$\quad\quad C_d$——喷嘴流量系数。

实验得出，当喷嘴锥角 $\theta = 0°$ 时，$C_d = 0.68 \sim 0.70$；当喷嘴锥角 $\theta = 6°18'$ 时，$C_d = 0.86 \sim 0.90$；当喷嘴锥角 $\theta = 13°24'$ 时，$C_d = 0.89 \sim 0.91$。因此射流管喷嘴的最佳锥角为 $\theta = 13°24'$。在小功率伺服系统中，喷嘴直径一般为 $D_n = 1 \sim 2.5\text{mm}$，作为伺服阀的前置级时，$D_n$ 一般为零点几毫米。

射流管处在中间位置时，喷嘴流量全部损失掉，因此它也是射流管阀的零位泄漏流量。当供油压力一定时，喷嘴流量为一定值。

在切断负载（$q_L = 0$）时，接收孔恢复的最大负载压力 p_{Lm} 与供油压力 p_s 之比称为压力恢复系数 η_p，即：

$$\eta_p = \frac{p_{Lm}}{p_s} \tag{2-6}$$

当负载压力为零（$p_L = 0$）时，接收孔恢复的最大负载流量 q_{0m} 与喷嘴流量 q_n（供油流量）之比称为流量恢复系数 η_q，即：

$$\eta_q = \frac{q_{0m}}{q_n} \tag{2-7}$$

压力恢复和流量恢复与接收孔面积和喷嘴面积的比值 A_0 / A_n 有关，同时也与喷嘴端面与接收孔之间的距离与喷嘴孔直径的比值 $\lambda = l_c / D_n$ 有关。

确定上述这些尺寸比例关系的准则是使最大恢复压力与最大恢复流量的乘积最大，以保证传递到接收孔的能量为最大。根据这一原则，通常取 $A_0 / A_n = 2 \sim 3$，$\lambda = l_c / D_n = 1.5 \sim 3$。如 λ 值取得过大，将使压力恢复和流量恢复降低；但 λ 值取得过小，又要使射流管喷嘴受到接收孔返回液流的冲击作用，引起射流管的振动。

2.8 液压主控制阀设计

由于液压主控制阀一般采用圆柱滑阀，所以本节即为圆柱滑阀设计。

圆柱滑阀设计的主要内容包括滑阀结构型式和主要参数的选择与确定。

在设计时，首先应考虑满足负载和执行元件对圆柱滑阀提出的稳定性要求，以及圆柱滑阀对系统的动态特性的影响。同时，也要使圆柱滑阀结构简单、制造容易、驱动力小和工作可靠等。

(1) 圆柱滑阀结构型式的选择与确定

① 节流边数和通路数的选择与确定。

当选择与确定圆柱滑阀的节流边数及通路数时，应主要从执行元件类型、性能要求及制造成本三方面来考虑。

三通 (双边) 阀只能用于控制差动伺服液压缸；四通 (四边) 阀可控制液压马达、差动伺服液压缸 (或称不对称液压缸) 和等速伺服液压缸 (或称对称液压缸)，但用对称四通阀控制不对称液压缸容易产生较大的液压冲击，液压缸运行不平稳。

四通阀的压力增益比三通阀高一倍，其所控制的系统的负载误差小，系统的响应速度高；性能要求高的系统多用四通阀；负载不大，性能要求不高的机液伺服机构，或靠外负载回程的特殊场合常用三通阀；二通阀仅用于要求能自动跟踪，但无性能要求的场合。

四通阀的制造成本较高，三通阀次之，二通阀容易制造。

② 阀口形状的确定。

阀口形状由流量大小和流量增益的线性要求确定。

一般当额定流量大于 30L/min，且动态要求高时采用全开口。为有足够的刚度，小流量阀的阀芯不宜做得过小，因此采用局部开口。局部开口几乎全部采用偶数矩形窗口，且必须保证节流边分布对称。否则将增加滑阀摩擦力，从而降低了伺服阀分辨率。窗口多用电火花或线切割加工。

③ 零位开口型式的确定。

零位开口型式取决于性能要求及用途。

零开口阀的流量增益为线性，压力增益很高，应用最广。正开口阀零位附近的流量为非线性，压力增益为线性但增益较低，零位泄漏大，一般较少用，多用于前置级、同步控制系统、高温工作环境和恒流系统。

④ 凸肩数的确定。

凸肩以保证阀芯有良好的支承，便于开设均压槽，并使轴向尺寸紧凑为原则。

四通阀一般为 3 个或 4 个凸肩。三通阀 2 个或 3 个凸肩。特殊用途的滑阀、除两端作控制面外，还有辅助控制面，需 5 或 6 个凸肩。

(2) 滑阀主要参数的确定

① 供油压力 p_s。

一般以供油压力作为额定压力。

常用的滑阀供油压力 (MPa) 为 4、6.3、10、21、32。

作者注：以上压力由参考文献 [72] 中提出，但其不符合第 2.3 节表 2-8 规定的电液伺服阀额定压力。

② 最大开口面积 $W_{x_{vm}}$。

$W_{x_{vm}}$ 表征阀的规格，由要求的空载流量来确定，$W_{x_{vm}} = q_0 / (C_d \sqrt{p_s/\rho})$ 确定 $W_{x_{vm}}$ 组合的原则如下。

a. 防止空载流量特性出现流量饱和原则。使 $\pi(d^2-d_r^2)/4 \geqslant 4W x_{vm}$。

b. 保证阀芯刚度足够原则。取阀杆直径 $d_r = d/2$，d 为阀芯直径。

综上得：$x_{vm} \leqslant \dfrac{3\pi d^2}{64W}$；$W=\pi d$ 时，则 $x_{vm} \leqslant \dfrac{3}{64}d \approx 5\%d$，或 $\dfrac{W}{x_{vm}} \geqslant \dfrac{64\pi}{3} = 67$。

③ 阀芯直径 d 的确定。

d 的大小应从流量大小、动态性能要求及阀芯刚度要求来考虑。

流量大时 d 应足够大，但 d 太大惯性力大，动态性能低；d 太小阀杆刚度太小，易变形且要求较大行程 x_{vm}；但作为二级阀的功率级阀芯，在先导级静耗流量一定时，在满足动态性能的前提下，尽量选较大直径。因其端面面积大，驱动力大，抗污染能力好。d 的一般数据见表 2-44。

表 2-44　圆柱滑阀阀芯直径参考尺寸

空载流量 Q_0/(L/min)							
<10		10～100		160～250		400～800	
直径 d/mm 和最大行程 x_{vm}/mm							
d	x_{vm}	d	x_{vm}	d	x_{vm}	d	x_{vm}
喷嘴挡板式伺服阀/mm							
5	0.2～0.4	8	0.4～0.8	10～16	0.8～1.0	20～30	2～3
双级滑阀式伺服阀/mm							
8～10	0.6～1.0	12～20	1.0～1.5	20～24	1.5～2.0	30～36	2.5～3.5

注：表 2-44 参考了参考文献 [72] 中表 22-3-10。

而在航天一院十八所伺服阀样本中给出了圆柱滑阀阀芯直径与伺服阀额定流量的关系，具体见表 2-45。

表 2-45　圆柱滑阀阀芯直径与伺服阀额定流量的关系

阀芯直径/mm	4.5	6.4	9.4	12.5	15	20	25
额定流量/(L/min)	1～30	5～60	50～120	100～180	150～300	250～800	500～1500

注：适用于 SFL（D）21、SFL（D）22 和 SFL23 等系列流量伺服阀。

④ 阀芯最大行程 x_{vm}。

x_{vm} 大有优点，但要求有较大的驱动力、速度或功率。因此前置级滑阀的最大行程受力矩马达或力马达输出位移、力或功率的限制；功率级滑阀的最大行程受先导级流量的限制。在满足由先导级流量所决定的极限动态性能的情况下，尽量选择较大的 x_{vm}，因其阀口节流边腐（冲）蚀时所占比例小，寿命长。

⑤ 面积梯度 W。

对于机液控制系统，因各环节增益不可调，应根据稳定判据先确定开环增益，然后根据执行元件和反馈元件的增益确定出滑阀的零点流量增益 K_{q0}，再由 $K_{q0} = C_d W \sqrt{p_s/\rho}$ 确定出 W，最后由 $W/x_{vm} = 67$ 计算 x_{vm}。

（3）结构设计

阀套与阀体过盈配合采用热压法安装。

阀芯与阀套的轴向配合尺寸或遮盖量为微米级；径向间隙为几微米至十几微米；几何精度和工作棱边的允许圆角为零点几微米。

四通滑阀的阀套有分段和整体两种结构。分段式主要是为了解决轴向尺寸难以保证和方孔加工困难而采用的结构。但分段式阀套的端面垂直度及光洁度要求很高，内外圆要反复精磨。随着加工水平的提高，多数阀套采用整体式结构。

2.9 常用电液伺服阀

2.9.1 力反馈式电液伺服阀

双喷嘴-挡板力反馈电液流量控制伺服阀 FF-101、FF-102、FF-106、FF-106A、FF-113、FF-130、FF-131 和 FF-520 等系列产品，除广泛应用于冶金、化工、机械制造、地质勘探、建筑工程、电力系统、纺织、印刷以及各种试验设备等民用领域外，其中一些系列产品还可应用于航空、航天、雷达等军事领域。

根据航空工业南京伺服控制系统有限公司（第六〇九研究所）产品样本，现将以上产品的性能指标列于表 2-46～表 2-51，供读者参考选用。

表 2-46　FF-101 系列电液伺服阀性能指标

项目	FF-101 系列					
	FF-101/1	FF-101/1.5	FF-101/2	FF-101/4	FF-101/6	FF-101/8
	性能指标					
供油压力范围/bar	20～280					
额定供油压力 p_N/MPa	21					
额定流量 Q_n/(L/min)	1	1.5	2	4	6	8
额定电流 I_n/mA	10 或 40					
线圈电阻/Ω	700±70 或 50±5					
绝缘电阻/MΩ	≥50					
滞环/%	≤4					
分辨率/%	≤1					
线性度/%	≤7.5					
对称度/%	≤10					
压力增益/%	≥30					
内漏/(L/min)	0.35	0.325	0.35	0.45	0.55	0.65
零偏/%	≤±3					
重叠/%	≤±2.5					
供油压力零漂/%	≤±2					
回油压力零漂/%	≤±2					
温度零漂/%	≤±4					
幅频宽(-3dB)/Hz	≥60	≥100				
相频宽(-90°)/Hz	≥60	≥100				
工作温度/℃	-55～+150					
净重/kg	≤0.2					

注：产品样本中介绍，该系列产品（可）用于军事领域，且技术参数、外形尺寸及安装接口与 MOOG 30 系列完全一致。

表 2-47　FF-102 系列电液伺服阀性能指标

项目	FF-102 系列					
	FF-102/2	FF-102/5	FF-102/10	FF-102/15	FF-102/20	FF-102/30
	性能指标					
供油压力范围/bar	20～280					
额定供油压力 p_N/MPa	21					
额定流量 Q_n/(L/min)	2	5	10	15	20	30
额定电流 I_n/mA	10 或 40					
线圈电阻/Ω	700±70 或 50±5					
绝缘电阻/MΩ	≥50					
滞环/%	≤4					
分辨率/%	≤1					
线性度/%	≤7.5					
对称度/%	≤10					
压力增益/%	≥30					
内漏/(L/min)	0.58	0.7	0.9	1.1	1.3	1.7
零偏/%	≤±3					
重叠/%	≤±2.5					
供油压力零漂/%	≤±2					
回油压力零漂/%	≤±2					
温度零漂/%	≤±4					
幅频宽(−3dB)/Hz	≥100					
相频宽(−90°)/Hz	≥100					
工作温度/℃	−55～+150					
净重/kg	≤0.4					

注：产品样本中介绍，该系列产品（可）用于军事领域，且技术参数、外形尺寸及安装接口与 MOOG 31 系列完全一致。

表 2-48　FF-106 和 FF-106A 系列电液伺服阀性能指标

项目	FF-106 系列		FF-106A 系列		
	FF-106/63	FF-106/100	FF-106A/103	FF-106A/218	FF-106A/234
	性能指标				
供油压力范围/bar	20～280				
额定供油压力 p_N/MPa	21				
额定流量 Q_n/(L/min)	63	100	63	100	100
额定电流 I_n/mA	15	40	15	40	40
线圈电阻/Ω	200±20	80±8	200±20	80±8	80±8
绝缘电阻/MΩ	≥50				
滞环/%	≤4				
分辨率/%	≤1				

续表

项目	FF-106 系列		FF-106A 系列		
	FF-106/63	FF-106/100	FF-106A/103	FF-106A/218	FF-106A/234
	性能指标				
线性度/%	≤7.5				
对称度/%	≤10				
压力增益/%	≥30				
内漏/(L/min)	3				
零偏/%	±3				
重叠/%	≤±2.5		—	—	—
供油压力零漂/%	≤±2				
回油压力零漂/%	≤±2				
温度零漂/%	≤±4				
幅频宽(−3dB)/Hz	≥50		≥40		
相频宽(−90°)/Hz	≥50				
工作温度/℃	−55~+150				
净重/kg	≤1.2		≤1.43		

注：样本中介绍，该系列产品（可）用于军事领域。

表 2-49　FF-113 和 FF-130 系列电液伺服阀性能指标

项目	FF-113 系列			FF-130 系列		
	FF-113/95	FF-113/150	FF-113/230	FF-130/40	FF-130/50	FF-130/60
	性能指标					
供油压力范围/bar	20~280					
额定供油压力 p_N/MPa	21					
额定流量 Q_n/(L/min)	95	150	230	40	50	60
额定电流 I_n/mA	40	15	40	40		
线圈电阻/Ω	80±8	200±20	80±8	80±8		
绝缘电阻/MΩ	≥50					
滞环/%	≤4					
分辨率/%	≤1.5			≤1		
线性度/%	≤±10			≤7.5		
对称度/%	≤±10			≤10		
压力增益/%	≥30					
内漏/(L/min)	7	7	10	≤2		
零偏/%	≤±3					
重叠/%	≤±2.5					
供油压力零漂/%	≤±2					
回油压力零漂/%	≤±2					
温度零漂/%	≤±4			≤±5		

续表

项目	FF-113 系列			FF-130 系列		
	FF-113/95	FF-113/150	FF-113/230	FF-130/40	FF-130/50	FF-130/60
	性能指标					
幅频宽（-3dB）/Hz				≥100		
相频宽（-90°）/Hz	≥50	≥45	≥40	≥100		
工作温度/℃	-55～+150			-30～+135		
净重/kg	≤4			≤0.6		

注：产品样本中介绍，FF-130 系列产品（可）用于军事领域；FF-113 系列产品技术参数、外形尺寸及安装接口与 MOOG 72 系列完全一致；FF-130 系列产品技术参数、外形尺寸及安装接口与 MOOG 34 系列一致或类似。

表 2-50 FF-131 系列电液伺服阀性能指标

项目	FF-131 系列						
	FF-131/100	FF-131/101	FF-131/102	FF-131/103	FF-131/104	FF-131/125	FF-131/233
	性能指标						
供油压力范围/bar	20～280						
额定供油压力 p_N/MPa	21						
额定流量 Q_n/(L/min)	6.5	16.5	32.5	65	100	50	65
额定电流 I_n/mA	15/40	15/40	15/40	15/40	40	15/40	40
线圈电阻/Ω	200±20/80±8	200±20/80±8	200±20/80±8	200±20/80±8	80±8	200±20/80±8	80±8
绝缘电阻/MΩ	≥50						
滞环/%	≤3						
分辨率/%	≤1						
线性度/%	≤7.5						
对称度/%	≤10						
压力增益/%	≥30						
内漏/(L/min)	0.7	0.9	1.4	3	3	2	2
零偏/%	≤±3						
重叠/%	≤±2.5						
供油压力零漂/%	≤±2						
回油压力零漂/%	≤±2						
温度零漂/%	≤±4						
幅频宽（-3dB）/Hz	≥100	≥100	≥100	≥70	≥50	≥70	≥130
相频宽（-90°）/Hz	≥100	≥100	≥100	≥70	≥50	≥70	≥130
工作温度/℃	-30～+100						
净重/kg	≤1.0						

注：产品样本中介绍，该系列产品（可）用于军事领域，且技术参数、外形尺寸及安装接口与 MOOG 761 系列完全一致。

表 2-51　FF-502 系列电液伺服阀性能指标

项目	FF-502 系列				
	FF-502/10	FF-502/20	FF-502/40	FF-502/60	FF-502/1080
	性能指标				
供油压力范围/bar	20～280				
额定供油压力 p_N/MPa	21				
额定流量 Q_n/(L/min)	10	20	40	60	80
额定电流 I_n/mA	100				
线圈电阻/Ω	28±3				
绝缘电阻/MΩ	≥50				
滞环/%	≤5				
分辨率/%	≤1				
线性度/%	≤7.5				
对称度/%	≤10				
压力增益/%	≥30				
内漏/(L/min)	≤3.5				
零偏/%	≤±3				
重叠/%	≤±2.5				
供油压力零漂/%	≤±4				
回油压力零漂/%	≤±4				
温度零漂/%	≤±5				
幅频宽(−3dB)/Hz	≥17				
相频宽(−90°)/Hz	≥35				
工作温度/℃	−30～+95				
净重/kg	≤2.3				

注：产品样本中介绍，该系列产品技术参数、外形尺寸及安装接口与 MOOG G631 系列完全一致。

2.9.2　电反馈式电液伺服阀

电反馈射流管伺服阀 SFD234 产品适用于电液位置、速度、压力及力控制的系统，可应用于压铸机、注塑机及其他重工业中。

根据中国航天科技集团公司第一研究院第十八研究所产品样本，现将 SFD234 电反馈射流管伺服阀性能指标列于表 2-52。

表 2-52　SFD234 电反馈射流管伺服阀性能指标

项目	SFD234				
	SFD234-40	SFD234-80	SFD234-01	SFD234-02	SFD234-03
	性能指标				
工作压力(油口 P、A、B)/MPa	2～35				
额定供油压力 p_N/MPa	21				
额定流量(在阀压差为 $\Delta p = 7$MPa)/(L/min)	40	80	120	160	200

续表

项目	SFD234				
	SFD234-40	SFD234-80	SFD234-01	SFD234-02	SFD234-03
	性能指标				
零偏/%	≤±1				
滞环/%	≤0.4				
分辨率/%	≤0.1				
非线性度/%	≤10				
不对称度/%	≤10				
内漏/(L/min)	≤4.7		≤5.4		≤5.4
压力增益/%	≥30				
幅频宽(−3dB)/Hz	>95		>75		>75
相频宽(−90°)/Hz	>95		>75		>75
净重/kg	6.1				

作者注:在第十八研究所的《电液伺服阀产品选型手册》(2017 版)中没有查到该产品的"额定电流 I_n""零漂"等指标。

电反馈三级伺服阀 SFL316 和 SFL317 是通过差压式线性位移传感器(LVDT)进行阀芯位置闭环控制反馈的。

根据中国航天科技集团公司第一研究院第十八研究所产品样本,现将 SFL316 和 SFL317 电反馈三级伺服阀性能指标列于表 2-53。

表 2-53 SFL316 和 SFL317 电反馈三级伺服阀性能指标

项目	SFL316			SFL317			
	SFL316-10	SFL316-16	SFL316-25	SFL317-40	SFL317-63	SFL317-80	SFL317-99
	性能指标						
工作压力(油口 P、A、B)/MPa	2~35						
额定供油压力 p_N/MPa	21						
额定流量(在阀压差为 $\Delta p=7$MPa)/(L/min)	100	160	250	400	630	800	1000
滞环/%	≤0.5						
分辨率/%	≤0.2						
零漂($\Delta T=55$℃)/%	<2						
非线性度/%	≤10						
不对称度/%	≤10						
内漏/(L/min)	≤6	≤8	≤10	≤10	≤14	≤14	≤14
幅频宽(−3dB)/Hz	≥10						
相频宽(−90°)/Hz	≥10						
净重/kg	12			23.2			

注:在第十八研究所的《电液伺服阀产品选型手册》(2017 版)中没有查到表 2-53 所列产品的"额定电流 I_n""零偏""压力增益"等指标。

2.9.3 直接驱动式电液伺服阀

（1）（数字式）直线直接驱动电液流量控制伺服阀

直线直接驱动电液流量控制伺服阀 FF-133 和数字式直线直接驱动电液流量控制伺服阀 FF-133D 系列产品，除广泛应用于冶金、化工、机械制造、地质勘探、建筑工程、电力系统、纺织、印刷以及各种试验设备等民用领域外，其中一些系列产品还可应用于航空、航天、雷达等军事领域。

根据航空工业南京伺服控制系统有限公司（第六〇九研究所）产品样本，现将以上产品的性能指标列于表 2-54，供读者参考选用。

表 2-54 FF-133 和 FF-133D 系列电液伺服阀性能指标

项目	FF-133 系列				FF-133D 系列			
	FF-133/5	FF-133/10	FF-133/20	FF-133/40	FF-133D/5	FF-133D/10	FF-133D/20	FF-133D/40
	性能指标							
供油压力范围/bar	20～350							
额定供油压 p_N/bar	70							
额定流量 Q_n /(L/min)	5	10	20	40	5	10	20	40
滞环/%	≤0.5							
分辨率/%	≤0.2							
线性度/%	≤±7.5							
对称度/%	≤±10							
压力增益/%	≥30							
内漏/(L/min)	≤0.15	≤0.30	≤0.60	≤1.20	≤0.15	≤0.30	≤0.60	≤1.20
零偏/%	≤±2							
幅频宽（-3dB）/Hz	≥50							
相频宽（-90°）/Hz	≥50							
上升时间/ms	≤12							

注：1.额定流量在供油压力 7MPa 时测试；内漏和频率特性在供油压力 14MPa 时测试；其他性能指标在供油压力 21MPa 时测量。

2.产品样本中还介绍，FF-133 系列产品技术参数、外形尺寸及安装接口与 MOOG D633 系列完全一致。

（2）旋转直接驱动电液伺服阀

旋转直接驱动电液伺服阀 FF-280 和 FF-281 系列产品是最新一代电液伺服阀，其由力矩马达直接驱动阀芯运动，无传统伺服阀复杂的前置级，具有较高的零位稳定性，较高的抗污染能力，以及工作性能稳定、可靠性高、使用寿命长等优点，是电机技术、液压技术、控制技术的完美结合，可以完全替代传统喷嘴挡板式、射流管式伺服阀。

根据航空工业南京伺服控制系统有限公司（第六〇九研究所）产品样本，现将以上产品的性能指标列于表 2-55 和表 2-56，供读者参考选用。

表 2-55　FF-280 系列旋转直接驱动电液伺服阀性能指标

项目	FF-280 系列				
	FF-280/1	FF-280/2	FF-280/5	FF-280/10	FF-280/15
	性能指标				
供油压力范围/bar	20～280				
额定供油压力 p_N/bar	210				
额定流量 Q_n/(L/min)	1	2	5	10	15
控制信号 I_n/mA	±10				
绝缘电阻/MΩ	≥50				
滞环/%	≤4				
分辨率/%	≤1				
线性度/%	≤7.5				
对称度/%	≤10				
压力增益/%	≥30				
内漏/(L/min)	≤0.3	≤0.35	≤0.5	≤0.75	≤1
零偏/%	≤±3				
幅频宽(−3dB)/Hz	≥100				
相频宽(−90°)/Hz	≥100				
工作温度/℃	−30～+80				
净重/kg	≤0.5				

注：在产品样本中没有"重叠"指标。

表 2-56　FF-281 系列旋转直接驱动电液伺服阀性能指标

项目	FF-281 系列				
	FF-281/20	FF-281/25	FF-281/30	FF-281/35	FF-281/40
	性能指标				
供油压力范围/bar	20～280				
额定供油压力 p_N/bar	210				
额定流量 Q_n/(L/min)	20	25	30	35	40
控制信号 I_n/mA	±10				
绝缘电阻/MΩ	≥50				
滞环/%	≤4				
分辨率/%	≤1				
线性度/%	≤±7.5				
对称度/%	≤10				
压力增益/%	≥30				
内漏/(L/min)	≤0.3	≤0.35	≤0.5	≤0.75	≤1
零偏/%	≤±3				
重叠/%	≤±2.5				
幅频宽(−3dB)/Hz	≥90				

项目	FF-281 系列				
	FF-281/20	FF-281/25	FF-281/30	FF-281/35	FF-281/40
	性能指标				
相频宽(−90°)/Hz	≥90				
工作温度/℃	−30～+80				
净重/kg	≤0.5				

2.9.4　压力控制电液伺服阀

射流管式压力控制伺服阀 CSDP 系列产品可作为三通和四通流量控制阀。该阀为高性能的两级电液伺服阀，在 21MPa 额定压降下的输出控制压力不小于 10MPa。阀的力矩马达采用永磁结构，弹簧管支承着衔铁射流管组件，并将马达与液压部分隔离，所以液压马达是干式的。前置级为射流放大器，它由射流管与接收器组成。阀芯位置由一反馈杆进行机械反馈。该系列阀结构紧凑、体积小、寿命长、抗污染能力强、动态响应快、分辨率优，适用工作压力范围广。广泛适用于航空、航海、冶金、化工、轻纺、塑料加工、石油冶炼、试验机械、电站设备和机器人等领域。

根据上海衡拓液压控制技术有限公司（第七〇四研究所）产品样本，现将以上产品的静态性能指标列于表 2-57，供读者参考选用。

表 2-57　CSDP 系列射流管式压力控制电液伺服阀静态性能指标

项目	性能指标
额定压力/MPa	21
控制压力/MPa	18
最大流量/(L/min)	30
额定电流/mA	40
线圈电阻/Ω	80±8
滞环/%	≤4
线性度/%	≤7.5
对称度/%	≤10
零偏/%	≤2
极性	输入正极性控制电流时，液流从控制口"A"流出，从控制口"B"流入，规定为正极性"

2.10　电液伺服阀制造

广义的制造不但包括装配，而且还包括设计。根据 QJ 1499A—2001、QJ 2478—1993 等相关标准，本节的主要内容为电液伺服阀及其主要零、部件制造与装配。

作者注：QJ 1499A—2001《伺服系统零、部件制造通用技术要求》规定了（含伺服机构的）零件、部件（简称零、部件）的机械加工、导管制造、电子元器件、热加工和热处理、批次与保管、检验与印记等要求。该标准适用于航天伺服系统零、部件的制造。

就现在国内情况而言，专门从事伺服阀制造的单位和人员不多，且各制造商都有其专有技术，尤其军工领域所涉及的伺服阀制造技术更是保密级别很高。因此，本书所述内容仅为一般的民用电液伺服阀的制造技术。

根据相关资料介绍，以美国 MOOG 公司为代表的国外厂家已成熟掌握电液伺服阀核心制造技术，产品产量大，质量一致性好；随着国内型号研制及数量增大，国内厂家现仍处于保交付状态，关键零组件制造精度及（同一）批次一致性还需提高。

2.10.1 电液伺服阀制造工艺的特点

电液伺服阀机械加工工艺所涉及的多属于精密加工甚至是超精密加工，一些还属于特种加工。任何可以提高制造精度的先进的、高端的、精密的、特种或专门的设备、工艺（装备）、计量仪器（装置），都可能不计成本地被首先应用于电液伺服阀加工制造，电液伺服阀机械加工工艺也是当今所见最为严格甚至是达到极致的机械加工工艺之一。

就一般而言，电液伺服阀的制造工艺具有如下特点。

① 零部件尺寸精度、几何精度要求高。

② 零部件多要求对称性。

③ 要求锐边和无毛刺。

④ 零件尺寸小，形状特殊。

⑤ 品种多，批量小。

⑥ 需要复杂的调试和测试。

对于配合零件在工艺上多采用"偶件配作"或"试验筛选"的方法制造。

在电液伺服阀阀芯和阀套制造过程中，目前我国一般生产厂家均未做到互换性加工。无论是径向尺寸 D，还是轴向尺寸 A、B、C（$A1$、$B1$、$C1$）都是采用偶件配磨的方式加工，阀芯阀套一一对应，没有互换性。

有文献介绍，其在分析各种伺服阀零件的基础上，综合设计、工艺、制造和编程等各方面意见后，提取了 12 类基本特征，对每一类特征给出了初步的定义，并按几何属性、工艺要求属性和功能属性做了进一步的分类，具体见表 2-58。

表 2-58 特征的几何属性、工艺要求属性和功能属性

特征的几何属性		特征的工艺要求属性	特征的功能属性
外圆	柱形外圆	精密外圆	滑阀副、阀套、压配合
		配合外圆	密封、非密封
		非配合外圆	
	锥形外圆	精密外圆	反馈杆
		配合外圆	射流盘定位销
		非配合外圆	
圆孔	柱形直孔	精密圆孔	滑阀孔、主孔、压配合、节流孔
		配合圆孔	密封、非密封
		非配合圆孔	通油孔、螺钉孔、结构孔、工艺孔
	锥形直孔	非配合圆孔	通油孔、结构孔、
	柱形斜孔	非配合圆孔	通油孔、结构孔、
	中心孔	非配合圆孔	工艺孔
矩形孔	矩形孔	精密矩形孔	节流
		非精密矩形孔	结构、通油

续表

特征的几何属性		特征的工艺要求属性	特征的功能属性
异形孔	V形孔	精密异形孔	导流槽
	射流型腔孔	精密异形孔	射流盘
	楔形孔	非精密异形孔	通油
	内部斜孔	非精密异形孔	通油
	组合孔	非精密异形孔	导磁体
外环槽	矩形外环槽	精密外环槽	弹簧管刚度、阀芯反馈、阀芯节流
		非精密外环槽	密封、卸荷、通油、工艺
	圆形外环槽	非精密外环槽	卸荷、工艺
内环槽	矩形内环槽	精密内环槽	节流
		非精密内环槽	安装、通油、工艺
端面环槽	矩形圆形轨迹端面环槽	非精密端面环槽	结构、密封
	矩形非圆形轨迹端面环槽	非精密端面环槽	密封
直槽	矩形直槽	精密直槽	射流
		非精密直槽	工具、引线、结构、通油
	内六角直槽	非精密直槽	工具
	圆形直槽	非精密直槽	引线、结构
	直角直槽	非精密直槽	结构
	键形直槽	非精密直槽	引线、结构、螺钉
	梯形直槽	非精密直槽	引线
球面	内球面	精密球面	轴承
	外球面	精密球面	反馈杆小球、轴尖
		非精密球面	顶杆
平面	矩形平面	精密平面	精研、精磨
		配合平面	
		非配合平面	
倒角	内倒角	精密倒角	
		非精密倒角	
	外倒角	精密倒角	
		非精密倒角	
圆角	内圆角	精密圆角	
		非精密圆角	
	外圆角	精密圆角	
		非精密圆角	
螺纹	内螺纹	精密螺纹	
		非精密螺纹	
	外螺纹	精密螺纹	
		非精密螺纹	

作者注：1.摘自陆豪，王书铭，张浩撰写的《伺服阀零件的特征库的建立及其应用》一文。

2.有修改，现分为13类特征。

"分析表明，上述特征能够较好地描述伺服阀的所有零件，包括轴套类、壳体类和异形类零件。"该表有助于读者全面、准确地把握电液伺服阀制造工艺，也为采用成组技术研究电液伺服阀制造技术奠定了良好基础。

2.10.2　电液伺服阀材料

2.10.2.1　电液伺服阀材料的一般要求

根据电液伺服阀的一般技术要求，所有材料应符合 GJB 1482—1992 中第 3.4 节的要求。

用于制造电液伺服阀的材料应是优质的，应能满足产品预定用途的要求，并应符合有关标准的规定。材料须经进厂复检合格方可使用，材料的选用应考虑使用温度、工作性能、环境条件、使用维护和封存条件要求，所有用于制造电液伺服阀的材料均应与使用的液压油相容。

（1）金属材料

用于制造电液伺服阀的金属材料应具有良好的抗腐蚀性能，否则需进行适当的表面处理予以保护，以免在实际使用时，由于不同类金属接触、湿热、盐雾等原因造成腐蚀。Ⅰ型液压系统附件（电液伺服阀）不能使用镁及其合金材料。

凡采用具有剩磁能力的材料制成的零件又不作为磁铁使用时，均应退磁，以防止磁性污染物质的集聚而使附件或系统失灵，凡附件和系统由于剩磁的影响而极易发生故障之处，在附件（电液伺服阀）的型号规范中应规定所允许的最大磁通密度。

作者注：在 GJB 1482—1992 中的液压系统附件或附件有其特定含义，一般可按 GB/T 17446—2012 理解为元件。

（2）非金属材料

所有非金属材料及其制件应符合有关标准的规定，其性能应满足电液伺服阀的使用要求，不应对其他金属材料产生不良影响。凡采用非金属材料制成的零部件（塑料件及标准密封件除外）应与使用的液压油相容，不应产生过度的膨胀、收缩或物理性能的降低而导致电液伺服阀卡死、泄漏或其他故障。

（3）新材料

若现有材料不能满足电液伺服阀的使用要求而需要研制新材料时，其技术数据应符合协议的要求。新材料须经充分的试验以证明符合使用要求方可采用，使用新材料的电液伺服阀必须进行多方面的考核及寿命试验，方可给出新材料的使用结论。

2.10.2.2　电液伺服阀材料的详细要求

根据电液伺服阀的特殊（详细）技术要求，电液伺服阀材料等应符合国家、行业（详细）标准的规定，如材料、半成品和成品件均应按 QJ 1499A—2001 的规定。

① 所用材料、半成品和产品件均应有供货方合格证。

② 入库或每批投料前，承制方应对所有材料、外购半成品和成品件进行复检。经检验部门复检合格后才允许使用。

非金属材料的复检应符合 QJ 977B—2005《非金属材料复验规定》的规定。

黑色金属材料的复检应符合 QJ 1386.1B—2011《金属材料　复验规定　第 1 部分：黑色金属》的规定。

有色金属材料的复检应符合 QJ 1386.2B—2011《金属材料　复验规定　第 2 部分：有色金属》的规定。

电子元器件的复检应符合 QJ 3057—1998《航天用电气、电子和机电（EEE）》元器件保证要求第 5.8 条的规定，其超期复检应符合 QJ 2227A—2005《航天元器件有效贮存期和超期复验要求》的规定。

标准紧固件的复检应符合 QJ 3112A—2008《航天产品用标准坚固件入厂（所）复验规定》的规定。

O 形密封圈的复检应按 QJ 1035.1—1986 第 5 章的方法进行。

③ 若图样或专用技术条件规定需要进行热处理的材料，而供应的材料未经热处理时，承制方可以根据图样规定的材料标准进行热处理，热处理后的材料性能应与图样或专用技术条件规定的热处理材料性能相符。

④ 为改进零件制造工艺和更加合理的利用材料，承制方可以变更图样明细表中规定的材料规格（管材除外）和毛坯尺寸。

⑤ 材料的发放，应经检验部门检查。产生过程中不允许将材料的牌号、炉号和批次号混淆。

在 GJB 4069—2000 中规定："伺服阀主要零部件材料按表 1 规定"，具体见表 2-59。

表 2-59　GJB 4069—2000 规定的伺服阀主要零部件材料

零件名称	材料	
	牌号	标准号
导磁体	Ni50	
弹簧管	QBe1.9	GB 5233—1985(GB/T 5231—2012)
阀芯	Cr12MoV	GB 1299—1985(GB/T 1299—2014)
阀套	Cr12MoV	GB 1299—1985(GB/T 1299—2014)

作者注：圆括号内为现行标准号。

在 GJB 4069—2000 中还规定："允许使用性能不低于表 1 所规定的且符合现行有关标准或规范的其他材料"。

另外，根据相关资料及参考文献介绍：

①"为了满足阀芯阀套的特殊性能要求，目前可以选用的阀芯阀套材料有两种：一类是高强度渗碳钢，如 12CrNi3A、18CrNiWA 等；另一类是一次性淬硬的高硬度合金工具钢，如 Cr12MoV、9Cr18Mo 等。前者由于增加渗碳工序，加工工序长。此外，防锈也不如后者，所以最好采用一次性淬硬的高硬度合金工具钢。"

②"阀套材料一般选用 Cr12MoV、12CrNi3A、18CrNiWA、20Cr 以及 GCr15 等高级工具钢、高合金结构钢、优质钢及轴承钢等。要求材料具有耐磨性高、线胀系数小及变形量微等优点。目前多采用 Cr12MoV 合金工具钢。""阀芯和阀套使用的材料一致，也用 Cr12MoV。"

作者注：以上参考了田源道、应关龙撰写的《电液伺服阀阀套、阀芯加工》一文和参考文献 [8]。

2.10.3　电液伺服阀零部件的机械加工

① 图样中未注公差的线性和角度尺寸的一般公差的公差等级应符合 GB/T 1804—m 的规定，极限偏差数值见表 2-60～表 2-62。

表 2-60　线性尺寸的极限偏差数值　　　　　　　　　mm

公差等级	公差尺寸分段						
	0.5～3	>3～6	>6～30	>30～120	>120～400	>400～1000	>1000～2000
精密 f	±0.05	±0.05	±0.1	±0.15	±0.2	±0.3	±0.5
中等 m	±0.1	±0.1	±0.2	±0.3	±0.5	±0.8	±1.2

续表

公差等级	公差尺寸分段						
	0.5～3	>3～6	>6～30	>30～120	>120～400	>400～1000	>1000～2000
粗糙 c	±0.2	±0.3	±0.5	±0.8	±1.2	±2	±3

表 2-61　圆角半径和倒角高度尺寸的极限偏差数值　　　　mm

公差等级	公差尺寸分段			
	0.5～3	>3～6	>6～30	>30
精密 f	±0.2	±0.5	±1	±2
中等 m				
粗糙 c	±0.4	±1	±2	±4

注：倒圆半径和倒角高度的含义参见 GB/T 6403.4—2008。

表 2-62　角度尺寸的极性偏差数值

公差等级	长度分段/mm				
	≤10	>10～50	>50～120	>120～400	>400
精密 f	±1°	±30′	±20′	±10′	±5′
中等 m					
粗糙 c	±1°30′	±1°	±30′	±15′	±10′

注：对角度尺寸的极性偏差数值按角度短边长度确定，对圆锥角按圆锥素线长度确定。

　　若采用标准规定的一般公差，应在图样标题栏附近或技术要求、技术文件（如企业标准）中注出标准号及公差等级代号。例如选取中等级时，标注为：GB/T 1804—m。

　　② 零件加工表面粗糙度参数值可以小于图样中注明的参数值，未经加工表面粗糙度应符合材料标准的要求。

　　③ 图样中未注几何（形状和位置）公差应按 GB/T 1184—1996《形状和位置公差　未注公差值》的规定执行。

　　若采用标准规定的未注公差值，应在图样标题栏附近或技术要求、技术文件（如企业标准）中注出标准号及公差等级代号。例如选取中等级时，标注为：GB/T 1184—K。

　　作者注：1. QJ 1499A—2001 规定："图样中未注明形状和位置公差时，应按 QJ 830—1984 的规定执行。"

　　2. 未注几何（形状和位置）公差值请见第 3.16.1 节液压缸装配一般技术要求。

　　④ 零、部件超差、代料按 QJ 3105—1999 的规定办理手续。

　　⑤ 图样上注明打钝锐边、内角半径、圆角半径和倒角小于或等于 1mm 时，偏差为 ±0.1mm。图样中未注公差的圆角半径和倒角大于 1mm 时，按 GB/T 6403.4—2008 的规定制造。

　　作者注：GB/T 6403.4—2008《零件倒圆与倒角》不适用于特殊要求的倒圆、倒角。

　　⑥ 图样中非 90°交点形成的尺寸，未特别注明时，均为打钝锐边前的尺寸。

　　⑦ 允许用划线的方法确定机械加工的位置尺寸，但零件的表面不准留有打冲点或划线的痕迹。

　　⑧ 零件弯曲时，在弯曲处不允许有裂纹、超过零件壁厚或外径的皱纹或明显的擦伤，但在不配合的弯曲处允许有微小的凸起。在弯曲处材料的变薄量如图样无特殊规定时，不应超过材料最小厚度的 10%。

　　⑨ 专用紧固件应按 GB/T 94.1—2008《弹性垫圈条件　弹簧垫圈》、GB 116—1986《铆

钉技术条件》、GB 121—1986《销技术条件》、GB/T 3098、GB/T 5779 等相关标准制造。

⑩ 图样上未注明螺纹等级时，螺纹精度按表 2-63 规定。

表 2-63 普通螺纹公差与配合

螺距 /mm	0.2	0.25		0.3	0.35～0.75	≥0.8
		粗牙	细牙			
内螺纹	4H	5H	5H 6H	5H	6H	7H
外螺纹	6h					

⑪ 零件的螺纹应当是全牙的和光洁的，不允许有断扣、裂纹、斑疤、浮锈和毛刺。

⑫ 螺纹始末之倒角，应视为螺纹加工前的尺寸，螺纹加工后不做检查。在无倒角的螺纹首扣和尾扣上，当螺纹顶部有弯曲及锐边时，若不妨碍螺纹量规通过，就不做疵病处理。

⑬ 螺纹收尾、肩距、退刀槽、倒角尺寸如图样中未做特别规定时，应按 GB/T 3—1997《普通螺纹收尾、肩距、退刀槽和倒角》中的一般型加工，外螺纹的螺尾长度应不超过标准中规定的 45°角的螺尾长度。

螺纹退刀槽的宽度、半径和角度的尺寸应视为工具尺寸。螺纹退刀槽和退出工具槽的宽度尺寸的偏差在图样中未注明时，其偏差取 ±0.2mm。

⑭ 切制螺纹到凸肩或底面时，螺纹无扣余端的尺寸应按表 2-64 要求。

表 2-64 螺纹无扣余端　　　　　　　　　　　　　　　　mm

螺距	0.25	0.3	0.35	0.4	0.45	0.5	0.7
无扣余端	0.6			0.8			
螺距	0.8	1	2.25	1.5	1.75	2	—
无扣余端	1			1.5			—

作者注：GJB 1482—1992 规定："附件所采用的螺纹应符合 GB 192～193、GJB 196～197、GJB 2515～2516 和 GJB 3.1～3.5 的规定。除永久性安装的螺堵外，一般不采用管螺纹。"

2.10.4 电液伺服阀零部件的热加工、热处理、表面处理及无损探伤

（1）热加工和热处理

① 图样中选用 QJ 500A—1998《碳素钢、合金结构钢锻件技术条件》、QJ 501A—1998《不锈耐酸钢、耐热钢锻件技术条件》、QJ 502A—2001《铝合金、铜合金锻件技术条件》锻件技术条件中未规定的材料做锻件机械性能检查时，其机械性能应不低于规定材料的机械性能要求。

② 锻件和铸件的非配合角度公差，应按 GB/T 1804—2000 规定的 c 级精度制造和验收。

③ 图样中没有特殊规定的铝合金铸件，铸造时应按 QJ 169A—2011《铝合金铸件规范》、QJ 1700A—2004《铝合金熔模铸件规范》规定执行。

④ 铸件不允许补焊修正缺陷。

⑤ 零件热处理后，若机械性能试验结果不合格时，允许对两倍数量的样本进行再次试验。若再次试验结果仍不合格时，重新进行热处理，但淬火处理总共不应超过 3 次。对于非保护淬火处理的金属丝制成的弹簧和材料厚度在 1mm 以下的钢制零件淬火总共不应超过 2 次。

⑥ 如果在图样中规定了硬度，应对 100% 的零件进行硬度检查。当图样中未规定硬度检

查位置时，可在非密封表面和非配合的任意位置上进行检查。对那些表面上不允许打硬度的零件，可采用试样与该批零件同炉热处理后进行硬度检查，取样数见表 2-65。

表 2-65　随机取样数

产品件数	≥15	≥25	≥90	≥150	≥280
取样数	2	3	5	8	13

⑦ 用于检查零件机械性能的试样，必须用与制造零件同一批次的材料制造，并且试样应与零件同炉、同次数的热处理。

⑧ 除非图样另有规定，铜、铜合金、铝、铝合金、钢及软磁合金等制件在热处理后，允许有轻微的氧化色。

作者注："同一批次"这一术语见于 QJ 1499A—2001《伺服系统零、部件制造通用技术要求》。

（2）无损探伤

① 除非图样另有规定，无损探伤时，在零件上不允许有空穴、裂纹及其他影响零件强度的疵病，分别按 GJB 1951—1994《航空用优质结构钢棒规范》、GJB 2294A—2014《航空用不锈钢及耐热钢棒规范》、GB/T 3077—2015 中相关规定进行检查。

② 经过磁力探伤检查及电磁吸力固定加工的所有零件应退磁。

（3）表面处理

① 内部金属零件不宜使用任何镀层。其余零件的表面处理应符合 GJB/Z 594A—2000 的规定。外部金属零件的表面处理应适用于所处的环境条件（如飞机）。

② 凡图样中注明表面处理的零件，处理前应符合 GB/T 12611—2008，工艺及验收要求（应）符合 QJ 452—1988、QJ 453—1988、QJ 454—1988、QJ 455—1988、QJ 456—1988、QJ 457—1988、QJ468—1988、QJ469—1988、QJ 470—1988、QJ 471—1988、QJ 473—1988、QJ 474—1988 和 QJ 475—1988 的相应规定。硬质阳极化膜抗蚀性检查不作要求。

③ 金属镀覆层厚度的选择按 QJ 450B—2005 中 6.1 条规定。

④ 图样中未注明镀层厚度时，其镀层厚度（应为）7～12μm。螺距小于或等于 0.8mm 的零件，镀层厚度（应）为 4～7μm。

若直径小于 6mm 的小孔内表面镀层质量无特殊要求，（则）不做检查。

作者注：读者可根据行业选择 GJB/Z 594A—2000 或 QJ 450B—2005。

⑤ 凡用抗拉强度大于或等于 1050MPa 的钢制件，禁止酸洗。凡抗拉强度大于或等于 1450MPa 的钢制件，不允许阴阳极交替除油，建议采用阳极除油。

⑥ 不允许对弹性件（镀银、钝化的除外）的表面进行重复处理，允许对其他非弹性件表明进行重复处理，但表面处理返修总次数不应超过 3 次。

2.10.5　电液伺服阀主要阀零件的加工工艺

根据在 QJ 892—1985 中规定的术语，产品是指设计文件所表示的对象，包括：零件、部件、组（整）件、分系统、系统以及型号产品；关键件是指具有关键特性的产品；重要件是指具有重要特性的产品。

根据 GJB 4069—2000 中的规定，电液伺服阀主要零部件应包括导磁体、弹簧管、阀芯、阀套或阀芯、阀套及其它们的配合（件）。其中阀芯与阀套具有关键件或重要件的特性，本节仅给出这两种电液伺服阀主要阀零件的加工工艺。

在以下机械加工工艺过程卡片中，工艺设备、工艺装备以及加工件入库及保管、储存及运输等工艺要求等方面的说明，请见第 3.19.1 节液压缸主要缸零件的加工工艺。

2.10.5.1　液压主控制阀圆柱滑阀阀套的加工工艺

有参考资料指出：按研制生产单位的设备特点及零件尺寸，圆柱滑阀阀套的内孔加工可采用不同的工艺路线。

（1）圆柱滑阀阀套的结构型式和技术要求

图 2-19 所示为一种常见的圆柱滑阀式液压主控制阀阀套结构型式。

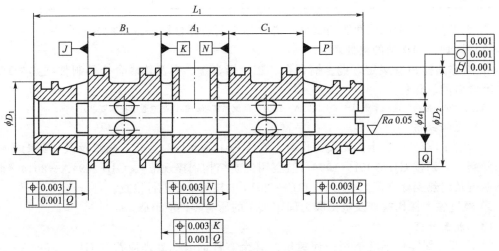

图 2-19　圆柱滑阀阀套的结构型式

圆柱滑阀阀套一般技术要求如下。

① 粗加工后进行调质，要求硬度达到 25～30HRC。

② 半精加工后进行真空淬火、真空回火，要求硬度达到 62～66HRC，然后进行稳定化处理。

③ 配磨前与配合偶件（阀芯）一同做好标记。

④ 留存材质单、热处理检验单。

（2）圆柱滑阀阀套的加工工艺

圆柱滑阀阀套机械加工工艺过程见表 2-66。

表 2-66　圆柱滑阀阀套机械加工工艺过程卡片

材料牌号	机械加工工艺过程卡片			产品型号		零件图号				
				产品名称	电液伺服阀	零件名称	阀套	共 1 页	第 1 页	
Cr12MoV	毛坯种类	圆钢	毛坯外形尺寸		每毛坯可制件数	1		每台件数	1	
工序号	工序名称	工序内容						设备	工艺装备	
1	检	按 GB/T 1299—2014、QJ 1386.1B—2011 等标准的规定对材料进行复检，合格后方可使用								
2	粗车	按粗加工图，车床三爪自定心卡盘装卡圆钢外圆毛坯加工 按材料、热处理技术要求车制不少于 3 件的用于检查零件机械性能包括硬度的试样							车床		

续表

材料牌号	机械加工工艺过程卡片			产品型号		零件图号			
				产品名称	电液伺服阀	零件名称	阀套	共1页	第1页
Cr12MoV	毛坯种类	圆钢	毛坯外形尺寸			每毛坯可制件数	1	每台件数	1
工序号	工序名称	工序内容						设备	工艺装备
3	热处理	调质处理25～30HRC,符合技术要求和相关标准要求							
4	检	按粗加工图检查工件硬度及表面质量,硬度应均匀,不得有裂纹、局部缺陷等;注意留存热处理检验单;合格入库							
5	研中心孔	研磨两中心孔接近或达到图样要求						车床	金刚石研磨顶尖
6	半精车	以拨顶方法装夹,按图样半精车外圆各部,各密封沟槽及外圆留磨量						车床	
7	磨	磨外圆及两端面,留半精磨、精磨加工余量						外圆磨床	
8	精车	车床三爪自定心卡盘装夹外圆,采用枪钻加工内孔,留研磨量						车床	
9	研圆孔	粗研内孔,留珩磨、研磨余量							
10	检	检查各部尺寸和公差、几何精度及表面粗糙度等,注意已加工表面的工序间防锈							
11	热处理	真空淬火＋冷处理＋多次真空回火,硬度达到62～66HRC							
	探伤	按相关规定进行无损探伤,应无缺陷							
12	检	检查硬度,注意留存热处理检验单,合格入库							
13	研中心孔	研磨两中心孔达到图样要求						车床	金刚石研磨顶尖
14	磨	磨外圆及沟槽达到图样要求						外圆磨床	
15	珩磨圆孔	珩磨内孔达到图样要求						珩磨机	
16	检	检查各部尺寸和公差、几何精度及表面粗糙度等,尤其注意检查各处倒角、圆角和倒圆,合格后做短期防锈处理							
17	电火花	电火花穿孔,并穿各矩形孔的穿丝孔						电火花	
18	线切割	慢走丝线切割各矩形孔						线切割	
19	稳定化处理	稳定化处理							
20	研矩形孔	研磨各矩形孔,各孔去毛刺、注意保证各节流边质量							
21	研圆孔	研磨中心圆孔							
22	检	按图纸及技术要求检查各部尺寸和公差、几何精度及表面粗糙度等,合格后经防锈处理后入库							
标记	处数	更改文件号	签字	日期	设计	审核	标准化	会签	日期

作者注：表2-66根据JB/T 9165.2—1998《工艺规程格式》中格式9进行了简化,以下卡片同。

需要说明的是：

① 为改善机械加工表面粗糙度，细化淬火前组织，消除机械加工应力，减小热处理变形并得到均匀而稍高的硬度，可用调质处理作为预备热处理。

② 最终热处理主要是淬火＋低温回火，为了消除残留奥氏体，减少变形，稳定尺寸，常用多次回火和冷处理相结合。

③ 钢的冷处理目的在于提高工件硬度、抗拉强度和稳定工件尺寸，主要适用于合金钢制成的精密零件等。

④ 冷处理应在工件淬火冷却到室温后立即进行，以免在室温停留时间过长引起奥氏体稳定化。冷处理温度一般为$-80 \sim -60℃$，待工件截面冷却至温度均匀一致后，取出空冷。

2.10.5.2 液压主控制阀圆柱滑阀阀芯的加工工艺

（1）圆柱滑阀阀芯的结构型式和技术要求

图2-20所示为一种常见的圆柱滑阀式液压主控制阀阀芯结构型式。

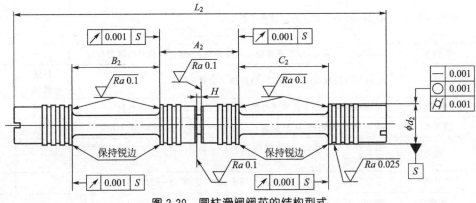

图2-20 圆柱滑阀阀芯的结构型式

圆柱滑阀阀芯一般技术要求如下。

① 粗加工后进行调质，要求硬度达到 $25 \sim 30$HRC。

② 半精加工后进行真空淬火、真空回火，要求硬度达到 $62 \sim 66$HRC，然后进行稳定化处理。

③ 配磨前与配合偶件（阀套）一同做好标记。

④ 留存材质单、热处理检验单。

（2）圆柱滑阀阀芯机械加工工艺

圆柱滑阀阀芯机械加工工艺过程见表2-67。

表2-67 圆柱滑阀阀芯机械加工工艺过程卡片

材料牌号	机械加工工艺过程卡片			产品型号		零件图号			
				产品名称	电液伺服阀	零件名称	滑阀阀芯	共1页	第1页
	合金钢	毛坯种类	圆钢	毛坯外形尺寸		每毛坯可制件数	1	每台件数	1
工序号	工序名称	工序内容						设备	工艺装备
1	检	按 GB/T 1299—2014、QJ 1386.1B—2011 等标准的规定对材料进行复检，合格后方可使用							

续表

工序号	工序名称	工序内容	设备	工艺装备
2	粗车	按粗加工图,车床三爪自定心卡盘装卡圆钢外圆毛坯加工 按材料、热处理技术要求车制不少于 3 件的用于检查零件机械性能包括硬度的试样	车床	
3	铣	铣两端面槽并去毛刺	铣床	
4	热处理	调质处理 25~30HRC,符合技术要求和相关标准要求		
5	检	按粗加工图检查工件硬度及表面质量,硬度应均匀,不得有裂纹、局部缺陷等;注意留存热处理检验单;合格入库		
6	研中心孔	研磨两中心孔接近或达到图样要求	车床	金刚石研磨顶尖
7	半精车	以拨顶方法装夹,按图样半精车外圆各部,各节流边和中间环形槽及外圆留磨量	车床	
8	检	检查各部尺寸和公差、几何精度及表面粗糙度等,注意已加工表面的工序间防锈		
9	热处理	真空淬火+冷处理+多次真空回火,硬度达到 62~66HRC		
10	研中心孔	研磨两中心孔达到图纸要求	车床	金刚石研磨顶尖
11	检	按图纸及技术要求检查各部尺寸和公差、几何精度及表面粗糙度等,合格后经防锈处理后入库		
12	磨	粗磨外圆、各节流边即中间环槽,留配磨余量	外圆磨床	
13	稳定化处理	稳定化处理		
14	配磨	见配磨工艺,但配磨前应与配合偶件(阀套)一同做好标记	数控外圆磨床	
标记	处数	更改文件号　签字　日期　设计　审核　标准化　会签　日期		

2.10.5.3　液压主控制阀圆柱滑阀阀芯阀套的配磨工艺

在采用"偶件配作"和/或"试验筛选"的方法制造液压主控制阀圆柱滑阀阀芯、阀套时,一般是先加工好阀套,然后根据对阀套的实测数据再"配磨"阀芯。

如果确能将阀套内孔直径尺寸 ϕd_1 和轴向尺寸 A_1、B_1 和 C_1 测量准确,且各部包括各节流棱边(或称工作棱边、工作边)几何精度足够,则可以采用 TSCHUDIN 高精度数控外圆磨床,磨削阀芯的外圆柱面和各节流棱边所在端面,使直径尺寸 ϕd_2 和轴向尺寸 A_2、B_2 和 C_2 等这些配合尺寸符合图样及技术要求,即可完成以阀套为基准,加工与其相配的阀芯的偶件配作。

根据相关资料介绍，采用该磨床（一次装夹）磨削阀芯可以实现并达到以下要求。

① 因该磨床配有径向尺寸在线测量系统及分辨率为 $0.1\mu m$ 的锥度自动精密微调系统，可以实现阀芯外圆尺寸及锥度配磨，达到配磨后阀套阀芯间隙公差小于 $1\mu m$，阀芯外圆柱面圆度小于 $0.5\mu m$，阀芯外圆柱面素线直线度小于 $0.5\mu m$。

② 因该磨床配有轴向尺寸在线测量系统，阀芯轴向尺寸可以在磨前、磨中、磨后进行在线测量，可以实现 100% 的磨削过程精确控制，达到阀芯轴向尺寸公差小于 $1\mu m$。

③ 因该磨床配有同步磨削装置，可以实现无毛刺磨削，达到节流棱边无毛刺（300×电子显微镜下测量）。

某些资料将直接由设备自动完成"边加工边检测"的全自动加工过程称为"加工检测一体化技术"。

尽管如此，但根据作者了解的情况，现在国内的阀芯配磨仍无法实现一次装夹完成。究其原因，是因为阀套（和阀芯）的节流棱边无法测量或通过间接测量不准。

现在通常的液压主控制阀圆柱滑阀阀芯阀套的配磨工艺路线为：阀芯外圆柱面径向尺寸配磨→阀芯节流棱边所在端面配磨→节流棱边去毛刺→阀套阀芯装配后进行遮盖量测试→再次进行阀芯节流棱边所在端面配磨→再次进行节流棱边去毛刺→阀套阀芯装配后再次进行遮盖量测试→……→阀套阀芯装配后遮盖量测试合格。

采用液动（或气动）遮盖量测试装置测试阀套与阀芯的遮盖量，是现在液压主控制阀圆柱滑阀阀芯阀套的配磨工艺中不可或缺的工序。这种利用现代计算机技术和传感器技术，以测量流体的流量或压力来间接测量微小几何量的工艺检测技术也被称作"自动化流体式测量技术"。

圆柱滑阀副遮盖量采用液动遮盖量测试装置测试，可以解决测试精度和一致性问题，同时，也能够实现对滑阀副性能的独立评价，如压力增益、泄漏量等。

阀芯的配磨过程是加工→测量→再加工→再测量的过程，往往需要几个反复过程，直至最后阶段，经常会遇到需要磨削去除 $1\sim2\mu m$ 的情况。如果采用的不是"加工检测一体化技术"，这时全凭工人的经验和操作技巧来完成磨削任务，磨削量则很难严格控制，稍有不慎，就会出现废品。以零遮盖圆柱滑阀副为例，常见因节流棱边问题造成废品的有：塌边、崩边、去毛刺时倒（圆）角过大或不均匀而破坏了锐边、遮盖量不够（采用间接测量时零遮盖应有 $1\sim2\mu m$ 的遮盖量）或变成了负遮盖等。

根据相关资料介绍，"加工检测一体化技术"应用于圆柱滑阀副配磨，可使整个工艺优化至：自动分组、自动配对、尺寸及公差的趋势控制、磨削结果分析，连接中央计算机及通信，实现液动遮盖量测试装置（台）的数据通信等。

对于采用"修配装配法"的阀芯配磨，可按以下推荐值选择阀芯和阀套的配合间隙。

① 对于直径小于 6mm 的阀芯，配合间隙可在 $0.001\sim0.003mm$ 范围内选择。

② 对于直径稍大于 6mm 的阀芯，配合间隙可在 $0.0035\sim0.0055mm$ 范围内选择。

③ 对于直径为 $10\sim20mm$ 的阀芯，配合间隙可在 $0.01mm$ 左右选择。

某些参考资料介绍，放大配合间隙能够提升产品的分辨率，但静耗量也会随之增加。在保证放大间隙的同时，产品的静耗量仍控制在合理水平，最终将滑阀副间隙要求由 $0.003\sim0.005mm$ 调整为 $0.004\sim0.007mm$。

对于采用"修配装配法"的阀芯配磨，以零遮盖为例，可按以下推荐值选择阀套与阀芯的遮盖量："工作边搭接量 $2\sim4\mu m$（公差 $2\mu m$ 以内）"。

作者注：1. 以上参考了田源道、应关龙撰写的《电液伺服阀阀套、阀芯加工》，王晓辉撰写的《伺服阀滑阀副磨削技术》，王广林、潘旭东、邵东向、王慧峰等撰写的《先进工艺检测技术》，乔玉京、李鸿雁、杜世杰撰写的《提高某型号伺服阀系统匹配一次合格率》，丁忠军撰写的《伺服阀精密加工技术新进展》等技术资料。

2. "工艺检测"见于上面《先进工艺检测技术》一文，但在 GB/T 4863—2008《机械制造工艺基本术语》中无此术语。

3.各参考文献中多以"搭接量""叠合量"等描述遮盖量。

2.10.6　电液伺服阀的装配工艺

2.10.6.1　环境要求

产品计量、装配、试验场地的温度、相对湿度和洁净度应符合表 2-68 规定。

洁净室内洁净度级别应符合 QJ 2214—1991 的规定。

表 2-68　电液伺服阀的装配环境要求

类别	温度/℃	相对湿度	洁净度级别/级	适用范围
Ⅰ	20 ± 3	≤70%	100	精密偶件计量选配、滤芯加工、伺服阀装配
Ⅱ	20 ± 3	≤70%	10000	传感器和液压件装配;非全封闭产品调试、出厂检验
Ⅲ	20^{+10}_{-5}	≤75%	100000	电机装配、调试、出厂检验、全封闭产品试验
Ⅳ	20 ± 10	≤80%	—	型式试验、成品保管、保管期试验

注:非全封闭产品是指液压产品内腔向外敞开或外部设备与产品内部有工作液循环交换的产品

2.10.6.2　污染控制要求

① 计量、装配和试验场地的要求如下。

a.现场的污染控制按表 2-68 洁净度级别要求。

b.室内禁止干扫地面及进行产生切屑的加工,在Ⅰ、Ⅱ类环境内如需钎焊导线,应设立专门隔离间。

c.进入室内的工作人员应穿戴长纤维织物工作服、帽和软底工作鞋,进入Ⅰ、Ⅱ类环境的工作人员还应事先清除身上的尘土,出室外不应穿工作服、帽和鞋。

d.用卷边的绸布或其他长纤维织物作拭布,不得用棉纱擦拭零、组件及产品。

e.装配及非全封闭产品调试用的量具、工具及夹具应用牢固的防锈层,以防止掉锈末、脱层、掉渣等。

f.定期取样分析污染物性质及来源,并采取针对性的措施。

② 所有投入装配的零、组件及外购成品件均应经过仔细的清洗,尤其是液压产品内腔、孔道和装于液压系统内腔的零、组件更应经过严格彻底的清洗。清洗效果由清洗方式和程序保证,最后目测检查零件及清洗液不得有任何可见的切屑、灰尘、毛发及纤维等,其清洗程序、方法和要求如下。

a.根据零件的特点,按表 2-69 规定的主要清洗程序进行清洗。

表 2-69　清洗程序

类别	清洗对象	清洗程序
Ⅰ	凡图样上注明振动清洗的零件	启封→冲洗→振动清洗
Ⅱ	凡图样上注明超声清洗的零件	启封→冲洗→超声清洗
Ⅲ	具有较复杂内腔及深孔的较大零件	启封→冲洗→浸洗
Ⅳ	形状较复杂的零件	启封→冲洗→浸洗
Ⅴ	一般零件	启封→浸洗
Ⅵ	封闭式轴承及带非金属材料的金属件	擦洗

b.清洗方式和要求按表 2-70 规定。

表 2-70　清洗方式和要求

序号	清洗方式	清洗介质	介质相对过滤精度/μm	温度/℃	清洗时间/min	说明
1	刷洗	煤油	—	稠油封:50～70 稀油封:室温	洗净为止	启封
2	冲洗		≤20	50～70	5	用工装将压力约为 1MPa 的煤油导入零件孔道内腔,冲洗机流量不小于 30L/min
3	振动清洗	汽油	≤7	室温	每次 5	频率:45^{+5}_{0}Hz 幅值:0.7～1mm,一般不超过 3 次
4	超声清洗					设备功率与零件大小适应,调节至明显共振,至少洗 2 次
5	浸洗					至少分初(粗)洗和精洗两槽、各洗 1 次
6	擦洗	无水乙醇	≤10		洗净为止	适用于轴承、电气零件、橡胶塑料件清洗
		四氯化碳丙酮				适用于零件涂胶前除油及电器零、组件清洗

③ 对零、组件及产品进行试验时所有液压、气动设备都应严格保持清洁。系统的名义过滤精度应优于 10μm。油箱应设置防尘盖。小批量生产时每批投入试验前应清理设备,并取样检查工作介质的污染度。连续生产时,应定期(不超过 3 个月)取样检查工作介质污染度。工作介质固体颗粒污染度应符合 GJB 420B—2002 中 5/A 级要求,对于过滤器应符合 4/A 级要求,设备上过滤器滤芯累计工作时间不大于 1000h。

④ 加注到产品内部的工作介质应符合产品专有技术条件。加注设备应具有优于 7μm 的过滤能力(或用 3 个以上 10μm 的过滤器串联)。加注设备应定期(正常使用条件下不超过 3 个月)清理并检查污染度,其工作介质所含污染颗粒应符合 5/A 级的要求。

2.10.6.3　防锈要求

(1) 计量、装配、调试及零、组件存放场地的要求

① 按表 2-68 要求严格控制相对湿度。

② 场地不得存放酸、碱等化学物品,尽量远离一切可能析出腐蚀性气体的处所。

③ 需用净化压缩空气的地方应装油水分离器,并需定期放掉油和水,每个工作班前经白纸检查,无水和无油方可使用。一般油水分离器每半年至少更换一次毛毡和活性炭。

(2) 装配与调试的要求

① 无镀层的钢铁精密零、组件在脱封状态下不得超过 2h。

② 计量、清洗、装配、调试过程拿取零、组件时应戴绸布手套。若戴手套不便于操作,可以不戴,但在操作前必须洗手,并保持干燥、洁净。

③ 启封后,若零、组件存放超过 3d,应予以短期油封或封存,其要求如下。

a. 零、组件应按第②条的规定仔细清洗并充分干燥(用 60～70℃的热压缩空气吹干或在 50～60℃烘箱内烘 30～40min),然后再油封或封存。

b. 小型精密零、组件的油封用浸泡法,即浸泡在盛有经脱水后的工作液的容器内,并加盖密封,油封期为 3d。其他零、组件在 55～60℃防锈油中浸 5～10s,油封期为 3d。短期油封可在防锈油与煤油配比为 1∶4 的防锈油液中冷浸 5～10s,油封期为 3 个月。

　　c.不适宜油封的电气零、组件应置于干燥器内密闭封存。容器内同时放入经干燥处理过的防潮砂（1kg/m³）及防潮砂指示剂（或指示纸）。

　　④ 阳极化的铝合金件、不锈钢件、镀铬或镀镍的钢件以及全部有图层的金属件在 3 个月内可不油封。

　　⑤ 液压产品装配、调试过程中，其油腔处于无油状态的存放时间不允许超过 24h。液压产品装配、调试完成后，应及时灌入新的工作液进行封存。其他产品需要油封的部位应按第③条的规定予以短期油封或封存。

　　⑥ 经启封、清洗后的液压零、组件应在含 3%～7% 工作液的汽油（或含 3%～7% 的工作液的最后清洗介质）中浸洗 5～10s，其他零、组件（轴承及不允许沾油的零、组件除外）在清洗后应在含 3%～7% 的防锈油的汽油中浸洗 5～10s，然后用干净的压缩空气吹干或自然晾干。

　　⑦ 生产中正在使用的清洗介质、防锈油（防锈脂）以及试验设备中工作液应定期取样送检，应无水分、杂质、酸碱反应（防锈油应无氯离子及硫酸根离子），酸值应符合表 2-71规定。

表 2-71　介质酸值限值

品种	粗洗汽油	精洗汽油	防锈油（防锈脂）	工作液
酸值/(mgKOH/g)	<3.6	<1.2	<1	<0.5

　　当连续生产时，送检周期定为 3 个月，若生产间断 2 个月以上，投入生产前应取样送检。

　　（3）成品的要求

　　① 产品外部无镀层、涂层和阳极化层的部位允许刷涂一层防锈油（或防锈脂）。

　　② 包装箱应采取防尘措施，并放入经干燥处理过的防潮砂（1kg/m³）及防潮砂指示剂（或指示纸）。

2.10.6.4　装配要求

　　① 装配前应按以下要求复检。

　　a.零、组件的制造应符合 QJ 1499A—2001 的要求，并无碰伤、划伤及表面处理层破坏。

　　b.零、组件经清洗后，目测检查应无任何可见脏物。

　　c.橡胶密封件及橡胶金属件无分层、脱粘、龟裂、起泡、杂质、划伤等缺陷。

　　d.合格证应与实物相符。零、组件保管期及传感器校验期应在规定期限内。

　　② 装配前橡胶件应在工作液内浸泡 24h。装配时应采取措施防止密封件划伤和切伤。

　　作者注：尽管"装配前橡胶件应在工作液内浸泡 24h"来源于 QJ 2478—1993 的规定，但作者认为其适用性有问题。作者建议在电液伺服阀、伺服液压缸装配中不要应用这种工艺。

　　③ 液压产品及其组件装配时，零件表面应事先沾工作液。

　　④ 装配时，螺纹连接部分（与工作介质接触者除外）应在外螺纹表面涂符合 SY 1510 的特 12 号润滑脂。

　　⑤ 装配试验时，允许因工装、夹具或螺纹拧合使装配件表面处理层局部产生轻微破坏，但不允许使基体金属受到损坏。

　　⑥ 产品分解下来的弹簧卡圈、弹簧垫圈、鞍形弹性垫圈、波形弹性垫圈和密封件（包括氟塑料挡圈、密封垫片）等，在重新装配时不允许继续使用，必须更换新的零件。

　　⑦ 产品配套应保证零、组件有互换性（图样中注明选配者除外），组装后不允许在产品上进行切割加工。

⑧ 电子产品的装配、试验以及导线的钎焊、安装应按 QJ 165 和专用技术条件的规定。

⑨ 电连接器内部的导线束应用尼龙或麻线扎紧，导线束有防波金属网套时，该套与金属基体应可靠导通。

⑩ 产品活动部分应运动平稳，无滞涩、无爬行等。

⑪ 动平衡、过速试验应按专用技术要求的规定。

2.10.7 电液伺服阀的试验方法

根据目前情况，电液伺服阀都是由专业制造商研制和生产的，一般液压工作者较少有机会自行设计、制造电液伺服阀。大多数人只是有机会成为电液伺服阀的用户，即成为应用者或应用工程师而不是设计者或设计工程师。因此本节内容很重要，其不但可以按此试验方法对新研制的电液伺服阀进行型式试验和出厂试验，而且可以为读者比较、采用不同的试验方法，对外购包括对维修后电液伺服阀进行复试（检）提供参考。

2.10.7.1 国内现行各标准概述

国内现行的电液伺服阀的试验方法标准有：国家标准 GB/T 10844—2007《船用电液伺服阀通用技术条件》、GB/T 13854—2008《射流管电液伺服阀》、GB/T 15623.1—2003（2018）《液压传动 电调制液压控制阀 第 1 部分：四通方向流量控制阀试验方法》、GB/T 15623.2—2017《液压传动 电调制液压控制阀 第 2 部分：三通方向流量控制阀试验方法》、GB/T 15623.3—2012《液压传动 电调制液压控制阀 第 3 部分：压力控制阀试验方法》，国家军用标准 GJB 3370—1998《飞机电液伺服阀通用规范》、GJB 4069—2000《舰船用电液伺服阀规范》，船舶行业标准 CB/T 3398—2013《船用电液伺服阀放大器》，航天工业行业标准 QJ 504A—1996《流量电液伺服阀通用规范》、QJ 2078A—1998《电液伺服阀试验方法》和 QJ 2478—1993《电液伺服阀机构及其组件装配、试验规范》等 11 项标准。

（1）范围

国内现行的各电液伺服阀试验方法标准规定的适用范围见表 2-72。

表 2-72 各电液伺服阀试验方法标准规定的适用范围

序号	标准	范围
1	GB/T 10844—2007	本标准规定了船用流量控制伺服阀（以下简称伺服阀）的术语、定义、符号和单位，要求，试验方法，检验规则及标志、包装、运输和储存 本标准适用于以液压油为介质的各类舰船及海上装置用电液流量控制伺服阀。压力控制伺服阀、有级间电反馈伺服阀亦可参照本标准
2	GB/T 13854—2008	本标准规定了射流管电液伺服阀（以下简称伺服阀）的定义、术语、分类、基本参数、要求、试验方法、检验规则及标志、包装、运输和储存 本标准适用于以液压油为介质的各类射流管流量控制电液伺服阀。其他类型射流管电液伺服阀亦可参照本标准
3	GB/T 15623.1—2003	本部分规定了电调制液压四通方向流量控制阀产品验收和型式（或鉴定）试验的方法
4	GB/T 15623.2—2017	本部分规定了电调制液压三通方向流量控制阀性能特性的试验方法
5	GB/T 15623.3—2012	本部分规定了电调制压力控制阀性能特性的试验方法
6	GJB 3370—1998	本规范规定了飞机液压伺服系统电液流量伺服阀的技术要求、质量保证规定及交货准备等 本标准适用于军用飞机电液流量伺服阀的研制、生产、检验及验收
7	GJB 4069—2000	本规范规定了舰船用电液伺服阀的技术要求、质量保证规定和交货准备等 本规范适用于伺服阀的设计、生产和验收

续表

序号	标准	范围
8	CB/T 3398—2013	本标准规定了船用电液伺服阀放大器的产品分类、定义、术语、基本参数、技术要求、试验方法、检验规则及标志、包装、运输和储存 本标准适用于各类船用电液伺服阀放大器的设计、产生和检验。用于驱动伺服电机（或力矩马达）控制绕组的伺服放大器亦即可参照本标准执行
9	QJ 504A—1996	本规范规定了流量电液伺服阀的技术要求、质量保证规定、交货准备及说明事项 本规范适用于导弹和运载火箭电液伺服系统的流量电液伺服阀（以下简称伺服阀）的设计、制造和验收
10	QJ 2078A—1998	本标准规定了电液伺服阀（以下简称伺服阀）的标准试验条件、试验装置和试验方法 本标准适用于导弹、火箭电液伺服系统以电流为输入的各种伺服阀
11	QJ 2478—1993	本标准规定了电液伺服机构及其组件装配、试验的技术要求与试验方法 本标准适用于导弹和运载器用电液伺服机构及其组件的装配、试验，其他液压伺服机构也可参照使用

（2）试验台一般技术要求

国内现行的各标准规定的电液伺服阀试验台（装置、设备）一般技术要求见表 2-73。

表 2-73 各标准规定的电液伺服阀试验台一般技术要求

序号	标准	一般技术要求
1	GB/T 10844—2007	5 试验方法 5.2 试验设备 试验设备的一般要求： a. 信号电源输出电流的信噪比应不大于 0.1%； b. 液压管路应短而平直，导管流通面积应足够大，管路和台架应合理布置，使试验台的机械和液压振动尽量小； c. 伺服阀的安装座应有足够的刚度，表面粗糙度 Ra 应不大于 $0.8\mu m$； d. 手控阀在关闭时应无泄漏； e. 压力传感器的安装部位应尽量靠近伺服阀； f. 伺服阀进口处应安装过滤精度不低于 $10\mu m$ 的滤器。工作液工作 500h 后，应采样测试合格后才能继续使用； g. 试验台流量计内漏和零位死区要小，流量计的压降应不大于 2% 额定供油压力； h. 测试仪表与测试范围相适应，其精度应与被测参数的公差相适应，仪表精度与被测参量精度之比一般应不大于 1∶5。 5.5.1 稳态试验一般要求 伺服阀稳态试验装置典型回路如图 10 所示，除满足 5.2 外，还应满足如下要求。 5.5.1.1 自动信号发生器应能发出连续的对称三角波信号，提供信号的速度应低于测试记录系统的响应速度。手动控制器应能手调信号慢慢地从正到负来回变化，信号幅值应可调。 5.5.1.2 伺服阀固定在安装座上后，向伺服阀供压力油，空载情况下在正负额定电流之间循环若干次，排除系统中空气并使工作油液温度稳定下来。 5.5.1.3 线圈连接方式：串联。 5.6.1 动态试验设备 伺服阀动态试验装置典型回路如图 16 所示，除满足 5.2 外，还应满足如下要求： a. 伺服阀和动态液压缸之间的连接管路容积要小，油路要短； b. 动态液压缸的运动部件要质量轻，运动副要摩擦小； c. 液压缸内外泄漏要很小； d. 液压缸固有频率应远远大于被测伺服阀的频宽

序号	标准	一般技术要求
2	GB/T 13854—2008	6.2 试验设备 6.2.1 试验设备测量等级 试验设备的测量等级应符合表 9 的规定。 **表 9 伺服阀的测量等级参数** 6.2.2 试验设备要求 伺服阀的试验设备要求如下： a.信号电源输出电流的信噪比应不大于 0.1%； b.液压管路和台架应合理布置，使试验台的机械和液压振动尽量小； c.伺服阀的安装座应有足够的刚度，表面粗糙度 Ra 应不大于 0.8μm； d.压力传感器的安装部位应尽量靠近伺服阀； e.伺服阀进口处应安装过滤精度不低于 10μm 的滤器。工作液工作 500h 后，应采样测试合格，才能继续使用； f.试验台流量计内漏和零位死区要小，流量计的压降应不大于 2%额定供油压力； g.测试仪表与测试范围相适应，仪表精度与被测参量精度之比一般应不大于 1∶5
3	GB/T 15623.1—2003	6 试验装置 6.1 概述 应提供符合 6.2 和 6.3 规定的，并且能满足附录 A 所规定的允许误差极限的试验装置。附录 B 给出了试验的实施指南。 注 1：图 1、图 2 和图 3 是典型的试验回路。在这些回路中，没有包含为了防止因元件失效而发生事故所必须设置的所有安全装置。可采用能达到相同目的的其他回路，但必须考虑试验人员和试验设备的安全措施。 注 2：图 1、图 2 和图 3 所使用的图形符号应符合 GB/T 786.1—2009 和 GB/T 4728 的规定。 6.2 静态试验 图 1 所示为典型的静态试验回路。采用该回路的试验装置，允许用逐点或连续绘制法记录下列特性曲线： a.流量-输入信号特性曲线； b.压力-输入信号特性曲线； c.流量-阀压降特性曲线； d.流量-负载压力特性曲线； e.流量-温度特性曲线。 6.3 动态试验 图 2 所示为典型的动态试验回路。该回路利用了图 1 的部分回路，采用该回路的试验装置可以进行下列试验： a.频率响应试验； b.阶跃响应试验。 附录 A(规范性附录) 误差和测量等级 A.1 测量等级 根据要求的精度，可按 A、B、C 三种测量等级中的一种进行试验。该测量等级已经得到各有关方面认可。等级 A 和等级 B 的应用限于需要对性能进一步精确定义的特殊场合，这时试验需要更精确的仪器和方法，试验成本也会增高。

表 9 伺服阀的测量等级参数

测量参数	测量等级
输入电流/%	±2.5
流量/%	
压力/%	
温度/℃	±2.0

序号	标准	一般技术要求
3	GB/T 15623.1—2003	A.2　误差 采用按国家标准进行校准和比对的任何仪器和方法所进行的测试,其系统误差不应超过表 A.1 所给出的极限值。 **表 A.1　校准是规定的测量仪表的允许系统误差** | 参数	测量等级		
	A	B	C
电流,输入信号/%	±0.5	±1.5	±2.5
流量/%	±0.5	±1.5	±2.5
压力/%	±0.5	±1.5	±2.5
温度/℃	±0.5	±1.0	±2.0	 注:表中给出的百分数范围,是指最大测试值而不是仪器的最大读数。 附录 B(资料性附录)　试验实施指南 装有阀芯位置传感器的阀,可按照制造商的说明进行调零。 可使用信号发生器提供一个连续变化的输入信号,采用 X-Y 记录仪来记录由压力传感器和流量传感器所显示的相应压力和流量值。另一个可选择的方法是用逐点法人工记录阀的流量或压力对不同输入信号的响应。 本部分中指明,输入信号在半个试验周期内仅沿一个方向移动,而在另半个试验周期内仅沿另一方向移动,这样,可以显示阀的固有迟滞。使用自动信号发生器,可以防止信号的误转换。 对于稳态试验,假如输出变化率比记录仪的响应慢,可以采用由信号发生器产生的函数型形式(例如正弦、斜坡等)。另外,如果适用,死区消除器需关闭。记录仪器应具有将传感器和阀输出信号振幅调整到适当尺度的功能,也包括使图中轨迹对中的方式。 除自动信号发生器之外,还需要提供带转换开关的手动控制输入信号装置,以便于阀和设备的设定。 自动信号发生器和手动控制器能够提供正向的或反向的信号,而不需要借助于转换开关。试验时需记录每次电调节数据
4	GB/T 15623.2—2017	省略
5	GB/T 15623.3—2012	省略
6	GJB 3370—1998	4.6　检验方法 4.6.1　试验设备及标准试验条件 4.6.1.1　试验设备 伺服阀试验设备应满足以下要求: a.液压源应是定压源,供油压力脉动应尽量小; b.液压管路要尽量短、拐弯少,导管截面积要足够大,试验台的机械和液压振动应尽量小; c.负载调压阀在关闭状态下,应确保无泄漏; d.试验台工作液污染度必须定期检查,建议在尽量靠近伺服阀进油口的地方安装过滤比为 $\beta \geqslant 75$(相当于绝对过滤度 $3\mu m$)的油液,工作液污染度应符合 3.2.3.7 条的要求,工作液应每月或工作 200h 油样化验一次; e.为减小容积弹性影响,测试压力增益的压力传感器安装部位应尽可能靠近伺服阀安装座,负载腔容积要尽量小; f.伺服阀试验台流量计应满足以下要求:能在高压处测流量;能判别流向;测量范围从零到所需流量;流量计及其连接管道上的压降应不大于 2% 额定供油压力; g.试验设备及测量仪器的各项性能指标应满足国家规定的有关标准或计量的检定规程,并按规定期限进行检定; h.输入电流信号的信噪比不大于 0.1%; i.液压系统应设置放气装置

序号	标准	一般技术要求
7	GJB 4069—2000	**4.6.2　试验装置的一般要求** 试验装置的一般要求如下： a. 信号电源输出电流的信噪比应不大于 0.1%； b. 液压管路短而平直，导管流通面积应足够大，管路和台架应合理布置，使试验台的机械和液压振动尽量小； c. 伺服阀的安装座应有足够的刚度，表面粗糙度 Ra 应不大于 $0.8\mu m$； d. 受控阀在关闭时应无泄漏； e. 压力传感器的安装部位应尽量靠近伺服阀； f. 伺服阀入口处应安装过滤精度不低于 $10\mu m$ 的滤器。工作液工作 500h 后，应采样测试合格，才能继续使用； g. 试验台流量计内漏和零位死区要小，流量计的压降应不大于 2% 额定供油压力； h. 测试仪表应与测试范围相适应，其精度应于被测参数的公差相适应，仪表精度与被测参量精度之比一般应不大于 1：5。 **4.6.5　稳态特性试验** **4.6.5.1　稳态特性试验一般要求** 伺服阀稳态特性试验装置典型回路见图 3，除满足 4.6.2 条的要求外，还应满足如下要求： 4.6.5.1.1　自动信号发生器应能提供连续的对称三角波信号，提供信号的速度应低于测试记录系统的响应速度。不用转换开关时，手动控制器应能手调信号慢慢地从正到负来回变化，信号幅值应可调。 4.6.5.1.2　伺服阀固定后，向伺服阀供压力油，空载情况下在正负额定电流之间循环若干次，排除系统中空气并使工作油液温度稳定。 4.6.5.1.3　线圈连接方式为串联。 **4.6.6　动态特性试验** **4.6.6.1　动态特性试验装置的一般要求** 伺服阀动态特性试验装置除满足 4.6.2 条外，还应满足如下要求： a. 伺服阀（与）动态液压缸之间的连接管路应短直、容积要小； b. 动态液压缸的运动部件应质量轻，运动副摩擦小； c. 液压缸内外泄漏要很小； d. 液压缸固有频率应大于被测伺服阀频宽的 10 倍
8	CB/T 3398—2013	**6.1　试验条件** **6.1.2　测试仪器、仪表** 放大器试验所用测试仪器、仪表应符合下列要求： a. 被测量参数的平均指标值指示精度应按表 3 规定： **表 3　测量仪器、仪表精度** 参数 / 型式/出厂试验 输入信号/% / ±0.5 温度/% / ±0.5 b. 所有的仪器、仪表和设备均应计量检定合格，且在有效期内。
9	QJ 504A—1996	**4.3　检验条件** 4.3.1　检验条件按 QJ 2078(—1991)中第 3 章的规定。 4.3.2　一般检验设备按 QJ 2078(—1991)中 4.1～4.4 条的规定，或按相关详细规范的规定进行检验。 4.3.3　流量测试设备一般采用如下设备： a. 流量不大于 30L/min 采用流量作动筒； b. 流量大于 30～1000L/min 采用液压马达； c. 流量等于或大于 0.5～300L/min 亦可采用涡轮流量计

表 3 内容：

参数	型式/出厂试验
输入信号/%	±0.5
温度/%	±0.5

序号	标准	一般技术要求
10	QJ 2078A—1998	4.2　试验装置 4.2.1　测量等级选择 根据伺服阀准确度要求，在表 1 中选择一种合适的测量等级。 **表 1** 表格见下 4.2.2　试验装置要求 试验装置要求如下： 4.2.2.1　伺服阀安装面应无毛刺和划伤，其表面粗糙度 Ra 值不大于 $1.6\mu m$，平面度允差不大于 $10\mu m$。 4.2.2.2　负载节流阀 V_2 在关闭状态下应无泄漏。 4.2.2.3　试验装置上使用的橡胶密封件应和工作液及使用温度相适应。 4.2.2.4　试验装置所使用的工作液必须保持清洁，定期（每月或工作 200h）取样化验。 4.2.2.5　动态试验用液压缸的共振频率应高于伺服阀额定幅频宽 3 倍。 4.2.2.6　试验用仪器、仪表和非标准设备应按相应的标准或技术条件进行定期鉴定并有合格结论
11	QJ 2478—1993	省略

表 1

参数	测量等级	
	A	B
输入信号	±0.5%	±1.5%
流量	±0.5%	±1.5%
压力	±0.5%	±1.5%
温度	±0.5%	±1.5%

（3）电液伺服阀标准试验条件

国内现行的各标准规定的电液伺服阀（标准）试验条件见表 2-74、表 2-75。

① 在 GB/T 10844—2007 中规定的试验条件。

表 2-74　试验条件（1）

环境温度	20℃±5℃
油液类型	矿物基液压油
油液温度	伺服阀进口温度 40℃±6℃
供油压力	公称供油压力和回油压力之和
回油压力	不超过 5% 公称供油压力
油液清洁度等级	试验用油液的固体颗粒污染度等级代号应为 —/17/14
湿度	相对湿度<80%

② 在 GB/T 13854—2008 中规定的试验条件。

表 2-75　试验条件（2）

环境温度	20℃±5℃
油液类型	矿物基液压油
油液温度	伺服阀进口温度 40℃±6℃
供油压力	公称供油压力和回油压力之和

续表

回油压力	不超过5%公称供油压力
油液清洁度等级	试验用油液的固体颗粒污染度等级代号应不劣于GB/T 14039—2002中的—/16/13
湿度	相对湿度10%～90%
油液黏度等级	GB/T 3141—1994中规定的ISO黏度等级32

③ 在GB/T 15623.1—2003中规定的标准试验条件。

除非另有说明，在表2-76中给出的标准试验条件适用于本部分所规定的各项试验。

表2-76 标准试验条件

环境温度	(20±5)℃
液压油液种类	市场销售的矿物基液压油液，即按GB/T 7631.2规定的L-HL液压油液或适合阀工作的其他液压油液
液压油液温度	在阀入口处(40±6)℃
液压油液黏度等级	N32，按GB/T 3141—1994
供油压力	根据相应的试验要求，允许误差±2.5%
回油压力	按制造商推荐
油液污染度等级	油液污染等级应按元件制造商的使用规定，表示方法按GB/T 14039—2002

注：使用其他可代替的液压油液时，应规定油液的种类和黏度等级。

④ 在GJB 4069—2000中规定的检验条件。

除另有规定外，检验应在下列标准条件下进行，见表2-77、表2-78。

表2-77 标准检验条件

环境温度	20℃±5℃
油液类型	矿物基液压油
油液温度	伺服阀进口处温度40℃±6℃
油液黏度等级	N32
供油压力	公称供油压力和回油压力之和
回油压力	不超过5%公称供油压力
油液清洁度等级	试验用油液的固体颗粒污染物等级代号应为17/14

⑤ 在CB/T 3398—2013中规定的试验条件。

表2-78 大气与磁场试验条件

环境温度	15～35℃
相对湿度	45%～75%
大气压力	0.086～0.106MPa
每项试验期间，允许的温度变化	每10min变化1℃
磁场	除地磁场外，无其他外界磁场

⑥ 在QJ 2078A—1998中规定的标准试验条件。

除另有规定外，伺服阀全部试验应在下述标准试验条件下进行，见表 2-79。

表 2-79 标准试验条件

环境温度	(20±5)℃
工作液类型	由相关详细规范规定,通常使用符合 SH 0358—1995 规定的 10 号航空液压油
工作液温度	伺服阀入口处温度为 40℃±6℃
供油压力	额定压力+回油压力
回油压力	不大于额定压力的 5%
工作液清洁度等级	试验用工作液固体颗粒污染物等级代号为 QJ 2724.1—1995 中规定的 13/11 级
相对湿度	不大于 80%

2.10.7.2 国内现行的各标准比较与分析

国内现行的各标准规定的电液伺服阀试验方法不尽相同，有的差别还很大，读者可以根据原标准及第 2.10.7.1 节内容自行比较和分析。作者也以此为基础，并根据对这些标准的理解和应用经验提出一些问题，通过比较与分析试图得出一些有用的结论。

（1）关于各标准规定的试验方法适用范围问题

① 问题的提出。

除 GB/T 13854—2008、GB/T 15623.1—2003 等标准外，其他标准规定的试验方法都规定了适用行业。从标准发布、实施的时间来说，标准 GB/T 13854—2008（2008-03-03 发布、2008-09-01 实施）比标准 GB/T 15623.1—2003（1995-07-01 发布、2004-06-01 实施）新，但新标准是否可以代替旧标准是个问题。标准由不同单位提出、归口和起草，现实情况经常是各说各话，甚至相互抵触。

另外，电调制液压控制阀（电调制液压流量控制阀）中的"电调制"究竟调制的是什么，关系到其适用范围。

② 比较与分析。

比较两项标准，标准 GB/T 15623.1—2003 的适用范围应比标准 GB/T 13854—2008 的适用范围宽泛，其交集处在于以液压油为介质的各类射流管流量控制电液伺服阀以及其他类型射流管电液伺服阀，具体可见第 2.10.7.1 节表 2-72。

"电调制液压流量控制阀"这一术语在标准 GB/T 15623.1—2003 中定义为："随连续不断变化的电输入信号而提供成比例的流量控制阀"。但电调制或电调制液压控制阀等在标准 GB/T 17446—2012 中没有查找到这样的术语和定义。

通过对标准 GB/T 13854—2008 的分析，其电输入信号应该是电流信号。如果"电调制"调制的是电流信号，则两标准的适用范围重叠；如果"电调制"调制的是电压信号或其他信号，则两标准的适用范围不重叠，也就没有必要进行比较了。

另外，在 GB/T 13854—2008 中给出的射流管电液伺服阀频率响应试验装置典型回路中没有适用于对阶跃输入信号的瞬态响应试验要求。

③ 结论。

将国际或国外标准翻译过来通过等同（IDT）、修改（MOD）等一句说明变成了国内标准确实简单、省事，然而，其与国内现行标准如何衔接真是个大问题。另外，近几年先发布试验方法标准而缺失技术条件（要求）标准情况也比较普遍，作者无法理解这些试验方法标准是根据什么起草的。

作者注："电调制"或可指脉宽调制。关于常见的电信号转换类型还有振幅调制、相位调制、频率调制、相敏整流、频压转换等，具体可参见参考文献 [13] 及其他专著。

(2) 关于试验台一般技术要求问题

① 问题的提出。

在国内现行的各标准规定的电液伺服阀试验方法中，对试验回路、试验装置或试验设备（以下统称试验台）提出的一些（一般）技术要求是否全面、准确、合理、适用是个问题。如要求压力传感器的安装部位应尽量靠近伺服阀，又要求使液压蓄能器尽可能靠近阀的 P 油口等。

② 比较与分析。

经过比较，以下一些（一般）技术要求是应该满足的。

a. 电液伺服阀的安装座应具有通用性，其强度、刚度应足够，尺寸和几何精度、表面粗糙度等应符合相关标准规定。

b. 液压回路中的手控截止阀在关闭时应无泄漏。

c. 电液伺服阀的工作油口 A 和 B 到执行器（液压缸、马达）或流量计的管路长度应尽可能短而平直，通流截面积应足够大但不能太大。

d. 管路布置应合理，应尽量减小或避免产生（引起）振动和冲击。

e. 液压回路应设置排放气装置。

f. 液压回路中的测试仪表应与测试范围相适应，其精度应与被测参数的公差相适应，仪表精度与被测参量精度之比一般应不大于 1:5。

g. 电液伺服阀供油路上应安装过滤精度不低于 10（3 或 5）μm 的过滤器。

h. 液压动力源供给压力应能恒定（定压），供给压力、流量且应有足够的裕度。

其他如信号电源输出电流的信噪比、试验台流量计内泄漏流量和零位死区、流量计的压力降以及测试流量用液压缸的启动摩擦力、带载摩擦力（动摩擦力）、惯性或固有频率等另当别论。

压力表的侧压力点一般应设置在距其上游扰动点至少 $5D$ 处，距其下游扰动点至少 $10D$ 处，D 为管道内径。

③ 结论。

两种或多种元器件不可能同时都离被试电液伺服阀（或 P 油口）最近，这主要还不是结构上的问题，而是可能涉及干扰（干涉）问题。

(3) 关于标准试验条件问题

① 问题的提出。

在国内现行的各标准规定的电液伺服阀试验方法中给出的标准试验条件不尽相同，而试验用油液种类、黏度等级及油液清洁度或污染度等级是主要问题。

② 分析与比较。

在标准 GB/T 15623.1—2003 中规定的试验用液压油液种类为市场销售的矿物基液压油液，即按 GB/T 7631.2 规定的 L-HL 液压油液（或按 GB/T 7631.1—2008 规定的 L-HL32 液压油液）。

在标准 QJ 2078A—1998 中规定的试验用工作液类型为通常使用符合 SH 0358—1995 规定的 10 号航空液压油。

在各标准中规定的试验用油液的固体颗粒污染等级代号应不劣于 GB/T 14039—2002 中的 −/17/14（相当于 NAS 1638 规定的 8 级），具体请见第 2.10.7.1 节（3）电液伺服阀标准试验条件中各表，其中最为严格的规定为："试验用工作液固体颗粒污染物等级代号为 QJ 2724.1—1995 中规定的 13/11 级（相当于 NAS 1638 规定的 4～5 级）"。

③ 结论。

综合国内现行的各标准中的规定，电液伺服阀试验用液压油液宜按如下原则选择。

a. 电液伺服阀试验用液压油液应尽量与其所在液压系统使用的工作介质一致。

b. 一般试验用液压油液品种可选择 ISO-L-HL32 或 ISO-L-HL46。

c. 试验用液压油液的固体颗粒污染等级代号应不劣于 GB/T 14039—2002 中的 —/15/12（相当于 NAS 1638 规定的 6 级）。

根据上述原则，除非另有说明，在表 2-80 中给出的标准试验条件适用于本书第 2.10.7.3 节电调制液压四通方向流量控制阀性能试验方法所规定的各项试验。

表 2-80　标准试验条件

环境温度	20℃±5℃
液压油液种类	试验用液压油液应尽量与实际应用时一致。一般试验可选择按 GB/T 7631.2/ISO 6743 规定的 L-HL 液压油液，或适合阀工作的其他液压油液,如航空液压油等
液压油液温度	在阀入口处液压油液温度应为 40℃±6℃、黏度应为 32mm^2/s±8mm^2/s
液压油液黏度等级	N32 或 N46 按 GB/T 3141—1994/ISO 3448
供油压力	根据相应的试验要求,允许误差±2.0%
回油压力	按制造商推荐,一般不得大于额定压力 5%
油液污染度等级	试验用液压油液的固体颗粒污染等级代号应不劣于 GB/T 14039—2002（ISO 4406：1999,MOD）中的 —/15/12（相当于 NAS 1638 规定的 6 级）

注：使用其他可代替的液压油液时，应规定油液的种类和黏度等级。

（4）关于液压动力源品质问题

① 问题的提出。

在标准 GB/T 15623.1—2003 的输出流量-负载压差特性试验中规定：确保调定的供油压力在整个试验过程中保持恒定。结合该标准规定的标准试验条件，根据相应的试验要求，供油压力允许误差±2.5%，说明在电液伺服阀试验中对液压动力源的品质是有要求的。

液压动力源的压力脉动和/或压力脉冲（或统称为压力变动）直接关系到液压动力源品质，因按 C 级测量等级进行试验，其压力参数允许系统误差为±2.5%。

就压力参数而言，究竟电液伺服阀试验用液压动力源供油压力的压力变动允许值是多少，是一个需要研究的问题。

② 分析与比较。

以常用的液压动力源而论，定量泵-溢流阀或定量泵-液压蓄能器-溢流阀油源具有结构简单、流量供给反应迅速、压力变动小（压力平稳）、占用空间小、制造成本低等优点，但也存在着效率低、能耗大、油液温升快（高）等缺点；如果加装液压蓄能器，尽管可以减小定量泵的排量，降低功率损失过快过高，但相应也会使液压动力源的供给流量产生一定的波动，进一步产生压力波动，降低液压动力源的品质。因此，对于电液伺服阀试验用液压动力源，安装于恒压变量泵出口处的液压蓄能器主要用于消除压力脉动而非作为液压能源供给液压油液的补充。

恒压变量泵-液压蓄能器-溢流阀油源的特点是泵的供给流量取决于电液伺服阀控制系统的需要，因此效率高，适用于高压、大流量系统，也适用于流量变化大和间歇工作的系统。但是，由于恒压变量泵的变量机构惯性大，响应速度不如溢流阀快，当系统流量变化较大时，由于变量机构的响应速度跟不上，会引起较大的压力变化，这也是恒压变量泵油源常配有液压蓄能器的原因之一。

③ 结论。

恒压变量泵的压力稳定主要取决于泵的变量机构的动态响应，变量泵的动态响应比溢流阀低，尽管可以采用加装液压蓄能器以满足系统峰值流量需要，减小系统的压力波动，但对于电液伺服阀试验用液压动力源而言，其品质一般无法满足要求。

需要说明的是，对于电液伺服阀试验用定量泵-液压蓄能器-溢流阀液压动力源而言，作者并不反对在液压蓄能器组中选用一台较大规格的液压蓄能器。

在泵出口处安装合适的压力脉动衰减器可以降低压力脉动的幅值和改变最大幅值对应的频率。

(5) 关于耐压试验方法问题

① 问题的提出。

在国内现行的各标准规定的电液伺服阀试验方法中，存在着"耐压"、"耐压压力"、"耐压性"、"耐压强度"、"耐压试验"、"耐压强度试验"表述，其都是在 GB/T 17446—2012 中定义的耐压压力，即在装配后施加的，超过元件或配管的最高额定压力，不引起损坏或后期故障的试验压力。

现在的问题是各试验方法规定的耐压压力以及保持该压力的时间各有不同，甚至耐压压力是必试（检）还是抽试（检）项目也各有不同。

② 分析与比较。

除 GB/T 15623.1—2003 和 GB/T 15623.2—2003 等标准规定："8.1.2.2 供油耐压试验 8.1.2.2.2 设定 调整阀的供油压力至额定供油压力的 1.3 倍或 35MPa（350bar），取低者""8.1.2.3 回油口耐压试验 8.1.2.3.2 设定 调整阀的供油压力至规定的最高回油压力的 1.3 倍"外，其他标准（基本）都规定：电液伺服阀的进油口"P"和两个控制油口"A"和"B"应能承受 1.5 倍额定压力；回油口"T"应能承受额定压力。

在 GB/T 15623.1—2003 前言中："ISO 10770-1：1998 的 8.1.2.2.3 试验步骤、8.1.2.3.3 试验步骤中'保持供油压力至少 30s'，本部分将其改为'保持供油压力至少 5min'"。

还有，在 QJ 2078A—1998 中规定："5.2.2 耐压强度 5.2.2.1 供油耐压 c.调节供油压力至 1.5Pn，输入任一极性额定电流，保持 3min，再输入反向额定电流，保持 3min""5.2.2.2 回油耐压 b.调节供油压力至额定压力或按相关详细规范规定的耐压压力，输入任一极性额定电流，保持 3min，再输入反向额定电流，保持 3min"。

耐压压力以及保持该压力的时间关系到被试电液伺服阀的强度、刚度以及结构的完整性。具体可能关系到在试验中或试验后，被试电液伺服阀有无外泄漏、紧固零件松动、零组件永久变形、损坏等异常现象，以及可能造成性能劣化或后期故障等。

③ 结论。

在供油耐压试验和回油口耐压试验中，将在 ISO 10770-1：1998 中的"保持供油压力至少 30s"改为在 GB/T 15623.1—2003 中的"保持供油压力至少 5min"具有中国特色，但如果对进口阀进行复试，必须十分小心。作者建议，可参考 GB/T 10844—2007 的规定，型式试验按保持供油压力至少 5min，出厂试验按保持供油压力至少 1min。

(6) 关于选择输出信号检测方法问题

① 问题的提出。

在电液伺服阀动态试验中，选择何种方法（装置、设备）检测电液伺服阀的输出信号是个问题。如果选择不当，则可能检测不准，甚至检测不到电液伺服阀的输出信号。

② 分析与比较。

在国内现行的各标准规定的电液伺服阀试验方法中，较为典型的选择方法有两种。

a. 在 GB/T 15623.1—2003 中规定用下列方法之一测得输出信号。

Ⅰ.用低摩擦（压降不超过 0.3MPa）、小惯性（其频带宽至少大于包括困油容积效应在内的最高试验频率 3 倍）执行器驱动的速度传感器的输出作为输出信号。当此方法无法实现时，可选用下面 2 个方法。

Ⅱ.如果阀带有内置的阀芯位移传感器，而没有内置式压力补偿流量控制器，可把阀芯的位移信号作为输出信号。

Ⅲ.如果阀不带内置的阀芯位移传感器，也没有内置式压力补偿的流量控制器，有必要在阀上安装外部阀芯位移传感器和相应的信号调节装置。只要外加的传感器不影响阀的频率响应，可将阀芯位移信号作为输出信号。

使用上述三种方法会得到不同的结果。记录试验报告的数据，要注明所使用的试验方法。

b.在 QJ 504A—1996 检验条件中规定流量测试一般采用如下设备。

Ⅰ.流量不大于 30L/min 采用流量作动筒。

Ⅱ.流量大于 30～1000L/min 采用液压马达。

Ⅲ.流量等于或大于 0.5～300L/min 亦可采用涡轮流量计。

以上两种标准规定的较为典型的选择输出信号方法，共同涉及了"低摩擦、小惯性执行器"或"流量作动筒"这种设备，暂且不考虑其量程问题，此种电液伺服阀动态试验用液压缸应具有如下特征。

a."流量作动筒"较为准确地说明这种液压缸是用于流量检测的。

b."低摩擦、小惯性执行器"对这种液压缸性能提出了具体要求。

c.在 QJ 2078A—1998 中规定"动态试验用液压缸的共振频率应高于（被试）伺服阀额定幅频宽三倍"。

另外，在小惯性液压缸的说明中明确指出："其频带宽至少大于包括困油容积效应在内的最高试验频率 3 倍"，因此，计算液压缸的共振频率时必须将"困油容积效应"计入在内。此也是要求（被试）电液伺服阀 A、B 工作油口到液压缸（执行元件）的管路长度应尽可能短的原因。

③ 结论。

对于较大额定流量的电液伺服阀动态试验不宜采用液压缸应是明确的，而且就当前情况而言，设计、制造具有以上三条特征的液压缸还是存在很大困难的。

需要说明的是，在 ISO 10770-1：2009（E）中可使用流量传感器的输出信号作为反馈信号。

2.10.7.3　电调制液压四通方向流量控制阀性能试验方法

在图 2-21 所示的带加载阀的电液伺服阀试验用液压回路（对称阀芯用）中，没有包含为防止因元件失效而发生事故所必须设置的所有安全装置。在试验时，必须考虑试验人员和试验设备的安全措施。

对电液伺服阀和电液伺服阀放大器宜进行全部性能试验。输入信号施加于电液伺服阀放大器上，而不是直接加于电液伺服阀上。

本试验用液压回路配置有外部先导控制和外部泄油回路。

在开始试验之前，必须限定（主）液压动力源和（外部先导）控制液压源及附加液压动力源压力；选择、调整试验装置上压力表、液压蓄能器等；要确定所有的机械和电器调节到正常位置，比如零位调节、阀芯遮盖状态调节及增益调节等；应完全排除试验回路内的空气。

在本试验方法中，对液压阀的动作描述一般仅限于测试用截止阀 31、32、33、34、48、49、50、54、55 和 56；将电调制液压四通方向流量控制阀简称为电液伺服阀或阀。

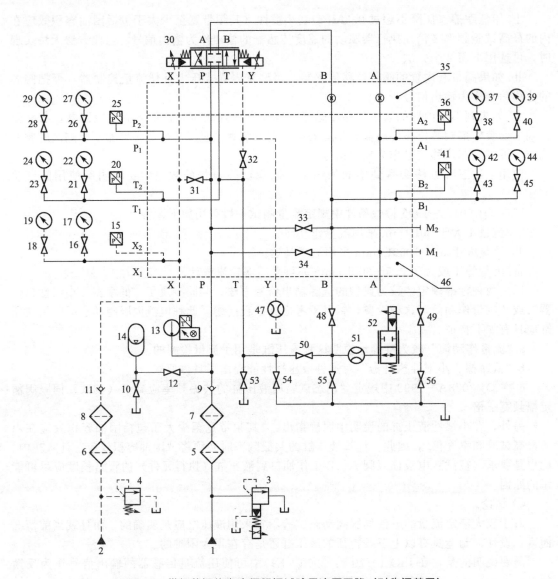

图 2-21 带加载阀的电液伺服阀试验用液压回路（对称阀芯用）

1—（主）液压动力源；2—（外部先导）控制液压源；3—（供油路）比例溢流阀；4—（先导控制油路）溢流阀；

5～8—过滤器；9,11—单向阀；10,12—液压蓄能器油路用截止阀；13—温度传感器；14—液压蓄能器；

15,20,25,36,41—压力传感器；16,18,21,23,26,28,38,40,43,45—压力表开关；17,19,22,24,27,29,37,39,42,44—压力表；

30—被试电液伺服阀（被试阀）；31～34,48～50,54～56—测试用截止阀；35—转接油路块（安装座Ⅱ）；

46—油路块（安装座Ⅰ）；47,51—流量传感器；52—加载阀；53—排放气截止阀

除非另有说明，以下各项试验应在标准试验条件下进行。

（1）静态试验

在进行静态试验时需仔细排除动态（因素）影响。

① 静压试验顺序。静态试验应按以下顺序进行。

a. 耐压试验（抽试或抽检），按第②条。

b. 内泄漏试验，按第③条。

c. 在恒定的阀压降下，测量输出流量-输入信号特性试验，按第④条和第⑤条，以确定：

额定流量；流量增益；流量线性度；流量迟滞；流量对称度；流量极性；阀芯遮盖状况；阈值。

d.输出流量-阀压降特性试验，按第⑥条。

e.极限功率特性试验（极限输出流量-阀压降特性），按第⑦条。

f.输出流量-油液温度特性试验，按第⑧条。

g.压力增益-输入信号特性试验，按第⑨条。

h.压力零漂试验，按第⑩条。

i.故障保护功能试验，按第⑪条。

② 耐压试验。

a.概述。耐压试验应在电液伺服阀的其他试验之前进行，以检验电液伺服阀的强度、刚度及外泄漏。

在耐压试验时，耐压压力不可施加于阀的外部泄油口 Y（如果阀上设有 Y 口）。

b.P、A、B 和 X 口的耐压试验。在试验中，由控制液压源供给的耐压压力施加于阀的供油口、工作油口及外部先导控制油口，同时保持回油口打开。试验应按如下步骤进行。

（a）试验回路。建立图 2-21 所示的试验用液压回路，打开截止阀 31、53，并关闭其他测试用截止阀。

（b）设定。调整阀的耐压压力（供油压力）为额定压力的 1.3 倍，施加于阀的供油口 P 和外部先导控制油口 X。对负遮盖阀，还包括工作油口 A 和 B。

（c）试验步骤。

Ⅰ.保持供油压力至少 5min，即一个周期。

Ⅱ.在试验的前半周期，输入任一极性最大输入信号；在试验的后半周期，再输入另一极性最大输入信号，工作油口 A 和/或 B 在此过程中被施加了耐压压力。

Ⅲ.在试验期间，检查阀是否有外泄漏情况。

Ⅳ.在试验后，检查阀是否有永久变形情况。

Ⅴ.记录试验时所用的耐压压力。

c.T 口耐压试验。在试验中，由控制液压源供给的耐压压力施加于阀的供油口、工作油口、回油口及外部先导控制油口，同时关闭回油口。试验应按如下步骤进行。

（a）试验回路。建立图 2-21 所示的试验用液压回路，打开 31、33、34、48、50，并关闭其他测试用截止阀。

（b）设定。调整阀的耐压压力（供油压力）为回油口 T 额定压力的 1.3 倍（或可为额定压力），施加于供油口 P、工作油口 A 和 B、回油口 T 和外部先导控制油口 X。

注：现行国家标准规定："供油压力至最高回油口压力的 1.3 倍"。

（c）试验步骤。

Ⅰ.保持供油压力至少 5min。

Ⅱ.在试验期间，检查阀是否有外泄漏情况。

Ⅲ.在试验后，检查阀是否有永久变形情况。

Ⅳ.记录试验时所用的耐压压力。

③ 内泄漏流量和先导控制流量试验。

a.试验内容。在内泄漏流量和先导控制流量试验中应确定以下内容。

Ⅰ.包括内泄漏流量及先导控制（泄漏）流量的总（泄漏）流量。

Ⅱ.根据阀的总（泄漏）流量配置其外部先导控制流量。

b.试验回路。建立图 2-21 所示的试验用液压回路，打开截止阀 48、49、54，并关闭其他测试用截止阀。

c.设定。调整阀的供油压力和（外部）先导控制压力高于回油压力 10MPa（100bar），如果小于 10MPa，则按产品的额定压力提供。

d.试验步骤。

按以下步骤进行试验。

Ⅰ.在进行泄漏量试验之前，在阀的整个输入信号范围（从任一极性最大输入信号到另一极性最大输入信号）内，迅速地运行几次，以保证通过阀的液压油能完全达到规定的黏度范围。

Ⅱ.关闭截止阀 48 和 49，打开截止阀 32 之后关闭截止阀 54。

Ⅲ.当输入信号完全涵盖整个输入信号范围后，记录回油口 T 的泄漏量；如图 2-22（原图 3）所示，流量传感器 47 记录了泄漏流量和先导控制（泄漏）流量的总和。同时，在图 2-22 中给出了电液伺服阀的典型特性曲线（其他阀的特性曲线与之不同）。

④ 在恒定的阀压降下，输出流量-输入信号特性试验。

a.试验目的。本项试验的目的是测定在恒定的阀压降情况下，（液压主控制阀）主阀芯每个阀口（阀油口）的特性。如图 2-23（原图 4）所示，其为使用流量传感器 51 记录的在不同输入信号下流过某一个阀口的流量。

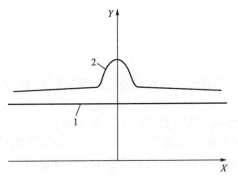

图 2-22　内泄漏-输入信号特性曲线

X—输入信号；Y—（泄漏）流量；1—先导控制（泄漏）流量；2—总流量（包括先导控制流量在内的总泄漏量）（此为负遮盖阀典型特性曲线）

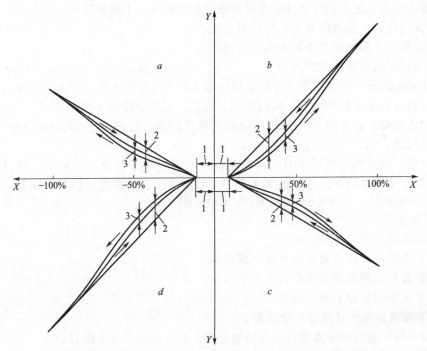

图 2-23　恒定的阀压降下输出流量-输入信号特性曲线（节流试验）

X—输入信号百分比；Y—（阀口）流量；1—死区；2—流量误差；
3—迟滞；a—P 口到 B 口的流量；b—P 口到 A 口的流量；
c—B 口到 T 口的流量；d—A 口到 T 口的流量

b. 试验回路。

　　Ⅰ. 建立图 2-21 所示的试验用液压回路。流量传感器 51 应有一个足够宽的测量范围，至少能包含从 1%到 100%额定流量。为了保证在零流量附近有精确的测量数值，可以用两个单独的流量传感器（部分测量范围重叠）代替流量传感器 51，其中一个用来测定大流量，另一个用来测定小流量。

　　对于带有内部先导控制（供油）的多级电液伺服阀，为了增加系统压力可以在主回路上增设阻尼（节流或加载），以保证电液伺服阀可以在正常运行下测试（定）。

　　Ⅱ. 测定从供油口 P 到工作油口 A 的流量。为完成此项试验，应在图 2-21 所示的试验用液压回路中，打开截止阀 49、54 和 55，并关闭其他测试用截止阀。

　　Ⅲ. 测定从工作油口 A 到回油口 T 的流量。为完成此项试验，应在图 2-21 所示的试验用液压回路中，打开截止阀 34、50 和 56，并关闭其他测试用截止阀。

　　Ⅳ. 测定从供油口 P 到工作油口 B 的流量。为完成此项试验，应在图 2-21 所示的试验用液压回路中，打开截止阀 48、54 和 56，并关闭其他测试用截止阀。

　　Ⅴ. 测定从工作油口 B 到回油口 T 的流量。为完成此项试验，应在图 2-21 所示的试验用液压回路中，打开截止阀 33、50 和 56，并关闭其他测试用截止阀。

　　Ⅵ. 测定从供油口 P 到回油口 T 的流量。为完成此项试验，应在图 2-21 所示的试验用液压回路中，打开阀 48、49 和 54，并关闭其他测试用截止阀。

　　c. 设定。按一定的方式建立适当的坐标系，使其 X 轴可以记录输入信号，Y 轴可以记录至少从零到额定流量的输出流量，如图 2-23 所示。

　　选取一个可以产生输入信号（正、负）最大（幅）值的三角波形发生器，并使其建立的输入信号不大于 0.02Hz。

　　对于带有外部先导控制（供油）的多级电液伺服阀，按制造商的推荐调节外部先导控制压力。

　　注：现行国家标准规定：“调节先导供油压力至 10MPa”。

　　对于带有内部先导控制（供油）的多级电液伺服阀，按制造商的推荐调节 P 口最低供油压力。

　　注：现行国家标准规定：“调节先导供油压力至 10MPa，除非制造商另有规定”。

　　d. 试验步骤。

　　（a）按以下步骤进行试验。

　　Ⅰ. 测量时可根据情况选择合适的压力传感器 20、25、36 和 41。保证（控制）每一被测流道（每一节流边）的压降为 0.5MPa（5bar）或 3.5MPa（35bar）[根据测定的从供油口 P 到回油口 T 的流量的情况可设置阀压降为 1MPa（10bar）或 7MPa（70bar）]。确保在整个循环周期内被测回路压降变化保持在 2%范围以内。在整个测量（循环）周期内，如果无法保持被测回路压降稳定（连续控制），则可采用逐点法人工记录。

　　Ⅱ. 使输入信号在任一极性最大输入信号到另一极性最大输入信号范围内多次输入测试，并检查输出流量是否在记录仪器的 Y 轴范围内。

　　Ⅲ. 确保在信号循环周期内不会产生任何影响测试结果的动态特性（即流量传感器及其输出信号和记录仪器的动态影响可忽略不计）。允许输入信号至少完成一个循环周期过程。

　　Ⅳ. 记录在一个循环周期内阀的输入信号及输出流量（流量特性）。

　　Ⅴ. 对每一流道重复上述试验步骤。

　　（b）用所获取的数据来确定下列特性。

　　Ⅰ. 额定信号下的输出流量；

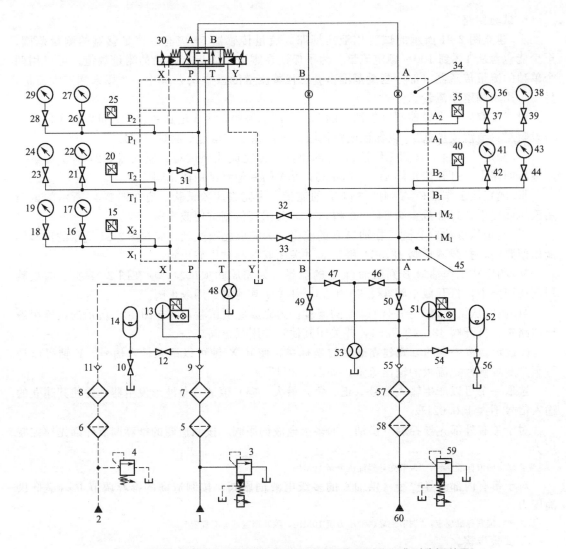

图 2-24 带附加液压动力源的电液伺服阀试验用液压回路（非对称阀芯用）

1—（主）液压动力源；2—（外部先导）控制液压源；3—（主油路）比例溢流阀；4—（先导控制油路）溢流阀；

5~8,57,58—过滤器；9,11,55—单向阀；10,12,54,56—液压蓄能器油路用截止阀；13,51—温度传感器；

14,52—液压蓄能器；15,20,25,35,40—压力传感器；16,18,21,23,26,28,37,39,42,44—压力表开关；

17,19,22,24,27,29,36,38,41,43—压力表；30—被试电液伺服阀（非对称阀芯）；31~33—备用截止阀；

34—转接油路块（安装座Ⅱ）；45—油路块（安装座Ⅰ）；46,47,49,50—测试用截止阀；

48,53—流量传感器；59—（附加油源）比例溢流阀；60—附加液压动力源

Ⅱ. 流量增益；

Ⅲ. 线性度；

Ⅳ. 迟滞（对于不同输入信号）；

Ⅴ. 死区特性（如果有的话，即阀芯遮盖状况）；

Ⅵ. 对称性；

Ⅶ. 极性。

（c）在无法检测输出流量的情况下，也可以用检测阀芯位移来替代，可以得到：

Ⅰ.额定信号下阀芯的位置；

Ⅱ.迟滞；

Ⅲ.极性。

⑤ 阈值特性试验。

a.概述。应进行本项试验，以得到阀对反向斜坡输入信号的响应。

b.试验回路。采用上述第④条 b 项中的试验用液压回路试验。

c.设定。选取一个合适的绘图机或者记录仪，使其 X 轴记录至少达到 25% 的额定流量的输入信号，其 Y 轴可以记录从 0 到 50% 的额定流量。

选取一个能产生直流偏置输入信号的三角波形发生器，并使设置的输入信号不大于 0.1Hz。

对于带有外部先导控制（供油）的多级电液伺服阀，按制造商的推荐调节外部先导控制压力。

注：现行国家标准规定："调节先导供油压力至 10MPa"。

对于带有内部先导控制（供油）的多级电液伺服阀，按制造商的推荐调节 P 口最低供油压力。

注：现行国家标准规定："调节先导供油压力至 10MPa，除非制造商另有规定"。

d.试验步骤。按以下步骤进行试验。

Ⅰ.在额定的阀压降下调节直流偏置信号和压力使输出流量为额定流量的 25%，然后逐渐减小输入信号到最小，同时要确保在此期间负载流量未发生变化。

Ⅱ.逐渐增加输入信号直到负载流量有明显的变化。

Ⅲ.当运行一个信号循环周期，记录负载流量和输入信号。

Ⅳ.对每一流道重复上述试验步骤。

⑥ 输出流量-阀压降特性试验。

a.应进行本项试验，以确定输出流量随阀压降变化的特性。

b.试验回路。

Ⅰ.从等流量工作油口输出流量—对称阀芯。

建立图 2-21 所示的试验用液压回路，打开截止阀 48、49 和 54，并关闭其他测试用截止阀。

Ⅱ.从非等流量工作油口输出流量—非对称阀芯。

采用图 2-24（原图 5）所示的带附加液压动力源的电液伺服阀试验用液压回路（非对称阀芯用）进行（完成）本项试验。在本项试验中，对液压阀的描述一般仅限于测试用截止阀 46、47、49 和 50。

c.设定。如图 2-25（原图 6）所示，选取一个合适的绘图机或者记录仪，通过合理利用传感器 20、25、35 和 40，使其 X 轴可以记录阀压降，使其 Y 轴至少可以记录从 0 到 3 倍额定流量范围的数值。

对于带有外部先导控制（供油）的多级电液伺服阀，按制造商的推荐调节外部先导控制压力。

注：现行国家标准规定："调节先导供油压力至 10MPa"。

对于带有内部先导控制（供油）的多级电液伺服阀，按制造商的推荐调节 P 口最低供油压力。

注：现行国家标准规定："调节先导供油压力至 10MPa，除非制造商另有规定"。

d.试验步骤。

（a）从等流量工作油口输出流量—对称阀芯。

按以下步骤进行试验。

Ⅰ.使输入信号在其整个范围内缓慢（逐步）地循环变化几次。

Ⅱ.调节阀压降使其尽可能的小。

Ⅲ.调节输入信号为正额定值（的100%）。

Ⅳ.通过连续缓慢地调节比例溢流阀3，使P口压力逐渐增大到额定压力，同时阀压降也随之缓慢增大。由此可得到在额定（正）输入信号的条件下输出流量-阀压降的曲线图。然后降低P口压力到尽可能低并在图上做好相应记录。

Ⅴ.如图2-25所示，在75%、50%和25%的额定输入信号下，重复本项试验。

Ⅵ.在负输入信号的条件下，重复试验步骤Ⅲ到Ⅴ。

Ⅶ.对于带内部压力补偿装置的电液伺服阀，进行上述试验，确定负载压力补偿装置的效果，如图2-26所示。

（b）从非等流量工作油口输出流量—非对称阀芯。

按以下步骤进行试验。

Ⅰ.打开截止阀46和49，并关闭截止阀47和50。

Ⅱ.使输入信号在整个范围内缓慢（逐步）地循环变化几次。

Ⅲ.调节阀压降使其尽可能的小。

Ⅳ.设置（正）输入信号为额定值（的100%）以给出从P口到A口的流量。

Ⅴ.通过逐步缓慢地调节比例溢流阀3，使P口压力逐渐增大到额定压力，同时阀压降也随之缓慢增大。在每次调节时，根据监测流量传感器48和53间流量比例关系，通过调整（附加油源）比例溢流阀59来改变附加液压动力源的供给，使通过流量传感器48和53的流量能保持一定的比例。如果无法确认（定）流量比例，可以采用1.7∶1的流量比例来绘制从P口到A口的流量（通过传感器53测量）与阀压降的曲线图。

Ⅵ.如图2-25所示，在75%、50%和25%额定输入信号下，重复本项试验。

Ⅶ.如图2-24所示，打开截止阀47和50，并关闭截止阀46和49，在负输入信号的条件下，以相反的流量比重复步骤Ⅳ到Ⅵ。

Ⅷ.对于有完整压力补偿的电液伺服阀，重复以上试验步骤，确认加载压力补偿装置效果，如图2-26（原图7）所示。

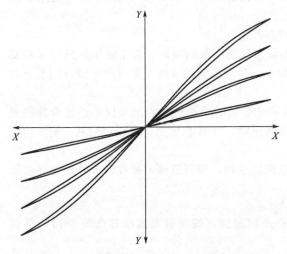

图2-25 不带内部压力补偿的输出流量特性曲线

X—阀压降；Y—输出流量

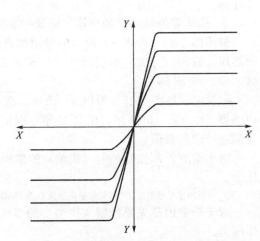

图2-26 带内部压力补偿的输出流量特性曲线

X—阀压降；Y—输出流量

⑦ 极限功率特性试验。

a.概述。此试验是用来确认在阀的极限功率下阀芯的位置反馈信号。对于不带阀芯位置反馈的阀，其可以参考第⑥条 d 在 100％的额定信号下的曲线图。

极限功率特性试验（目的）是因在液动力的作用下阀芯无法维持原来的位置，电液伺服阀也因此无法维持原来的流量和压力。为了确认在何种极限条件下具有阀芯位置反馈的电液伺服阀能确切地维持阀芯位置，应进行以下试验。

b.试验回路。

Ⅰ.从等流量工作油口输出流量—对称阀芯。建立图 2-21 所示的试验用液压回路，打开节流阀 48、49 和 54，并关闭其他测试用截止阀。

Ⅱ.从非等流量工作油口输出流量—非对称阀芯。采用图 2-24（原图 5）所示的试验用液压回路进行（完成）本项试验。如果此液压回路无法满足试验，可以选用图 2-21 所给出的液压回路，并按下述油口单独供油——非对称阀芯的一种替代测试方法的步骤进行试验。如果选用后者进行试验，既需要观察监测直动式输入级的电流，也需要观察监测先导式输出级的先导压力。

c.设定。如图 2-27（原图 8）所示，其为理想条件下阀芯位置图。选取一个合适的绘图机或者记录仪，使其 X 轴可以记录阀压降，使其 Y 轴至少可以记录从 0 到 3 倍额定流量范围的数值。

对于带有外部先导控制（供油）的多级电液伺服阀，按制造商的推荐调节外部先导控制压力。

注：现行国家标准规定："调节先导供油压力至 10MPa"。

对于带有内部先导控制（供油）的多级电液伺服阀，按制造商的推荐调节 P 口最低供油压力。

注：现行国家标准规定："调节先导供油压力至 10MPa，除非制造商另有规定"。

d.试验步骤。

（a）从等流量工作油口输出流量—对称阀芯。

按第⑥条从等流量工作油口输出流量—对称阀芯试验步骤进行试验。当每次提供的输入信号使阀无法保持闭环位置控制而阀芯开始移动时，标记此点。连接所有标记点即可得到极限功率特性曲线，如图 2-27（原图 8）所示。如果无法观察监测阀芯的位置，可以通过以下方式记录极限点。

Ⅰ.叠加一个低频的小正弦信号（±5％），其典型频率为 0.2～0.4Hz。

Ⅱ.缓慢增加阀的供油压力，当正弦运动停止或流量突然减小时，标记出该点。

（b）从非等流量工作油口输出流量—非对称阀芯。按以下步骤进行试验。

重复第⑥条从非等流量工作油口输出流量—非对称阀芯试验步骤，当每次提供的输入信号使阀无法保持闭环位置控制而阀芯开始移动时，标记此点。连接所有标记点即可得到极限功率特性曲线，如图 2-27（原图 8）所示。如果无法观察监测阀芯的位置，可以通过以下方式记录极限点。

Ⅰ.叠加一个低频的小正弦信号（±5％），其典型频率为 0.2～0.4Hz。

Ⅱ.缓慢增加阀的供油压力，当正弦运动停止或流量突然减小时，标记出该点。

（c）油口单独供油——对非对称阀芯的一种替代测试方法。按以下步骤进行试验。

Ⅰ.建立图 2-21 所示的试验用液压回路，打开节流阀 49 和 55，并关闭其他测试用截止阀。

Ⅱ.施加 100％（的额定）输入信号以使产生 P 口到 A 口的流量。

Ⅲ.通过连续缓慢地调节比例溢流阀 3，使 P 口压力逐渐增大到额定压力，同时阀压降也随之缓慢增大。监测如下内容。阀的压降（从 P 口到 A 口）。阀的流量。既需要观察监测直动式输入级（阀）的电流，也需要观察监测先导式输出级（阀）的先导压力。

Ⅳ.用电子表格或其他类似方式，在整个压力范围内记录 7～10 个点的以上数值。

Ⅴ.对于每一个记录点，按设计流量比例确定（计算）从 B 口到 T 口的流量，如果没有流量比例指标，可以使用 1.7∶1 的流量比例。

Ⅵ.打开节流阀 33、50 和 56，并关闭其他测试用截止阀，对每一个在步骤Ⅴ记录的点，为确定（计算）从 B 口到 T 口的流量，需要测量从 B 口到 T 口的压降及直动式输入级（阀）的电流或先导式输出级（阀）的先导压力。

Ⅶ.在供油停止（关闭）时，测量直动式输入级（阀）的电流或先导式输出级（阀）的先导压力，从步骤Ⅵ得到的数值减去此数值就是该阀的净值。

Ⅷ.阀的总压降值需加上在步骤Ⅲ和Ⅵ中所记录的压降值，以此数据绘制阀总压降-P 口到 A 口的流量曲线。

Ⅸ.总的电磁阀的电流或者总的先导压力需加上在步骤Ⅲ和Ⅶ的对应数值，以此数据绘制总的电磁阀的电流或者总的先导压力-P 口到 A 口的流量曲线。通过此数据判断 P 口至 A 口的流量最大值不要超过电磁的额定流量最大值或者放大器的极限输出流量中两者小的那个，亦可以参考供应商所推荐的先导压力最小值。

Ⅹ.用步骤Ⅷ所生成的图表及步骤Ⅸ中所得出的流量确认阀的总压力。

Ⅺ.在全范围的输入信号下，重复步骤Ⅱ到Ⅹ，以此可以产生与步骤Ⅹ对应的一系列数值。建立 X-Y 坐标系图来表示阀的液压功率性能（容量或极值）。

Ⅻ.重复步骤Ⅰ到Ⅺ，以记录从 P 口到 B 口的流量和 A 口到 T 口的流量，但试验时需要在步骤Ⅰ中打开截止阀 48 和 56，并关闭其他测试用截止阀；同理，在步骤Ⅵ中打开截止阀 34 替换 50，并关闭其他测试用截止阀。

⑧ 输出流量或阀芯位置-油液温度特性试验。

a.概述。应进行本项试验，以确定输出流量随油液温度变化的特性。

b.试验回路。建立图 2-21 所示的试验用液压回路，打开截止阀 48、49 和 54，并关闭其他测试用截止阀。

c.设定。采用连续绘制/记录的方法，选择适当量程的记录仪，使其 X 轴可以记录从 20℃到 70℃的油液温度范围，其 Y 轴记录至少达到从 0 到额定流量的输出流量，如图 2-28（原图 9）所示。

对于带有外部先导控制（供油）的多级电液伺服阀，按制造商的推荐调节外部先导控制压力。

注：现行国家标准规定："调节先导供油压力至 10MPa"。

对于带有内部先导控制（供油）的多级电液伺服阀，按制造商的推荐调节 P 口最低供油压力。

注：现行国家标准规定："调节先导供油压力至 10MPa，除非制造商另有规定"。

应特别注意避免使（压缩）空气进入阀内。

d.试验步骤。按以下步骤进行试验。

Ⅰ.在开始试验之前使阀和放大器在 20℃的恒温环境下至少放置 2h。

Ⅱ.调整输入信号，在额定的阀压降条件下，使输出流量为额定输出流量的 10％。在试验期间，阀压降（应）一直保持在额定值。

Ⅲ.如图 2-28（原图 9）所示，测量并记录输出流量和油液温度。

Ⅳ.通过调节试验台油液温度控制装置，使油液温度按大致 10℃/h 升高温。

Ⅴ.持续记录在上述步骤中图 2-28 中的参数，直到油液温度达到 70℃。

Ⅵ.在设定初始流量为额定流量的 50％情况下，重复上述试验后 4 步。

⑨ 压力增益-输入信号特性试验（还适用于比例控制阀）。

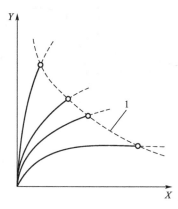

图 2-27 极限功率曲线

X—阀压降；Y—输出流量；
1—极性功率

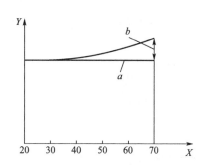

图 2-28 输出流量-流体温度特性曲线

X—流体温度；Y—输出流量；a—输出流量
设定值；b—输出流量变化（改变）值

a.概述。本项试验的目的是确定工作油口 A 和 B 的压力增益-输入信号的特性。如果是正遮盖阀芯的电液伺服阀，则不做该项试验。

b.试验回路。建立图 2-21 所示的试验用液压回路，打开截止阀 54，并关闭其他测试用截止阀。

c.设定。采用连续绘制/记录的方法，选择适当量程的记录仪，使其 X 轴能记录至少最大输入信号±10％的数据，其 Y 轴可以记录从 0 到 10MPa（100bar）的压力，如图 2-29（原图 10）所示。

d.试验步骤。

选取一个能产生比额定输入信号幅值大±10％的三角波形发生器，并使其产生不大于0.01Hz 或更低频率的三角波形。

由于本项试验受到阀的泄漏特性和受压流体体积效应的影响，因此选择更低频率的三角波形可保证测试结果（数据）不受动态影响。

按以下步骤进行试验。

Ⅰ.调节供油压力至 10MPa（100bar）。

Ⅱ.调节输入信号（幅值），使阀芯通过阀的中位时有足够的行程，以便在两个工作油口 A 和 B 能有效地达到供油压力值，如图 2-29（原图 10）所示。

Ⅲ.记录 A、B 两个被封闭工作油口的压力值，标出各油口所对应的曲线。

Ⅳ.绘制出负载压差-输入信号的特性曲线，如图 2-30（原图 11）所示。

Ⅴ.观察从零开始输入信号每变化 1％对应的供油压力百分比变化及与之的负载压差变化来确认压力增益特性。

⑩ 压力零漂（仅适用于电液伺服阀）。

a.试验回路。采用第⑨条 b 项的液压回路进行试验。

b.试验步骤。按以下步骤进行试验。

Ⅰ.当供油压力达到 P 口所能允许最大压力的 40％时，调节输入信号使 A、B 口压力相等，记录此时阀的输入信号。

Ⅱ.设定供油压力为 P 口所能允许最大压力的 20％时，重复上步试验。

Ⅲ.设定供油压力为 P 口所能允许最大压力的 60％时，重复上步试验。

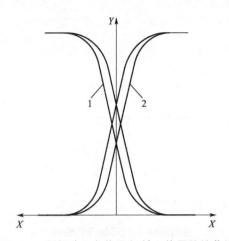

图 2-29　封闭油口负载压力-输入信号特性曲线

X—输入信号；Y—（封闭油口负载）

压力；1—B 口压力；2—A 口压力

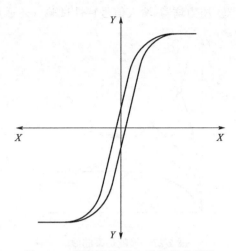

图 2-30　负载压差-输入信号特性曲线

X—输入信号；Y—负载压差

　　c. 结论（推论）。以最大输入信号百分比表示的输入信号的变化，以形成随供油压力改变的压力零漂，其可以通过供油压力每兆帕的百分比表示。

　　⑪ 故障保护功能试验。

　　按以下步骤进行试验。

　　a. 检验阀固有的故障保护特性，例如在输入信号的丢失、电功率的损失或降低、液压功率的损失或降低、反馈信号的丢失。

　　b. 通过监测阀芯位置，来检验安装在阀内的任何一个专用的故障保护功能装置的性能。

　　c. 如有必要，选择不同的输入信号重复上述试验。

　　（2）动态试验

　　① 概述。

　　此试验需进行下面③条至⑤条所述的试验内容，用以确定电液伺服阀的瞬态特性（阶跃响应）和频率特性（频率响应）。

　　选择下列 a、b 或 c 三种方法（步骤）之一获取反馈信号。

　　a. 可使用流量传感器 51 的输出信号作为反馈信号。流量传感器的频带宽至少（应）大于包括受压流体体积效应在内的最高试验频率的 3 倍。也可以选用低摩擦力（起动压力不超过 0.3MPa）、小惯性执行元件的速度传感器的输出信号作为反馈信号，但其频带宽要大于上面所述的要求。当采用直流偏置输入信号时，不应该使用线性运动的执行元件（即液压缸）。应使 A、B 口到流量传感器或执行元件（机构）的管路长度尽可能的短。

　　b. 如果阀带有内置的阀芯位移传感器，而没有内置式压力补偿流量控制器，则可把阀芯位移信号作为反馈信号。

　　c. 如果阀不带内置的阀芯位移传感器，也没有内置式压力补偿的流量控制器，有必要在阀上安装外部阀芯位移传感器和相应的信号调节装置。只要外加的传感器不影响阀的频率响应，则可将阀芯位移信号作为输出信号。

　　使用上述 a、b 和 c 三种方法会得到不同的结果。在记录试验报告的数据时，要注明所使用的方法。

对于带有外部先导供油的多级阀，建议配置外部测试点，在使用以上三种方法试验时，以便得到更加完善的可比数据。

② 试验回路。

建立图 2-21 所示的试验用液压回路，打开截止阀 48、49 和 54，并关闭其他测试用截止阀，并可按上述 a 所述的内容，使用流量传感器 51 代替线性运动的执行元件（机构）。

液压动力源和配管要设置合理，以使阀压降在频率响应和阶跃响应试验中可以维持在设定值的 ±25% 以内。在本项试验中液压动力源配置液压蓄能器是必要的。

③ 对阶跃输入信号的瞬态响应试验（阶跃响应-输入信号的变化特性试验）。

a. 设定。选取合适的示波器或者其他电气设备用来记录负载流量-时间和阀的输入信号-时间数据，如图 2-31（原图 12）所示。（注：图 2-31 中没有输入信号-时间的图）

通过信号发生器输出一段时长的方波信号，以使负载流量可以在该时间内达到稳态。

b. 试验步骤。按以下步骤进行试验。

Ⅰ. 对于采用外部先导压力控制的多级阀，设定先导压力为最大额定先导压力的 20% 进行试验，并且在最大额定先导压力的 50% 及 100% 条件下，重复进行同样的试验。

Ⅱ. 在额定流量 50% 的条件下，通过调节输入压力实现额定（阀）压降。

Ⅲ. 设定信号发生器，按表 2-81（原表 3）中试验序号 1 的内容，选取负载流量开始及结束数值进行试验。

表 2-81　阶跃输入函数（输入步骤功能）

试验序号	额定流量的百分数/%	
	开始试验时额定流量的百分数	结束试验时额定流量的百分数
1	0	+10
	+10	0
2	0	+50
	+50	0
3	0	+100
	+100	0
4	+10	+90
	+90	+10
5	+25	+75
	+75	+25
6	0	−10
	−10	0
7	0	−50
	−50	0

试验序号	额定流量的百分数/%	
	开始试验时额定流量的百分数	结束试验时额定流量的百分数
8	0	-100
	-100	0
9	-10	-90
	-90	-10
10	-25	-75
	-75	-25
11	-10	+10
	+10	-10
12	-90	+90
	+90	-90

Ⅳ.使信号发生器输出相同的数值,并允许至少重复试验一次。

Ⅴ.在正负区间范围内,分别记录每次试验中负载流量-时间和阀的输入信号-时间的数值(轨迹)。

Ⅵ.确保可以在记录界面显示完整的响应曲线。

Ⅶ.按表 2-81(原表 3)中试验序号 2~12 的数值设定负载流量,重复上述步骤的试验。

④ 对负载变化的响应试验(阶跃响应-负载变化特性试验)。

此项试验仅适用于带有完整(内置)压力补偿器的阀的测试。

a.试验回路。按本节所述回路进行试验,但需添加一个与流量计 51 串联的电调制加载阀 52,此加载阀的已知响应时间应小于被试阀的响应时间的 30%。

b.设定。选取合适的示波器或者其他电气设备用来记录负载流量-时间和加载阀的输入信号-时间数据,如图 2-32(原图 13)所示。

c.试验步骤。按以下步骤进行试验。

Ⅰ.对于采用外部先导压力控制的多级阀,设定先导压力为最大额定先导压力的 20%进行试验,并且在最大额定先导压力的 50%及 100%条件下,重复进行同样的试验。

Ⅱ.使被试阀的输入压力达到阀的额定最大压力。

Ⅲ.调节被试阀的输入信号和加载阀的信号,在负载压力为规定的最大负载压力的 50%的情况下,使其达到额定流量的 50%。

Ⅳ.调节加载阀信号电平值,使加载阀的负载压力在规定的最大负载压力的 50%~100%区间范围内变化,记录负载流量的瞬态特性,如图 2-32(原图 13)所示。

Ⅴ.使加载阀的负载压力在最小压力值(零负载压力)至规定的最大负载压力的 50%区间范围内变化,重复进行以上各步骤试验。

⑤ 频率响应试验。

a.概述。此项试验用来测定阀的输入信号与负载流量之间的频率响应特性。

b.设定。选取合适的频率响应分析仪或者其他电气设备,采用正弦测试信号来测量幅值比和相位滞后。

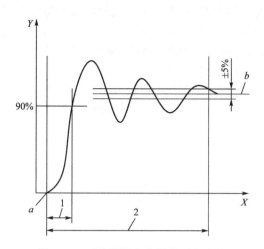

图 2-31 对阶跃输入信号的瞬态响应

X—时间；Y—流量或阀芯位置；

1—上升时间；2—瞬态恢复时间

（作者注：其与 GB/T 15623.1—2003 中不同）；

a—开始；b—稳态流量

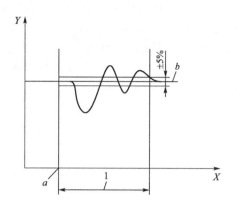

图 2-32 阶跃响应特性曲线

（对负载压力阶跃的瞬态响应）

X—时间；Y—流量；1—瞬态恢复时间；

a—开始；b—稳态流量

连接设备，使其能够测量阀的输入信号和反馈信号（见图 2-33）（原图 14）。

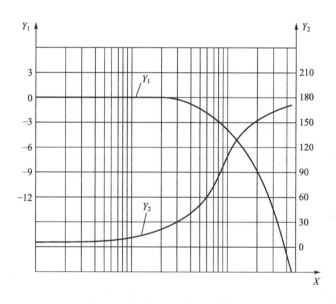

图 2-33 频率响应特性曲线

X—输入信号的频率；Y_1—振幅比；Y_2—相位移（滞后）

c.试验步骤。按以下步骤进行试验。

Ⅰ.对于采用外部先导压力控制的多级阀，设定先导压力为最大额定先导压力的 20% 进行试验，并且在最大额定先导压力的 50% 及 100% 条件下，重复进行同样的试验。

Ⅱ.调节阀的供油压力和直流偏置输入信号，使阀在额定流量的 50% 条件下达到额定（阀）压降。

Ⅲ. 在直流偏置输入信号上叠加一个正弦信号，调整输入信号使其振幅足以产生稳态状态下额定流量幅（峰）值的±5%的输出流量。这些可以通过第④条的测量试验中确定。选择反馈信号的频率测量范围应满足以下要求：最小频率应大于相位滞后为90°时频率的5%；最大频率应至少是相位滞后为180°时频率，直到这个点不能稳定测量。

Ⅳ. 在相同的频率范围内，检查反馈信号的振幅的减小量至少是10dB。

Ⅴ. 按每10倍频20s到30s的时间，对正弦输入信号的试验频率从最低到最高进行扫描，在每次完成（整）扫描过程中始终保持正弦输入信号的幅值不变。

Ⅵ. 按表2-82（原表4）所示的其他条件，重复上述前5步的试验。

表 2-82　频率响应试验（正弦信号函数）

阀类型 （阀芯遮盖状况）	在输入直流偏置信号情况下的流量偏差 （按额定流量百分数计）	叠加了正弦信号后的流量振幅 （按额定流量百分数计）
零遮盖阀	0	±5 ±10 ±25 ±100
	+50	±5 ±10 ±25
	-50	±5 ±10 ±25
正遮盖阀	+50	±5 ±10 ±25
	-50	±5 ±10 ±25

（3）可靠性试验

① 概述。

耐久性试验应在供油压力等于阀的最高供油压力，同时工作油口 A 和 B 封闭的情况下进行。

② 设定。

为阀提供供油压力，并且使输入电信号在最大正、负极值之间正弦变化。选定输入电信号的频率，使封闭油口压力上升到至少为每个循环峰值下供油压力的 90%。

③ 试验步骤。

按以下步骤进行试验。

a. 在上述选定的频率下，对阀进行连续试验，次数不少于 $10×10^6$ 次循环。

b. 在结束耐久性试验后，进行产品验收试验，以确定性能降低的程度。

c. 记录总的循环次数和性能降低的程度。

（4）压力脉冲试验

① 根据阀预期的额定疲劳压力，在工作油口封闭情况下，采用下列试验条件对阀的供油口 P 施加压力脉冲，次数不少于 $10×10^6$ 次循环。

a.压力脉冲的幅值在回油压力［不得大于 $0.35\mathrm{MPa}(3.5\mathrm{bar})$］和供油压力的（$100\pm5$）％之间，并限制压力上升速率，以免造成超调和气蚀。至少在每个循环的半个周期内，保持供油压力。

　　b.在试验的前半周期内，施加正向额定输入信号；而在试验的后半周期内，施加反向额定输入信号。

　　② 在结束压力脉冲试验后，对阀进行稳态（静态）试验，以确定性能降低的程度。

　　③ 记录总的循环次数和性能降低程度。

第 **3** 章 | 电液伺服阀控制液压缸设计与制造

3.1 电液伺服控制液压缸概论

电液伺服控制液压缸（或简称为伺服液压缸）是电液伺服控制液压缸（控制）系统中的关键部件之一，其结构及其动态特性直接影响系统的性能和使用寿命。伺服液压缸与电液伺服阀常常安装在一块（集成在一起）或两者较近安装（连接），以便缩短管路连接距离和提高控制的灵敏度。

尽管本章通过对电液伺服阀控制液压缸的分析，试图为伺服液压缸技术要求即伺服液压缸设计提供理论依据，但对伺服液压缸的定义及分类，更是作者提出伺服液压缸技术要求，伺服液压缸的标准化、系列化和模块化设计的技术基础。

3.1.1 电液伺服控制液压缸的定义及特点

根据本书在第 1.3.2 节一些术语和定义的辨正（具体请见第 1.3.2.9 节），作者指出现行各标准中"伺服液压缸"这一术语和定义都存在问题。

关于电液伺服控制液压缸或简称为伺服液压缸作者试给出如下定义：缸进程、缸回程运动和/或停止根据指令运行的液压缸。其中，指令中既可能指出所需的下一位置值，也可能指出移到该位置所需的进给速度，或可能指出其保持在预定位置上（附近）的时间、振幅和/或频率。并且，在一定条件下，将液压助力器、液压作动筒、作动器、伺服作动器、电液伺服作动器、液压伺服作动器等看作是电液伺服控制液压缸或伺服液压缸的同义词。

根据电液伺服控制液压缸或伺服液压缸在相关标准中的定义以及本书给出的定义，电液伺服控制液压缸或伺服液压缸应具有如下特点。

① 缸进程、缸回程运动和/或停止是根据指令运行（控制）的。

② 一般设计有内置（式）或外置（式）传感器。

③ 技术要求中包含动态性能要求，即瞬态特性（阶跃响应）和频率特性（频率响应）要求。

④ 具有低的起动压力、运行摩擦力，或还应具有小的惯性。

⑤ 具有足够的强度和刚度以及使用寿命。

⑥ 与电液伺服阀集成在一起或较近安装。

⑦ 安装和连接牢固可靠且具有尽可能小的游隙。

作者注：参考文献 [11] 中指出："试验机用的液压缸应在结构上保证寿命较长、灵敏度较高、摩擦力较小，以免在试验中产生非线性等现象。在作动态试验的试验机中，除上述要求外，还要求动态性能好，即液压缸的固有频率较高。所以在结构上有特殊要求"，或可作为参考。

有参考文献给出了伺服液压缸与传动液压缸的区别，或对把握伺服液压缸的特点能有一些帮助，具体见表 3-1。

表 3-1　伺服液压缸与传动液压缸的区别

区别		伺服液压缸	传动液压缸
功用不同		作为控制执行元件，用于高频下驱动负载，实现高精度、高响应伺服控制	作为传动执行元件，用于驱动工作负载，实现工作循环运动，满足常规运动速度及平稳性要求
强度与结构方面	强度	满足工作压力和高频冲击压力下的强度要求	满足工作压力和冲击压力下的强度要求
	刚度	要求高刚度	一般无特别要求
	稳定性	满足压杆高稳定性要求	满足压杆稳定性要求
	导向	要求优良的导向性能，满足高频下的重载、偏载要求	要求良好的导向性能，满足重载、偏载要求
	连接间隙	连接部位配合优良，不允许存在间隙	连接部位配合优良，无较大间隙
	缓冲	伺服控制不碰缸底，不必考虑缓冲装置	高速运动缸应考虑行程终点缓冲
	安装	除考虑与机座及工作机构的连接，还应考虑传感器及伺服控制阀块的安装	只需考虑缸体与机座、活塞杆与工作机构的连接
性能方面	摩擦力	要求很低的起动压力和运动阻力	要求较小的起动压力
	泄漏	不允许外泄漏，内泄漏很小	不允许外泄漏，内泄漏较小
	寿命	要求高寿命	要求较高工作寿命
	清洁度	要求很高清洁度	要求较高清洁度

作者注：1. 表 3-1 摘自参考文献 [72]。

2. 作者没有查到"传动液压缸"这一术语的出处，且认为这样对液压缸进行分类应无根据。

但是作者不同意表 3-1 中："伺服控制不碰缸底，（伺服液压缸）不必考虑缓冲装置"这样的表述。因为在一些情况下，如电液伺服阀出现故障时，伺服液压缸确实可能出现严重的撞击缸底或缸头的现象，致使伺服液压缸损坏，这种情况作者不止一次见过。

参考文献 [11] 指出："作动态试验的液压缸，若体积较大将降低液压缸的固有频率，因此一般不设置缓冲装置以避免为此降低系统的动态性能。而在高速或大惯量的情况下，液压缸必须装缓冲装置以免引起撞缸或瞬时压力上升过高等现象。"

实际上，在该参考文献中列举的国内外伺服液压缸中，海德科液压缸伺服液压缸和阿托斯（Atos）伺服液压缸中都有带缓冲的。

表 3-1 中还有一些值得商榷的地方，如运行状态（况）、泄漏等，但因在本书其他部分对此类问题已有表述，此处不再赘述。

3.1.2　电液伺服控制液压缸的组成与分类

根据在 GB/T 32216—2015 中："本标准适用于以液压油液为工作介质的比例/伺服控制的活塞式和柱塞式液压缸（以下简称液压缸或活塞缸、柱塞缸）"，以活塞缸为例，其组成一般应包括：缸体（筒）、活塞、活塞杆、缸盖、缸底、导向套、密封装置、缓冲装置、放气装置、锁紧与防松装置、内置（式）或外置（式）传感器等，如将电液伺服阀集成于活塞缸上，则还应包括电液伺服阀、油路块及配管等。

对液压缸包括伺服液压缸进一步分类（划分下位类）很困难，现在通常所说的标准液压缸应包括以下各种液压缸。

a. GB/T 24946—2010《船用数字液压缸》标记示例

公称压力为 16MPa，缸径 100mm，杆径 63mm，行程 1100mm，脉冲当量 0.1mm/脉冲的船用数字缸：

数字缸　GB/T 24946—2010　CSGE100/63×1100-0.1

b. JB/T 2162—2007《冶金设备用液压缸（$PN \leqslant 16MPa$）》标记示例

液压缸内径 $D = 50mm$，行程 $S = 400mm$ 的脚架固定式液压缸：

液压缸　G50×400　JB/T 2162—2007

c. JB/T 2184—2007《液压元件　型号编制方法》附录 A 中示例 5

单作用活塞式液压缸，额定压力为 16MPa，缸径为 50mm，行程为 500mm，进出油口螺纹连接活塞端部耳环安装，行程终点阻尼，活塞杆直径 25mm，结构代号为 0，设计序号为 1：

型号为：HG-E50×500L-E25ZC1

d. JB/T 6134—2006《冶金设备用液压缸（$PN \leqslant 25MPa$）》标记示例

液压缸内径 $D = 160mm$，活塞杆直径 $d = 100mm$，行程 $S = 800mm$ 的端部脚架式液压缸：

液压缸　G-160/100×800　GB/T 6134—2006

液压缸内径 $D = 200mm$，活塞杆直径 $d = 160mm$，行程 $S = 1000mm$ 的前端固定耳轴式液压缸：

液压缸　B1-200/160×1000　GB/T 6134—2006

液压缸内径 $D = 125mm$，活塞杆直径 $d = 90mm$，行程 $S = 900mm$ 的装关节轴承的后端耳环式液压缸：

液压缸　S1-125/90×900　GB/T 6134—2006

e. JB/T 9834—2014《农业双作用液压油缸　技术条件》标记示例

压力等级为 16MPa，缸径为 80mm，活塞杆直径为 35mm，有效行程为 600mm 和具有定位功能的双作用油缸：

DGN-E80/35-600-S

f. JB/T 11588—2013《大型液压油缸》标记示例

公称压力 16MPa，液压油缸内径 900mm，活塞杆外径 560mm，工作行程 2000mm，中间耳轴安装型式，有缓冲，采用矿物油的大型液压油缸：

DXG16-900/560-2000-MT4-E　大型液压油缸　JB/T 11588—2013

g. JB/T 13141—2017《拖拉机　转向液压缸》（待发布）

h. CB/T 3812—2013《船用舱口盖液压缸》标记示例

公称压力为 25MPa、缸筒内径为 220mm，活塞杆外径为 125mm，活塞行程为 450mm，两端内螺纹舱口盖液压缸：

船用舱口盖液压缸　CB/T 3812—2013　CYGa-G220/125×450

公称压力为 28MPa、缸筒内径为 125mm，活塞杆外径为 70mm，活塞行程为 400mm，头段焊接缸盖端内卡键舱口盖液压缸：

船用舱口盖液压缸　CB/T 3812—2013　CYGb-H125/70×400

i. QC/T 460—2010《自卸汽车液压缸技术条件》型号示例

例1：HG-E200×630EZ-1

HG——单作用活塞式液压缸；

E——压力级别，16MPa；

200——液压缸内径，mm；

630——行程，mm；

E——上部安装方式为耳环式；

Z——下部安装方式为铰轴式；

1——第一次设计的产品。

例 2：4TG-E150×4600Z-2

　　4——液压缸伸出级数为 4；

　TG——单作用伸缩式套筒液压缸；

　　E——压力级别，16MPa；

　150——第一级套筒外径，mm；

4600——总行程，mm；

　　Z——上、下部安装方式为铰轴；

　　2——第二次设计的产品。

　　在 QC/T 460—2010《自卸汽车液压缸技术条件》中规定液压缸主参数代号用缸径乘以行程表示，单位为毫米（mm），活塞缸缸径指缸的内径，柱塞缸的缸径指柱塞直径，套筒缸缸径指伸出第一级套筒直径，行程指总行程。

　　通常液压缸的型号由两部分组成，前部分表示名称和结构特征，后部分表示压力参数、主参数及连接和安装方式。在液压缸型号中允许增加第三部分表示其他特征和其他详细说明。

　　在 JB/T 2184—2007《液压元件　型号编制方法》中规定液压缸的主参数为缸内径×行程，单位为 mm×mm。

　　除数字液压缸和/或伸缩缸（伸缩式套筒液压缸）外，其他或可称为普通液压缸以便与以下伺服液压缸区别。

　　因现在与伺服液压缸相关标准如 GB/T 32216—2015、JB/T 10205—2010、DB44/T 1169.1—2013 和 DB44/T 1169.2—2013 等都没有较为准确地对伺服液压缸进行分类，更没有给出型号，因此，作者根据（参考）以上标准及 HB 0—83—2005、JB/T 2184—2007 等其他标准，试对电液伺服控制液压缸（或简称为伺服液压缸）进行分类并给出型号，同时对如此分类及型号编制加以说明。

　　根据 JB/T 10205—2010 中的分类："液压缸以工作方式划分为单作用缸和双作用缸两类"，现将伺服液压缸也划分为单作用伺服液压缸和双作用活塞式伺服液压缸。

作者注："双作用活塞式液压缸"又见于 GB/T 13342—2007。

　　对常见伺服液压缸的进一步分类（划分下位类）见表 3-2，其是否集成了电液伺服阀（组成复合元件）可用带与不带电液伺服阀表述，但一般不带电液伺服阀的可省略表述。

表 3-2　常见伺服液压缸分类

分类	下位类	说明
单作用伺服液压缸	柱塞式伺服液压缸	按"柱塞缸"定义，在活塞杆处密封
	单作用活塞式伺服液压缸	按"单作用缸"定义，在活塞和活塞杆处至少一处密封（一般应活塞密封）
双作用活塞式伺服液压缸	双作用单活塞杆伺服液压缸	按"双作用缸"和"单杆缸"定义，在活塞和活塞杆处皆密封
	差动伺服液压缸	按"差动缸"定义，其一般是"单杆缸"，但也可以是"双杆缸"，在活塞和活塞杆处皆密封
	双出杆伺服液压缸	按"双杆缸"定义，其包括等速伺服液压缸这一特例，在活塞和活塞杆处皆密封
	等速伺服液压缸	按"双杆缸"定义，其从两端伸出的活塞杆外径相等，在活塞和活塞杆处皆密封

作者注：定义见 GB/T 17446—2012，其中"双杆缸"与其索引"双出杆缸"不一致。

　　液压元件型号一律采用汉语拼音字母及阿拉伯数字编制，伺服液压缸型号拟由三部分组成，前部分表示伺服液压缸名称和结构特征，中部分表示伺服液压缸参数，后部分表示伺服液压缸其他特征和其他细节说明。

　　a. 伺服液压缸型号的前部分具体内容如下。

　　Ⅰ. 根据 JB/T 2184—2007 的规定，前项（数字）以阿拉伯数字表示伺服液压缸的活塞杆数，如双出杆伺服液压缸及等速伺服液压缸以阿拉伯数字"2"表示活塞杆数，单活塞杆缸的前项数字省略。

　　Ⅱ. 根据 JB/T 2184—2007 的规定，以代号 DC※G 表示伺服液压缸的名称，具体含义为电液伺服控制（DC）※液压缸（G）。※G 具体所指可参照 JB/T 2184—2007 的规定。

　　Ⅲ. 根据 JB/T 2184—2007 的规定，对集成了电液伺服阀的伺服液压缸这样组成的复合元件以代号 DC 表示，与伺服液压缸代号中间用斜线隔开，不带电液伺服阀的省略。

　　Ⅳ. 参照 JB/T 2184—2007 中关于结构代号的规定，以活塞杆密封型式为结构特征，拟规定间隙密封代号为 01、密封件（圈）密封代号为 02、其他密封型式代号为 03，但现在的编制没有遵守按伺服液压缸定型先后给定。

　　b. 伺服液压缸型号的中部分具体内容如下。

　　Ⅰ. 根据 JB/T 2184—2007 的规定，伺服液压缸的额定压力或公称压力其数值一般应符合 GB/T 2346—2003 的规定，代号按 JB/T 2184—2007 的规定，其中特殊规定 21MPa 以代号 F_1 表示。

　　Ⅱ. 根据 JB/T 2184—2007 的规定，液压缸的缸内径×行程为其主参数。但在伺服液压缸编号中，以缸内径/活塞杆外径×最大缸行程数值（阿拉伯数字）表示，且一般应符合 GB/T 2348—1993、GB/T 2349—1980 的规定。

　　Ⅲ. 根据 JB/T 2184—2007 的规定，连接和安装方式应以大写汉语拼音表示。但在伺服液压缸编号中，其安装代号一般应按 GB/T 9094—2006 规定，而没有按照 JB/T 2184—2007 的规定。

　　c. 伺服液压缸型号的后部分其他特征具体内容如下。

　　Ⅰ. 参照 JB/T 2184—2007 中关于行程端阻尼代号的规定，伺服液压缸行程端设置有固定式缓冲装置的以代号 ZC 表示、设置有可调节式缓冲装置的以代号 ZT 表示。在伺服液压缸行程端没有设置缓冲装置的则省略。

　　Ⅱ. 分别以汉语拼音字母 NZ 表示具有内置（式）传感器的、以 WZ 表示具有外置（式）传感器的伺服液压缸，没有设置传感器的则省略。

　　d. 伺服液压缸型号的后部分其他细节说明具体内容如下。

　　其他细节说明可包括：设计序号、制造商代号、工作介质、温度要求等，其标注方式由制造商确定。

　　Ⅰ. 工作介质（待定）。

　　Ⅱ. 密封材料（待选）。

　　Ⅲ. 制造商代号（待定）。

　　Ⅳ. 设计序号（待选）等。

　　e. 伺服液压缸型号示例：

2DCHG/DC01-$F_1$63/45×150MP5-ZCNZ□

各项内容含义：

　　　　　2——双出杆；

　　DCHG——电液伺服控制（DC）活塞式液压缸（HG）；

　　　　DC——带电液伺服阀；

01——活塞杆密封型式为间隙密封；

F_1——额定压力为 21MPa；

63/45×150——缸内径为 63mm，活塞杆外径为 45mm，最大缸行程 150mm；

MP5——带关节轴承，后端固定单耳环式；

ZC——缸行程端设置有固定式缓冲装置；

NZ——内置传感器；

□——其他细节说明（待定）。

在中船重工第七○四研究所《伺服油缸产品手册》中给出了含有十项内容的产品型号组成，或有一定参考价值。

产品型号组成：

$$1-2/3-4\ \boxed{5}\ \boxed{6}\ \boxed{7}\ \boxed{8}\ \boxed{9}\ \boxed{10}$$

各项内容含义：

1——产品主称，以 CFG 表示伺服油缸；

2——缸径，见表 3-3；

3——活塞杆杆径，见表 3-4；

4——活塞行程，见表 3-5；

5——安装形式，包括伺服油缸中装电阻式或差动变压器式位移传感器、磁致伸缩位移传感器；

6——额定工作压力，见表 3-6；

7——位移传感器安装型式，见表 3-7；

8——活塞杆结构型式，见表 3-7；

9——活塞杆端连接型式，见表 3-8；

10——密封（密封件材料与特性），见表 3-9。

表 3-3 缸径   mm

20	25	30	32	35	40	45	50	55	60	63	65	70	75
80	85	90	95	100	105	(220)	110	120	125	130	140	160	180
200	210	220	240	250	265	280	300	320	360	380	400	450	500

作者注：表中带圆括号的数字可能有误。

表 3-4 活塞杆杆径   mm

16	18	20	22	25	28	32	36	40	45	50	56	63	70
80	90	100	110	125	140	160	180	200	220	250	280	320	360

表 3-5 活塞行程   mm

20	25	30	35	40	45	50	55	60	65	70	75	80	85
90	95	100	110	125	130	140	150	160	180	200	220	250	300

注：可按客户需要的行程订货（单活塞杆式伺服缸行程可在 20～2500mm 间任意选择，双活塞杆式伺服缸行程可在 20～2000mm 间任意选择）。

表 3-6 额定工作压力   MPa

7	10	14	16	21	28

注：额定工作压力一般按 21MPa。

表 3-7　位移传感器安装型式和活塞杆结构型式

代号	位移传感器安装型式	代号	活塞杆结构型式
W	外装位移传感器	A	双向活塞杆
N	内装位移传感器	B	单向活塞杆

表 3-8　活塞杆端连接型式

代号	外螺纹	内螺纹	单耳球铰	Y 型接头	T 型接头
活塞杆端连接型式	1	2	3	4	5

作者注：在 GB/T 9094—2006 中没有规定"Y 型接头"、"T 型接头"这样的活塞杆端。

表 3-9　密封（密封材料与特性）

密封	密封材料	允许最大速度/(mm/s)	温度范围/℃
1	丁腈橡胶＋聚亚胺酯	500	−25～+100
2	氟橡胶＋聚四氟乙烯	1000	−25～+180
3	丁腈橡胶＋聚四氟乙烯	1000	−25～+100
4	丁腈橡胶＋聚四氟乙烯加填充物	4000	−25～+100

3.2 零遮盖四边滑阀（四通阀）控制双（出）杆缸

图 3-1 所示为零遮盖四边滑阀控制的双杆缸（或称对称液压缸）的原理。

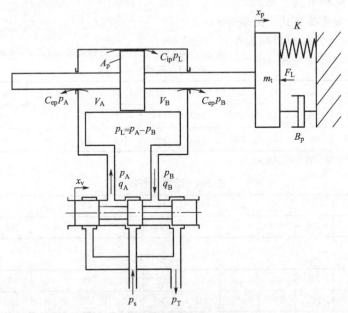

图 3-1　零遮盖四边滑阀控制的双杆缸

在电液伺服阀控制液压缸系统中，四通阀控对称缸是最为常见的一种组合，其也是系统中的关键部件。

3.2.1 基本假设

为了明晰电液伺服阀控制液压缸中的主要参数关系，下面作如下假设。

① 工作介质的温度、黏度和流体的体积弹性模量为常数。

② 液压动力源为理想恒压源，即供油压力 p_s 恒定（不变），回油压力为大气压。

③ 液压缸及配管各泄漏处的液流状态均为层流。

④ 四通阀与液压缸连接管路对称且短，管路通径足够大，可以忽略管路内工作介质动态和压力损失。

⑤ 四通阀负载流量方程是可以线性化的（即零开口或正开口特性）。

⑥ 各个主阀口是匹配和对称的。

⑦ 液压缸每个工作腔内压力处处相等。

3.2.2 基本方程

为了推导电液伺服阀控制液压缸的传递函数，需要建立以下三个基本方程。

a. 电液伺服阀（滑阀）的流量（线性）方程。

b. 液压缸流量连续性方程。

c. 液压缸与负载的力平衡方程。

(1) 滑阀的流量（线性）方程

依据假设条件，零位附近的四通阀的流量方程是能够线性化的，亦即位置控制伺服系统的动态分析经常是在零位工作条件下进行的，此时的增量与变量相等，所以可以用变量本身表示它们从初始条件下的变化量，则可将 $\Delta q_L = K_q \Delta x_v - K_c \Delta p_L$ 改写成：

$$q_L = K_q x_v - K_c p_L \tag{3-1}$$

式中 　q_L——负载流量；

　　　K_q——流量增益，表示在负载压力不变时，负载流量相对滑阀阀芯位移的变化率；

　　　x_v——滑阀位移，其在该系统中为输入量；

　　　p_L——负载压力，$p_L = p_A - p_B$；

　　　K_c——流量-压力系数，表示在滑阀阀芯位移不变时，负载流量相对负载压力的变化率。

由于进行了"各个主阀口是匹配和对称的"这样的假设，亦即对于匹配和对称的零遮盖四边滑阀来说，与液压缸连接的两个主油口的流量 q_A、q_B 均应等于负载流量 q_L。但因液压缸存在泄漏及压力容腔体内工作介质的可压缩性，实际上流入液压缸的流量 q_A 与流出液压缸的流量 q_B 并不相等，为了简化分析，现定义负载流量为：

$$q_L = \frac{q_A + q_B}{2} \tag{3-2}$$

流量线性方程是针对滑阀建立的，它反映了负载流量、滑阀阀芯位移和负载压力三者之间在某一工作点附近的线性关系。

(2) 液压缸流量连续性方程

依据假设条件，流入液压缸某一工作腔的流量 q_A 可为：

$$q_A = A_p \frac{dx_p}{dt} + C_{ip}(p_A - p_B) + C_{ep} p_A + \frac{V_A}{\beta_e} \times \frac{dp_A}{dt} \tag{3-3}$$

从液压缸另一腔流出的流量 q_B 可为：

$$q_B = A_p \frac{dx_p}{dt} + C_{ip}(p_A - p_B) - C_{ep} p_B - \frac{V_B}{\beta_e} \times \frac{dp_B}{dt} \tag{3-4}$$

式中　A_p——缸有效面积；

　　　x_p——液压缸（活塞）位移，其在该系统中为输出量；

　　　C_{ip}——液压缸内泄漏系数；

　　　C_{ep}——液压缸外泄漏系数；

　　　V_A——液压缸某一腔的（密闭容腔）容积，其包括了滑阀部分容腔及连接管路容积；

　　　V_B——液压缸另一腔的（密闭容腔）容积，其包括了滑阀部分容腔及连接管路容积；

　　　β_e——工作介质的等效体积弹性模量，其包括了容腔壁、管壁弹性变形的效应。

工作介质的等效体积弹性模量是一个综合性参数，一般难以准确确定。根据有关文献介绍，在一般计算中可取 $\beta_e = 6.9 \times 10^8 \, \text{N/m}^2$。

作者注：1. 参考文献［55］介绍："石油基液压油的弹性模量 $N = 1225.08 \sim 1372.09 \text{MPa}$。当液压油含有空气时，混合油液的弹性模量将降低。"

2. 参考文献［60］介绍："据经验，若工作液为石油基工作液，则体积弹性模量 β_e 取 $7 \times 10^8 \, \text{N/m}^2$，远低于石油基工作液 β_e 的理论数据 $(1.4 \sim 2) \times 10^9 \text{N/m}^2$。"

在式(3-3) 和式(3-4) 中，等号右侧的第一项是驱动活塞运动所需的流量，第二项是通过活塞密封产生的液压缸内泄漏流量，第三项是通过活塞杆密封产生的液压缸外泄漏量，第四项是因工作介质的压缩和腔体变形所需的流量。

根据式(3-2)～式(3-4) 可得：

$$q_L = \frac{q_A + q_B}{2} = A_p \frac{dx_p}{dt} + \left(C_{ip} + \frac{C_{ep}}{2}\right) p_L + \frac{1}{2\beta_e}\left(V_A \frac{dp_A}{dt} - V_B \frac{dp_B}{dt}\right) \tag{3-5}$$

进一步设液压缸总泄漏系数 $C_{tp} = C_{ip} + C_{ep}/2$；液压缸的总受压容积 $V_t = V_A + V_B$，且 $V_A = V_B$，亦即液压缸活塞处于行程的中间位置，则式(3-5) 可简写成：

$$q_L = A_p \frac{dx_p}{dt} + C_{tp} p_L + \frac{V_t}{4\beta_e} \times \frac{dp_t}{dt} \tag{3-6}$$

式(3-6) 是零遮盖四边滑阀（四通阀）控制双（出）杆缸的（负载）流量连续性方程的常用型式。

(3) 液压缸与负载的力平衡方程

电液伺服阀控制液压缸的动态特性受负载特性影响，负载力一般包括惯性力、黏性阻尼力、弹性力和外负载力。

液压缸的输出力与负载力的平衡方程为：

$$A_p p_L = m_t \frac{d^2 x_p}{dt^2} + B_p \frac{dx_p}{dt} + K x_p + F_L \tag{3-7}$$

式中　m_t——活塞的总质量，其包括了折算到活塞上的总惯性负载（等效）质量；

　　　B_p——活塞、活塞杆及负载的总（等效）黏性阻尼系数；

　　　K——弹性负载等效弹簧刚度；

　　　F_L——外负载力，其包括了作用于活塞上的等效力负载。

式(3-1)、式(3-6) 和式(3-7) 三个基本方程构成了微分方程组，它们是零遮盖四边滑阀（四通阀）控制双（出）杆缸在时间域上的数学模型，其（共同）确定了四通阀控对称缸的动态特性，（完全）描述了四通阀控对称缸工作机理所遵循的基本原理。

3.2.3　方块图和传递函数

将上述三个基本方程进行拉普拉斯变换，可以得到如下三个方程：

$$q_{\mathrm{L}} = K_{\mathrm{q}} X_{\mathrm{c}} - K_{\mathrm{c}} p_{\mathrm{L}} \tag{3-8}$$

$$q_{\mathrm{L}} = A_{\mathrm{p}} s X_{\mathrm{p}} + C_{\mathrm{tp}} p_{\mathrm{L}} + \frac{V_{\mathrm{t}}}{4\beta_{\mathrm{e}}} s p_{\mathrm{L}} \tag{3-9}$$

$$A_{\mathrm{p}} p_{\mathrm{L}} = m_{\mathrm{t}} s^2 X_{\mathrm{p}} + B_{\mathrm{p}} s X_{\mathrm{p}} + K X_{\mathrm{p}} + F_{\mathrm{L}} \tag{3-10}$$

式(3-8)、式(3-9) 和式(3-10) 三个方程是零遮盖四边滑阀（四通阀）控制双（出）杆缸在 s 域上的数学模型，其可分别用于方块图形象地描述四通阀控对称缸这种组合及其系统。

（1）方块图

根据上述 s 域上的三个公式，可以直接绘制出零遮盖四边滑阀（四通阀）控制双（出）杆缸的方块图。也可"依据因负载流量产生活塞杆位移观念"或"依据因负载压力产生活塞杆位移观念"将上述三个公式改写或部分改写，使其信号在闭环系统中流动方向发生改变，以反映系统各个组成环节的原因变量和结果变量的不同观念和不同选择。具体可参见参考文献［60］。

① 基于负载流量产生活塞位移的方块图。

根据以下公式绘制的基于负载流量产生活塞位移的四通阀控对称缸的方块图如图 3-2 所示。

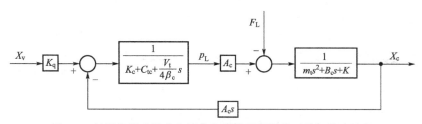

图 3-2　基于负载流量产生活塞位移的四通阀控对称缸的方块图

$$q_{\mathrm{L}} = K_{\mathrm{q}} X_{\mathrm{v}} - K_{\mathrm{c}} p_{\mathrm{L}} \tag{3-11}$$

$$A_{\mathrm{p}} s X_{\mathrm{p}} = q_{\mathrm{L}} - \left(C_{\mathrm{tp}} + \frac{V_{\mathrm{t}}}{4\beta_{\mathrm{e}}} s \right) p_{\mathrm{L}} \tag{3-12}$$

$$A_{\mathrm{p}} p_{\mathrm{L}} = (m_{\mathrm{t}} s^2 + B_{\mathrm{p}} s + K) X_{\mathrm{p}} + F_{\mathrm{L}} \tag{3-13}$$

② 基于负载压力产生活塞位移的方块图。

根据以下公式绘制的基于负载压力产生活塞位移的四通阀控对称缸的方块图如图 3-3 所示。

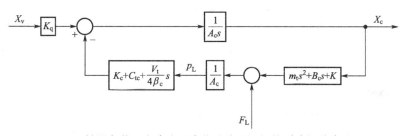

图 3-3　基于负载压力产生活塞位移的四通阀控对称缸的方块图

$$K_{\mathrm{c}} p_{\mathrm{L}} = K_{\mathrm{q}} X_{\mathrm{v}} - q_{\mathrm{L}} \tag{3-14}$$

$$q_{\mathrm{L}} = A_{\mathrm{p}} s X_{\mathrm{p}} + \left(C_{\mathrm{tp}} + \frac{V_{\mathrm{t}}}{4\beta_{\mathrm{e}}} s \right) p_{\mathrm{L}} \tag{3-15}$$

$$(m_{\mathrm{t}} s^2 + B_{\mathrm{p}} s + K) X_{\mathrm{p}} = A_{\mathrm{p}} p_{\mathrm{L}} - F_{\mathrm{L}} \tag{3-16}$$

压力和流量是描述同一过程状态的两个物理量，在动态过程的状态发生变化时，其可以同时发生变化，它们经常互为因果，没有先后之别。因此图 3-2 和图 3-3 所示方块图所描述的系统工作机理是相同的。

以上两个方块图可用于模拟计算，其清晰地描述了四通阀控对称缸这种组合及其系统内部参数间的作用关系和作用机理。基于流量获得的方块图适用于负载惯量较小，动态过程较快的场合；基于负载压力获得的方块图特别适合于负载惯量较大、泄漏系数也较大，而动态过程较为缓慢的场合。

（2）传递函数

通过式（3-8）～式（3-10）联立，消去中间变量 q_L 和 p_L，或者通过方块图变换（简化），均可求解出液压缸活塞位移 X_p。

$$X_p = \frac{\dfrac{K_q}{A_p}X_V - \dfrac{K_{ce}}{A_p^2}\left(\dfrac{V_t}{4\beta_e K_{ce}}s + 1\right)F_L}{\dfrac{m_t V_t}{4\beta_e A_p^2}s^3 + \left(\dfrac{m_t K_{ce}}{A_p^2} + \dfrac{B_p V_t}{4\beta_e A_p^2}\right)s^2 + \left(\dfrac{B_p K_{ce}}{A_p^2} + \dfrac{KV_t}{4\beta_e A_p^2} + 1\right)s + \dfrac{KK_{ce}}{A_p^2}} \tag{3-17}$$

式中 K_{ce}——总流量-压力系数，$K_{ce} = K_c + K_{tp}$。

式（3-17）是三阶常系数微分方程，其描述了阀控液压缸及其负载综合作用使液压缸活塞产生位移，而活塞输出位移表达式就是这个微分方程的解。

在式（3-17）中，滑阀阀芯位移 X_v 是指令信号，外负载力 F_L 是干扰信号。由该式可以求出液压缸活塞位移对滑阀阀芯位移的传递函数 X_p/X_v 和对外负载力的传递函数 X_p/F_L。

作者注：参考文献 [70] 将上式说成是："从阀芯位移 x_v 到活塞位移 x_p 的传递函数"，作者认为值得商榷。阀控液压缸的传递函数包括列写、根据传递函数列写状态方程等可参考参考文献 [29]。

3.2.4 液压刚度与液压固有频率及传递函数简化

（1）液压刚度与液压固有频率

如图 3-4（a）所示，液压缸为一个无摩擦、无泄漏的理想液压缸，其两个工作腔内充满了高压液压油液，并被（在油口处）完全封闭。

在该液压缸中，由于液压油液具有可压缩性，其可呈现出如弹簧一样的性质。

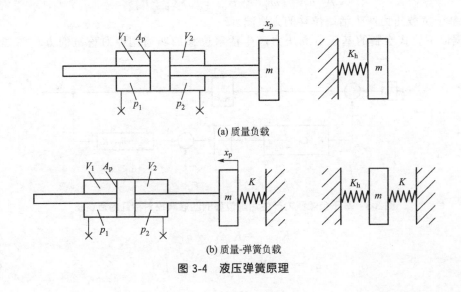

(a) 质量负载

(b) 质量-弹簧负载

图 3-4 液压弹簧原理

设液压缸总的受压容积为 $V_t = V_1 + V_2$，缸有效面积为 A_p，当液压缸在外力作用下，活塞产生了一个位移 Δx_p，使一腔的压力增高，另一腔的压力降低，根据流体的体积弹性模量定义有：

$$\Delta p_1 = \frac{\beta_e A_p}{V_1} \Delta x_p$$

$$\Delta p_2 = \frac{\beta_e A_p}{V_2} \Delta x_p$$

被压缩的液压油液产生的复位力为：

$$(\Delta p_1 - \Delta p_2) A_p = \beta_e A_p^2 \left(\frac{1}{V_1} - \frac{1}{V_2} \right) \Delta x_p \tag{3-18}$$

式 (3-18) 表明，被压缩的液压油液产生的复位力与活塞位移成比例，因此该液压缸中被压缩的液压油液的作用相当于一个线性弹簧，这一系数称为液压弹簧刚度，其表达式为：

$$K_h = \beta_e A_p^2 \left(\frac{1}{V_1} - \frac{1}{V_2} \right)$$

此液压刚度 K_h 是液压缸两腔被压缩液压油液形成的两个液压弹簧刚度之和，其与活塞在液压缸中所处位置有关。

设 $V_1 = \dfrac{V_t}{2} + \Delta V$，$V_2 = \dfrac{V_t}{2} - \Delta V$，则：

$$K_h = \beta_e A_p^2 \left(\frac{1}{\dfrac{V_t}{2} + \Delta V} - \frac{1}{\dfrac{V_t}{2} - \Delta V} \right) = \beta_e A_p^2 \frac{V_t}{\dfrac{V_t^2}{4} - \Delta V^2}$$

当 $\Delta V = 0$ 时，即活塞处在液压缸中间位置时有：

$$K_h = \frac{4 \beta_e A_p^2}{V_t} \tag{3-19}$$

此时液压弹簧刚度最小。当活塞处在液压缸两端时，V_1 或 V_2 接近于 0，液压弹簧刚度最大。

上述液压弹簧刚度是在假设液压缸两腔完全封闭条件下推导出来的。实际上在阀控液压缸中，由于电液伺服阀的开度（或阀芯遮盖状况）和液压缸的内外泄漏的影响，液压缸不可能做到完全封闭，因此在稳态工况下这一液压弹簧刚度是不存在的。只是在动态工况时，在一定的频率范围内，液压缸的内外泄漏来不及起作用，液压缸相当处于一种封闭状态，因此应将液压弹簧刚度理解为动态弹簧，而非静态弹簧。

实际计算时也应采用 V_A 和/或 V_B，亦即应包括滑阀部分容腔及连接管路容积。

如图 3-4（b）所示，由液压弹簧和负载质量相互作用构成了一个液压弹簧-质量系统，该系统具有固有频率——液压固有频率，且在活塞处在液压缸中间位置时频率值最小，即为：

$$\omega_h = \sqrt{\frac{K_h}{m_t}} = \sqrt{\frac{4 \beta_e A_p^2}{V_t m_t}} \tag{3-20}$$

在电液伺服阀控制液压缸系统中，液压缸及其驱动的负载（质量）所组成的子系统具有的液压固有频率往往是整个系统中频率最低的，其限制了系统的响应速度（快速性），为了提高电液伺服阀控制液压缸系统的响应速度，在系统及其元件设计时，应考虑采取措施提高液压固有频率。

为了确保电液伺服阀控制液压缸系统在整个运行过程中，满足系统快速性（稳定性）的要求，设计时一般取活塞处在液压缸中间位置时的液压固有频率作为设计依据。

（2）传递函数简化

在解析表达式（或称动态方程式）（3-17）中，考虑了惯性负载、黏性摩擦负载、弹性负载、液压工作介质的压缩性和液压缸泄漏等影响因素。实际系统的负载往往比较简单，而且根据具体工况可以加以简化。

① 无弹性负载工况下的简化。

一些情况下四通阀控液压缸是没有明显的弹性负载的，如飞机作动器。电液伺服阀控制液压缸系统的负载在很多情况下是以惯性负载为主的，没有弹性负载或其很小（可以忽略不计）的情况比较普遍，也是比较典型的。

通常情况下，液压缸及其驱动的负载应运动灵活，无卡滞现象，则活塞、活塞杆及负载的总（等效）黏性阻尼系数 B_p 数值很小，即 $\dfrac{B_p K_{ce}}{A_p^2} \ll 1$，因此可忽略不计。

在 $\dfrac{B_p K_{ce}}{A_p^2} \ll 1$ 且没有弹性负载（$K=0$）时，式（3-17）可以简化为：

$$X_p = \frac{\dfrac{K_q}{A_p}X_v - \dfrac{K_{ce}}{A_p^2}\left(\dfrac{V_t}{4\beta_e K_{ce}}s+1\right)F_L}{s\left[\dfrac{m_t V_t}{4\beta_e A_p^2}s^2 + \left(\dfrac{m_t K_{ce}}{A_p^2}+\dfrac{B_p V_t}{4\beta_e A_p^2}\right)s+1\right]} \tag{3-21}$$

或

$$X_p = \frac{\dfrac{K_q}{A_p}X_v - \dfrac{K_{ce}}{A_p^2}\left(\dfrac{V_t}{4\beta_e K_{ce}}s+1\right)F_L}{s\left(\dfrac{s^2}{\omega_h^2}+\dfrac{2\zeta_h}{\omega_h}s+1\right)} \tag{3-22}$$

式中 ω_h——液压固有频率；

$$\omega_h = \sqrt{\frac{4\beta_e A_p^2}{m_t V_t}}$$

ζ_h——液压阻尼比。

$$\zeta_h = \frac{K_{ce}}{A_p}\sqrt{\frac{m_t \beta_t}{V_t}} + \frac{B_p}{4A_p}\sqrt{\frac{V_t}{m_t \beta_t}}$$

当 B_p 较小可以忽略不计时，ζ_h 可近似写成：

$$\zeta_h = \frac{K_{ce}}{A_p}\sqrt{\frac{m_t \beta_t}{V_t}} \tag{3-23}$$

式（3-22）给出了以惯性负载为主时的阀控液压缸的动态特性。其分子中的第一项是稳态情况下活塞的空载速度，分子中的第二项是因外负载力造成的速度降低。

式（3-22）可用方块图表示，如图 3-5 所示。也就是在无弹性负载，并忽略了黏性负载条件下，以活塞位移为输出变量的四通阀控对称缸的方块图。

液压缸活塞位移对滑阀阀芯位移的传递函数 X_p/X_v 为：

$$\frac{X_p}{X_v} = \frac{\dfrac{K_q}{A_p}}{s\left(\dfrac{s^2}{\omega_h^2}+\dfrac{2\zeta_h}{\omega_h}s+1\right)} \tag{3-24}$$

液压缸活塞位移对外负载力的传递函数 X_p/F_L 为：

$$\frac{X_{p}}{F_{L}}=\frac{-\frac{K_{ce}}{A_{p}^{2}}\left(\frac{V_{t}}{4\beta_{e}K_{ce}}s+1\right)}{s\left(\frac{s^{2}}{\omega_{h}^{2}}+\frac{2\zeta_{h}}{\omega_{h}}s+1\right)} \tag{3-25}$$

在阀控对称缸速度控制系统中，如以液压缸活塞速度为输出变量，则可对图 3-5 进行处理，去掉一个积分环节，即可得到方块图 3-6。

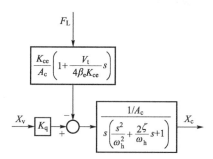

图 3-5　无弹性负载四通阀控对称缸简化
方块图（以位移为输出变量）

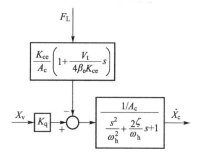

图 3-6　无弹性负载四通阀控对称缸简化
方块图（以速度为输出变量）

方块图如图 3-6 所示，其是在无弹性负载，并忽略了黏性负载条件下，以活塞速度为输出变量的四通阀控对称缸的方块图。

液压缸活塞速度对滑阀阀芯位移的传递函数 $\dot{X}_{p}/X_{v}$ 为：

$$\frac{\dot{X}_{p}}{X_{v}}=\frac{\dfrac{K_{q}}{A_{p}}}{\dfrac{s^{2}}{\omega_{h}^{2}}+\dfrac{2\zeta_{h}}{\omega_{h}}s+1} \tag{3-26}$$

液压缸活塞速度对外负载力的传递函数 $\dot{X}_{p}/F_{L}$ 为：

$$\frac{\dot{X}_{p}}{F_{L}}=\frac{-\dfrac{K_{ce}}{A_{p}^{2}}\left(\dfrac{V_{t}}{4\beta_{e}K_{ce}}s+1\right)}{\dfrac{s^{2}}{\omega_{h}^{2}}+\dfrac{2\zeta_{h}}{\omega_{h}}s+1} \tag{3-27}$$

参考文献 [24] 指出：式(3-26) 是阀控液压缸传递函数的常见型式，在液压伺服系统的分析和设计中经常要用到它。该式表明，在稳态时活塞位移没有确定值，但活塞速度 $\dot{X}_{p}$ 和阀芯位移之间有确定的稳态关系。

作者注：在其他参考文献 [29]、[51]、[57]、[70] 中都有相同或相近的表述。

② 有弹性负载工况下的简化。

在四通阀控对称液压缸的控制系统中，带弹性负载的工况也是常见的。例如，轧机液压压下装置电液伺服阀控制系统中的金属板材、金属材料疲劳寿命试验机电液伺服阀控制系统中的被试件等都存在负载发生了弹性变形，即是弹性负载，且一般负载力都很大，可以看成是一个硬弹簧。

如前所述，在 $\dfrac{B_{p}K_{ce}}{A_{p}^{2}}\ll 1$ 时，式(3-17) 可以简化为：

$$X_p = \cfrac{\dfrac{K_q}{A_p}X_v - \dfrac{K_{ce}}{A_p^2}\left(\dfrac{V_t}{4\beta_e K_{ce}}s+1\right)F_L}{\dfrac{m_t V_t}{4\beta_e A_p^2}s^3 + \left(\dfrac{m_t K_{ce}}{A_p^2}+\dfrac{B_p V_t}{4\beta_e A_p^2}\right)s^2 + \left(\dfrac{KV_t}{4\beta_e A_p^2}+1\right)s+\dfrac{KK_{ce}}{A_p^2}} \tag{3-28}$$

或改写成：

$$X_p = \cfrac{\dfrac{K_q}{A_p}X_v - \dfrac{K_{ce}}{A_p^2}\left(\dfrac{V_t}{4\beta_e K_{ce}}s+1\right)F_L}{\dfrac{s^3}{\omega_h^2}+\dfrac{2\zeta_h}{\omega_h}s^2+\left(\dfrac{K}{K_h}+1\right)s+\dfrac{KK_{ce}}{A_p^2}} \tag{3-29}$$

$$K_h = \frac{4\beta_e A_p^2}{V_t}$$

式中　K_h——液压弹簧刚度。

或还可近似写成：

$$X_p = \cfrac{\dfrac{K_q}{A_p}X_v - \dfrac{K_{ce}}{A_p^2}\left(\dfrac{V_t}{4\beta_e K_{ce}}s+1\right)F_L}{\left[\left(\dfrac{K}{K_h}+1\right)s+\dfrac{KK_{ce}}{A_p^2}\right]\left(\dfrac{s^2}{\omega_0^2}+\dfrac{2\zeta_0}{\omega_0}s+1\right)} \tag{3-30}$$

$$\omega_0 = \sqrt{\omega_m^2+\omega_h^2} = \omega_h\sqrt{\frac{K}{K_h}+1}$$

$$\omega_m = \sqrt{\frac{K}{m}}$$

$$\zeta_0 = \frac{1}{2\omega_0}\left[\frac{4\beta_e K_{ce}}{\left(\dfrac{K}{K_h}+1\right)V_t}+\frac{B_p}{m_t}\right]$$

式中　ω_0——综合固有频率；

　　　ω_m——负载弹簧与负载质量（m）构成的机械系统固有频率；

　　　ζ_0——综合阻尼比。

若（因）B_p很小，趋近于0，则上述综合阻尼比可简化为：

$$\zeta_0 = \frac{2\beta_e K_{ce}}{\left(\dfrac{K}{K_h}+1\right)V_t\omega_0}$$

式(3 30) 还可近似写成：

$$X_p = \cfrac{\dfrac{K_{ps}A_p}{K}X_v - \dfrac{1}{K}\left(\dfrac{V_t}{4\beta_e K_{ce}}s+1\right)F_L}{\left(\dfrac{s}{\omega_r}+1\right)\left(\dfrac{s^2}{\omega_0^2}+\dfrac{2\zeta_0}{\omega_0}s+1\right)} \tag{3-31}$$

$$K_{ps} = \frac{K_q}{K_{ce}}$$

$$\omega_r = \frac{K_{ce}K}{\left(\dfrac{K}{K_h}+1\right)A_p^2} = \frac{K_{ce}}{\left(\dfrac{1}{K}+\dfrac{1}{K_h}\right)A_p^2}$$

式中　K_{ps}——总（的）压力增益；

　　　ω_r——惯性环节的转折频率（或称液压弹簧和负载弹簧串联耦合时的刚度与阻尼系数之比）。

若负载弹簧刚度远小于液压弹簧刚度，即在 $\dfrac{K}{K_h} \ll 1$ 时，则式（3-30）可简化为：

$$X_p = \frac{\dfrac{K_q}{A_p} X_v - \dfrac{K_{ce}}{A_p^2}\left(\dfrac{V_t}{4\beta_e K_{ce}} s + 1\right) F_L}{\left(s + \dfrac{K K_{ce}}{A_p^2}\right)\left(\dfrac{s^2}{\omega_h^2} + \dfrac{2\zeta_h}{\omega_h} s + 1\right)} \tag{3-32}$$

若负载弹簧刚度远大于液压弹簧刚度，即在 $\dfrac{K}{K_h} \gg 1$ 时，则式（3-30）可简化为：

$$X_p = \frac{\dfrac{K_q}{A_p} X_v - \dfrac{K_{ce}}{A_p^2}\left(\dfrac{s}{\omega_1} + 1\right) F_L}{\omega_2\left(\dfrac{s}{\omega_1} + 1\right)\left(\dfrac{s^2}{\omega_m^2} + \dfrac{2\zeta_m}{\omega_m} s + 1\right)} \tag{3-33}$$

$$\omega_1 = \frac{4\beta_e K_{ce}}{V_t} = \frac{K_h K_{ce}}{A_p^2}$$

$$\omega_2 = \frac{K K_{ce}}{A_p^2}$$

$$\zeta_m = \frac{B_p}{2\sqrt{mK}}$$

式中　ω_1——液压弹簧刚度与阻尼系数之比；

　　　ω_2——负载弹簧刚度与阻尼系数之比；

　　　ζ_m——负载（的）阻尼比。

ω_1、ω_2 和 ω_r 之间存在如下关系：

$$\frac{\omega_2}{\omega_1} = \frac{\omega_m^2}{\omega_h^2} = \frac{K}{K_h}$$

$$\frac{\omega_2}{\omega_r} = \frac{K}{K_h} + 1$$

$$\omega_r = \frac{1}{\dfrac{1}{\omega_1} + \dfrac{1}{\omega_2}}$$

同理对于输入为 X_v、输出为 P_L 的传递函数也可简化为：

$$\frac{P_L}{X_v} = \frac{\dfrac{K_q}{A_p^2}(m_t s^2 + B_p s + K)}{\left[\left(\dfrac{K}{K_h} + 1\right)s + \dfrac{K_{ce} K}{A_p^2}\right]\left(\dfrac{s^2}{\omega_0^2} + \dfrac{2\zeta_0}{\omega_0} s + 1\right)} = \frac{K_{ps}\left(\dfrac{s^2}{\omega_m^2} + \dfrac{2\zeta_m}{\omega_m} s + 1\right)}{\left(\dfrac{s}{\omega_r} + 1\right)\left(\dfrac{s^2}{\omega_0^2} + \dfrac{2\zeta_0}{\omega_0} s + 1\right)} \tag{3-34}$$

由上述传递函数的简化型式可知，弹性负载对阀控液压缸系统的主要影响如下。

a. 引入弹性负载后，出现了一个转折频率为 $\omega_r = K_{ce} K / \left(\dfrac{K}{K_h} + 1\right) A_p^2$ 的低频惯性环节，其代替了无弹性负载时的积分环节。如果弹性负载的弹簧刚度很小，则 ω_r 很低，此惯性环节就近似于一个积分环节。

b. 使固有频率 ω_0 比 ω_h 增加了 $\left(\dfrac{K}{K_h}+1\right)^{\frac{1}{2}}$ 倍，阻尼比 ζ_0 比 ζ_h 减小了。

c. 使穿越频率降低了 $\left(\dfrac{K}{K_h}+1\right)$ 倍，这是弹性负载对阀控液压缸动态特性最重要的影响。

当 $\dfrac{K}{K_h} \ll 1$ 时，这种影响可忽略不计。

③ 其他一些工况下的简化。

a. 仅考虑负载质量 m_t，不计液压油液的可压缩性的影响（$\beta_e = \infty$），无弹性负载（$K=0$），无黏性负载（$B_p = 0$）时，则液压缸活塞位移对滑阀阀芯位移的传递函数 X_p/X_v 可由式(3-17)求得：

$$\frac{X_p}{X_v} = \frac{\dfrac{K_q}{A_p}}{s\left(\dfrac{s}{\omega_1}+1\right)} \tag{3-35}$$

b. 考虑弹性负载刚度 K 及液压油液的可压缩性（β_e），不计惯性负载（m_t 很小或趋近于 0）和黏性负载（B_p 很小或趋近于 0）影响，则液压缸活塞位移对滑阀阀芯位移的传递函数 X_p/X_v 可由式(3-17)求得：

$$\frac{X_p}{X_v} = \frac{\dfrac{A_p K_q}{K K_{ce}}}{\dfrac{s}{\omega_r}+1} \tag{3-36}$$

c. 在不计惯性负载（m_t 很小或趋近于 0）、黏性负载（B_p 很小或趋近于 0）和弹性负载（K 很小或为 0）影响，即理想空载（$F_L = 0$）工况下，则液压缸活塞位移对滑阀阀芯位移的传递函数 X_p/X_v 可由式(3-17)求得：

$$\frac{X_p}{X_v} = \frac{\dfrac{K_q}{A_p}}{s} \tag{3-37}$$

从以上各式可以看出，阀控液压缸的传递函数型式与负载工况及所考虑的因素密切相关。对于四通阀控制对称液压缸系统而言，当不考虑负载弹性时，其传递函数中总有一个积分环节；当考虑弹性负载时，这个积分环节就变为惯性环节；既考虑负载的惯性又考虑液压油液的可压缩性时，其传递函数中总有一个振荡环节；当忽略负载惯性或液压油液的可压缩性时，这个振动环节就变为惯性环节；理想空载时，其传递函数是一个积分环节。

3.2.5 主要性能参数分析

阀控液压缸对指令输入和干扰输入的动态特性可由传递函数及其性能参数确定。在电液伺服阀控制液压缸系统中，决定其动态特性的主要性能参数有增益（K_q/A_p 或 K_q/K_{ce}）、固有频率（ω_h 或 ω_0）、转折频率（ω_r）和阻尼比（ζ_h 或 ζ_0）等。下面还是按照无弹性负载和有弹性负载两种工况分别分析影响这些参数的因素以及提高其动态特性的途径，进而为提出电液伺服阀控制液压缸及其系统技术要求奠定理论基础。

(1) 无弹性负载工况下的主要性能参数分析

无弹性负载时其负载刚度即为零，传递函数中的主要性能参数为 K_q/A_p、ω_h 和 ζ_h。

① 速度放大系数　在无弹性负载时或忽略弹性负载情况下，传递函数的速度放大系数（增益）为 K_q/A_p，其量纲为 T^{-1}，将滑阀阀芯位移 X_v 乘以 K_q/A_p 后即得到液压缸活塞速度

（输出变量），因此也将其称为速度增益。它是阀控液压缸系统总增益的主要组成部分，表示阀对液压缸活塞速度控制的灵敏度。速度放大系数直接影响系统的稳定性、精确性和快速性，如提高速度放大系数，则可以提高系统的精确性和快速性，但同时也使系统的稳定性变差。

不同的滑阀类型（阀芯遮盖状况）和不同的负载工况，其具有不同的流量增益，即使同一台阀在不同的工况下流量增益也会不同。在零位区域，负遮盖阀的流量增益比零遮盖阀的流量增益大一倍；而当阀位移超过了零位区域后流量增益下降了 50%，也就是说负遮盖阀与零遮盖阀的流量增益一样了。对某一台确定的阀而言，其流量增益在空载时最大，并随着负载压降的增大而减小。对于零遮盖阀如按一般设计计算原则，取最大负载压降为供油压力的 2/3，则阀的流量增益将减小到空载时的 57.7%。

通过以上分析，阀在零位区域时流量增益 K_{q0} 最大，而流量-压力系数 K_{c0} 最小，此时系统的稳定性最差。为了确保系统在整个运行过程中的稳定性，在（设计）计算系统的稳定性时，一般应取阀零位时空载工况下的流量增益 K_{q0}。而对于某一台确定的液压缸而言其 A_p 是一定的，所以系统的速度放大系数 K_q/A_p（速度增益）大体上可以被看成一个相对恒定的量。

② 液压固有频率　在无弹性负载工况下，液压固有频率 ω_h 是由负载质量和液压弹簧相互作用而形成的。这个参数很重要，因它往往是阀控液压缸系统中频率最低的，其大小就决定了系统的响应速度（快速性）。如果希望系统的响应速度快，那么 ω_h 必须大。系统（设计）计算时一般取活塞处在液压缸中间位置时的液压固有频率，因为此时液压固有频率最低，具体参见第 3.2.4 节。

根据第 3.2.4 节中式（3-20）可知，影响 ω_h 的主要因素有以下几点。

a. 工作介质的等效体积弹性模量 β_e。ω_h 与 $\sqrt{\beta_e}$ 成正比，但 β_e 的值最难准确确定，因为影响 β_e 的因素很多，如液压油液的压缩性等，其中混入液压油液中的空气影响较大，其会使 β_e 值降低。

图 3-7 所示为混入空气的受压液压油液的体积弹性模量关系曲线。

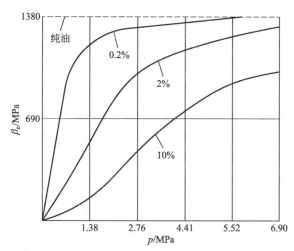

图 3-7　混入空气的受压液压油液的体积弹性模量关系曲线

由图 3-7 可见，低压时混入液压油液中的空气对 β_e 值影响严重，提高受压液压油液压力（如工作压力）对提高 β_e 值有利。因此，为了不使 β_e 值过分降低，采取各种措施减少液压油液中的空气混入是非常必要的。

具体计算时最好采用 β_e 的实测值。在高压时 β_e 值或可以取 1000MPa 或更大一点，但一般不可超过 1380MPa。

b. 活塞的总质量。活塞的总质量 m_t，其包括了折算到活塞上的总惯性负载（等效）质量。

为了提高 ω_h，应减小 m_t 值，但其主要是由负载决定的，用系统来改变 m_t 的余地一般不大，但其对电液伺服阀控制液压缸的设计具有一定的意义。

当电液伺服阀与液压缸之间的连接管路比较细长时，其中的液压油液质量对 ω_h 的影响不容忽视，否则可能产生严重的后果，这是在电液伺服阀控制液压系统中要求电液伺服阀应尽量靠近液压缸的一个原因。关于"折算到活塞上总负载质量"读者可进一步参考参考文献 [24]。

c. 液压缸总的受压容积。ω_h 与 $\sqrt{V_t}$ 成反比，如要提高 ω_h，就应减小 V_t 值。为此应使电液伺服阀与液压缸靠近，采用短而直的管路，或把电液伺服阀集成在液压缸上而制成整体式结构，在保证液压缸行程的前提下尽量缩小无效容腔，这也是在电液伺服阀控制液压系统中要求电液伺服阀应尽量靠近液压缸的另一个原因。

请注意，在第 3.2.4 节中，V_t 被定义为液压缸总的受压容积 $V_t = V_1 + V_2$（液压缸在其油口处被完全封闭），而在此节讨论中是假设液压缸被电液伺服阀完全封闭的。此在将液压缸理解为"动态弹簧"前提下，更加接近实际情况。

d. 缸有效面积。在液压缸设计时应考虑缸有效面积 A_p 对 ω_h 的影响问题。增大缸有效面积 A_p 可以提高 ω_h 值，但不能按式(3-20)简单认为 ω_h 与 A_p 成正比例，因为同时 V_t 也增大了。

是否通过增大缸有效面积 A_p 来提高 ω_h 值，需要仔细权衡利弊。因为其可能导致被迫选择更大的额定流量以满足液压缸的速度要求，这不但需要更大规格的液压动力源，而且就电液伺服阀控制液压缸本身也会增加体积和质量，系统制造成本同时增大。

③ 液压阻尼比 影响液压阻尼比（或称液压阻尼系数）ζ_h 的因素很多，但起主要作用的是总流量-压力系数 K_{ce}（$K_{ce} = K_c + K_{tp}$）和总（等效）黏性阻尼系数 B_p，而一般阀控液压缸系统中 B_p 较 K_{ce} 小得多，可以忽略不计。在 K_{ce} 中，液压缸的总泄漏系数 K_{cp} 又较流量-压力 K_c 系数小得多，所以 ζ_h 主要由 K_c 值决定。K_c 值随阀位移和负载工况不同会有很大的变化，这可由零遮盖阀的 K_c 表达式推断出来。

对零遮盖四边滑阀（四通阀）控制双（出）杆缸而言，在零位时 K_c 值最小，因而 ζ_h 最低（小），一般为 $0.1 \sim 0.3$；但随着阀位移的增大，负载压力的增高，因 K_c 增大而使 ζ_h 急剧增大，甚至可使 $\zeta_h > 1$。为了确保系统在整个运行过程中的稳定性，在（设计）计算系统的稳定性时，应取零位时的流量-压力系数 K_c 值，因为此时系统的稳定性最差。

一般电液伺服阀控制液压缸系统是低阻尼的，提高液压阻尼比对改善系统性能十分重要。为了使系统具有较好的瞬态响应特性，在设计、调试和使用系统时总是希望 ζ_h 值大些且恒定。现在常见的一些提高 ζ_h 值的方法如下。

a. 设置旁路泄漏通道。通常在液压缸两腔间人为地设置泄漏通道，如在活塞上钻孔，其可以通过加大液压缸总泄漏系数 C_{tp} 以提高 K_{ce} 值，从而使液压阻尼比 ζ_h 增大和更加接近于常数。

通过在活塞上钻孔以提高系统的稳定性有很多案例，其中参考文献 [55] 中介绍了在 B 型飞机方向舵作动器和在 E 型飞机升降舵助力器上的成功应用，但其指出："K_h（薄壁孔等效泄漏系数）的作用相当于提高了 $C_{\Delta p}$（电液伺服阀第二级阀流量-动力作动筒两腔压力差增益）值，而非阻尼作用"，不知何意。

b. 采用负遮盖阀。加大阀的预开口量，可以提高阀在零位区域时的流量-压力系数 K_{c0} 值，增加阻尼并减小 K_c 的变化范围，从而使 ζ_h 值增大，使 ζ_h 的变化范围减小。

c. 增大负载的黏性阻尼。在负载结构上另外设置黏性阻尼器，可以增大总（等效）黏性

阻尼系数 B_p 数值，从而可使 ζ_h 值提高。此处顺便说一句，增大黏性阻尼还可起到改善系统低速爬行的作用。

以上三种可以提高 ζ_h 值的方法都存在这样或那样的问题，如前两种方法都会使功率损失加大，压力增益和系统的刚度下降，增大了外负载和静摩擦力引起的误差。就这两种方法比较，采用负遮盖阀比设置旁路泄漏通道的功率损失更大；而设置旁路泄漏通道受温度变化的影响较大；另外，负遮盖阀还要带来非线性流量增益、稳态液动力变化等问题。最后这种方法不但增加了负载结构的复杂性，而且在负载高速运动时还可能额外产生相当大的热量，因此还需要设法将此热量传导出去。

（2）有弹性负载工况下的主要性能参数分析

有弹性负载时其负载刚度 $K \neq 0$，对于输入为 X_v、输出为 X_p 的传递函数可由式（3-31）求得：

$$\frac{X_p}{X_v} = \frac{\dfrac{K_{ps}A_p}{K}}{\left(\dfrac{s}{\omega_r} + 1\right)\left(\dfrac{s^2}{\omega_0^2} + \dfrac{2\zeta}{\omega_0}s + 1\right)} \tag{3-38}$$

传递函数中的主要性能参数为 $K_{ps}A_p/K[K_qA_p/(KK_{ce})$ 或 $K_q/(A_p\omega_2)]$、ω_r、ω_0 和 ζ_0。

① 位置放大系数　在稳态工况下，对于一定的阀芯输入位移 X_v，液压缸活塞有一个确定的输出位移 X_p，两者之间的比例系数 $K_{ps}A_p/K$ 即为位置放大系数。当 K 为常数时，位置放大系数取决于 K_q/K_{ce}。当泄漏较小即 $K_{ce} \approx K_c$，有 $\dfrac{K_q}{K_c} = K_p$，即位置放大系数随阀的压力增益的变化而变化。不同类型的滑阀（阀芯遮盖状况），其压力增益不同，即使同一台阀在不同的工况下压力增益也会不同。对于零遮盖四通阀，零位时压力增益最大，随阀的位移及负载压力的增大，其压力增益变小，因此位置放大系数随阀的压力增益可在很大范围内发生变化。

另外，位置放大系数与负载刚度有关，这与无弹簧工况下不同。

② 惯性环节的转折频率　由 $\omega_r = \dfrac{1}{\dfrac{1}{\omega_1} + \dfrac{1}{\omega_2}} = \dfrac{\dfrac{K_{ce}}{A_p}}{\dfrac{1}{K} + \dfrac{1}{K_h}}$ 可知，惯性环节的转折频率 ω_r 随总流量-压力系数 K_{ce} 的变化而变化。

③ 综合固有频率　由 $\omega_0 = \sqrt{\omega_m^2 + \omega_h^2} = \omega_h\sqrt{\dfrac{K}{K_h} + 1}$ 可知，当 K 常数时，综合固有频率 ω_0 也是一个恒定值；当 $K \neq 0$ 时，（综合）固有频率增大了 $(K/K_h + 1)^{1/2}$ 倍。当 $K_h \gg K$ 时，$\omega_0 = \omega_h$；当 $K \gg K_h$ 时，$\omega_0 \approx \omega_m$。

④ 综合阻尼比　由于弹性负载的作用（$K \neq 0$，$B_p = 0$ 时），使综合阻尼比 ζ_0 降低了 $(K/K_h + 1)^{3/2}$ 倍，其也是可在很大范围内变化的量。

3.3　电液伺服阀控制液压缸技术要求

3.3.1　电液伺服阀控制液压缸通用技术要求

3.3.1.1　液压缸一般技术要求

① 液压缸的公称压力应符合 GB/T 2346—2003《液压传动系统及元件　公称压力系列》

的规定。

② 液压缸内径、活塞杆外径应符合 GB/T 2348—1993《液压气动系统及元件缸内径及活塞杆外径》的规定。

③ 油口连接螺纹尺寸应符合 GB/T 2878.1—2011《液压传动连接　带米制螺纹和 O 形圈密封的油口和螺柱　第 1 部分：油口》的规定。

④ 活塞杆螺纹型式和尺寸应符合 GB 2350—1980《液压气动系统元件　活塞杆螺纹型式和尺寸系列》的规定。

⑤ 密封沟槽应符合 GB/T 2879—2005《液压缸活塞和活塞杆动密封沟槽尺寸和公差》、GB 2880—1981《液压缸活塞和活塞杆窄断面动密封沟槽尺寸系列和公差》、GB 6577—1986《液压缸活塞用带支承环密封沟槽型式、尺寸和公差》、GB/T 6578—2008《液压缸活塞杆用防尘沟槽型式、尺寸和公差》的规定。

⑥ 除非另有说明，液压缸性能应在环境温度 20℃±5℃，工作介质温度 40℃±6℃标准试验条件下确定。

⑦ 液压缸应在环境温度 −25～+65℃，工作介质温度 −20～+80℃情况下能正常工作。

⑧ 有特殊要求的产品，由制造商与用户协商确定。

作者注：1.可能的话，应在液压缸技术要求中剔除 GB 2880—1981 标准，并增加如 GB/T 3452.1—2005、GB/T 15242.3—1994 等标准；其他类型的密封圈及其沟槽宜优先采用国家标准规定的产品，且所选密封件的型号是经鉴定过的产品。

2.工作介质温度宜通过技术协议规定："一般应控制在 35～55℃"，或进一步可控制在 35～45℃。

3.有专门（产品）标准规定的液压缸（液压助力器、液压作动筒、作动器、伺服作动器、电液伺服作动器）除外。

4.上述文件经常用作液压缸制造商提供给买方的技术文件之一。

3.3.1.2　电液伺服阀控制液压缸技术要求

（1）产品分类、标记和基本参数

① 分类　电液伺服阀控制液压缸（以下简称伺服液压缸或液压缸）以工作方式划分为单作用伺服液压缸和双作用活塞式伺服液压缸两类。

② 标记

a.伺服液压缸的型号。参见第 3.1.2 节电液伺服控制液压缸的组成与分类。

b.标记示例。参见第 3.1.2 节电液伺服控制液压缸的组成与分类。

③ 基本参数　伺服液压缸的基本参数除应包括缸内径、活塞杆外径、额定（或公称）压力、最大缸行程、安装尺寸等外，还可包括最低（温度）速度、最高速度，以及指令额定值（如额定电流）、传感器参数等。（备选：液压固有频率）

（2）结构

① 液压缸中缸体（筒）连接部分所采用的连接螺钉、螺栓应不低于 GB/T 3098.1—2010《紧固件机械性能螺栓、螺钉、螺柱》中规定的 8.8 级；用于缸盖、缸体（筒）和缸底间夹紧和/或装配的双头螺柱、螺母技术要求见第 3.15.3 节缸装配用双头螺柱及拧紧力矩。

② 液压缸可根据需要设置缓冲装置、排放气装置。

③ 液压缸应有防腐措施。

④ 焊缝强度应不低于母材的强度。

⑤ 液压缸中的密封件应能耐高温、耐腐蚀、耐老化、耐水解、密封性能好，静摩擦力、动摩擦力小，既能满足液压油液的密封，又能满足应用环境的要求。

⑥ 质量大于 15kg 的液压缸宜具有用于起重设备吊装的起吊装置。

（3）要求

① 外观要求　液压缸的外观质量应满足下列要求。

a.液压缸不应有毛刺、碰伤、划痕、锈蚀等缺陷，镀层应无麻点、起泡、脱落或对表面精饰有害的其他缺陷。

b. 铸锻件表面应光洁，无缺陷。

c. 焊缝应平整、均匀美观，不得有焊渣、飞溅物等。

d. 法兰结构的液压缸，两法兰接合面径向错位量应不大于 0.1mm。

e. 外露元件应经防锈处理，也可采用镀层或钝化层、漆层等进行防腐。

f. 液压缸外表面在油漆前应除锈或去氧化皮，不应有锈坑；漆层应光滑和顺，不应有疤瘤等缺陷。

g. 按图样的规定位置固定标牌，标牌应清晰、正确、平整。

h. 进出油口及外连接表面应采取适当的密封、防尘、防漏及保护措施。

② 材料　液压缸主要零件材料见表 3-10，也可选用性能不低于表 3-10 规定的其他材料。

表 3-10　主要零件材料

名称	材料	标准
缸体（筒）	35	牌号及化学成分按 GB/T 699—2015 力学性能或按（参考）GB/T 8162—2008《结构用无缝钢管》等
活塞杆	45	GB/T 699—2015

作者注：考虑到现有大量公称压力低于 16MPa 且工况条件良好的液压缸，在本章第 3.4 节液压缸缸体（筒）的技术要求中还推荐了 30 钢等。

缸体（筒）应进行 100％的超声检测，且应达到 NB/T 47013.3—2015 中规定的Ⅰ级。

③ 环境条件　一般情况下，液压缸工作的环境温度应在 -25～+65℃，工作介质温度应在 -20～+80℃的范围。

④ 工作介质污染度等级　液压缸腔体内工作介质的固体颗粒污染等级代号不得高于 GB/T 14039—2002 规定的 -/17/14。

⑤ 耐压强度　液压缸压力容腔体应能承受其额定（公称）1.5 倍的压力，至少保压 5min，所有缸零部件不应有永久变形或损坏等现象，缸体（筒）外表面及焊缝处不应有渗漏。

⑥ 密封性　液压缸在 1.25 倍额定（公称）压力下，至少保压 5min，所有接合面处应无外泄漏。

液压缸泄漏及低压下的泄漏应按照 JB/T 10205—2010 中 6.2.2、6.2.3 和 6.2.4 的规定。

⑦ 起动压力　液压缸的起动压力一般应小于或等于 0.5MPa，其中起动压力不超过 0.3MPa 的称为低摩擦力液压缸。

⑧ 加（带）载运行摩擦力　在模拟实际工况加载条件下，液压缸的最大加（带）载运行摩擦力应小于其额定负载的 2％。

⑨ 缸输出力效率（负载效率）　液压缸缸输出力效率不得低于 90％。

⑩ 最低速度　当缸内径小于或等于 200mm 时，液压缸能平稳运行的最低速度应不大于 4mm/s；当缸内径大于 200mm 时，液压缸能平稳运行的最低速度应不大于 5mm/s；或参照第 3.3.2 节中的相关规定。

⑪ 最高速度　液压缸活塞杆和/或活塞密封系统及密封圈材料往往限定了其最高速度。液压缸能平稳运行的最高速度可由制造商与用户商定，或参照第 3.3.2 节中的相关规定。

⑫ 耐久性　液压缸在额定工况下运行，其累计行程应不低于 10^5 m。

⑬ 频率响应　液压缸的频率响应指标（幅频宽和相频宽，或两项指标中较低值者）可由制造商与用户商定或应满足设计要求。

⑭ 阶跃响应　液压缸阶跃率响应指标（阶跃响应时间）可由制造商与用户商定或应满足设计要求。

3.3.1.3 液压缸安全技术要求

液压缸设计与制造必须为用户在规定使用寿命内的使用提供基本的安全保证。任何一种液压机械在调整、使用和维护时都可能存在危险，所以用户只能按该液压机械的安全技术条件或要求调整、使用和维护，才能减小或消除危险。

下面对液压缸提出了一些要求，其中一些要求依据安装液压系统的机器的危险而定。因此，所需的液压系统及液压缸最终技术规格和结构将取决于对风险的评价和制造商与用户之间的协议，但一般应遵循以下几点。

a. 有必要的如特殊场合使用的液压缸，应在设计时进行风险评价。

b. 设计、制造时应采取减少风险的措施，如各种紧固件应采取可靠的防松措施等。

c. 对于液压缸设计、制造不能避免的危险，如（液压缸带动的）滑块的意外行程和自重意外下落，应由主机厂采取安全防护措施，包括风（危）险警告。

d. 更加具体的安全技术要求（条件），请按照相关标准并加以遵守。

（1）适用性

① 抗失稳　为避免液压缸的活塞杆在任何位置产生弯曲或失稳，应注意缸的行程长度、负载和安装型式。

② 结构设计　液压缸的设计应考虑预定的最大负载和压力峰值。

③ 安装额定值　确定液压缸的所有额定负载时，应考虑其安装型式。

注：液压缸的额定压力仅反映缸体的承压能力，而不能反映安装结构的力传递能力。

④ 限位产生的负载　当液压缸被作为限位器使用时，应根据被限制机件所引起的最大负载确定液压缸的尺寸和选择其安装型式。

⑤ 抗冲击和振动　安装在液压缸上或与液压缸连接的任何元件和附件，其安装或连接应能防止使用时由冲击和振动等引起的松动。

⑥ 意外增压　在液压系统中应采取措施，防止由于有效活塞面积差引起的压力意外增高超过额定压力。

（2）安装和调整

液压缸宜采取的最佳安装方式是使负载产生的反作用沿液压缸的中心线作用。液压缸的安装应尽量减小（少）下列情况。

a. 由于负载推力或拉力导致液压缸结构过度变形。

b. 引起侧向或弯曲载荷。

c. 铰接安装型式的转动速度（其可能迫使采用连续的外部润滑）。

① 安装位置　安装面不应使液压缸变形，并应留出热膨胀的余量。液压缸安装位置应易于接近，以便于维修、调整缓冲装置和更换全套部件。

② 安装用紧固件　液压缸及其附件安装用的紧固件的选用和安装，应能使之承受所有可预见的力。脚架安装的液压缸可能对其安装螺栓施加剪切力。如果涉及剪切载荷，宜考虑使用具有承受剪切载荷机构的液压缸。安装用的紧固件应足以承受倾覆力矩。

（3）缓冲器和减速装置

当使用内部缓冲时，液压缸的设计应考虑负载减速带来压力升高的影响。

（4）可调节行程终端挡块

应采取措施，防止外部或内部的可调节行程终端挡块松动。

（5）活塞行程

行程长度（包括公差）如果在相关标准中没有规定，应根据液压系统的应用做出规定。

注：行程长度的公差参见 JB/T 10205—2010。

（6）活塞杆

① 材料、表面处理和保护　应选择合适的活塞杆材料和表面处理方式，使磨损、腐蚀

和可预见的碰撞损伤降至最低程度。

应保护活塞杆免受来自压痕、刮伤和腐蚀等可预见的损伤，可使用保护罩。

② 装配　为了装配，带有螺纹端的活塞杆应具有可用扳手施加反向力的结构，参见 ISO 4395。活塞应可靠地固定在活塞杆上。

（7）密封装置和易损件的维护

密封装置和其他预定维护的易损件应便于更换。

（8）单作用液压缸

单作用活塞式液压缸应设计放气口，并设置在适当位置，以避免排除的油液喷射对人员造成危险。

（9）更换

整体式液压缸是不合需要的，但当其被采用时，可能磨损的部件应是可更换的。

（10）气体排放

① 放气位置　在固定式工业机械上安装液压缸，应使其能自动放气或提供易于接近的外部放气口。安装时，应使液压缸的放气口处于最高位置。当这些要求不能满足时，应提供相关的维修和使用资料。

② 排气口　有充气腔的液压缸应设计或配置排气口，以避免危险。液压缸利用排气口应能无危险地排出空气。

3.3.2　集成了电液伺服阀的液压缸技术要求

集成了电液伺服阀的液压缸的确切含义为电液伺服阀、液压缸及其他元附件的一体组合机构，具体还可参见 QJ 1495—1988 中"伺服作动器"和"伺服液压缸"的定义。

以下集成了电液伺服阀的液压缸技术要求仅包括了与电液伺服阀控制液压缸通用技术要求不同的区别要求。

（1）一般要求

① 公称压力或额定压力　液压缸的额定压力按表 3-11 的规定。

表 3-11　液压缸的额定压力 MPa

6.3	16	21	25	31.5

作者注：还有待确定的其他等级压力，如 28MPa。

② 油口连接螺纹尺寸　新研制的伺服液压缸，油口在结构设计上应采取防差错措施，即采用不同口径的接管嘴以防止反向安装。

作者注：防止反向安装见 GJB 1482—1992。

③ 液压元件通用技术条件

a. 集成于伺服液压缸上的液压元件、配管及油路块等应能承受伺服液压缸额定（公称）1.5 倍的压力，至少保压 5min，不应有外泄漏、永久变形或损坏等现象，金属件外表面及焊缝处不应有渗漏。

如无特殊要求，集成于伺服液压缸上的电液伺服阀不宜再次进行其额定压力 1.3 倍的耐压试验。

b. 集成于伺服液压缸上的液压元件、配管等宜优先采用现行标准规定的产品，其（安全）技术要求符合相关标准规定。

④ 特殊要求　有特殊技术要求的产品，由用户和制造商商定。

作者注：见于其他标准和一些专著中的要求，如阻抗特性要求，工作模态要求，电磁兼容性要求，可靠性、维修性和检测性要求，质量保证要求等，由用户和制造商商定。

（2）尺寸、结构要求

① 尺寸　新研制的液压缸外廓尺寸应等于或小于同类型同规格的正在服役的液压缸。修改缸的零、部件设计时，不应任意更改安装的结构要素。

电连接器应与正在服役的电液伺服阀相同。推荐选用 GJB 599A—1993 中规定的插头座。

伺服液压缸长度，包括全伸出状态、中立位置和全缩回状态长度。

② 结构

a.在满足功能要求、性能要求的前提下，液压缸的结构设计应尽可能简单，以保证主机的安全可靠和较少的维护工作量。

b.电液伺服阀与液压缸之间的管路应尽量短，且应尽量采用硬管；管径在满足最大瞬时流量前提下，应尽量小。

c.测压点应符合 GB/T 28782.2—2012 中 7.2 的规定。

d.当传感器等有缸体与活塞杆相对不可转动要求时，液压缸及其安装和连接应设计（置）防止缸体与活塞杆相对转动结构或机构。

（3）动态性能要求

伺服阀响应频率应大于液压缸最高试验频率的 3 倍以上。

电液伺服阀动态试验用液压缸的共振频率应高于被试电液伺服阀额定幅频宽 3 倍。

作者注：参考文献［70］提出的："采用小质量和低摩擦的无载液压缸作为（电液伺服阀）动态流量的检测装置，无载油缸的固有频率要远高于被试阀的固有频率，一般应在 10 倍以上"太值得商榷了。

3.4 液压缸缸体（筒）的技术要求

（1）总则

液压缸缸体（筒）应有足够的强度、刚度、塑性和冲击韧度（性）。对需要后期焊接缸底（端盖）的缸体（筒）要求其材料（与缸底为同种钢或异种钢）应具有良好的焊接性，焊缝强度不应低于母材的强度指标，焊缝质量应达到 GB/T 3323—2005 中规定的Ⅱ级。液压缸油口凸起部（接管）与缸底（端盖）宜同步焊接。

对缸体（筒）内孔有耐磨损或防腐等要求的液压缸，可采用在缸孔内套装合适材料的内衬结构。

各种缸体（筒）结构型式请见本章第 3.18.2 节中各图样。

同一制造厂生产的型号相同的液压缸的缸体（筒），必须具有互换性。

必要的如特殊场合使用的液压缸，应在设计时对缸体（筒）做风险评价（估）。

（2）材料

有产品标准的液压缸或是主机标准有规定的液压缸，其缸体或缸筒应按相关标准规定选用材料，此处"缸体"一般是指广义的液压缸缸体。

用于制造缸体（筒）的材料的力学性能下屈服强度一般应不低于 295MPa，常用材料如下。

① 优质碳素结构钢牌号：30、35、45、25Mn、35Mn。

② 合金结构钢牌号：20MnMo、20MnMoNb、27SiMn、30CrMo、35Mn2、40Cr，42CrMo。

③ 低合金高强度结构钢牌号：Q345B（C、D、E）。

④ 不锈钢牌号：12Cr18Ni9。

⑤ 铸造碳钢牌号：ZG270-500、ZG310-570。

⑥ 球墨铸铁牌号：QT500-7、QT550-3、QT600-3。

在液压缸耐压试验时，保证缸体（筒）不能产生永久变形。在额定静态压力下不得出现 JB/T 5924—1991《液压元件压力容腔体的额定疲劳压力和额定静态压力试验方法》规定的被试压力容腔的任何一种失效模式。

对于液压缸工作的环境温度低于 −50℃ 的缸体（筒）材料必须选用经调质处理的 35、45 钢或低温用钢。

作者注："广义的液压缸缸体"请见《液压缸设计与制造》一书。

（3）热处理

用于制造缸体（筒）的铸、锻件，应采用热处理或其他降低应力的方法消除内应力。用于制造缸体（筒）的锻钢（铸钢）、优质碳素结构钢和合金结构钢等，应在加工前或粗加工后进行调质处理。

作者注：缸体（筒）的热处理或可表述为：宜在加工前或粗加工后进行调质处理。符合 JB/T 11718—2013 规定的缸筒应在交货时按供需双方的商定，供方按需方的要求对交货的缸筒的热处理状态进行特别说明。

警告：缸体（筒）不可进行在 GB/T 12603 或 GB/T 16924 中规定的工艺代号为 513 或 513-♯ 的整体热处理。

对于使用 JB/T 11718—2013 规定的缸筒采用焊接连接缸底（端盖）的缸体（筒），不能采用热处理的方法消除内应力，可尝试采用如振动时效、静压拉伸等方法消除内应力，且应对所采用的方法进行工艺验证。

（4）几何尺寸、几何公差

① 基本尺寸　缸体基本尺寸包括缸内径、缸体内孔位置、缸体外形、缸体（内孔）长度和油口尺寸；对于内孔与外圆同心的管状体缸筒，缸筒基本尺寸包括缸内径、缸筒外径或缸筒壁厚（优先采用缸筒壁厚）和缸筒长度。

② 缸内径

a. 缸内径应优先选用表 3-12 中的推荐尺寸。

表 3-12　缸内径推荐尺寸　　　　mm

25	(90)	(180)	(360)
32	100	200	400
40	(110)	(220)	(450)
50	125	250	500
63	(140)	(280)	
80	160	320	

注：圆括号内尺寸为非优先选用者。

对于缸内径不小于 630mm 的大型液压油缸，其缸内径应优先选用表 3-13 中推荐尺寸。

表 3-13　大型液压油缸缸内径推荐尺寸　　　　mm

630	800	950	1120	1500
710	900	1000	1250	2000

作者注：所谓"大型液压油缸"在现行标准中没有定义，以缸径 $D \geqslant 630mm$ 的液压缸为大型液压缸或大型液压油缸，值得商榷。

b. 缸内径尺寸公差宜采用 GB/T 1801—2009 规定的 H6（或 H7）；对用于中、低压或长的缸筒也可采用 GB/T 1801—2009 规定的 H8 或 H9。

③ 缸筒外径　缸筒外径允许偏差应不超过缸筒外径公称尺寸的 ±0.5%。

④ 缸筒壁厚 缸筒壁厚应根据强度计算结果，在保证有足够安全裕量的前提下，优先选用表 3-14 中最接近的推荐值。

作者注：缸筒材料强度要求的最小壁厚 δ_0 的计算按《液压缸设计与制造》附录 D，但安全系数应加大。

表 3-14　缸筒推荐壁厚　　　　　　　　　　　　　　　　mm

缸内径 D	缸筒壁厚 δ	缸内径 D	缸筒壁厚 δ
25～70	4、5.5、6、7.5、8、10	＞250～320	15、17.5、20、22.5、25、28.5
＞70～120	5、6.5、7、8、10、11、13.5、14	＞320～400	15、18.5、22.5、25.5、28.5、30、35、38.5
＞120～180	7.5、9、10.5、12.5、13.5、15、17、19	＞400～500	20、25、28.5、30、35、40、45
＞180～250	10、12.5、15、17.5、20、22.5、25		

⑤ 缸筒壁厚偏差 缸筒壁厚允许偏差应符合表 3-15 的规定。

表 3-15　缸筒壁厚允许偏差　　　　　　　　　　　　　　mm

缸筒种类	缸筒壁厚 δ			
	4～7	＞7～13.3	＞13.5～20	＞20
	缸筒壁厚允许偏差			
机加工	±(4.5%×δ)	±(4%×δ)	±(3%×δ)	±(2.5%×δ)
冷拔加工	±(8%×δ)	±(6%×δ)	±(5%×δ)	±(4.5%×δ)

⑥ 缸筒长度 缸体（筒）内孔长度必须满足液压缸行程要求，长度偏差应符合表 3-16 的规定，且参考缸行程长度公差表 3-17。

表 3-16　缸筒长度允许偏差　　　　　　　　　　　　　　mm

缸筒长度		允许偏差
大于	至	
—	500	+0.63 0
500	1000	+1.00 0
1000	2000	+1.32 0
2000	4000	+1.70 0
4000	7000	+2.00 0
7000	10000	+2.65 0
10000	—	+3.35 0

表 3-17　缸行程长度公差　　　　　　　　　　　　mm

缸行程 s		允许偏差
大于	至	
—	500	+2.0 0
500	1000	+3.0 0
1000	2000	+4.0 0
2000	4000	+5.0 0
4000	7000	+6.0 0
7000	10000	+8.0 0
10000	—	+10.0 0

⑦ 几何公差　设计时，缸体（筒）内孔轴线一般被确定为基准要素。

a. 内孔圆度。

缸体（筒）内孔圆度分为四个等级，其公差数值以小于内径公差值的百分数表示。对应关系如下：A 级——50%；B 级——60%；C 级——70%；D 级——80%（一般不宜选用）。

或可要求缸体（筒）内孔的圆度公差不低于 GB/T 1184—1996 中的 7 级。

b. 内孔轴线直线度。

缸筒内孔轴线直线度分为四个等级：A 级——0.06/1 000；B 级——0.20/1 000；C 级——0.50/1 000；D 级——1.00/1 000（一般不宜选用）。

注：0.06/1000 表示为 1000mm 长度上，直线度公差为 $\phi 0.06$mm。

c. 内孔表面素线直线度。

或可要求缸体内孔表面素线任意 100mm 的直线度公差应不低于 GB/T 1184—1996 中的 6 级。

d. 内孔表面相对素线平行度。

内孔圆柱度误差由内孔圆度、内孔轴线直线度和内孔表面相对素线平行度组成，其内孔表面素线平行度公差应不低于 GB/T 1184—1996 中的 7 级。

e. 内孔圆柱度。

根据功能要求，缸体内孔的圆柱度公差值可单独注出，尤其当要求其圆柱度公差值小于其组成的综合结果时。缸体内孔圆柱度公差应不低于 GB/T 1184—1996 中的 7 级。

f. 缸体（筒）端面垂直度。

缸体（筒）两端端面应与内孔轴线（中心线）垂直，缸体法兰端面与缸体内孔轴线的垂直度公差应不低于 GB/T 1184—1996 中的 6 级；缸体法兰端面轴向圆跳动公差应不低于 GB/T 1184—1996 中的 7 级。

g. 耳轴垂直度、位置度。

当缸体（筒）上（前端、中部、后端）有固定耳轴时，耳轴中心线对缸体中心线的垂直度公差不应低于 GB/T 1184—1996 中的 8 级；耳轴中心线与缸体中心线距离不应大于 0.03mm。

h. 当缸体（筒）与缸底（头）或端盖采用螺纹连接时，螺纹应选取 6 级精度的细牙普通螺纹 M。

i. 如将电液伺服阀安装座设置在缸体上，电液伺服阀安装面应符合电液伺服阀技术要求，且在电液伺服阀安装螺钉规定扭矩下缸体变形量不得超过允许值。

j. 如将油路块（如液压保护模块）安装在缸体上，油路块安装面应符合相关标准规定，且在安装螺钉规定扭矩下缸体变形量不得超过允许值。

（5）机械性能

完全用机加工制成的缸筒，其机械性能应不低于所用材料的标准规定的机械性能要求。

冷拔加工的缸筒受材料和加工工艺的影响，其材料机械性能由供需双方商定。

作者注：钢的牌号为 45、25Mn、Q345B（C、D、E）、27SiMn 等钢管的力学性能、工艺性能等按 GB/T 32957—2016 的规定。

（6）表面质量

① 内孔表面

a. 内孔表面粗糙度值一般不大于 $Ra0.4\mu m$，也可根据设计要求从表 3-18 中选取。

b. 内孔表面应光滑，不应有目视可见的缺陷，如缩孔、夹杂（渣）、白点、波纹、划擦痕、磕碰伤、凹坑、裂纹、结疤、翘皮及锈蚀等。

表 3-18　内孔表面粗糙度　　　　　　　　　　　　　　　　μm

等级	A	B	C	D
Ra	0.1	0.2	0.4	0.8

② 外表面　外表面不应有目视可见的缩孔、夹杂（渣）、折叠、波纹、裂纹、划擦痕、磕碰伤及冷拔时因外模有积屑瘤造成的拉痕等缺陷。

缸体（筒）上的尖锐边缘，除密封沟槽槽棱外，在工作图上未示出的，均应去掉。

缸体（筒）外表面应经防锈处理，也可采用镀层或钝化层、漆层等进行防腐。外表面在涂漆前应无氧化皮、锈坑。涂漆时应先涂防锈漆，再涂面漆，漆层不应有疤瘤等缺陷。

作者注：液压缸有防湿热、盐雾和霉菌要求的，应在技术要求中明确给出所应遵照的标准和应达到的要求，并给出具体方法或措施，如油漆涂层应给出油漆品种（包括指定生产厂家）和操作规程。

（7）密实性

缸体采用锻件的应进行 100% 的探伤检查，缸体经无损探伤后，应达到 NB/T 47013.3—2015 中规定的Ⅰ级。

缸底（头）与缸体焊接的焊缝，按 GB/T 5777—2008 规定的方法对焊缝进行 100% 的探伤，质量应符合 NB/T 47013.3—2015 中规定的Ⅰ级要求。

密实性检验按 GB/T 7735—2004 中验收等级 A 的规定进行涡流探伤，或按 GB/T 12606 中验收等级 L4 的规定进行漏磁探伤。

在耐压试验压力作用下，缸体（筒）的外表面或焊缝不得有渗漏。

作者注："渗漏"这一术语见于 GB/T 241—2007《金属管　液压试验方法》。

（8）其他要求

① 安装密封件的导入倒角按所选用的密封件要求确定，但其与内孔交接处必须倒圆。安装密封件时需要经（通）过的沟槽、卡键槽、流道交接处等应倒圆或倒角，去毛刺。

② 一般认为缸筒（体）的光整加工工艺应与密封件（圈）的密封材料相适应；缸筒（体）珩磨内孔后宜对其进行抛光，滚压孔包括采用二刃或三刃刀刀具复合镗-滚（刮削滚光）工艺缸筒内孔亦可进行抛光。

③ 缸体（筒）内孔也可以进行内表面处理，包括镀硬铬等，但镀后必须抛光或研磨。

④ 必要时应对缸体（筒）的强度、刚度进行验算。

3.5　液压缸活塞的技术要求

（1）结构型式

液压缸活塞应有足够的强度和导向长度（或密封长度）。对需要与活塞杆焊接连接的活塞要求其材料有良好的焊接性。

根据活塞上密封沟槽结构型式决定活塞是采用整体式或组合式。活塞的密封系统（密封、导向等元件的组合）或间隙密封要合理、可靠、寿命长；活塞与活塞杆连接必须有可靠的连接结构（包括锁紧措施）、足够的连接强度，同时应便于拆装。

各种活塞结构型式请见本章第 3.18.2 节中各图样。

同一制造厂生产的型号相同的液压缸的活塞，必须具有互换性。

（2）材料

除活塞和活塞杆一体结构材料相同外，其他用于制造活塞的常用材料如下。

① 碳素结构钢牌号：Q235、Q275。

② 优质碳素结构钢牌号：20、30、35、45。

③ 合金结构钢牌号：40Cr。

④ 低合金高强度结构钢牌号：Q345B（C、D、E）。

⑤ 灰铸铁牌号：HT200、HT250、HT300。

⑥ 球墨铸铁牌号：QT400-15、QT400-18、QT450-10。

⑦ 其他，如变形铝及铝合金、双金属、复合材料、塑料等。

在液压缸耐压试验时，保证活塞不能产生永久变形包括压溃。在额定静态压力下不得出现 JB/T 5924—1991《液压元件压力容腔体的额定疲劳压力和额定静态压力试验方法》规定的被试压力容腔的任何一种失效模式。

轴承合金材料与钢背结合的双金属，其结合强度应符合设计要求。

大型液压缸活塞材料的屈服强度应不低于 280MPa。

对于缸筒内孔与活塞外径配合为 H8/f8 或 H9/f9 及间隙更小的间隙配合的活塞材料（或与钢制缸筒直接接触活塞材料）不宜采用钢。

作者注："压溃"这一术语除具有在 GB/T 17446—2012 中定义的含义外，在上述应用中还具有零件接触面间因挤压应力所造成的"压溃"这种失效（模式），但与高副机构因挤压应力而失效的模式不同。本书下文中"压溃"含义同。

（3）热处理

调质钢制活塞宜进行调质处理，与活塞杆一体结构的调质钢制活塞应同活塞杆一起进行调质处理。

与活塞杆焊接后的活塞应采用热处理或其他降低应力的方法消除内应力。

注：CB/T 3812—2013《船用舱口盖液压缸》技术要求活塞材料采用调质处理的 45 钢。

（4）几何尺寸、几何公差

设计时，活塞内孔轴线（或活塞杆轴线）一般被确定为基准要素。

① 基本尺寸　活塞的基本尺寸包括活塞（名义）外径、活塞配用外径、活塞厚度、密封、导向、连接尺寸。

② 活塞（名义）外径

a. 活塞（名义）外径应优先选用表 3-19 中的推荐尺寸。

表 3-19　活塞（名义）外径推荐尺寸　　　　　　　　mm

25	(90)	(180)	(360)
32	100	200	400
40	(110)	(220)	(450)
50	125	250	500
63	(140)	(280)	
80	160	320	

注：圆括号内尺寸为非优先选用者。

　　b. 直接滑动于缸体（筒）内孔表面的活塞外径尺寸公差宜采用 GB/T 1801—2009 规定的 f6、f7 或 f8，其配合选择为 H7/f6、H8/f7 或 H9/f8。

　　间隙密封的活塞外径尺寸公差可采用 GB/T 1801—2009 规定的 h6、h7 或 h8，但应通过选配法保证设计的密封间隙。

　　c. 标准规定的活塞配用外径。在 GB/T 6577—1986《液压缸活塞用带支承环密封沟槽型式、尺寸和公差》中规定的活塞（名义）外径 D 与活塞配用外径 D_1 尺寸见表 3-20。

表 3-20　活塞配用外径尺寸（摘自 GB/T 6577—1986）　　　　mm

D	D_1	D	D_1	D	D_1	D	D_1
25	24	(90)	88.5/88	(180)	178	(360)	357
32	31	100	98.5/98	200	197	400	397
40	39	(110)	108.5/108	(220)	217	(450)	447
50	49/48.5	125	123	250	247	500	497
63	62/61.5	(140)	138	(280)	277		
80	78.5/78	160	158	320	317		

注：1. 圆括号内尺寸为非优先选用者。

2. 作者注：表 3-20 中 D 尺寸与标准中密封沟槽外径（缸内径）尺寸相等；D_1 尺寸与标准中活塞配合直径尺寸相等。

　　d. 活塞配用外径。活塞配用外径尺寸及尺寸公差、几何公差、表面粗糙度等按相关标准和选用的密封型式及密封件要求选取。

　　③ 活塞厚度　活塞厚度由导向长度和密封结构（密封系统）决定，一般为活塞（名义）外径的 0.6～1.0 倍，间隙密封的活塞厚度应符合设计要求。

　　④ 圆度公差　配合为 H7/f6 或 H8/f7 的活塞外表面圆度公差按 GB/T 1184—1996 规定的 6 级。

　　⑤ 圆柱度公差　配合为 H7/f6 或 H8/f7 的活塞外表面圆柱度公差按 GB/T 1184—1996 规定的 6 级或 7 级。

　　⑥ 同轴度公差　活塞（配用）外表面对内孔轴线（或活塞杆轴线）的同轴度公差应不低于 GB/T 1184—1996 中 7 级；配合为 H7/f6 或 H8/f7 的活塞外表面对内孔轴线（或活塞杆轴线）同轴度公差按 GB/T 1184—1996 规定的 6 级。

　　⑦ 垂直度公差　活塞端面对轴线的垂直度公差应不低于 GB/T 1184—1996 中的 6 级；活塞端面对轴线径向圆跳动公差应不低于 GB/T 1184—1996 中的 7 级。

（5）表面质量

① 外表面

a. 配合为 H7/f6 或 H8/f7 的活塞外表面粗糙度值一般不大于 $Ra0.8\mu m$，也可根据设计要求从表 3-21 中选取。

表 3-21　表面粗糙度

μm

等级	A	B	C	D	E
Ra	0.2	0.4	0.8	1.6	3.2

b. 表面不应有目视可见的缺陷，如缩孔、夹杂（渣）、白点、波纹、划擦痕、磕碰、凹坑、裂纹、结疤、翘皮及锈蚀等。

活塞上的尖锐边缘，除密封沟槽槽棱外，在工作图上未示出的，均应去掉。

② 端面　活塞端面表面粗糙度值一般不大于 $Ra3.2\mu m$，也可根据设计要求从表 3-21 中选取；但选作检验基准的端面其表面糙度值一般应不大于 $Ra0.8\mu m$。

3.6　液压缸活塞杆的技术要求

（1）总则

液压缸活塞杆应有足够的强度、刚度和冲击韧度（性）。对需要焊接的组合式（空心或活塞与活塞杆焊接）活塞杆要求其材料有良好的焊接性，焊缝强度不应低于母材的强度指标，焊缝质量应达到 GB/T 3323—2005 中规定的 Ⅱ 级。

活塞杆与活塞连接必须有可靠的连接结构（包括锁紧措施）、足够的连接强度，同时应便于拆装。

活塞杆与固定式缓冲装置中的缓冲柱塞最好做成一体。

活塞杆的结构设计必须有利于提高其受压时抗弯曲强度和稳定性。

带有外螺纹或内螺纹端头的活塞杆上，应设置适合标准扳手平面。当活塞杆太小以致无法设置规定平面的情况下，可以省去。

焊接组合的闭式空心活塞杆必须在活塞杆外连接端预留通气孔。开式空心活塞杆应避免增大液压缸压力容腔体体积。

各种活塞杆结构型式请见本书章第 3.18.2 节中各图样。

同一制造厂生产的型号相同的液压缸的活塞杆，必须具有互换性。

作者注："压力容腔体"这一术语见于 JB/T 5924—1991。

（2）材料

用于制造活塞杆的材料的力学性能屈服强度一般应不低于 280MPa，对于采用铬覆盖层的活塞杆本体的抗拉强度应大于或等于 345MPa，常用材料如下。

① 优质碳素结构钢牌号：35、45、50。

② 合金结构钢牌号：27SiMn、30CrMo、30CrMnSiA、35CrMo、40Cr、42CrMo。

③ 不锈钢牌号：12Cr18Ni9、14Cr17Ni2。

④ 铸造碳钢牌号：ZG270-500、ZG310-570。

⑤ 其他，如变形铝及铝合金（铝合金锻件）、加工青铜、可锻铸铁、冷硬铸铁等。

（3）热处理

活塞杆一般应在粗加工后进行调质处理。对于只承受单向载荷作用的活塞杆，公称压力低、缸内径小或行程短以及动作频率低的活塞杆也可不进行调质处理。活塞杆外径滑动表面最好进行表面淬火（静压支承结构的活塞杆应进行表面淬火），表面淬火后必须回火。

在一定条件下，可以用正火或正火＋回火代替调质。

对于焊接的组合式（空心或活塞与活塞杆焊接的）活塞杆，应采用热处理或其他降低应力的方法消除内应力。

选用45钢的活塞杆调质硬度一般应为241～286HB，滑动表面表面淬火＋回火后硬度应为42～45HRC，且应较为均匀。

宜采用合金结构钢，热处理后表面硬度不低于52HRC，且应进行稳定性处理。

（4）几何尺寸和几何公差

设计时，活塞杆轴线一般被确定为基准要素。

① 基本尺寸　活塞杆的基本尺寸包括活塞杆外径、活塞杆长度（滑动面长度或导向面）、活塞杆螺纹型式和尺寸（端部连接型式和尺寸）、与活塞连接型式和尺寸及缓冲柱塞型式和尺寸。

② 活塞杆外径

a. 活塞杆外径 d 应符合 GB/T 2348—1993 的规定，见表3-22。

表 3-22　活塞杆外径　　　　　　　　　　　　　　　　　　　　mm

4	20	56	160
5	22	63	180
6	25	70	200
8	28	80	220
10	32	90	250
12	36	100	280
14	40	110	320
16	45	125	360
18	50	140	

b. 活塞杆外径公差。活塞杆导向面的外径尺寸公差宜采用 GB/T 1801—2009 规定的 f6、f7 或 f8，含有活塞杆静压支承结构的或有特殊要求的液压缸的活塞杆与导向套配合也可选用 H7/h6、H8/h7，但应通过选配法保证设计的间隙（相当于轴承间隙）。一般（静压支承结构的）导向套材料不应采用钢。

　　作者注："轴承间隙"见于 GB/T 28279.1—2012。

c. 活塞杆螺纹型式和尺寸。活塞杆螺纹系指液压缸活塞杆的外部连接螺纹。

标准规定的活塞杆螺纹有三种型式，如图3-8～图3-10所示。

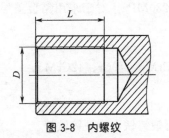

图 3-8　内螺纹

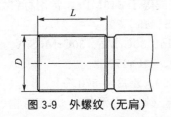

图 3-9　外螺纹（无肩）

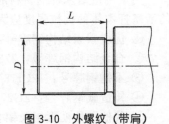

图 3-10　外螺纹（带肩）

活塞杆螺纹型式和尺寸应符合 GB 2350—1980 的规定，活塞杆螺纹尺寸应符合表3-23的规定。

表 3-23　活塞杆螺纹　　　　　　　　　　　　　　　mm

螺纹直径与螺距 ($D \times t$)	螺纹长度 (L)		螺纹直径与螺距 ($D \times t$)	螺纹长度 (L)		螺纹直径与螺距 ($D \times t$)	螺纹长度 (L)	
	短型	长型		短型	长型		短型	长型
M3×0.35	6	9	M24×2	32	48	M90×3	106	140
M4×0.5	8	12	M27×2	36	54	M100×3	112	—
M5×0.5	10	15	M30×2	40	60	M110×3	112	—
M6×0.75	12	16	M33×2	45	66	M125×4	125	—
M8×1	12	20	M36×2	50	72	M140×4	140	—
M10×1.25	14	22	M42×2	56	84	M160×4	160	—
M12×1.25	16	24	M48×2	63	96	M180×4	180	—
M14×1.5	18	28	M56×2	75	112	M200×4	200	—
M16×1.5	22	32	M64×3	85	128	M220×4	220	—
M18×1.5	25	36	M72×3	85	128	M250×6	250	—
M20×1.5	28	40	M80×3	95	140	M280×6	280	—
M22×1.5	30	44						

注：1. 螺纹长度（L）对内螺纹是指最小尺寸；对外螺纹是指最大尺寸。

2. 当需要用锁紧螺母时，采用长型螺纹长度。

活塞杆上的连接螺纹应选取 6 级精度的细牙普通螺纹 M。

d. 几何公差。

• 活塞杆导向面（电镀前）的圆度公差应不低于 GB/T 1184—1996 中的 7 级；电镀后精加工（抛光或研磨）的圆度公差应不低于 GB/T 1184—1996 中的 8 级。

• 活塞杆导向面素线的直线度公差应不低于 GB/T 1184—1996 中的 7 级。

• 活塞杆导向面的圆柱度公差应选取 GB/T 1184—1996 中的 7 级。

• 用于活塞安装的端面对活塞杆轴线的垂直度公差应按 GB/T 1184—1996 中的 6 级选取。

• 活塞杆导向面对安装活塞的圆柱轴线的径向跳动公差应不低于 GB/T 1184—1996 中的 6 级，同轴度公差应不低于 GB/T 1184—1996 中的 6 级。

• 缓冲柱塞对安装活塞的圆柱（或导向面）轴线的径向跳动公差应不低于 GB/T 1184—1996 中的 6 级。

• 当活塞杆端部有连接销孔时，该孔径的尺寸公差应选取 GB/T 1801—2009 中的 H10；销孔轴线对活塞杆轴线的垂直度公差不应低于 GB/T 1184—1996 中的 8 级；耳轴中心线与缸体中心线距离不应大于 0.03mm。

• 活塞杆的导向面与（导向套）配合面的同轴度公差应不低于 GB/T 1184—1996 中的 7 级。

(5) 表面质量

① 活塞杆与（静压支承结构的）导向套配合滑动表面应镀硬铬，铬覆盖层厚度（指单边、抛光或研磨后）一般在 0.03～0.05mm 范围内；铬覆盖层硬度在 800～1000HV；镀后精加工；镀层必须光滑细致（均匀、密实），不得有起皮（层）、脱（剥）落或起泡等任何缺陷；在设计的最大载荷下和/或交变载荷下，镀铬层不得有裂纹。缸回程终点时活塞杆外露部分应一同镀硬铬。

除采用镀硬铬外，活塞杆外表面还可以采用化学镀镍-磷合金镀层。

有特殊要求的活塞杆表面可以采用热喷涂合金或喷涂陶瓷层。

作者注：液压缸有防湿热、盐雾和霉菌要求的，应在技术要求中明确给出所应遵照的标准和应达到的要求，并给出试验（测量）方法。

对于没有镀硬铬的或镀硬铬前的活塞杆外表面，表面应光滑一致，不应有目视可见的缺陷，如缩孔、夹杂（渣）、白（斑）点、波纹、螺旋纹、划擦痕、磕碰伤、毛刺、凹坑、裂纹、结疤、凸瘤、翘皮、氧化皮及锈蚀等。

活塞杆上的尖锐边缘，除活塞与活塞杆一体结构上的密封沟槽槽棱外，在工作图上未示出的，均应去掉。

作者注：应在光线充足或人工照明良好的条件下目视检查，必要时可用 3～5 倍放大镜目测检查。

② 活塞杆与（静压支承结构的）导向套的配合滑动表面粗糙度值一般应不大于 $Ra0.4\mu m$，也可根据设计要求从表 3-24 中选取。

表 3-24　表面粗糙度　　　　　　　　　　　　　　　　　　μm

等级	A	B	C	D	E	F	G
Ra	0.1	0.2	0.25	0.32	0.4	0.63	0.8

③ 图样上已规定表面粗糙度值［即零（部）件最终表面粗糙度值］的，其镀覆前的表面粗糙度值应不大于图样上所标出的粗糙度值的一半。

（6）其他要求

① 安装密封件的导入倒角按所选用的密封件要求确定，但与外径交接处必须倒圆。

② 活塞杆成品应保留完好的中心孔。

③（液压缸带动的）滑块有意外下落危险的活塞杆连接型式，设计时应进行风险评价（估），并应给出预期使用寿命；达到预期使用寿命的要求用户必须自觉、及时更换活塞杆。

④ 柱塞缸等在试验、调试、使用和维修中有活塞杆可能射出（脱节）的，应有行程极限位置限位装置。在限位装置无效、解除或拆除后，不得对液压缸各工作腔施压，以防止液压缸失效而产生的各种危险。

3.7　液压缸缸盖的技术要求

（1）结构型式

缸盖可以与导向套制成整体结构，也可制成分体结构（如压盖-导向套、缸盖-静压支承套）；还可根据缸盖与缸体（筒）、活塞杆及导向套间是否有密封而分为密封缸盖和非密封缸盖。

缸盖与缸体（筒）连接必须有可靠的连接结构（包括锁紧措施）、足够的连接强度，同时应便于拆装。

缸盖与缸体（筒）连接通常有法兰连接、内（外）螺纹连接、内（外）卡键连接、拉杆连接等；因一般要求缸盖要便于拆装，所以，缸盖与缸体（筒）通常不采用焊接连接。

缸盖上液压缸油口开设位置不同，分轴向油口和径向油口。

各种缸盖结构型式请见本书章第 3.18.2 节中各图样。

同一制造厂生产的型号相同的液压缸的整体结构缸盖，必须具有互换性。

（2）材料

一体结构缸盖的常用材料如下。

① 碳素结构钢牌号：Q235、Q275。

② 优质碳素结构钢牌号：20、30、35、45。

③ 合金结构钢牌号：27SiMn、30CrMo、30CrMnSiA、40Cr、42CrMo。

④ 低合金高强度结构钢牌号：Q345。

⑤ 不锈钢牌号：12Cr18Ni9、14Cr17Ni2。

⑥ 铸造碳钢牌号：ZG270-500、ZG310-570。

⑦ 灰铸铁牌号：HT200、HT250、HT300。

⑧ 球墨铸铁牌号：QT400-15、QT400-18、QT450-10。

⑨ 其他，如双金属、（压）铸铝、铸铜等。

在液压缸耐压试验时，保证缸盖不能产生永久变形包括压溃。在额定静态压力下不得出现 JB/T 5924—1991《液压元件压力容腔体的额定疲劳压力和额定静态压力试验方法》规定的被试压力容腔的任何一种失效模式。

采用 GB/T 3078—2008 规定的优质碳素结构钢或合金结构钢冷拉钢棒制造的套装静压支承套的缸盖［轴承套筒（外套）］，其材料的（冷拉）抗拉强度不能低于 610MPa。

大型液压缸的缸盖材料的屈服应不低于 280MPa。

对于缸盖内孔与活塞杆外径配合为 H8/f7、H8/h7、H8/f8、H9/f9 及间隙更小的间隙配合的缸盖材料不能采用钢。

（3）热处理

缸盖一般应在粗加工后进行调质处理，尤其是未经正火或退火的锻钢或铸钢更应该在粗加工后进行热处理，但淬火后必须回火。

对于缸内径小，公称压力低、使用工况好以及动作频率低的液压缸缸盖或使用非调质钢制造的缸盖也可不进行热处理，但毛坯应在机械加工前进行时效处理。

（4）几何尺寸和几何公差

设计时，缸盖内孔轴线一般被确定为基准要素。

① 基本尺寸　整体结构法兰连接密封缸盖基本尺寸包括缸盖内径、外径、（导向）长度、密封、导向和法兰尺寸。

② 缸盖内径

a. 缸盖（名义）内径应优先选用表 3-25 推荐值。

表 3-25　缸盖（名义）内径推荐尺寸　　　　　　　mm

4	20	56	160
5	22	63	180
6	25	70	200
8	28	80	220
10	32	90	250
12	36	100	280
14	40	110	320
16	45	125	360
18	50	140	

b. 缸盖相当于导向套的部分内径尺寸公差应不低于 GB/T 1801—2009 中的 H8。

③ 缸盖外径

a. 缸盖外径［与缸体（筒）的配合部分］尺寸应优先选用表 3-26 推荐值。

表 3-26 缸盖外径推荐尺寸   mm

25	(90)	(180)	(360)
32	100	200	400
40	(110)	(220)	(450)
50	125	250	500
63	(140)	(280)	
80	160	320	

注：圆括号内尺寸为非优先选用者。

b. 缸盖与缸体（筒）的配合部分外径尺寸公差一般选取 GB/T 1801—2009 中的 f7；但一些专门用途液压缸或有特殊要求的液压缸，其缸盖与缸体（筒）的配合可以在 H7/k6 或 H8/k7～H8/g7 间选取。

④ 法兰尺寸 液压缸（$PN \leqslant 25\text{MPa}$）缸盖法兰外径尺寸可参考表 3-27。

表 3-27 液压缸（$PN \leqslant 25\text{MPa}$）缸盖法兰外径尺寸   mm

缸内径	40	50	63	80	100	125	140	160	200	220	250	320
缸筒外径	57	63.5	76	102	121	152	168	194	245	273	299	377
法兰外径	85	105	120	135	165	200	220	265	320	355	395	490

液压缸进出油孔、固定螺栓、排气阀、压盖、支架的圆周分布位置见 GB/T 6134—2006 附录 A（规范性附录）液压缸图样设计。

液压缸（$PN \leqslant 16\text{MPa}$）缸盖法兰外径尺寸可参考表 3-28。

表 3-28 液压缸（$PN \leqslant 16\text{MPa}$）缸盖法兰外径尺寸   mm

缸内径	50	63	80	100	125	160	200	250
缸筒外径	63.5	76	102	121	152	194	245	299
法兰外径	106	120	136	160	188	266	322	370

液压缸进出油孔、固定螺栓、排气阀、压盖、支架的圆周分布位置见 GB/T 2162—2007 附录 A（规范性附录）液压缸图样设计。

⑤ 几何公差

• 缸盖内孔的圆度公差不低于 GB/T 1184—1996 中的 6 级。

• 缸盖内孔的圆柱度公差不低于 GB/T 1184—1996 中的 7 级。

• 缸盖与缸体（筒）的配合部分的圆柱度应不低于 GB/T 1184—1996 中的 7 级。

• 缸盖外表面［与缸体（筒）的配合部分］对缸盖内孔（相当于导向套的部分）轴线的同轴度公差应不低于 GB/T 1184—1996 中的 6 级。

• 缸盖与压盖或与缸体抵靠的（法兰）端面和安装于液压缸有杆腔内端面对缸盖内孔轴线的垂直度公差应不低于 GB/T 1184—1996 中的 6 级。

（5）表面质量

① 内孔表面

a. 内孔表面粗糙度值应不大于 $Ra\,0.8\mu\text{m}$，也可根据设计要求从表 3-29 中选取。

b. 内孔表面应光滑，不应有目视可见的缺陷，如缩孔、夹杂（渣）、白点、波纹、划擦痕、磕碰伤、凹坑、裂纹、结疤、翘皮及锈蚀等。

表 3-29 内孔表面粗糙度 μm

等级	A	B	C	D
Ra	0.2	0.4	0.8	1.6

② 端面　缸盖安装于有杆腔内的端面表面粗糙度值应不大于 $Ra1.6\mu m$；但选作检验基准的端面其表面粗糙度值一般不大于 $Ra0.8\mu m$。

③ 外表面　外表面不应有目视可见的缩孔、夹杂（渣）、折叠、波纹、裂纹、划痕、磕碰伤及冷拔时因外模有积屑瘤造成的拉痕等缺陷。

缸盖上的尖锐边缘，除密封沟槽槽棱外，在工作图上未示出的，均应去掉。

缸盖外表面应经防锈处理，也可采用镀层或钝化层、漆层等进行防腐。外表面在涂漆前应无氧化皮、锈坑。涂漆时应先涂防锈漆，再涂面漆，漆层不应有疤瘤等缺陷。

作者注：液压缸有防湿热、盐雾和霉菌要求的，应在技术要求中明确给出所应遵照的标准和应达到的要求，并给出具体方法或措施，如油漆涂层应给出油漆品种（包括指定生产厂家）和操作规程。

3.8　液压缸缸底的技术要求

（1）总则

液压缸缸底应有足够的强度、刚度和抗冲击韧度（性）。对需要后期与缸体（筒）焊接的缸底要求其材料有良好的焊接性，焊缝强度不应低于母材的强度指标，焊缝质量应达到 GB/T 3323—2005 中规定的Ⅱ级。

缸底与缸体（筒）焊接的焊缝，按 GB/T 5777—2008 规定的方法对焊缝进行100％的探伤，质量应符合 NB/T 47013.3—2015 中规定的Ⅰ级要求。

缸底与缸体（筒）连接必须有可靠的连接结构，包括锁紧措施、足够的连接强度。

同一制造厂生产的型号相同的液压缸的缸底（缸体），必须具有互换性。

（2）结构型式

此处缸底特指缸无杆端端盖（缸尾）。

根据液压缸安装型式不同，缸底同后端固定单（双）耳环、圆（方、矩）形法兰等制成一体结构。

液压缸缓冲装置除缓冲柱塞外一般都设置在缸底上。

缸底上液压缸油口开设位置不同，分轴向油口和径向油口。

除缸底同缸体（筒）为一体结构外，其他缸底与缸体（筒）连接型式通常有法兰连接、内（外）螺纹连接、拉杆连接、焊接等，其中缸底与缸体（筒）采用焊接是最常见的连接（固定）型式，即采用锁底对接焊缝固定方式的焊接式缸底。

采用焊接式缸底的缸体（筒）一般称为密闭式缸体（筒）或缸形缸体（筒）。

焊接式缸底或锻造缸形缸体（筒）的内端面型式多为平盖形，其他还有椭圆形、碟形、球冠形和半球形等型式的凹面形缸底，而缸底（中心）上开设轴向进出油孔（口）或充液阀安装孔的缸底称为有孔缸底。

各种缸底结构型式请见本章第 3.18.2 节中各图样。

（3）材料

用于制造缸底的材料的力学性能屈服强度应不低于 280MPa，常用材料如下。

① 优质碳素结构钢牌号：30、35、45、25Mn、35Mn。

② 合金结构钢牌号：27SiMn、30CrMo、40Cr，42CrMo。

③ 低合金高强度结构钢牌号：Q345。

④ 不锈钢牌号：12Cr18Ni9。

⑤ 铸造碳钢牌号：ZG270-500、ZG310-570。

⑥ 球墨铸铁牌号：QT500-7、QT550-3、QT600-3。

焊接式缸底材料一般应选择缸体（筒）同种钢。

在液压缸耐压试验时，保证缸底不能产生永久变形包括压溃。在额定静态压力下不得出现 JB/T 5924—1991《液压元件压力容腔体的额定疲劳压力和额定静态压力试验方法》规定的被试压力容腔的任何一种失效模式。

（4）热处理

用于制造缸底的铸锻件，应采用热处理或其他降低应力的方法消除内应力。

缸底一般应在粗加工后进行调质处理，尤其是未经正火或退火的锻钢和铸钢更应该在粗加工后进行热处理，但淬火后必须高温回火，并注意在本章液压缸缸体（筒）的技术要求中的警告。

对于缸内径小、公称压力低、使用工况好的液压缸缸底或使用非调质钢制造的缸底也可不进行热处理。

（5）几何尺寸、几何公差

设计时，缓冲孔轴线或与缸体（筒）配合止口直径轴线一般被确定为基准要素。

① 基本尺寸　焊接式缸底基本尺寸包括缸底止口直径、止口高度、外径、缸底厚和连接尺寸；在缸底上设计有缓冲装置的如缓冲腔孔等，另行规定。

② 止口直径

a. 止口直径按所配装缸（体）筒内径选取。

b. 止口直径尺寸公差一般应按 GB/T 1801—2009 中的 js7 选取；在缸底上设计有缓冲腔孔的，其缸底与缸体（筒）的配合可以选取 H7/k6 或 H8/k7。

③ 止口高度　焊接式缸底的止口高度应能使活塞密封远离平接焊缝 20mm 以上。

④ 缸底厚度　缸底厚度一般可按缸筒壁厚的 1.3～1.5 倍选取。

具体计算可参考《液压缸设计与制造》，但应充分考虑电液伺服阀控制液压缸可能承受的压力冲击和产生的疲劳破坏。

作者注：采用无限寿命设计方法设计液压缸体（广义液压缸缸体包括缸底）时，疲劳安全系数至少应大于或等于 2.5，具体还可参考闻邦椿主编《机械设计手册》第 5 版第 6 卷第 5 章常规疲劳强度设计。

⑤ 几何公差。

a. 止口（缸底与缸体配合处）的圆柱度应不低于 GB/T 1184—1996 中的 8 级。

b. 止口对缓冲孔轴线的同轴度公差应不低于 GB/T 1184—1996 中的 7 级。

c. 缸底与缸体配合的端面与缸底轴线的垂直度公差应不低于 GB/T 1184—1996 中的 7 级。

d. 螺纹油口密封面对螺纹中径垂直度公差不低于 GB/T 1184—1996 中的 6 级；也可按 GB/T 19674.1—2005 选取。

e. 销孔轴线对缸体（筒）轴线的垂直度公差不应低于 GB/T 1184—1996 中的 9 级。

（6）表面质量

外表面不应有目视可见的缩孔、夹杂（渣）、折叠、波纹、裂纹、划痕、磕碰伤及锈蚀等缺陷。

缸底上的尖锐边缘，除密封沟槽槽棱外，在工作图未示出的，均应去掉。

缸底外表面应经防锈处理，也可采用镀层或钝化层、漆层等进行防腐。外表面在涂漆前应无氧化皮、锈坑。涂漆时应先涂防锈漆，再涂面漆，漆层不应有疤瘤等缺陷。

（7）密实性

缸底采用锻件的应进行 100％的探伤检查，缸体经无损探伤后，应达到 NB/T

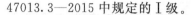

47013.3—2015 中规定的 I 级。

缸底与缸体（筒）焊接的焊缝，按 GB/T 5777—2008 规定的方法对焊缝进行 100％的探伤，质量应符合 NB/T 47013.3—2015 中规定的 I 级要求。

密实性检验按 GB/T 7735—2004 中验收等级 A 的规定进行涡流探伤，或按 GB/T 12606 中验收等级 L4 的规定进行漏磁探伤。

在耐压试验压力作用下，缸底的外表面或焊缝不得有渗漏。

3.9　液压缸导向套的技术要求

（1）结构型式

导向套可以与缸盖制成一（整）体结构，也可制成分体结构，即所谓缸盖式和轴套式。一般导向套内、外圆柱面上都设计、加工有密封沟槽，用于（相当于）活塞静密封和活塞杆动密封以及活塞杆防尘（密封）。

对于钢制导向套，其内孔还必须加工有支承环安装沟槽，用于活塞杆导向和支承。

导向套必须定位（有锁定措施）且应便于拆装。

各种导向套结构型式请见本章第 3.18.2 节中各图样。

同一制造厂生产的型号相同的液压缸的导向套，必须具有互换性。

（2）材料

导向套的常用材料如下。

① 灰铸铁牌号：HT150、HT200、HT250、HT300。

② 可锻铸铁牌号：KTZ650-02、KTZ700-02。

③ 蠕墨铸铁牌号：RuT300、RuT350、RuT400、RuT450。

④ 球墨铸铁牌号：QT400-15、QT400-18、QT450-10、QT500-7。

⑤ 碳钢、铸造碳钢。

⑥ 其他，如双金属、（压）铸铝合金、铸铜合金、塑料（非金属材料），以及耐磨铸铁（HT-1、HT-2、HT3、QT-1、QT-2、KT-1、KT-2）。

作者注：耐磨铸铁牌号参考了《现代机械设计手册》第 2 卷 8～14 页，但未查到相关标准。

在液压缸耐压试验时，保证导向套不能产生永久变形包括压溃。在额定静态压力下不得出现 JB/T 5924—1991《液压元件压力容腔体的额定疲劳压力和额定静态压力试验方法》规定的被试压力容腔的任何一种失效模式。

对于导向套内孔与活塞杆外径配合为 H8/f7、H8/h7、H8/f8、H9/f9 及间隙更小的间隙配合的导向套材料不能采用钢。

（3）热处理

应采用热处理或其他降低应力的方法消除内应力。

钢制导向套一般应进行调质处理，铸铁可进行表面淬火。

（4）几何尺寸、几何公差

设计时，导向套内孔轴线一般被确定为基准要素。

① 基本尺寸　导向套基本尺寸包括导向套（名义）内径、配用内径、外径、（导向或支承）长度、密封、导向和定位（锁定）尺寸。

② 导向套内径

a.导向套（名义）内径应优先选用表 3-30 推荐值。

表 3-30　导向套（名义）内径推荐尺寸　　　　　　　　　　mm

4	20	56	160
5	22	63	180
6	25	70	200
8	28	80	220
10	32	90	250
12	36	100	280
14	40	110	320
16	45	125	360
18	50	140	

对于非钢制导向套内径可按表 3-30 选取。

b. 导向套内径尺寸公差应不低于 GB/T 1801—2009 中的 H8，一般选取 H7。

c. 导向套配用内径。

对于内孔安装导向环（带）或支承环的导向套，一般只有导向环（带）或支承环与活塞杆外径 d 表面接触，而导向套配用内径表面与活塞杆外径 d 表面不接触。

装配间隙 g〔GB/T 5719—2006 定义为密封装置中配合偶件之间的（单边径向）间隙〕一般可按表 3-31 选取，设计时也可根据选用的密封件技术要求选取。

表 3-31　导向套与活塞杆装配间隙参考值　　　　　　　　　mm

活塞杆外径 d	10MPa	20MPa	40MPa	活塞杆外径 d	10MPa	20MPa	40MPa
	g_{max}				g_{max}		
4	0.30	0.20	0.15	56	0.70	0.40	0.25
5	0.30	0.20	0.15	63	0.70	0.40	0.25
6	0.30	0.20	0.15	70	0.70	0.40	0.25
8	0.40	0.25	0.15	80	0.70	0.40	0.25
10	0.40	0.25	0.15	90	0.70	0.40	0.25
12	0.40	0.25	0.15	100	0.70	0.40	0.25
14	0.40	0.25	0.15	110	0.70	0.40	0.25
16	0.40	0.25	0.15	125	0.70	0.40	0.25
18	0.40	0.25	0.15	140	0.70	0.40	0.25
20	0.50	0.30	0.20	160	0.70	0.40	0.25
22	0.50	0.30	0.20	180	0.70	0.40	0.25
25	0.50	0.30	0.20	200	0.80	0.60	0.35
28	0.50	0.30	0.20	220	0.80	0.60	0.35
32	0.50	0.30	0.20	250	0.80	0.60	0.35
36	0.50	0.30	0.20	280	0.90	0.70	0.40
40	0.70	0.40	0.25	320	0.90	0.70	0.40
45	0.70	0.40	0.25	360	0.90	0.70	0.40
50	0.70	0.40	0.25				

设计时导向套配用内径按下式计算：导向套配用内径 $= d + 2 \times g$，并在 H7～H10 之间

给出公差值。

作者注：对于采用铝青铜或锡青铜等材料制造的导向套，如内孔表面直接与活塞杆外径 d 表面接触，则导向套内径尺寸公差应不低于 GB/T 1801—2009 中的 H7，一般选取 H6。

③ 导向套外径

a. 一般导向套外径圆柱表面上都加工有密封沟槽，并与缸体（筒）内径配合，所以导向套外径尺寸按缸体（筒）内径值选取。

b. 导向套外径尺寸公差选取 GB/T 1801—2009 中的 f7；但一些专门用途液压缸或有特殊要求的液压缸，其导向套与缸体（筒）的配合可以在 H7/k6 或 H8/k7～H8/g7 间选取。

④ 导向套（导向或支承）长度　导向套长度一般是指导向套的导向长度或支承长度，导向套长度确定应考虑如下因素。

a. 液压缸使用工况。

b. 液压缸安装方式。

c. 液压缸基本参数。

d. 液压缸强度、刚度和寿命设计裕度。

e. 活塞杆受压时抗弯曲强度和稳定性。

一般导向套导向长度或支承长度 $B > 0.7d$。

⑤ 几何公差

a. 导向套内孔的圆度公差应不低于 GB/T 1184—1996 中的 7 级。

b. 导向套内孔的圆柱度公差应不低于 GB/T 1184—1996 中的 8 级。

c. 导向套与缸体（筒）的配合部分的圆柱度应不低于 GB/T 1184—1996 中的 8 级。

d. 导向套外表面［与缸体（筒）的配合部分］对导向套内孔（相当于导向套的部分）轴线的同轴度公差应不低于 GB/T 1184—1996 中的 7 级。

e. 导向套（有杆腔内）端面对内孔轴线的垂直度公差应不低于 GB/T 1184—1996 中的 7 级。

作者注：对于采用铝青铜或锡青铜等材料制造的导向套，如内孔表面直接与活塞杆外径 d 表面接触，则导向套几何精度应比上述要求有所提高。

（5）表面质量

① 内孔表面

a. 内孔表面粗糙度值应不大于 $Ra1.6\mu m$，一般选取 $Ra0.8\mu m$，也可根据设计要求从表 3-32 中选取。

b. 内孔表面光滑，不应有目视可见的缺陷，如缩孔、夹杂（渣）、白点、波纹、划擦痕、磕碰伤、凹坑、裂纹、结疤、翘皮及锈蚀等。

表 3-32　内孔表面粗糙度　　　　　　　　　　　　　　　　　　　μm

等级	A	B	C	D
Ra	0.2	0.4	0.8	1.6

② 端面　导向套安装于有杆腔内的端面表面粗糙度值应不大于 $Ra1.6\mu m$；但选作检验基准的端面其表面糙度值一般不大于 $Ra0.8\mu m$。

③ 外表面　导向套外表面不应有目视可见的缩孔、夹杂（渣）、折叠、波纹、裂纹、划痕、磕碰伤及冷拔时因外模有积屑瘤造成的拉痕等缺陷。

导向套上的尖锐边缘，除密封沟槽槽棱外，在工作图未示出的，均应去掉；尤其开有润滑槽的各处倒角、倒圆。

黑色金属材料制造的导向套（外露）外表面应经防锈处理，也可采用镀层或钝化层等。

3.10 液压缸密封的技术要求

3.10.1 密封制品质量的一般技术要求

（1）外观质量

自然状态下，密封制品在适当灯光下用 2 倍的放大镜观察时，表面不应有超过允许极限值的缺陷及裂纹、破损、气泡、杂质等其他表面缺陷。

橡胶密封圈的工作面外观应当平整、光滑，不允许有孔隙、杂质、裂纹、气泡、划痕、轴向流痕。

夹织物橡胶密封圈的工作面外观不允许有断线、露织物、离层、气泡、杂质、凸凹不平。对分模面在工作面的加织物橡胶密封圈，其胶边高度、宽度和修损深度不大于 0.2mm。棱角处织物层允许有不平现象。

① 液压气动用 O 形橡胶密封圈外观质量应符合 GB/T 3452.2—2007 中的相关规定。

② 往复运动橡胶密封圈及其压环、支撑环和挡圈的外观质量要求应符合 GB/T 15325—1994 中的相关规定。

③ 聚氨酯密封圈外观质量可参照 MT/T 985—2006 中的相关规定。

④ 一些术语可参照 GB/T 5719—2006 中规定的术语和定义。

（2）尺寸和公差

橡胶密封件试样尺寸的测量应按 GB/T 2941—2006《橡胶物理试验方法试样制备和调节通用程序》中的相关规定进行。

液压缸用橡胶、塑料密封制品按下列标准选择。

作者注：根据 GB/T 5719—2005 中"橡胶密封制品"的定义，试对液压缸用"橡胶、塑料密封制品"进行定义，即用于防止流体工作介质从液压缸密封装置中泄漏，并防止灰尘、泥沙等污染物以及空气（对于高真空而言）进入液压缸及其密封装置内部的橡胶、塑料零部件。

① GB/T 3452.1—2005《液压气动用 O 形橡胶密封圈　第 1 部分：尺寸系列及公差》。其对应的沟槽标准为：GB/T 3452.3—2005《液压气动用 O 形橡胶密封圈　沟槽尺寸》。

② GB/T 10708.1—2000《往复运动橡胶密封圈结构尺寸系列　第 1 部分：单向密封橡胶密封圈》。其对应的沟槽标准为：GB/T 2879—2005《液压缸活塞和活塞杆动密封沟槽尺寸和公差》。

由 GB 2880—1981《液压缸活塞和活塞杆窄断面动密封沟槽尺寸系列和公差》规定的沟槽暂缺适配密封圈。

③ GB/T 10708.2—2000《往复运动橡胶密封圈结构尺寸系列　第 2 部分：双向密封橡胶密封圈》。其对应的沟槽标准为：GB 6577—1986《液压缸活塞用带支承环密封沟槽型式、尺寸和公差》。

④ GB/T 10708.3—2000《往复运动橡胶密封圈结构尺寸系列　第 3 部分：橡胶防尘密封圈》。其对应的沟槽标准为：GB/T 6578—2008《液压缸活塞杆用防尘圈沟槽型式、尺寸和公差》。

⑤ GB/T 15242.1—2017《液压缸活塞和活塞杆动密封装置尺寸系列　第 1 部分：同轴密封件尺寸系列和公差》。其对应的沟槽标准为：GB/T 15242.3—1994《液压缸活塞和活塞杆动密封装置用同轴密封件安装沟槽尺寸系列和公差》。

⑥ GB/T 15242.2—2017《液压缸活塞和活塞杆动密封装置尺寸系列　第 2 部分：支承环尺寸系列和公差》。其对应的沟槽标准为：GB/T 15242.4—1994《液压缸活塞和活塞杆动

密封装置用支承环安装沟槽尺寸系列和公差》。

⑦ 其他密封件及其沟槽标准为：JB/ZQ 4264—2006《孔用 Yx 形密封圈》、JB/ZQ 4265—2006《轴用 Yx 形密封圈》、B/T 982—1977《组合密封垫圈》等。

GB/T 3672.1—2002《橡胶制品的公差　第 1 部分：尺寸公差》适用于硫化胶和热塑性橡胶制造的产品，但不适用于精密的环形密封圈。而在 MT/T 985—2006 中规定："密封圈尺寸极限偏差应满足 GB/T 3672.1—2002 表 1 中 M1 级的要求。"

（3）硬度

不论采用邵氏硬度计还是便携式橡胶国际硬度计测量橡胶硬度，都是由综合效应在橡胶表面形成一定的压入深度，用以表示硬度测量结果。国际橡胶硬度是一种橡胶硬度的度量，其值由在规定的条件下从给定的压头对试样的压入深度导出。

尽管曾对某些橡胶和化合物建立了邵氏硬度和国际橡胶硬度之间转换的修正值，但现在不建议把邵氏硬度（Shore A、Shore D、Shore AO、Shore AM）值直接转换为橡胶国际硬度（IRHD）值。

硫化橡胶和热塑性橡胶的硬度可以采用 GB/T 531.1—2008《硫化橡胶或热塑性橡胶压入硬度试验方法　第 1 部分：邵尔硬度计法（邵尔硬度）》或 GB/T 531.2—2009《硫化橡胶或热塑性橡胶　压入硬度试验方法　第 2 部分：便携式橡胶国际硬度计法》和 GB/T 6031—1998《硫化橡胶或热塑性橡胶硬度的测定（10～100IRHD）》中规定的方法测定。

在 GB/T 5720—2008 中规定的，用于 O 形圈硬度测定的"微型硬度计应符合 GB/T 6031—1998 中的有关规定"。

GB/T 6031—1998 中规定的硬度的微观试验法，本质上是按比例缩小的常规试验法，适用于橡胶的硬度在 35～85IRHD 范围内，也可用于硬度在 30～95IRHD 范围内，试样厚度小于 4mm 的橡胶。

在 MT/T 985 中规范性引用文件中引用了 GB/T 531 标准，MT/T 985 中规定的聚氨酯密封圈硬度如下。

① 23℃时，单体密封圈的硬度值应在 90^{+5}_{-4}Shore A。

② 23℃时，复合密封圈外圈的硬度值应大于 90Shore A。

③ 23℃时，复合密封圈的内圈硬度值应大于 70Shore A。

（4）拉伸强度

拉伸强度是试样拉伸至断裂过程中的最大拉伸应力，测定拉伸强度宜选用哑铃状试样。

硫化橡胶和热塑性橡胶的拉伸强度可以采用 GB/T 528—2009《硫化橡胶或热塑性橡胶拉伸应力应变性能的测定》中规定的方法测定，其原理为：在动夹持器或滑轮恒速移动的拉力试验机上，将哑铃状试样进行拉伸，按要求记录试样在不断拉伸过程中最大力的值。

在 GB/T 5720—2008《O 形橡胶密封圈试验方法》中规范性引用文件中引用了 GB/T 528—1998（已被 GB/T 528—2009 代替）和 HG/T 2369—1992《橡胶塑料拉力试验机技术条件》（已作废）标准。

在 MT/T 985 -2006 中规范性引用文件中引用了 GB/T 528—1998 标准，MT/T 985—2006 中规定的聚氨酯密封圈拉伸强度如下。

① 23℃时，单体密封圈和复合密封圈产品的外圈拉伸强度应大于 35MPa。

② 23℃时，复合密封圈的内圈拉伸强度应大于 16MPa。

（5）拉断伸长率

拉断伸长率是试样断裂时的百分比伸长率，只要在下列条件下，环状试样就可以得出与哑铃状近似相同的拉断伸长率的值。

① 环状试样的伸长率以初始内圆周长的百分比计算。

② 如果"压延效应"明显存在，哑铃状试样长度方向垂直与压延方向裁切。

硫化橡胶和热塑性橡胶的拉断伸长率可以采用 GB/T 528—2009《硫化橡胶或热塑性橡胶　拉伸应力应变性能的测定》中规定的方法测定，其原理为：在动夹持器或滑轮恒速移动的拉力试验机上，将哑铃状或环形标准试样进行拉伸，按要求记录试样在拉断时伸长率的值。

在 GB/T 5720—2008《O 形橡胶密封圈试验方法》中规范性引用文件中引用了 GB/T 528—1998（已被 GB/T 528—2009 代替）标准。

在 MT/T 985—2006 中规范性引用文件中引用了 GB/T 528—1998（已被 GB/T 528—2009 代替）标准，MT/T 985—2006 中规定的聚氨酯密封圈的拉断伸长率如下。

① 23℃时，单体密封圈的扯断伸长率应大于 400％。

② 23℃时，复合密封圈的外圈扯断伸长率应大于 350％。

③ 23℃时，复合密封圈的内圈扯断伸长率应大于 260％。

(6) 压缩永久变形

橡胶在压缩状态时，必然会发生物理和化学变化。当压缩力消失后，这些变化阻止橡胶恢复到其原来的状态，于是产生了永久变形。压缩永久变形的大小，取决于压缩状态的温度和时间，以及恢复高度时的温度和时间。在高温下，化学变化是导致橡胶发生压缩永久变形的主要原因。压缩永久变形是去除施加给试样的压缩力，在标准温度下恢复高度后测得。在低温下试验，由玻璃态硬化和结晶作用造成的变化是主要的。当温度回升后，这些作用就会消失。因此必须在试验温度下测量试验高度。

在 GB/T 7759—1996 中给出的试验原理分为室温和高温试验原理与低温试验原理。

室温和高温试验原理。在标准实验室温度下，将已知高度的试样，按压缩率要求压缩到规定的高度，在规定的温度条件下，压缩一定时间，然后在标准温度条件下除去压缩，将试样在自由状态下，恢复规定时间，测量试样的高度。

低温试验原理。在标准实验室温度下，将已知高度的试样，按压缩率要求压缩到规定的高度，在规定的低温试验温度下，压缩一定时间，然后在相同的低温下除去压缩，将试样在自由状态下恢复，在低温下每隔一定时间测量试样的高度，得到一个试样高度与时间的对数曲线图，以此评价试样的压缩永久变形特性。

① 常温压缩永久变形。在室温条件下的试验，试验温度为（23±2）℃。

在 GB/T 5720—2008《O 形橡胶密封圈试验方法》规范性引用文件中引用了 GB/T 7759—1996 标准。

在 MT/T 985—2006 规范性引用文件中引用了 GB/T 7759—1996 标准，在 MT/T 985—2006 中规定的聚氨酯密封圈常温压缩永久变形如下。

a. 单体密封圈压缩永久变形应小于 25％。

b. 复合密封圈的外圈压缩永久变形应小于 30％。

② 高温压缩永久变形。

在高温条件下的试验，试验温度可选（100±1）℃、（125±2）℃、（150±2）℃、（175±1）℃、（200±2）℃等。

在 GB/T 5720—2008《O 形橡胶密封圈试验方法》中规范性引用文件中引用了 GB/T 7759—1996 标准。

在 MT/T 985—2006 中规范性引用文件中引用了 GB/T 7759—1996 标准，MT/T 985—2006 中规定的聚氨酯密封圈高温压缩永久变形如下。

a. 单体密封圈压缩永久变形应小于 45％。

b. 复合密封圈的外圈压缩永久变形应小于 50％。

c. 复合密封圈的内圈压缩永久变形应小于 30％。

（7）耐液体性能

液体对硫化橡胶或热塑性橡胶的作用通常导致以下结果。

① 液体被橡胶吸入。

② 抽出橡胶中可溶成分。

③ 与橡胶发生化学反应。

通常，吸入量①大于抽出量②，导致橡胶体积增大，这种形象被称为"溶胀"。吸入液体使橡胶的拉伸强度、拉断伸长率、硬度等物理及化学性能发生很大变化。此外，由于橡胶中增塑剂和防老剂类可溶物质，在易挥发性液体中易被抽出，其干燥后的物理及化学性能同样会发生很大变化。因此，测定橡胶在浸泡后或进一步干燥后的性能很重要。

在 GB/T 1690—2010《硫化橡胶或热塑性橡胶　耐流体试验方法》中规定了通过测试橡胶在试验液体中浸泡前、后性能的变化，评价液体对橡胶的作用。

在 GB/T 5720—2008《O 形橡胶密封圈试验方法》中规范性引用文件中引用了 GB/T 1690—1992（已被 GB/T 1690—2010 代替）标准，且在 GB/T 5720—2008 中给出了质量变化百分率和体积变化百分率计算方法。

在 MT/T 985—2006 中规范性引用文件中引用了 GB/T 1690—1992 标准，MT/T 985—2006 中规定的聚氨酯密封圈抗水解性能要求如下。

聚氨酯密封圈单体密封圈和复合密封圈的外圈抗水解性能（8 周时间）应达到如下要求。

a. 硬度变化下降小于 9％。

b. 拉伸强度变化下降小于 18％。

c. 扯断伸长率变化下降小于 9％。

d. 体积变化小于 6％。

e. 质量变化小于 6％。

（8）热空气老化性能

硫化橡胶或热塑性橡胶在常压下进行的热空气加速老化和耐热试验，是试样在高温和大气压力下的空气中老化和测定其性能，并与未老化试样的性能作比较的一组试验，经常测定的物理性能包括拉伸强度、定伸应力、拉断伸长率和硬度等。

在 GB/T 5720—2008《O 形橡胶密封圈试验方法》中规范性引用文件中引用了 GB/T 3512—2001《硫化橡胶或热塑性橡胶　热空气加速老化和耐热试验》标准。

在 MT/T 985—2006 中规范性引用文件中引用了 GB/T 3512—2001 标准。

在 MT/T 985—2006 中规定了聚氨酯密封圈单体密封圈和复合密封圈的外圈经老化后，性能应满足以下要求。

a. 硬度变化下降小于 8％。

b. 拉伸强度变化下降小于 10％。

c. 拉断伸长率变化下降小于 12％。

MT/T 985—2006 中规定了聚氨酯密封圈复合密封圈的内圈经老化后，性能应满足以下要求。

a. 硬度变化下降小于 8％。

b. 拉伸强度变化下降小于 10％。

c. 拉断伸长率变化下降小于 30％。

（9）低温性能

在 GB/T 7758—2002《硫化橡胶　低温性能的测定　温度回缩法（TR 试验）》标准中

规定了测定拉伸的硫化橡胶温度回缩性能的方法，其原理为：将试样在室温下拉伸，然后冷却到除去拉伸力时，不出现回缩的足够低的温度。除去拉伸力，并以均匀的速率升高温度，测出规定回缩率时的温度。

在 GB/T 5720—2008《O 形橡胶密封圈试验方法》中规范性引用文件中引用了 GB/T 7758—2002 标准。

在 MT/T 985—2006 中规范性引用文件中引用了 GB/T 7759—1996《硫化橡胶、热塑性橡胶 常温、高温和低温下压缩永久变形测定》标准，其原理见本节（6）条。

在 MT/T 985—2006 中规定了聚氨酯密封圈单体密封圈和复合密封圈的内、外圈经低温处理后，性能应满足以下要求。

a. 硬度变化下降小于 8%。

b. 拉伸强度变化下降小于 10%。

c. 扯断伸长率变化下降小于 12%。

但要求上述三项性能测定缺乏标准依据。

（10）可靠性能

密封件（圈）的可靠性是指在规定条件下，规定时间内保证其密封性能的能力。可靠性是由设计、制造、使用、维护等多种因素共同决定的，因此，可靠性是一个综合性能指标。

可靠性这一术语有时也被用于一般意义上笼统地表示可用性（有效性）和耐久性。在 JB/T 10205—2010 中规定的密封圈可靠性主要包括耐压性能（含耐低压性能）和耐久性能等，具体请参见 JB/T 10205—2010《液压缸》标准。

在 MT/T 985—2006 中规定了聚氨酯密封圈可靠密封应满足 21000 次试验要求。

但在没有"规定条件下"，所进行的耐久性试验一般不具有可重复性和可比性。因此，密封圈的可靠性还是按照 JB/T 10205—2010 中的相关规定为妥。

（11）工作温度范围

在 JB/T 10205—2010《液压缸》标准中规定了"一般情况下，液压缸工作的环境温度应在 -20~+50℃ 范围，工作介质温度应在 -20~+80℃ 范围"，又规定了当产品有高温要求时，"在额定压力下，向被试液压缸输入 90℃ 的工作油液，全行程往复运行 1h，应符合双方商定的液压缸高温要求"。

在 HG/T 2810—2008《往复运动橡胶密封圈材料》标准中规定："本标准规定的往复运动橡胶密封圈材料分为 A、B 两类。A 类为丁腈橡胶材料，分为三个硬度级，五种胶料，工作温度范围为 -30~+100℃；B 类为浇注型聚氨酯橡胶材料，分为四个硬度等级，四种胶料，工作温度范围为 -40~+80℃。"

在 MT/T 985—2006 中规定了聚氨酯密封圈应能适应 -20~+60℃ 的温度。

（12）密封压力范围

密封压力是指密封圈在工作过程中所承受密封介质的压力。一般而言，密封圈的密封压力与密封圈密封材料、结构型式、密封介质及温度、沟槽型式和尺寸与公差、单边径向间隙、配合偶件表面质量及相对运动速度等密切相关。因此，密封压力或密封压力范围必须在一定条件下才能做出规定。

在 GB/T 3452.1—2005《液压气动用 O 形橡胶密封圈 第 1 部分：尺寸系列及公差》和 GB/T 3452.3—2005《液压气动用 O 形橡胶密封圈 沟槽尺寸》标准中对密封压力及范围未做出规定，但在 GB/T 2878.1—2011《液压传动连接 带米制螺纹和 O 形圈密封的油口和螺柱端 第 1 部分：油口》标准中规定："本部分所规定的油口适用的最高工作压力为 63MPa。许用工作压力应根据油口尺寸、材料、结构、工况、应用等因素来确定。"

在 GB/T 10708.1—2000《往复运动橡胶密封圈结构尺寸系列　第 1 部分：单向密封橡胶密封圈》标准附录 A 中给出了 Y 形橡胶密封圈的工作压力范围为 0～25MPa、蕾形橡胶密封圈的工作压力范围为 0～50MPa，V 形组合密封圈的工作压力范围为 0～60MPa。

在 GB/T 10708.2—2000《往复运动橡胶密封圈结构尺寸系列　第 2 部分：双向密封橡胶密封圈》标准附录 A 中给出了鼓形橡胶密封圈的工作压力范围为 0.10～70MPa，山形橡胶密封圈的工作压力范围为 0～25MPa。

尽管在 GB/T 10708.3—2000《往复运动橡胶密封圈结构尺寸系列　第 3 部分：橡胶防尘密封圈》标准中规定的 C 形防尘圈有辅助密封作用，但未给出密封压力。

在 GB/T 15242.1—1994《液压缸活塞和活塞杆动密封装置用同轴密封件尺寸系列和公差》（已被代替）标准中规定：“本标准适用于以液压油为工作介质、压力≤40MPa、速度≤5m/s、温度范围-40～+200℃的往复运动液压缸活塞和活塞杆（柱塞）的密封。”

在 JB/ZQ 4264—2006《孔用 Yx 形密封圈》和 JB/ZQ 4265—2006《轴用 Yx 形密封圈》标准中规定：“本标准适用于以空气、矿物油为介质的各种机械设备中，在温度-40（-20）～+80℃、工作压力 p≤31.5MPa 条件下起密封作用的孔（轴）用 Yx 形密封圈。”

在 JB/T 982—1977《组合密封垫圈》标准中规定：“本标准仅规定焊接、卡套、扩口管接头及螺塞密封用组合垫圈，公称压力 40MPa，工作温度-25～+80℃”。

在 GB/T 13871.1—2007《密封元件为弹性体的旋转轴唇形密封圈　第 1 部分：基本尺寸和公差》标准中规定：“本部分适用于轴径为 6～400mm 以及相配合的腔体为 16～440mm 的旋转唇形密封圈，不适用于较高的压力（＞0.05MPa）下使用的旋转轴唇形密封圈。”

在 MT/T 985—2006 中规定了聚氨酯密封圈的密封压力范围：聚氨酯双向密封圈密封压力范围为 2～60MPa。聚氨酯单向密封圈密封压力范围为 2～40MPa。

（13）其他性能要求

在 GB/T 5720—2008《O 形橡胶密封圈试验方法》标准中规定：“该标准规定了实心硫化 O 形橡胶密封圈尺寸测量、硬度、拉伸性能、热空气老化、恒定变形压缩永久变形、腐蚀试验、耐液体、密度、收缩率、低温试验和压缩应力松弛的试验方法”。但该标准未给出密封圈性能指标。

在 MT/T 985—2006《煤矿用立柱和千斤顶聚氨酯密封圈技术条件》标准中规定：“本标准规定了煤矿用立柱和千斤顶聚氨酯密封圈的术语和定义、密封沟槽尺寸、要求、试验方法、检验规则、标志、包装、运输和贮存。本标准适用于工作介质为高含水液压油（含乳化液）的煤矿用立柱和千斤顶聚氨酯密封圈”。但该标准没有具体给出密封圈性能试验方法，只是在“规范性引用文件”中引用了下列文件。

GB/T 528—2009《硫化橡胶或热塑性橡胶　拉伸应力应变性能的测定》

GB/T 531.1—2008《硫化橡胶或热塑性橡胶　压入硬度试验方法　第 1 部分：邵尔硬度计法（邵尔硬度）》

GB/T 1690—2010《硫化橡胶或热塑性橡胶　耐流体试验方法》

GB/T 3512—2001《硫化橡胶或热塑性橡胶　热空气加速老化和耐热试验》

GB/T 3672.1—2002《橡胶制品的公差　第 1 部分：尺寸公差》

GB/T 7759—1996《硫化橡胶、热塑性橡胶常温、高温和低温下压缩永久变形测定》

且上述标准规定试样对象一般为按相关标准制备的“试样”，而非密封圈实物。

除了上述标准之外，密封件（圈）性能试验方法还有一些现行标准，如耐磨性、与金属黏附性和溶胀指数等，可进一步测定密封圈性能。

3.10.2 液压缸密封装置的一般技术要求

（1）概述

液压缸密封的含义之一是指液压缸密封装置，这些密封装置是组成液压缸的重要装置之一，用于密封所有往复运动处（动密封）及连接处（静密封）。一般包括活塞密封、活塞杆密封、缸体（筒）组件间密封、活塞与活塞杆组件间密封、油口处密封等，液压缸密封装置通常还包括活塞杆防尘（密封）及活塞和活塞杆导向和支承。

液压缸密封另一含义是相对液压缸泄漏而言的，具有表述与泄漏这种现象或状态相反的另一种含义。

液压缸的泄漏是指液压工作介质越过容腔边界，由高压侧向低压侧流出的现象。泄漏又分内泄漏和外泄漏。

各液压缸相关标准及参考文献中经常使用"渗漏"这一术语描述液压缸泄漏，但作者认为不妥。如在 GB/T 241—2007《金属管　液压试验方法》中定义了"渗漏"这一术语，即"在试验压力下，金属管基体的外表面或焊缝有压力传递介质出现的现象"，其定义并不包括液压工作介质通（穿）过密封装置这种现象或状态。

在现行各液压缸标准中液压缸密封技术要求是其重要的组成部分，液压缸设计与制造就是要满足这些技术要求。下文所列各项标准中的液压缸密封技术要求尽管表述各不相同，但主要是对液压缸静密封和动密封性能的要求。

在规定条件下，液压缸密封的耐压性包括耐高压性和耐低压性、耐久性以及与液压缸密封相关的其他性能，如起动压力、最低速度、最高速度等，一般情况下在液压缸设计及制造中都必须保证，而对伺服液压缸而言，这些指标还很重要。

以本书作者现有对液压缸密封技术及其设计的认知水平理解下列各液压缸标准，其中有不尽合理的或错误的技术要求，如外泄漏指标、最低速度要求以及试验压力（公称压力或额定压力）确定等，敬请各位液压缸设计与制造者在确定液压缸密封技术要求（条件）时注意。

（2）液压缸密封的一般技术要求

① GB/T 13342—2007《船用往复式液压缸技术条件》中对密封的要求。

a. 液压缸中的密封件应能耐高温、耐腐蚀、耐老化、耐水解、密封性能好，既能满足油液的密封，又能满足海洋性空气环境的要求。

b. 各密封件及沟槽的设计制造应符合下列要求。

Ⅰ. O 形橡胶密封圈尺寸应符合 GB/T 3452.1—2005 的要求。

Ⅱ. O 形橡胶密封圈外观应符合 GB/T 3452.2—2007 的要求。

Ⅲ. O 形橡胶密封圈沟槽尺寸应符合 GB/T 3452.3—2005 的要求。

Ⅳ. 液压缸活塞和活塞杆动密封沟槽尺寸和公差应符合 GB/T 2879—2005 的要求。

Ⅴ. 液压缸活塞和活塞杆窄断面动密封沟槽尺寸系列和公差应符合 GB/T 2880—1981 的要求。

Ⅵ. 液压缸活塞用带支承环密封沟槽型式、尺寸和公差应符合 GB/T 6577—1986 的要求。

Ⅶ. 液压缸活塞杆用防尘圈沟槽型式、尺寸和公差应符合 GB/T 6578—2008 的要求。

Ⅷ. 其他类型的密封圈及沟槽宜优先采用国家标准，所选密封件的型号应是经鉴定过的产品。

c. 非举重用途的液压缸，其密封推荐采用支撑环加动密封件的密封结构，支撑材料推荐采用填充青铜粉四氟乙烯或采用长分子链的增强聚甲醛。

　　d.举重用途的液压缸，对于油液泄漏会造成重物下降的油腔，其动密封宜采用橡胶夹织物 V 形密封圈。

　　e.环境温度为−25～+65℃时，液压缸应能正常工作。

作者注：所谓正常工作（状态）是指液压缸在规定的工作条件下，其各性能参数（值）变化均在预定范围内的工作（状态）。

　　f.工作介质温度在−15℃时，液压缸应无卡滞现象。

　　g.工作介质温度为+70℃时，液压缸各结合面应无泄漏。

　　h.液压缸在承受 1.5 倍公称压力下，所有零件不应有破坏和永久性变形现象，密封垫片、焊缝处不应有渗漏。

　　i.双作用活塞式液压缸的内泄漏量不应大于规定值。

　　j.液压缸各密封处和运动时，不应（外）渗漏。

　　k.双作用活塞式液压缸，活塞全程换向 5 万次，活塞杆处外渗漏应不成滴。

　　l.双作用活塞式液压缸换向 5 万次后，活塞每移动 100m 时，当活塞直径 $d\leqslant50$mm 时，外渗漏量应不大于 0.01mL；当活塞杆直径 $d>50$mm 时，外渗漏量应不大于 **$0.0002d$ mL**。

　　m.柱塞式液压缸，柱塞全程环向 2.5 万次，柱塞杆处外渗漏应不成滴。

　　n.柱塞式液压缸换向 2.5 万次后，柱塞每移动 100m 时，当柱塞杆直径 $d\leqslant50$mm 时，外渗漏量应不大于 0.01mL；当活塞杆直径 $d>50$mm 时，外泄漏量应不大于 **$0.0002d$ mL**。

　　o.当液压缸内径 $D\leqslant200$mm 时，液压缸的最低稳定速度为 4mm/s；当液压缸内径 $D>200$mm 时，液压缸的最低温度速度为 5mm/s。

　　对于双作用活塞式液压缸，当有下列情况之一时，液压缸的内泄漏时（量）的增加值应不大于规定值的 2 倍，外泄漏量应不大于规定值的 2 倍。

　　•活塞行程不大于 500mm 时，累计行程不少于 100km。

　　•活塞行程大于 500mm 时，累计换向次数应不少于 20 万次。

　　对于柱塞式液压缸，当有下列情况之一时，液压缸的外泄漏量应不大于规定值的 2 倍。

　　•行程不大于 500mm 时，累计行程不少于 75km。

　　•行程大于 500mm 时，累计换向次数应不少于 15 万次。

作者注：在 GB/T 13342—2007 中上述两处涂有底色的外泄漏量规定值的正确性值得商榷。

　　② GB/T 24946—2010《船用数字液压缸》。

　　a.数字缸中的密封件应能耐高温、耐腐蚀、耐老化、耐水解、密封性能好，既能满足油液的密封，又能满足海洋性空气环境的要求。

　　b.数字缸的各密封件及沟槽的设计制造应符合下列要求。

　　Ⅰ.O 形橡胶密封圈尺寸及公差应符合 GB/T 3452.1—2005 的要求。

　　Ⅱ.O 形橡胶密封圈外观质量应符合 GB/T 3452.2—2007 的要求。

　　Ⅲ.O 形橡胶密封圈沟槽尺寸及设计应符合 GB/T 3452.3—2005 的要求。

　　Ⅳ.数字缸活塞和活塞杆动密封沟槽尺寸和公差应符合 GB/T 2879—2005 的要求。

　　Ⅴ.数字缸活塞和活塞杆窄断面动密封沟槽尺寸系列和公差应符合 GB/T 2880—1981 的要求。

　　Ⅵ.数字缸活塞用带支承环密封沟槽型式、尺寸和公差应符合 GB/T 6577—1986 的要求。

　　Ⅶ.数字缸活塞杆用防尘圈沟槽型式、尺寸和公差应符合 GB/T 6578—2008 的要求。

　　Ⅷ.其他类型的密封圈及沟槽宜优先采用国家标准，所选密封件的型号应是经鉴定过的产品。

　　c.数字缸在环境温度为−25～+65℃范围内应能正常工作。

　　d.数字缸在 1.25 倍公称压力下，所有结合面处应无外泄漏。

e. 数字缸的最低启动压力为 0.5MPa。

作者注：数字缸的耐压强度、最低稳定速度、最高速度、耐久性等性能也涉及对密封的要求，但具体要求不明确。

③ JB/T 10205—2010《液压缸》中对密封的要求。

a. 本标准适用于公称压力在 31.5MPa 以下，以液压油或性能相当的其他矿物油为工作介质的单、双作用液压缸。

b. 一般情况下，液压缸工作的环境温度应在 −20～＋50℃范围，工作介质温度应在 −20～＋80℃范围。

c. 双作用液压缸的内泄漏量不得大于规定值。

d. 活塞式单作用液压缸的内泄漏量不得大于规定值。

e. 双作用液压缸外泄漏量（按行程≤500mm）换向 5 万次，活塞杆处外泄漏不成滴。

f. 双作用液压缸外泄漏量（按行程≤500mm）换向 5 万次后，活塞杆处外泄漏量不得大于规定值。

g. 活塞式单作用液压缸（按行程≤500mm）换向 4 万次，活塞杆处外泄漏不成滴。

h. 活塞式单作用液压缸（按行程≤500mm）换向 4 万次后，活塞杆处外泄漏量不得大于规定值。

i. 柱塞式单作用液压缸（按行程≤500mm）换向 2.5 万次，柱塞处外泄漏不成滴。

j. 柱塞式单作用液压缸（按行程≤500mm）换向 2.5 万次后，活塞杆处外泄漏量不得大于规定值。

k. 多级套筒式单、双作用液压缸（按行程≤500mm）换向 1.6 万次，套筒处外泄漏不成滴。

l. 多级套筒式单、双作用液压缸（按行程≤500mm）换向 1.6 万次后，套筒处外泄漏量不得大于规定值。

m. 活塞杆密封处无油液泄漏，（低压下的泄漏）试验结束时，活塞杆上的油膜应不足以形成油滴或油环。

n. 所有静密封处及焊接处无油液泄漏。

o. 液压缸安装的节流和（或）缓冲元件无油液泄漏。

p. 耐久性试验后，内泄漏量增加值不得大于规定值的 2 倍。

q. 试验用油液应与被试液压缸的密封件材料相容。

r. 在额定压力下，向被试液压缸输入 90℃的工作油液，全行程往复运行 1h，应符合与用户商定的性能要求。

④ DB44/T 1169.1—2013《伺服液压缸 第 1 部分：技术条件》中对密封的技术要求。

a. 本部分适用于以液压油或性能相当的其他矿物油为工作介质的双作用或单作用伺服液压缸。

b. 缸内径为 40～500mm 的单、双作用伺服液压缸的内泄漏量在额定工作压力下不得大于规定值。

c. 缸内径大于 500mm 的双作用或单作用伺服液压缸的内泄漏量，当调节伺服液压缸系统压力至伺服液压缸的额定工作压力，在无杆腔施加额定工作压力，打开有杆腔油口，保压 5min 后，压降应为 0.8MPa 以下。

d. 除活塞杆（柱塞杆）处外，其他各部位不得有渗漏。

e. 活塞杆（柱塞杆）静止时其他各部位不得有渗漏。

f. 双作用伺服液压缸，活塞全程换向 5 万次，活塞杆处外泄漏不成滴。换向 5 万次后，活塞每移动 100m，当活塞杆直径 $d \leqslant 50$mm 时，外泄漏量 $q_v \leqslant 0.05$mL；当活塞杆直径 $d > 50$mm 时，外泄漏量 $q_v \leqslant 0.001d$ mL。

g. 活塞式单作用伺服液压缸，活塞全程换向 4 万次，活塞杆处外泄漏不成滴。换向 4 万次后，活塞每移动 80m，当活塞杆直径 $d \leqslant 50$mm 时，外泄漏量 $q_v \leqslant 0.05$mL；当活塞杆直径 $d > 50$mm 时，外泄漏量 $q_v \leqslant 0.001d$ mL。

h. 柱塞式单作用伺服液压缸，柱塞全行程换向 2.5 万次，柱塞杆处外泄漏不成滴。换向 2.5 万次后，柱塞每移动 65m 时，当柱塞直径 $d \leqslant 50$mm 时，外泄漏量 $q_v \leqslant 0.05$mL；当柱塞杆直径 $d > 50$mm 时，外泄漏量 $q_v \leqslant 0.001d$ mL。

i. 耐久性。

Ⅰ. 双作用伺服液压缸，当活塞行程 $L \leqslant 500$mm 时，累计行程 $\geqslant 100$km；当活塞程 $L > 500$mm 时，累计换向次数 $N \geqslant 20$ 万次。

Ⅱ. 活塞式单作用伺服缸，当活塞行程 $L \leqslant 500$mm 时，累计行程 $\geqslant 100$km；当活塞行程 $L > 500$mm 时，累计换向次数 $N \geqslant 20$ 万次。

Ⅲ. 柱塞式单作用伺服缸，当柱塞行程 $L \leqslant 500$mm 时，累计行程 $\geqslant 75$km；当柱塞行程 $L > 500$mm 时，累计换向次数 $N \geqslant 15$ 万次。

耐久性试验后，内泄漏增加值不得大于规定值的 2 倍，零件不应有异常磨损和其他型式的损坏。

j. 伺服液压缸的缸体应能承受公称压力 1.5 倍的压力，在保压 5min，不得有外渗漏、零件变形或损坏等现象。

作者注：1. 在 GB 3102.1—1993《空间和时间的量和单位》中"程长"（行程）的符号为 s。

2. 比较、对照上述及其他各标准，其中有外泄漏规定值不同，最低速度、换向次数、累计行程等不同，试验压力、保压时间不同等，敬请读者注意。

3.10.3　液压缸密封技术要求比较与分析和密封件选择

（1）伺服液压缸密封技术要求比较与分析

在 DB44/T 1169.1—2013《伺服液压缸　第 1 部分：技术条件》地方标准中规定了单、双作用伺服液压缸的技术要求，其中涉及伺服液压缸密封的技术要求主要有：最低起动压力、内泄漏、负载效率、外渗漏、耐久性、耐压性、带载动摩擦力、低压下的泄漏等，仅就该标准规定的技术要求而言，密封的技术要求占有了大部分内容。

在该标准中除带载摩擦力之外，其他密封技术要求在其他液压缸标准中都有。

在 DB44/T 1169.1—2013 中规定了带载摩擦力指标，在 DB44/T 1169.2—2013《伺服液压缸　第 2 部分：试验方法》中规定了带载摩擦力试验方法。

① 最低起动压力的比较与分析　比较各标准中的规定的最低起动压力，该标准给出的双作用伺服液压缸的最低起动压力指标几乎为其他液压缸标准给出的指标的 1/10 或更低，具体见表 3-33。

表 3-33　双作用液压缸最低起动压力规定值比较　　　　　　　　　　　MPa

标准	活塞密封型式	活塞杆密封型式	最低起动压力规定值	备注
GB/T 13342—2007	O、U、Y、X、组合密封	除 V 形外	0.3	公称压力 $\leqslant 16$
	活塞环	除 V 形外	0.1	
	O、U、Y、X、组合密封	除 V 形外	0.03×公称压力	公称压力 > 16
	活塞环	除 V 形外	0.01×公称压力	
GB/T 24946—2010	标准规定的各种密封圈	标准规定的各种密封圈	0.5	公称压力 $\leqslant 31.5$

续表

标准	活塞密封型式	活塞杆密封型式	最低起动压力规定值	备注
JB/T 10205—2010	O、U、Y、X、组合密封	除V形外	0.3	公称压力≤16
			公称压力×4%	公称压力>16
DB44/T 1169.1—2013	组合密封	单道密封	0.03	公称压力≤40
		其他型密封	0.05	
	间隙密封	单道密封	0.03	
		其他型密封	0.04	

活塞密封以间隙密封的静、动摩擦力为最小。如果活塞密封型式为组合密封，其静、动摩擦力一定会大于活塞间隙的摩擦力，只是在测试时因测试系统精度的问题，能否测出而已。

通过以上比较，可以得出如下结论。

a. 在 DB44/T 1169.1—2013 中规定的最低起动压力指标过低。

b. 组合密封与间隙密封的最低起动压力规定值（指标）相同，不尽合理。

考虑到现在国内电液伺服阀控制液压缸设计、制造的实际情况以及液压缸密封技术的发展水平，作者认为：以启动压力不超过 0.3MPa 的电液伺服阀控制液压缸为低摩擦力液压缸的这种提法较为合适。

② 内泄漏量的比较与分析 比较各标准中规定的内泄漏量，该标准给出的单、双作用伺服液压缸的内泄漏量指标与其他液压缸标准给出的指标完全相同，具体见表 3-34 和表 3-35。

表 3-34 双作用液压缸的内泄漏量

液压缸内径 D /mm	内泄漏量 q_v /(mL/min)	液压缸内径 D /mm	内泄漏量 q_v /(mL/min)
25*	0.02	180	0.63(0.6359)
32*	0.025	200	0.70(0.7854)
40	0.03(0.0421)	220	1.00(0.9503)
50	0.05(0.0491)	250	1.10(1.2266)
63	0.08(0.0779)	280	1.40(1.5386)
80	0.13(0.1256)	320	1.80(2.0106)
90	0.15(0.1590)	360	2.36(2.5434)
100	0.20(0.1963)	400	2.80(3.1416)
110	0.22(0.2376)	500	4.20(4.9063)
125	0.28(0.3067)	630*	5.30
140	0.30(0.38465)	720*	6.00
160	0.50(0.5024)	800*	6.80

注：1. 使用滑环式组合密封时，允许泄漏量为规定值的 2 倍。

2. 液压缸采用活塞环式密封时的内泄漏量要求由制造商与用户协商确定。

3. 括号内的值为作者按（缸回程方向）沉降量 0.025mm/min 计算出的内泄漏量。

4. 有"*"标注的仅是 GB/T 13342—2007 规定的液压缸在承受 1.25 倍公称压力下，缸筒与活塞之间的内泄漏量。

表 3-35 活塞式单作用液压缸的内泄漏量

液压缸内径 D /mm	内泄漏量 q_v /(mL/min)	液压缸内径 D /mm	内泄漏量 q_v /(mL/min)
40	0.06(0.0628)	180	1.40(1.2717)
50	0.10(0.0981)	200	1.80(1.5708)
63	0.18(0.1558)	220*	2.20
80	0.26(0.2512)	250*	2.70
90	0.32(0.3179)	280*	3.20
100	0.40(0.3925)	320*	3.60
110	0.50(0.4749)	360*	4.00
125	0.64(0.6132)	400*	4.40
140	0.84(0.7693)	500*	5.40
160	1.20(1.0048)		

注：1. 使用滑环式组合密封时，允许泄漏量为规定值的 2 倍。

2. 液压缸采用活塞环密封时的内泄漏量要求由制造商与用户协商确定。

3. 采用沉降量检查内泄漏时，沉降量不超过 0.05mm/min。

4. 括号内的值为作者按（缸回程方向）沉降量 0.05mm/min 计算出的内泄漏量。

5. 有 "*" 标注的仅是 DB44/T 1169.1—2013 规定的单作用伺服液压缸在额定工作压力下的内泄漏量。

由上述各标准对密封的要求及表 3-34 和表 3-35 可以看出：

a. 在 GB/T 13342—2007 中只对双作用活塞式液压缸内泄漏量做出了规定；在 GB/T 24946—2010 中对内泄漏（量）未作规定。

b. 在缸内径 40～500mm 范围内，GB/T 13342—2007、JB/T 10205—2010 和 DB44/T 1169.1—2013 中规定的"双作用活塞式液压缸内泄漏量""双作用液压缸内泄漏量"和"缸内径为 40～500mm 的双作用伺服液压缸的内泄漏量"完全相同。

c. 在缸内径 40～200mm 范围内，JB/T 10205—2010 和 DB44/T 1169.1—2013 中规定的"活塞式单作用液压缸的内泄漏量"和"缸内径为 40～500mm 的单作用伺服液压缸的内泄漏量"完全相同。

作者曾在《液压缸设计与制造》一书中指出："从液压缸密封结构、机理及试验情况等方面考虑，在 JB/T 10205—2010 表 7（注：见表 3-35 没有 "*" 标注部分）中所列活塞式单作用液压缸的内泄漏（数值）不合理。"

③ 负载效率的比较与分析 在 GB/T 24946—2010 中对负载效率未作规定。

在 GB/T 13342—2007、JB/T 10205—2010 和 DB44/T 1169.1—2013 中规定的负载效率为："液压缸的负载效率应不低于 90%""液压缸的负载效率不得低于 90%"和"伺服液压缸的负载效率不得低于 90%"。

不论上述条款表述所用助动词是否准确，对电液伺服阀控制液压缸而言，仅给出"负载效率"是否全面、合理、实用是个问题。

在电液伺服阀控制液压缸中经常采用活塞杆静压支承结构，其无论是内部供油和还是外部供油都有一定液压功率损失；再加上电液伺服阀控制液压缸可能因出于提高其所在系统稳定性目的而在活塞上打孔，因此也会造成一定液压功率损失等。作者认为，应给出一个指标使其能反映或标定电液伺服阀控制液压缸（总）效率，即能对液压缸输入液压功率的利用率作出全面的评价。

作者注：在 GB/T 17446—2012 中定义为"缸输出力效率"。

④ 外泄漏量的比较与分析　在 GB/T 24946—2010 中对外渗漏量未作规定，但规定了密封性："数字缸在 1.25 倍公称压力下，所有结合面处应无外泄漏"。

在 JB/T 10205—2010 和 DB44/T 1169.1—2013 中规定的外渗漏主要区别在于以下几点。

JB/T 10205—2010 中规定："活塞杆（柱塞杆）静止时不得有渗漏"。DB44/T 1169.1—2013 中规定："活塞杆（柱塞杆）静止时其他各部位不得有渗漏"。

可见，JB/T 10205—2010 中的规定比 DB44/T 1169.1—2013 中的规定更严格，但不尽合理；而 GB/T 13342—2007 中的规定就更加不合理，因为其规定"液压缸各密封处和运动时，不应（外）渗漏"。

液压缸活塞杆处在活塞杆运动时，如果想达到 "0" 泄漏是非常困难的。理论上的所谓 "0" 泄漏工况出现在杆带出液压油液量与杆带回液压油液量相等时，且当条件一旦变化，此工况即行消失，具体可参阅本书作者编著的《液压缸密封技术及其应用》一书。

另外，作者不同意以 "渗漏" 来表述液压缸活塞杆处的泄漏，且认为此处的泄漏量按表 3-36 来表述较为合适。

表 3-36　液压缸活塞杆处泄漏量分级

级别	描述
0	无潮气迹象
1	未出现流体
2	出现流体但未形成液滴
3	出现流体形成不滴落液滴
4	出现流体形成液滴且滴落
5	出现流体液滴的频率形成了明显的液流

注：1. 参考了 GB/T 18427—2001《液压软管组合件　液压系统外部泄漏分级》，且描述的是在观察期间内目视的泄漏状态。

2. 提请读者注意，在 GB/T 18427—2001 中没有使用 "渗漏" 或 "渗出" 这样的术语。

⑤ 耐久性的比较与分析　在 GB/T 24946—2010 中规定的耐久性为："数字缸在额定工况下使用寿命为：往复运动累计行程不低于 10^5 m"。

在 JB/T 10205—2010 和 DB44/T 1169.1—2013 中规定的耐久性指标完全相同。在 GB/T 13342—2007 中规定的耐久性除没有 "活塞式单作用缸" 或 "活塞式单作用伺服液压缸" 外，其他与 JB/T 10205—2010 和 DB44/T 1169.1—2013 中规定的耐久性指标完全相同，但其对柱塞式液压缸的耐久性要求不同，其为 "液压缸的外泄漏量应不大于规定值的 2 倍"。

在 GB/T 13342—2007 中规定柱塞式液压缸在耐久性试验后的 "外泄漏量" 比较合理，因为不管是 "柱塞式单作用液压缸" 或是 "柱塞式单作用伺服液压缸"，其在耐久性试验后或在耐久性试验前，根本就不可能有 "内泄漏量" 或 "内泄漏增加值"。所以，在 JB/T 10205—2010 和 DB44/T 1169.1—2013 中规定的 "耐久性试验后，内泄漏增加值不得大于规定值的 2 倍，零件不应有异常磨损和其他形式的损坏" 这项要求肯定有问题。

在 GB/T 13342—2007 中规定了柱塞式液压缸在耐久性试验后的 "外泄漏量"，此点也是本书引用该项标准的原因之一。否则，柱塞式伺服液压缸在耐久性试验后的外泄漏量确定将没有根据。

⑥ 耐压性的比较与分析　在 GB/T 13342—2007 中规定的耐压强度要求为 "液压缸在承受 1.5 倍公称压力下，所有零件不应有破坏和永久性变形现象，密封垫片、焊缝处不应有渗漏"。

在 GB/T 24946—2010 和 DB44/T 1169.1—2013 中规定的耐压性要求基本相同，分别

为："数字缸在承受 1.5 倍公称压力下（保压 5min），所有零件不应有破坏或永久变形现象，焊缝处不应有渗漏""伺服液压缸的缸体应能承受公称压力 1.5 倍的压力，在保压 5min，不得有外渗漏、零件变形或损坏等现象"。

而 JB/T 10205—2010 中规定："……分别向工作腔施加 1.5 倍公称压力的油液，型式试验保压 2min，出厂试验保压 10s，应不得有外渗漏及零件损坏等现象"。

比较上述四项标准，JB/T 10205—2010 中规定的耐久性就保压时间而言，比较合理。

作者注：现在液压缸密封不使用"密封垫片"，其也不是液压缸密封技术领域内的术语。

⑦ 低压下的泄漏的比较与分析　在 GB/T 13342—2007 中对低压下的泄漏未作规定；在 GB/T 24946—2010 中对低压下的泄漏也未作规定。

在 JB/T 10205—2010 中规定的低压下的泄漏为："当液压缸内径大于 32mm 时，在最低压力为 0.5MPa 下；当液压缸内径小于或等于 32mm 时，在 1MPa 压力下，使液压缸全行程往复运动三次以上，每次在行程端部停留至少 10s。在试验过程中，应符合……；活塞杆密封处无油液泄漏，试验结束时，活塞杆上的油膜不足以形成油滴或油环；所有静密封处及焊接处无油液泄漏……"。

在 DB44/T 1169.1—2013 中规定的低压下的泄漏为："伺服液压缸在 3MPa 压力下试验过程中，油缸应无外泄漏；试验结束时，活塞杆伸出处不允许有油滴或油环"。

比较 JB/T 10205—2010 和 DB44/T 1169.1—2013 两项标准，其规定的低压下的泄漏要求基本相同，但作者认为以表 3-36 中的液压缸活塞杆处的泄漏描述为好。

综合以上比较与分析，DB44/T 1169.1—2013 标准所规定的密封技术要求与其他标准规定的密封技术要求的主要区别是在"最低启动压力"上。

进一步分析这一主要区别，作者认为：伺服液压缸因有动态指标要求，其阶跃响应和频率响应都规定了技术要求（指标），如果起动压力过高，其响应速度就一定低。但除了活塞间隙密封外，DB44/T 1169.1—2013 标准中规定的组合密封的低压起动压力指标几乎为现在各液压缸标准规定指标的 1/10 甚至还低，这样的规定从伺服液压缸设计、制造者角度考虑是否合理确实有待商榷。

（2）电液伺服阀控制液压缸密封件选择

现仅参考国外某一家密封件制造商产品，根据电液伺服阀控制液压缸对密封的技术要求，筛选部分活塞组合密封。但如果按照 DB44/T 1169.1—2013 关于"组合密封"的定义来选择密封件的话，将是非常困难的，因为该标准中给出的组合密封定义缺乏最基本的内涵。

还是根据 GB/T 17446—2012 中"组合密封件"定义，即按照"具有两种或多种不同材料单元的密封装置"这一定义来选择密封件，见表 3-37。

表 3-37　电液伺服阀控制液压缸活塞密封件

| 序号 | 类型 | 应用场合 | 工作范围 | | | 备注 |
			压力 /MPa	温度 /℃	速度 /(m/s)	
1	特康格来圈	往复运动、双作用	60	−45～+200	15	摩擦力小
2	T 型特康格来圈	往复运动、双作用	60	−45～+200	15	摩擦力小
3	佐康 P 型格来圈	往复运动、双作用	50	−30～+110	1	
4	特康双三角密封圈	往复运动、双作用	35	−45～+200	15	
5	特康 AQ 封	往复运动、静密封、双作用	60	−45～+200	2	
6	5 型特康 AQ 封	往复运动、静密封、双作用	60	−45～+200	3	

续表

序号	类型	应用场合	工作范围			备注
			压力 /MPa	温度 /℃	速度 /(m/s)	
7	佐康威士密封圈	往复运动、双作用	40	−35～+110	0.8	
8	M 型佐康威士密封圈	往复运动、双作用	50	−45～+200	10	动态应用
9	D-A-S 组合密封圈 DBM 组合密封圈	往复运动、双作用	35	−35～+100	0.5	
10	PHD/CST 型密封圈	往复运动、双作用	40	−45～+135	1.5	低摩擦
11	DSM 密封	往复运动、双作用	70	−40～+130	0.5	
12	特康双向 CR 密封圈	往复运动、双作用	100	−45～+200	5	摩擦力小 最小启动力
13	2K 型特康斯特封	往复运动、单作用	60	−45～+200	15	摩擦力小
14	V 型特康斯特封	往复运动、单作用	60	−45～+200	15	摩擦力小 启动力小 动态应用
15	特康 VL 型密封圈	往复运动、单作用	60	−45～+200	15	摩擦力小 动态应用
16	特康单向 CR 密封圈	往复运动、单作用	60	−45～+200	15	摩擦力小 最小启动力 动态应用

　　作者注：1. 表 3-37 参考了特瑞堡密封系统（中国）有限公司工业密封产品目录（2011.6）、直线往复运动液压密封件（2012.9）、密封选型指南（2012.10）等产品样本。

　　2. 据参考文献［77］介绍："VL 型密封在控制泄漏量和摩擦力大小方面均有突出的优势，是一种性能非常好的新型航空作动器密封；相对于常用的 O 形密封，无论是在密封效果还是抗摩擦磨损性能方面都有优势；虽然斯特封泄漏较少，但若密封高压流体，其磨损严重，而在频繁（往复）运动的作动器中其结构易翻转失效，VL 型密封与之相比则没有此类缺点。目前，在航空领域 VL 型密封已经逐步取代 O 形密封、斯特封，在 Boeing、Airbus 飞机作动器上获得广泛应用。"

　　密封与摩擦是一个问题的两个方面且相互制约，如果要求有很好的密封性，其摩擦力就可能大。过分地追求小的最低起动压力（应该就是起动压力，见 GB/T 17446—2012），在液压缸密封中没有太大的意义，对伺服液压缸也是如此，因为最低起动压力与公称压力之比很小。

　　作者认为该标准规定的最低起动压力指标过低，这样的规定即不科学，也无必要。

　　根据上面对《伺服液压缸》的比较与分析，其内容与其他液压缸标准并无多少不同，而且在动态指标（要求）方面没有内容，如与 GB/T 24946—2010 比较后，读者即可一目了然。

3.11 液压缸活塞杆静压支承结构技术要求

（1）总则

　　活塞杆静压支承结构（液体静压轴向滑动轴承）的工作原理在于活塞杆的支承力是主要由外部流体压力产生的，而非由活塞杆与其静压支承套间相对运动（即动压效应）产生的。

　　作者注："液体静压轴向滑动轴承"中"轴向"是指活塞杆与其静压支承套间相对运动型式，而非其承受载荷作用方向。本书"活塞杆静压支承结构"包括滑动轴承和滑动轴承组件。进一步可参考 GB/T 2889.1—2008《滑动轴承 术语、定义和分类 第 1 部分：设计、轴承材料及其性能》。

　　通常，活塞杆静压支承结构设计应遵循这样一条规律：在所可能承受的最大载荷下，润滑间隙厚度至少要保持初始润滑间隙的 50%～60%，这一点必须要满足。

设计时，应将偏心率（加载后相对位移量 $\varepsilon=e/C_R$）限定在 $\varepsilon=0\sim0.5$ 的范围内；计算中应假设节流比 $\xi=1$，这样静压支承的刚度特性接近最佳值。

还应考虑到静压支承结构的载荷方向，有必要区分载荷作用在油腔中心和载荷作用在封油面中心这两种极端的情况。另外还要特别注意的一种现象是由于活塞杆弯曲变形而导致的轴心不对中，从而使活塞杆与静压支承套边缘接触而损坏静压支承结构。

活塞杆静压支承结构的设计与计算是建立在若干假设（包括前提和边界条件等）基础上的。是否能够精确确定其运行参数与运行工况、几何形状和液压油液等的函数关系，即偏心距、承载能力、油膜刚度、供油压力、流量、摩擦功率、温升等众多参数，经常需要实机验证。

（2）结构型式

在常见的活塞杆静压支承结构中，静压支承套为油腔之间带回油槽，4 个油腔或更多个偶数油腔，油腔深度是润滑间隙（径向间隙 C_R）10 倍以上，长径比 $B/D=0.3\sim1$ 的这种是应用中最普遍的结构型式。

上述结构与不带回油槽的结构相比，在相同刚度情况下，带回油槽的需要更大的供油功率。

静压支承套与缸盖间应有可靠的连接结构。如采用中型压入配合，应采取必要的措施防止极端工况下连接不牢固（稳定）甚至失效。

（3）基本参数

活塞杆静压支承结构基本参数包括：静压支承套内径 D_B、外径 D_O、宽度 B，油腔个数 Z，轴向封油面宽度 l_{ax}，径向封油面宽度 l_c，回油槽宽度 b_G，径向间隙（相当轴承间隙）以及节流器型式（如小孔节流式、毛细管式、内部节流式等）尺寸等。

（4）材料

静压支承套（或轴承瓦）材料：铜合金应符合 GB/T 18324—2001《滑动轴承　铜合金轴套》的规定；铸造铜合金应符合 JB/T 7921—1995《滑动轴承　单层和多层轴承用铸造铜合金》的规定；锻造铜合金应符合 JB/T 7922—1995《滑动轴承　单层轴承用锻造铜合金》的规定。

（5）几何尺寸、几何公差

设计时，静压支承套内孔轴线一般被确定为基准要素。

① 静压支承套内径。

a.静压支承套内径 D_B 应优先选用表 3-38 推荐值。

表 3-38　活塞杆静压支承结构内径推荐尺寸 mm

4	20	56	160
5	22	63	180
6	25	70	200
8	28	80	220
10	32	90	250
12	36	100	280
14	40	110	320
16	45	125	360
18	50	140	

作者注：表 3-38 未列的其他尺寸可参考 GB/T 10445—1989《滑动轴承　整体轴承的轴径》。

b. 静压支承套内径 D_B 公差。静压支承套内径 D_B 尺寸公差宜采用 GB/T 1801—2009 规定的 H7 或 H8，其与活塞杆配合也可选用 H7/h6、H8/h7，但应通过选配法保证设计的间隙（相当于轴承间隙）。

作者注："轴承间隙"见于 GB/T 28279.1—2012。

② 静压支承套外径 D_O。静压支承套壁厚[$(D_O-D_B)/2$]应足够厚，保证安装后和使用中不能产生过大变形，尤其在规定的环境温度和工作介质温度范围内应能正常工作。

静压支承套外径尺寸公差按所选择的密封要求确定。

作者注：整体金属轴套外径"D_O"符号见于 GB/T 27939—2011《滑动轴承 几何和材料质量特性的质量控制技术和检验》。

③ 其他参数。其他参数可根据运行参数如承载能力（载荷）、往复运动频率（速度）、工作介质、供油压力和温度等设计计算。设计计算结果一般需要实机验证。

④ 几何公差。

• 内孔圆柱度公差应不低于 GB/T 1184—1996 中的 7 级。

• 外圆圆柱度公差应不低于 GB/T 1184—1996 中的 7 级。

• 内孔轴线与外圆轴线的重合性（同轴度公差）应不低于 GB/T 1184—1996 中的 7 级。

• 静压支承套两端面对内孔轴线的垂直度公差应不低于 GB/T 1184—1996 中的 7 级。

• 带翻边的静压支承套外端面对内孔轴线跳动应不低于 GB/T 1184—1996 中的 7 级。

(6) 表面质量

不应由加工以及后续处理工序中造成表面缺陷，如裂缝、擦伤划痕、毛刺、金属淤积、凸起等。

内孔表面粗糙度值应不大于 $Ra0.8\mu m$；外圆表面粗糙度值应不大于 $Ra1.6\mu m$；如带有翻边，则翻边内端面表面粗糙度值应不大于 $Ra2.5\mu m$，外端面表面粗糙度值应不大于 $Ra3.2\mu m$；边上应去除毛刺。

只有在外圆表面上才允许有轻微的划痕，并且还不能对装配和性能产生影响。

(7) 其他要求

未给出公差的尺寸，其允许偏差应符合 GB/T 1804—2000 中规定的公差等级"m"。

静压支承套内孔上各孔口、槽棱也应倒钝、圆滑，内孔两端的圆角应圆滑，其圆角半径应符合图样要求。

3.12 液压缸缓冲装置的技术要求

缓冲是运动件（如活塞）趋近其运动终点时借以减速的手段，主要有固定（式）或可调节（式）两种，统一归类为带缓冲的缸，其中带固定式（液压缸）缓冲装置的缸的设计是液压缸设计的难点之一。

对伺服液压缸而言，因可通过所在控制系统设置软限位而避免运动件撞击其他缸零件，即"缸工作行程范围"可控制，所以对于一些运动速度不高、运动件质量不大或考虑到即使在特殊情况下产生了碰撞也不会造成缸外泄漏及缸零件损坏等现象的液压缸，可考虑不设置液压缸缓冲装置。

但是作者不同意"伺服控制不碰缸底，（伺服液压缸）不必考虑缓冲装置"这样的表述。由在 GB/T 32216—2015 中："当被试液压缸有缓冲装置时，应按照 GB/T 15622—2005 的 6.6 进行缓冲试验"这样的规定可以进一步证明作者上述论断是正确的。

3.12.1　固定式缓冲装置技术要求

（1）各标准规定的固定式缓冲装置技术要求

带固定式缓冲装置的缸其缓冲性能在线无法调节，且不包括通过改变工作介质（液压油液）黏度这种办法使其缓冲性能发生变化的这种情况。

在液压缸各产品标准中，有如下两个标准对固定式液压缸缓冲装置提出了技术要求。

① 在 CB/T 3812—2013《船用舱口盖液压缸》中规定：将被试液压缸输入压力为公称压力的 50％的情况下以设计的最高速度进行试验，缓冲效果是活塞在进入缓冲区时，应平稳缓慢。

② 在 QC/T 460—2010《自卸汽车液压缸技术条件》中规定：液压缸在全伸位置时，使活塞杆以 50～70mm/s 的速度伸缩，当液压缸自动停止时应听不到撞击声。

作者注：作者认为这样表述缓冲效果更为科学："当行程到达终点时应无金属撞击声"。具体请参见 GB/T 13342—2007《船用往复式液压缸通用技术条件》。

（2）缓冲装置一般技术要求

除以上标准规定的固定式液压缸缓冲装置性能要求外，设计固定式液压缸缓冲装置时还应尽量满足以下基本性能要求。

① 缓冲装置应能以较短的缸的缓冲长度（亦称缓冲行程）吸收最大的动能，就是要把运动件（含各连接件或相关件）的动能全部转化为热能。

② 缓冲过程中尽量避免出现压力脉冲及过高的缓冲腔压力峰值，使压力的变化为渐变过程。

③ 缓冲腔内（无杆端）缓冲压力峰值应小于或等于液压缸的 1.5 倍公称压力。

④ 在有杆端设置缓冲（装置）的，其缓冲压力应避免作用在活塞杆动密封（系统）上。

⑤ 动能转变为热能使液压油温度上升，油温的最高温度不应超过密封件允许的最高使用温度。

⑥ 在 JB/T 10205—2010《液压缸》中规定："液压缸对缓冲性能有要求的，由用户和制造商协商确定。"

⑦ 应兼顾液压缸起动性能，不可使液压缸（最低）起动压力超过相关标准的规定；应避免活塞在起动或离开缓冲区时出现迟动或窜动（异动）、异响等异常情况。

3.12.2　缓冲阀缓冲装置技术要求

带可调节式缓冲装置的缸其缓冲性能可以在线调节，缓冲阀缓冲装置即是这种缓冲装置。但此处的缓冲阀（组）与液压系统中通常使用的缓冲阀不同。

在液压缸各产品标准中，有如下三个标准对缓冲阀液压缸缓冲装置提出了技术（试验）要求。

① 在 GB/T 15622—2005《液压缸试验方法》中规定："将被试缸工作腔的缓冲阀全部松开，调节试验压力为公称压力的 50％，以设计的最高速度运动，检测当运行至缓冲阀全部关闭时的缓冲效果。"

② 在 JB/T 10205—2010《液压缸》中规定："将被试缸工作腔的缓冲阀全部松开，调节试验压力为公称压力的 50％，以设计的最高速度运动，当运行至缓冲阀全部关闭时，缓冲效果应符合 6.2.8 要求""6.2.8　缓冲　液压缸对缓冲性能有要求的，由用户和制造商协商确定"。同时要求："液压缸安装的节流和（或）缓冲元件（应）无油液泄漏。"

③ 在 JB/T 11588—2013《大型液压油缸》中规定："将被试缸工作腔的缓冲阀全部松开，调节试验压力为公称压力的 50％，以设计的最高速度运动，检测当运行至缓冲阀全部

关闭时的缓冲效果。"

　　　　作者注：在此 JB/T 11588—2013 标准中无缓冲效果或性能要求。

　　尽管在 JB/T 11588—2013 规范性引用文件中没有引用 GB/T15622—2005，但在上述三项标准中关于缓冲的技术要求内容几乎一致。

　　不管液压缸上安装的是固定式或是可调节式的缓冲装置，都应按 GB/T 10205—2010 规定："液压缸安装的节流和（或）缓冲元件无油液（外）泄漏"。

3.13 液压缸用传感器（开关）的技术要求

3.13.1 液压缸用传感器的技术要求

　　传感器是能感受被测量并按照一定规律转换成可用输出信号的器件或装置，通常由敏感元件和转换元件组成。其中敏感元件是指传感器中能直接感受或响应被测量的部分；转换元件是指传感器中能将敏感元件感受或响应的被测量转换成适于传输或测量的电信号部分。当输出为规定的标准信号时，传感器则称为变送器。

　　传感器应符合其通用技术要求和相关产品技术条件（详细规范）的规定，产品技术条件（详细规范）的要求不应低于通用技术要求。当通用技术要求与产品技术条件（详细规范）的要求不一致时，应以产品技术条件（详细规范）为准。

　　带传感器的液压缸，如带力传感器、压力传感器、位置传感器、位移传感器、速度传感器、加速度传感器和温度传感器等的液压缸，其所带的传感器性能指标应符合液压缸的相关技术要求。

　　（1）一般要求

　　① GB/T 7665—2005 以及各产品标准中确立的术语和定义适用于本要求。

　　② 传感器命名法及代码按 GB/T 7666—2005 的规定。表 3-39 列举了典型传感器的命名构成及各级修饰语的示例，可供传感器命名时参照。

表 3-39　典型传感器的命名构成及各级修饰语举例一览表

主题词	第一级修饰语——被测量	第二级修饰语——转换原理	第三级修饰语——特征描述（传感器结构、性能、材料特征、敏感元件或辅助措施等）	第四级修饰语——技术指标	
				范围（量程、测量范围、灵敏度等）	单位
传感器	压力	压阻式	［单晶］硅	0～2.5	MPa
	力	应变式	柱式［结构］	0～100	kN
	速度	磁电式	—	600	cm/s
	加速度	电容式	［单晶］硅	±5	g
	振动	磁电式	—	5～1000	Hz
	位移	电涡流［式］	非接触式［结构］	25	mm
	温度	光纤［式］	—	800～2500	℃

　　注：1. 转换原理，一般后续以"式"字；特征描述，一般后续以"型"字。
　　2. 在技术文件、产品样本、学术论文、教材及书刊的陈述句子中，作为产品的名称应采用表中相反的顺序表述，如 0～2.5MPa［单晶］硅压阻式压力传感器。

　　③ 传感器图用图形符号可参照 GB/T 14479—1993。

　　④ 传感器的防护等级、工作电压及电气连接应符合相关标准规定。

　　⑤ 传感器的耐久性或使用寿命应不低于其所在液压缸的耐久性指标。

⑥ 内置式的传感器耐流体压力的能力或公称压力应不低于其所在液压缸耐压性指标。

⑦ 内置式的传感器的安装与连接处应无液压油液外泄漏。

⑧ 传感器应有产品合格证，且应按规定定期检验、校正（校准）。

作者注：关于液压缸的控制精度与传感器的关系，在 GB/T 10844—2007 和 GJB 4069—2000 中的规定："测试仪表应与测试范围相适应，其精度应与被测参数的公差相适应，仪表精度与被测量精度之比一般应不大于 1∶5"或有参考价值。

（2）力传感器的技术要求

力传感器是能感受力并将输入力转换成与其成比例的输出量（通常为电参数）的装置，在 GB/T 33010—2016《力传感器的检验》中规定了力传感器的技术要求。

力传感器属于物理量传感器，在液压缸上常用重量（称重）传感器，而应力传感器或剪切应力传感器等不常用。

① 环境与工作条件。在下列环境与工作条件下力传感器应能正常工作。

a. 环境温度为 $-10 \sim +40℃$，相对湿度不大于 80%。

b. 无较强磁场的环境中。

c. 周围无腐蚀性介质。

② 力传感器的分级。力传感器的分级和主要技术指标见表 3-40。

表 3-40　力传感器的分级和主要技术指标

力传感器级别	有稳定性指标	0.01	0.02	0.03	0.05	0.1	0.3	0.5	1
	无稳定性指标	0.01NS	0.02NS	0.03NS	0.05NS	0.1NS	0.3NS	0.5NS	1NS
零点输出 $Z/\%FS$		±1.0				±2.0		±5.0	
零点漂移 $Z_d/\%FS$		0.005	0.01	0.015	0.025	0.05	0.15	0.25	0.5
重复性 $R/\%FS$		0.01	0.02	0.03	0.05	0.1	0.3	0.5	1.0
直线度 $L/\%FS$		±0.01	±0.02	±0.03	±0.05	±0.1	±0.3	±0.5	±1.0
滞后 $H/\%FS$		±0.01	±0.02	±0.03	±0.05	±0.1	±0.3	±0.5	±1.0
长期稳定性 $S_b/\%FS$		±0.02	±0.04	±0.06	±0.1	±0.2	±0.6	±1.0	±2.0
蠕变/蠕变恢复 $C_p/C_r/\%FS$		±0.01	±0.02	±0.03	±0.05	±0.1	±0.3	±0.5	±1.0
零点输出温度影响 $Z_t/(\%FS/10K)$		±0.01	±0.02	±0.03	±0.05	±0.1	±0.3	—	—
额定输出温度影响 $S_t/(\%FS/10K)$		±0.01	±0.02	±0.03	±0.05	±0.1	±0.3	—	—

注：NS 表示传感器未进行稳定性考核。

③ 力传感器电气特性的要求。

a. 力传感器的绝缘电阻应不大于 2000MΩ。

b. 力传感器输入电阻偏差的最大允许值为其标称值的 ±5%，输出电阻偏差的最大允许值为其标称值的 ±1%。

④ 力传感器的其他要求。

a. 力传感器的两端应配用具有合适结构和足够刚度的连接件及附件，附件不应随意更换。

b. 力传感器及其附件的表面质量应符合 GB/T 2611—2007 中第 10 章的规定。

c. 与产品技术条件（详细规范）关系的表述。

（3）压力传感器的技术要求

压力传感器是能感受压强并转换成可用输出信号的传感器，在 JB/T 6170—2006《压力传感器》中规定了压力传感器的技术要求。

压力传感器属于物理量传感器，在液压缸上表压传感器、差压传感器、绝压传感器等偶有应用。

① 基本参数。

a. 测量范围。传感器测量范围应符合产品技术条件（详细规范）的规定。除另有规定外，传感器测量范围推荐从下列数字中选取。

1×10^n、1.6×10^n、2×10^n、2.5×10^n、3×10^n、4×10^n、5×10^n、6×10^n、8×10^n。

其中 n 为整数，$n = 0$、± 1、± 2、± 3、$\cdots$。

测量范围的单位为 Pa、kPa、MPa、GPa。

b. 传感器感受压力的类型：表压传感器（p_g）；绝压传感器（p_a）；差压传感器（p_d）。

c. 被测介质的类型。与压力腔接触的介质类型，例如气体、液体、腐蚀性介质、非腐蚀性介质等。

d. 与被测介质相接触的材料。列出与被测介质相接触材料的名称、牌号。

e. 安装影响。如果最大安装力或力矩影响传感器的性能，应做出具体规定。

f. 方向。以传感器压力接口的轴向（即被测介质进入传感器的流向）为准确定其方向，与该方向一致的为 Y 轴向、其余为 X、Z 轴向，并附外形图说明。

g. 壳体密封。传感器的壳体需要密封时，应写明密封用材料和密封方式，电连接器也应有同样要求。传感器的壳体有防护要求，应给出防护等级，防护等级按 GB 4208—2008 的规定。

h. 电气连接方式。应给出电连接器型号、电气连接原理图及必要的说明。

i. 激励。传感器的激励应符合产品技术条件（详细规范）的规定。

j. 工作温度范围。传感器的工作温度范围应符合产品技术条件（详细规范）的规定，推荐从以下五个级别中选取。

商业级：$0 \sim +70℃$。

工业级：$-25 \sim +85℃$。

汽车级：$-30 \sim +100℃$。

军事级：$-55 \sim +125℃$。

特殊级：$-60 \sim +350℃$。

作者注：请注意，上述工作温度范围与 GB/T 30206.3—2013 中规定的温度型别不一致。

k. 储存温度范围。储存温度范围的下限温度通常比工作温度的下限值低 10℃，上限温度通常比工作温度的上限值高 15～20℃。

② 技术要求。

a. 产品技术条件（详细规范）。传感器应符合本技术要求和相关产品技术条件（详细规范）的规定，当本技术要求与产品技术条件（详细规范）的要求不一致时，应以产品技术条件（详细规范）为准。

b. 外观。传感器的外观应无明显的瑕疵、划痕、锈蚀和损伤；螺纹部分应无毛刺；标志应清晰完整、准确无误。

c. 外形及安装尺寸。传感器的外形及安装尺寸应符合②a 条的规定。

d. 输入阻抗。传感器的输入阻抗应符合②a 条的规定。

e. 输出阻抗。传感器的输出阻抗应符合②a 条的规定。

f. 负载电阻。传感器的负载电阻应符合②a 条的规定。

g. 绝缘电阻。传感器的绝缘电阻应符合②a 条的规定。

h. 绝缘强度。传感器的绝缘强度应符合②a 条的规定。

i. 静态特性。

Ⅰ. 零点输出。传感器的零点输出应符合②a 条的规定。

Ⅱ. 满量程输出。传感器的满量程输出应符合②a 条的规定。

Ⅲ. 非线性。传感器的非线性应符合②a 条的规定。传感器的非线性推荐从表 3-41 对应准确度等级或更高级别中选取。

Ⅳ. 迟滞。传感器的迟滞应符合②a 条的规定。传感器的迟滞推荐从表 3-41 对应准确度等级或更高级别中选取。

Ⅴ. 重复性。传感器的重复性应符合②a 条的规定。传感器的重复性推荐从表 3-41 对应准确度等级或更高级别中选取。

Ⅵ. 准确度。传感器的准确度应符合②a 条的规定。传感器的准确度推荐从表 3-41 对应准确度等级或更高级别中选取。

表 3-41 传感器准确度等级、非线性、迟滞、重复性、准确度

准确度等级	非线性/%FS	迟滞/%FS	重复性/%FS	准确度/%FS
0.01	≤0.005	≤0.005	≤0.005	±0.005
0.025	≤0.010	≤0.010	≤0.010	±0.010
0.05	≤0.025	≤0.025	≤0.025	±0.025
0.1	≤0.05	≤0.05	≤0.05	±0.05
0.25	≤0.10	≤0.10	≤0.10	±0.10
0.5	≤0.25	≤0.25	≤0.25	±0.25
1.0	≤0.5	≤0.5	≤0.5	±0.5
2.5	≤1.0	≤1.0	≤1.0	±1.0
5.0	≤2.5	≤2.5	≤2.5	±2.5

j. 零点时漂。传感器在规定时间内的零点时漂应符合②a 条的规定。

k. 过载。传感器的过载应符合②a 条的规定。

l. 热零点漂移。传感器在工作温度范围内的热零点漂移应符合②a 条的规定。传感器的热零点漂移推荐从表 3-42 对应准确度等级和更高级别指标范围内选取。

m. 热满量程输出漂移。传感器在工作温度范围内的热满量程输出漂移应符合②a 条的规定。传感器的热满量程输出漂移推荐从表 3-42 对应准确度等级和更高级别指标范围内选取。

表 3-42 热零点漂移和热满量程输出漂移

准确度等级	热零点漂移/(%FS/℃)	热满量程输出漂移/(%FS/℃)
0.01	±0.002	±0.002
0.025	±0.005	±0.005
0.05	±0.01	±0.01
0.1	±0.03	±0.03
0.25	±0.04	±0.04
0.5	±0.05	±0.05
1.0	±0.08	±0.08
2.5	±0.10	±0.10
5.0	±0.20	±0.20

n. 零点长期稳定性。在规定的时间（一般为半年或一年）内，传感器零点长期稳定性应符合②a 条的规定。

o. 动态性能。

Ⅰ. 频率响应。传感器的频率响应应符合②a 条的规定。

Ⅱ. 谐振频率。传感器的谐振频率应符合②a 条的规定。

Ⅲ. 自振频率（振铃频率）。传感器的自振频率应符合②a 条的规定。

Ⅳ. 阻尼比。传感器的阻尼比应符合②a 条的规定。

Ⅴ. 上升时间。传感器的上升时间应符合②a 条的规定。

Ⅵ. 时间常数。传感器的时间常数应符合②a 条的规定。

Ⅶ. 过冲量。传感器的过冲量应符合②a 条的规定。

p. 环境影响特性。

Ⅰ. 高温试验。试验后传感器外观应符合②b 条的规定，静态性能应符合②i 条的规定。

Ⅱ. 低温试验。试验后传感器外观应符合②b 条的规定，静态性能应符合②i 条的规定。

Ⅲ. 温度变化。试验后传感器外观应符合②b 条的规定，静态性能应符合②i 条的规定。

Ⅳ. 振动。振动过程中零点变化应符合②a 条的规定，试验后传感器外观应符合②b 条的规定，静态性能应符合②i 条的规定。

Ⅴ. 冲击。试验后传感器外观应符合②b 条的规定，静态性能应符合②i 条的规定。

Ⅵ. 加速度。试验后传感器外观应符合②b 条的规定，静态性能应符合②i 条的规定。

Ⅶ. 湿热。试验后传感器外观应符合②b 条的规定，绝缘电阻应符合②g 的规定，静态性能应符合②i 条的规定。

Ⅷ. 长霉。试验后传感器长霉程度应符合②a 条的规定，绝缘电阻应符合②g 的规定，静态性能应符合②i 条的规定。

Ⅸ. 盐雾。试验后传感器外观应符合②b 条的规定，绝缘电阻应符合②g 的规定，静态性能应符合②i 条的规定。

作者注：在 JB/T 6170—2006 中关于此项要求可能有误。

Ⅹ. 外磁场。传感器在 50%～70% 的量程内，传感器输出变化应符合②a 条的规定，试验后传感器外观应符合②b 条的规定，静态性能应符合②i 条的规定。

q. 疲劳寿命。试验后传感器外观应符合②b 条的规定，静态性能应符合②i 条的规定。

r. 质量。传感器的质量应符合②a 条的规定。

（4）位移传感器的技术要求

位移传感器是能感受位移（线位移或角位移）量并转换成可用输出信号的传感器，线位移传感器可用来测量位移、距离、位置和应变量等长度尺寸，在工程测试中应用广泛。

（线）位移传感器属于物理量传感器，在液压缸上电容式、电涡流式、磁致伸缩式位移传感器、光栅位移传感器等都有应用，其中一些位移传感器有产品标准（详细规范）。

在 JJF 1305—2011《线位移传感器校准规范》中给出了典型线位移传感器的计量特性，具体见表 3-43～表 3-49。

电感式位移传感器的计量特性见表 3-43。

表 3-43　电感式位移传感器的计量特性　　　　　　　　　%

项目	技术指标				
基本误差	±0.10	±0.20	±0.30	±0.50	±1.0
线性度	±0.10	±0.20	±0.30	±0.50	±1.0
回归误差	0.04	0.08	0.12	0.20	0.4
重复性	0.04	0.08	0.12	0.20	0.4

差动变压器式位移传感器（含直流差动、交流差动变压器型）的计量特性见表 3-44。

表 3-44　差动变压器式位移传感器的计量特性　　　　　%

项目	技术指标				
基本误差	±0.10	±0.20	±0.30	±0.50	±1.0
线性度	±0.10	±0.20	±0.30	±0.50	±1.0
回归误差	0.04	0.08	0.12	0.20	0.4
重复性	0.04	0.08	0.12	0.20	0.4

振弦（应变）式位移传感器的计量特性见表 3-45。

表 3-45　振弦（应变）式位移传感器的计量特性　　　　　%

项目	技术指标
基本误差	±2.5
线性度	±2.0
回归误差	1.0
重复性	0.5

典型磁致伸缩式位移传感器的计量特性见表 3-46。

表 3-46　典型磁致伸缩式位移传感器的计量特性　　　　　%

项目	技术指标
基本误差	±0.05
线性度	±0.05
回归误差	0.02
重复性	0.02

典型电阻式位移传感器（含电位器型、滑线电阻型、导电塑料型）的计量特性见表 3-47。

表 3-47　典型电阻式位移传感器的计量特性　　　　　%

项目	传感器类型				
	电位器型	滑线电阻型	导电塑料型		
	技术指标				
基本误差	±2.0	±2.0	±0.05	±0.1	±1.0
线性度	±2.0	±2.0	±0.05	±0.1	±1.0
回归误差	1.0	1.0	0.02	0.04	0.4
重复性	0.5	0.5	0.02	0.04	0.4

典型拉线（绳）式位移传感器的计量特性见表 3-48。

表 3-48　典型拉线（绳）式位移传感器的计量特性　　　　　%

项目	技术指标			
基本误差	±0.05	±0.1	±0.2	±0.5
线性度	±0.05	±0.1	±0.2	±0.5
回归误差	0.01	0.02	0.03	0.10
重复性	0.01	0.02	0.03	0.10

典型激光式位移传感器的计量特性见表 3-49。

表 3-49　典型激光式位移传感器的计量特性　　　　　　　%

项目	技术指标		
基本误差	±0.02	±0.1	±0.2
线性度	±0.02	±0.1	±0.2
回归误差	0.01	0.03	0.05
重复性	0.01	0.03	0.05

（5）速度传感器的技术要求

速度传感器是能感受速度并转换成可用输出信号的传感器，在 GB/T 30242—2013 中规定了速度传感器的技术要求。

速度传感器属于物理量传感器，在液压缸上一般应用的是线速度（振动速度）传感器，而非角速度（转动速度）传感器。

① 环境与工作条件

环境温度：+15～+35℃。

相对湿度：不大于 75%。

电磁场：不应存在对试验结果产生影响的电磁场。

② 技术要求。

a. 外观。传感器的外观完好，应无裂痕、划痕；标志应清晰、完整、正确。

b. 标志。传感器应在本体醒目的位置上固定产品的标志，应标明下列内容。

Ⅰ. 型号规格。

Ⅱ. 名称。

Ⅲ. 测量范围。

Ⅳ. 生产厂的名称或商标。

Ⅴ. 出厂编号。

Ⅵ. 产生日期。

当产品尺寸较小时，应至少将型号规格、出厂编号两项内容标注在传感器本体上，其余内容可在产品包装上注明。

c. 重量。传感器的重量应符合产品详细规范的要求。

d. 外形及安装尺寸。传感器的外形及安装尺寸应符合产品详细规范的要求。

e. 输出电阻。传感器的输出电阻应符合产品详细规范的要求。

f. 绝缘电阻。施加直流电压 500V 时，传感器的绝缘电阻不应小于 10MΩ。

g. 绝缘强度。施加交流电压 500V，频率 50Hz 时，传感器的表面应无飞弧、击穿和闪烁，试验电压应无突然下降。

h. 参考灵敏度。振动速度传感器的参考灵敏度误差应优于 ±5%。

i. 频率响应。振动速度传感器的频率响应偏差应符合产品详细规范的要求。

j. 振幅线性度。振幅速度传感器的幅值线性度应符合产品详细规范的要求。

k. 横向灵敏度比。振幅速度传感器的横向灵敏度比应符合产品详细规范的要求。

l. 灵敏度时间漂移。振幅速度传感器的灵敏度时间漂移应符合产品详细规范的要求。

m. 灵敏度热漂移。振幅速度传感器的灵敏度热漂移应符合产品详细规范的要求。

n. 高温储存。高温储存的上限温度和保温时间在下列条件中选取。

上限温度：70℃、85℃、100℃、125℃、150℃。

保温时间：48h、72h、96h、168h。

传感器经过高温储存试验后，外观应符合②a 条要求，振动速度传感器参考灵敏度应符合②h 条要求。

o. 低温储存。低温储存的下限温度和保温时间在下列条件中选取。

下限温度：$-55℃$、$-40℃$、$-100℃$、$-25℃$、$-10℃$；

保温时间：24h、48h、72h、96h。

传感器经过低温储存试验后，外观应符合②a 条要求，振动速度传感器参考灵敏度应符合②h 条要求。

p. 温度变化。温度变化符合下列条件。

极限温度：分别从 n 和 o 条规定的上限温度和下限温度中选取。

极限温度下最少试验时间：根据传感器重量，按产品详细规范的规定执行。

转换时间：不大于 5min。

循环次数：5 次、10 次。

传感器经过温度变化试验后，外观应符合②a 条要求，振动速度传感器参考灵敏度应符合②h 条要求。

q. 振动。室温下，沿传感器三个轴（X、Y、Z）向分别对传感器施加振动，振动量级和时间按照产品详细规范的规定进行。

传感器经过振动试验后，外观应符合②a 条要求，振动速度传感器参考灵敏度应符合②h 条要求。

r. 冲击。室温下，沿传感器三个轴（X、Y、Z）向分别对传感器施加冲击，每个方向各施加冲击 12 次，加速度为 $1000m/s^2$，波形为半正弦脉冲，脉冲持续时间为 6ms，或按照产品详细规范的规定进行。

传感器经过冲击试验后，外观应符合②a 条要求，振动速度传感器参考灵敏度应符合②h 条要求。

s. 恒定湿热。恒定湿热试验在下列条件中选取。

温度：$40℃±2℃$。

相对湿度：$93\%±3\%$。

试验时间：48h、96h、120h。

传感器经过恒定湿热试验后，外观应符合②a 条要求，绝缘电阻应符合②f 条要求，振动速度传感器参考灵敏度应符合②h 条要求。

t. 盐雾。盐雾试验在下列条件中选取。

温度：$35℃±2℃$。

盐水浓度：$5\%±1\%$质量分数。

试验时间：48h、96h。

传感器经过恒定湿热试验后，外观应符合②a 条要求，绝缘电阻应符合②f 条要求，振动速度传感器参考灵敏度应符合②h 条要求。

作者注：产品详细规范如 JB/T 9517—1999《磁电式速度传感器》等。

（6）温度传感器的技术要求

一体化温度传感器是温度传感器模块安装在接线盒内与温度传感器探头相连接形成一体化，输出与检测温度成线性关系（即具有线性化能力）的传感器。温度传感器可根据使用的感温元件不同进行分类，如按所配检测元件区分，有热电偶一体化温度计和热电阻一体化温度计。

① 基本参数。

a. 测量范围。热电阻一体化温度传感器的推荐测量范围极限值见表 3-50。

表 3-50　热电阻一体化温度传感器的推荐测量范围及其极限值

测温 元件名称	所配测温 元件分度号	推荐测量范围分档	测温元件对应的测量 范围极性推荐值
铜热电阻	Cu$_{50}$	0～+100、0～+150、−50～+100	−50～+150
	Cu$_{100}$	0～+100、0～+150、−50～+100、−60～+100	−60～+150
铂热电阻	Pt$_{10}$	0～+150、0～+200、	−50～+850
	Pt$_{100}$	0～+100、0～+150、0～+200、−50～+100、−100～+100、 −150～+150、−200～+850	−200～+850
	Pt$_{1000}$	0～+100、0～+150、0～+200、−50～+100、−100～+100、 −150～+150、−200～+500	−200～+850

注：表中未包括的测量范围分档可查看相关标准。

　　b. 输出参数与信号传输。一体化温度传感器的输出参数与信号传输方式见表 3-51。

表 3-51　一体化温度传感器的输出参数与信号传输方式

输出信号	信号传输方式	在标准供电电压条件下负载电阻和传输导线电阻
4～20mA，DC	二线制	含传输导线电阻在内的负载电阻允许值≤625Ω
	三线制	含传输导线电阻在内的负载电阻允许值≤750Ω
	四线制	含传输导线电阻在内的负载电阻允许值≤750Ω
0～10mA，DC	三线制	含传输导线电阻在内的负载电阻允许值≤1000Ω
	四线制	含传输导线电阻在内的负载电阻允许值≤1000Ω
1～5V，DC	三线制	负载应选用高阻抗，具体要求由制造厂自行规定
	四线制	
0～5V，DC	三线制	
	四线制	

注：标准供电电压为 DC24V，允差为±10.0%，纹波小于 1.0%。

　　c. 正常工作条件。一体化温度传感器的正常工作条件如环境温度、相对湿度与大气压等大气条件见表 3-52。

表 3-52　环境温度、相对湿度与大气压等大气条件

安装场所等级	参数				
	温度 /℃	相对湿度 /%	大气压 /kPa	最大含水量 /(kg/kg 干空气)	温度变化率 /(℃/h)
C_{X1}	−5～+55	5～95	86～106	0.028	5
C_{X2}	−25～+55	5～95			
C_{X3}	−20～+80	5～95			
C_{X4}	−40～+80	5～95			

注：表 3-52 中安装场所等级 C_{X1}～C_{X4}，系指 GB/T 17214.1—1998《工业过程测量和控制装置工作条件第 1 部分：气候条件》中工业自动化仪表工作条件——温度、湿度和大气压所规定的非标准场所等级。

　　对于非防爆传感器，周围空气中不应有对铬、镍镀层、有色金属及合金起腐蚀作用的介质，不含有易燃、易爆的物质。

　　本质安全防爆型传感器和隔爆型传感器的正常工作条件按相关标准。

　　② 技术要求。

　　a. 传感器应符合本技术要求和相关产品技术条件（详细规范）的规定，当本技术要求与产品技术条件（详细规范）的要求不一致时，应以产品技术条件（详细规范）为准。

b. 外部连接性能应符合 JB/T 12599—2016《一体化温度传感器》的规定。

c. 与准确度有关的技术指标应符合 JB/T 12599—2016 的规定。

d. 与影响量有关的技术要求应符合 JB/T 12599—2016 的规定。

e. 其他技术指标应符合 JB/T 12599—2016 的规定。

3.13.2　液压缸用接近开关的技术要求

接近开关是与运动部件无机械接触而能动作的位置开关。接近开关可按各种基本特性进行分类，如按感应方式可分为电感式(I)、电容式(C)、超声波式(U)、漫射光电式(D)、非机械磁性式(M)、回射光电式(R) 和对射光电式(T)。

下面以霍尔接近开关传感器为例，给出其基本工作参数、技术要求。

(1) 基本工作参数

① 工作电压。传感器工作电压的标称值应符合产品技术条件（详细规范）的规定。

传感器工作电压值推荐从 DC2.5～40V 中选取。

② 输出型式。传感器的输出型式通常为单级型、全极型、双极型、双极锁存型。

③ 最大负载电流。传感器的最大负载电流推荐从以下数值中选取：20mA、50mA、100mA、200mA、300mA、500mA。

④ 工作温度范围。传感器的工作温度范围应符合产品技术条件（详细规范）的规定。

推荐工作温度范围下限值为：-55℃、-40℃、-25℃、-10℃。

推荐工作温度范围上限值为：70℃、85℃、100℃、125℃、150℃。

⑤ 储存温度范围。传感器储存温度范围的下限值通常等于或低于下限工作温度 10℃，储存温度范围的上限值通常等于或高于上限工作温度 15～20℃。

(2) 技术要求

① 外观。传感器的外观应无目视可见的瑕疵、锈蚀和损伤；螺纹部分应无毛刺；零部件无缺损；标志应清晰完整、准确无误。

② 外形、安装尺寸及引线连接。传感器的外形、安装尺寸及引线连接应符合产品技术条件（详细规范）的规定。

③ 动作点磁感应强度。传感器的动作点磁感应强度应符合产品技术条件（详细规范）规定的范围。

④ 复位点磁感应强度。传感器的复位点磁感应强度应符合产品技术条件（详细规范）规定的范围。

⑤ 回差。传感器的回差应符合产品技术条件（详细规范）规定的范围。

⑥ 截止状态电流。传感器的截止状态电流应符合产品技术条件（详细规范）的规定。

⑦ 通态压降。传感器的通态压降应符合产品技术条件（详细规范）的规定。

⑧ 工作频率。传感器的工作频率应符合产品技术条件（详细规范）的规定。

⑨ 绝缘电阻。在规定的试验环境下，传感器的接线端子与外壳之间的绝缘电阻应不小于 20MΩ。

⑩ 绝缘强度。在规定的试验环境下，传感器应能承受幅值为 1000V、频率为 50Hz 的正弦交流电压，历时 1min，无击穿和飞弧现象。

⑪ 低温储存。传感器经低温储存后，外观应符合①的要求，动作点磁感应强度、复位点磁感应强度及回差应符合③～⑤的要求。

⑫ 高温储存。传感器经高温储存后，外观应符合①的要求，动作点磁感应强度、复位点磁感应强度及回差应符合③～⑤的要求。

⑬ 温度变化。传感器经温度变化试验后，外观应符合①的要求，动作点磁感应强度、

复位点磁感应强度及回差应符合③～⑤的要求。

⑭ 恒定湿热。传感器经恒定湿热试验后，外观应符合①的要求，动作点磁感应强度、复位点磁感应强度及回差应符合③～⑤的要求，绝缘电阻应符合⑨的要求。

⑮ 振动。传感器经振动试验后，外观应符合①的要求，动作点磁感应强度、复位点磁感应强度及回差应符合③～⑤的要求。

⑯ 冲击。传感器经冲击试验后，外观应符合①的要求，动作点磁感应强度、复位点磁感应强度及回差应符合③～⑤的要求。

⑰ 静电放电抗扰度（规定时）。在静电放电抗扰度试验时，传感器的输出状态不应改变。

⑱ 电快速瞬变脉冲群抗扰度（规定时）。在电快速瞬变脉冲群抗扰度试验时，传感器的输出状态不应改变。

⑲ 寿命。传感器开关的寿命应不少于1000000次。

3.13.3 几种液压缸常用传感器产品

（1）HBK-1L 柱式测力/称重传感器

① 产品特点。该产品具有如下特点。

a. 拉压式测力/称重传感器，弹性体为柱式、筒式、柱环式结构。

b. 合金钢弹性元件。

c. 金属焊接密封（全密封结构）。

d. 表面镀铬处理。

e. 可内置放大器。

② 应用行业。该产品主要应用于以下行业。

a. 制药机械医疗器械。

b. 工程机械、港口机械。

c. 冶金轧钢设备。

d. 电力设备。

e. 石油机械。

f. 环保机械。

g. 疲劳试验设备。

作者注：产品特点参考了中国航天空气动力技术研究院《产品手册》。

③ 技术参数。该产品技术参数见表3-53。

表 3-53　技术参数

技术参数	技术指标		单位
额定载荷	0.1～50		t
最大载荷	120		%FS
安全载荷极限	150		%FS
非线性误差	±0.05	±0.1	%FS
滞后误差	±0.05	±0.1	%FS
重复性误差	±0.05	±0.1	%FS
零点温漂	≤0.005		%FS/℃

技术参数	技术指标		单位
蠕变(30min)	≤0.02		%FS
温补范围	−20～+60		℃
使用温度	−30～+80		℃
激励电压	≤15		V
灵敏度	1～2		mV/V
输入阻抗	380±15	750±150	Ω
输出阻抗	350±3	700±3	Ω
零点输出	≤1		%FS
绝缘电阻	≥5000		Ω

作者注：以上参考北京航天恒力测控技术开发有限公司《测力/称重传感器/压力传感器/扭矩传感器/控制仪表产品手册》，但其中的一些参数和指标与中国航天空气动力技术研究院《产品手册》不同，提请读者注意。

④ 外形尺寸。图 3-11 所示为 HBK—1L 柱式测力/称重传感器外形。

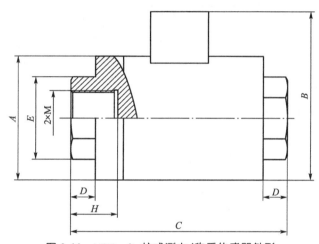

图 3-11 HBK—1L 柱式测力/称重传感器外形

外形尺寸见表 3-54。

表 3-54 HBK—1L 柱式测力/称重传感器外形尺寸   mm

量程/t	A	B	C	D	E	2×M	H
0.1～1	φ63	95	120	16	25	M16×1.5-6H	20
1.5～3	φ63	95	110	12	32	M24×2-6H	23
5,8	φ78	115	130	10	45	M30×2-6H	25
10,15	φ88	125	150	14	53	M36×2-6H	30
20.25	φ98	140	186	14	63	M45×3-6H	35
30	φ108	147	186	21	72	M48×3-6H	40
40,50	φ118	162	230	27	85	M56×3-6H	50

⑤ 选型表。HBK-1L 柱式测力/称重传感器选型见表 3-55。

表 3-55　HBK-1L 柱式测力/称重传感器选型表

HBK-1L						
	0~t	量程与外形连接方式相对应				
		O	精度 0.1%			
		H	精度 0.05%			
			V1	电压型毫伏输出	V2	0~10V
			A1	电流型 4~20mA	X1	自定义
				L	拉向	Y	压向	X	双向
				C1	出线方式直接出线	C2	航空插头	X	自定义
				A	合金钢	S	不锈钢
				标准出线 3m,如有其他要求请备注			

⑥ 电气连接。HBK-1L 柱式测力/称重传感器电气连接见表 3-56。

表 3-56　电气连接（传感器引线定义）

航插引脚	导线颜色	导线功能
1	红	电源正
2	蓝(绿)	电源负
3	黄	输出正
4	白	输出负

作者注：以上三个表参考了北京航天恒力测控技术开发有限公司《测力/称重传感器/压力传感器/扭力传感器/控制仪表产品手册》。

（2）HBK-4C 轮辐式测力/称重传感器

① 产品特点。该产品具有如下特点。

a.拉压式测力/称重传感器，轮辐式结构。

b.合金钢弹性元件，加载方便。

c.金属焊接密封，性能可靠。

d.可内置放大器，高精度。

② 应用行业。该产品主要应用于以下行业。

a.料斗秤等各种称重设备。

b.船舶设备。

c.试验测力设备。

d.冶金、轧钢设备。

③ 技术参数。该产品技术参数见表 3-57。

表 3-57　HBK-4C 轮辐式测力/称重传感器技术参数

技术参数	技术指标		单位
额定载荷	0.5~100		t
最大载荷	120		%FS
安全载荷极限	150		%FS
非线性误差	±0.05	±0.1	%FS

续表

技术参数	技术指标		单位
滞后误差	±0.05	±0.1	%FS
重复性误差	±0.05	±0.1	%FS
零点温漂	≤0.005		%FS/℃
蠕变（30min）	≤0.02		%FS
温补范围	−20～+60		℃
使用温度	−30～+80		℃
激励电压	≤15		V
灵敏度	1.5	2	±0.05mV/V
输入电阻	780		±20Ω
输出电阻	700		±5Ω
零点输出	≤1		%FS
绝缘电阻	≥5000		MΩ

④ 外形尺寸。图 3-12 所示为 HBK-4C 轮辐式测力/称重传感器外形。

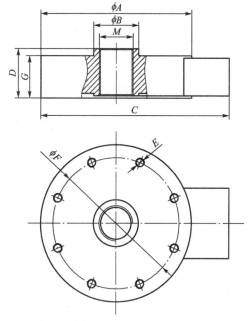

图 3-12　HBK-4C 轮辐式测力/称重传感器外形

外形尺寸见表 3-58。

表 3-58　HBK-4C 轮辐式测力/称重传感器外形尺寸　　　　　　mm

量程/t	A	B	F	D	G	M	E
1，2	106	30	92	32	30	M20×2-6H 通孔	4×M8 通孔
3，5	134	40	112	42	36	M30×2-6H 通孔	8×M8 通孔
10，15	172	54	144	51	45	M36×2-6H 通孔	8×M12 通孔

续表

量程/t	A	B	F	D	G	M	E
20	198	65	160	55	49	M45×3-6H 通孔	8×M16 通孔
30	208	70	170	55	49	M48×3-6H 通孔	8×M20 通孔
40	230	80	190	60	54	M56×3-6H 通孔	8×M24 通孔
50	254	90	210	62	56	M64×3-6H 通孔	8×M30 通孔
100	330	130	280	98	92	M90×4-6H 通孔	8×ϕ32 通孔

⑤ 选型表。HBK-4C 轮辐式测力/称重传感器选型见表 3-59。

表 3-59 HBK-4C 轮辐式测力/称重传感器选型表

HBK-4C								
	0～t			量程与外形连接方式相对应				
		O		精度 0.05%				
		H		精度 0.02%				
		V1	电压型毫安输出	V2	0～10V			
		A1	电流型 4～20mA	X1	自定义			
			L	拉向	Y	压向	X	双向
			C1	出线方式 直接出线	C2	航空插头	X	自定义
				标准出线 3m,如有其他要求可另注				

⑥ 电气连接。HBK-4C 轮辐式测力/称重传感器电气连接见表 3-60。

表 3-60 HBK-4C 轮辐式测力/称重传感器电气连接

传感器引线定义		
航插引脚	导线颜色	导线功能
1	红	电源正
2	蓝(绿)	电源负
3	黄	输出正
4	白	输出负

作者注：以上参考北京航天恒力测控技术开发有限公司《测力/称重传感器/压力传感器/控制仪表产品手册》。

（3）BTL7 系列杆型磁致伸缩微脉冲位移传感器

磁致伸缩位移测量系统已经稳固地应用于工厂工程和自动化技术中。磁致伸缩微脉冲位移传感器的典型应用领域要求高可靠性和精确性。测量长度为 25～7600mm 的内置式或紧凑型传感器使位移测量系统能够被广泛使用。

无接触、精确和绝对量测量是其重要特性，并将线性磁致伸缩磁铁广泛应用在工业用途中。无接触，因而无磨损的工作方式有助于节省高昂的维修费用，并避免故障停机带来的麻烦。此工作原理将使它们能够被安装在完全密封的外壳中，因为可以通过磁场将当前位置信息传送至内部的传感器元件，而无须接触。理论上，一个测量系统可以同时测量多个位置。便捷、轻松、可靠的密封设计，使磁致伸缩位移测量系统达到 IP 67～IP 67K 的保护等级。良好的抗冲击性和抗震性使其在工业领域的应用迅速扩展到重机械和系统设计领域。许多应用要求获得测量值和位置值，而在测量系统开启后就可以迅速以绝对量提供这些值。因为省略了参考运行，机器可用性得到极大提高。

杆形结构的微脉冲位移传感器主要用于液压驱动的应用中。当安装于液压缸的压力部分上，位移传感器需有与当时液压缸相同的耐压强度。实际上，传感器必须能够经受高达 1000bar 的压力。芯片被整合在一个铝制或不锈钢的外壳中，且波导管安装在一个耐高压的无磁性不锈钢管中，管的前端使用焊接塞子堵住。另一端法兰安装面上的 O 形密封圈封住高压部分。安装有定位磁块的磁环沿内置有波导管的管或杆滑动以标记检测前的位置。

① 技术参数。杆型传感器 BTL7 系列产品具有耐压高达 600bar、重复精度高、非接触、坚固耐用等特点，可组成在恶劣环境下经久耐用的位置反馈系统，检测范围为 25～7620mm。

传感器的测量段安装在耐高压的不锈钢金属管中受到可靠的保护。该系统非常适合于液压缸的位置反馈或在食品化工领域中用于腐蚀性液体的液位控制。

杆型传感器 BTL7 系列产品一般性能参数见表 3-61。

表 3-61　杆型传感器 BTL7 系列产品一般性能参数

项目	性能参数
冲击负载	150g/6ms，符合 EN60068-2-27
振动	20g，10～200Hz，符合 60068-2-6
极性反接保护	有
过电压保护	TranZorb 保护二极管
绝缘强度	500V AC（外壳接地）
防护等级符合 IEC 60529	IP68（电缆连接），IP67（与插头 BKS-S…可靠连接时）
外壳材质	阳极电镀铝/1.4571 不锈钢管，1.3952 不锈钢铸造法兰
紧固件	外壳 B 螺纹 M18×1.5，外壳 Z 螺纹 3/4″-16UNF
带有 ϕ10.2mm 保护管耐压强度	600bar（安装在液压缸内）
带有 ϕ8mm 保护管耐压强度	250bar（安装在液压缸内）
连接	插头或电缆连接
无线电干扰辐射	EN 55016-2-3（工业和住宅区域）
静电干扰（ESD）	EN 61000-4-2，锐度 3
电磁场干扰（RFI）	EN 61000-4-3，锐度 3
快速瞬变电脉冲（爆发）	EN 61000-4-4，锐度 3
浪涌电压	EN 61000-4-5，锐度 2
因高频磁场感应引起的线路噪声	EN 61000-4-6，锐度 3
磁场	EN 61000-4-8，锐度 4
标准的额定检测长度	0.025～7520mm（1mm 增量）
带有 ϕ8mm 保护管的最大额定检测长度	1016mm

模拟量接口杆型传感器 BTL7 系列产品详细技术参数见表 3-62。

表 3-62　模拟量接口杆型传感器 BTL7 系列产品详细技术参数

项目	技术参数			
	BTL7-A110-M···	BTL7-G110-M···	BTL7-E1···0-M···	BTL7-C1···0-M···
输出信号	模拟	模拟	模拟	模拟
传感器接口	A	G	E	C
客户设备接口	模拟	模拟	模拟	模拟
输出电压	0～+10V 和 +10V～0	−10～+10V 和 +10～−10V		
输出电流			4～20mA 或者 20～4mA	0～20mA 或者 20mA～0
负载电流	最大 5mA	最大 5mA		
最大残余波纹	$\leqslant 5mV_{pp}$	$\leqslant 5mV_{pp}$		
负载电阻			$\leqslant 500\Omega$	$\leqslant 500\Omega$
系统分辨率	$\leqslant 0.33mV$	$\leqslant 0.33mV$	$\leqslant 0.66\mu A$	$\leqslant 0.66\mu A$
滞后/μm	$\leqslant 5$	$\leqslant 5$	$\leqslant 5$	$\leqslant 5$
重复精度	系统分辨率 /最小 $2\mu m$	系统分辨率 /最小 $2\mu m$	系统分辨率 /最小 $2\mu m$	系统分辨率 /最小 $2\mu m$
采样频率 （取决于长度）	最大 4kHz	最大 4kHz	最大 4kHz	最大 4kHz
最大线性误差 $\leqslant 500mm$ 额定检查长度	$\pm 50\mu m$	$\pm 50\mu m$	$\pm 50\mu m$	$\pm 50\mu m$
501～5500mm 额定检查长度	$\pm 0.01\%$	$\pm 0.01\%$	$\pm 0.01\%$	$\pm 0.01\%$
＞5500mm 额定检查长度	$\pm 0.02\%FS$	$\pm 0.02\%FS$	$\pm 0.02\%FS$	$\pm 0.02\%FS$
温度系数/$10^{-6}K^{-1}$	$\leqslant 30$	$\leqslant 30$	$\leqslant 30$	$\leqslant 30$
供电电压/V DC	20～28	20～28	20～28	20～28
电流消耗(24V DC 时)/mA	$\leqslant 150$	$\leqslant 150$	$\leqslant 150$	$\leqslant 150$
极性反接保护	有	有	有	有
过电压保护	有	有	有	有
绝缘强度(外壳接地)/V AC	500	500	500	500
工作温度/℃	−40～+85	−40～+85	−40～+85	−40～+85

② 外形尺寸。几种杆型传感器 BTL7 系列产品外形尺寸见图 3-13～图 3-17。

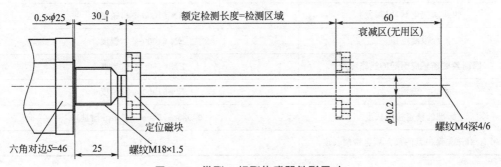

图 3-13　类型 A 杆型传感器外形尺寸

图 3-14　类型 B 杆型传感器外形尺寸

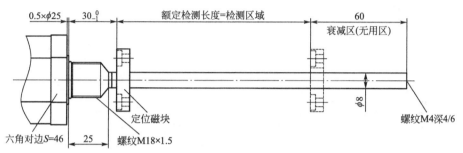

图 3-15　类型 B8 杆型传感器外形尺寸

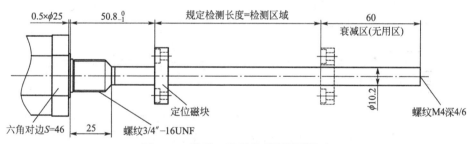

图 3-16　类型 Z 杆型传感器外形尺寸

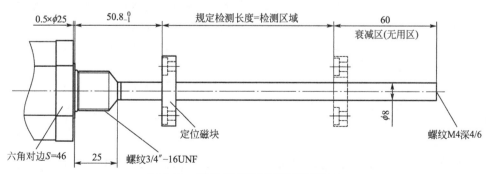

图 3-17　类型 Z8 杆型传感器外形尺寸

几种 BTL 杆型结构定位磁块参数见表 3-63，型式尺寸见图 3-18、图 3-19。

表 3-63　BTL 杆型结构定位磁块

项目	参数			
	BTL-P-1013-4R	BTL-P-1013-4R-PA	BTL-P-1012-4R	BTL-P-1012-4R-PA
材料	铝	PA60 玻璃纤维加固	铝	PA60 玻璃纤维加固
质量/g	约 12	约 10	约 12	约 10
行进速度	任意	任意	任意	任意
工作温度/℃	−40～+100	−40～+100	−40～+100	−40～+100

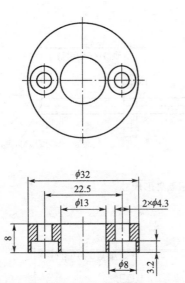
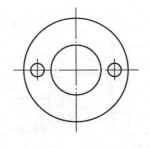
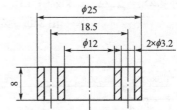

图 3-18　BTL-P-1013-4R 和 BTL-P-1013-4R-PA 定位磁块

图 3-19　BTL-P-1012-4R 和 BTL-P-1012-4R-PA 定位磁块

③ 安装。传感器通常被安装在液压缸不易接触的位置。如果需要维修，完全更换带有波导管的电子器件通常是很困难且成本高昂。但如果微脉冲位移传感器的电子器件发生故障，只需简单、快速地更换一个电子头部，油路也不会受到干扰。

杆型微脉冲位移传感器 BTL7 系列产品具有 M18×1.5 或 ¾-16UNF 安装螺纹，制造商建议传感器安装体螺纹由无磁性材料制成，如果使用磁性材料，则必须采用制造商推荐的安装型式。在法兰安装面密封，如在类型 B 设计中，用带有 O 形圈 15.4×2.1 的 M18×1.5（符合 ISO 6149 标准）螺纹密封；在类型 Z 设计中，用带有 O 形圈 15.3×2.4 的 ¾-16UNF（符合 SAE J475 标准）螺纹密封。

定位磁块如安装在磁性材料上，则也需采用非导磁材料的隔离环。杆型微脉冲位移传感器 BTL7 系列产品使用的隔离环厚度一般为 7mm。

杆型微脉冲位移传感器 BTL7 系列产品的安装体螺纹孔必须在安装前制出，且符合图 3-20 或图 3-21 要求。

各传感器制造商给出安装意见基本相同，即"安装磁铁（定位磁块）时，请用非导磁的固定材料［如螺钉、隔离垫片（隔离环）与支撑等］"。

MTS 磁致伸缩位移传感器制造商推荐的安装型式见图 3-22 和图 3-23。

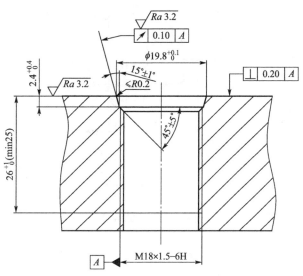

图 3-20　安装体 M18×1.5 螺纹孔

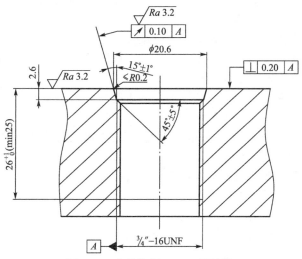

图 3-21　安装体¾-16UNF 螺纹孔

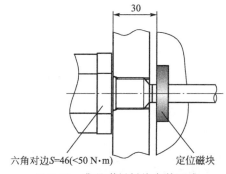

六角对边 S=46(<50 N·m)　　　　定位磁块

图 3-22　非导磁材料的安装型式

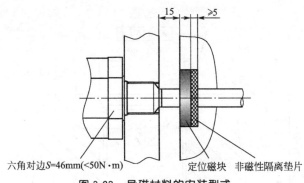

六角对边*S*=46mm(<50N·m)　　　定位磁块　非磁性隔离垫片

图 3-23　导磁材料的安装型式

需要说明的是，上述两图中的隔离距离应都是最小值，杆型微脉冲位移传感器实际安装时应大于图示各值。

作者注：微脉冲位移传感器参考了巴鲁夫（上海）贸易有限公司的《线性位移测量》产品样本和 MTS 传感器中国《磁致伸缩位移传感器》产品目录等。

（4）LWH 系列电位计式直线位移传感器

LWH 系列电位计式直线位移传感器与 BTL7 系列杆型磁致伸缩微脉冲位移传感器不同，其为接触式直线位移传感器。

该系列传感器用于测量和控制系统中，对位移和长度进行直接和绝对测量。

工作量程最大可达 900mm 以及高分辨率（0.01mm）可提供精确的线性位移测量。传感器的结构设计上考虑方便安装及拆卸。

传感器内外结构表面经过特殊处理，可在高速低磨损状态下工作。传感器前端的柔性缓冲轴承可以克服传动杆的一些微小侧向应力，保证传感器正常工作。

传感器导电材料固定和结构设计等工艺保证即使在最恶劣的条件下传感器也能可靠工作。

传感器四面都有安装槽，这样就方便在安装时尽量将导电材料面向下安装，避免传感器内部微小杂质颗粒存在从而影响传感器的寿命。

该系列传感器具有以下特点。

a. 不同应用条件下，使用寿命长达 10×10^7 次。

b. 线性优异，高达 ±0.04%。

c. 分辨率高于 0.01mm。

d. 高运行速度。

e. DIN 43650 标准插头和插座（压力接头）。

f. 防护等级 IP 55。

除此以外，还需说明以下几点。

a. 外壳为阳极氧化铝。

b. 安装采用了扣压式可调节固定夹钳。

c. 拉杆为不锈钢（1.4305），可旋转，M6 外螺纹。

d. 轴承采用了柔性缓冲轴承。

e. 电阻元件采用了导电塑料。

f. 滑刷组件采用了贵金属多触脚滑刷。

g. 电气连接为符合 DIN 43650 标准 4 极插座。

① 技术参数。LWH 系列直线位移传感器参数指标见表 3-64。

表 3-64　LWH 系列直线位移传感器参数指标

参数	LWH0075～LWH0900 系列直线位移传感器指标						
	0075	0100	0200	0300	0400	0500	0900
工作行程/mm	75	100	200	300	400	500	900
电气行程/mm	77	102	203	304	406	508	914
标准阻值/kΩ	3	3	5	5	5	5	10
阻值公差/%	±20						
独立线性/%	0.1	0.1	0.07	0.06	0.05	0.05	0.04
可重复性/mm	0.01						
滑刷正常工作电流/μA	≤1						
致事故时滑刷的最大电流/mA	10						
允许最大工作电压/V	42						
输出电压与输入电压的有效温度系数比/(ppm/K)	通常 5						
绝缘阻抗(500V DC)/MΩ	≥10						
绝缘强度(500V AC,50Hz)/μA	≤100						
外壳长度(尺寸 A)/±2mm	146	171	273	375	476	578	984
机械行程(尺寸 B)/±2mm	85	110	212	313	415	516	923
总质量/g	220	250	380	500	620	740	1230
滑刷及拉杆质量/g	50	55	78	100	125	146	245
水平方向工作受力/N	<10						
垂直方向工作受力/N	≤10						
工作温度范围/℃	−30～+100						
抗振动标准	5～2000Hz,A_{max}=0.75mm,a_{max}=20g						
抗冲击标准	50g,11ms						
寿命/次	>10×10^7						
最大运行速度/(m/s)	10						
最大运行加速度/(m/s^2)	200(20g)						
保护等级	IP 55(DIN EN 60529)						

② 外形尺寸。LWH 系列直线位移传感器产品外形尺寸见图 3-24。

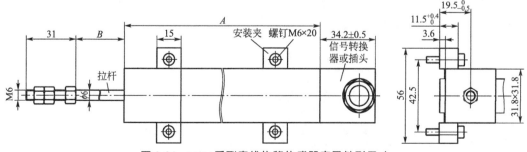

图 3-24　LWH 系列直线位移传感器产品外形尺寸

作者注：LWH 系列直线位移传感器参考了诺沃泰克（Novotechnik）《直线位移传感器》产品样本。

（5）耐高压电感式接近开关

① 产品简介。耐高压接近开关高端版本现有两个系列。

a.在环境温度范围－25～＋90℃条件下，感应距离可达 2.5mm 的耐高压接近开关。

b.在环境温度范围－25～＋120℃条件下，感应距离为 1.5mm 的耐高压接近开关。

这两种系列耐高压接近开关都可以耐高压至 500bar。

参考资料介绍，BHS…-PSD15-S04 系列耐高压接近开关具有如下特点。

a.特别适合于现代高效液压系统。

b.用于新一代会变热的液压流体。

c.用于高温注塑模具的液压缸。

d.BHS…-PSD15-S04-T01 带温度输出，即具有以电压为温度输出型式的集成温度传感器。

② 技术参数。环境温度范围－25～＋120℃系列耐高压接近开关技术参数见表 3-65。

表 3-65　耐高压接近开关的技术参数

技术参数	技术指标	
	BHS B135V-PSD15-S04-T01	BHS…-PSD15-S04（或 BHS E308V-PSD15-S04）
外形尺寸（见图样）	M12×1	M12×1（或 M18×1）
安装方式（见说明）	平齐式	平齐式
额定感应距离 S_n	1.5mm	1.5mm
可靠感应距离 S_a	0～1.2mm	0～1.2mm
供电电压 U_B	10V～30V DC	10V～30V DC
I_e 时的电压降 U_d	≤2.5V	≤2.5V
额定绝缘电压 U_i	75V DC	75V DC
额定工作电流 I_e	200mA	200mA
最大空载电流 I_0	≤8mA	≤8mA
极性接反保护	有	有
短路保护	有	有
重复定位精度 R	≤5%	≤5%
环境温度范围 T_a	－25～＋120℃	－25～＋120℃
开关工作频率	400Hz	400Hz
使用类别	DC13	DC13
功能指示	无	无
保护等级符合 IEC 60529	IP 68 符合 BWN Pr. 20	IP 68 符合 BWN Pr. 20
外壳材料	不锈钢	不锈钢
感应面材料	陶瓷	陶瓷
连接方式	插头	插头
认证	cULus	cULus
推荐插头型号	BKS-S 19-3-PY/S 20-3-PY	BKS-B 19/B 20-1-PU2
O 形圈/备件编号	6.75×1.78/149621	6.75×1.78/149621（或 12.42×1.78/130654）
挡圈/备件编号	10×7×1.8/150229	10×7×1.8/150229（或 15×12.2×0.7/642827）
耐高压到	500bar	500bar

③ 外形尺寸。图 3-25～图 3-30 所示为环境温度范围－25～＋120℃系列耐高压接近开关外形图。

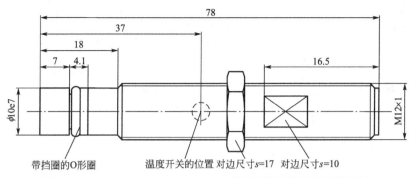

图 3-25　BHS B135V-PSD15-S04-T01 带温度输出耐高压接近开关

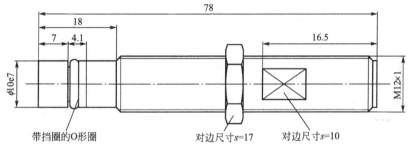

图 3-26　BHS B135V-PSD15-S04 耐高压接近开关

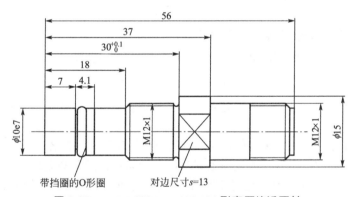

图 3-27　BHS B400V-PSD15-S04 耐高压接近开关

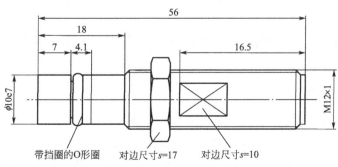

图 3-28　BHS B249V-PSD15-S04 耐高压接近开关

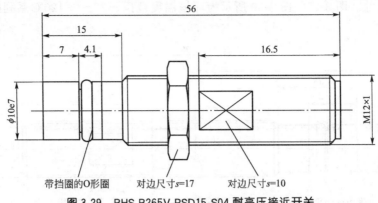

图 3-29 BHS B265V-PSD15-S04 耐高压接近开关

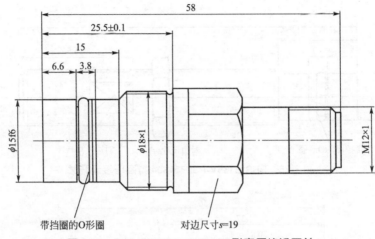

图 3-30 BHS E308V-PSD15-S04 耐高压接近开关

如选择环境温度范围－25～＋90℃系列耐高压接近开关，请注意其额定感应距离和可感应距离与上述系列不同。另外，环境温度的上升会导致工作电流的降低，具体采用时请仔细阅读产品样本。

④ 安装。安装在金属材料内的标准感应距离的接近开关，安装时感应面可以和金属表面齐平，即齐平式安装。接近开关表面到其对面的金属物体的距离要大于或等于 3 倍的额定感应距离 (S_n)，邻近的两个接近开关间的距离必须大于或等于两倍的接近开关安装孔直径。

作者注：耐高压电感式接近开关参考了巴鲁夫（上海）贸易有限公司的《目标检测-接近开关》产品样本。

3.14　液压缸排放气、锁紧与防松及其他装置技术要求

3.14.1　排气装置的技术要求

放气是从一个系统或元件中排出空气的手段。排气器是用来排出液压系统油液中所含空气或气体的元件，液压系统应根据需要设置必要的排气装置（器），并能方便地排（放）气。

作者注："放气""排气器"和"排气"皆为 GB/T 17446—2012 中界定的词汇，但"排气"却被界定为仅与气动有关的术语，因此本书经常出现"排（放）气"这样的表述。

在 GB/T 13342—2007 中规定：液压缸一般应设排气装置。

在 GB/T 24946—2010 中规定：数字缸可根据需要设置排气装置。

在 GB/T 3766—2015 中规定："在固定式工业机械上安装液压缸，应使其能自动放气或提供易于接近的外部放气口。安装时，应使液压缸的放气口处于最高位置。当这些要求不能满足时，应提供相关的维修和使用资料。""有充气腔的液压缸应设计或配置排气口，以避免危险。液压缸利用排气口应能无危险地排除空气。"

在 GB/T 3766—2001（已被代替）中规定："单作用活塞式液压缸应设置放气口，并设置在适当位置，以避免排出的油液喷射对人员造成的危险。"

GJB 638A—1997 中规定："凡是混入的空气会妨碍液压系统正常工作之处，均应采取安装人工排气阀那样的合适方法来排除，而不采取断开管路或松开导管螺母的方法。""自动放气阀的要求参见 MIL-V-29592。"

3.14.2　防松措施的技术要求

在 GB/T 3766—2015 中规定："安装在液压缸上或与液压缸连接的任何元件和附件，其安装或连接应能防止使用时由冲击和振动引起松动。"还有"应采取措施，防止外部或内部的可调节行程终端挡块松动"。

对液压缸而言，螺纹连接件或紧固件的防松应采用确实可行的方法，如采用表 3-66 所列的螺栓、螺钉、螺杆和螺母的各种常用防松方法。

表 3-66　各种常用防松方法

序号	防松方法	标记	说明
1	冲点	HB 0-2-N	≤6mm 螺钉对称冲两点；>6mm 螺钉均布冲三点
2	自锁螺母	GB/T 1337	M3~M10；M12×1.5~M24×1.5
3	锁紧螺母	（GB/T 889.1） （GB/T 889.2） （GB/T 6172.2） （GB/T 6182）	尼龙圈锁紧螺母是将尼龙圈或块嵌装在螺母体上，没有内螺纹的尼龙圈，当外螺纹杆件拧入后，由于尼龙材料良好的弹性产生锁紧力，达到锁紧目的。该类螺母由于尼龙的熔点的限制，用于工作温度低于 100℃ 的连接处。
4	齿形垫圈	GB/T 862.1	规格 2~20mm
5	弹簧垫圈	GB/T 859 （GB/T 7244）	
6	双螺母	HB 6275~HB 6284	
7	预涂黏附层	（GB/T 35478） （GB/T 35480）	聚酰胺锁紧层不能防止连接副松动，但能防止零件完全分离

注：圆括号内标记的不是 HB 0-2—2002 规定的螺纹连接的防松方法，其为作者自行添加。

3.14.3　其他装置的技术要求

（1）行程调节装置的技术要求

可调行程缸及其他液压缸中的行程调节装置或机构，其控制位置的定位精度和重复定位精度应符合相关标准要求，其工作应灵敏可靠。

在 GB/T 24946—2010《船用数字液压缸》中规定：数字缸的（行程）重复定位精度应不超过 3 个脉冲当量。亦即应不超过 0.03mm。

在 JB/T 9834—2014《农用双作用油缸　技术条件》中规定：油缸的行程调节机构的工作应灵敏可靠。

（2）设置测试口的技术要求

在 JB/T 3018—2014《液压机 技术条件》中规定：当采用插装阀或叠加阀的液压元件时，在执行元件（如液压缸）与其相应的流量控制元件之间，一般应设置测压口。在出口节流系统中，有关执行元件（如液压缸）进口处一般应设置测试口。

（3）液压阀的技术要求

带液压阀的液压缸，包括带缓冲阀的液压缸、带支承阀的液压缸和（比例）伺服阀的液压缸等，推荐尽量采用板式安装阀和/或插装阀。

采用的阀的公称压力及其他性能指标应不低于液压缸的技术要求；设置于液压缸上的阀或油路块的安装面或插装阀的插装孔应符合相关标准的规定。

电控阀的防护等级、工作电压及电气连接应符合相关标准规定；一般要求电控阀本身还应带有手动越权控制装置。

3.15 液压缸安装和连接的技术要求

3.15.1 安装尺寸和安装型式的标识代号

液压缸的安装尺寸和安装型式代号应按 GB/T 9094—2006《液压缸气缸安装尺寸和安装型式代号》的规定。

该标准规定了液压缸、气缸安装尺寸和安装型式的标注方法及代号，该标准主要包括以下内容。

① 安装尺寸、外形尺寸、附件尺寸和连接（油）口尺寸的标识代号。

② 安装型式的标识代号。

③ 附件型式的标识代号。

其中缸安装型式的标识代号见表 3-67。

表 3-67 缸安装型式的标识代号

标识代号	说明	标识代号	说明
MB1	缸体,螺栓通孔	MDE11	双活塞杆缸的方形前盖式
MDB1	缸体,双活塞杆螺栓通孔	ME12	方形后盖式
MB2	圆形缸体,螺栓通孔	MF1	前端矩形法兰式
MDB2	圆形缸体,双活塞杆螺栓通孔	MDF1	双活塞杆缸的前端矩形法兰式
ME5	矩形前盖式	MF2	后端矩形法兰式
MDE5	双活塞杆缸的矩形前盖式	MF3	前端圆法兰式
ME6	矩形后盖式	MDF3	双活塞杆缸的前端圆法兰式
ME7	圆形前盖式	MF4	后端圆法兰式
MDE7	双活塞杆缸的圆形前盖式	MF5	前端方法兰式
ME8	圆形后盖式	MDF5	双活塞杆缸的前端方法兰式
ME9	方形前盖式	MF6	后端方法兰式
MDE9	双活塞杆缸的方形前盖式	MF7	带后部对中的前端圆法兰式
ME10	方形后盖式	MDF7	双活塞杆缸的带后部对中的前端圆法兰式
ME11	方形前盖式	MF8	前端带双孔的矩形法兰式

标识代号	说明	标识代号	说明
MP1	后端固定双耳环式	MT4	中间固定或可调耳轴式
MP2	后端可拆双耳环式	MDT4	双活塞杆缸的中间固定或可调耳轴式
MP3	后端固定单耳环式	MT5	前端可拆耳轴式
MP4	后端可拆单耳环式	MT6	后端可拆耳轴式
MP5	带关节轴承,后端固定单耳环式	MX1	两端双头螺柱或加长连接杆式
MP6	带关节轴承,后端可拆单耳环式	MDX1	双活塞杆缸的两端双头螺柱或加长连接杆式
MP7	前端可拆双耳环式	MX2	后端双头螺柱或加长连接杆式
MR3	前端螺纹式端	MDX2	双活塞杆缸的后端双头螺柱或加长连接杆式
MDR3	双活塞杆缸的前端螺纹式端	MX3	前端双头螺柱或加长连接杆式
MR4	后端螺纹式	MX4	两端两个双头螺柱或加长连接杆式
MS1	端部脚架式	MDX4	双活塞杆缸的两端两个双头螺柱或加长连接杆式
MDS1	双活塞杆缸的端部脚架式	MX5	前端带螺孔式
MS2	侧面脚架式	MDX5	双活塞杆缸的前端带螺孔式
MDS2	双活塞杆缸的侧面脚架式	MX6	后端带螺孔式
MS3	前端脚架式	MX7	前端带螺孔和后端双头螺柱或加长连接杆式
MT1	前端整体耳轴式	MDX7	双活塞杆缸的前端带螺孔和后端双头螺柱或加长连接杆式
MDT1	双活塞杆缸的前端整体耳轴式	MX8	前端和后端带螺孔式
MT2	后端整体耳轴式	MDX8	双活塞杆缸的前端和后端带螺孔式

注：B—缸体；D—双活塞杆；E—前端盖或后端盖；F—可拆式法兰；M—安装；P—耳环；R—螺纹端头；S—脚架；T—耳轴；X—双头螺栓或加长连接杆。

缸的附件型式的标识代号见表 3-68。

表 3-68　缸的附件型式的标识代号

标识代号	说明	标识代号	说明
AA4	销轴,普通型	AB7	单耳环支架,斜型
AA6	销轴,关节轴承用	AF3	活塞杆用法兰,圆形
AA7	销轴,关节轴承用,带锁板	AL7	用于销轴的锁板
AB2	单耳环支架	AP2	活塞杆用双耳环,内螺纹
AB3	双耳环支架,斜型	AP4	活塞杆用单耳环,内螺纹
AB4	双耳环支架,对称型	AP6	活塞杆用带关节轴承的单耳环,内螺纹
AB5	关节轴承用双耳环支架,斜型	AT4	耳轴支架
AB6	关节轴承用双耳环支架,对称型		

注：A—附件；其他见表中说明，如 P2—活塞杆用双耳环内螺纹。

3.15.2　国内外几种安装型式的伺服液压缸的安装尺寸

国内外几种安装型式的伺服液压缸的安装尺寸，见图 3-31～图 3-38 和表 3-69～表 3-76。

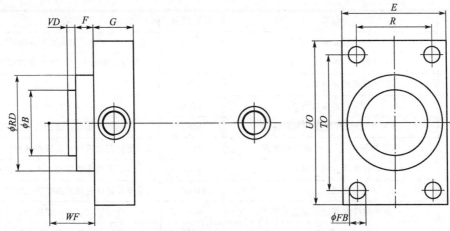

图 3-31　ME5：矩形前盖式

表 3-69　**ME5 安装型式的伺服液压缸的安装尺寸**　　　　　　　　　　mm

缸内径	40	50	63	80	100	125	160	200
活塞杆外径	28	36	45	56	70	90	110	140
B	42	50	60	72	88	108	133	163
E	63	75	90	115	130	165	205	245
F	10	16	16	20	22	22	25	25
FB	11	14	14	18	18	22	26	33
$G(J)$	55(38)	61(38)	61(38)	70(45)	72(45)	80(58)	83(58)	101(76)
R	41	52	65	83	97	126	155	190
RD	62	74	88	105	125	150	170	210
TO	87	105	117	140	162	208	253	300
UO_{max}	110	130	145	180	200	250	300	360
VD	12	9	13	9	10	7	7	7
WF	35	41	48	51	57	57	57	57

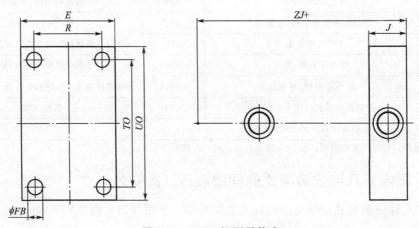

图 3-32　ME6：矩形后盖式

表 3-70　**ME6 安装型式的伺服液压缸的安装尺寸**　　mm

缸内径	40	50	63	80	100	125	160	200
活塞杆外径	28	36	45	56	70	90	110	140
E	63	75	90	115	130	165	205	245
FB	11	14	14	18	18	22	26	33
J	38	38	38	45	45	58	58	76
R	41	52	65	83	97	126	155	190
TO	87	105	117	149	162	208	253	300
UO_{max}	110	130	145	180	200	250	300	360
ZJ	165	159	168	190	203	232	245	299

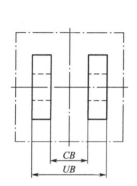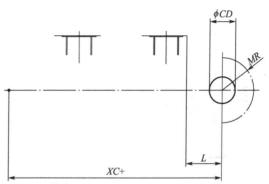

图 3-33　MP1：后端固定双耳环式

表 3-71　**MP1 安装型式的伺服液压缸的安装尺寸**　　mm

缸内径	40	50	63	80	100	125	160	200
活塞杆外径	28	36	45	56	70	90	110	140
CB	20	30	30	40	50	60	70	80
$CD\,\mathrm{H9}$	14	20	20	28	36	45	56	70
L	19	32	32	39	54	57	63	82
MR_{max}	17	29	29	34	50	53	59	78
UB	40	60	60	80	100	120	140	160
XC	184	191	200	229	257	289	308	381

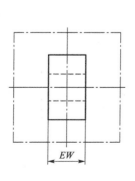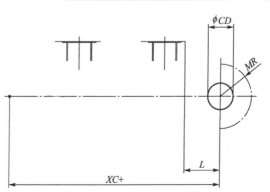

图 3-34　MP3：后端固定单耳环式

表 3-72　MP3 安装型式的伺服液压缸的安装尺寸　　　　　　mm

缸内径	40	50	63	80	100	125	160	200
活塞杆外径	28	36	45	56	70	90	110	140
$CD\,H9$	14	20	20	28	36	45	56	70
EW	20	30	30	40	50	60	70	80
L	19	32	32	39	54	57	63	82
MR_{max}	17	29	29	34	50	53	59	78
XC	184	191	200	229	257	289	308	381

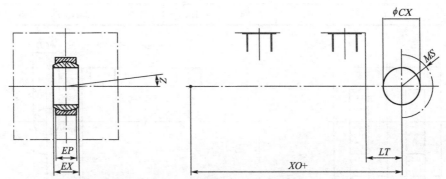

图 3-35　MP5：带关节轴承，后端固定单耳环式

表 3-73　MP5 安装型式的伺服液压缸的安装尺寸　　　　　　mm

缸内径	40	50	63	80	100	125	160	200
活塞杆外径	28	36	45	56	70	90	110	140
CX	20	25	30	40	50	60	80	100
EP	13	17	19	23	30	38	47	57
EX	16	20	22	28	35	44	55	70
LT_{min}	25	31	38	48	58	72	92	116
MS_{min}	29	33	40	50	62	80	100	120
XO	190	190	206	238	261	304	337	415
Z	3°	3°	3°	3°	3°	3°	3°	3°

注：表中 EP 尺寸与关节轴承尺寸不一致。

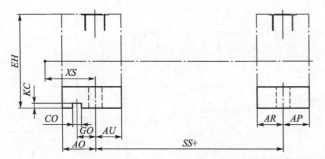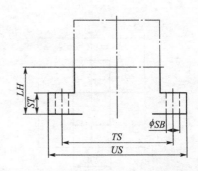

图 3-36　MS2：侧面脚架式

表 3-74 MS2 安装型式的伺服液压缸的安装尺寸   mm

缸内径	40	50	63	80	100	125	160	200
活塞杆外径	28	36	45	56	70	90	110	140
LH	31	37	44	57	63	82	101	122
SB	11	14	18	18	26	26	33	39
ST	12.5	19	26	26	32	32	38	44
TS	83	102	124	149	172	210	260	311
US	103	127	161	186	216	254	318	381
XS	45	54	65	68	79	79	86	93
SS	110	92	86	105	102	131	130	172

作者注：AR、AO、AP、AU、CO、EH、GO 和 KC 等没有给出安装尺寸。

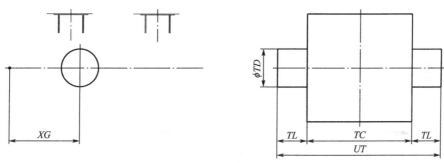

图 3-37 MT1：前端整体耳轴式

表 3-75 MT1 安装型式的伺服液压缸的安装尺寸   mm

缸内径	40	50	63	80	100	125	160	200
活塞杆外径	28	36	45	56	70	90	110	140
TC	63	76	89	114	127	165	203	241
TD	20	25	32	40	50	63	80	100
UT	95	116	139	178	207	265	329	401
XG	57	64	70	76	71	75	75	85

作者注：$TL=(UT-TC)/2$。

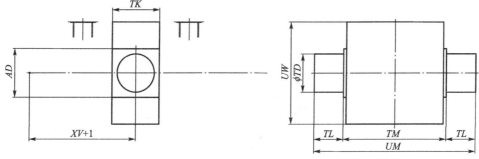

图 3-38 MT4：中间固定或可调耳轴式

表 3-76 MT4 安装型式的伺服液压缸的安装尺寸 mm

缸内径	40	50	63	80	100	125	160	200
活塞杆外径	28	36	45	56	70	90	110	140
TD	20	25	32	40	50	63	80	100
TM	76	89	100	127	140	178	215	279
UM	108	129	150	191	220	278	341	439
UW	70	88	98	127	141	168	205	269
XV	107	117	132	147	158	180	198	226
XV_{max}	100＋	90＋	91＋	99＋	107＋	109＋	104＋	130＋

作者注：1. $TL=(UM-TM)/2$。

2. AD 没有给出安装尺寸。

3. XV 给出的是 XV_{min}，XV_{max} 为表中数字加行程。

上面各图中尺寸字母代号表示的含义见表 3-77。

表 3-77 国内外几种伺服液压缸的安装型式标识代号和尺寸字母代号

代号	代号表示的含义	备注
B	前端导向台肩的直径（一般尺寸）	见 ME5
E	端部外形尺寸（一般尺寸）	见 ME5、ME6
F	定位台肩长度（一般尺寸）	见 ME5
G	前端盖厚度	见 ME5
J	后端盖厚度	见 EM6
L	绕柱销轴线转动所需的最小间距	见 MP1、MP3
R	安装孔间距	见 ME5、ME6
Z	摆动角度	见 MP5
AD	耳轴支架尺寸	见 MT4
AO	由安装孔轴线至缸安装面的距离	见 MS2
AP	从安装孔至缸安装面的距离	见 MS2
AR	由安装孔至缸安装面的距离	见 MS2
AU	由安装孔轴线至缸安装面的距离	见 MS2
CB	双耳环槽宽	见 MP1
CD	耳环销轴孔直径	见 MP1、MP3
CO	键槽宽度	见 MS2
CX	销轴孔的直径	见 MP5
EH	可拆式侧面脚架的高度	见 MS2
EP	耳环宽度	见 MP5
EW	耳环宽度	见 MP3
EX	关节轴承宽度	见 MP5
FB	安装孔直径	见 ME5、ME6
GO	U 形槽与安装孔轴线的间距	见 MS2
KC	键槽深度	见 MS2

续表

代号	代号表示的含义	备注
LH	中心线高度	见 MS2
LT	绕销轴孔轴线转动所需的最小间距	见 MP5
MR	绕销轴轴线转动的最小半径	见 MP1、MP3
MS	绕销轴轴线转动所需的最小半径	见 MP5
RD	定位台肩直径	见 ME5
SB	安装孔直径	见 MS2
SS	安装孔的轴向距离	见 MS2
ST	脚架的厚度	见 MS2
TC	耳轴间距	见 MT1
TD	耳轴直径	见 MT1、MT4
TK	可拆式耳轴座的厚度	见 MT4
TL	耳轴长度	见 MT1、MT4
TM	耳轴座的间距	见 MT4
TO	安装孔间距	见 ME5、ME6
TS	侧向一端安装孔的距离	见 MS2
UB	双耳环两外端面的距离	见 MP1
US	外形尺寸	见 MS2
UM	外形尺寸	见 MT4
UO	外形尺寸	见 ME5、ME6
UT	外形尺寸	见 MT1
UW	纵向的外形尺寸	见 MT4
VD	前端导向台肩长度（一般尺寸）	见 ME5
WF	TRP 至安装面底部的距离（一般尺寸）	见 ME5
ZJ	TRP 至后端部的距离	见 ME6
XC	TRP 至销轴孔线的距离	见 MP1、MP3
XG	TRP 至耳轴轴线的距离	见 MT1
XS	TRP 至前端安装孔的距离	见 MS2
XO	TRP 至销轴孔轴线的距离	见 MP5
XV	TRP 至耳轴轴线的距离	见 MT4

注：TRP——理论基准点代号。

以上国内外几种伺服液压缸参考了参考文献［34］和［72］中海德科液压公司伺服液压缸、力士乐（REXROTH）伺服液压缸、MOOG 伺服液压缸和阿托斯（Atos）伺服液压缸等。而本书依据 GB/T 9094—2006 标准整理列出的安装型式标识代号和尺寸字母代号包括安装尺寸，主要是为了对电液伺服阀控制液压缸标准化、系列化和模块化设计，以及有利于采用成组技术对伺服液压缸进行更为深入的研究。

3.15.3　缸装配用双头螺柱及拧紧力矩

在 GB/T 17446—2012 中定义的缸拉杆安装是借助于缸体外侧并与之平行的缸装配用拉杆的延长部分,从缸的一端或两端安装缸的方式。但缸装配用的不应是拉杆或钢拉杆,而应是双头螺柱。

对电液伺服阀控制液压缸而言,双头螺柱主要是用于缸盖、缸体和缸底间夹紧,亦即液压缸本身的安装和连接,且这种拉杆型(式)液压缸应用还很普遍。

现有各标准规定的双头螺柱(B 级)长度一般不超过 500mm,且缺少必要的技术条件。如果使用弹簧垫圈、弹性垫圈,则螺母的拧紧力矩确定也存在困难。

图 3-39 所示为一种旋入缸盖或缸底端为过渡配合螺纹、旋入螺母端螺纹为细牙普通螺纹的双头螺柱,仅供设计时参考。

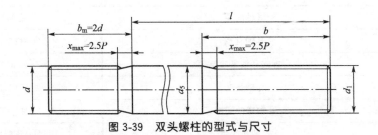

图 3-39　双头螺柱的型式与尺寸

注:末端按 GB/T2—2016 的规定。

图 3-39 所示双头螺柱的尺寸见表 3-78,技术条件见表 3-79。

表 3-78　双头螺柱尺寸

	d	8	10	12	14	16	18	20	22	24
螺纹尺寸	P	1.25	1.5	1.75	2	2	2.5	2.5	2.5	3
	d_1	8	10	12	14	16	18	20	22	24
	P	1	1	1.25	1.5	1.5	1.5	1.5	1.5	2
		—	1.25	—	—	—	—	2	2	—
d_5	max	8	10	12	14	16	18	20	22	24
	min	7.64	9.64	11.57	13.57	15.57	17.57	19.48	21.48	23.48
b_m	公称	16	20	24	28	32	36	40	44	48
	min	15.1	18.95	22.95	26.95	30.75	34.75	38.75	42.75	46.75
	max	16.9	21.05	25.05	29.05	33.25	37.25	41.25	45.25	49.25

注:1. l 和 b 尺寸可参考 QC/T 871—2011《双头螺柱》中表 1 选取。
2. l 公称尺寸超出表 1 的,其 l 和 b 尺寸可自行选取,但应进行强度、刚度验算和必要的试验。

表 3-79　双头螺柱技术条件

材料			钢
螺纹	d	公差	3k[①]
		标准	GB/T 1167—1996
	d_1	公差	6g
		标准	GB/T 196—2003、GB/T 197—2003

续表

材料		钢	
机械性能	等级	8.8、10.9、12.9	
	标准	GB/T 3098.1—2010	
公差	产品等级	B	
	标准	GB/T 3103.1—2002	
表面处理	种类	氧化	镀锌钝化
	标准	GB/T 15519—2002	GB 5267.1—2002
表面缺陷		GB/T 5779.1—2000	
验收及包装		GB/T 90.1—2002、GB/T 90.2—2002	

①与其配合的内螺纹公差应为 4H。

为确保螺纹连接体的可靠性，实现其设计功能，预紧力应由实际使用条件和强度计算决定；在安装使用中，必须保证达到初始的预紧力，因此，选取适当的拧紧方法并能准确控制紧固力矩是必要的。

注："紧固扭矩"的定义为："为达到初始的预紧力，拧紧螺栓或螺母所需的力矩。"具体请见 GB/T 16823.2—1997。

弹性区内紧固扭矩与预紧力的关系见以下各式，但其不适用于带弹簧垫圈、弹性垫圈的螺纹连接副。

$$T_t = T_s + T_w = K F_f d \tag{3-39}$$

$$T_s = \frac{F_f}{2} \left(\frac{P}{\pi} + \mu_s d_2 \sec\alpha' \right) \tag{3-40}$$

$$T_w = \frac{F_f}{2} \mu_w D_w \tag{3-41}$$

接触的支承面是圆环时：

$$D_w = \frac{2}{2} \times \frac{d_w^3 - d_h^3}{d_w^2 - d_h^2} \tag{3-42}$$

式中　T_t——紧固扭矩；

T_s——螺纹扭矩；

T_w——支承面扭矩；

K——扭矩系数；

F_f——初始预紧力或预紧力；

d——螺纹公称直径；

P——螺距；

μ_s——螺纹摩擦系数；

d_2——螺纹中径；

α'——螺纹牙侧角；

μ_w——支承面摩擦系数；

D_w——支承面摩擦扭矩的等效直径；

d_w——接触的支承面外径；

d_h——接触的支承面内径。

为方便设计计算，下面给出了螺纹摩擦系数（μ_s）、支承面摩擦系数（μ_w）与扭矩系数（K）的对照表 3-80。

表 3-80　螺纹摩擦系数（μ_s）、支承面摩擦系数（μ_w）与扭矩系数（K）的对照表

μ_s	μ_w									
	0.08	0.10	0.12	0.15	0.20	0.25	0.30	0.35	0.40	0.45
	K									
0.08	0.110	0.123	0.155	0.136	0.187	0.219	0.252	0.284	0.316	0.348
0.10	0.121	0.134	0.147	0.166	0.198	0.230	0.263	0.295	0.327	0.359
0.12	0.132	0.145	0.157	0.177	0.209	0.241	0.273	0.306	0.338	0.370
0.15	0.148	0.161	0.174	0.193	0.225	0.257	0.290	0.322	0.354	0.386
0.20	0.175	0.188	0.201	0.220	0.252	0.284	0.317	0.349	0.381	0.413
0.25	0.202	0.215	0.228	0.247	0.279	0.312	0.344	0.376	0.408	0.440
0.30	0.229	0.242	0.255	0.274	0.306	0.399	0.371	0.403	0.435	0.468
0.35	0.256	0.269	0.282	0.301	0.344	0.366	0.398	0.430	0.462	0.495
0.40	0.283	0.296	0.309	0.328	0.361	0.393	0.425	0.457	0.490	0.522
0.45	0.310	0.323	0.336	0.356	0.388	0.420	0.452	0.484	0.517	0.549

注：1. K 值按 GB/T 16823.2—1997《螺纹紧固件紧固准则》中式（2）计算给出。
2. 适用于细牙螺纹、六角头螺栓、螺母。
3. 表 3-30 摘自 GB/T 16823.2—1997 中附录 A 表 A.1。
4. 预涂黏附层可改变螺纹摩擦因数（系数）。

螺纹摩擦系数（μ_s）和支承面摩擦系数（μ_w）可参考机械设计手册、相关专著及论文（实验报告），或通过观察螺纹部分和被连接件表面状态、润滑条件等自行估算其最小值和最大值，再根据实验数据确定。

表 3-81 给出了由碳素钢或合金钢制造的公称直径为 8～48mm 细牙螺栓或螺母的拧紧力矩参考值，但其不适宜于使用尼龙垫圈、密封垫圈、非金属垫圈及特殊指定用途的螺栓。

表 3-81　螺栓或螺母拧紧力矩参考值

公称直径 /mm	螺栓性能等级		
	8.8	10.9	12.9
	保证应力/MPa		
	600	830	970
	拧紧力矩/N·m		
M8×1	27～32	37～43	43～52
M10×1	55～66	76～90	90～106
M12×1.5	90～108	124～147	147～174
M14×1.5	149～179	206～243	243～289
M16×1.5	228～273	314～372	372～441
M18×1.5	331～397	457～541	541～641
M20×1.5	463～555	640～758	758～897
M22×1.5	624～747	863～1034	1009～1208
M24×2	785～940	1086～1300	1269～1520
M27×2	1141～1366	1578～1890	1845～2208
M30×2	1587～1900	2196～2629	2566～3072
M36×3	2653～3176	3670～4394	4289～5135
M42×3	4312～5162	5965～7141	6921～8345
M48×3	6556～7848	9069～10857	10598～12688

注：1. 表 3-81 摘自 JB/T 6040—2011《工程机械　螺栓拧紧力矩的检验方法》，其中还包括粗牙螺栓。
2. 根据其"不适宜于使用尼龙垫圈、密封垫圈、非金属垫圈及特殊指定用途的螺栓"，其或可适用于带弹簧垫圈、弹性垫圈的螺栓或螺母。

根据使用要求，双头螺栓可采用 30Cr、40Cr、30CrMoSi、35CrMoA、40MnA 及 40B 等材料制造，其性能按供需双方协商。

旋入缸盖或缸底端的过渡配合螺纹和/或旋入螺母端细牙普通螺纹可采用 GB/T 35478—2017 规定的预涂粘合层防松及其锁固。

对于性能等级等于或低于 10.9 级的双头螺柱，亦可选用符合 GB/T 6171 规定的 10 级螺母；对于性能等级为 12.9 级的双头螺柱，应选用符合 GB/T 6176 规定的 12 级螺母。

在螺纹连接副中增加弹簧垫圈或弹性垫圈时，可能改变支撑表面的有效接触面积，可能改变支撑表面的摩擦系数，可能产生附加轴力以致对施加相同扭矩所得的预紧力产生影响。

除非另有规定，就单个螺母紧固而言，对 M16 及以下的螺母的拧紧速度应为 10～40r/min，对大于 M16～M39 的螺母的拧紧速度应为 5～15r/min；其他按液压缸装配技术要求。

当采用"扭矩法"拧紧时，因只对紧固扭矩进行控制，尽管操作简便，但可能紧固力矩的 90% 左右被螺纹和支承面摩擦扭矩所消耗，初始预紧力的离散度随着摩擦消耗等因素的控制程度而变化，因此拧紧精度等级较低（扭矩离散度加大）。

不同等级拧紧精度对应的扭矩比见表 3-82。

表 3-82　不同等级拧紧精度对应的扭矩比

拧紧精度等级	扭矩离散度/%	扭矩比
I	±5	0.905
II	±10	0.818
III	±20	0.666

注：表中扭矩离散度包括了扭矩扳手等的读数误差。

3.16　液压缸装配技术要求

液压缸装配是根据液压缸设计的技术要求（条件）、精度要求等，将构成液压缸的零件结合成部件、组件，直至液压缸产品的过程。液压缸装配是液压缸制造中的后期工作，是形成液压缸产品的关键环节。

作者曾在《液压缸设计与制造》这本书的前言中讲过：一台好的液压缸不但是设计出来的，也是装配出来的。

作者认为，伺服液压缸的装配有必要参照如 QJ 1499A—2001、QJ 2478—1993 等相关标准，具体可参考第 2.10 节电液伺服阀制造。

3.16.1　液压缸装配一般技术要求

(1) GB/T 7935—2005《液压元件　通用技术条件》中对装配的技术要求

① 元件应使用经检验合格的零件和外购件按相关产品标准或技术文件的规定和要求进行装配。任何变形、损伤和锈蚀的零件和外购件不应用于装配。

② 零件在装配前应清洗干净，不应带有任何污物，如铁屑、毛刺、纤维状杂质等。

③ 元件装配时，不应使用棉纱、纸张等纤维易脱落物擦拭壳体内腔及零件配合表面和进出流道。

④ 元件装配时，不应使用有缺陷及超过有效使用期限的密封件。

⑤ 应在元件的所有连接油口附近标注表示油口功能的符号。

⑥ 元件的外露非加工表面涂层应均匀，色泽一致。喷涂前处理不应涂腻子。

⑦ 元件出厂检验合格后，各油口应采取密封、防尘和防漏措施。

作者注：1.上述标准被 JB/T 10205—2010《液压缸》、JB/T 11588—2013《大型液压油缸》、DB44/T 1169.1—2013《伺服液压缸　第1部分：技术条件》等标准引用。

2.除特殊结构和特殊用途液压缸外，一般液压缸上不标注油口符号和往复运动箭头。

（2）JB/T 1829—2014《锻压机械　通用技术条件》中对装配的技术要求

① 在部装或总装时，不允许安装技术文件上没有的垫片。

② 锻压机械装配清洁度应符合技术文件的规定。

③ 装配过程中，加工零件不应有磕碰、划伤和锈蚀。

④ 装配后的螺钉、螺栓头部和螺母的端面应与被紧固的零件平面均匀接触，不应倾斜和留有间隙。装配在同一部位的螺钉，其长度一般应一致。紧固的螺钉螺栓和螺母不应有松动的现象，影响精度的螺钉紧固力应一致。

⑤ 密封件不应有损伤现象，装配前密封件和密封面应涂上润滑脂。装配重叠的密封圈时，各圈要相互压紧。

（3）JB/T 3818—2014《液压机　技术条件》中对装配的技术要求

① 液压机应按照装配工艺规程进行装配，不得因装配而损坏零件及其表面和密封的唇部等，装配上的零部件包括外购件、外协件均应符合要求。

② 重要的固定接合面应紧密贴合。预紧牢固后用 0.05mm 塞尺进行检验，允许塞尺塞入深度不应大于接触面的 1/4，接触面间可塞入部位累计长度不应大于周长的 1/10。

③ 带支承环密封结构的液压缸，其支承环应松紧适度和锁紧可靠。以自重快速下滑的运动部件（包括活塞、活动横梁或滑块等）在快速下滑时不得有阻滞现象。

④ 全部管路、管接头、法兰及其他固定与活动连接的密封处均应连接可靠，密封良好，不应有油液的外渗漏现象。

（4）JB/T 10205—2010《液压缸》中对装配的技术要求

① 清洁度要求。液压缸缸体内部油液固体颗粒污染度等级不得高于 GB/T 14039—2002《液压传动油液固体颗粒污染等级代号》规定的—/19/16。

② 液压缸的装配。应符合 GB/T 7935—2005《液压元件通用技术条件》中的 4.4～4.7 的规定。装配后应保证液压缸运动自如，所有对外连接螺纹、油口边缘等无损伤。

装配后，液压缸的活塞行程长度公差应符合 JB/T 10205—2010 中表 9 的规定。

③ 外观要求。外观应符合 GB/T 7935—2005 中的 4.8～4.9 的规定。

缸的外观质量应满足下列要求。

a.法兰结构的缸，两法兰结合面径向错位量≤0.5mm。

b.铸锻件表面应光洁，无缺陷。

c.焊接应平整、均匀美观，不得有焊渣、飞溅物等。

d.按图样规定的位置固定标牌。

e.进出油口及外连接应采取适当的防尘及保护措施。

④ 涂层附着力。液压缸表面油漆涂层附着力控制在 GB/T 9286—1998《色漆和清漆　漆膜的划格试验》规定的 0～2 级之间。

（5）JB/T 5000.10—2007《重型机械通用技术条件　第 10 部分：装配》中对装配的技术要求

1）装配的一般要求。

a.进入装配的零、部件（包括外协、外购件）均必须是有检验部门的合格证方能进行装配。

b.零件在装配前必须清理和清洗干净，不得有毛刺、飞边、氧化皮、腐蚀、切屑、油污、着色剂、防锈油和灰尘等。

c.装配前应对零、部件的主要配合尺寸，特别是过盈配合尺寸及相关精度进行复查。经钳工修整的配合尺寸，必须由检验部门复检。

d. 装配过程中的机械加工工序应符合 JB/T 5000.9—2007 的规定；焊接工序应符合 JB/T 5000.3—2007 的规定。

e. 除特殊要求外，装配前必须将零件的尖角和锐边倒钝。

f. 装配过程中零件不允许磕碰、划伤和锈蚀。

g. 输送介质的孔要用照明法或通气法检查是否畅通。

h. 油漆未干时不得进行装配。

i. 机座、机身等机器基础件，装配前应校正水平（或垂直），对结构简单、精度低的机器不低于 0.20mm/m，对结构复杂、精度高的机器不低于 0.10mm/m。

j. 零部件的各润滑点装配后必须注入适量的润滑油（或脂）。

2）装配件的形位公差。

形位公差未注公差值见表 3-83～表 3-86。

表 3-83　直线度和平面度的未注公差值（摘自 GB/T 1184—1996）　　　　mm

公差等级	基本长度范围					
	≤10	>10～30	>30～100	>100～300	>300～1000	>1000～3000
H	0.02	0.05	0.10	0.20	0.30	0.40
K	0.05	0.10	0.20	0.40	0.60	0.80
L	0.10	0.20	0.40	0.80	1.20	1.60

表 3-84　垂直度未注公差值（摘自 GB/T 1184—1996）　　　　mm

公差等级	基本长度范围			
	≤100	>100～300	>300～1000	>1000～3000
H	0.20	0.30	0.40	0.5
K	0.40	0.60	0.80	1.00
L	0.60	1.00	1.50	2.00

表 3-85　对称度未注公差（摘自 GB/T 1184—1996）　　　　mm

公差等级	基本长度范围			
	≤100	>100～300	>300～1000	>1000～3000
H	0.50			
K	0.60		0.80	1.00
L	0.60	1.00	1.50	2.00

表 3-86　圆跳动的未注公差（摘自 GB/T 1184—1996）　　　　mm

公差等级	圆跳动公差值
H	0.10
K	0.20
L	0.50

说明：

① 圆度的未注公差等于标准的直径公差值，但不能大于径向圆跳动的未注公差值。

② 圆柱度的未注公差值不作规定。

③ 圆柱度误差由三部分组成：圆度、直线度和相对素线的平行度误差。

④ 三者采用包容原则。

⑤ 同轴度的未注公差值未作规定。

⑥ 极限情况下，同轴度的未注公差值可以和圆跳动的未注公差值相等。

3）装配连接方法——螺钉、螺栓连接。

a. 螺钉、螺栓和螺母紧固时严禁打击，紧固后的螺钉槽、螺母和螺钉、螺栓头部不得损坏。

b. 按图样或工艺文件中要求拧紧力矩紧固，未作规定的可参考表 3-87。

c. 同一零件用多件螺钉（栓）紧固时，各螺钉（栓）需交叉、对称、逐步、均匀拧紧。如有定位销，应由靠近该销的螺钉（栓）开始。

d. 紧固后其支承面应与被紧固件贴合。

e. 螺母拧紧后，螺栓、螺钉头应露出螺母端面 2～3 螺距。

f. 沉头螺钉紧固后，沉头不得高出沉孔端面。

g. 不允许用低性能的代替高性能的紧固件。

表 3-87　一般连接螺栓拧紧力矩

力学性能等级	螺纹规格 d/mm								
	M6	M8	M10	M12	M16	M20	M24	M30	M36
	拧紧力矩 TA/N·m								
5.6	3.3	8.5	16.5	28.7	70	136.3	235	472	822
8.8	7	18	35	61	149	290	500	1004	1749
10.9	9.9	25.4	49.4	86	210	409	705	1416	2466
12.9	11.8	30.4	59.2	103	252	490	845	1697	2956

力学性能等级	螺纹规格 d/mm							
	M42	M48	M56	M64	M72×6	M80×6	M90×6	M100×6
	拧紧力矩 TA/N·m							
5.6	1319	1991	3192	4769	6904	9573	13861	19327
8.8	2806	4236	6791	10147	14689	20368	29492	41122
10.9	3957	5973	9575	14307	20712	34422	41584	57982
12.9	4742	7159	11477	17148	24824	40494	49841	69496

作者注：根据 QC/T 518—2013 的规定，扭矩离散度±5%相当于拧紧精度等级 I 级。但该标准不适用于采用弹簧垫圈或弹性垫圈的螺纹紧固件以及有效力矩型螺纹紧固。

4）装配连接方法——键连接。

a. 平键与轴上键槽两侧面均匀接触，其配合面不得有间隙。其接触面积不应小于工作面积的 70%，且不接触部分不得集中于一段。

b. 滑动配合的平键装配后，相配件须移动自如，不得有松紧不均匀现象。

5）装配连接方法——黏合连接。

a. 黏结剂牌号必须符合设计或工艺要求，并采用有效期限内的黏结剂。

b. 被粘接表面必须做好预处理，彻底清除油污、水膜、锈斑等。

c. 粘接时黏合剂要均匀涂抹，固化的温度、压力、时间等必须严格按工艺或黏结剂使用说明书的规定执行。

d. 粘接后清除流出的多余黏结剂。

作者注：被 JB/T 6134—2006《冶金设备用液压缸（PN≤25MPa）》、JB/T 11588—2013《大型液压油缸》等标准引用。

3.16.2　液压缸装配具体技术要求

（1）装配准备

① 根据生产指令，准备好图纸、技术文件和作业指导文件。

② 应根据装配批量，按装配图明细栏或明细表所列一次性备齐所有零、部件。

③ 复检零、部件的主要配合尺寸，当采用分组选配法装配的可就此对零部件进行分组；检查外协、外购件合格证，保证所有进入装配的零、部件为在有效使用期内的合格品。

④ 可调行程缸的行程调节机构的工作应灵敏可靠，并达到精度要求。

⑤ 主要零、部件的工作表面和配合面不允许有锈蚀、划伤、磕碰等缺陷。全部密封件（含防尘密封圈、挡圈、支承环等）不得有任何损伤。

⑥ 各零件装配前应去除毛刺、图纸未示出的锐角、锐边应倒钝。

⑦ 认真、仔细清洗各零、部件，并达到清洁度要求，但不包括密封件。

⑧ 清洗过的零、部件应干燥后才能进行装配；不能及时装配的零、部件应采用塑料布（膜）包裹或覆盖。

⑨ 对装配用工具、工艺装具、低值易耗品等做好清点、登记。

（2）装配

① 密封件装配的一般技术要求。

密封件的功能是阻止泄漏或使泄漏量符合设计要求，合理的装配工艺和方法，可以保障密封件的可靠性和耐久性（寿命）。

a.按图纸检查各零部件，尤其各处倒角、导入倒角、倒圆（钝），不得有毛刺、飞边等，各配（偶）合件及密封件沟槽表面不得留有刀痕（如螺旋纹、横刀纹、颤刀纹等）、划伤、磕碰伤、锈蚀等。

b.装配前必须对各零部件进行认真、仔细地清洗，并吹干或擦干，尤其各密封件沟槽内不得留有清洗液（油）和其他残留物。

c.清洗后各零部件应及时装配；如不能及时装配，应使用塑料布（膜）包裹或覆盖。

d.按图纸抽查密封件规格、尺寸及表面质量，并按要求数量一次取够；表面污染（如有油污、杂质、灰尘或沙土等）的密封件不可直接用于装配。

e.装拆或使用过的密封件一般不得再次用于装配，尤其如 O 形圈、同轴密封件、防尘密封圈以及支承环（进行预装配除外）、挡圈等。

f.各配（偶）合表面在装配前应涂敷适量的润滑油（脂）。

g.装配时涂敷的润滑油（脂）不得含有固体颗粒或机械杂质，包括如石墨、二硫化钼润滑脂，最好使用密封件制造商指定的专用润滑油（脂）。

h.橡胶密封件最好在 21~29℃下进行装配；低温储存的密封件必须达到室温后才能进行装配；需要加热装配的密封件（或含沟槽零件）应采用不超过 90℃液压油加热，且应在恢复到室温并冷却收缩定型后进行装配。

i.各种密封件在装配时都不得过度拉伸，也不可滚动套装，或采取局部强拉、强压，扭曲（转）、折叠、强缩（挤）等装配密封件。

j.对零部件表面损伤的修复不允许使用砂纸（布）打磨，可采用细油石研磨，并在修复后清理干净。

k.不得漏装、多装密封件，密封件安装方向、位置要正确，安装好的各零部件要及时进行总装。

l. 总装时如活塞或缸盖（导向套）等需通过油（流）道口、键槽、螺纹、退刀槽等，必须采取防护措施保护密封（零）件免受损伤。

m. 总装后应采用防尘堵（帽）封堵元件各油口，并要清点密封件、安装工具包括专用工具及其他低值易耗品如机布等。

② O 形圈装配的技术要求。

a. 应保证配合偶件的轴和孔有较好的同轴度，使圆周上的间隙均匀一致。

b. 装配过程中，应防止 O 形圈擦伤、划伤、刮伤，装入孔口或轴端时，应有足够长的导锥（导入倒角），锥面与圆柱面相交处倒圆并要光滑过渡。

c. 应先在沟槽中涂敷适量润滑脂，再将 O 形圈装入。装配前，各配（偶）合面应涂敷适量的润滑油（脂）；装配后，配合件应能活动自如，并防止 O 形圈扭曲、翻滚。

d. 拉伸或压缩状态下安装的 O 形圈，为使其预拉伸或预压缩后截面恢复成圆形，在 O 形圈装入沟槽后，应放置适当时间再将配（偶）合件装合。

e. O 形圈装拆时，应使用装拆工具。装拆工具的材料和式样应选用适当，端部和刃口要修钝，禁止使用钢针类尖而硬的工具挑动 O 形圈，避免使其表面受伤。

f. 装拆或使用过的 O 形圈和挡圈不得再次用于装配。

g. 保证 O 形圈用挡圈与 O 形圈相对位置正确。

③ 唇形密封圈装配的技术要求。

a. 检查密封圈的规格、尺寸及表面质量，尤其各唇口（密封刃口）不得有损伤等缺陷；同时检查各零部件尺寸和公差、表面粗糙度、各处倒（导）角、圆角，不得有毛刺、飞边等。

特别强调应区分清楚活塞和活塞杆密封圈，尤其孔用 Yx 形密封圈和轴用 Yx 密封圈。

b. 在装配唇形密封圈时，必须保证方向正确；使用挡圈的唇形密封圈应保证挡圈与密封圈相对位置正确。

c. 安装前配（偶）合件表面应涂敷适量润滑油（脂），密封件沟槽中涂敷适量润滑脂，同时唇形密封件唇口端凹槽内也应填装润滑脂，并排净空气。

d. 安装唇形密封圈一般需采用特殊工具，拆装可按密封件制造商推荐型式制作。如唇形密封圈安装需通过螺纹、退刀槽或其他密封件沟槽时，必须采取专门措施保护密封圈免受损伤，通常的做法是通过处先套装上一个专门的套筒或在密封件沟槽内加装三四瓣卡块。

e. 需要加热装配的唇形密封圈（或含沟槽零件）应采用不超过 90℃ 液压油加热，且应在恢复到室温并冷却收缩定型后与配（偶）合件进行装配；不能使用水加热唇形密封圈，尤其是聚氨酯和聚酰胺材料的密封件。

f. V 形密封圈的压环、V 形圈（夹布或不夹布）、支撑环（弹性密封圈）一定要排列组合正确，且在初始调整时不可调整得太紧。

g. 一般应在只安装支承环后进行一次预装配，检验配（偶）合件同轴度和支承环装配情况，并在有条件的情况下，检查活塞和活塞杆的运动情况，避免出现刚性干涉情况。

h. 装配后，活塞和活塞杆全行程往复运动时，应无卡滞和阻力大小不均等现象。

④ 同轴密封件装配的技术要求。

同轴密封件是塑料圈与橡胶圈组合在一起并全部由塑料圈作摩擦密封面的组合密封件，所以需要分步装配。

其中的橡胶圈需首先装配，具体请参照上文 O 形圈装配的技术要求。

a. 用于活塞密封的同轴密封件塑料圈一般需要加热装配，宜采用不超过 90℃ 液压油加热塑料圈至有较大弹性和可延伸性时为止。

且有可能需要将活塞一同加热，这样有利于塑料环冷却收缩定型。

　　b.用于活塞密封的同轴密封件塑料圈装配一般需要专用安装工具和收缩定型工具，其可按密封件制造商推荐型式制作使用。

　　如需经过如其他密封件沟槽、退刀槽等，最好在安装工具上一并考虑。

　　塑料圈定型工具与塑料圈接触表面的粗糙度要与配偶件表面粗糙度相当。

　　c.加热后装配的同轴密封件必须同活塞一起冷却至室温后才能与缸体（筒）进行装配；如活塞杆用同轴密封采用了加热安装，也必须冷却至室温后才能与活塞杆进行装配。

　　d.用于活塞杆密封的同轴密封件塑料圈也可加热后装配，但装配前需将塑料圈弯曲成凹形，装配后一般需采用锥芯轴定型工具定型。应注意经常出现的问题是首先漏装橡胶圈，其次是塑料圈安装方向错误，如阶梯形同轴密封件就是单向密封圈，安装时有方向要求。

　　e.活塞装入缸体（筒）、活塞杆装入导向套或缸盖前，必须检查缸体（筒）和活塞杆端导入倒角的角度和长度，其锥面与圆柱面相交处必须倒圆并要光滑过渡，且达到图纸要求的表面粗糙度。

　　f.一组密封件中一般首先安装同轴密封件。

　　g.注意润滑，严禁干装配。

　　⑤ 支承环装配的技术要求。

　　现在经常使用的支承环是抗磨的塑料材料制成的环，用以避免活塞与缸体（筒）碰撞，起支承及导向作用。

　　支承环在一定意义上可认为是非金属轴承。

　　a.按图纸检查沟槽尺寸和公差，尤其是槽底和槽棱圆角；有条件的情况下应进行预装配，检验各零部件同轴度及运动情况。

　　如液压缸端部设有缓冲装置，必须检查缓冲柱塞是否与缓冲孔发生干涉、碰撞。

　　b.切口类型支承环需按 GB/T 15242.2—2017 附录 A 切口并取长，但支承环的切口宽度一般不能小于推荐值。

　　c.批量产品应制作支承环预定型工具。

　　d.一组密封件中一般最后安装支承环，一组密封件中如有几个支承环，其切口位置应错开安装。

　　e.采用在沟槽内涂敷适量润滑脂办法粘接固定支承环，注意涂敷过量的润滑脂反而不利于粘接固定支承环。

　　f.活塞装入缸体（筒）前，必须检查缸体（筒）端导入倒角的角度和长度，其锥面与圆柱面相交处必须倒圆并要光滑过渡，且达到图纸要求的表面粗糙度。否则，在安装活塞时最有可能的是支承环首先脱出沟槽。

　　g.应该按照安装轴承的精细程度安装支承环，且不可采用锤击、挤压或砂纸（布）磨削等方法减薄支承环厚度，或采取在沟槽底面与支承环间夹持薄片（膜）减小配（偶）合间隙。

　　h.除用于进行预装配外，其他情况下使用过的支承环不可再次用于装配。

　　⑥ 其他装配技术要求。

　　a.根据图纸和技术文件，保证液压缸各零、部件位置正确。

　　b.所有连接螺纹应按设计要求的力矩拧紧；未作规定的可参考表 3-87。

　　c.重要的固定接合面应紧密贴合，任何安装或连接在液压缸上的元件都应牢固。

　　d.装配后应保证液压缸运动自如，尤其设计有端部缓冲柱塞的不能出现运动干涉、碰撞现象；所有对外连接螺纹、油口边缘等无损伤。

　　e.除特殊规定外，一般液压缸的活塞行程长度公差应符合 JB/T 10205—2010 中表 9 的规定。

f. 带有行程定位或限位装置的液压缸，其行程定位或限位偏差应符合技术（精度）要求或相关标准规定。

g. 液压缸表面应整洁，圆角平滑自然，焊缝平整，不得有飞边、毛刺。

h. 标牌应清晰、正确，安装应牢固、平整。

i. 液压缸表面涂漆应符合 JB/T 5673—2015 的规定，面漆颜色可根据用户要求决定。活塞杆、定位阀杆表面、进出油口外加工表面和标牌上不应涂漆。镀层应均匀光亮，不得有起层、起泡、剥落或生锈等现象。

j. 一般液压缸缸体内部油液固体颗粒污染等级不得高于 GB/T 14039—2002 规定的—/19/16；伺服液压缸缸体内部油液固体颗粒污染等级不得高于 GB/T 14039—2002 规定的 13/12/10。

k. 液压缸支承部分等其他外露加工面上应有防锈措施。

l. 液压缸外露油口应盖以耐油防尘盖，活塞杆外露螺纹和其他连接部位加保护套。

m. 保证密封性能（含最低压力启动性能）符合技术要求。

n. 清点装配用工具、工艺装具、低值易耗品等，不允许有图纸和技术文件中没有的垫片及其他物品安装在或装入液压缸的部装或总装中，保证没有漏装零件。

　　作者注：1. 除"装配后应保证液压缸运动自如"这一种表述外，进一步可参见第 3.17 节。

　　2. 关于标牌（铭牌）的技术要求在其他标准中还有以下更为具体的规定："应在液压缸上适当且明显位置做出清晰和永久的标记或标牌或按图样规定的位置固定预制标牌，标牌应清晰、正确、平整。"

　　3. 螺纹连接的应采取适当的防松（防止螺纹副的相对转动）措施。如采用紧定螺钉防松的，其紧定螺钉自身也应采取防松措施，如涂胶黏剂防松（但应注意选用与液压缸工作温度范围相适应的胶黏剂）；螺杆上需要（配作）固定螺钉孔的，可参考 JB/ZQ 4251—2006《轴上固定螺钉用孔》。

3.17 液压缸运行的技术要求

　　液压缸试运行和/或运行的技术要求在液压缸相关标准中表述各不相同，如在 GB/T 13342—2007《船用往复式液压缸通用技术条件》中规定：工作介质温度为 −15℃时，液压缸应无卡滞现象。

　　在 JB/T 1829—2014《锻压机械　通用技术条件》中规定：移动、转动部件装配后，运动应平稳、灵活、轻便，无阻滞现象。

　　在 JB/T 3018—2014《液压机　技术条件》中规定：液压驱动液压缸在规定的行程、速度范围内（运行），不应有振动、爬行和停滞现象，在换向和泄压时不应有影响正常工作的冲击现象。

　　在 JB/T 6134—2006《冶金设备用液压缸（$PN \leqslant 25\text{MPa}$）》中规定：液压缸在空载和有载运行时，活塞的运动应平稳，不得有爬行等不正常现象。

　　在 JB/T 9834—2014《农用双作用油缸　技术条件》中规定：在试运行中，活塞运动均匀，不得有爬行、外渗漏等不正常现象。

　　在 JB/T 10205—2010《液压缸》中规定：液压缸在低压试验过程中，液压缸应无振动或爬行。

　　在 JB/T 11588—2013《大型液压油缸》中规定：液压缸动负荷试验在用户现场进行，观察动作是否平稳、灵活。

　　在 CB/T 3812—2013《船用舱口盖液压缸》中规定：在公称压力下，被试缸（最低稳定速度试验）以 8～10mm/s 的速度，全行程动作 2 次以上，不得有爬行等异常现象。

　　在 DB44/T 1169.1—2013《伺服液压缸　第 1 部分：技术条件》中规定：活塞直径 500～1000mm 时，其偏摆值不得大于 0.05mm。

在 QJ 2478—1993《电液伺服阀机构及其组件装配、试验规范》中规定：产品活动部分应运动平稳，无滞涩、无爬行等。

> 作者注：关于描述液压缸运行状态（况）（或活动部分）使用的"卡滞"、"阻滞"、"停滞"和"滞涩"等在 GB/T 17446—2012 中都没有被界定，但应属于同义词。

综合考虑上述各标准，合格的液压缸的起动、运行状态（况）应按表 3-88 描述。

表 3-88　合格的液压缸起动、运行状态（况）描述

序号	状态	条件	描述
1	启动	在（最低）起动压力下	平稳、均匀，偏摆不大于规定值
2	运行	在最低稳定速度下	平稳、均匀，无爬行，无振动，无卡滞，偏摆不大于规定值
3	运行	在低压下	平稳，无爬行，无振动，无卡滞，偏摆不大于规定值
4	运行	在低温下	平稳、无爬行，无振动，无卡滞，偏摆不大于规定值
5	运行	在有载工况下	平稳，灵活，无卡滞，偏摆不大于规定值
6	运行	在动负荷工况下	平稳，灵活，无卡滞，偏摆不大于规定值

> 作者注：液压缸对缓冲性能有要求的，还应有"当行程到达终点时应无金属撞击声"这样的描述。

3.18　电液伺服阀控制液压缸标准化、系列化和模块化设计

在 GB/T 20000.1—2014《标准化工作指南　第 1 部分：标准化和相关活动的通用术语》中界定了标准化这一术语，即为了在既定范围内获得最佳秩序，促进共同效益，对现实问题或潜在问题确定共同使用和重复使用的条款以及编制、发布和应用文件的活动。标准化活动确立的条款，可以形成标准化文件，包括标准和其他标准化文件。标准化的主要效益在于为了产品、过程或服务的预期目的改进它们的适用性、促进贸易、交流以及技术合作。

本节将标准化对象确定为电液伺服阀控制液压缸这种液压元件。

在 JB 3750—1984《产品种类划分》中把产品种类分为五个等级，即大类、小类、系列、品种和规格，其中系列的定义为：在各类产品中按其基本结构、型式特征及设计依据不同，主要参数成系列的一组产品。根据其零部件的通用关系，可分为基型系列和变形系列。

在 GB/T 30438—2013《支持模块化设计的数据技术原则和方法》和 GB/T 31982—2015《机械产品模块化设计规范》中界定了模块化设计这一术语，即将产品的某些要素组合在一起，构成一些具有特定功能的模块，将这些模块作为通用性的模块与其他产品要素进行多种组合，构成新的系统，生产多种不同功能或相同功能、不同性能的系列产品的设计方法。

3.18.1　几种缸零件标准化、系列化和模块化设计

（1）电液伺服阀控制液压缸用液压保护模块系列

电液伺服阀控制液压缸用液压保护模块（以下简称液压保护模块，以区别电气保护模块等）是为了在一些紧急情况下，如电液伺服阀卡滞、液压动力源失压、电缆断线导致的系统失控、多通道加载异常、闭环控制失稳或信号干扰等，使液压执行机构主要是液压缸能具有可靠的保护措施来限制其压力、防止过载，并能快速、可靠地使液压缸泄压（对负载而言为卸载），保护液压缸所驱动的负载（如被试件）不被损毁而设计的。液压保护模块根据不同的系统要求具有相适应的功能，如结构试验系统所要求的液压保护模块一般具有以下功能。

a. 可准确限制执行机构（液压缸）输出力在额定（规定或设定）值以下。

b. 在正常或非正常工况下可进行卸载，以保护负载免受过度冲击和损伤。

c. 卸载速率可调，确保被试件各分布点上被施加的载荷正常释放。

d. 可实现电液伺服阀与液压缸间隔离。

现在的液压保护模块一般都直接安装在液压缸上，并要求其体积小、重量轻、集成化程度高，各集成的元件灵敏可靠，限载精度高，整体性能安全可靠。

① 工作原理。图 3-40 所示为一种电液伺服阀控制液压缸用液压保护模块液压原理图。

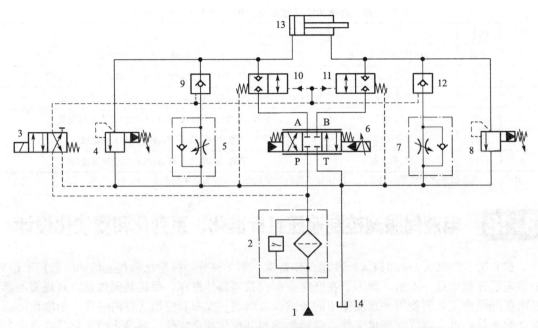

图 3-40　一种电液伺服阀控制液压缸用液压保护模块液压原理图

1—液压动力源；2—压力管路过滤器；3—二位四通电磁换向阀；4,8—先导式溢流阀；5,7—单向节流阀；
6—电液伺服阀；9,12—液控单向阀；10,11—二位二通液动换向座阀；13—液压缸；14—油箱

液压动力源 1 供给的液压油液经压力管路过滤器 2 进入电液伺服阀 6 的供油口 P，为电液伺服阀提供供油压力（和流量）。只要液压动力源启动（供电），二位四通电磁换向阀的电磁铁即行得电，二位四通电磁换向阀即行换向；只要供油口 P 的压力达到最低工作压力，液控单向阀 9、12 即被反向关闭，二位二通液动换向座阀 10、11 即行换向，液压保护模块进入限压模式工作，不影响所在系统的正常工作。

处于限压模式工作的液压保护模块主要功能为：准确限制执行机构（液压缸）输出力在额定值以下。当液压缸 13 任一工作腔压力超过设定压力值时，与该腔连接的先导式溢流阀 4 或 8 即刻开启溢流，使液压缸及其负载免受过大冲击与损伤。

液压保护模块一种常用模式为：当突发电缆断线或其他原因导致突然断电时，二位四通电磁换向阀 3 因其电磁铁失电而立即换向，由它控制的二位二通液动换向座阀 10、11 随之换向并将电液伺服阀 6 与液压缸 13 隔离（断开），同时，液控单向阀 9、12 皆可正向开启，如单向节流阀 5、7 中节流阀不是处于截止状态，则液压缸两腔皆可与油箱接通，亦即卸载。卸载速率（快慢）由节流阀调节；如要求在断电时刻液压缸即行停止（或然后手动泄压），则可将节流阀调整到截止状态。

② 一种液压保护模块系列产品。电液伺服阀控制液压缸用液压保护模块到现在还没有标准，各单位多是根据需要，自行设计、制造和使用。

下面介绍一种液压保护模块系列产品，其主要参数见表 3-89。

表 3-89　一种液压保护模块系列产品主要参数

产品规格/(L/min)	主要参数			
	额定压力/MPa	额定流量/(L/min)	上升时间/s	压力偏移/MPa
30	21	30	1	±0.5
60	21	60	1	±0.5
100	21	100	1	±0.5
250	21	250	1	±0.5

作者注："上升时间"即为"阶跃响应时间"。

电液伺服阀控制液压缸用液压保护模块液压回路图如图 3-41 所示。

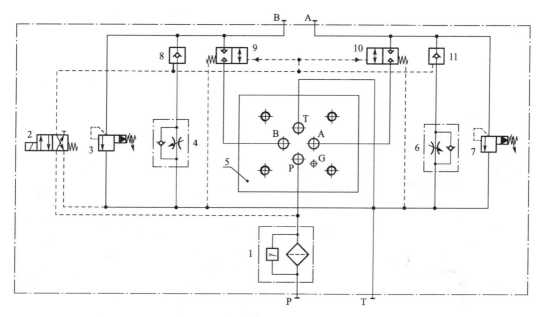

图 3-41　电液伺服阀控制液压缸用液压保护模块液压回路图
1—压力管路过滤器；2—二位四通电磁换向阀；3,7—先导式溢流阀；4,6—单向节流阀；
5—电液伺服阀安装座；8,11—液控单向阀；9,10—二位二通液动换向座阀

根据实际需要，组成液压保护模块的各元件或有变化，如将先导式溢流阀改换成直动式溢流阀或只在一条工作油路上设置溢流阀，甚至不设置溢流阀；或将单向节流阀改换成单向阀，其原有的防气蚀功能将丧失。

除用于控制的二位四通电磁换向阀外，其他液压阀如先导式溢流阀、单向节流阀、液控单向阀、二位二通液动换向座阀等的公称压力（或额定压力）皆大于或等于 31.5MPa，额定流量也都大于或等于液压保护模块的额定流量，且满足瞬时最大流量。

电液伺服阀安装座应符合电液伺服阀的安装面尺寸要求，且应在制造商与用户订立的合同或技术文件中明确。

（2）电液伺服阀控制液压缸用无间隙球铰系列

在电液伺服阀控制液压缸系统中，液压缸与所驱动的负载之间经常存在相对运动，将两者连接的铰链或球铰等可能存在间隙，此间隙会造成系统的动态性能变差、超调量增大，甚至诱发系统振荡等严重问题，因此，尽量消除或减小该间隙十分必要。

如图 3-42 和图 3-43 所示，其为一种带内置式位移传感器和拉压柱式测力传感器的伺服液压缸用杆端法兰式球铰和缸底端球铰外形图。

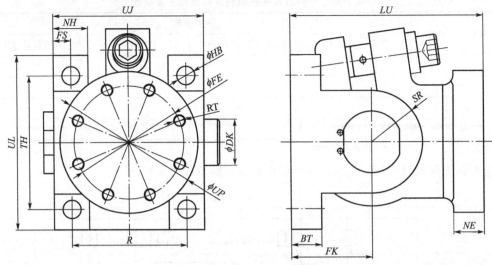

图 3-42 杆端法兰式球铰

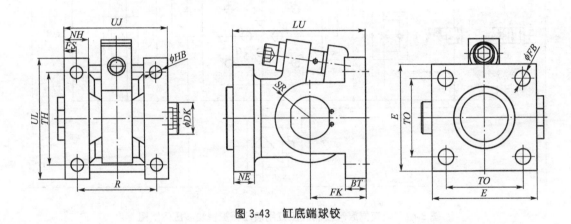

图 3-43 缸底端球铰

杆端法兰式球铰尺寸代号、代号含义及尺寸见表 3-90。

表 3-90 杆端法兰式球铰尺寸代号、代号含义及尺寸

尺寸代号	代号含义	额定载荷/t	备注
		5 或 10	
		尺寸/mm	
R	安装孔间距	115	
BT	肋（底）板厚度	30	借用代号
DK	关节轴承用销轴	45	借用代号
FE	安装孔分布圆直径	110	
FK	安装面至销轴轴线的距离	80	
FS	安装孔的距离	17.5	
HB	支架安装孔直径	18	
LU	安装距	190	自定义代号

续表

尺寸代号	代号含义	额定载荷/t	备注
		5 或 10	
		尺寸/mm	
NE	活塞杆(端)法兰厚度	30	借用代号
NH	耳环支架的厚度	35	
RT	螺纹安装孔的规格	8×M12	借用代号
SR	绕销轴轴线转动的最小半径	50	借用代号
TH	安装螺栓间距	130	
UJ	外形尺寸	150	
UL	外形尺寸	170	
UP	活塞杆(端)法兰外径	138	

　　杆端法兰式球铰（或称可调隙前耳环）主要由单耳环支架、带关节轴承可调隙的杆端单耳环、关节轴承用销轴、向心关节轴承，以及轴承的定位、调隙和销轴的锁板等结构组成。使用时，可根据现场情况通过轴承的调隙结构，对轴承的间隙亦即杆端连接间隙进行适当的调整。

　　缸底端球铰尺寸代号、代号含义及尺寸见表 3-91。

表 3-91　缸底端球铰尺寸代号、代号含义及尺寸

尺寸代号	代号含义	额定载荷/t	备注
		5 或 10	
		尺寸/mm	
E	端(底)部外形尺寸	150	借用代号
R	安装孔间距	115	
BT	肋(底)板厚度	30	借用代号
DK	关节轴承用销轴	45	借用代号
FB	安装孔直径	22	借用代号
FK	安装面至销轴轴线的距离	80	
FS	安装孔的距离	17.5	
HB	支架安装孔直径	18	
LU	安装距	190	自定义代号
NE	活塞杆(端)法兰厚度	30	借用代号
NH	耳环支架的厚度	35	
SR	绕销轴轴线转动的最小半径	50	借用代号
TH	安装螺栓间距	130	
TO	安装孔间距	110	
UJ	外形尺寸	150	
UL	外形尺寸	170	

缸底端球铰（或称可调隙后耳环）与杆端法兰式球铰（或称可调隙前耳环）结构原理基本相同，其主要由单耳环支架、带关节轴承可调的缸底端单耳环、关节轴承用销轴、向心关节轴承，以及轴承的定位、调隙和销轴的锁板等结构组成。使用时，也可根据现场情况通过轴承的调隙结构，对轴承的间隙亦即缸底端连接间隙进行适当的调整。

现在缸出力 30t 以下伺服液压缸用杆端法兰式球铰和缸底端球铰已经有系列化产品，读者如需采用可联系制造商直接购买。

3.18.2 一组标准化、系列化和模块化电液伺服阀控制液压缸设计

（1）带内置式位移传感器和拉压柱式测力传感器的等速伺服液压缸

图 3-44 所示为一种带内置式位移传感器和拉压柱式测力传感器的等速伺服液压缸（内部供油活塞杆静压支承结构）。

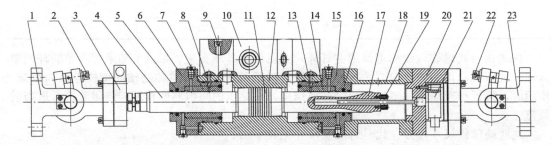

图 3-44　带内置式位移传感器和拉压柱式测力传感器的等速伺服液压缸（内部供油活塞杆静压支承结构）

1—可调隙前耳环；2,22—调隙螺钉；3—拉压力传感器；4—左活塞杆；5—左活塞杆密封系统；6—左端盖组件；
7—左静压支承结构件；8,13—固定小孔节流器；9—油路块安装螺钉；10—油路块（伺服阀安装座）；
11—活塞（与活塞杆一体结构）；12—缸筒；14—右静压支承结构件；15—右端盖组件；
16—右活塞杆密封系统；17—右活塞杆；18—连接筒；19—定位磁块组件；
20—传感器安装座；21—紧凑杆型位移传感器；23—可调隙后耳环

在图 3-44 中有一些零部件，包括集成于其上的电液伺服阀、液压蓄能器等没有示出。

图 3-44 所示为该系列伺服液压缸中的一种，其缸径为 63mm，活塞杆外径为 45mm，最大缸行程 75mm；额定压力 21MPa，耐压试验压力 28MPa；使用 46 抗磨液压油（NAS6 级）；两端耳环安装；集成的液压蓄能器（图中未示出）充气压力 P 口为 9～10MPa，T 口为 0.2MPa。

该系列等速伺服液压缸具有如下特点。

① 在 P、T 油口处安装了液压蓄能器。

② 带有内置式位移传感器和拉压柱式测力传感器。

③ 活塞采用间隙密封。

④ 活塞杆采用静压支承结构。

⑤ 带有可调隙前、后耳环，连接间隙可调。

⑥ 具有低起动压力、高使用寿命，以及良好的动态特性。

图 3-44 所示系列伺服液压缸基本参数见表 3-92。

表 3-92　图 3-44 所示系列伺服液压缸基本参数

序号	额定压力 /MPa	缸内径 /mm	活塞杆外径 /mm	最大缸行程 /mm	缸结构型式	缸安装型式	其他
1	21	50	40	75	双杆缸	MP6	可调隙前后耳环
2	21	63	45	75 或 150	双杆缸	MP6	可调隙前后耳环

序号	额定压力 /MPa	缸内径 /mm	活塞杆外径 /mm	最大缸行程 /mm	缸结构型式	缸安装型式	其他
3	21	80	50	75 或 150	双杆缸	MP6	可调隙前后耳环
4	21	90	56	75 或 150	双杆缸	MP6	可调隙前后耳环
5	21	100	63	75 或 150	双杆缸	MP6	可调隙前后耳环

作者注：该系列伺服液压缸并未全部在表 3-92 中列出。

（2）带外置式位移传感器的等速伺服液压缸

图 3-45 所示为一种带外置式位移传感器的等速伺服液压缸 I（外部供油活塞杆静压支承结构）。

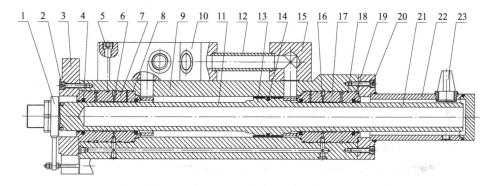

图 3-45 带外置式位移传感器的等速伺服液压缸 I（外部供油活塞杆静压支承结构）

1—直线位移传感器及组件；2—前法兰连接螺钉；3—前法兰；4—左活塞杆密封系统；5—油路块安装螺钉；
6,16—固定小孔阻尼器；7—左静压支承结构件；8,18—静密封；9—缸体；10—油路块（伺服阀安装座）；
11—左活塞杆；12—硬管；13—活塞（与活塞杆一体结构）；14—活塞密封；15—硬管直角接头；
17—右静压支承结构件；19—右活塞杆密封系统；20—后端盖连接螺钉；21—右活塞杆；
22—保护罩（与后端盖一体结构）；23—消声器

图 3-46 所示为一种带外置式位移传感器的等速伺服液压缸 II（内部供油活塞杆动静压支承结构）。

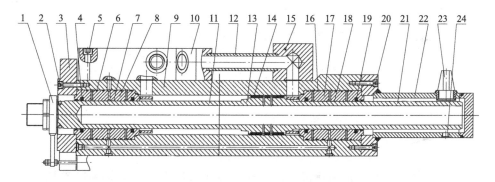

图 3-46 带外置式位移传感器的等速伺服液压缸 II（内部供油活塞杆动静压支承结构）

1—直线位移传感器及组件；2—前法兰连接螺钉；3—前法兰；4—左活塞杆密封系统；5—油路块安装螺钉；6,16—静密封；
7—左锥形油腔；8—左动静压支承结构件；9—缸体；10—油路块（伺服阀安装座）；11—左活塞杆；12—硬管；
13—活塞（与活塞杆一体结构）；14—动压支承及间隙密封；15—硬管直角接头；17—右动静压支承结构件；
18—右锥形油腔；19—右活塞杆密封系统；20—后端盖连接螺钉；21—右活塞杆；
22—保护罩（与后端盖一体结构）；23—消声器；24—泄漏油口

说明：

在图 3-45 和图 3-46 中未示出的有吊环螺钉、油口密封防尘堵、电液伺服阀、油路块密封防尘盖板、连接螺纹防护套、液压回路油道、液压蓄能器等。

图 3-45 和图 3-46 所示为该系列伺服液压缸中的各一种，其缸径都为 80mm，活塞杆外径 56mm，最大缸行程 200mm，额定压力 16MPa，耐压试验压力 21MPa；双活塞杆缸的前端圆法兰安装。

图 3-45 所示的等速伺服液压缸Ⅰ为外部供油和外部回油的静压支承结构，其最高供油压力为 12MPa；图 3-45 和图 3-46 所示伺服液压缸都具有两端带缓冲、外置直线位移传感器、P 油口和 T 油口带有液压蓄能器等结构特点。

图 3-45 和图 3-46 所示系列伺服液压缸基本参数见表 3-93。

表 3-93　图 3-45 和图 3-46 所示系列伺服液压缸基本参数

序号	额定压力 /MPa	缸内径 /mm	活塞杆外径 /mm	最大缸行程 /mm	缸结构型式	缸安装型式	其他
1	16	60	40	240	双杆缸	MDF3	静压支承
2	16	80	56	200	双杆缸	MDF3	静压支承
3	16	60	40	240	双杆缸	MDF3	圆锥静压支承
4	16	80	56	200	双杆缸	MDF3	圆锥静压支承

作者注：该系列伺服液压缸并未全部在表 3-93 中列出。

（3）带内置式位移传感器和拉压柱式测力传感器的拉杆式等速伺服液压缸

图 3-47 所示为一种带内置式位移传感器和拉压轮辐式测力传感器的拉杆式等速伺服液压缸。

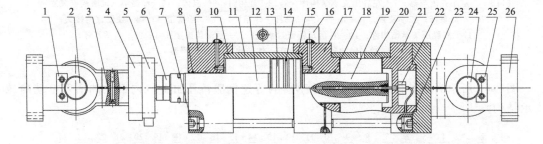

图 3-47　带内置式位移传感器和拉压轮辐式测力传感器的拉杆式等速伺服液压缸
1,25—锁板；2,24—销轴；3—调隙螺钉；4—可调隙前耳环；5—拉压力传感器；6—连接锁紧组件；
7—拉杆螺钉Ⅰ；8—左活塞杆密封系统；9—前端盖；10,15—静密封；11—缸筒；12—左活塞杆；
13—活塞（与活塞杆一体结构）；14—活塞密封；16—油路块（伺服阀安装座）；17—油端盖；
18—右活塞杆密封系统；19—右活塞杆；20—连接筒；21—传感器安装座；
22—直线位移传感器；23—拉杆螺钉Ⅱ；26—可调隙后耳环

在图 3-47 中有集成其上的电液伺服阀等未示出。

图 3-47 所示为该系列伺服液压缸中的一种，其缸径为 250mm，活塞杆外径为 125mm，最大缸行程 200mm；额定压力 21MPa，耐压试验压力 27MPa；两端耳环安装。

该系列拉杆式等速伺服液压缸具有如下特点。

① 拉杆式结构。

② 带有内置式位移传感器和轮辐式测力传感器。

③ 活塞采用密封圈密封。

④ 活塞杆采用密封圈密封或静压支承结构。

⑤ 带有可调隙前、后耳环，连接间隙可调。

⑥ 具有低起动压力、高使用寿命，以及良好的动态特性。

图 3-47 所示系列伺服液压缸基本参数见表 3-94。

表 3-94　图 3-47 所示系列伺服液压缸基本参数

序号	额定压力 /MPa	缸内径 /mm	活塞杆外径 /mm	最大缸行程 /mm	缸结构型式	缸安装型式	其他
1	21	95	63	100	双杆缸	MP6	可调隙前后耳环
2	21	125	75	200	双杆缸	MP6	可调隙前后耳环
3	21	180	90	200	双杆缸	MP6	可调隙前后耳环
4	21	250	126	200	双杆缸	MP6	可调隙前后耳环

作者注：该系列伺服液压缸并未全部在表 3-94 中列出。

（4）带外置式位移传感器和拉压柱式测力传感器的拉杆式等速伺服液压缸

图 3-48 所示为一种带外置式位移传感器和拉压柱式测力传感器的拉杆式等速伺服液压缸。

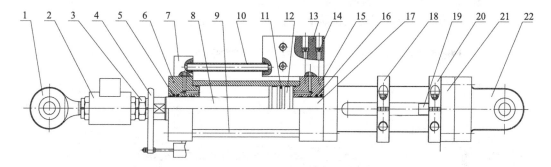

图 3-48　带外置式位移传感器和拉压柱式测力传感器的拉杆式等速伺服液压缸

1—杆用单耳环；2—柱式测力传感器；3—连接接头；4—位移传感器及组件；5—左活塞杆密封系统；6—前端盖；
7—硬管直角接头；8—左活塞杆；9—拉杆；10—硬管；11—活塞密封；12—活塞（与活塞杆一体结构）；
13—油路块（伺服阀安装座）；14—油路块安装螺钉；15—后端盖；16—右活塞杆密封系统；
17—右活塞杆；18—左限位螺母（缸进程）；19—限位块；20—右限位螺母（缸回程）；
21—行程限位及防转用螺纹筒；22—后端固定单耳环

在图 3-48 中未（完全）示出的有电液伺服阀、吊环螺钉、油口密封防尘堵、油路块密封防尘盖板、排放气阀、液压回路油道、过滤器以及静密封等。

图 3-48 所示为该系列伺服液压缸中的一种，其缸径为 125mm，活塞杆外径为 63mm，最大缸行程 200mm；额定压力 18MPa，耐压试验压力 27MPa；使用 46 抗磨液压油；两端耳环安装。

该系列拉杆式等速伺服液压缸具有如下特点。

① 将 P 油路过滤器、电液伺服阀等集成于伺服液压缸上。

② 带有外置式位移传感器和拉压柱式测力传感器等。

③ 带有机械保护装置。

④ 具有低起动压力、高使用寿命，以及良好的动态特性。

图 3-48 所示系列伺服液压缸基本参数见表 3-95。

表3-95　图3-48所示系列伺服液压缸基本参数

序号	额定压力 /MPa	缸内径 /mm	活塞杆外径 /mm	最大缸行程 /mm	缸结构型式	缸安装型式	其他
1	18	32	22	200	双杆缸	MP6	带机械保护装置
2	18	50	36	200	双杆缸	MP6	带机械保护装置
3	18	63	40	200	双杆缸	MP6	带机械保护装置
4	18	80	50	200	双杆缸	MP6	带机械保护装置
5	18	90	50	200	双杆缸	MP6	带机械保护装置
6	18	110	70	200	双杆缸	MP6	带机械保护装置
7	18	125	63	200	双杆缸	MP6	带机械保护装置
8	18	150	63	200	双杆缸	MP6	带机械保护装置
9	18	150	70	200	双杆缸	MP6	带机械保护装置
10	18	190	70	200	双杆缸	MP6	带机械保护装置
11	18	200	70	200	双杆缸	MP6	带机械保护装置

作者注：该系列伺服液压缸并未全部在表3-95中列出。

(5) 带拉压柱式测力传感器的差动伺服液压缸

图3-49所示为一种带拉压柱式测力传感器的差动伺服液压缸。

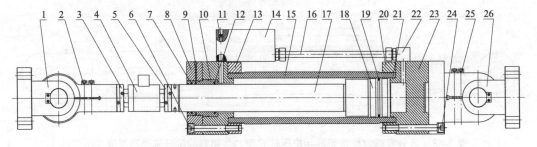

图 3-49　带拉压柱式测力传感器的差动伺服液压缸

1—可调隙前耳环；2,25—调隙螺钉；3,5—螺旋垫圈；4—拉压柱式测力传感器；6,24—缸体组件紧固螺钉；
7—活塞杆密封系统；8—压盖；9—活塞杆密封泄漏油口；10—导向套；11—油路块安装螺钉；12,21—静密封；
13,20—缸筒法兰；14—油路块（伺服阀安装座）；15—缸筒；16—硬管；17—活塞杆；
18—活塞（与活塞杆一体结构）；19—活塞密封；22—硬管直角接头；
23—缸底；26—可调间后耳环

在图3-49中未（完全）示出的有电液伺服阀、液压保护模块上各种液压阀等（油路块上安装的）、吊环螺钉、外接油口及密封防尘堵、油路块密封防尘盖板、排放气阀、液压回路油道、过滤器以及静密封等。

图3-49所示为该系列伺服液压缸中的一种，其缸径为160mm，活塞杆外径为110mm，最大缸行程500mm；额定压力21MPa，耐压试验压力27MPa；使用46抗磨液压油；两端耳环安装。

该系列差动伺服液压缸具有如下特点。

① 将电液伺服阀及液压保护模块（含P油路过滤器）等集成在伺服液压缸上。

② 带拉压柱式测力传感器。

③ 采用了可调隙耳环。

④ 活塞杆密封设有外部泄油通道。

⑤ 具有低起动压力、高使用寿命，以及良好的动态特性。

图 3-49 所示系列伺服液压缸基本参数见表 3-96。

表 3-96　图 3-49 所示系列伺服液压缸基本参数

序号	额定压力 /MPa	缸内径 /mm	活塞杆外径 /mm	最大缸行程 /mm	缸结构型式	缸安装型式	其他
1	21	50	40	700	差动缸	MP6	可调隙前后耳环
2	21	70	55	1000(500)	差动缸	MP6	可调隙前后耳环
3	21	95	70	1000(500)	差动缸	MP6	可调隙前后耳环
4	21	115	80	1000(500)	差动缸	MP6	可调隙前后耳环
5	21	150	110	1000(500)	差动缸	MP6	可调隙前后耳环
6	21	160	110	1000(500)	差动缸	MP6	可调隙前后耳环
7	21	180	110	1000(500)	差动缸	MP6	可调隙前后耳环

作者注：该系列伺服液压缸并未全部在表 3-96 中列出。

3.19　电液伺服阀控制液压缸制造

机械加工工艺是根据图纸及技术要求等将各种原材料、半成品通过利用机械力对其进行加工，使其成为符合图纸及技术要求的产品的加工方法和过程。

装配工艺是根据图纸及技术要求等将零件或部件进行配合和连接，使之成为符合图纸及技术要求的半成品或成品的装配方法和过程。

机械加工工艺和装配工艺一般都需要具体化即文件化、制度化，其常用工艺文件之一——工艺过程卡片，是以工序为单位简要说明产品或零、部件的加工（或装配）过程的一种工艺文件，以下机械加工工艺和装配工艺以工艺过程卡片型式给出，但还包括了材料及其热处理，一些表面工程技术，如珩磨孔、表面淬火和表面防锈（涂装）等。

为了使机械加工工艺和装配工艺制度化，可制订典型工艺，即根据产品或零件的结构和工艺特性进行分类或分组，对同类或同组的产品或零件制订统一的加工（装配）方法和过程，对液压缸这种产品而言，制订典型工艺非常必要。

3.19.1　电液伺服液压缸主要缸零件的加工工艺

因缸体、活塞杆机械加工工艺过程在电液伺服液压缸中有典型意义，所以下面只给出缸体、活塞杆机械加工工艺过程，同时省略了工艺附图。

在机械加工工艺过程卡片中，因各电液伺服液压缸制造商的设备可能各种各样，所以只给出了设备名称而没有进一步给出设备型号；同样，因使用的工艺设备也可能是各种各样，所以只给出了专用的、特殊的或必需的而没有进一步给出一般的、通用的或常用的工艺装备。

加工件入库及保管、储存及运输等工艺要求，不在本卡片范围内。

（1）缸体加工工艺

① 缸体的结构型式和技术要求。

图 3-50 所示为一种常见的双出杆（等速）伺服液压缸中活塞杆采用静压支承结构的缸体结构型式。

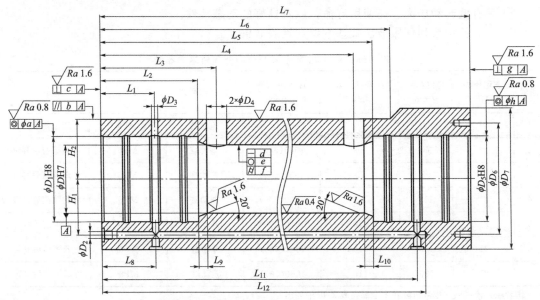

图 3-50　缸体（活塞杆采用静压支承结构）

注：一些尺寸在图样中并未全部注出。

缸体一般技术要求如下。

a. 粗加工后进行调质，要求硬度达到 28～32HRC。

b. 除沟槽外，其他棱角倒钝（圆），去净毛刺。

c. 各面不得留有卡痕，不得有磕碰、划伤，注意工序间防锈。

d. 根据用户要求进行表面涂装或前处理。

e. 缸体应在 21MPa 压力下进行（静压）耐压试验，出厂试验保压 10s。

f. 成品未涂装表面涂防锈油（液）后垂直封存（储），注意保护好各面。

g. 线性和角度尺寸未注公差按 GB/T 1804-m。

h. 形位公差未注公差按 GB/T 1184-K。

i. 留存材质单、热处理检验单、镀层检验单。

② 缸体机械加工工艺。

缸体机械加工工艺过程可按表 3-97。

表 3-97　缸体机械加工工艺过程卡片

材料牌号	机械加工工艺过程卡片		产品型号		零件图号			
			产品名称	伺服液压缸	零件名称	缸体	共 1 页	第 1 页
45	毛坯种类	锻件	毛坯外形尺寸		每毛坯可制件数	1	每台件数	1
工序号	工序名称	工序内容					设备	工艺装备
1	锻	按缸体毛坯锻造图锻造,并进行退火或正火处理 170～210HBW,且符合锻件图技术要求和相关标准要求						
2	检	按锻件图检查,合格入库						

续表

工序号	工序名称	工序内容	设备	工艺装备
3	粗车	车床四爪单动卡盘装夹工件一端,找正;按粗加工图粗车外圆、内孔及一端面;掉头取总长,留够余量	车床	
4	热处理	调质处理 28～32HRC,符合技术要求和相关标准要求		
5	检	按粗加工图检查工件硬度及表面质量,硬度应均匀,不得有裂纹、局部缺陷等;注意留存热处理检验单;合格入库		
6	精车	车床三爪自定心卡盘装卡毛坯左端内孔,车毛坯右端内孔一段,用于安装中心堵 安装中心堵后,半精车、精车外圆及右端面到达图样要求 车床三爪自定心卡盘装卡已精加工右端外圆,使用中心架,半精车、精车 ϕD_1、ϕD 内孔各部及端面,ϕD_1、ϕD 留够精加工余量 掉头车床三爪自定心卡盘装卡已精加工左端外圆,使用中心架,半精车、精车 ϕD_5 内孔各部,ϕD_5 留够精加工余量 待缸体冷却至室温后,精车 ϕD 内孔,留珩磨量	车床	中心架
7	珩磨	珩磨 ϕD 内孔达到图样要求,注意防止磕碰、划伤	珩磨机	
8	检	检查 ϕDH7 内孔尺寸和公差、几何精度及表面粗糙度等,注意已加工表面尤其是珩磨表面的工序间防锈		
9	精车	采用定心夹紧芯轴装夹缸体,精车 ϕD_1、ϕD_5 内孔达到图样要求	车床	定心夹紧芯轴
10	检	检查各部尺寸和公差、几何精度及表面粗糙度等,尤其注意检查各处倒角、圆角和倒圆,合格后做短期防锈处理		
11	精铣	按图样铣缸体上平面,保证 H_2 尺寸并达到几何精度、表面粗糙度要求	(数控)铣床	
12	钳	根据图样在平板(台)上划各(螺纹)孔中心线、打样冲眼,并加工线和看线		0 级铸铁平板
13	钳	在摇臂钻床上按图样钻孔、扩孔、锪孔、倒角、攻螺纹等并达到图样及技术要求,注意锪孔底面表面粗糙度和垂直度要求,去毛刺、清理干净孔内铁屑、杂质 注意各孔加工后不宜再留有划线痕迹,注意不得磕碰、划伤工件表面	摇臂钻床	
14	检	按图纸及技术要求检查各部尺寸和公差、几何精度及表面粗糙度等,合格后经防锈处理后入库		

标记	处数	更改文件号	签字	日期	设计	审核	标准化	会签	日期

作者注：1. 表 3-97 根据 JB/T 9165.2—1998《工艺规程格式》中格式 9 进行了简化,以下卡片同。

2. 缸筒加工设备可能是普通(数控)卧式车床、(斜床身)油缸加工专用数控车床或管螺纹车床等。

（2）活塞杆设计加工工艺

① 双杆活塞杆的结构型式和技术要求。图 3-51 所示为一种常见的双出杆（等速）伺服液压缸中双杆活塞杆（与活塞一体结构）的结构型式。

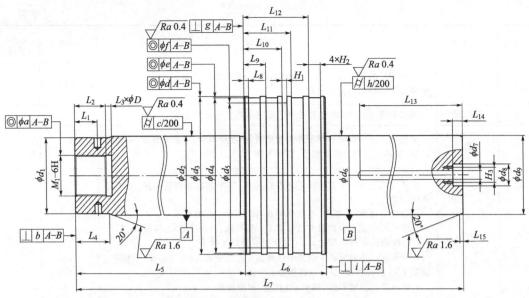

图 3-51　双杆活塞杆（与活塞一体结构）

注：一些尺寸在图样中并未全部注出。

与活塞一体结构的双杆活塞杆一般技术要求如下。

a. 粗加工后进行调质，要求硬度达到 28～32HRC。

b. 除沟槽外，其他棱角倒钝（圆），去净毛刺。

c. 各密封沟槽包括支承环槽边棱、槽底圆角按所选密封件制造商要求。

d. ϕd_2 和 ϕd_6 表面高频淬火，硬化层深度 2.0～2.5mm，硬度（回火后）52～57HRC。

e. ϕd_2 和 ϕd_6 表面镀硬铬，镀层厚 0.03～0.05mm。

f. 各面不得留有卡痕，不得有磕碰、划伤，注意工序间防锈。

g. 成品未进行铬层覆盖的表面涂防锈油（液）后垂直封存（储），注意保护好各面。

h. 线性和角度尺寸未注公差按 GB/T 1804-m。

i. 形位公差未注公差按 GB/T 1184-K。

j. 留存材质单、热处理检验单、镀层检验单。

② 双杆活塞杆机械加工工艺。双杆活塞杆机械加工工艺过程可按表 3-98。

表 3-98　双杆活塞杆机械加工工艺过程卡片

材料牌号	机械加工工艺过程卡片			产品型号		零件图号			
				产品名称	伺服液压缸	零件名称	活塞杆	共1页	第1页
42GrMo	毛坯种类	锻件	毛坯外形尺寸			每毛坯可制件数	1	每台件数	1
工序号	工序名称	工序内容						设备	工艺装备
1	锻	按活塞杆毛坯锻造图锻造,并进行退火或正火处理 170～210HBW,且符合锻件图技术要求和相关标准要求							
2	检	按锻件图检查,合格入库							

工序号	工序名称	工序内容	设备	工艺装备
3	粗车	按粗加工图,车床三爪自定心卡盘(卡爪与工件间垫钢丝)装卡毛坯右端外圆,按毛坯左端外圆找正;粗车活塞毛坯外圆、左活塞杆毛坯外圆及端面,粗车密封沟槽,粗车内孔,各部留半精车、精车余量 掉头车床三爪自定心卡盘装卡左端已粗车外圆,粗车右活塞杆外圆直径及取长度,各部留半精车、精车余量 可在粗车活塞外圆后使用中心架,并可对活塞密封沟槽不进行粗加工(以下工艺按沟槽不进行粗加工)	车床	中心架
4	热处理	调质处理 28～32HRC,符合技术要求和相关标准要求		
5	检	按粗加工图检查工件硬度及表面质量,硬度应均匀,不得有裂纹、局部缺陷等;注意留存热处理检验单;合格入库		
6	精车	车床三爪自定心卡盘装卡右端外圆直径,从左端开始精车一段左活塞杆外圆直径,安装中心架支承该段活塞杆外圆 精车左活塞杆端内螺纹 M_1-6H 及端面等达到图样要求 安装一次性带螺纹中心堵,并钻带螺纹中心堵上中心孔 撤掉中心架,以夹顶方法装夹活塞杆,将左活塞杆端 ϕd_1 及 20°角等按图样加工完毕 掉头车床三爪自定心卡盘装卡左端已精车外圆,精车一段右活塞杆外圆直径,安装中心架支承该段活塞杆外圆 精车右活塞杆端内孔各部达到图样要求 注意取总长及螺纹应采用螺纹量规检查	车床	中心架 一次性带螺纹中心堵 螺纹量规
7	钳	钳工划右活塞杆端各螺纹孔中心线、打样冲眼,划加工线及看线 钳工划左活塞杆端外圆上四孔中心线、打样冲眼,划加工线及看线		分度头
8	钳	在摇臂钻床上按图纸钻孔、倒角、攻螺纹等并达到图样及技术要求,注意去毛刺、清理干净孔内铁屑、杂质 注意各孔加工后不宜再留有划线痕迹,注意不得磕碰、划伤工件表面	摇臂钻床	
9	半精车	车床三爪自定心卡盘装卡左端已精车外圆 安装一次性法兰中心堵,并钻法兰中心堵上中心孔 以拨顶方法装夹活塞杆,半精车左活塞杆、活塞、右活塞杆外圆及活塞端面,留精车、磨外圆余量	车床	一次性法兰中心堵
10	热处理	带一次性中心堵的活塞杆的 ϕd_2 和 ϕd_6 表面高频淬火,硬化层深度 2.0～2.5mm,硬度(回火后)52～57HRC 注意不得对砂轮磨削越程槽及活塞部分进行高频淬火 热处理时注意保护好两中心孔		
11	研中心孔	研磨两中心孔达到图纸要求	车床	金刚石研磨顶尖
12	精车	以拨顶方法装夹活塞杆,按图纸及技术要求精车活塞密封沟槽、活塞外径、砂轮越程槽(退刀槽)、倒角等各部达到图样及技术要求,注意密封沟槽槽棱圆角半径和各倒圆处	车床	
13	磨外圆	以拨顶方法装夹活塞杆,按图样上左、右活塞杆尺寸磨削活塞杆外圆,且单边留(多磨下)0.03～0.05mm 电镀层厚度(尽量磨下 0.05mm),表面粗糙度值不得高于 $Ra0.32\mu m$,宜在 $Ra0.2\mu m$ 或以下	外圆磨床	

续表

工序号	工序名称	工序内容	设备	工艺装备
14	镀硬铬	按图样及技术要求镀硬铬,硬铬覆盖层硬度应大于或等于 $800HV_{0.2}$,硬铬覆盖层厚度宜在 0.05~0.10mm 一般硬铬覆盖层留抛光余量在 0.01~0.03mm		
15	抛光	以拨顶方法装夹活塞杆,抛光活塞杆外圆表面至图样要求尺寸,表面粗糙度值≤ $Ra0.4\mu m$;及抛光砂轮越程槽(退刀槽)和倒圆处	车床或其他	抛光轮抛光剂
16	检	按图样及技术要求检查除内孔以外的各部尺寸和公差、几何精度及表面粗糙度等 如有问题,必须在未拆下一次性中心堵前返修完毕 注意对抛光后的表面进行几何精度检验		
17	检	按图样及技术要求检查各部尺寸和公差、几何精度及表面粗糙度等,合格后经防锈处理后入库 必要时除检测活塞杆表面的 Ra 值外,还可检测 Rz 和 Rmr 或 Pt 值,以便于更为科学地评价活塞杆密封性能		

标记	处数	更改文件号	签字	日期	设计	审核	标准化	会签	日期

作者注:1. 一般非空心活塞杆(活塞与活塞杆为一体结构)的毛坯可采用铸件、圆(条)钢,自由锻、楔横轧和锻压镦粗锻件,焊接件其中包括环缝焊、摩擦焊焊接件等。

2. 加工一般活塞杆的两中心孔的设备可选用双面(铣)钻中心孔专机;抛光活塞杆镀硬铬后外圆设备可选用活塞杆精整抛光(研磨)专机。

3.19.2 电液伺服液压缸的装配工艺

在第 2.10.6 节电液伺服阀的装配工艺中,环境要求、污染控制要求、防锈要求等一般都适用于电液伺服液压缸。

以图 3-45 所示带外置式位移传感器的等速伺服液压缸Ⅰ(外部供油活塞杆静压支承结构)为例,伺服液压缸装配工艺过程可按表 3-99。

表 3-99 伺服液压缸装配工艺过程卡片

工序号	装配工艺过程卡片		产品型号		零件图号		共 1 页	第 1 页
			产品名称	伺服液压缸	零件名称			
	工序名称	工序内容					设备及工艺装备	辅助材料
1	准备	①根据生产任务调度单,领取并进一步熟悉装配图纸和相关工艺文件 ②根据调度单及装配图中的零件明细表领取零件,且领取数量与实际装配所需数量相符 ③检查各零件质量状况,尤其注意检查密封件型式、规格和尺寸及外观质量,发现问题及时报告 ④按清洗工艺认真清洗各零件;注意除特殊情况外,密封件不可清洗 ⑤检查各零件清洁度并符合标准要求,此为产品质量控制点之一 ⑥准备好干净的润滑油和润滑脂,保证不进行干装配 ⑦登记装配现场的工艺装备包括工具、低值易耗品明细表,备查 ⑧零件干燥后及时装配						

续表

工序号	装配工艺过程卡片		产品型号		零件图号			
			产品名称	伺服液压缸	零件名称		共 1 页	第 1 页
	工序名称	工序内容					设备及工艺装备	辅助材料
2	部件装配	在未安装密封件前提下，将以下零部件进行部件装配，以检查它们之间的配合是否符合图样及技术要求 ①直线位移传感器及组件 1 与左活塞杆 11 端 ②左静压支承结构件 7 与缸体 9 左端部 ③左静压支承结构件 7 与左活塞杆 11 ④缸体 9 与活塞 13 ⑤缸体 9 右端部与右静压支承结构件 17 ⑥右静压支承结构件 17 与右活塞杆 21 以及前法兰 3 和保护罩（与后端盖一体结构）22 安装后的轴向游隙情况，注意防止干装配及磕碰、划伤零部件						
3	总装	①将固定小孔阻尼器 6、16 与左、右静压支承结构件 7、17 组装 ②根据密封件安装工艺安装各密封圈包括支承环，并涂覆适量润滑油（脂） ③在缸体 9 内孔涂覆适量润滑油（脂）后，将活塞（与活塞杆一体结构）13 与缸体 9 进行装配，手动推拉进行检查 ④将左静压支承结构件 7 和右静压支承结构件 17 与缸体 9 和活塞 13 装配 ⑤根据装配技术要求和规定的螺钉拧紧力矩，将前法兰 3 和保护罩（与后端盖一体结构）22 与缸体 9 连接 ⑥先将油路块（伺服阀安装座）10、硬管 12 和硬管直角接头 15 以及它们之间的密封件安装好，然后一起安装在缸体 9 上，注意装配技术要求和规定的螺钉拧紧力矩 ⑦将直线位移传感器及组件 1 和外置直线位移传感器安装好 ⑧将其他件安装好，如消音器 23、吊环螺钉、液压蓄能器、油堵、接头、油路块密封封尘板、各油口密封防尘堵等						
4	检查	①除标牌外，该液压缸所有零部件应安装完毕 ②检查工具、低值易耗品等，不得缺少；检查零部件是否存在多余情况 ③检查产品表面是否有磕碰、划伤，以及锈蚀等问题 ④按技术要求检查液压蓄能器充气压力 ⑤经（初步）编号后，准备进行出厂试验						

标记	处数	更改文件号	签字	日期	设计	审核	标准化	会签	日期

作者注：表 3-99 根据 JB/T 9165.2—1998《工艺规程格式》中格式 23 进行了简化。

3.19.3　电液伺服液压缸的试验方法

在 GB/T 32216—2015《液压传动　比例/伺服控制液压缸的试验方法》（2015-12-10 发布，2017-01-01 实施）中规定的范围为："本标准规定了比例/伺服控制液压缸的型式试验和出厂试验的试验方法。本标准适用于以液压油液为工作介质的比例/伺服控制的活塞式和柱塞式液压缸（以下简称液压缸或活塞缸、柱塞缸）。"

3.19.3.1 试验装置和试验条件

（1）试验装置

① 试验原理图。比例/伺服控制液压缸的稳态和动态试验原理图见图3-52～图3-54，图中所有图形符号符合 GB/T 786.1—2009 规定。

作者注：仅原图1中即可见9处图形符号不正确。

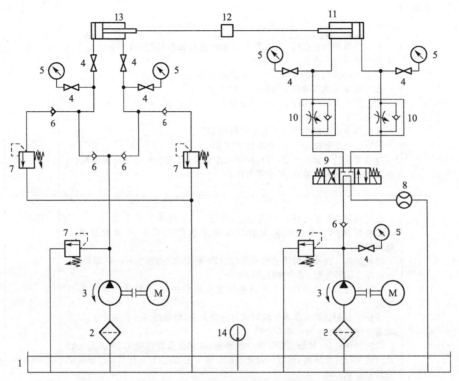

图 3-52　液压缸稳态试验液压原理图（按原图1重新绘制）

1—油箱；2—过滤器；3—液压泵；4—截止阀；5—压力表；6—单向阀；7—溢流阀；8—流量计；
9—电磁（液）换向阀；10—单向节流阀；11—被试液压缸；12—力传感器；13—加载缸；14—温度计

② 安全要求。试验装置应充分考虑试验过程中人员及设备的安全，应符合 GB/T 3766—2015 的相关要求，并有可靠措施，防止在发生故障时，造成电击、机械伤害或高压油射出等伤人事故。

③ 试验用比例/伺服阀。试验用比例/伺服阀响应频率应大于被试液压缸最高试验频率的3倍以上。

试验用比例/伺服阀的额定流量应满足被试液压缸的最大运动速度。

④ 液压源。试验装置的液压源应满足试验用的压力，确保比例/伺服阀的供油压力稳定，并满足动态试验的瞬时流量需要；应有温度调节、控制和显示功能；应满足液压油液污染度等级要求，见 3.19.3.1(2)③。

⑤ 管路及测压点位置。

a.试验装置中，试验用比例/伺服阀与被试液压缸之间的管路应尽量短，且尽量采用硬管；管径在满足最大瞬时流量前提下，应尽量小。

b.测压点应符合 GB/T 28782.2—2012 中 7.2 的规定。

⑥ 仪器。

a.自动记录分析仪器应能测量正弦输入信号之间的幅值比和相位移。

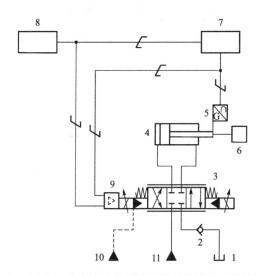

图 3-53 活塞缸动态试验液压原理图（按原图 2 重新绘制）

1—（回到）油箱；2—单向阀；3—比例/伺服阀；4—被试比例/伺服阀控制液压缸（活塞式）；

5—位移传感器；6—加载装置；7—自动记录分析仪器；8—可调振幅和频率的信号发生器；

9—比例/伺服放大器；10—控制用液压源；11—液压（动力）源

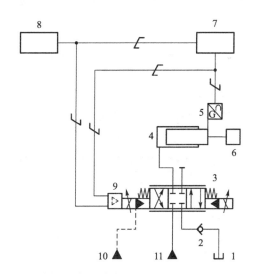

图 3-54 柱塞缸动态试验液压原理图（按原图 3 重新绘制）

1—（回到）油箱；2—单向阀；3—比例/伺服阀；4—被试比例/伺服阀控制液压缸（柱塞式）；5—位移传感器；

6—加载装置；7—自动记录分析仪器；8—可调振幅和频率的信号发生器；9—比例/伺服放大器；

10—控制用液压源；11—液压（动力）源

b. 可调振幅和频率的信号发生器应能输入正弦波信号，可在 0.1Hz 到试验要求的最高频率之间进行扫描；还应能输入正向阶跃和负向阶跃信号。

c. 试验装置应具备对被试液压缸的速度、位移、输出力等参数进行实时采样的功能，采样速度应满足试验控制和数据分析的需要。

⑦ 测量准确度。测量准确度按照 JB/T 7033—2007 中 4.1 的规定，型式试验采用 B 级，出厂试验采用 C 级。测量系统的允许系统误差应符合表 3-100 的规定。

表 3-100　测量系统允许系统误差

测量参量		测量系统的允许误差	
		B 级	C 级
压力	$p<0.2$MPa 表压时/kPa	±3.0	±5.0
	$p\geqslant0.2$MPa 表压时/%	±1.0	±1.5
温度/℃		±1.0	±2.0
力/%		±1.0	±1.5
速度/%		±0.5	±1.0
时间/ms		±1.0	±2.0
位移/%		±0.5	±1.0
流量/%		±1.5	±2.5

（2）试验用液压油液

① 黏度。试验用液压油液在 40℃时的运动黏度应为 29～74mm²/s。

② 温度。除特殊规定外，型式试验应在 50℃±2℃下进行；出厂试验应在 50℃±4℃下进行。出厂试验可降低温度，在 15～45℃范围内进行，但检测指标应根据温度变化进行相应调整，保证在 50℃±4℃时能达到产品标准规定的性能指标。

③ 污染度。对于伺服控制液压缸试验，试验用液压油液的固体颗粒污染度不应高于 GB/T 14039—2002 规定的—/17/14；对于比例控制液压缸试验，试验用液压油液的固体颗粒污染度不应高于 GB/T 14039—2002 规定的—/18/15。

④ 相容性。试验用液压油液应与被试液压缸的密封件以及其他与液压油液接触的零件材料相容。

（3）稳态工况

试验中，各被控测量平均显示值在表 3-101 规定的范围内变化时为稳态工况。应在稳态工况下测量并记录各个参量。

表 3-101　被控参量平均显示值允许变化范围

被控参量		平均显示值允许变化范围	
		B 级	C 级
压力	$p<0.2$MPa 表压时/kPa	±3.0	±5.0
	$p\geqslant0.2$MPa 表压时/%	±1.5	±2.5
温度/℃		±2.0	±4.0
力/%		±1.5	±2.5
速度/%		±1.5	±2.5
位移/%		±1.5	±2.5

3.19.3.2　试验项目和试验方法

（1）试运行

应按照 GB/T 15622—2005 的 6.1 进行试运行。

（2）耐压试验

使被试液压缸活塞分别停留在行程的两端（单作用液压缸处于行程的极限位置），分别向工作腔施加 1.5 倍额定压力，型式试验应保压 10min，出厂试验应保压 5min。观察被试液压缸有无泄漏和损坏。

（3）起动压力特性试验

试运行后，在无负载工况下，调整溢流阀的压力，使被试液压缸一腔压力逐渐升高，至液压缸起动时，记录测试过程中的压力变化，其中的最大压力值即为最低起动压力。对于双作用液压缸，此试验正、反方向都应进行。

（4）动摩擦力试验

在带负载工况下，使被试液压缸一腔压力逐渐升高，至液压缸启动并保持匀速运动时，记录被试液压缸进、出口压力（对于柱塞缸，只记录进口压力）。对于双作用液压缸，此试验正、反方向都应进行。本项试验因负载条件对试验结果会有影响，应在试验报告中记录加载方式和安装方式。动摩擦力按下式计算：

$$F_d = (p_1 A_1 - p_2 A_2) - F \tag{3-43}$$

式中　F_d——动摩擦力，N；

p_1——进口压力，MPa；

p_2——出口压力，MPa；

A_1——进口腔活塞有效面积，mm^2；

A_2——出口腔活塞有效面积，mm^2；

F——负载力，N。

（5）阶跃响应试验

调整油源压力到试验压力，试验压力范围可选定为被试液压缸的额定压力的 10%～100%。

在液压缸的行程范围内，距离两端极限行程位置 30%缸行程的中间区域任意位置选取测试点；调整信号发生器的振幅和频率，使其输出阶跃信号，根据工作行程给定阶跃幅值（幅值范围可选定为被试液压缸工作行程的 5%～100%），利用自动分析记录仪记录试验数据，绘制阶跃响应特性曲线，根据曲线确定被试液压缸的阶跃响应时间。

对于双作用液压缸，此试验正、反方向都应进行。对于两腔面积不一致的双作用液压缸，应采取补偿措施，保证正、反方向阶跃位移相等。

本项试验因负载条件对试验结果会有影响，应在试验报告中记录加载方式和安装方式。

（6）频率响应试验

调整油源压力到试验压力，试验压力范围可选定为被试液压缸的额定压力的 10%～100%。

在液压缸的行程范围内，距离两端极限行程位置 30%缸行程的中间区域任意位置选取测试点；调整信号发生器的振幅和频率，使其输出正弦信号，根据工作行程给定幅值（幅值范围可选定为被试液压缸工作行程的 5%～100%），频率由 0.1Hz 逐步增加到被试液压缸响应幅值衰减到 −3dB 或相位滞后 90°，利用自动分析记录仪记录试验数据，绘制频率响应特性曲线，根据曲线确定被试液压缸的幅频宽及相频宽两项指标，取两项指标中较低值。

对于两腔面积不一致的双作用液压缸，应采取补偿措施，保证正、反方向阶跃位移相等。

本项试验因负载条件对试验结果会有影响，应在试验报告中记录加载方式和安装方式。

（7）耐久性试验

在设计的额定工况下，使被试液压缸以指定的工作行程和设计要求的最高速度连续运行，速度误差为 ±10%。一次连续运行 8h 以上。在试验期内，被试液压缸的零件均不应调整。记录累积运行的行程。

（8）泄漏试验

应按照 GB/T 15622—2005 的 6.5 分别进行内泄漏、外泄漏以及低压下的爬行和泄漏试验。

(9) 缓冲试验

当被试液压缸有缓冲装置时，应按照 GB/T 15622—2005 的 6.6 进行缓冲试验。

(10) 负载效率试验

应按照 GB/T 15622—2005 的 6.7 进行负载效率试验。

(11) 高温试验

应按照 GB/T 15622—2005 的 6.8 进行高温试验。

(12) 行程检验

应按照 GB/T 15622—2005 的 6.9 进行行程检验。

3.19.3.3 型式试验

型式试验应包括下列项目。

① 试运行。

② 耐压试验。

③ 起动压力特性试验。

④ 动摩擦力试验。

⑤ 阶跃响应试验。

⑥ 频率响应试验。

⑦ 耐久性试验。

⑧ 泄漏试验。

⑨ 缓冲试验（当产品有此项要求时）。

⑩ 负载效率试验。

⑪ 高温试验（当产品有此项要求时）。

⑫ 行程检验。

3.19.3.4 出厂试验

出厂试验应包括下列项目。

① 试运行。

② 耐压试验。

③ 起动压力特性试验。

④ 动摩擦力试验。

⑤ 阶跃响应试验。

⑥ 频率响应试验。

⑦ 泄漏试验。

⑧ 缓冲试验（当产品有此项要求时）。

⑨ 行程检验。

3.19.3.5 环境试验

对于该标准规定的试验，应在该标准规定的试验条件下进行。然而，由于液压装置在不同环境条件下的实际应用不断增加，也许有必要进行其他试验来证实在不同环境下液压缸的特性。在这种情况下，环境测试的要求宜由供应商和用户商定。

环境测试包括以下内容。

① 环境温度范围。

② 油液温度范围。

③ 振动。

④ 冲击。

⑤ 加速度。

⑥ 防爆阻抗。

⑦ 防火阻抗。

⑧ 浸蚀阻抗。

⑨ 真空度。

⑩ 环境压力。

⑪ 防热辐射。

⑫ 抗浸水性。

⑬ 湿度。

⑭ 电灵敏度。

⑮ 空气粉尘含量。

⑯ EMC（电磁兼容性）。

⑰ 污染敏感度。

3.19.3.6　几点说明

① 因伺服控制液压缸需要与电液伺服阀配套使用，如其试验条件与电液伺服阀不一致，则其试验结果包括特性曲线都可能存在一些问题。

作者认为，一般应在其所配套的电液伺服阀的标准试验条件下对液压缸进行试验，同时作者不同意"出厂试验可降低温度"的说法和/或做法。

② 特别指出："对于伺服控制液压缸试验，试验用液压油液的固体颗粒污染度不应高于 GB/T 14039—2002 规定的—/17/14"这样的要求偏低。

作者认为，应按电液伺服阀标准试验条件（见表 2-80）规定伺服液压缸试验用液压油液的污染度等级，即：试验用液压油液的固体颗粒污染等级代号应不劣于 GB/T 14039—2002（ISO 4406：1999，MOD）中的—/15/12（相当于 NAS 1638 规定的 6 级）。

③ 关于伺服液压缸启动摩擦力问题，作者已在第 3.10.3 节中有所论述，且认为："以起动压力不超过 0.3MPa 的电液伺服阀控制液压缸为低摩擦力液压缸的这种提法较为合适"。现在的问题是，如按"对于双作用液压缸，此试验（起动压力特性试验）正、反方向都应进行"，那么对于差动伺服液压缸（单杆缸），究竟是无杆腔起动压力，还是有杆腔起动压力，以及应在试运行多少次后进行测试。

存在上述问题，不利于提高伺服控制液压缸试验的规范性，也不利于提高记录伺服控制液压缸性能数据的一致性。

作者认为，对单杆缸而言，以无杆腔起动压力为准为好，且宜在试运行 20 次后进行检测。

④ 关于带载动摩擦力试验因负载条件对试验结果会有影响，因此此项试验可能存在很大问题。

作者认为，试验时给出偏载曲线是个解决办法，具体可参考参考文献 [72] 第 22-421 页。

⑤ 内或外置传感器是一般伺服控制液压缸都带有的重要部件，其性能直接影响或标志伺服控制液压缸质量或档次，本应在伺服控制液压缸试验中有所表示，但在现行标准中却缺失传感器相关技术要求和试验方法。

作者认为，至少应在伺服控制液压缸试验报告中反映出所带传感器型号和精度（等级）。

⑥ 伺服控制液压缸的安装和连接都很重要，作者在第 3.18.1 节中对连接有所论述。仅在动摩擦力试验、阶跃响应试验、频率响应试验时"应在试验报告中记录加载方式和安装方式"是不够的，同样存在上述两项"不利于"问题。

作者认为，对有具体应用的伺服控制液压缸，宜有模拟实际安装和连接包括安装姿态的台架试验，否则该液压缸在实际使用时可能问题很多。

⑦ 伺服控制液压缸的液压固有频率这个参数很重要，尤其对于应用于动态特性要求较高的场合的伺服控制液压缸。

作者认为，试验时复核一下该液压缸最低液压缸固有频率是必要的。

⑧ 比例/伺服控制液压缸的试验报告格式在 GB/T 32216—2015 资料性附录 A 中给出；带液压保护模块的伺服控制液压缸可采用表 3-102 所示报告格式做出试验报告。

表 3-102 伺服控制液压缸试验报告

试验类别		油温		试验日期	
伺服阀编号		试验装置名称		试验室名称 （盖章）	
保护模块编号					
被试液压缸编号					
试验用 液压油液类		油液污染度		检验操作人员 （签字）	
打压腔 （正反向试验）		加载方式			

被试液压缸特征	类型		油口尺寸/mm		
	额定压力/MPa		安装尺寸/mm		
	工作压力范围/MPa		传感器型号		
	缸径/mm		缓冲装置		
	活塞杆外径/mm		密封件材料		
	最大缸行程/mm		制造商名称		
	缸工作行程范围/mm		出厂日期		

序号	试验项目		技术要求	试验测量值	试验结果	备注
1	外观					
2	紧固件及拧紧力矩					
3	试运行					
4	耐压试验					
5	起动压力特性试验					
6	信号极性与控制方向					
7	电液伺服阀零偏					
8	缸行程检验					
9	动摩擦力试验					
10	阶跃响应试验					
11	频率响应试验					
12	泄漏试验	内泄漏				
		外泄漏				
		低压下的泄漏				
		低压下的运行				

续表

序号	试验项目		技术要求	试验测量值	试验结果	备注
13	保护模块	限压性能试验				
		泄压性能试验				
		保压性能试验				
		其他性能试验				
14	传感器精度检验					
15	缓冲试验					
16	负载效率试验					
17	高温试验					
18	耐久性试验					

注：本书将"最大缸行程"和"缸最大行程"作为同义词使用。

第 **4** 章 液压伺服阀控制系统设计与制造

4.1 电液伺服阀控制系统设计

电液伺服阀控制系统设计是一项应用创新思维、采用创新方法以实现创新技术的活动，即以新颖独特的方式对已有信息进行加工、改造、重组和迁移，从而获得有效的创意，应用一种或多种科学思维、科学方法、科学工具以实现技术创新。

本节只是为读者描述了一个概略的或一般的电液伺服阀控制系统设计流程，以便读者在进行千变万化、各种各样的电液伺服阀控制系统设计时借以参考。

作者特别强调的是：新设计的电液伺服阀控制系统不应有经验表明是危险的或不可靠的设计特征。在设计阶段，应强调审查以前系统的设计，以确定曾遇到的安全性问题，并保证在新系统设计中不再出现类似问题。如果对一些要求不确定，则应在被装上机器设备之前对其进行严格测试。

4.1.1 电液伺服阀控制系统设计一般流程

因为大多数机器、设备上应用的电液伺服阀控制系统都属于单输入、单输出系统，可以将其近似地看成线性定常系统，所以一般可采用频域法（频率特性法）进行系统设计。电液伺服阀控制系统设计的基本步骤如下。

① 明确设计任务的目的和要求。依据主机设计或方案规划，明确电液伺服阀控制系统的负载及工况，明确系统的静态和动态性能要求。

② 电液伺服阀控制系统方案设计。拟定电液伺服阀控制系统方案，绘制系统原理图及结构布置图，其中包括液压系统原理图、控制系统原理方框图等。

③ 进行系统静态设计。包括：分析系统工况、分析及折算负载；选择、确定电液伺服阀控制系统的额定（公称）压力、额定流量等系统参数；确定液压元件参数；选择或设计液压动力源；计（验）算负载压力，计算（验）负载流量，选择组成（闭环）控制系统的其他各元器件。

④ 进行系统动态设计。确定组成控制系统各元器件的动态特性，计算机仿真控制系统的稳定性和响应特性。

⑤ 液压动力源设计。根据电液伺服阀控制系统技术要求，选择或设计液压动力源，并进行必要的特性分析。

下面给出了一个电液伺服阀控制系统设计流程图 4-1，读者在实际设计中可参考使用。

在实际设计中，不但图 4-1 中的有些内容与步骤可以合并、省略或从简，而且各步骤的顺序也不是一成不变的，也就是说设计不一定是单向的，往往需要交叉、反复的进行，直到达到预期设计目标为止。然而，创新即存在风险，设计可能出现偏离目标或原目标确定不准确问题，在安装、调试和使用过程中也可能发现新的问题，必要时不得不进行调整和修改，甚至重新设计计算。

对于重大工程中应用的电液伺服阀控制系统，除进行计算机仿真试验外，往往还需进行局部实机试验，并经过反复修改后才能确定设计方案。

通常电液伺服阀控制系统及所控制的对象可能只是机器、设备中的一部分，其必须服务于主机，满足主机对电液伺服阀控制系统及所控制对象的技术要求，主机的技术要求大致包括以下内容。

① 明确被控制的物理量类型，判断是位置（或转角）控制、速度（或转速）控制、力（或力矩）控制、压力控制或是其他物理量［温度、加速度（或角加速度）、功率等］控制以及它们的组合，同时确定被控制的物理量的变化规律是定值控制还是随动控制。

② 明确负载特性，包括负载类型、大小及运动规律，确定负载的最大位移、最大速度、最大加速度等指标。

③ 确定采用模拟控制还是数字控制，并确定控制系统的输入量。其主要涉及电液伺服阀放大器，而一般电液伺服阀是采用模拟信号控制的。

④ 确定电液伺服阀控制系统的稳态品质，主要是确定在给定工况下的最大稳态误差，以及因各参数变化和元件零漂等引起的最大误差，其中包括检测机构、传感器及二次仪表的误差。

⑤ 确定电液伺服阀控制系统的动态品质，频域性能指标在开环系统可以用穿越频率来表示，在闭环系统可以用频率响应即频宽（幅频宽和相频宽）来表示；时域指标可以用阶跃响应特性指标来表示。

⑥ 明确环境条件要求，一般包括环境温度、湿度、压力变化范围和污染状况，以及振动和冲击等，一些特定（殊）场合应用的电液伺服阀控制系统对其外形尺寸和重量也有严格限制。

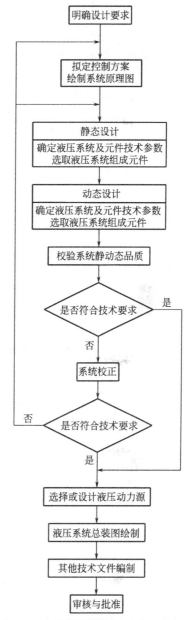

图 4-1　电液伺服阀控制系统设计流程

⑦ 明确能源系统要求，包括现场的电源和电液伺服阀控制系统所配置的液压动力源。

⑧ 达到成本要求，包括将设计、制造、使用和维护成本控制在预算之内。

4.1.2　电液伺服阀控制系统静态设计

电液伺服阀控制系统静态设计的主要内容如前所述。本节主要包括电液伺服阀控制系统额定压力的选择，电液伺服阀和液压缸参数的确定，以及反馈传感器、放大器的选择。

4.1.2.1　电液伺服阀控制系统额定压力的选择

在执行元件相同输出功率的条件下，适当选择较高的电液伺服阀控制系统额定压力（最高工作压力），亦即电液伺服阀的额定供油压力，可以减小执行元件尺寸，如双作用活塞式伺服液压缸的活塞面积，从而使电液伺服阀控制系统及元件尺寸、重量减小，结构更加紧凑，同时可以减小元件及配管压力容腔体的体积，增大流体的体积弹性模量，这有利于提高系统的响应速度。但是，随着液压系统的最高工作压力的提高，由于受到材料强度的限制，元件及配管的尺寸和重量也有增加的趋势，元件的加工精度也需提高，液压系统的制造成本也随之提高。同时，高压或超高压液压系统的密封比较困难，其通常泄漏量大、功率损失大、发热严重、噪声也大，元件使用寿命降低，维护也比较困难。所以在条件允许时，通常电液伺服阀控制系统选择了较低的额定压力（最高工作压力）。

现在，常用的电液伺服阀控制系统的额定压力（最高工作压力）一般在 7～28MPa 范围内选择，最为常用的是 21MPa。

在参考文献［60］中有一种说法："在一般工业的伺服系统中，供油压力可在 6～21MPa 的范围内选取，高压的伺服系统供油压力可在 21～35MPa 的范围内选取"。在参考文献［70］中还有一种说法："在一般工业用伺服系统中，供油压力可在 2.5～14.0MPa 内选择；而在军用伺服系统中，供油压力可在 21～32MPa 内选择"。以上两种说法可供参考。

注：1. 在 GB/T 17446—2012 中规定"额定压力"不是系统的压力术语，此处只是借用一种惯常说法，且在其他标准中规定此术语可以用于系统。

2. 21MPa 和 28MPa 都不是 GB/T 2346—2003 中规定的公称压力值，但在电液伺服阀控制系统中却很常用。

3. 供油压力一般可按："供油压力＝阀压降＋负载压降＋回油压力"计（估）算。

4.1.2.2 电液伺服阀和液压缸参数的确定

在实际的工程设计中，常常采用近似计算法来确定电液伺服阀和液压缸的参数。

液压缸的尺寸规格主要根据负载力来确定。对系统的典型工况进行认真分析，可以确定最大负载力 F_{Lmax}。但有时对工况难以进行准确分析，则作近似计算，可以认为各种负载力同时存在，且都为最大值，即按最大负载力这种近似计算法来确定液压缸的参数。

如确定了最大负载力 F_{Lmax}，且限定 $F_{Lmax} \leqslant pA = \dfrac{2}{3}p_s A$，并认为最大负载力、最大速度和最大加速度是同时出现的，这样液压缸的缸有效面积可按下式计算：

$$A = \frac{F_{Lmax}}{p_L} = \frac{3F_{Lmax}}{2p_s} \tag{4-1}$$

在计算出缸有效面积后，经液压缸结构设计，可确定活塞面积 A_p（或活塞直径 D）和/或活塞杆面积（或活塞杆外径 d）。如果根据最大（负载）速度 v_{max}，则可确定电液伺服阀的负载流量 Q_L，即 $Q_L = A_p v_{max}$。这里再考虑极端情况，认为最大负载速度和最大负载力同时出现，且 $p_L = \dfrac{2}{3}p_s$，则电液伺服阀的空载流量 Q_0 可表示为：

$$Q_0 = \sqrt{3}Q_L = \sqrt{3}A_p v_{max} \tag{4-2}$$

这种近似计算方法偏于保守，由此确定的电液伺服阀规格偏大，也使系统的功率储备偏大。

因"伺服阀的额定流量通常用额定供油压力和零负载压力下伺服阀的空载流量来表示"，所以式(4-2)的计算结果至少给出了选择的电液伺服阀规格的上限。

除了流量规格外，选择电液伺服阀时还应考虑以下因素。

① 在位置控制系统中要求电液伺服阀的流量增益线性好，压力灵敏度高，所以一般选用零遮盖的电液伺服阀，因为其具有较高的压力增益，可使阀控液压缸具有较大的刚度，并可提高系统的快速性和精确性。

② 在力控制系统中要求电液伺服阀的压力灵敏度较低为好。

③ 电液伺服阀的频宽应满足系统频宽的要求，一般电液伺服阀的频宽应大于系统频宽的 3～5 倍，如有条件应选择 5 倍，以尽量减小电液伺服阀对系统响应特性的影响。

④ 电液伺服阀的分辨率要高，死区要小，压力、温度零漂应尽量要小。

⑤ 其他要求如对电液伺服阀的零位泄漏、抗污染能力、电功率、使用寿命和价格等，都有一定要求。

4.1.2.3　反馈传感器、放大器等元件的选择

参考文献 [51] 关于反馈传感器、放大器等元件的选择给出以下五条意见。

① 反馈传感器或偏差检测器（可同时完成反馈传感与偏差比较功能）、交流误差放大器、调节器、直流功率放大器等元件的选择，要考虑系统增益和精度上的要求。根据系统总误差的分配情况，看它们的精度（如零漂、不灵敏度等）是否满足要求。

② 反馈传感器或偏差检测器的选择特别重要，检测器的精度应高于系统所要求的精度。反馈传感器或偏差检测器的精度、线性度、测量范围、测量速度等要满足要求。为了使传感器的检测误差对系统精度的影响小到可忽略不计的程度，常使传感器精度比系统要求的精度提高一个数量级。例如，系统精度为 1%，则传感器精度应为 0.1%。在选择传感器时，应考虑抗干扰能力等因素。传感器的类型见表 4-1。

表 4-1　传感器的类型

位移传感器	差动变压器、磁尺、磁致伸缩位移传感器、高精度导电塑料电位计等
速度传感器	测速机、光码盘、编码器、圆形光栅等
压力传感器	应变式压力传感器、半导体压力传感器、差压传感器等
力传感器	压磁式力传感器、应变式力传感器

作者注：传感器的名称应按 GB/T 7666—2005 的规定，技术要求请参见第 3.13 节。

③ 交流误差放大器、调节器、直流功率放大器的增益应满足系统要求，而且希望增益有一个调节范围。在增益分配允许的情况下，应使交流放大器保持较高的增益，这样可以减小直流放大器漂移引起的误差。

④ 对于已设计好的伺服或比例控制系统，其开环增益的调整可以通过调节伺服放大器的增益实现，伺服放大器的选用除了要满足系统的动态响应特性要求以外，还要满足与电气系统和控制阀的匹配关系。

⑤ 通常，反馈传感器和伺服放大器的动态响应比伺服阀和液压执行元件的动态响应要高得多，其动态特性可以忽略，故将其看成比例环节。

作者注：关于电液伺服阀放大器可参见第 2.5 节。

4.1.3　电液伺服阀控制系统动态设计

电液伺服阀控制系统动态分析与设计是构建新系统的重要步骤之一，也是对已知系统的动态品质进行评价的手段。

4.1.3.1　系统的组成元件及传递函数的建立

以图 1-2 所示电液伺服阀控制液压缸系统的数控加工中心工作台液压原理图为例，该系统用于控制工作台（负载）的位置，使之按照电位器（指令元件）给定的规律变化。

图 4-2 所示为该系统的方块图（信号与图 1-2 相比有改动）。

（1）电液伺服阀放大器的传递函数

通常，当采用电流负反馈电液伺服阀放大器时，其输出电流 i 与其输入电压 u_e 近似成比例，其传递函数可用电液伺服阀放大器的增益 K_a 表示，即：

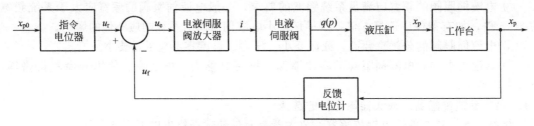

图 4-2　阀控缸位置伺服控制系统方块图

$$\frac{I(s)}{U_e(s)} = K_a \tag{4-3}$$

（2）位移传感器的传递函数

系统中的位移传感器（包括其放大部分）是将工作台的位移（即液压缸的输出位移）x_p 检测并转换成与输入信号相同型式的电气参量的元件。一般选取时应有足够快的响应，这里将其看成比例环节，则位移传感器的传递函数可以表示为：

$$\frac{U_f(s)}{X_p(s)} = K_f \tag{4-4}$$

式中　K_f——位移传感器（包括其放大部分）的增益。

（3）电液伺服阀的传递函数

电液伺服阀的传递函数的型式的选择取决于阀控液压缸的液压固有频率 ω_h 的大小。

① 当电液伺服阀的频宽与阀控液压缸的液压固有频率接近时，电液伺服阀可近似看成二阶振荡环节。

$$K_{sv}(s)G_{sv}(s) = \frac{Q_0(s)}{I(s)} = \frac{K_{sv}}{\dfrac{s^2}{\omega_{sv}^2} + \dfrac{2\zeta_{sv}}{\omega_{sv}}s + 1} \tag{4-5}$$

式中　ω_{sv}——电液伺服阀的固有频率；

　　　ζ_{sv}——电液伺服阀的阻尼比。

② 当电液伺服阀频宽大于阀控液压缸的液压固有频率的 3～5 倍时，电液伺服阀可近似看成惯性环节。

$$K_{sv}(s)G_{sv}(s) = \frac{Q_0(s)}{I(s)} = \frac{K_{sv}}{T_{sv}s + 1} \tag{4-6}$$

式中　T_{sv}——电液伺服阀的时间常数。

③ 当电液伺服阀频宽远大于阀控液压缸的液压固有频率的 5～10 倍时，电液伺服阀可近似看成比例环节。

$$K_{sv}(s)G_{sv}(s) = \frac{Q_0(s)}{I(s)} = K_{sv} \tag{4-7}$$

$$q_0 = q_n\sqrt{p_s/p_{sn}}$$

$$K_{sv} = q_n\sqrt{p_s/p_{sn}}/I_n$$

式中　$G_{sv}(s)$——$K_{sv}=1$ 时的电液伺服阀传递函数；

　　　q_0——电液伺服阀空载流量；

　　　K_{sv}——以电流为输入，以空载流量为输出的流量增益；

　　　q_n——电液伺服阀的额定流量；

　　　p_s——实际供油压力；

　　p_{sn}——电液伺服阀通过额定流量时的规定阀压降，一般规定为 $p_{sn}=7\text{MPa}$；

　　I_n——电液伺服阀的额定电流。

（4）阀控液压缸的传递函数

限于本书篇幅，推导过程省略，或可参考第 3.2 节。

阀控液压缸的输出方程为：

$$X_p=\cfrac{\dfrac{K_{ps}A_p}{K_s}X_v-\dfrac{1}{K_s}\left(\dfrac{V_t}{4\beta_eK_{ce}}s+1\right)}{\left(\dfrac{s}{\omega_r}+1\right)\left(\dfrac{s^2}{\omega_0^2}+\dfrac{2\zeta_0}{\omega_0}s+1\right)} \tag{4-8}$$

4.1.3.2　系统的方块图

　　图 4-3 所示为阀控缸位置伺服控制系统的方块图。图中 K_i 为输入放大系数。

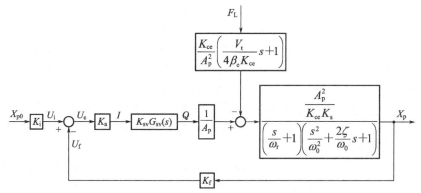

图 4-3　阀控缸位置伺服控制系统的方块图

4.1.3.3　系统的开环传递函数

　　系统的开环传递函数为：

$$G(s)H(s)=\cfrac{K_0G_{sv}(s)}{\left(\dfrac{s}{\omega_r}+1\right)\left(\dfrac{s^2}{\omega_0^2}+\dfrac{2\zeta_0}{\omega_0}s+1\right)} \tag{4-9}$$

$$K_0=K_aK_{sv}K_f\dfrac{A_p}{K_sK_{ce}}$$

$$\omega_r=K_sK_{ce}/A_p^2$$

$$\omega_0=\omega_h\sqrt{\dfrac{K_s}{K_h}+1}$$

$$\zeta_0=\dfrac{1}{2\omega_0}\times\dfrac{4\beta_eK_{ce}}{V_t(K_s/K_h+1)}$$

$$K_h=4\beta_eA_p^2/V_t$$

式中　K_0——开环增益；

　　　K_f——反馈传感器增益；

　　　K_s——负载弹簧刚度；

　　　ω_r——惯性环节转折频率；

　　　A_p——缸有效面积；

　　　ω_0——二阶环节固有频率；

  ζ_0——阻尼比；

  K_h——液压弹簧刚度。

4.1.3.4 电液伺服控制系统的静、动态品质检验

  控制系统的静态、动态性能指标计算完成后，则需检验系统的静、动态性能指标是否满足设计要求。

  关于电液伺服控制系统的静、动态性能分析已在其他章节有一些阐述，本节只着重讲两个问题。

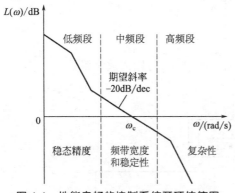

图 4-4　性能良好的控制系统开环伯德图

  （1）电液伺服控制系统的稳定性

  稳定性是控制系统正常工作的必要条件，因此它是系统的最重要的特性。电液伺服控制系统的设计和静、动态特性分析一般都是以稳定性要求为中心进行的。

  性能好的控制系统如图 4-4 所示，其开环伯德图大致分为以下三段。

  ① 低频段。低频段的增益越高，系统的稳态精度越高，说明系统的控制能力强。低频段曲线的斜率表示系统的误差度，即 I 型、II 型系统等。控制精度较高的系统通常为 I 型或 I 型以上，亦即低频段渐近线斜率至少为 $-20\mathrm{dB/dec}$ 或更陡。

  ② 中频段。中频段在穿越频率 ω_c 附近。中频段决定系统的稳定性和响应速度。设计时通常取相位裕量 $\gamma=30°\sim60°$，增益裕量 $k_g=4\sim12\mathrm{dB}$。两者往往不在同一频率下出现，确定参数应以较小者为准。穿越频率 ω_c 表示系统响应的快速性，它大致决定了系统的频宽 ω_b（ω_b 比 ω_c 稍大），提高 ω_b 常受系统稳定性和高频噪声干扰的限制。ω_b 处曲线的斜率应为 $-20\mathrm{dB/dec}$，具有这样的斜率使系统容易稳定。

  ③ 高频段。高频段表现系统的复杂性。为了消除高频噪声的干扰，希望高频段曲线的斜率至少应为 $-60\mathrm{dB/dec}$。

  进一步请参见第 1.2.4 节等。

  （2）电液伺服控制系统的误差

  根据系统对输入信号的响应过程，系统中的误差有动态误差和稳态误差两种型式。系统在响应过程中存在的误差稳态分量称为稳态误差。如果系统是稳定的，则当系统动态响应过程结束进入稳态后，系统输出的实际值与期望值的差值（也称为误差的稳态分量）构成了系统的稳态误差。稳态误差的大小反映了系统控制精度的高低。

  作者注：参考文献 [51] 认为："系统在响应过程中存在的误差稳态分量称为动态误差。"

  闭环系统的误差来源如下。

  ① 输入误差。指由闭环系统输入信号的类型和系统的结构产生的误差，这类误差是闭环系统特有的，误差的大小可参考自动控制原理介绍的方法进行计算，具体可参考第1.2.5 节。

  ② 干扰误差。由干扰作用在系统输出端引入的误差。该误差的大小就是干扰作用在系统输出端所引起的稳态输出的大小。闭环系统具备抗干扰能力，其干扰误差的计算方法有别于开环系统。

  ③ 元件误差。是指组成系统的各个元件本身存在的误差在系统输出端引起的误差。

  参考文献 [24] 指出："除输入信号和干扰信号外，控制系统本身的某些因素，如死区、

零漂等也会引起系统的位置误差。"

参考文献［51］指出："当计算一个系统的总误差时，一般的做法是将上述各项误差求和得到。应指出的是，这样做只是求出了一个系统可能出现的最大误差，并非代表系统实际误差的大小。一方面，上述各项误差并不一定会同时作用在一个实际的系统上；另一方面，各项误差也不一定按几何相加的方式进行叠加。因此，求取一个系统的总误差时，要作具体分析。"

作者注：扰动引起的稳态误差和系统的总误差计算可参考参考文献［35］。在参考文献［35］中，系统总误差是按线性叠加原理计算的。

4.1.4　电液伺服阀控制系统液压动力源设计

液压动力源的基本作用是向液压系统供给具有一定压力和（足够）流量的液压油液。

合理选择与配置或选型与设计液压动力源包括油箱及其附件，是保证电液伺服阀控制系统长期稳定、可靠工作的重要前提（或表述为基础性保障）。因电液伺服阀控制系统比一般液压传动系统用液压动力源（品质）要求高（严格），所以，通常需要设计、选用独立的液压动力源。

对电液伺服阀控制系统用液压动力源的特性分析也是液压伺服阀控制系统分析与设计的重要环节。

4.1.4.1　液压动力源功能与要求

在电液伺服阀控制系统中，液压动力源的功能与要求可大致概括为如下几个方面。

① 向系统提供压力可调节且压力波动小的液压油液。

在电液伺服阀控制系统中，通常采用的是恒压型的液压动力源。液压动力源不但需要具有限制其最高工作压力的装置和能力，而且在压力调节过程中或调节后要求压力稳定（包括压力振摆小、压力偏移小）、压力超调量（率）小、瞬态恢复时间短、响应特性好，以及重复精度高等，因此一般需（设置）采用性能优良的先导式溢流阀。

作者注：采用先导式溢流阀见于参考文献［24］，但应考虑对压力过载的保护，具体请见 GB/T 3766—2015，亦即应设置一个或多个起安全作用的溢流阀。

因供油压力波动会对系统性能造成不良影响，同时也为了达到更好的恒压效果，经常在电液伺服阀供油口前安装液压囊式液压蓄能器，用于吸收液压泵供给液压油液的压力脉动，提高液压动力源的品质；或也可增大瞬间流量供给能力，提高系统的响应速度和控制精度。

作者注：1. 参考文献［70］指出："能源压力波动的频率也必须远高于系统的谐振频率，否则将严重影响系统的动态特性。"

2. 采用皮囊式液压蓄能器见于参考文献［61］、［70］等。

② 向系统提供清洁的液压油。

液压动力源所使用的液压油液应满足系统中抗污染能力最弱元件对液压油液污染等级的要求。

液压油液的清洁度（或污染度）关系到电液伺服阀控制系统的可靠性，有资料介绍："超过 80% 的液压伺服系统故障是由于工作液污染造成的。"因此，清洁的液压油液和保障液压油液清洁是保证电液伺服阀控制系统能够可靠工作的关键。

电液伺服阀控制系统需要安装过滤器。通过安装在压力（供油或流出）管路和/或回油（流回）管路的过滤器，将污染物颗粒从液压油液中分离出来并及时清理掉（更换新滤芯），以保障液压油液的清洁。电液伺服阀控制系统一般要求选用 $5 \sim 10\mu m$ 的过滤器，或按电液伺服阀的要求选用。

混入或溶解在液压油液中空气也是一种污染物，其可能影响电液伺服阀控制系统的稳定性、精确性和快速性，因此需要限定其含量。有资料介绍，一般在液压油液的空气含量不应超过 2%～3%。工程上可采用加压（0.15MPa）油箱来避免空气混入液压油液。

> 作者注：1."一般油中的空气含量不应超过 2%～3%"见于参考文献［51］，但如何检测及降低其含量是个问题。
>
> 2.参考文献［72］中介绍了两种液压油液中空气分离方法，即加热脱气和真空脱气。
>
> 3."工程上可采用加压油箱（1.5bar）来避免空气混入"见于参考文献［70］。

③ 向系统提供恒温的液压油。

电液伺服阀控制系统用液压动力源应具有液压油液温度调节、控制和显示功能。

液压油液温度过高或过低都会影响密封件的使用寿命，甚至可能造成元件及配管密封（早期）失效。液压油液温度变化大，其黏度等参数也会产生大幅度变化，从而引起整个液压系统及元件性能变差，如电液伺服阀的零漂增大等。

通常，液压动力源通过设计、安装加热器和/或冷却器（或统称为温度控制器）来调控油箱内液压油液温度，进而使液压系统工作介质（油液）温度被控制在一个合适的范围内。

电液伺服阀控制系统的液压油液温度一般应控制在＋35～＋55℃之间，或进一步可控制在＋35～＋45℃之间。

> 作者注：1.各标准规定的电液伺服阀标准试验条件中一般要求（阀入口处）工作油液温度为 40℃±6℃，本书给出的电液伺服阀标准试验条件也是如此。
>
> 2.加热器和冷却器在 GB/T 786.1—2009 中合称为温度调节器。

4.1.4.2 液压动力源类型与选择

电液伺服控制系统一般采用恒压型液压动力源，常用的恒压型液压动力源有以下几种型式。

（1）定量泵恒压液压动力源 I

图 4-5 所示为定量泵恒压液压动力源 I 液压回路图。

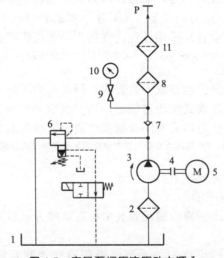

图 4-5 定量泵恒压液压动力源 I

1—油箱；2—粗过滤器；3—定量液压泵；4—联轴器；5—电动机；6—先导式溢流阀；7—单向阀；
8—压力管路过滤器 I；9—压力表开关；10—压力表；11—压力管路过滤器 II

主要由定量泵和先导式溢流阀组成的液压动力源是一种恒压液压动力源，液压动力源工作时先导式溢流阀应始终处于溢流状态，即液压动力源产生的供给压力由先导式溢流阀调节并保持恒定。

在这种液压系统中，此液压动力源的供给流量是按所驱动的负载所需的最大流量（或峰值流量）进行选择的，其供给压力与供给流量（或负载流量）的动态性能取决于先导式溢流阀的动态特性。供给流量减去负载流量后多余的流量由先导式溢流阀溢出，这部分所具有的能量基本上都转换成了热能。

由定量泵-先导式溢流阀组成的定量泵恒压液压动力源具有结构简单、流量供给响应迅速、压力波动小（压力平稳）、占用空间小、制造成本低等优点；但其效率低、能耗大、油液温升快（高），尤其当电液伺服阀控制系统处于平衡位置时，因负载流量近于零，液压泵所供给的液压能量几乎全部通过先导式溢流阀溢出转换成了热能，所以这种液压动力源只适用于小功率电液伺服阀控制系统。

（2）定量泵恒压液压动力源Ⅱ

图 4-6 所示为定量泵恒压液压动力源Ⅱ液压回路图。

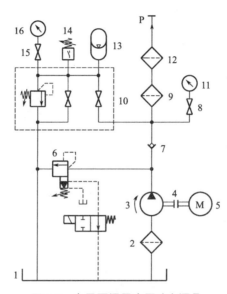

图 4-6　定量泵恒压液压动力源Ⅱ

1—油箱；2—粗过滤器；3—定量液压泵；4—联轴器；5—电动机；6—先导式溢流阀；
7—单向阀；8,15—压力表开关；9—压力管路过滤器Ⅰ；10—液压蓄能器控制阀组；
11,16—压力表；12—压力管路过滤器Ⅱ；13—液压蓄能器；14—压力继电器

为了克服图 4-5 所示液压动力源容易造成功率损失大、油液温升高的缺点，如果电液伺服阀控制系统所要求的峰值流量需要维持的时间较短，又允许液压动力源的供给压力可以有一些波动，则可以在定量泵出口处加装液压蓄能器，用于存储足够的液压油液来满足系统短时峰值流量的需要。这时可以选择较小排量的定量泵，从而降低功率损失和液压油液温升。同时，加装的液压蓄能器还可以减小或消除液压系统的压力脉动和压力冲击。

该型式及其他包含液压蓄能器的液压动力源、液压蓄能器的数量可能不止一台，且液压蓄能器的选择与安装是个问题。如液压蓄能器的功用为主要作辅助液压动力源，则要求液压蓄能器的固有频率远高于液压系统的固有频率；如兼顾液压蓄能器吸收液压冲击和消除脉动等功用，则要求液压蓄能器的固有频率应与液压泵的流量脉动频率相当。

（3）定量泵恒压液压动力源Ⅲ

图 4-7 所示为定量泵恒压液压动力源Ⅲ液压回路图。

定量泵恒压液压动力源Ⅲ主要是由定量泵＋先导式溢流阀＋液压蓄能器＋卸荷溢流阀组成，其供给压力的变动范围是由卸荷溢流阀控制的。该液压动力源通用性强，一般不需要（或表述为无法）与系统工况严格匹配。

当系统压力升高达到设定值时，卸荷阀开启使液压泵卸荷，系统压力由液压蓄能器保

持；当系统压力降低到一定值，卸荷阀关闭使液压泵加载，液压泵向系统及液压蓄能器供给具有一定压力和流量的液压油液。

该液压动力源尽管具有结构简单、能量损失小、效率高、成本低、通用性（或适应性）好，但其液压泵处于加载、卸荷交替运行，供给压力随之升高、降低在一定范围内波动，对电液伺服阀控制系统而言确实存在一定问题。

该液压动力源中的先导式溢流阀或电磁溢流阀在系统正常运行时作为安全阀使用。

（4）定量泵恒压液压动力源Ⅳ

图 4-8 所示为定量泵恒压液压动力源Ⅳ液压回路图。

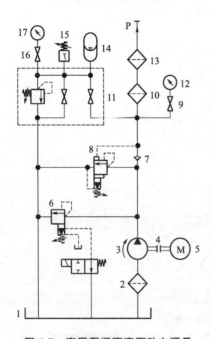 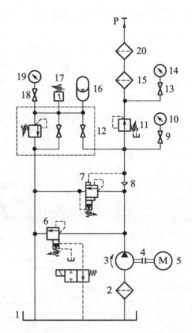

图 4-7　定量泵恒压液压动力源Ⅲ

1—油箱；2—粗过滤器；3—定量液压泵；
4—联轴器；5—电动机；6—先导式溢流阀；
7—单向阀；8—卸荷溢流阀；9,16—压力表开关；
10—压力管路过滤器Ⅰ；11—液压蓄能器控制阀组；
12,17—压力表；13—压力管路过滤器Ⅱ；
14—液压蓄能器；15—压力继电器

图 4-8　定量泵恒压液压动力源Ⅳ

1—油箱；2—粗过滤器；3—定量液压泵；
4—联轴器；5—电动机；6—先导式溢流阀；
7—卸荷溢流阀；8—单向阀；9,13,18—压力表
开关；10,14,19—压力表；11—减压阀；12—液压蓄能器
控制阀组；15—压力管路过滤器Ⅰ；16—液压蓄能器；
17—压力继电器；20—压力管路过滤器Ⅱ

定量泵恒压液压动力源Ⅳ是在定量泵恒压液压动力源Ⅲ基础上做了改进，为了降低供给压力的波动，在液压泵出口的压力管路上安装了直动式减压阀，使快速响应的减压阀起到滤波的作用，将此液压动力源波动滤出。

该液压动力源具有定量泵恒压液压动力源Ⅲ的优点，同时其供给压力波动问题得到了很大程度的解决，即压力波动可明显减小。

（5）变量泵恒压液压动力源Ⅰ

图 4-9 所示为变量泵恒压液压动力源Ⅰ液压回路图。

该液压动力源是由恒压变量泵＋（先导或电磁）溢流阀＋液压蓄能器等组成，其供给流量取决于电液伺服阀控制系统的需要，因此效率高，适用于高压、大流量系统，也适用于流量变化大和间歇工作的系统。但是，常见的恒压变量泵是具有压力补偿或压力反馈的变量

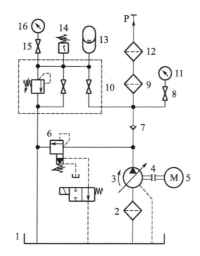

图 4-9　变量泵恒压液压动力源 Ⅰ

1—油箱；2—粗过滤器；3—恒压变量液压泵；4—联轴器；5—电动机；6—先导式溢流阀；7—单向阀；
8,15—压力表开关；9—压力管路过滤器Ⅰ；10—液压蓄能器控制阀组；11,16—压力表；
12—压力管路过滤器Ⅱ；13—液压蓄能器；14—压力继电器

泵，当输出压力有变化时，需通过变量机构改变泵的排量，在泵转速不变的情况下，使泵的输出流量发生相应的变化，从而维持向系统的供给压力不变。

恒压变量机构惯性大，响应速度不如溢流阀快，当系统流量变化较大时，由于变量机构的响应速度跟不上，会引起较大的压力变化，这也是恒压变量泵油源常配有液压蓄能器的原因之一。另外，恒压变量泵在小排量下工作时可能造成温升过高也是一个问题。

作者注：1.参考文献［24］介绍："一般，这种泵（作者注：原文指恒压式变量泵也称压力补偿式变量泵）的响应能力是 3～5Hz，系统动态响应要求更高时，则要装液压蓄能器。要求越高，液压蓄能器总容量要求越大。"

2.参考文献［76］有如下表述："中位断开系统又称作恒压变量系统，中位断开系统可能会出现如下故障：（5）系统内的压力补偿器响应速度一旦不及安全阀，将会造成流量剧烈变化，并使得系统压力产生波动，造成系统出现波动。"

参考文献［76］指出："目前，飞机液压系统泵源中的 EDP 和 EMP 多采用恒压变量泵，系统压力根据负载的最大值设定为恒值。"

作者注：对飞机液压系统而言，"EDP"为发动机驱动泵或称为主泵，"EMP"为电机驱动泵或称为辅助泵。

（6）变量泵恒压液压动力源 Ⅱ

图 4-10 所示为变量泵恒压液压动力源 Ⅱ 液压回路图。

该变量泵恒压液压动力源 Ⅱ 与图 4-9 所示变量泵液压动力源 Ⅰ 仅在采用的油箱不同，其采用了压力油箱或称为增压油箱。

压力油箱储存了高于大气压的液压油液，能为液压泵提供带有压力的油液，其可以保证液压泵具有良好的自吸性，对于高空（包括高海拔）、海洋（或水下）及环境条件恶劣等场合非常适用。

有参考文献介绍："为了使液压泵在飞机飞行过程中始终可以顺利吸油，飞机闭式系统通常采用增压油箱以保证液压泵的吸油口具有一定的压力（50～83psi）。"

图 4-10 所示变量泵恒压液压动力源 Ⅱ 除具有图 4-9 所示变量泵液压动力源 Ⅰ 及以上优点外，还提高了工作介质的"流体体积弹性模量"。

需要说明的是：

① 如果系统并不总处于工作状态，先导式溢流阀＋电磁换向阀或电磁溢流阀可使溢流阀卸荷，以减少能量损失。

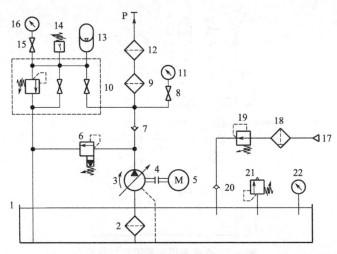

图 4-10　变量泵恒压液压动力源Ⅱ

1—压力油箱；2—粗过滤器；3—恒压变量液压泵；4—联轴器；5—电动机；6—先导式溢流阀；7,20—单向阀；
8,15—压力表开关；9—压力管路过滤器Ⅰ；10—液压蓄能器控制阀组；11,16,22—压力表；12—压力管路过滤器Ⅱ；
13—液压蓄能器；14—压力继电器；17—气压源；18—手动排水过滤器；19—（气）手动调压阀；21—（气）安全阀

②　现在的电液伺服阀试验使用的液压动力源基本都是定量泵＋先导式溢流阀＋液压蓄能器这种定量泵恒压液压动力源型式，这主要是因为其"压力恒定"这一品质可以满足电液伺服阀试验要求，而将其功率损失放到了次要考虑因素。但其中的液压蓄能器只是用来减小或消除压力脉动，而不是作为补充油源使用。进一步还可参考第 2.10.7.2 节。

③　在恒压变量泵＋溢流阀＋液压蓄能器组成的液压动力源中，如果溢流阀的调定压力低于恒压变量泵的调定值时，则恒压变量泵始终不可能进入恒压工况，成为一台处于排量最大的定量泵。因此有资料介绍，溢流阀所设定的安全压力都应当比恒压变量泵设（调）定值至少高 2MPa。

④　因电液伺服阀控制系统经常应用于重要场合，如航天航空乃至军工领域，因此需要对其液压动力源进行冗余设计（或称余度设计），且最好使其具有适当的非相似余度。

⑤　在 GB/T 10179—2009 中给出了液压振动器用液压动力源的一般组成，其包括液压油液、油箱、液压泵、压力调节器、过滤系统、热交换器、液压蓄能器及辅助设备等。

4.1.4.3　液压动力源与负载的匹配

使液压动力源与负载匹配的目的，是为了协调好液压动力源能量供给与驱动负载能量需求的关系，达到既能满足电液伺服阀控制系统的要求，又能尽量减小液压动力源匹配功率（电动机或其他原动机）及减少液压功率（压力和流量）的损失和浪费。

图 4-11 所示为一种电液伺服阀控制系统液压动力源与负载的匹配情况。

阀控系统驱动负载和消耗的全部液压功率均来自液压动力源供给功率。在设计电液伺服阀控制系统时，应使液压动力源供给功率大于驱动负载所需功率和电液伺服阀消耗功率及其他消耗功率，同时液压动力源供给压力和供给流量还需分别满足电液伺服阀和负载的一定要求。

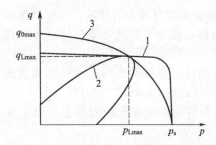

图 4-11　液压动力源与负载的匹配情况

1—液压动力源特性曲线；2—负载曲线；
3—阀控液压缸输出特性曲线

液压动力源参数可按以下原则选择。

（1）供油压力

$$p_s = p_{Lmax} + \Delta p_v \tag{4-10}$$

① 按最大功率传输条件，取 $p_{Lmax} = \dfrac{2}{3} p_s$ 时，$p_s = 1.5 p_{Lmax}$。

② 当负载很大，取 $p_{Lmax} \leqslant \dfrac{5}{6} p_s$ 时，$p_s = 1.2 p_{Lmax}$。

式中 p_s——系统供油压力，MPa；

p_{Lmax}——最大负载压力，MPa；

Δp_v——保证所需流量的阀上总压降，MPa。

（2）供油流量

$$q_{0max} \geqslant q_s \geqslant q_{Lmax} \tag{4-11}$$

式中 q_{0max}——电液伺服阀的最大空载流量，L/min；

q_s——系统供油流量，L/min；

q_{Lmax}——最大负载流量，L/min。

（3）液压动力源特性要求

① 液压动力源特性曲线应包络负载特性曲线。

② $p_s \geqslant p_{Lmax} \geqslant \Delta p_v$。

③ $q_{0max} \geqslant q_s \geqslant q_{Lmax}$。

液压动力源应与电液伺服阀和液压缸（负载）匹配，实际设计中常常根据负载工况确定液压动力源参数。以液压伺服（正弦）振动设备（台）为例，其液压动力源供给流量一般是按以下公式确定的。

$$x = x_0 \sin(\omega t) \tag{4-12}$$
$$v = x_0 \omega \cos(\omega t) \tag{4-13}$$
$$a = -x_0 \omega^2 \sin(\omega t) \tag{4-14}$$
$$v_{max} = x_0 \omega = 2\pi f x_0 \tag{4-15}$$
$$a_{max} = -x_0 \omega^2 = -x_0 (2\pi f)^2 \tag{4-16}$$
$$q_L = x_0 \omega A \cos(\omega t) = 2\pi f x_0 A \cos(2\pi f t) = q_{Lmax} \cos(2\pi f t) \tag{4-17}$$
$$\omega = 2\pi f$$
$$q_{Lmax} = 2\pi f x_0 A$$

式中 x——液压缸活塞的瞬时位移；

x_0——液压缸活塞的最大位移（振幅）；

ω——振动的角频率；

v——液压缸活塞的瞬时振动速度；

a——液压缸活塞的瞬时振动加速度；

v_{max}——液压缸活塞的最大速度；

a_{max}——液压缸活塞的最大加速度；

q_L——驱动液压缸所需瞬时流量；

A——缸有效面积；

q_{Lmax}——驱动液压缸（负载）所需最大瞬时流量。

驱动液压缸（负载）所需最大瞬时流量即最大负载流量，必须满足液压动力源特性要求。

4.1.4.4 液压动力源的动态特性分析

因电液伺服阀控制系统对液压动力源提出更为严格的要求，所以，液压动力源的动态特性分析通常是电液伺服阀控制系统分析与设计过程中必须进行的重要环节。

（1）定量泵恒压液压动力源动态特性分析

① 动态方程。

a. 压力管道的连续性方程。

$$Q_p(s) - C_i P_s(s) - Q_B(s) - Q_L(s) = \left(\frac{V_t}{\beta_e}\right) s P_s(s)$$

b. 溢流阀主阀芯的流量方程。

$$Q_B(s) = K_{qb} X_p(s) + K_{cb} P_s(s)$$

c. 溢流阀先导阀的力平衡方程。

$$A_v P_s(s) = M_v s^2 X_v(s) + B_v s X_v(s) + K_s X_v(s) + F_0(s) \tag{4-18}$$

d. 溢流阀先导阀的流量方程（可忽略 K_c 项）。

$$Q_v(s) = K_q X_p(s) + K_c P_s(s) \tag{4-19}$$

e. 溢流阀主阀受控腔连续性方程（忽略泄漏及压缩性）。

$$Q_v(s) = A_p s X_v(s) \tag{4-20}$$

式中　Q_p——泵的输出流量；

　　　Q_B——溢流阀的流量；

　　　Q_L——负载流量；

　　　C_i——泵的内泄漏系数；

　　　V_t——高压管路总容积；

　　　P_s——（油源）压力；

　　　X_p——溢流阀主阀位移；

　　　A_p——溢流阀主阀面积；

　　　K_{qb}——溢流阀主阀流量增益；

　　　K_{cb}——溢流阀主阀流量压力系数；

　　　X_v——先导阀位移；

　　　Q_v——先导阀流量；

　　　K_q——先导阀流量增益；

　　　K_c——流量-压力系数；

　　　M_v——先导阀质量；

　　　B_v——黏性阻尼系数；

　　　K_s——弹簧刚度；

　　　F_0——先导阀弹簧力。

② 方块图。综合以上各式，可得如图 4-12 所示的由定量泵和先导式溢流阀组成的定量泵恒压液压动力源方块图。

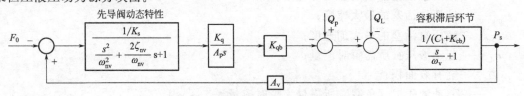

图 4-12　定量泵恒压液压动力源方块图

作者注：参考文献 [72] 表 22-4-24 中的方块图有几处值得商榷的地方。

图中　ω_{nv}——先导阀机械谐振频率，$\omega_{nv}=\sqrt{K_s/M_v}$；

$\quad\quad\zeta_{nv}$——先导阀的阻尼系数；

$\quad\quad\omega_v$——容积滞后频率，$\omega_v=\beta_e(C_1+K_{cb})/V_t$。

③ 传递函数。系统的开环传递函数为：

$$G(s)=\frac{K_v}{\left(\dfrac{s^2}{\omega_{nv}^2}+\dfrac{2\zeta_{nv}}{\omega_{nv}}s+1\right)\left(\dfrac{s}{\omega_v}+1\right)s} \tag{4-21}$$

$$K_v=\frac{K_q K_{qb} A_v}{K_s A_p(C_1+K_{cb})}$$

式中　K_v——开环增益。

④ 稳定性。由于先导阀的 M_v 小，K_s 大，因此 ω_{nv} 高。忽略 ω_{nv} 环节的动态影响，则：

$$W(s)=\frac{K_v}{s(s/\omega_v+1)} \tag{4-22}$$

可见系统为 Ⅰ 阶系统，只需使参数 K_v 限定在一定值内，系统便可稳定。

K_v 值中所有参数均系溢流阀的结构参数，所以，实际上液压动力源的稳定性取决于溢流阀的稳定性。

⑤ 动态及静态柔度。

$$\frac{P_s(s)}{Q_L(s)}=-\frac{\dfrac{1}{K_v(C_1+K_{cb})}s}{\dfrac{s^2}{K_v\omega_v}+\dfrac{s}{K_v}+1} \tag{4-23}$$

式(4-23)中负号表示 Q_L 增大，P_s 降低。

系统的静态柔度为：

$$\frac{P_s(s)}{Q_L(s)}\bigg|_{s=0}=0$$

以负载流量 Q_L 为扰动输入，以油源压力 P_s 为输出，分析动态柔度。

a. 当 $\omega=\sqrt{K_v\omega_v}$ 时，动态柔度最大。

b. 当 $\omega=0$ 或 $\omega=\infty$ 时，动态柔度为零。

c. 稳态即 $s=0$ 时，稳态柔度为零，表明稳态下 Q_L 对 P_s 无影响。实际上，由于作用在溢流阀上液动力和弹簧力的影响，稳态时柔度并不完全为零。

作者注：更为详尽的分析可见参考文献 [2] 等专著。

（2）变量泵恒压液压动力源动态特性分析

① 动态方程。

a. 变量泵的流量连续性方程。考虑到变量泵的内泄漏和液压油液的可压缩性，恒压变量泵的流量连续性方程可以表示为：

$$Q_p(s)=Q_L(s)+C_i p_s(s)+\frac{V_t}{\beta_e}s p_s(s) \tag{4-24}$$

式中　Q_p——变量泵的输出流量；

$\quad\quad Q_L$——负载流量；

$\quad\quad C_i$——泵的内泄漏系数；

$\quad\quad V_t$——泵的高压管路（容腔）总容积。

作者注：在参考文献 [72] 中将此公式称为"压力管路的连续性方程"。

b. 变量泵的流量方程。变量泵的排量 D_p 与调节机构的输出位移 x_p 呈线性关系，变量泵的输出流量可表示为：

$$Q_p(s) = D_p(x_p)n_p = -K_p n_p X_p(s) \tag{4-25}$$

式中　K_p——变量泵的排量梯度；

　　　n_p——变量泵的转速；

　　　X_p——阀控泵变量用液压缸（调节机构）的输出位移。

式(4-25)中负号表示变量机构的输出位移 x_p 增加时，变量泵的排量 D_p 减小。

c. 控制滑阀的力平衡方程。三通恒压阀阀芯运动所需要的流量很小，可以忽略不计，只考虑阀芯力平衡方程（已经拉普拉斯变换）：

$$A_v P_s(s) = M_v s^2 X_v(s) + B_v s X_v(s) + K_s X_v(s) + F_0(s) \tag{4-26}$$

式中　A_v——滑阀阀芯的承压面积；

　　　M_v——滑阀阀芯的质量；

　　　X_v——滑阀阀芯位移；

　　　B_v——滑阀阀芯的黏性阻尼系数；

　　　K_s——泵变量调节机构调压弹簧的刚度；

　　　F_0——泵变量调节机构调压弹簧的预加弹簧力。

d. 阀控泵变量用液压缸。由三通恒压阀和液压缸构成了变量调节机构，若仅考虑惯性负载，则从滑阀阀芯位移 X_v 到液压缸（调节机构）的输出位移 X_p 的传递函数为：

$$\frac{X_p(s)}{X_v(s)} = \frac{\dfrac{K_q}{A_p}}{s\left(\dfrac{s^2}{\omega_h^2} + \dfrac{2\zeta_h}{\omega_h}s + 1\right)} \tag{4-27}$$

式中　A_p——阀控泵变量用液压缸的有效面积；

　　　K_q——滑阀的流量增益；

　　　ω_h——泵变量机构（阀控缸系统）的液压谐振（固有）频率；

　　　ζ_h——泵变量机构的液压阻尼系数。

② 方块图。综合以上各式，可得如图 4-13 所示的变量泵恒压液压动力源方块图。

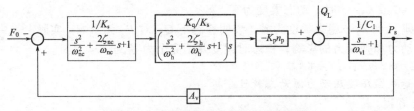

图 4-13　变量泵恒压液压动力源方块图

图中　ω_{vl}——容积滞后频率，$\omega_{vl} = \dfrac{C_1 \beta_e}{V_t}$。

③ 传递函数。考虑到 $\omega_{nc} \gg \omega_h$，因而可忽略滑阀动态，则得系统开环传递函数：

$$G(s) = \frac{K_{vl}}{\left(\dfrac{s^2}{\omega_h^2} + \dfrac{2\zeta_h}{\omega_h}s + 1\right)\left(\dfrac{1}{\omega_{vl}}s + 1\right)s} \tag{4-28}$$

$$K_{vl} = \frac{K_q K_p n_p A_v}{K_s A_p C_1}$$

式中　K_{v1}——开环增益。

可见变量泵恒压液压源的动态主要取决于容积滞后和变量机构的动态，因此对恒压泵的变量机构应有较高的要求。

④ 稳定性。与定量泵恒压液压源相比，$\omega_{v1} = \beta_e C_1 / V_t \ll \omega_v = \beta_e (K_{cb} + C_1) / V_t$，$\omega_h \ll \omega_{nv}$，$\zeta_h$ 及 ζ_{nv} 均较小，因此为确保稳定性，应取 $K_{v1} < K_v$。

⑤ 动态及静态柔度。以负载流量 Q_L 为扰动输入，以油源压力 P_s 为输出，分析动态柔度。

若 $\omega_h \gg \omega_{v1}$，忽略变量机构动态，则可得：

$$\frac{P_s(s)}{Q_L(s)} = -\frac{\dfrac{1}{K_{v1} C_1} s}{\dfrac{s^2}{K_{v1} \omega_{v1}} + \dfrac{s}{K_{v1}} + 1} \tag{4-29}$$

如果 ω_h 与 ω_{v1} 相当，动态柔度表达式将相当复杂，但仍有：

$$\left. \frac{P_s(s)}{Q_L(s)} \right|_{s=0} = 0$$

关于变量泵恒压液压动力源动态特性分析还可进一步参考参考文献［2］、［43］等。

（3）液压伺服振动试验设备用液压动力源中液压蓄能器的动态特性分析

图 4-14 所示为 GB/T 10179—2009 附录 A 中的图 A.3。尽管此图在该标准中的名称为液压传动系统，但其就是液压伺服振动试验设备用液压动力源，因为在该标准中将"为液压振动发生器输送油液所需的完整的液压系统"定义为液压动力源。

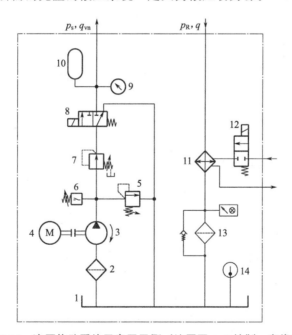

图 4-14　液压传动系统示意图示例（按原图 A.3 绘制，有修改）

1—油箱；2,13—过滤器；3—液压泵；4—马达；5—减压阀（安全阀）；6—压力开关；
7—压力调节器（可调式）；8—控制阀（切断电液系统）；9—高压压力表；10—蓄能器；
11—热交换器；12—温控开关；14—温度指示器

　作者注：尽管原图 A.3 中图形符号存在的一些问题没有必要在此一一指出，但上述元件名称存在诸多问题，如 5—减压阀（安全阀）、7—压力调节器（可调式）等，其可能涉及该系统的原理是否正确。

本节主要是分析液压动力源中液压蓄能器的动态特性，但该标准规定的"由制造者根据选定的描述级别的功能而描述的特性"，对其他含有电液伺服阀控制的设备用液压动力源具有参考价值，具体见表 4-2。

表 4-2　液压传动系统

	特性	在 GB/T 10179—2009 中对应的章条号	描述级别	
			1	2
	一般特性	9.1		
1	驱动马达特性	9.1.1	√	√
2	液压传动系统的流量与压力特性	9.1.2	√	√
	设备特性	9.2		
1	液压油液	9.2.1	√	√
2	油箱	9.2.2	√	√
3	液压泵	9.2.3	√	√
4	压力调节器	9.2.4		√
5	过滤器系统	9.2.5	√	√
6	热交换器	9.2.6	√	√
7	蓄能器	9.2.7	√	√
	辅助设备	9.3		
1	附件	9.3.1	√	√
2	指示仪器	9.3.2	√	√
3	安全保护系统	9.3.3	√	√
	安装要求	9.4		
1	一般要求	9.4.1	√	√
2	液压传递系统主要部件质量	9.4.2	√	√
3	功率消耗	9.4.3	√	√
4	连接	9.4.4		
5	启动与维护	9.4.5	√	√
6	辐射噪声的声功率级	9.4.6		
7	散热	9.4.7		
8	冷却介质的要求	9.4.8	√	√
	环境与工作条件	9.5	√	√
	技术文件	9.6	√	√

作者注：表 4-2 中减压阀（安全阀）缺失。

在 GB/T 10179—2009 中 9.2.7 条规定：

"对于每个蓄能器，制造者应规定：

a.最高工作压力；

b. 容量；

c. 充气压力；

d. 是否应进行定期检验；

e. 充气种类。

蓄能器应满足按现行有效法规（或强制性标准）制定的检验标准的要求。"

作者注：关于液压蓄能器，读者可进一步参考第 4.2.4 节等。

在液压伺服振动试验设备用液压动力源中，液压蓄能器是用来补偿出油和回油液压管路中的压力波动以及减小液压系统中压力冲击的增压式储油器，但在 9.2.7 条中却没有这方面的相关规定。

根据参考文献［43］中的相关内容，试对由恒压变量泵和液压蓄能器组成的恒压液压源进行动态特性分析。

图 4-15 所示为恒压液压源简化模型图。

作者注：省略元件还可能是油箱。

① 液压蓄能器动态数学模型

a. 恒压变量泵动态数学模型

$$q_{pv} = (\pm q_{Av} \pm q_{Lv}) \tag{4-30}$$

式中　q_{pv}——恒压变量泵输出流量，m^3/s；

q_{Av}——输入液压液压蓄能器的流量，m^3/s；

q_{Lv}——输入液压系统中的流量，m^3/s。

b. 恒压变量泵及液压蓄能器输入液压系统中的流量压力方程

$$p_s = Rq_{Lv} \tag{4-31}$$

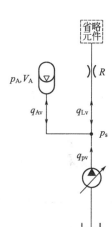

图 4-15　恒压液压源简化模型

式中　p_s——恒压变量泵出口压力，N/m^2；

R——系统液阻，$s \cdot N/m^5$。

c. 液压蓄能器连接短管的受力平衡方程

$$(p_s - p_A)A_A = \rho l \frac{dq_{Av}}{dt} + R_A q_{Av} A_A \tag{4-32}$$

式中　p_A——液压蓄能器内气体压力，N/m^2；

A_A——短管截面积，m^2；

ρ——油液密度，kg/m^3；

l——短管长度，m；

R_A——短管液阻，$(s \cdot N)/m^5$。

d. 液压蓄能器流量连续方程

$$q_{Av} = \kappa_A V_A \frac{dp_A}{dt} \tag{4-33}$$

式中　κ_A——气体压缩系数，当液压蓄能器内气体稳定压力为 p_{A0}，气体定律中的指数为 n 时，$\kappa_A = \dfrac{l}{np_{A0}}$；

V_A——液压蓄能器内气体体积，m^3。

② 液压蓄能器动态数学模型拉普拉斯变换。在对液压蓄能器动态数学模型线性化后进行拉普拉斯变换如下：

$$Q_{pv} = (\pm Q_{Av} \pm Q_{Lv}) \tag{4-34}$$

$$P_s = RQ_{Lv} \tag{4-35}$$

$$(P_s - P_A)A_A = \rho l s Q_{Av} + R_A Q_{Av} A_A \tag{4-36}$$

$$Q_{Av} = \kappa_A V_A p_A \tag{4-37}$$

③ 方块图。由液压蓄能器动态数学模型的拉普拉斯变换式(4-34)～式(4-37) 可作出如图 4-16 所示恒压变量泵和液压蓄能器组合后的动态系统方块图。

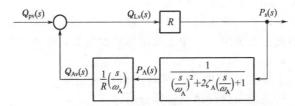

图 4-16　恒压变量泵和液压蓄能器组合后的动态系统方块图

图中　ω_A——液压蓄能器的固有角频率，$\omega_A = \sqrt{\dfrac{A_A}{\rho l \kappa_A V_A}}$，rad/s；

ζ_A——液压蓄能器的阻尼比，$\zeta_A = \dfrac{R_A}{2}\sqrt{\dfrac{\kappa_A V_A A_A}{\rho l}}$，无量纲。

作者注：此节还参考了曹树平、罗小辉、胡军华、张超娜撰写的《吸收压力脉动的自适应液压蓄能器回路研究》一文，其中不但引入了流量脉动角频率 ω_Q，而且液压蓄能器吸收压力脉动的固有频率 ω_A 的表达式也与上文不同，同时该文还指出，选择液压蓄能器时，应使液压蓄能器的固有频率 $\omega_A = \omega_Q$，这样才能使液压蓄能器具有最佳的吸收压力脉动的效果。

读者如有兴趣，进一步还可参考王浩伟、邢红兵、高英杰、涂朝辉撰写的《利用液压蓄能器提高液压振动台响应特性的研究》、王浩伟撰写的《液压蓄能器在液压振动台中应用的研究》、赵琦撰写的《液压蓄能器及其工作回路的计算机辅助设计》等论文。

4.2　电液伺服阀控制系统通用规则和安全技术要求

4.2.1　总则

当为机械设计电液伺服阀控制系统（以下简称为液压系统或系统）时，应考虑以下几点。

① 系统所有预定的操作和使用。

② 进行并完成风险评估，以确定当系统按预定使用时与系统相关的可预测的风险。

③ 可预见的误用不应导致危险发生。

④ 包括软件在内的控制系统应按风险评估设计。

⑤ 避免对机器、液压系统和环境造成危害的预防措施。

⑥ 通过设计应排除已识别出的风险，当不能做到时，对于这种风险应按 GB/T 15706—2012 规定的级别采取防护措施（首选）或警告。

注：下文对液压元件提出了要求，其中一些要求依据安装液压系统的机器的危险而定。因此，所需的液压系统最终技术规格和结构将取决于对风险的评估和用户与制造商之间的协议。

4.2.2　对液压系统设计和技术规范的基本要求

(1) 元件和配管的选择

① 为保证使用的安全性，应对液压系统中的所有元件和配管进行选择或指定。选择或

指定元件和配管，应保证当系统投入预定的使用时，它们能在其额定极限内可靠地运行。尤其应注意那些因其失效或失灵可能引起危险的元件和配管的可靠性。

② 应按供应商的使用说明和建议选择、安装和使用元件及配管，除非其他元件、应用或安装经测试或现场经验证明是可行的。

③ 在可行的情况下，宜使用符合国家标准或行业标准的元件和配管。

（2）意外压力

① 如果压力过高会引起危险，系统所有相关部分应在设计上或以其他方式采取保护，以防止可预见的压力超过系统最高工作压力或系统任何部分的额定压力。

任何系统或系统的某一部分可能被断开和封闭，其所截留液体的压力会出现增高或降低（例如：由于负载或液压油液温度的变化），如果这种变化会引起危险，则这类系统或系统的某一部分应具有限制压力的措施。

② 对压力过载保护的首选方法是设置一个或多个起安全作用的溢流阀（卸压阀），以限制系统所有相关部分的压力。也可采用其他方法，如采用压力补偿式泵控制来限制系统的工作压力，只要这些方法能保证在所有工况下安全。

③ 系统的设计、制造和调整应限制压力冲击和变动。压力冲击和变动不应引起危险。

④ 压力丧失或下降不应让人员面临危险和损坏机械。

⑤ 应采取措施，防止因外部大负载作用于执行器而产生的不可接受的压力。

（3）机械运动

在固定式工业机械中，无论是预定的或意外的机械运动（例如：加速、减速或提升和夹持物体的作用）都不应使人员面临危险的处境。

（4）噪声

在液压系统设计中，应考虑预计的噪声，并使噪声源产生的噪声降至最低。应根据实际应用采取措施，将噪声引起的风险降至最低。应考虑由空气、结构和液体传播的噪声。

注：关于低噪声机械和系统的设计，请参见 GB/T 25078.1—2010《声学　低噪声机器和设备设计实施建议　第 1 部分：规划》。

（5）泄漏

如果产生泄漏（内泄漏或外泄漏），不应引起危险。

（6）温度

① 工作温度。

对于系统或任何元件，其工作温度范围不应超过规定的安全使用极限。

② 表面温度。

液压系统的设计应通过布置或安装防护装置来保护人员免受超过触摸极限的表面温度的伤害，参见 ISO 13732-1。当无法采取这些保护时，应提供适当的警告标志。

（7）液压系统操作和功能的要求

应规定下列操作和功能的技术规范。

① 工作压力范围。

② 工作温度范围。

③ 使用液压油液的类型。

④ 工作流量范围。

⑤ 吊装规定。

⑥ 应急、安全和能量隔离（例如：断开电源、液压源）的要求。

⑦ 涂漆或保护涂层。

4.2.3 附加要求

(1) 现场条件和工作环境

应对影响固定式工业机械上液压系统使用要求的现场条件和工作环境做出规定，具体可包括以下内容。

① 设备的环境温度范围。

② 设备的环境湿度范围。

③ 可用的公共设施，例如，电、水、废物处理。

④ 电网的详细资料，例如，电压及其容限；频率、可用的功率（如果受限制）。

⑤ 对电路和装置的保护。

⑥ 大气压力。

⑦ 污染源。

⑧ 振动源。

⑨ 火灾、爆炸或其他危险的可能严重程度，以及相关应急资源的可用性。

⑩ 需要的其他资源储备，例如，气源的流量和压力。

⑪ 通道、维修和使用所需的空间，以及为保证液压元件和系统在使用中的稳定性和安全性而确定的位置及安装。

⑫ 可用的冷却、加热介质和容量。

⑬ 对于保护人身和液压系统及元件的要求。

⑭ 法律和环境的限制因素。

⑮ 其他安全性要求。

(2) 元件、配管和总成的安装、使用和维修

① 安装。元件宜安装在便于从安全工作位置（例如，地面或工作台）接近之处。

② 起吊装置。质量大于15kg的所有元件、总成或配管，宜具有用于起重设备吊装的起吊装置。

③ 标准件的使用。

a. 宜选择商品化的，并符合相应国家标准的零件（键、轴承、填料、密封件、垫圈、插头、紧固件等）和零件结构（轴和键槽尺寸、油口尺寸、底板、安装面或安装孔等）。

b. 在液压系统内部，宜将油口、螺柱端和管接头限制在尽可能少的标准系列内。对于螺纹油口连接，宜符合GB/T 2878.1—2011、GB/T 2878.2—2011《液压传动连接 带米制螺纹和O形圈密封的油口和螺柱端 第2部分：重型螺柱端（S系列）》和GB/T 2878.3—2017《液压传动连接 带米制螺纹和O形圈密封的油口和螺柱端 第3部分：轻型螺柱端（L系列）》的规定；对于四螺钉法兰油口连接，宜符合ISO 6162-1、ISO 6162-2或ISO 6164的规定。

注：1. 当在系统中使用一种以上标准类型的螺纹油口连接时，某些螺柱端系列与不同连接系列的油口之间可能不匹配，会引起泄漏和连接失效，使用时可依据油口和螺柱端的标记确认是否匹配。

2. 现行的还有GB/T 19674.1—2005、GB/T 19674.2—2005和GB/T 19674.3—2005液压管接头用螺纹油口和柱端系列标准等。

3. 关于液压缸油口螺纹还可参见《液压缸设计与制造》一书，其已指出其中的问题。

④ 密封件和密封装置。

a. 材料。密封件和密封装置的材料应与所用的液压油液、相邻材料以及工作条件和环境条件相容。

b. 更换。如果预定要维修和更换，元件的设计应便于密封件和密封装置的维修和更换。

⑤ 维修要求。系统的设计和制造应使需要调整或维修的元件和配管位于易接近的位置，

以便能安全地调整和维修。在这些要求不能实现的场合，应提供必要的维修和维护信息，见 GB/T 3766—2015 中 7.3.1.1 的 g）和 n）。

⑥ 更换。为便于维修，宜提供相应的方法或采用合适的安装方式，使元件和配管从系统拆除时做到以下几点。

a. 使液压油液损失少。

b. 不必排空油箱，仅对于固定机械。

c. 尽量不拆卸其他相邻部分。

（3）清洗和涂漆

① 在对机械进行外部清洗和涂漆时，应对敏感材料加以保护，以避免其接触不相容的液体。

② 在涂漆时，应遮盖住不宜涂漆的区域（例如活塞杆、指示灯等）。在涂漆后，应除去遮盖物，所有警告和有关安全的标志应清晰、醒目。

（4）运输准备

① 配管的标识。当运输需要拆卸液压系统时，以及错误的重新连接可能引起危险的情况下，配管和相应连接应被清楚地标识，其标识应与所有适用文件上的资料相符。

② 包装。为运输方便，液压系统的所有部分应以能保护其标识及防止其损坏、变形、污染和腐蚀的方式包装。

③ 孔口的密封和保护。在运输期间，液压系统和元件暴露的孔口，尤其是硬管和软管，应通过密封或放在相应清洁和密闭的包装箱内加以保护；应对螺纹采取保护。使用的任何保护装置应在重新组装时再除去。

④ 搬运设施。运输尺寸和质量应与买方提供的可利用的搬运设施（例如，起重工具、出入通道、地面承载）相适合，参见 GB/T 3766—2015 中 B.1.5。如必要，液压系统的设计应使其易于拆解为部件。

4.2.4　对于元件和控制的特定要求

（1）液压泵和马达

① 安装。液压泵和马达的固定或安装应做到以下几点。

a. 易于维修时接近。

b. 不会因负载循环、温度变化或施加重载荷引起轴线错位。

c. 泵、马达和任何驱动元件在使用时所引起的轴向和径向载荷均在额定极限内。

d. 所有油路均正确连接，所有泵的连接轴以标记的和预定的正确方向旋转，所有泵从进口吸油至出口排油，所有马达的轴被液压油液驱动以正确方向旋转。

e. 充分地抑制振动。

② 联轴器和安装件。

a. 在所有预定使用的工况下，联轴器和安装件应能持续地承受泵或马达产生的最大转矩。

b. 当泵或马达的连接区域在运转期间可接近时，应为联轴器提供合适的保护罩。

③ 转速。转速不应超过规定极限。

④ 泄油口、放气口和辅助油口。泄油口、放气口和类似的辅助油口的设置应不准许空气进入系统，其设计和安装应使背压不超过泵或马达制造商推荐的值。如果采用高压排气，其设置应能避免对人员造成危害。

⑤ 壳体的预先注油。当液压泵和马达需要在启动之前预先注油时，应提供易于接近的和有记号的注油点，并将其设置在能保证空气不会被封闭在壳体内的位置上。

⑥ 工作压力范围。如果对使用的泵或马达的工作压力范围有任何限制,应在技术资料中做出规定,见 GB/T 3766—2015 中的第 7 章。

⑦ 液压连接。液压泵和马达的液压连接应做到以下几点。

a.通过配管连接的布置和选择防止外泄漏,不使用锥管螺纹或需要密封填料的连接结构。

b.在不工作期间,防止失去已有的液压油液或壳体的润滑。

c.泵的进口压力不低于其供应商针对运行工况和系统用液压油液所规定的最低值。

d.防止可预见的外部损害,或尽量预防可能产生的危险结果。

e.如果液压泵和马达壳体上带有测压点,安装后应便于连接、测压。

(2) 充气式液压蓄能器

① 信息。

a.在液压蓄能器上永久性标注的信息。

下列信息应永久地和明显地标注在液压蓄能器上。

Ⅰ.制造商的名称和/或标识。

Ⅱ.生产日期(年、月)。

Ⅲ.制造商的序列号。

Ⅳ.壳体总容积,单位为升(L)。

Ⅴ.允许温度范围 T_s,单位为摄氏度(℃)。

Ⅵ.允许的最高压力 p_s,单位为兆帕(MPa)。

Ⅶ.试验压力 p_T,单位为兆帕(MPa)。

Ⅷ.认证机构的编号(如适用)。

打印标记的位置和方法不应使液压蓄能器强度降低。如果在液压蓄能器上提供所有这些信息的空间不够,应将其制作在标签上,并永久地附在液压蓄能器上。

注:根据地方性法规,可能需要附加信息。

b.在液压蓄能器上或附带标签上的信息。

应在液压蓄能器或液压蓄能器的标签上给出以下信息。

Ⅰ.制造商或供应商的名称和简明地址。

Ⅱ.制造商或供应商的产品标识。

Ⅲ.警示语"警告:压力容器,拆卸前先卸压!"。

Ⅳ.充气压力。

Ⅴ.警示语"仅使用 X!",X 是充入的介质,如氮气。

② 有充气式液压蓄能器的液压系统的要求。

当系统关闭时,有充气式液压蓄能器的液压系统应自动卸掉液压蓄能器的液体压力或彻底隔离液压蓄能器[见 4.2.4(10)②a]。在机器关闭后仍需要压力或引用液压蓄能器的潜在能量不会再产生任何危险(如夹紧装置)的特殊情况下,不必遵守卸压或隔离的要求。充气式液压蓄能器和任何配套的受压元件在压力、温度和环境条件的额定极限内应用。在特殊情况下,可能需要保护措施防止气体侧超压。

③ 安装。

a.安装位置。如果在充气式液压蓄能器系统内的元件和管接头损坏会引起危险,应对它们采取适当保护。

b.支撑。应按液压蓄能器供应商的说明对充气式液压蓄能器和所有配套的受压元件做出支撑。

c.未授权的变更。不应以加工、焊接或任何其他方式修改充气式液压蓄能器。

d.输出流量。充气式液压蓄能器的输出流量应与预定的工作需要相关，且不应超过制造商的额定值。

（3）阀

① 选择。选择液压阀的类型应考虑正确的功能、密封性、维护和调整要求，以及抗御可预见的机械或环境影响的能力。在固定式工业机械中使用的系统宜首选板式安装阀和/或插装阀。当需要隔离阀［例如，满足 4.2.4(2)②和 4.2.4(10)②a 的要求］，应使用其制造商认可适用于此类安全应用的阀。

② 安装。当安装阀时，应考虑以下方面。

a.独立支撑，不依附相连接的配管或管接头。

b.便于拆卸、修理或调整。

c.重力、冲击和振动对阀的影响。

d.使用扳手、装拆螺栓和电气连接所需的足够空间。

e.避免错误安装的方法。

f.防止被机械操作装置损坏。

g.当适用时，其安装方位能防止空气聚积或允许空气排出。

③ 油路块。

a.表面粗糙度和平面度。在油路块上，阀安装面的粗糙度和平面度应符合阀制造商的推荐。

b.变形。在预定的工作压力和温度范围内工作时，油路块或油路块总成不应因变形产生故障。

c.安装。应牢固地安装油路块。

d.内部流道。内部流道在交叉流动区域宜有足够大的横截面积，以尽量减小额外的压降。铸造和机加的内部流道应无有害异物，如氧化皮、毛刺和切屑等。有害异物会阻碍流动或随液压油液移动而引起其他元件（包括密封件和密封填料）发生故障和/或损坏。

e.标识。油路块总成及其元件应按 ISO 16874 规定附上标签，以作标记。当不可行时，应以其他方式提供标识。

④ 电控阀。

a.电气连接和电磁铁。电气连接应符合相应的标准（如 GB 5226.1—2008《机械电气安全 机械电气设备 第 1 部分：通用技术条件》或制造商的标准），并按适当保护等级设计（如符合 GB 4208—2008）。

应选择适用的电磁铁（例如，切换频率、温度额定值和电压容差），以便其能在指定条件下操作阀。

b.手动或其他越权控制。当电力不可用时，如果必须操作电控阀，应提供越权控制方式。设计或选择越权控制方式时，应使误操作的风险降至最低；并且当越权控制解除后宜自动复位，除非另有规定。

⑤ 调整。当允许调整一个或多个阀参数时，宜酌情纳入下列规定。

a.安全调整的方法。

b.锁定调整的方法，如果不准许擅自改变。

c.防止调整超出安全范围的方法。

（4）油箱及其辅件

① 设计。油箱或连通的储液罐应按以下要求设计。

a.按预定用途，在正常工作或维修过程中应能容纳所有来自于系统的油液。

b.在所有工作循环和工作状态期间，应保持液面在安全的工作高度并有足够的液压油液进入供油管路。

c. 应留有足够的空间用于液压油液的热膨胀和空气分离。

d. 对于固定式工业机械上的液压系统，应安装接油盘或有适当容量和结构的类似装置，以便有效收集主要从油箱［同样见 4.2.2(5) 和 4.2.3(1)⑭］或所有不准许渗漏区域意外溢出的液压油液。

e. 宜采取被动冷却方式控制系统液压油液的温度。当被动冷却不够时，应提供主动冷却，见 4.2.4(7)。

f. 宜使油箱内的液压油液低速循环，以允许夹带的气体释放和重的污染物沉淀。

g. 应利用隔板或其他方法将回流液压油液与泵的吸油口分隔开。如果使用隔板，隔板不应妨碍对油箱的彻底清扫，并在液压系统正常运行时不会造成吸油区与回油区的液位差。

h. 对于固定式工业机械上的液压系统，宜提供底部支架或构件，使油箱的底部高于地面至少 150mm，以便于搬运、排放和散热。油箱的四脚或支撑构件宜提供足够的面积，以用于地脚固定和调平。

如果是压力油箱，则应考虑这种型式的特殊要求。

② 结构。

a. 溢出。应采取措施，防止溢出的液压油液直接返回油箱。

b. 振动和噪声。应注意防止过度的结构振动和空气传播噪声，尤其当元件被安装在油箱内或直接装在油箱上时。

c. 顶盖。油箱顶盖应满足以下要求。

Ⅰ. 应牢固地固定在油箱体上。

Ⅱ. 如果是可拆卸的，应设计成能防止污染物进入的结构。

Ⅲ. 其设计和制造宜避免形成聚集和存留外部固体颗粒、液压油液污染物和废弃物的区域。

d. 配置。油箱配置按下列要求实施。

Ⅰ. 应按规定尺寸制作吸油管，以使泵的吸油性能符合设计要求。

Ⅱ. 如果没有其他要求，吸油管所处位置应能在最低工作液面时保持足够的供油，并能消除液压油液中的夹带空气和涡流。

Ⅲ. 进入油箱的回油管宜在最低工作液面以下排油。

Ⅳ. 进入油箱的回油管应以最低的可行流速排油，并促进油箱内形成所希望的液压油液循环方式。油箱内的液压油液循环不应促进夹带空气。

Ⅴ. 穿出油箱的任何管路都应有效地密封。

Ⅵ. 油箱设计宜尽量减少系统液压油液中沉淀污染物的泛起。

Ⅶ. 宜避免在油箱内侧使用可拆卸的紧固件，如不能避免，应确保可靠紧固，防止其意外松动；且当紧固件位于液面上部时，应采取防锈措施。

e. 维护。维护措施应遵从下列规定。

Ⅰ. 在固定式工业机械上的油箱应设置检修孔，可供进入油箱内部各处进行清洗和检查。检修孔盖可由一人拆下或重新装上。允许选择其他检查方式，例如内窥镜。

Ⅱ. 吸油过滤器、回油扩散装置及其他可更换的油箱内部元件应便于拆卸或清洗。

Ⅲ. 油箱应具有在安装位置易于排空液压油液的排放装置。

Ⅳ. 在固定式工业机械上的油箱宜具有可在安装位置完全排出液压油液的结构。

f. 结构完整性。油箱设计应提供足够的结构完整性，以适应以下情况。

Ⅰ. 充满到系统所需液压油液的最大容量。

Ⅱ.在所有可预见条件下，承受系统以所需流速吸油或回油而引起的正压力、负压力。

Ⅲ.支撑安装的元件。

Ⅳ.运输。

如果油箱上提供了运输用的起吊点，其支撑结构及附加装置应足以承受预料的最大装卸力，包括可预见的碰撞和拉扯，并且没有不利影响。为保持被安装或附加在油箱上的系统部件在装卸和运输期间被安全约束及无损坏或永久变形，附加装置应具有足够的强度和弹性。

加压油箱的设计应充分满足其预定使用的最高内部压力要求。

g.防腐蚀。任何内部或外部的防腐蚀保护，应考虑到有害的外来污染物，如冷凝水，见 4.2.4(5)②。

h.等电位连接。如果需要，应提供等电位连接（如接地）。

③ 辅件。

a.液位指示器。油箱应配备液位指示器（例如目视液位计、液位继电器和液位传感器），并符合以下要求。

Ⅰ.应做出系统液压油液高、低液位的永久性标记。

Ⅱ.应具有合适的尺寸，以便注油时可清楚地观察到。

Ⅲ.对特殊系统宜做出适当的附加标记。

Ⅳ.液位传感器应能显示实际液位和规定的极限。

b.注油点。所有注油点应易于接近并做出明显和永久的标记。注油点宜配备带密封且不可脱离的盖子，当盖上时可防止污染物进入。在注油期间，应通过过滤或其他方式防止污染。当此要求不可行时，应提供维护和维修资料，见 GB/T 3766—2015 中 7.3.1.1 的 i)。

c.通气口。考虑到环境条件，应提供一种方法（如使用空气滤清器）保证进入油箱的空气具有与系统要求相适合的清洁度。如果使用的空气滤清器可更换滤芯，宜配备指示滤清器需要维护的装置。

d.水分离器。如果提供了水分离器，应安装当需要维护时能发讯的指示器，见 4.2.4(11)⑤。

（5）液压油液

① 规格。

a.宜按现行的国家标准描述液压油液。元件或系统制造商应依据类型和技术数据确定适用的液压油液；否则应以液压油液制造商的商品名称确定液压油液。

b.当选择液压油液时，应考虑其电导率。

c.在存在火灾危险处，应考虑使用难燃液压油液。

② 相容性。所有与液压接触使用的元件应与该液压油液相容。应采取附加的预防措施，防止由于液压油液与下列物质不相容产生问题。

a.防护涂料和与系统有关的其他液体，如油漆、加工和（或）保养用的液体。

b.可能与溢出或泄漏的液压油液接触的结构或安装材料，如电缆、其他维修供应品和产品。

c.其他液压油液。

③ 液压油液的污染度。液压油液的污染度（按 GB/T 14039—2002 表示的）应适合于系统中对污染最敏感的元件（如电液伺服阀）。

注：1.商品液压油液在交付时可能未注明必要的污染度。

2.液压油液的污染可能影响其电导率。

（6）液压油液的过滤

① 过滤。为保持所要求的液压油液污染度，应提供过滤。如果使用主过滤系统（如供

油或回油管路过滤器）不能达到要求的液压油液污染度或有更高过滤要求时，可使用旁路过滤系统。

② 过滤器的布置和选型。

a. 布置。过滤器应根据需要设置在压力管路、回油管路和/或辅助循环回路中，以达到系统要求的油液污染度。

b. 维护。所有过滤器均应配备指示器，当过滤器需要维护时发出指示。指示器应易于让操作人员或维护人员观察，见 4.2.4(11)⑤。当不能满足此要求时，在操作人员手册中应说明定期更换过滤器，见 GB/T 3766—2015 中 7.3.1.1 的 i) 和 q)。

c. 可达性。过滤器应安装在易于接近处，并应留出足够的空间以便更换滤芯。

d. 选型。选择过滤器应满足在预定流量和最高液压油液黏度时不超过制造商推荐的初始压差。由于液压缸的面积比和减压的影响，通过回油管路过滤器的最大流量可能大于泵的最大流量。

e. 压差。系统在过滤器两端产生的最大压差会导致滤芯损坏的情况下，应配备过滤器旁通阀。在压力回路内，污染物经过滤器由旁路流向下游不应造成危害。

③ 吸油管路。不推荐在泵的吸油管路安装过滤器，并且不宜将其作为主系统的过滤，参见 GB/T 3766—2015 中 B.2.11。可使用吸油口滤网或粗过滤器。

（7）热交换器

① 应用。当自然冷却不能将系统油液温度控制在允许极限内时，或要求精确控制液压油液温度时，应使用热交换器。

② 液体对液体的热交换器。

a. 应用。使用液体对液体的热交换器时，液压油液循环路径和流速应在制造商推荐的范围内。

b. 固定式工业机械上的温度控制装置。为保持所需的液压油液温度和使所需冷却介质的流量减到最小，温度控制装置应设置在热交换器的冷却介质一侧。

冷却介质的控制阀位于输入管路上。为了维护，在冷却回路中应提供截止阀。

c. 冷却介质。应对冷却介质及其特性做出规定。应防止热交换器被冷却介质腐蚀。

d. 排放。对于热交换器两个回路的介质排放应做出规定。

e. 温度测量点。对于液压油液和冷却介质，宜设置温度测量点。测量点设有传感器的固定接口，并保证可在不损失流体的情况下进行检修。

③ 液体对空气的热交换器。

a. 应用。使用液体对空气的热交换器时，两者的流速应在制造商推荐的范围内。

b. 供气。应考虑空气的充足供给和清洁度，参见 GB/T 3766—2015 中 B.1.5。

c. 排气。空气排放不应引起危险。

（8）加热器

a. 当使用加热器时，加热功率不应超过制造商推荐的值。如果加热器直接接触液压油液，宜提供液位联锁装置。

b. 为保持所需的液压油液温度，宜使用温度控制器。

（9）管路系统

① 一般要求。

a. 确定尺寸。管路系统的配管尺寸和路线的设计，应考虑在所有预定的工况下系统内各部分预计的液压油液流速、压降和冷却要求。应确保在所有预定的使用期间通过系统的液压油液流速、压力和温度能在设计范围内。

b. 管接头的应用。宜尽量减少管路系统内管接头的数量。如利用弯管代替接头。

c.管路布置。

Ⅰ.宜使用硬管（如刚性管）。如果为适应部件的运动、减振或降低噪声等需要，可使用软管。

Ⅱ.宜通过设计或防护，阻止管路被当作踏板或梯子使用。在管路上不宜施加外负载。

Ⅲ.管路不应用来支承会对其施加过度载荷的元件。过度载荷可由元件质量、撞击、振动和压力冲击引起。

Ⅳ.管路的任何连接宜便于使用扭矩办法拧紧而尽量不与相邻管路或装置发生干涉。当管路终端连接于一组管接头时，设计尤其需要注意。

d.管路安装和标识。应通过硬管和软管的标识或一些其他方法，避免可能引起危险的错误连接。

e.管接头密封。宜使用弹性密封的管接头和软管接头。

f.管接头压力等级。管接头的额定压力应不低于其所在系统部分的最高工作压力。

② 硬管要求。硬管宜用钢材制造，除非以书面形式约定使用其他材料，参见 GB/T 3766—2015 中 B.2.14。外径≤50mm 的米制钢管的标称工作压力可按 ISO 10763 计算。

③ 管子支撑。

a.应安全地支撑管子。

b.支撑不应损坏管子。

c.应考虑压力、振动、壁厚、噪声传播和布管方式。

d.在 GB/T 3766—2015 图 1 和表 1 中给出了推荐的管子支撑的大概间距。

④ 异物。在安装前，配管的内表面和密封表面应没有任何可见的有害异物，例如氧化皮、焊渣、切屑等。对于某些应用，为提高系统工作的安全性和可靠性，可对异物（包括软管总成内的微观异物）采取严格限制。在这种情况下，应对可接受的内部污染物最高限度的详细技术要求和评定程序做出规定。

⑤ 软管总成。

a.一般要求。软管总成应符合以下要求。

Ⅰ.以未经使用过的并满足相应要求的软管制成。

Ⅱ.按 ISO 17165-1 做出标记。

Ⅲ.在交货时提供软管制造商推荐的最长储存时间信息。

Ⅳ.工作压力不超过软管总成制造商推荐的最高工作压力。

Ⅴ.考虑振动、压力冲击和软管两端节流做出相应规定，以避免对软管造成损伤，如损失软管内层。

注：在 ISO/TR 17165-2 中给出了软管总成安装和保护的指导。

b.安装。软管按下列要求安装。

Ⅰ.采用所需的最小长度，以避免软管在装配和工作期间急剧的挠曲和变形；软管被弯曲不宜小于推荐的最小弯曲半径。

Ⅱ.在安装和使用期间，尽量减小软管的扭曲度。

Ⅲ.通过定位和保护措施，尽量减小软管外皮的摩擦损伤。

Ⅳ.如果软管总成的重量能引起过度的张力，应加以支撑。

c.失效保护。

Ⅰ.如果软管造成失效可能构成击打危险，应以适当方式对软管总成加以约束或遮挡。

Ⅱ.如果软管总成失效可能构成液压油液喷射或着火危险，应以适当方式加以遮挡。

Ⅲ.如果因为预定的机械运动不能做到上述防护，应给出残留风险信息。机械制造商可利用残留风险信息进行风险分析和确定必要的防护措施，如采用加装管路防爆阀等技术措施或提供操作指南。

⑥ 快换接头。

a. 宜避免快换接头在压力下连接或断开。当这种应用不可避免时，应使用专用于压力下连接和断开的快换接头，并应为操作者提供详细的使用说明，见 4.2.2(2)①。

b. 在有压力的情况下，系统中拆开的快换接头应能自动封闭两端并保持住系统的压力。

（10）控制系统

① 意外动作。控制系统的设计应能防止执行机构在所有工作阶段出现意外的危险动作和不正确的动作顺序。

② 系统保护。

a. 意外启动。为防止意外启动，固定式工业机械上的液压系统设计应考虑便于与动力源完全隔离和便于卸掉系统中的液压油压力。在液压系统中可采用以下做法。

Ⅰ. 将隔离阀机械锁定在关闭位置，并且当隔离阀被关闭时卸掉液压系统的压力。

Ⅱ. 隔离供电（可参见 GB 5226.1—2008）。

b. 控制或能源供给。应正确选择和使用电控、气控和/或液控的液压元件，以避免因控制或能源供给的失效引起危险。无论使用哪一种控制或能源供给类型（例如电、液、气或机械），下列动作或事件（无论意外的或是有意的）不应产生危险。

Ⅰ. 切换供给的开关。

Ⅱ. 减少供给。

Ⅲ. 切断供给。

Ⅳ. 恢复供给（意外的或有意的）。

c. 内部液压油液的回流。当系统关闭时，如果内部液压油液的回流会引起危险，应提供防止系统液压油液回流的方法。

③ 控制系统的元件。

a. 可调整的控制机构。可调整的控制机构应保持其设定值在规定的范围内，直至重新调整。

b. 稳定性。应选择合适的压力控制阀和流量控制阀，以保证实际压力、温度或负载的变化不会引起危险或失灵。

c. 防止违章调整。

Ⅰ. 如果擅自改变压力和流量会引起危险或失灵，压力控制阀和流量控制阀或其附件应安装阻止这种操作的装置。

Ⅱ. 如果改变或调整会引起危险或失灵，应提供锁定可调节元件设定值或锁定其附件的方法。

d. 操作手柄。操作手柄的动作方向应与最终效应一致，如上推手柄宜使控制装置向上运动（参见 GB 18209.3—2010《机械电气安全指示、标志和操作 第3部分：操动器的位置和操作的要求》）。

e. 手动控制。如果设置了手动控制，此控制在设计上应保证安全，其设置应优先于自动控制方式。

f. 双手控制。双手控制应符合 GB/T 19671—2005《机械安全双手操纵装置功能状况及设计原则》的要求，并应避免操作者处于机器运动引起的危险中。

g. 安全位置。在控制系统失效的情况下，为了安全任何需要保持其位置或采取特定位置的执行器应由阀控制，可靠地移动至或保持在限定的位置（如利用偏置弹簧或棘爪）。

④ 在开环和闭环控制回路内的控制系统。

　　a.优先权控制系统。当几个平行作用被同时请求时，在做出决定的时刻据此确定将要执行的作用。

　　作用于过程的最重要的控制功能，其优先权顺序通常如表 4-3 所示。

表 4-3　控制系统优先权一般顺序

所需的控制功能	优先级
安全防护	1
干预	2
开环控制	3
闭环控制	4
优化	5

　　作者注：摘自 GB/T 2900.56—2008，表格中数字较小的功能有较高的优先级。

　　b.越权控制系统。在执行器受开环或闭环控制并且控制系统的失灵可能导致执行器发生危险的场合，应提供保持或恢复控制或停止执行器动作的手段。

　　c.附加装置。如果无指令的动作会引起危险，则在固定式工业机器上受开环或闭环控制的执行器应具有保持或移动其到安全状态的附加装置。

　　d.过滤器。GB/T 3766—2015 规定，如果由污染引起的阀失灵会产生危险，则在供油管路内接近伺服阀或比例阀之处宜另安装无旁通的并带有易察看的堵塞指示器的全流量过滤器。该滤芯的压溃额定压力应超过该系统最高工作压力。流经无旁通过滤器的液流堵塞不应产生危险。

　　作者注：对此条规定作者有不同意见，请见作者编著的《液压回路分析与设计》一书。

　　e.系统冲洗。带有以开环或闭环控制的执行器的系统被交付使用之前，系统和液压油液宜被净化，达到制造商在技术条件中规定的稳定清洁度。除非另外协议，装配后系统的冲洗应符合 GB/T 25133—2010 的规定。

　　⑤ 其他设计考虑。

　　a.系统参数监测。在系统工作参数变化能发出危险信号之处，这些参量的清晰标识连同其信号值或数值变化一起均应包括在使用信息中。在系统中应提供监测这些参量的可靠方法。

　　b.测试点。为了充分地监控系统性能，宜提供足够的、适当的测试点。安装在液压系统中检查压力的测试点应符合以下要求。

　　Ⅰ.易于接近。

　　Ⅱ.有永久附带的安全帽，最大限度地减少污染物侵入。

　　Ⅲ.在最高工作压力下，确保测量仪器能安全、快速接合。

　　c.系统交互作用。一个系统或系统部件的工况，不应以可能引起危险的方式影响任何其他系统或部件的工作。

　　d.复杂装置的控制。在系统有一个以上相关联的自动和/或手动控制装置且其中任何一个失效可能引起危险之处，应提供保护联锁装置或其他安全手段。这些联锁装置应以设计的安全顺序和时间中断所有相关操作，只要这种中断本身不会造成伤害或危险，且应重置每个相关操作装置。重置装置宜要求在重新启动前检查安装位置和条件。

　　e.靠位置检测的顺序控制。

　　只要可行，应使用靠位置检测的顺序控制，且当压力或延时控制的顺序失灵可能引起危险时，应始终使用靠位置检测的顺序控制。

　　⑥ 控制机构的位置。

a. 保护。设计或安装控制机构时，应对下列情况采取适当保护措施。

Ⅰ. 失灵或可预见的损坏。

Ⅱ. 高温。

Ⅲ. 腐蚀性环境。

Ⅳ. 电磁干扰。

b. 可达性。控制机构应容易和安全地接近。控制机构调整的效果宜显而易见。固定式工业机械上的控制机构宜在工作地板之上至少 0.6m，最高 1.8m，除非尺寸、功能或配管方式要求另选位置。

c. 手动控制机构。手动控制机构的位置和安装应符合以下要求。

Ⅰ. 将控制器安装在操作者正常工作位置或姿态所及范围内。

Ⅱ. 操作者不必越过旋转或运动的装置来操作控制器。

Ⅲ. 不妨碍操作者必须的工作动作。

⑦ 固定式工业机械的急停位置。

a. 概述。

Ⅰ. 当存在可能影响成套机械装置或包括液压系统的整个区域的危险（如火灾危险）时应提供一个或多个急停装置（如急停按钮）。至少应有一个急停按钮是远程控制的。

Ⅱ. 液压系统的设计应使急停装置的操作不会导致危险。

b. 急停装置的特征。急停装置应符合 GB 16754—2008《机械安全 急停 设计原则》和 GB/T 14048.14—2006《低压开关设备和控制设备第 5-5 部分：控制电路电器和开关件——具有机械锁闩功能的电气紧急制动装置》中的规定。

c. 急停后重新启动系统。在急停或急停恢复之后，重新启动系统不应引起损害或危险。

（11）诊断与监测

① 一般要求。为便于进行预防性维护和查找故障，宜采用诊断测试和状态监测的措施。在系统工作参数变化能发出报警信号之处，这些参数的明确标识连同其报警信号或变化值应包括在使用信息中。相关信息见 4.2.4(10)⑤a 和 4.2.4(10)⑤b。

② 压力测量和确认。应使用合适的压力表测量压力。应考虑压力峰值和衰减，如果必要，宜对压力表采取保护。安装在液压系统中用于核实压力的测量点应符合以下要求。

a. 易于接近。

b. 有永久附带的安全帽，最大限度地减少污染物侵入。

c. 在最高工作压力下，确保测量仪器能安全、快速接合。

③ 液压油液取样。为检查液压油液污染度状况，宜提供符合 GB/T 17489—1998 规定的提取具有代表性油样的方法。如果在高压管路中提供取样阀，应安放高压喷射危险的警告标志，使其在取样点清晰可见，并应遮护取样阀。

④ 温度传感器。温度传感器宜安装在油箱内。在系统最热的部位再附加安装一个温度传感器是有益的。

⑤ 污染控制。宜提供显示过滤器或分离器需要维护的方法，见 4.2.4(4)③d 和 4.2.4(6)②b。另一种选择是定期、定时维护，如操作人员手册所述。

4.3 几种电液伺服阀控制系统分析与设计

在一些手册、专著和论文中有大量电液伺服阀控制系统分析与设计，且一般按电液伺服阀位置控制系统、电液伺服阀速度控制系统、电液伺服阀力控制系统等分类。

　　本书在其他章节已对一些系统进行了分析，如电液伺服阀控制液压缸系统的数控加工中心工作台。限于本书篇幅，下面仅对几种电液伺服阀控制系统进行分析与设计。

4.3.1　带材纠偏控制装置电液伺服阀控制系统

　　无论何种冷轧带材产生线，如轧机、酸洗线、清洗线、镀锌线，还是连续退火线、剪切机组等，在带材运行过程中都会产生跑偏。带钢跑偏轻则会使钢卷端面不整齐，重则会引起断带、造成设备的损坏，对冷轧带材产生影响非常大。为确保冷轧带材生产线高速、稳定、安全地运行，在各生产线上都需要安装各种跑遍控制装置，亦即纠偏控制装置。

　　根据纠偏控制的检测位置不同，可将带材纠偏控制装置电液伺服阀控制系统分为带材边缘跑遍控制（对边）和带材中心位置跑遍控制（对中）两种。根据纠偏控制在冷轧带材产生线上应用部位的不同，可分为开卷纠偏控制（或开卷定位控制）、中间纠偏控制（或摆动辊纠偏控制）和卷取纠偏控制（卷齐自动跟踪控制）三种型式。

　　无论哪一种型式的跑偏控制装置，其液压回路部分基本相同。

4.3.1.1　带材纠偏控制装置电液伺服阀控制系统的组成及工作原理

　　在带状材料的卷取机械产生过程中均存在跑偏，即边缘位置偏移问题。为了使带材自动卷齐，就需要进行跑偏控制（位置控制），即边缘跑偏控制。

　　图 4-17 所示为带材纠偏控制装置电液伺服阀控制系统。

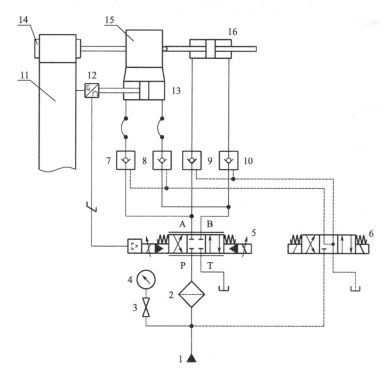

图 4-17　带材纠偏控制装置电液伺服阀控制系统

1—液压动力源；2—过滤器；3—压力表开关；4—压力表；5—电液伺服阀；6—三位四通电磁换向阀；
7~10—液控单向阀；11—带材；12—辅助液压缸；13—位置传感器；14—卷筒；15—卷取机；16—伺服液压缸

　　在该系统中，由与卷筒刚性连接的光电位置检测器（位置传感器）检测带材（如钢带）的横向（对卷筒而言为轴向）跑偏量及方向。光电检测器由光源与光电二极管组成。当带材正常卷取时，光电管接受一半光照，其电阻值为 R。当带材偏离检测器中央（即出现偏差）时，光电管接受的光照发生变化，电阻值随之变化。因而破坏了以光电管电阻为一臂的电桥平衡，输出了一正比于偏差的电信号。此电信号经电液伺服阀放大器放大后输入电液伺服阀，使电液伺服阀输出一正比于输入信号的流量，推动伺服液压缸，伺服液压缸驱动卷筒向带材横向跑偏方向跟踪，从而实现了带材自动卷齐。由于检测器与卷筒一起移动，形成了直接位置反馈。在跟踪位移与跑偏位移相等时，偏差信号为零，卷筒在新的平衡状态下卷取，完成了一次自动纠偏过程。

作者注：1. 有参考文献介绍，可用于带材纠偏控制装置上的检测器型式非常多，按检测原理可分为光电式、电容式、电感式等。具体请见参考文献 [69]、[74] 等。

2. 考虑到该系统在多种参考文献中描述习惯以及直接位置反馈控制，上文没有把"偏差"与"误差"进一步厘清。

图 4-17 中三位四通电磁换向阀 6 的作用是使伺服液压缸 16 与辅助液压缸 12 互锁。在带材正常卷取时，三位四通电磁换向阀 6 换向至左位，辅助液压缸 12 被液控单向阀 7 和 8 锁紧；在带材卷取结束和重新开始时，三位四通电磁换向阀 6 换向至右位，使伺服液压缸 16 锁紧，由辅助液压缸 12 来实现检测器的退回与自动对准带材边缘。

为了防止穿带时和卷取带钢尾部时损坏光电位置检测器，在该工况下要求由辅助液压缸 12 来实现检测器的退回；穿带后，由辅助液压缸 12 来实现检测器的自动对准带钢边缘。

通常该带材纠偏控制装置卷齐精度为 ±(1～2)mm。

4.3.1.2　一种带材纠偏控制装置电液伺服阀控制系统的设计与计算

（1）设计参数

① 卷取机最大卷取速度 $v = 5\text{m/s}$。

② 与伺服液压缸连接的运动部件质量为 $m = 35000\text{kg}$。

③ 卷取误差 $e \leqslant \pm 2 \times 10^{-3}\text{m}$。

④ 钢带卷移动最大距离 $s = 0.15\text{m}$。

⑤ 最大摩擦力 $F_f = 17500\text{N}$。

⑥ 系统剪切频率 $\omega \geqslant 20\text{rad/s}$。

⑦ 卷筒轴向移动最大速度 $v_m = 0.22 \times 10^{-3}\text{m/s}$。

⑧ 卷筒轴向移动最大加速度 $a_m = 0.47\text{m/s}^2$。

（2）光电位置检测器与电液伺服阀放大器的传递函数

光电位置检测器和电液伺服阀放大器均可看成比例环节，它们串联在一起也为一个比例环节，输入为位置偏差信号，（电液伺服阀放大器）输出为电流，它们的传递函数 G_1 为：

$$G_1 = \frac{I}{X_e} = 188.6 \tag{4-38}$$

（3）电液伺服阀传递函数

电液伺服阀以电流为输入信号，以流量为输出信号，其传递函数 $G_{sv}(s)$ 为：

$$G_{sv}(s) = \frac{Q(s)}{I(s)} = \frac{K_{sv}}{\dfrac{s^2}{\omega_{sv}^2} + \dfrac{2\zeta_{sv}}{\omega}s + 1} \tag{4-39}$$

式中　K_{sv} ——电液伺服阀的增益，$\text{m}^3/(\text{s} \cdot \text{A})$，$K_{sv} = 1.96 \times 10^{-3}\text{m}^3/(\text{s} \cdot \text{A})$；

　　　ω_{sv} ——电液伺服阀的固有频率，rad/s，$\omega_{sv} = 157\text{rad/s}$；

　　　ζ_{sv} ——电液伺服阀的阻尼比，$\zeta_{sv} = 0.7$。

（4）液压缸的传递函数

输入为流量，输出为位移，液压缸的传递函数 $G_p(s)$ 为：

$$G_p(s) = \frac{X_p(s)}{Q(s)} = \frac{K_{cy1}}{s\left(\dfrac{s^2}{\omega_h^2} + \dfrac{2\zeta_h}{\omega_h} + 1\right)} \tag{4-40}$$

式中　K_{cy1}——液压缸的增益，$\mathrm{L/m^2}$，$K_{cy1} = 59.5\mathrm{L/m^2}$；

　　　　ω_h——液压缸的固有频率，$\mathrm{rad/s}$，$\omega_h = 88\mathrm{rad/s}$；

　　　　ζ_h——液压缸的阻尼，$\zeta_h = 0.3$。

（5）系统的方框图和开环传递函数

图 4-18 所示为一种带材纠偏控制装置电液伺服阀控制系统的方块图。

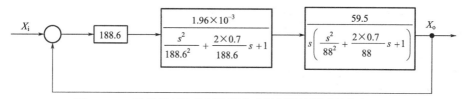

图 4-18　一种带材纠偏控制装置电液伺服阀控制系统的方块图

该系统的开环传递函数 $G_K(s)$ 为：

$$G_K(s) = G_1(s)G_{sv}(s)G_p(s) = \frac{188.6 \times 1.96 \times 10^{-3} \times 59.5}{s\left(\dfrac{s^2}{157^2} + \dfrac{2 \times 0.7}{157}s + 1\right)\left(\dfrac{s^2}{88^2} + \dfrac{2 \times 0.3}{88}s + 1\right)}$$

4.3.2　四（六）辊轧机液压压下装置电液伺服阀控制系统

冷、热、粗、细轧机都可以包括 AGC，如两机架四辊强力可逆式粗轧机的 HAGC、七机架四辊强力精轧机的 HAGC、五机架冷连轧机组的 HAGC 等。

HAGC 即是采用了液压执行元件（压下缸）的 AGC（厚度自动控制的简称），国内称为液压压下系统。

作者注：实际上辊缝调整和控制即厚度自动控制的方式有两种，即上工作辊压下方式和下工作辊推上方式，但一般都将液压驱动辊缝调节系统称为液压压下系统。

轧机液压压下系统是控制大型复杂、负载力很大、扰动因素很多、扰动关系复杂、控制精度响应速度要求很高的设备，采用高精度仪表并由大中型工业控制计算机系统控制的电液伺服阀控制系统。

HAGC 是现代板材轧机的关键系统。其功能是不管引起板厚偏差的各种扰动因素如何变化，都能自动调节压下缸的位置，即轧机的工作辊缝，从而使出口板厚恒定，保证产品的目标厚度、同板差、异板差达到性能指标要求。

液压压下是由电动压下发展而来的。电动压下采用电动机＋大型蜗轮减速机＋压下螺钉间隙压下，其结构笨重、响应低、精度差，且不能带钢压下。而由于液压压下具有尺寸小、结构简单、高响应、高精度等特点，现代轧机已全部采用液压压下系统。

不断提高板、带钢轧件轧出厚度均匀性这一指标，是板、带钢产生中一个重要的课题。

作者注：板、带钢几何尺寸精度主要是由板厚和板形两大质量指标组成。

4.3.2.1　四辊轧机液压压下装置电液伺服阀控制系统分析

（1）HAGC 系统基本控制思想

影响板厚的各种因素集中表现在轧制力和辊缝上。图 4-19 为板材轧制示意图及变形曲线图。

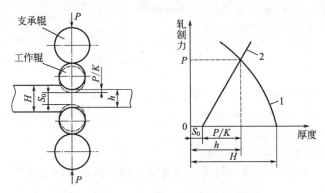

图 4-19　板材轧制示意图及变形曲线图
1—轧件塑性变形抗力曲线；2—轧机弹性变形曲线

　　作者注：1. 图 4-19 上各符号含义见下文。

　　2. 参考文献［65］、［72］等给出的是："1—轧机塑性变形抗力曲线"。

轧机的弹跳方程为：

$$h = S_0 + \frac{P}{K} \tag{4-41}$$

式中　h——出口板厚，mm；

　　　S_0——空载辊缝，mm；

　　　P——轧制力，N；

　　　K——轧机的自然刚度，N/mm。

　　影响轧制力的因素是：来料厚度 H 的增加使 P 增大，轧材机械性能的变化和连轧中带材张力波动都将使 P 发生变化；影响辊缝的因素是：轧辊膨胀使 S_0 减小，轧辊磨损使 S_0 增大，轧辊偏心和油膜轴承的厚度变化会引起 S_0 的周期变化。

　　在 HAGC 系统中，h 为被控制量，希望 h 恒定，影响板厚变化的各种因素为扰动量。由于扰动因素多且变化复杂，因此，HAGC 系统基本控制思想是：采用位置闭环控制＋扰动补偿控制。

　　（2）BISRA AGC 系统及其原理

　　由于轧制力及其波动很大，而轧机刚度有限，因此，在扰动量中，以轧制力引起的轧机弹跳对出口板厚的影响最大。采用位置闭环控制＋轧制力主扰动力补偿机构构成的液压 AGC 称为力补偿 AGC 或 BISRA AGC，因为这种方法是英国钢铁研究协会提出的。

　　图 4-20 所示为 BISRA AGC 系统原理。

　　引入力补偿后，出口板厚为：

$$h = S_0 + \frac{\Delta P}{K} - C\frac{\Delta P}{K} = S_0 + \frac{\Delta P}{K}(1-C) = S_0 + \frac{\Delta P}{K_m}$$

式中　C——补偿系数；

　　　K_m——轧机的控制刚度，$K_m = K/(1-C)$。

　　K_m 可以通过调整补偿系数 C 加以改变。

　　① 使 $C=1$ 时，$K_m=\infty$，意味着轧机控制刚度无穷大，即弹跳变形完全得到补偿，实现了恒轧缝轧制。由于力反馈为正反馈，为使系统稳定，应做成欠补偿，即取 $C=0.8\sim0.9$。

　　② 使 $C=0$ 时，$K_m=K$，意味着力补偿未投入，只有位置环起作用，轧机的弹跳变形量影响仍然存在。

（3）HAGC 系统的控制策略

BISRA AGC 系统仅对主要扰动——轧制力的变化及影响进行了补偿，并提出了头部锁定（相对值）AGC 技术。为了使板厚精度达到高标准（例如，冷轧薄板的同板差小于或等于±0.003mm，热轧薄板的同板差小于或等于±0.02mm），必须对其他扰动也进行补偿，完善的 HAGC 系统控制扰动示意图如图 4-21 所示。

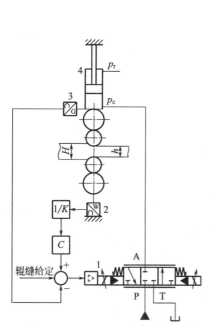

图 4-20　BISRA AGC 系统原理

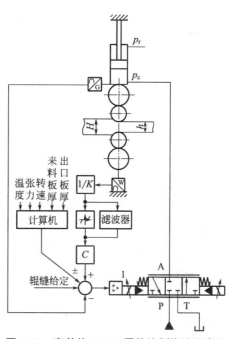

图 4-21　完善的 HAGC 系统控制扰动示意图

该系统包括以下几个部分。

① 液压 APC（Automatic Position Control），即液压位置自动控制系统。它是 HAGC 的内环系统，是一个高响应、高精度的电液阀位置闭环控制系统，它决定着 HAGC 系统的基本性能。它的任务是接受板厚控制 HAGC 系统的指令，进行压下缸的位置闭环控制，使压下缸实时、准确地定位在指令所要求的位置。也就是说，APC 是 HAGC 的执行系统。

② 轧制弹跳补偿 MSC（Mill Stretch Compensation）。其任务是检测轧制力，补偿轧机弹跳造成的板厚度偏差。MSC 是 HAGC 系统的主要补偿环。

③ 热凸度补偿 TEC（Thermal Crown Compensation）。轧辊受热膨胀时实际辊缝减小，轧制力增加，轧件出口厚度减小。此时如用弹跳方程式计算轧件出口厚度，由于轧制力增大，计算出的厚度反而变大了。如果不对此进行处理，HAGC 就会减小辊缝，使实际出口轧件的厚度更薄，即轧辊热膨胀的影响反而被轧机弹跳补偿放大了。TEC 的作用便是消除这种不良影响。此外，TEC 中还要考虑轧辊磨损的影响。

④ 油膜轴承厚度补偿 BEC（Bearing Oil Compensation）。大型轧机支承辊轴承一般采用能适应高速重载的油膜轴承。油膜轴承厚度取决于轧制力和支承辊速度，轧制力增加，辊缝增加；速度增加辊缝减小。通过检测轧制力和支承辊速度可进行 BEC 补偿。

作者注：在 JB/T 9049—2007 中"轧辊油膜轴承"这一术语的定义为："一套轧辊油膜轴承系指装于一根轧机工作辊或支承辊上的油膜轴承组件，包括径向承载件、轴向承载件、锁紧件、密封件及固定件五部分（不包括支承辊、轴承座）。"

⑤ 支承辊偏心补偿 ECC（Eccentricity Compensation）。支承辊偏心将使辊缝和轧制压力发生周期性变化，偏心使辊缝减小的同时，将使轧制力增大。如果将偏心量引起的轧制压力进行力补偿，必将使辊缝进一步减小，因为力补偿会使压下缸活塞朝着使辊缝减小的方向调节。为解决这一问题，拟在力补偿系数 C 环节之前加一死区环节，死区值等于或略大于最大偏心量。为了让小于死区值的其他缓变信号能够通过，死区环节旁并联一个时间常数较大的滤波器，滤波器不允许快速周期变化的偏心信号通过。

⑥ 同步控制 SMC（Synchronized Motion Compensation）。四辊轧机传动侧、操作侧的压下缸之间没有机械连接，两侧压下缸的负载力（轧制反力）又可能因偏载而差别较大，这将造成两侧运动位置不同步，为此需要引入同步控制。方法是将检测到的两侧压下缸活塞位移信号求和取平均值作为基准，以活塞位移与平均值的差值作为补偿信号，迫使位移慢的一侧加快运动到位，使位移快的一侧减慢运动到位。

⑦ 倾斜控制。对于中厚板轧机，当来料出现楔形或轧制过程产生镰刀弯时，需引入倾斜控制。通过两侧轧制力差值或在轧机出口两侧各装一台激光测厚仪，测得两侧板厚差，进行倾斜控制，使板厚的一侧压下缸压下，板薄的一侧上抬。

⑧ 加减速补偿。对于可逆冷轧机，轧机加速、减速过程中带材与辊系摩擦因数等变化引起的轧制力变化会对出口板厚造成影响，为此引入加减速补偿环，根据轧制数学模型推算出压下位置的修正量。

⑨ 前馈（预控）AGC。针对入口板厚变化而造成的出口板厚影响而设置的补偿称为前馈 AGC。方法是由测厚仪检测入口板厚，根据轧制数学模型推算出入口板厚对出口板厚的影响值，进而推算出压下指令修正值，并进行补偿控制。

⑩ 监控 AGC。通过检测出口板厚而设置的板厚指令修正补偿环称为监控 AGC。尽管 HAGC 系统中已采取了一系列补偿措施，由于扰动因素很多，且各扰动因素对出口板厚影响关系复杂，不可能实现完全补偿，因此出口板厚难免还存在微小偏差。对于要求纵向厚差小于或等于 $\pm(0.003 \sim 0.005)$mm 的冷轧机来说，应用测厚仪进行监控是必不可少的。

以上补偿措施并非每台轧机都全部采用，需要根据轧机的类型、精度要求和工程经验采用一些主要补偿措施。

⑪ 恒压力 AGC。上述 AGC 系统，难以补偿支承辊偏心造成的微小板厚差。通常，轧制最后一道次时，采用恒压轧制来减缓偏心造成的板厚差。所谓恒压轧制是断开位置闭环，将力补偿变成力闭环，实现恒压力闭环控制。

平整机中一般都采用恒压力 AGC。

4.3.2.2　一种轧机组液压压下装置电液伺服阀控制系统

根据参考文献 [74] 及其他资料，现对某五机架冷连轧机组液压压下装置电液伺服阀控制系统做一个概述。

该机组 1 号和 2 号机架共用一台电液伺服阀控制系统，3 号、4 号和 5 号机架共用另一台电液伺服阀控制系统，而两台系统基本一样。现只介绍 1 号和 2 号机架共用的辊缝调整液压系统。该系统的液压压下调节频率可在 12～15Hz 之间。

作者注：现在已有液压压下调节频率 20Hz 或更高的轧机。

该系统 1 号和 2 号机架共用的辊缝调整液压系统性能参数见表 4-4。

表 4-4　1 号和 2 号机架共用的辊缝调整液压系统性能参数

项目	参数	备注
低压泵供给流量/(L/min)	107(单台)	共 3 台
低压泵供给压力/MPa	1	工作压力不超过 0.3MPa

续表

项目	参数	备注
低压泵用电动机/kW	5.5(1450r/min)	共 3 台
高压泵供给流量/(L/min)	93(单台)	共 3 台
高压泵供给压力/MPa	25	工作压力设定为 24MPa
高压泵用电动机/kW	45(1450r/min)	共 3 台
液压介质牌号	HLP36VDMA24318	
液压介质黏度/(mm²/s)	32～36	
液压介质工作温度/℃	45～55	液温低至 40℃ 启动加热器,超过 60℃ 开启报警
油箱容量/L	1200	

图 4-22 所示为 1 号和 2 号机架共用的辊缝调整液压系统。

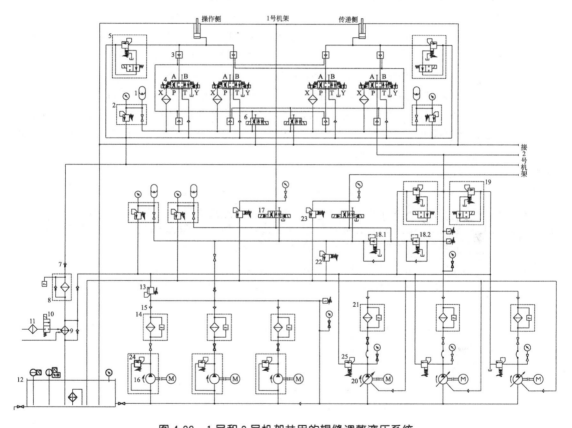

图 4-22 1 号和 2 号机架共用的辊缝调整液压系统

1—液压蓄能器;2—液压蓄能器控制阀组;3—液控单向阀;4—电液伺服阀;5—安全阀;6,17—电磁换向阀;
7—带弹簧的单向阀;8—回油过滤器;9—冷却器;10—冷却水控制阀;11—冷却水过滤器;12—油箱;
13,22～25—溢流阀;14—压力管路过滤器;15—单向阀;16—低压泵;18—减压阀;
19—电磁溢流阀(卸荷阀);20—高压泵;21—格栅过滤器

作者注:1.图 4-22 参考了参考文献 [74] 中图 11-6,但液压回路有改动。

2.参考文献 [74] 图 11-6 中有多处无法理解的地方,作者查阅了大量资料也未找到其根据。

3.考虑到读者可能要进行查对,图 4-22 中各元件编号未加改动,但名称有改动。

(1) 油箱

该系统油箱由不锈钢制成，且为压力油箱，但在液压系统图中未示出充氮气回路。参考文献 [74] 中指出："油箱上部充氮气，氮气能阻止灰尘和冷凝水进入油箱。"

油箱上安装了温度控制系统，其主要包括冷却器、加热器及温度传感器等。三个加热器每个电加热功率为 0.8kW，加热表面积的能力为 $1W/cm^2$，其设定在液温低至 40℃时开始加热，达到 45℃时停止加热，当液温超过 60℃开启报警。

当液压油液回油箱 12 时需通过公称过滤精度 10μm 的回油过滤器，如此过滤器阻塞且压差为 0.25MPa 时，则过滤器发讯报警，过滤器上的旁通阀在 0.35MPa 开启。需要指出的是过滤器的滤芯是不能通过清洗去污而重复使用的。

作者注：回油过滤器的过滤精度在参考文献 [74] 中前后文表述不一致，作者认为选择公称过滤精度 10μm 的回油过滤器较为合适。

(2) 液压泵站

低压泵 16 将液压油液通过截止阀、过滤器 14、单向阀 15 等供给给高压泵 20，其中的过滤器不带旁通阀，过滤精度为 3μm 或更高，当压差为 0.25MPa 时，则过滤器发讯报警。

当某一过滤器堵塞后发讯报警，即时该过滤器前的低压泵马上停车，其他备有低压泵立即投入运转。如当低压泵供给压力低于设定压力（可通过压力继电器设定），则其他备用低压泵也会立即投入运转，保证低压泵供给压力稳定。

低压泵供给压力设定为 0.3MPa，由溢流阀 13 和 24 限定。

每一台高压泵的溢流阀设定压力为 24MPa，而液压缸的安全阀 5 设定压力为 21MPa。高压泵 20 将液压油液通过截止阀、过滤器（格栅过滤器）、单向阀等供给液压蓄能器 1、电液伺服阀 4、减压阀 18 以及电磁换向阀 6 等，其中的过滤器 21 在压差为 0.7MPa 时即可发讯报警。

作者注：液压缸的安全阀 5 的设定压力在参考文献 [74] 中前后文表述不一致，作者认为设定 21MPa 较为合适。

高压泵 20 为斜盘式变量轴向柱塞泵，就液压动力源类型而言，其属于变量泵恒压液压源，具体可参见第 4.1.4.2 节液压动力源类型与选择。恒压变量泵的变量点设定在 24MPa。为了便于高压泵的拆装，在其泄漏管路上安装了单向阀。

高压泵出口管路上安装了压力继电器，其可设定几个压力值，如设定 24MPa 表示压力正常、21MPa 表示压力偏低、18MPa 表示轧机急需停车或应立即启动其他备用高压泵。

为了快速卸荷或泄压，高压泵出口管路上还安装了两台电磁溢流阀（卸荷阀），且该阀在断电情况下处于常开（卸荷）状态。

(3) 减压阀站

在正常操作时，辊缝调整液压缸的有杆腔应充有约为 0.5MPa 的低压液压油液，而此时液压缸的无杆腔液压油液压力为 21MPa；在停机或换轧辊时，液压缸的有杆腔压力应是 6MPa。减压站的作用就是将高压泵输出的一部分高压液压油液从 24MPa 减压到 6MPa 和 0.5MPa。

减压阀 18.1 和 18.2 串联安装，减压阀 18.2 出口压力设定在 6MPa，且可由溢流阀 23 限定，用于在停机和换轧辊时为液压缸有杆腔提供液压油液；减压阀 18.1 出口压力设定在 0.5MPa，且由溢流阀 22 限定，用于轧机正常操作时为液压缸有杆腔提供液压油液；两台液压蓄能器分别与两台减压阀出口连接，用于稳定其液压油液压力，且每台液压蓄能器都安装了控制阀组。

当减压站出现故障时，由低压泵供给的液压油液可通过打开截止阀为液压缸有杆腔提供液压油液。

（4）液压缸控制阀站

安装在每个机架的上梁和上支承辊之间的辊缝调整两台液压缸是由各自控制阀站控制的，1号和2号机架上的4台液压缸的控制阀站的组成是相同的，因此2号机架上的两台液压缸及其控制阀站在图4-22中被省略。

该控制阀站主要由液压蓄能器1、液压蓄能器控制阀组2、液控单向阀3、电液伺服阀4、安全阀5和电磁换向阀6等组成，其中电液伺服阀选用了 MOOG73-234。

设置在电液伺服阀前后的液控单向阀可以开、关电液伺服阀的进出油路，因此可以使两台或一台电液伺服阀处于工作状态，如一台电液伺服阀出现故障只能使用另一台工作时，尽管降低了液压缸的调整速度（频率），使产品质量下降，但毕竟没有造成轧机立即停车。

该控制阀站的实际回路中还包括一些高压截止阀（图4-22中未示出），如电液伺服阀拆装时需要截止的各油路上的截止阀。

在电液伺服阀外控油路上安装了过滤器，由于保护液压前置级放大器——喷嘴-挡板式液压放大器，当电液伺服阀出现故障时，应首先检查该过滤器，并定期更换。

（5）辊缝调整液压缸

辊缝调整液压缸的技术参数见表4-5。

表 4-5　辊缝调整液压缸技术参数

序号	项目	参数	说明
1	公称压力或额定压力/MPa	21	根据原表中给出的最大作用力 12.5×10^6 N 计算后添加
2	活塞杆外径/mm	800	原表为"活塞杆直径"
3	缸内径/mm	965	原表为"活塞直径"
4	缸行程/mm	100	原表为"工作形成"。应理解为缸最大行程

注：原表中还给出了液压缸外径为1250mm。
作者注：表4-5摘自参数文献［74］中表11-3，但有修改，具体请见表中说明。

在此轧机上，辊缝调整液压缸所要完成的辊缝调整范围不大于10mm，要求的测量精度为±2.5μm。该系统为了准确地测量和控制轧辊辊缝，采用了光栅位移传感器（型号为WMS200），但在图4-22中未示出。另外，在五机架上的每个辊缝调整液压缸的缸体上，成对角线位置处都设有两个位置传感器，这两个位置传感器所检测到的实际值（取其平均值）由控制系统进行处理，所以即使轧辊轴承座出现倾斜，也不会造成光栅位移传感器错误的测量。

4.3.3　疲劳寿命试验机电液伺服阀控制系统

根据在 GB/T 2900.99—2016 中"耐久性试验"这一术语的定义，即"通过持续或反复施加规定压力的过程，研究对产品属性影响"，以及"耐久性试验"和"寿命试验"两术语的共同定义，即"为估计或验证耐久而进行的试验"，以下采用汽车减振器耐久性液压试验台对汽车减振器的耐久性试验属于（疲劳）寿命试验。

作者注：在 GB/T 2900.99—2016 中没有"疲劳寿命试验"这一术语。

（1）汽车减振器耐久性试验性能要求

① 汽车减振器经耐久性试验后，常温下减振器在 0.52m/s 速度下的阻力衰减率 ε_{nr}、ε_{nc} 应满足式(4-42)、式(4-43)的要求。

复原阻尼力变化率：

$$|\varepsilon_{nr}| \leqslant 19\% + \frac{40}{P_r} \times 100\% \qquad (4\text{-}42)$$

压缩阻尼力变化率：

$$|\varepsilon_{nc}| \leqslant 16\% + \frac{40}{P_r} \times 100\% \tag{4-43}$$

② 减振器在耐久试验中及试验后，不得有漏油和异常的噪声现象。

③ 减振器的油液雾化率 λ 不得超过减振器加油总量的 15%。

(2) 汽车减振器试验设备

减振器试验台可采用机械式、液压式或其他型式，无论采用何种型式均应满足以下的要求。

① 试验设备控制及测量单元的精度不应低于 1 级，控制及测量单元包括速度、行程、力等。

② 试验设备温度控制和测量误差不应大于 ±1.0℃。

③ 耐久性试验中用于对减振器进行称重以计算其油耗雾化率的天平的精度不应低于 1g。

④ 减振器示功试验台应是具备一端固定，另一端实现正弦谐波运动的方式进行测量的试验装置，测量过程应能进行自动记录、保存及输出，设备 3 次以上测量的结果误差要小于测量最大值的 3% 且不超过 40N。

⑤ 减振器耐久设备可为单动或双动式。采用单动试台应能按低频波和高频波叠加后形成的复合波形进行试验；双动试验时下端（储液缸端）进行上下的高频运动，上端（活塞杆端）进行上下的低频运动。

⑥ 减振器耐久设备应具备温度测量系统，温度测量单元应安装在减振器储液缸外径导向器外壁上，位于储液缸上端向下 20mm 以上的位置，并与外部隔绝。

⑦ 减振器耐久试验设备应具备冷却系统，可采用水冷或风冷方式，应保证耐久试验时样品温度处于规定的范围内。当温度超过规定值时应具备实施一个持续冷却的循环动作的能力，如带动活塞在低速状态下运动对样品进行快速冷却，但此冷却循环次数不记入耐久性试验循环次数。

(3) 汽车减振器耐久性试验方法

① 试验准备。

a. 测试前，需将减振器在常温下存放至少 6h。

b. 运动方向：如没有特别说明，应为垂直方向。

c. 在减振器工作行程的中间位置进行测试，试验时活塞往复运动的中点位置与工作行程中间位置偏差不应超过 ±5%。

d. 先对减振器进行 3 个循环的排气过程。该排气过程按最大速度为 0.52m/s 进行，通过调整测试行程 $s=100mm$、频率 $f=1.67Hz$ 得到。对行程小于 100mm 的减振器，可以根据产品行程选用 75mm、50mm 或 25mm 作为测试行程，或按供需双方的商定进行。减振器活塞运动速度 v 根据式(4-44)进行计算：

$$v = \pi s f \times 10^{-3} \tag{4-44}$$

② 试验方法。

a. 试件应尽可能地去除如防尘罩等影响散热的相关附件，以增大冷却面积。

b. 对试件进行称重，记录耐久前试件重量 m_0。

c. 先进行示功特性试验，完成示功特性试验后即可进行耐久性测试。

d. 耐久试验过程中应保证减振器温度控制在 70℃±10℃ 的范围内，可采用强制冷却的方式对减振器进行散热。

e. 将样品安装至耐久性试验台上，按下述两种试验条件的一种进行测试。

Ⅰ. 低频端（上端）试验条件为 $f_1=1.67Hz$，测试行程 $s_1=100mm$；高频端（下端）

试验条件为 $f_2=10\mathrm{Hz}$，测试行程 $s_2=16\mathrm{mm}$。

Ⅱ. 低频端（上端）试验条件为 $f_1=1\mathrm{Hz}$，测试行程 $s_1=80\mathrm{mm}$；高频端（下端）试验条件为 $f_2=12\mathrm{Hz}$，测试行程 $s_2=20\mathrm{mm}$。

对行程小于 100mm 的减振器，低频端可以根据产品行程选用 75mm、50mm 或 25mm 作为测试行程，或按供需双方的商定进行。减振器活塞运动速度 v 根据式（4-44）进行计算，满足低频和高频的速度要求。

f. 按高频端累计循环次数，进行试验次数不低于 3.0×10^6 次。

g. 耐久试验过程中允许在位于储液缸上端向下 20mm 以上的位置范围内施加侧向力，侧向力的大小和方向可由供需双方协商确定。

h. 耐久试验后再对试件进行示功特性试验，并按②对试件进行称重记录耐久后试件重量 m_1。

i. 按式（4-45）、式（4-46）计算减振器在耐久前后的阻尼力变化率 ε_n。

$$\varepsilon_{nr}=\frac{F_r-F_{nr}}{F_r}\times100\%\tag{4-45}$$

$$\varepsilon_{nc}=\frac{F_c-F_{nc}}{F_c}\times100\%\tag{4-46}$$

j. 按式（4-47）计算减振器阻尼油液雾化率 λ。

$$\lambda=\frac{m_0-m_1}{m_0}\times100\%\tag{4-47}$$

k. 减振器的耐久性试验应满足上述的要求。经供需双方协调，也可在其他速度下按 a~j 进行的耐久性指标考核，其结果应满足设计要求。

（4）汽车减振器耐久性液压试验台液压系统设计

图 4-23 所示为一种汽车减振器耐久性液压试验台液压原理。

（5）并联电液伺服阀的同步控制问题解决方案

对于这种大流量和较高频率的电液伺服阀控制系统，采用多台电液伺服阀并联比采用三级大流量电液伺服阀更为合适，其中原因之一是大流量电液伺服阀频率响应通常较低。但是，多台电液伺服阀并联存在一个问题，即各台电液伺服阀主阀芯过零位时存在同步误差问题，其可造成正弦运动的伺服液压缸幅值降低，平稳性变差，甚至产生异动。

以两台电液伺服阀并联为例，有资料介绍："譬如在大部分正常工况下，2 个额定流量相同的伺服阀其阀芯正弦曲线运动若存在 30°的相位差使得总流量比无相位差时减小 5%~10%"，其在同一输入信号下，由于各自相位滞后的区别，阀芯过零位时不同步，引起流量减小和液压冲击，具体可见示意图 4-24。

采用计算机控制系统，根据电液伺服阀阀芯的位置反馈信号，分别对每台电液伺服阀进行校正，使其两阀芯过零位的相位差尽可能小，以提高两台电液伺服阀在正弦曲线运动时过零位的同步性，控制示意图如图 4-25 所示。

4.3.4 液压伺服振动试验设备

液压伺服振动试验设备、液压式振动试验系统或液压振动台是一类重要的液压设备，主要用于环境试验。液压振动台的应用领域现在越来越广泛，主要涉及航空、航天、汽车、电子、船舶、核设备、兵器、水利、桥梁和土木建筑等领域，现行标准规定了一些（电动）汽车零部件、铁路机车车辆零部件、船舶设备、机载设备、航天器、紧固件、仪器仪表、电工电子产品、手持便携式动力工具和运输包装件等需要进行振动试验。

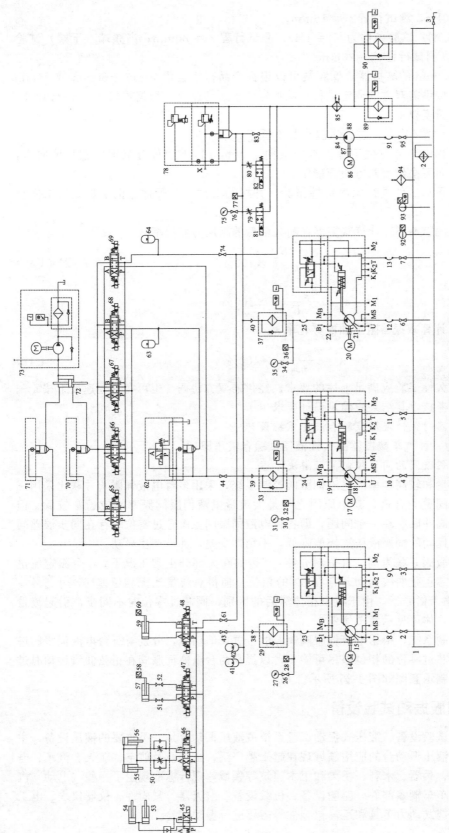

图 4-23　一种汽车减振器耐久性液压试验台液压原理

1—油箱；2～7,43,44,61,74,83,95—截止阀；8～13,23～25,91—软管；14,17,20,86—电动机；15,18,21,22—柱塞泵；16,19,22—联轴器；
27,31,35,75—压力表；28,32,36,77—压力传感器；29,33,37,89,90—过滤器；38～40,84—单向阀；41,42,63,64—两位四通电磁换向阀；45—两位四通电磁换向阀；46—三位四通电磁换向阀；
47,48,65～69—电液伺服阀；49—液控单向阀；50—双单向节流阀；51,52—快换接头；53,54—锁紧液压缸；55,56—升降液压缸；57—旋转液压缸；58—位移传感器；59—侧向力液压缸；
60—力传感器；62,70,71—二通盖板式液控单向阀（联锁）；72—同步液压缸；73—齿轮泵；78—二通盖板式溢流阀；79,80—螺纹插装式节流阀；
81,82—电磁换向座阀；85—冷却器；88—叶片泵；87—液位传感器；92—液面计（液位传感器）；93—温度计（温度传感器）；94—空气滤清器

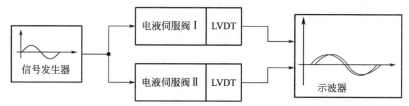

图 4-24　两台电液伺服阀并联未加同步控制的示意图

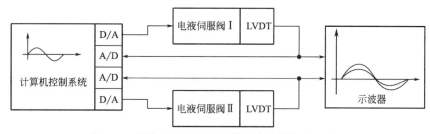

图 4-25　两台电液伺服阀并联同步控制方案示意图

作者注：本节参考了方锦辉、魏建华、孔晓武撰写的《并联伺服阀的同步控制策略》等论文。

　　其中模拟地震环境的地震模拟振动台对结构、桥梁、建筑等抗震试验研究具有不可替代作用（或表述为振动台试验是研究和评价结构抗震性能的最佳有效方法）。大型地震模拟振动台甚至可以采用足尺寸实物进行抗震试验，其对地质灾害防治技术的提高具有重要意义。

　　目前，国内正在使用或建设的有单向（水平）振动或水平与垂直二向切换地震模拟振动台、双水平向或水平和垂直双向的地震模拟振动台、三向及三向六自由度的地震模拟振动台等。

　　所谓六个运动自由度，分别为沿 X、Y 和 Z 轴的三个平动自由度（即所谓三向），以及绕 X、Y 和 Z 轴的三个转动自由度 R_x、R_y、R_z。

　　多轴振动台能够实现多轴振动环境试验，能够真实模拟实际的振动环境，暴露大型复杂结构在单轴振动环境下不易被发现的缺陷和隐患。因此，多轴振动台的研制越来越受到人们的重视。

　　因现在地震模拟振动台还没有产品标准，且在 GB/T 2298—2010 和 JB/T 7406.3—1994 中都也没有定义"地震模拟振动台"这样的术语，所以暂且参考 GB/T 10179—2009《液压伺服振动试验设备　特性的描述方法》、GB/T 21116—2007《液压振动台》、JJG 638—2015《液压式振动试验系统检定规程》等相关标准。

　　（1）液压振动台组成与参数

　　① 液压振动台一般应由以下部分组成。

　　a.液压振动发生器。

　　b.液压源系统。

　　c.伺服控制装置。

　　d.振动控制仪（可按用户要求配置）。

　　e.辅助设备。

作者注：液压振动台基础是液压振动台（系统）的重要组成部分，切不可忽视。

　　尽管标准 JJG 638—2015 发布晚于标准 GB/T 21116—2007，且关于液压式振动试验系统的概述（组成）"它通常由振动控制器、伺服控制装置、液压振动发生器、液压源、控制传感器（加速度计或位移计）和附属设备等组成，如图 1 所示"与上文不同，但其"图 1 液压式振动试验系统结构示意图"原理存在问题。

② 液压振动台一般应给出下列基本参数。

a. 额定（正弦）激振力。

b. 额定频率范围。

c. 额定（正弦）加速度。

d. 额定速度。

e. 额定位移。

f. 额定负载。

g. 额定允许偏心力矩。

根据 GB/T 21116—2007 的规定，液压振动台参数系列见表 4-6，并（应）优先选用表 4-6 的参数。

表 4-6　液压振动台参数系列

额定负载/kg	50、100、200、500、1000、1500、2000、2500、5000
额定正弦激振力/kN	2.5、10、50、80、100、200、300、500、800、1000
额定位移(p-p)/mm	10、20、25、60、100、160、200、300、400
额定速度/(m/s)	0.1、0.2、0.3、0.5、1.0、1.5、2.0
额定频率范围/Hz	0.1(1)～10、0.1(1)～20、0.1(1)～50、0.1(1)～100、0.1(1)～150、0.1(1)～200、0.1(1)～350、0.1(1)～500、0.1(1)～1000

作者注：建议表 4-6 未列入参数宜按优先数插入。

标准 JJG 638—2015 指出："液压式振动试验系统是用于产生正弦振动、随机振动等激励的一整套设备，用于对（被）试件进行预先规定条件的振动试验。"

（2）技术要求

① 环境与工作条件。

液压振动台在下列环境与工作条件下应能正常工作。

a. 环境温度 5～40℃。

b. 相对湿度不大于 85%。

c. 电源电压的变化在额定电压的 ±10% 的范围内。

d. 周围无腐蚀性介质和影响振动台技术性能的振动源。

② 油温。

液压振动台油箱中的油温应为 10～45℃。

③ 连续工作。

液压振动台在正常工作条件下连续工作时间不少于 4h，各项功能应正常无误。

④ 外观。

液压振动台外观应符合 GB/T 2611—2007 中第 10 章的规定。

⑤ 液压振动台最大工作噪声。

制造商应给出液压振动台的最大工作噪声。

⑥ 安装要求。

液压振动台基础振动的加速度与液压振动台主振方向的额定加速度之比不应大于 5%。

⑦ 液压振动控制仪。

a. 液压振动控制仪在规定的频率范围内，其频率示值误差应符合表 4-7 的规定。

表 4-7 液压振动控制仪频率示值误差

频率范围/Hz	液压振动控制仪频率示值误差的最大允许值	
	正弦振动	随机振动
$0.1 \leqslant f \leqslant 1$	±0.05Hz	—
$1 \leqslant f \leqslant 10$	—	±0.1Hz
$10 < f \leqslant 1000$	±0.5%	±1.0%

b.振动控制仪自闭环加速度功率谱控制动态范围不小于 40dB。

c.振动控制仪随机信号应满足平稳、正态分布和各态历经性要求。

⑧ 正弦振动。

a.液压振动台加速度信噪比不小于 50dB。

b.液压振动台加速度波形失真度不大于 25%，允许个别点大于 50%，但应记录说明。测量加速度波形失真度应包括液压振动台额定上限频率 5 倍的谐波。在额定频率范围内，若有失真度超过 25% 的频带，该频带累计带宽不能超过额定频率范围的 30%。

c.液压振动台位移波形失真度不大于 5%。

d.液压振动台工作时，台面加速度幅值均匀度不大于 25%。

在额定频率范围内，允许有 1～2 个均匀度较大的频带，在该频带内最大加速度幅值均匀度不应超过 5%，频带宽度应在最大均匀度对应频率的 ±10% 以内。

e.液压振动台台面横向运动比（横向加速度幅值与主振方向加速度幅值之比）不大于 25%。

在额定频率范围内，允许有 1～2 个横向运动较大的频带，在该频带内最大横向运动比不超过 50%，频带宽度应在最大横向运动比对应频率的 ±10% 以内。

f.液压振动台振动幅值示值最大允许误差为 ±10%。

g.液压振动台扫描定振控制最大允许误差为 ±1.5dB。

h.液压振动台加速度幅值在 30min 内的稳定度为 ±10%。

⑨ 随机振动。

a.液压振动台随机加速度功率谱控制动态范围不小于 35dB。

b.液压振动台加速度总均方根值示值最大允许误差为 ±10%。

c.液压振动台随机振动工作频率范围外加速度总均方根值与工作频率范围内加速度总均方根值之比不大于 ±10%。

d.液压振动台随机振动加速度功率谱密度示值最大允许误差为 ±20%。

e.在 90% 置信度下，对液压振动台随机振动加速度均方根值的控制应准确到 ±1dB。

f.在 90% 置信度下，对液压振动台随机振动加速度功率谱密度的控制应准确到 ±3dB。

⑩ 冲击脉冲波形及允许误差。

液压振动台在规定的工作范围内，应能产生半正弦波、三角波、后峰锯齿波、梯形波等四种"标称加速度时间曲线"冲击脉冲波形（或其中一种波形）。实际冲击脉冲波形应限制在用两条实线表示的容差范围内。

（3）一种地震模拟振动台性能分析

根据下列参考文献①和②（见 355 页作者注）介绍，该地震模拟振动台（系统）主要由以下几部分组成：三参量控制器、电液伺服阀、作动器、振动台台面及被试件。各部分内在联系如图 4-26 所示。

以加速度作为输入、输出量的地震模拟振动台主要采用三参量控制器，电液伺服阀驱动指令信号 u 由三参量控制器产生。在整个工作范围，电液伺服阀为高阶非线性系统，但在

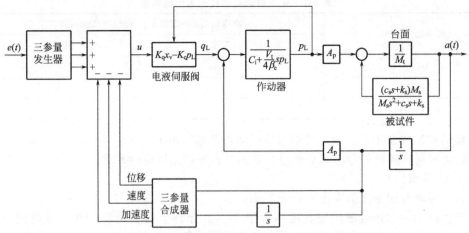

图 4-26　振动台控制系统框图（按原图 1 绘制，有修改）

一定工作频率范围内，采用经验近似的线性传递函数也能很好地描述其动力特性，此处按一阶传递函数处理，其特性由阀增益 k_v 和阀频率 ω_v 决定。电液伺服阀流量特性为其非线性流量方程在零点线性化，x_v 为阀芯位移、p_L 为负载压降、q_L 为负载控制流量、K_q 为阀流量增益、K_c 为阀压力增益。通过连续性方程和牛顿第二定律，作动器将伺服阀给出的流量压力转化为振动台位移 y。C_i 为活塞泄漏系数、V_t 为活塞缸有效体积、β_e 为活塞缸有效体积弹性模量、A_p 为活塞面积、M_t 为振动台台面质量。M_s、c_s、k_s 分别为试件的质量、阻尼和刚度系数，s 为积分算子。

基于图 4-26 所示的地震模拟振动台系统方框图对地震模拟振动台性能进行数值分析，现以本节参考文献②（见 355 页作者注）中给出的 3m×3m 电液伺服振动台参数为例，对地震模拟振动台自身动力特性及被试件性能对地震模拟振动台性能的影响进行分析。地震模拟振动台控制器采用三参量控制，被试件阻尼比按常规混凝土结构处理，取 5%；结构频率 ω_s 分别取 2Hz、4Hz、8Hz 以模拟不同动力特性影响。为了分析被试件与台面相互作用影响，分别取被试件质量与台面质量比（M_s/M_t）为 0、0.5、1.5。基于本节参考文献②的振动台理论模型，可直接得到以上参数对应相关系统的理论传递函数分析结果。如果地震模拟振动台能准确再现期望输入，则输入与输出应完全相同，此时，不同频率输入与输出的比值应为 1。但地震模拟振动台对不同频率信号再现精度差异较大，其中误差由两方面造成：一方面为地震模拟振动台自身动力特性；另一方面为被试件动力特性。地震模拟振动台自身动力特性造成的误差只要集中在低频段（小于 1Hz）和高频段（大于 30Hz），被试件动力特性造成的误差随着被试件频率和质量增大而增大。

为了分析地震模拟振动台误差对被试件响应的影响，本节参考文献①分析了阻尼比为 5%，频率为 4Hz，$M_s/M_t=1.5$ 的单自由度结构作为被试件的响应，输入地震动为 El-centro NS 波原波。试验结构表明：地震模拟振动台再现误差给被试件响应造成了较大影响，不但幅值存在超过 30% 的误差，某些时刻响应的正负也出现了反转。这说明地震模拟振动台对被试件响应的误差需要予以重视。

（4）地震模拟振动台再现误差修正

目前地震模拟振动台误差对试验造成的影响仍不可忽视。地震模拟振动台试验的目的在于获取所研究地震作用下的结构响应。因此，在实测试验结果基础上消除地震模拟振动台误差的影响，从而获得准确的结果响应将更为直接、方便。

频域迭代修正是地震模拟振动台控制中常用的一种方法，其主要思想为：试验前通过预试验得到的加速度时程与期望输入加速度时程求得系统传递函数，对求得的传递函数求逆，而后运用求逆后的新传递函数求取新的参考输入，以到达修正输入的目的。但如此做法存在以下不足：预试验输入过大会造成被试件破坏；预试验输入过小，则无法准确识别地震模拟振动台及被实验动力特性的影响。如将该思想直接用于被试件响应修正，则可避免上述问题。

地震模拟振动台试验基本流程如图 4-27 所示，其中 $G(s)$ 和 $P(s)$ 分别表示地震模拟振动台和被试件的动力传递函数，$E(s)$、$A(s)$、$Y_t(s)$ 分别为时程 $e(t)$、$a(t)$、$y_t(t)$ 对应频域值。输入地震动 $e(t)$ 通过地震模拟振动台再现得到台面响应 $a(t)$，该响应由于地震模拟振动台误差的存在与被试件在期望地震动作用下的真实响应 $y_r(t)$ 存在一定差别，为了得到 $y_r(t)$，需要在实测响应 $y_t(t)$ 中消除地震模拟振动台误差的影响。

图 4-27　地震模拟振动台试验流程（按原图 9 绘制，有修改）

将各时程转换到频域后，实测被试件频域响应 $Y_t(s)$ 可表示为：

$$Y_t(s)=E(s)G(s)P(s) \tag{4-48}$$

在期望输入地震动 $E(s)$ 作用下被试件的真实响应 $Y_r(s)$ 为：

$$Y_r(s)=E(s)P(s) \tag{4-49}$$

对比式(4-48)和式(4-49)，只要在实测响应 $Y_t(s)$ 中消除地震模拟振动台传递函数 $G(s)$，即可得到真实响应 $Y_r(s)$。

由于：

$$G(s)=\frac{A(s)}{E(s)} \tag{4-50}$$

将式(4-50)求逆对实测响应 $Y_t(s)$ 进行修正可得真实响应为：

$$Y_r(s)=Y_t(s)G^{-1}(s) \tag{4-51}$$

该过程无须得到地震模拟振动台传递函数表达式，只需对各时域响应信号通过傅里叶变换转换为频域信号，而后进行相应的数据计算，最后，通过傅里叶逆变换将修正后的被试件响应转换为时域信号即可。其基本操作流程如图 4-28 所示。

作者注：本节参考文献① (见 355 页作者注) 中采用 "三参量控制下的电磁振动台" 来试验验证其 "实测结构响应修正方法（发展的修正算法）" 值得商榷。

（5）液压振动台时域跟踪振动控制技术

在本节参考文献③ （见 355 页作者注）中提出了一种时域跟踪振动控制技术，其是基于最优控制策略的自适应控制，利用增广最小二乘算法，在线估计伺服闭环下液压振动台及被试件的 DARMA 模型预测器，引入预测方差最小目标函数，从而实现对振动加速度信号的间接模拟。

该方法有别于传统的振动控制技术，不需要利用振动控制器来辨识传递函数及多次迭代，能够直接跟

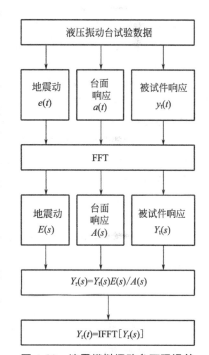

图 4-28　地震模拟振动台再现误差
修正流程（按原图 10 绘制）

踪目标振动位移的被试件时间历程信号，从而间接地实现宽频随机或地震波的振动加速度模拟。

目前的液压振动试验系统，由于其控制结构仍停留在传统模式，即以电液伺服阀控制器为液压振动台内环控制，振动控制器为液压振动台外环控制，来完成各类随机谱控制及瞬态振动、波形复现控制等。这种传统的振动控制模式，可以做到平稳随机序列 PSD 谱的控制，但无法实现振动时间历程信号的严格跟随和精确模拟。另外，针对瞬态振动波形复现控制方法，如地震模拟、经典冲击和冲击响应谱控制等都是采用经典的频域数字迭代方法，需要经过多次迭代，而无法一次性完成试验。传统的振动试验过程都是从低量级开始，进行多次预试验，最后满量级试验，这样对试件的考核存在明显过试验问题，并不适用于某些试验应用，如地震模拟。

① 液压振动台原理与参数。

常规液压振动台控制原理如图 4-29 所示，控制部件分为外环的振动控制器和内环的电液伺服阀控制器。其中振动控制器提供试验参考谱或参考波（如地震波），通过参考谱或波与控制点响应谱或波（通常为加速度信号）的比较，不断修正振动控制器输出，以使得振动台控制点的谱或波与参考一致；内环的电液伺服阀控制器能对振动控制器的输出作快速响应，它与电液伺服阀、液压作动器构成了内回路的多状态（如位移、速度和加速度）反馈控制，以保证液压振动台的稳定和快速响应。

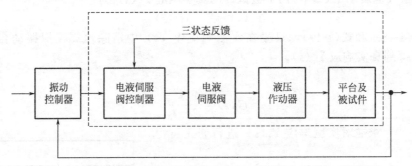

图 4-29　液压振动台控制原理结构方框图（按原图 1 绘制，有修改）

常规液压振动台都是采用阀控缸方式。由于液压振动台具有大位移、大推力及较高频响的特点，因此，液压缸要求采用双出杆双作用的高精度动态伺服缸，而伺服阀也要采用高精度高频响伺服阀（如高精度大流量的 MOOG 792 系列伺服阀）来控制伺服液压缸以便产生振动位移。

本节参考文献③（见 355 页作者注）给出了其自主研制的 20 T 液压振动台主要技术参数，具体见表 4-8。

表 4-8　液压振动台主要技术参数

参数	符号	单位	数值
负载质量(含台面)	m	kg	2200
缸有效面积	A	m^2	0.0191
流量压力系数	K_c	$(m^3/s)/Pa$	2.9×10^{-11}
液压系统黏性阻尼	B_c	$N/(m/s)$	8750
流体有效容积弹性模数	β_e	Pa	9.1×10^8

参数	符号	单位	数值
缸的总泄漏系数	C_{tc}	$(m^3/s)/Pa$	1.0×10^{-11}
液压激振系统有效容积	V_t	m^3	0.0053
伺服阀的流量增益	K_v	$(m^3/s)/A$	1.452
伺服阀的固有频率	ω_v	rad/s	690.8
伺服阀的阻尼比	ζ_v	—	0.6
P 参数			5
$1/T_i$ 参数			0.01

注：表 4-8 摘自本节参考文献③（见作者注）中表 1，但有改动。

② 时域跟踪控制算法。

该时域跟踪控制算法是基于最控制策略的自适应控制方法，其控制原理框图如图 4-30 所示。

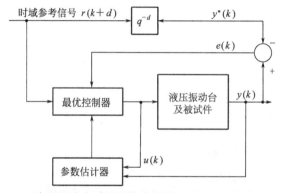

图 4-30 　液压振动台时域跟踪控制原理框图（按原图 3 绘制）

作者注：对图 4-30 中信号"$y^*(k)$"的双向流向存疑。

算法中引入受控对象（液压振动台及被试件）模型的在线参数估计器，以含有对象输入预测误差平方的目标函数达到极小解算出控制器的输出 $u(k)$，实现受控对象输出 $y(k)$ 能够无静差地跟踪时域参考信号 $r(k)$。

时域跟踪控制算法步骤如下。

a. 设置初值 d、n、m、n_d，$\vec{\theta}(0)$、$P(0)$。

b. 设置参考输入的 d 步超期值 $r(k+d)$。

c. 读取数据 $u(k-i)$，$z(k)$ 等。

d. 由参数约束的增广最小二乘算法估计 $\vec{\theta}$。

e. 由本节参考文献③（见作者注）中式（19）计算控制器输出。

f. 返回计算步骤 b、c。

具体应用时请读者查看相关文献，包括上文中未给出的各符号及其含义。

作者注：本节参考了①林树潮、唐贞云、黄立、郭珺、李振宝撰写的《振动台再现误差对试件响应的影响及修正》；②LU X L, WANG D, WANG S S. Investigation of the seismic response of high-rise buildings supported on tension-resistant elastomeric isolation bearings [J]. Earthquake Engineering & Structural Dynamics，2016，13（45）：2207-2228.；③严侠、邓婷、王珏撰写的《液压振动台时域跟踪振动控制技术研究》等论文。

4.4 电液伺服阀控制系统安装工艺

由于电液伺服阀控制系统安装涉及系统布局，关系到电液伺服阀控制系统安全性、可靠性和维修性，因此一些电液伺服阀控制系统及其元件需要安装设计。

电液伺服阀控制系统及其元件安装需要具有这方面专门（机械-电气-液压一体化）技术的工程技术人员来完成。在中国航天科工集团公司职业技能鉴定指导中心鉴定工种目录（试行版）中，"伺服机构装配工"是一个工种，其行业工种代码为10-112，职业工种代码为605210201。

本书给出的电液伺服阀控制系统安装工艺只是一个一般性指南，针对具体的电液伺服阀控制系统应在安装前制定专门的安装工艺并符合工程安装验收规范要求。

（1）安装的基本要求

① 电液伺服阀控制系统及其元件的安装既应符合人类工效学原理，还应使其操作简单、便于维修、组装和分解，同时注意环境保护。

② 电液伺服阀控制系统及其元件安装或安放的环境既不应妨碍操作又不应影响其性能。

③ 安装的电液伺服阀控制系统及其元件应保证操作人员能够用方便的、常规的方法进行操作，且安装场地应留有足够的操作所需的活动空间和通道，足以保证其安全操作和安全撤离。

④ 各种类型的机器设备用电液伺服阀控制系统应在其产品标准中规定的工作环境下正常工作。

⑤ 电液伺服阀控制系统及其元件应按安装工艺规程进行安装，不应放入图样及工艺规程未规定的垫片和套等；外购件包括临时采购件应有合格证或入厂检验合格后方可使用；运动机构应运行平稳、动作灵活，并能正确定位；所有连接级紧固零件（如接头、螺钉、销、键等）应紧固，不应有松动脱落现象。

（2）液压动力源（泵站）的安装

① 对于整体底盘的中小型液压动力源而言，可以这样安装。

a. 电动机功率较小（如30kW以下）、底盘较大的液压动力源，可直接在基础上打膨胀螺钉来固定底盘。

b. 电动机功率较大（如45kW以上）、底盘较小的液压动力源，须采用预埋地脚螺栓并进行二次灌浆固定底盘。

② 对于油箱、主泵组、液压蓄能器等装置、循环过滤冷却系统及控制阀台分立的大液压动力源，按基础设计要求分部件安装，之后进行系统配管；各部件固定采用预埋地脚螺栓及二次灌浆方式。

③ 对于液压振动台用液压动力源（液压源系统），其安装应符合相关标准规定。如GB/T 21116—2007规定："振动台基础振动的加速度与振动台主振方向的额定加速度之比不应大于5%"。

（3）控制阀台的安装

① 对于具有台架的大型控制阀台，宜采用预埋地脚螺栓及二次灌浆方式。

② 对于局部回路的油路块（阀块），可固定在小阀架上，小阀架焊接或固定在底盘上。

③ 动态响应要求很高的伺服控制阀块，拟直接固定在伺服液压缸上。

④ 应尽量使电液伺服阀处于水平状态。

（4）执行机构的安装

① 伺服液压缸应不与相邻结构件相互干涉，而且容易接近。如果可能，伺服液压缸应

安装在受防护的部位。如果处于外露部位，应防止遭受飞溅沙石或其他外来物的损伤。

② 执行机构通常安装于工作机构与机座之间，应特别注意安装的同轴度、平行度、垂直度；连接或铰接部分不得存在过大的间隙，以免出现游隙。

（5）现场配管

① 液压部件安装固定后，按配管设计图要求预埋管夹固定埋设件、酸洗管道、配管、清洗、保护和干燥并试用管夹固定管道。

关于民用飞机液压系统导管间距可参考 HB 7471—2013 的规定："当导管支撑在结构上或其他刚性构件上时，导管相对这类构件的最小间距应等于管夹的厚度。与相邻附件或管子如燃油管子、空气管路等有相对运动的地方，对于大型飞机间距不小于 12.5mm（0.5in），小型飞机间距不小于 6.35mm（0.25in）。另外，要有足够的间距，以便于对导管进行安装和拆卸。"

作者注：请注意在 HB 7471—2013 中使用的术语与 GB/T 17446—2012 的不同。

② 管路系统装配完成后，应向系统内通入干燥压缩空气或氮气，以除去散落的污染物，同时干燥管路，在管路与元件连接前用不起毛的布（例如棉绸布）清拉管路。

③ 装配前所检查的各元件和管路的密封面（件）应未被划伤。如果密封面已被损伤，应予更换，并应重新进行清洁。

④ 在 GB/T 30504—2014 中规定："管路系统（元件应旁通）在指定的试验压力下应进行振动试验至少 25 次。"

⑤ 密封试验应在振动和压力测试之后进行。向管路通入干燥压缩空气及外涂肥皂水进行管路系统（旁通或隔离元件）的密封性试验。

⑥ 在管路系统的装配安装时应避免焊接及管路加热（易产生氧化物）。如果无法避免上述情况，管路应重新进行清洗和保护，特别要将焊渣清除掉。

⑦ 宜在安装过程中的后期拆除保护盖，以防止污染物（来自安装过程中）进入管路系统。

⑧ 在 GB/T 30504—2014 中规定："泵站、组合单元和元件在试验前应分别进行冲洗以保证清洁度，除非能保证它们是在清洁状态下交付使用的。该要求同样适用于在船上不具备冲洗条件的管路系统。"

由于一些液压机器设备工程安装质量是有统一的验收标准的，如 GB/T 50387—2017 等，因此，安装中采用（编写）的工程技术文件对安装质量的要求不得低于相应标准的规定。

4.5　电液伺服阀控制系统冲洗工艺

电液伺服阀控制系统的初始清洁度等级将影响液压系统的性能和使用寿命。如果不清除液压系统在装配制造过程中产生的固体颗粒污染物，固体颗粒污染物会在液压系统中循环并破坏液压系统的元件。为了减小这种破坏的概率，液压油液和液压系统的内表面需要进行过滤和冲洗，使其达到指（规）定的清洁度等级。

冲洗液压系统的管路即是一种清除液压系统内部固体颗粒污染物的方法，但其不是唯一的方法。

（1）准备

① 从液压系统中管路冲洗的角度考虑，对液压系统及元件应做如下检查。

a.电液伺服阀是否已经拆下并被冲洗板或其他阀代替。

b.是否设计有不能冲洗的盲端。

c.是否设计有并联连接管路，且无法使每条管路都能具有足够的流量。

d.是否存在限流元件或内部过滤器。

e.是否存在易被高流速或固体颗粒污染物损害的元件。

f.是否各管路都能相互连接，便于冲洗。

液压系统中管路冲洗问题应在设计时给予充分考虑，否则，为了冲洗而改变液压回路或拆除一些元件，将会给管路冲洗带来麻烦或不良后果。但旁路或隔离一些元件是管路冲洗时的常规做法。

② 为了使液压系统中管路冲洗能达到指（规）定的清洁度等级，还需要考虑以下影响因素。

a.液压系统中的各元件、配管及油箱必须是清洗过的，且符合相关标准规定的清洁度指标。

b.油箱内的或新注入的液压油液的初始清洁度应符合液压泵的要求。

c.电液伺服阀控制系统如设计有独立的冷却、过滤系统，则使其首先运行足够长的时间是必要的。

d.设计合适的冲洗程序是必要的。

e.在管路内建立紊流状态是必需的。

f.选择过滤比合适的过滤器，保证能在允许的时间周期内达到指（规）定的清洁度等级。

g.管路冲洗前甲乙双方应确认提取油样的相关标准（或方法），以及油样检验所依据的标准。

具有资质的检验单位出具的油样检验报告是乙方提供给甲方的必备技术文件之一。所以，管路冲洗前甲乙双方确定检验单位也是必要的。

（2）管路冲洗

① 对冲洗的管路建立专项文件来识别，并记录它们达到的清洁度等级。

② 冲洗方法宜与实际条件相适应。但是，为了获得满意的冲洗效果，应满足下列主要准则后再进行冲洗。

a.油箱内的液压油液的初始清洁度要符合液压泵的要求，且与液压系统指（规）定的清洁度等级水平相当。

b.不要将空气带入液压系统中，如有必要，可将液压油液加满至溢流状态（设计上限），或采取必要的空气分离措施，如加热脱气。

c.如在液压系统上加装冲洗过滤器，则应在回路管路上加装并靠近回油口。

d.液压泵吸油口也可加装粗过滤器。

e.加装的流量和温度测量装置应尽可能靠近回油口。

冲洗过滤器的过滤特性应根据液压系统要求的清洁度水平来选择，例如，液压系统许用清洁度等级（ACL）。ACL 代表一个可接受的污染度等级，ACL 应同时与最敏感的液压元件（如电液伺服阀）所能接受的污染度等级以及过滤器的许用寿命相协调。如果 ACL 没有明确，那么 ISO 4406 中规定的标准类别可作为选择过滤器精度的指南，具体见表 4-9。

表 4-9 ISO 4406 的分类作为选择过滤器精度的指南

船舶装置示例	压力	启动冲洗装置 ISO 4406	试验后产品提交的清洁度 ISO 4406	可承受污染物的极限值 ISO 4406	典型的过滤器精度要求 $\beta > 75$
带伺服阀的减摇装置	$\geqslant 16\mathrm{MPa}$	15/13/10	16/14/11	18/16/13	$3 \sim 5\mu m$
带伺服阀的可调螺旋桨系统	$< 16\mathrm{MPa}$	17/15/12	18/16/13	21/18/15	$5 \sim 10\mu m$

注：过滤比的定义为单位体积的流入流体与流出流体中大于规定尺寸的颗粒数量之比，用 β 表示。

作者注：表 4-9 摘自 GB/T 30508—2014 中表 1。

③ 应使用雷诺数（Re）大于 4000 的液压油液冲洗管路，按以下公式可以计算 Re 和所

要求的流量（q_v）：

$$Re = \frac{21220q_v}{vd} \tag{4-52}$$

或

$$q_v = \frac{dRev}{21220} \tag{4-53}$$

式中　q_v——流量，L/min；

　　　　v——运动黏度，mm^2/s；

　　　　d——管路的内径，mm。

获得大于 4000 的 Re 可能比较困难，Re 随着液压油液流量的增大或黏度的降低而增大，降低液压油液的黏度是获得紊流的首选方法。

作者注：当雷诺数 $Re \leqslant 3000$ 时，系统的清洁过程为透洗；当雷诺数 $Re \geqslant 3000$ 时，系统的清洁过程为冲洗。

④ 首选使用液压系统工作介质来冲洗或使用与此工作介质牌号相同的低黏度等级的液压油液来冲洗。

⑤ 过滤器应带有堵塞监控装置（如压差指示器），并根据滤芯堵塞情况及时更换滤芯。

⑥ 液压系统管路冲洗所需的最短冲洗时间主要取决于液压系统的容量和复杂程度。在冲洗一小段时间后，即使油样表明已经达到了指（规）定的清洁度等级，也应继续冲洗足够长的时间。

⑦ 标准推荐的最短冲洗时间（t）可用以下公式估算：

$$t = \frac{20V}{q_v} \tag{4-54}$$

式中　V——液压系统总容积，L；

　　　　q_v——流量，L/min。

作者注：根据作者实践经验，如使电液伺服阀控制系统达到 NAS1638 规定的 6 级，一般其所用时间远大于该公式计算值。

⑧ 最终清洁度等级按甲乙双方确认的标准或按照 GB/Z 20423—2006 检验（验证），并应在冲洗操作完成前形成文件。

作者注：1. 按照液压系统指（规）定的清洁度等级要求，运用便携式液压泵站对油箱进行再次清洗有时也是必要的。

2. 过滤器的过滤能力应比液压系统指（规）定的固体颗粒污染等级代号至少低两个等级（见 ISO 4406）。

3. 如在液压系统上加装过滤器，可按液压系统额定流量的 2.5～3.5 倍选择过滤器的流量。

4. 可以采用增高油温的方法降低液压油液的黏度，但应将油温保持在 60℃ 以下防止油氧化。

5. 一个粗过滤器需要较长的冲洗时间且不能取得较高的清洁度水平。采用的过滤器过滤比（值）越高，在其他条件相同的情况下，冲洗时间越短，宜使用 $\beta > 75$ 的过滤器。

4.6　电液伺服阀控制系统调试方法

电液伺服阀控制系统多为闭环控制系统，因而就有稳定性、准确性和快速性的要求。通常电液伺服阀控制系统都设计得较为复杂，其调试需要具有这方面专门（机械-电气-液压一体化）技术的工程技术人员来完成。

在中国航天科工集团公司职业技能鉴定指导中心鉴定工种目录（试行版）中，"伺服机构调试工"是一个工种，其行业工种代码为 10-113，职业工种代码为 605210202。

电液伺服阀控制系统中含有电液伺服阀这种精密、高价格的元件，调试中任何一点疏漏都可能造成严重的后果。本书给出的调试方法只是一个一般性指南，针对具体的电液伺服阀控制系统应在调试前制定专门的调试工艺。

(1) 调试前准备

① 调试前必须具备相关的基本知识，特别是要详细阅读、理解产品样本和说明书。

② 调试前电液伺服阀的调零及伺服放大器的调零应在试验台上已经完成。

③ 调试前应测定伺服液压缸的最低起动压力，作为日后检查伺服液压缸的依据。

④ 调试前应准备齐各种文件包括待填写文件，调试中如实记录各项参数、数据和曲线以及调试过程。

⑤ 如有必要，涉及调试的相关文件应经甲乙双方会商并签字同意。

⑥ 若冲洗中用的不是系统用油，应将其替换为指定的系统用油。

(2) 液压动力源的调试

① 按系统工作要求，手动开闭有关球阀、碟阀、高压球阀。

② 开启主泵组前先开启循环过滤系统，系统清洁度达到要求后，再开启主泵。

③ 逐台开启液压泵，分别设定各泵调压阀块中溢流阀的设定压力、恒压泵的设定压力和压力继电器的设定压力。

④ 向液压蓄能器充气并调整液压蓄能器各控制阀组中安全阀组设定压力及压力继电器的设定压力。

⑤ 进行液压动力源的耐压试验。

(3) 液压阀组的调试

① 先将液压动力源打开，向控制阀组供油。

② 供油前先用换向阀代替电液伺服阀，进行系统功能调试。

③ 调整各压力阀的设定压力和各流量阀的开度。

(4) 闭环系统的调试

① 从各取样点提取油样，检查系统清洁度，各取样点提取的全部油样都达到要求后方可安装电液伺服阀。

② 检查控制电源、控制电路及反馈传感器的输出信号，信号及其极性符合要求后，电液伺服阀放大器才能向电液伺服阀供电。

③ 先将系统开环增益调低，并将系统供油压力调低，进行闭环试动。

作者注：开环增益的调节可通过调节计算机控制系统的前置级增益或前置放大器增益来实现。

④ 闭环运动正常后，将供油压力设定至额定值。

⑤ 将 PID 放大器设置在比例工作状态，系统逐步增大开环增益，直至出现微振荡，记下允许的最大开环增益。

⑥ 试验各种开环增益下的系统响应速度及控制精度，确定最佳开环增益。

⑦ 如通过调整开环增益难以达到要求的响应速度或控制精度，则进行 PID 参数的整定和试验，直至满足性能要求。

(5) 阶跃响应测试

① 由分析仪或 CAT 系统给出阶跃信号，信号幅值大小按行业标准或技术要求给定。

② 测试闭环系统的输入与输出曲线及数据。

③ 分析阶跃响应，必要时重新整定系统参数并再次进行测试。

(6) 频率特性测试

① 由分析仪或 CAT 系统给出正弦信号，信号幅值大小按行业标准或技术要求给定。

② 测试闭环系统的频率特性。

③ 分析闭环系统频率特性，必要时重新整定系统参数，再次进行测试。

作者在此再次提示读者：

① 电液伺服阀控制系统正式运行前应仔细进行排放气，否则对系统的稳定性和刚度都

会有较大的影响。

② 电液伺服阀是机电液一体化产品，安装前应注意以下几点。

a. 应检查所安装的电液伺服阀的型号与设计要求是否相符，出厂时的电液伺服阀动、静态性能测试资料是否完整。

b. 应检查电液伺服阀放大器的型号和技术数据是否符合设计要求，其可调节的参数是否与所使用的电液伺服阀匹配。

c. 应检查电液伺服阀的控制线圈连接方式，确定串联、并联或差动连接方式哪一种才符合设计要求。

d. 应检查反馈传感器（如力、位移、速度等传感器）的型号和连接方式是否符合设计需要，特别要注意传感器的精度，它直接影响系统的控制精度。

e. 应检查液压动力源的压力和稳定性是否符合设计要求，如果系统有液压蓄能器，还需检查充气压力。

③ 在测定被控参数与指令信号的静态关系时，应调整合理的放大倍数，通常放大倍数越大，静态误差越小，控制精度越高，但容易造成系统不稳定。

④ 调试中认真做好系统的动、静态测试记录，其作为日后系统运行状况评估的依据。

⑤ 电液伺服阀控制系统投入运行后应定期检查各项记录数据，如油温、压力、油液污染程度、运行稳定情况、执行机构的零偏情况、执行元件对信号的跟踪情况等，因为电液伺服阀控制系统一般都有一年的保修期。

第**5**章 | 电液伺服阀控制系统使用与维护

5.1 电液伺服阀控制系统工作介质的使用与维护

5.1.1 电液伺服阀控制系统工作介质的选择与使用

(1) 液压油牌号及主要应用

液压系统常用工作介质应按 GB/T 7631.2—2003 规定的牌号选择。根据 GB/T 7631.2—2003 的规定，将液压油分为 L-HL 抗氧防锈液压油、L-HM 抗磨液压油（高压、普通）、L-HV 低温液压油、L-HS 超低温液压油和 L-HG 液压导轨油等五个品种。作者特别强调："在存在火灾危险处，应考虑使用难燃液压油液。"

表 5-1 给出了液压系统常用工作介质的牌号及主要应用。

表 5-1 H 组（液压系统）常用工作介质的牌号及主要应用

工作介质		组成、特征和主要应用介绍
工作介质牌号	黏度等级	
L-HH	15	①本产品为无(或含有少量)抗氧剂的精制矿物油 ②适用于对液压油无特殊要求(如:低温性能、防锈性、抗乳化性和空气释放能力等)的一般循环润滑系统、低压液压系统和十字头压缩机曲轴箱等的循环润滑系统。也可适用于轻负荷传动机械、滑动轴承和滚动轴承等油浴式非循环润滑系统 ③无本产品时可选用 L-HL 液压油
	22	
	32	
	46	
	68	
	100	
	150	
L-HL	15	①本产品为精制矿物油，并改善其防锈和抗氧性的液压油 ②常用于低压液压系统,也可适用于要求换油期较长的轻负荷机械的油浴式非循环润滑系统 ③无本产品时可用 L-HM 液压油或其他抗氧防锈型液压油
	22	
	32	
	46	
	68	
	100	
L-HM	15	①本产品为在 L-HL 液压油基础上改善其抗磨性的液压油 ②适用于低、中、高压液压系统,也可适用于中等负荷机械润滑部位和对液压油有低温性能要求的液压系统 ③无本产品时,可用 L-HV 和 L-HS 液压油
	22	
	32	
	46	
	68	

续表

工作介质		组成、特征和主要应用介绍
工作介质牌号	黏度等级	
L-HM	100	①本产品为在 L-HL 液压油基础上改善其抗磨性的液压油 ②适用于低、中、高压液压系统,也可适用于中等负荷机械润滑部位和对液压油有低温性能要求的液压系统 ③无本产品时,可用 L-HV 和 L-HS 液压油
	150	
L-HV	15	①本产品为在 L-HM 液压油基础上改善其黏温性的液压油 ②适用于环境温度变化较大和工作条件恶劣的低、中、高压液压系统和中等负荷机械润滑部位,对油有更高的低温性能要求 ③无本产品时,可用 L-HS 液压油
	22	
	32	
	46	
	68	
	100	
L-HR	15	①本产品为在 L-HL 液压油基础上改善其黏温性的液压油 ②适用于环境温度变化较大和工作条件恶劣的(野外工程和远洋船舶等)低压液压系统和其他轻负荷机械的润滑部位。对于有银部件的液压元件,在北方可选用 L-HR 油,而在南方可选用对青铜或银部件无腐蚀的无灰型 HM 和 HL 液压油
	32	
	46	
L-HS	10	①本产品为无特定难燃性的合成液,它可以比 L-HV 液压油的低温黏度更小 ②主要应用同 L-HV 油,可用于北方寒季,也可全国四季通用
	15	
	22	
	32	
	46	
L-HG	32	①本产品为在 L-HM 液压油基础上改善其黏温性的液压油 ②适用于液压和导轨润滑系统合用的机床,也可适用于要求有良好黏附性的机械润滑部位
	68	

（2）抗磨液压油的技术要求

液压系统常用的 L-HM（高压、普通）抗磨液压油的技术要求见表 5-2。

表 5-2 L-HM（高压、普通）抗磨液压油的技术要求

项目		质量指标									
		L-HM(高压)				L-HM(普通)					
黏度等级		32	46	68	100	22	32	46	68	100	150
密度(20℃)/(kg/m³)		报告				报告					
色度/号		报告				报告					
外观		透明				透明					
开口闪点/℃	不大于	175	185	195	205	165	175	185	195	205	215
运动黏度/(mm²/s) 40℃ 0℃		28.8～ 35.2 —	41.4～ 50.6 —	61.2～ 74.8 —	90～ 110 —	19.8～ 24.2 300	28.8～ 35.2 420	41.4～ 50.6 780	61.2～ 74.8 1400	90～ 110 2560	135～ 165 —
黏度指数	不小于	95				85					
倾点/℃	不高于	−15	−9	−9	−9	−15	−15	−9	−9	−9	−9
以 KOH 计酸值/(mg/g)		报告				报告					
质量水分/%	不大于	痕迹				痕迹					

续表

项目	质量指标									
	L-HM(高压)				L-HM(普通)					
机械杂质	无				无					
清洁度	e				e					
铜片腐蚀/级 不大于	1				1					
硫酸盐灰分/%	报告				报告					
液相腐蚀(24h) 　A法 　B法	— 无锈				无锈 —					
泡沫性(泡沫倾向/泡沫稳定性)/(mL/mL) 　程序Ⅰ(24℃) 不大于 　程序Ⅱ(93.5℃) 不大于 　程序Ⅲ(后24℃) 不大于	150/0 75/0 150/0				150/0 75/0 150/0					
空气释放值(50℃)/min 不大于	12	10	13	报告	5	6	10	13	报告	报告
抗乳化性(乳化液到3mL的时间)/min 　54℃ 不大于 　82℃ 不大于	30 —	30 —	30 —	— 报告	30 —	30 —	30 —	30 —	— 30	— 30
密封适应性指数 不大于	12	10	8	报告	13	12	10	8	报告	报告
氧化安定性 　以KOH计1500h后总酸值/(mg/g) 不大于 　以KOH计1000h后总酸值/(mg/g) 不大于 　1000h后油泥/mg	2.0 — 报告				— 2.0 报告					
旋转氧弹(150℃)/min	报告				报告					
抗氧性 齿轮机试验/失效级 不小于	10	10	10	10	—	10	10	10	10	10
抗氧性 叶片泵试验(100h,总失重)/mg 不大于	—	—	—	—	100	100	100	100	100	100
抗氧性 　磨斑直径(392N,60min,75℃,1200r/min)/mm	报告				报告					
抗氧性 双泵(T6H20C)试验 　叶片和柱销总失重/mg 不大于 　柱塞总失重/mg 不大于	15 300				— —					
水解安定性 　铜片失重/(mg/cm²) 不大于 　以KOH计水层总酸度/mg 不大于 　铜片外观	0.2 4.0 未出现灰、黑色				— — —					

续表

项目	质量指标	
	L-HM(高压)	L-HM(普通)
热稳定性(135℃,168h)		
铜棒失重/(mg/200mL)		
不大于	10	—
钢棒失重/(mg/200mL)	报告	—
总沉渣重/(mg/100mL)		
不大于	100	—
40℃运动黏度变化率/%	报告	—
酸值变化率/%	报告	—
铜棒外观	报告	—
钢棒外观	不变色	—
过滤性/s		
无水　　　不大于	600	—
2%水　　不大于	600	—
剪切安定性(250次循环后,40℃ 运动黏度下降率)/%		
不大于	1	—

注："e"清洁度由供需双方协商确定,也包括用 NAS 1638 分级。

（3）10号航空液压油的技术要求

目前,我国常用的石油基航空液压油有 3 号、10 号、12 号和 15 号航空液压油,颜色为红色,也称红油。10 号航空液压油是我国研制的第一种航空液压油,其性能相当于俄罗斯的 AMГ-10,且应用的机种最多。但根据使用通知的要求,自 2004 年起在原使用 10 号航空液压油的飞机上全面换用 15 号航空液压油。

除飞机外,其他电液伺服阀控制系统常用的 10 号航空液压油的技术要求见表 5-3。

表 5-3　10号航空液压油技术要求（摘自 SH 0358—1995）

项目		质量指标	试验方法
外观		红色透明液体	目测
运动黏度/(mm²/s)			
50℃	不小于	10	GB/T 265
−50℃	不大于	1250	
腐蚀(70℃±2℃,24h)		2	GB/T 5096
初馏点/℃	不低于	210	GB/T 6536
酸值/(mgKOH/g)	不大于	0.05	GB/T 264①
闪点(开口)/℃	不低于	92	GB/T 267
凝点/℃	不高于	−70	GB/T 510
水分/(mg/kg)	不大于	60	GB/T 11133
机械杂质/%		无	GB/T 511
水溶性酸或碱		无	GB/T 259
油膜质量(65℃±1℃,72h)		合格	②
低温稳定性(−60℃±1℃,72h)		合格	附录 A
超声波剪切(40℃运动黏度下降率)/%	不大于	16	SH/T 0505

续表

项目		质量指标	试验方法
氧化安定性(140℃,60h) 　a. 氧化后运动黏度/(mm²/s) 　　50℃ 　　−50℃ 　b. 氧化后酸值/(mgKOH/g) 　c. 腐蚀度/(mg/cm²) 　　钢片 　　铜片 　　铝片 　　镁片	 不小于 不大于 不大于 不大于 不大于 不大于 不大于	 9.0 1500 0.15 ±0.1 ±0.15 ±0.15 ±0.1	SH/T 0208
密度(20℃)/(kg/m³)	不大于	850	GB/T 1884 及 GB/T 1885

①用 95％乙醇（分析纯）提取，用 0.1％溴麝香草酚蓝作指示剂。

②油膜质量的测定：将清洁的玻璃片浸入试油中取出，垂直地放在恒温器中干燥，在（65±1）℃下保持 4h，然后在 15～25℃下冷却 30～45min，观察在整个表面上油膜不得呈现硬的黏滞带。

作者注：SH 0358—95 代替了 SH 0358—92，还有 SY 1181—76《10 号航空液压油》。

所有与液压油液接触使用的元件应与该液压油液相容。应采取附加的预防措施，防止液压油液与下列物质不相容产生问题。

① 防护涂料和与系统有关的其他液体，如油漆、加工和（或）保养用的液体。

② 可能与溢出或泄漏的液压油液接触的结构或安装材料，如电缆、其他维修供应品和产品。

③ 其他液压油液。

（4）15 号航空液压油的主要质量指标

符合 GJB 1177A—2013 的 15 号航空液压油可以满足美国 MIL-H-5606E 军用规范要求，其与 MIL-H-5606B 相比，现行标准规定的该牌号航空液压油增加了颗粒污染控制要求，可以适用于更加精密的液压系统，其使用温度为−54～+134℃。

按 GJB 1177A—2013 规定，成品油主要质量指标及 15 号航空液压油实测指标见表 5-4。

表 5-4　成品油主要质量指标及 15 号航空液压油实测指标

指标名称	指标值	试验方法
外观	无悬浮物,红色透明液体	目测
密度(20℃)/(kg/m³)	实测	GB/T 1884
运动黏度/(mm²/s) 　100℃ 　40℃ 　−40℃ 　−54℃	 ≥4.90 ≥13.2 ≤600 ≤2500	GB/T 265
凝点/℃	≤−65	GB/T 510
闪点(闭口)/℃	≥82	GB/T 261
酸值/(mgKOH/g)	≤0.2	GB/T 7304
水溶性酸或碱	无	GB/T 259
蒸发损失(71℃,6h)/%	≤20	GB/T 7325
低温稳定性(−54℃±1℃,72h)	合格	SH/T 0644
剪切安定性 　40℃黏度下降率/% 　−40℃黏度下降率/%	 ≤16 ≤16	SY 2626

续表

指标名称	指标值	试验方法
氧化腐蚀试验		
40℃黏度变化/%	−5～＋20	
酸值/(mgKOH/g)	≤0.04	
油外观	无不溶物或沉淀物	
金属质量变化量/(mg/cm^2)		GJB 563
15 钢	≤±0.2	
T2 铜	≤±0.6	
LY12 铝	≤±0.2	
MB2 镁	≤±0.2	

作者注：1. 表 5-4 摘自参考文献［76］表 2.4，但有改动。

　　　　2. GJB 1177A—2013 规定的 15 号航空液压油还有其他指标，如倾点、色度、水分、固体颗粒杂质等。

　　　　3. 有资料介绍，铜片腐蚀（135℃，72h）采用的标准是 GB/T 5095。

5.1.2　电液伺服阀控制系统及元件要求的清洁度指标

　　液压系统及元件的清洁度指标应按相应产品标准的规定。产品标准中未作规定的主要液压元件和附件清洁度指标应按 JB/T 7858—2006《液压元件清洁度评定方法及液压元件清洁度指标》中的表 2 规定。液压油液的污染度（按 GB/T 14039—2002 表示）应适合于系统中对污染最敏感的元件，如电液伺服阀。

　　表 5-5 给出了满足运行液压系统高、中等清洁度要求的液压油液中固体颗粒污染等级的指南。

表 5-5　满足运行液压系统高、中等清洁度要求的液压油液中固体颗粒污染等级的指南

液压系统压力	液压油液清洁度要求，按 GB/T 14039—2002 表达	
	高	中等
≤16MPa(160bar)	17/15/12	19/17/14
＞16MPa(160bar)	16/14/11	18/16/13

作者注：表 5-5 参考了 GB/T 25133—2010 中表 A.1，以此划分液压系统高、中清洁度应较为有根据。

　　重型机械液压系统的清洁度指标应符合表 5-6 的规定。

表 5-6　重型机械液压系统清洁度指标

液压系统类型	ISO 4406、GB/T 14039—2002 油液固体颗粒污染物等级代号									
	12/9	13/10	14/11	15/12	16/13	17/14	18/15	19/16	20/17	21/18
	NAS 1638 分级									
	3	4	5	6	7	8	9	10	11	12
精密电液伺服系统	+	+	+							
伺服系统			+	+	+					
电液比例系统					+	+	+			
高压系统				+	+	+	+			
中压系统						+	+	+	+	
低压系统							+	+	+	+
一般机器液压系统						+	+	+	+	+
行走机械液压系统				+	+	+	+	+		

续表

液压系统类型	ISO 4406、GB/T 14039—2002 油液固体颗粒污染物等级代号									
	12/9	13/10	14/11	15/12	16/13	17/14	18/15	19/16	20/17	21/18
	NAS 1638 分级									
	3	4	5	6	7	8	9	10	11	12
冶金轧制设备液压系统				+	+	+	+	+		
重型锻压设备液压系统					+	+	+	+	+	

作者注：表 5-6 摘自 JB/T 6996—2007。

电液伺服阀各相关标准规定的液压油液固体颗粒污染等级见表 5-7。

表 5-7　电液伺服阀各相关标准规定的液压油液固体颗粒污染等级

标准	内容
GB/T 10844—2007	试验用油液的固体颗粒污染度等级代号应为一/17/14
GB/T 13854—2008	试验用油液的固体颗粒污染度等级代号应不劣于 GB/T 14039—2002 中的一/16/13
GB/T 15623.1—2003	油液污染等级应按元件制造商的使用规定，表示方法按 GB/T 14039—2002
GB/T 15623.2—2017	固体颗粒污染应按 GB/T 14039—2002 规定的代号表示
GB/T 15623.3—2012	固体颗粒污染应按 GB/T 14039—2002 规定的代号表示，应符合制造商推荐值
GJB 1482—1992	液压附件内部油液的污染度应等于或优于 GBJ 420B—2006 规定的 8/A 级或符合型号规范规定的等级
GJB 3370—1998	飞机液压系统污染度验收水平应不高于 GJB 420B—2006 7/A 级，控制水平不高于 GJB 420—2006 8/A 级 对于喷嘴挡板型伺服阀，性能试验、验收试验和内部油封所用的工作液固体污染度验收水平不高于 GJB 420B—2006 6/A 级，控制水平不高于 7/A 级；其他试验所用的工作液固体污染度不高于 8/A 级 对于射流管和直接驱动式伺服阀，允许相应降低要求，并应符合详细规范的规定
GJB 4069—2000	伺服阀在工作液的污染度等级不高于 GB/T 14039—2002 中 18/15 级的情况下，不应发生堵、卡、漂等故障 试验用油液的固体颗粒污染等级代号应为 17/14
QJ 504A—1996	试验所用的工作液一般应与实际工作时的工作液一致。每毫升内所含污染微粒极限应符合 QJ 2724.1—1995 的要求。颗粒尺寸：5/15/25/50/100；等级编码：19/17/14/12/9
QJ 2078A—1998	试验用工作液固体颗粒污染物等级代号为 QJ 2724.1—1995 中规定的 13/11 级

几种液压缸产品标准规定的液压缸清洁度指标见表 5-8。

表 5-8　几种液压缸产品标准规定的液压缸清洁度指标

标准	产品	缸体内部清洁度	试验用油液清洁度
GB/T 24946—2010	船用数字液压缸	不得高于一/19/16	不得高于一/19/16
JB/T 10205—2010	液压缸	不得高于一/19/16	不得高于一/19/15
JB/T 11588—2013	大型液压油缸	不得高于 19/15 或一/19/15	不得高于 19/15 或一/19/15
DB44/T 1169.1—2013	伺服液压缸	不得高于 13/12/10	不得高于 13/12/10

作者注：1. 用显微镜计数的代号中第一部分用符号"一"表示。
　　2. 在参考文献 [72] 中介绍："加拿大航空公司的技术报告说，其飞行模拟器上使用精细过滤，油液清洁度达到 PPC＝13/12/10，经过八年连续运行后检查伺服机构，没有出现磨损迹象"。

5.1.3　电液伺服阀控制系统工作介质的检（监）测与维护

对电液伺服阀控制系统工作介质的检（监）测与维护，是为保证液压系统及元件所要求的液压油液清洁度等级不劣于规定值，并延长工作介质的使用寿命。

液压系统及元件中的污染物，尤其固体颗粒污染物是液压系统中最普遍、危害最大的一类污染物，其可能是液压系统及元件（包括配管）原有（或残留）的污染物，或由外界侵入、内部自生污染物，由外界侵入的污染物可能是如此产生并侵入系统的。

① 不恰当的清洗、安装或维修使固体颗粒、纤维、密封件碎片等污染物侵入系统。

② 空气中灰尘从密封不严的油箱或精度不高的空气滤清器侵入系统。

③ 储运过程中液压油液受到污染，或未经精密过滤就将不合格的液压油液加注入系统。

④ 开式加注液压油液时从空气中吸入灰尘。

需要强调是，在电液伺服阀控制系统制造过程中不恰当的清洗液压元件及配管，可能是造成污染物侵入系统的一个主要根源。不恰当的清洗的含义是：一方面本该通过清洗除去液压元件及配管中切屑、沙粒等污染物而没有去除；另一方面却在液压元件及配管清洗中使织物纤维、灰尘等新的污染物侵入。

由内部自生污染物可能是如此产生的。

① 泵、缸、阀摩擦副的机械正常磨损产生的金属颗粒或密封件磨损产生的橡胶颗粒。

② 软管或滤芯的脱落物。

③ 油液劣化产物。

这些物质污染物的种类一般有以下几种。

① 颗粒状污染物。如铁锈、金属屑、焊渣、沙石、灰尘等。

② 纤维污染物。如纤维、棉纱、密封胶带片、油漆皮等。

③ 化学污染物。如液压油液氧化或残存的清洗溶剂引起的液压油液劣化胶质等。

④ 水或空气。从油箱或液压缸活塞杆处带入水分，热交换器泄漏进水，液压油液中空气混入等。

还有一类污染物——能量污染物。从广义上讲，液压系统中的静电、磁场、热能及放射线等即是这种以能量形式存在的污染物。

（1）液压油液取样

为检查液压油液污染度状况，宜提供符合 GB/T 17489—1998《液压颗粒污染分析　从工作系统管路中提取液样》规定的提取具有代表性油样的方法。如果在高压管路中提供取样阀，应安放高压喷射危险的警告标志，使其在取样点清晰可见，并应遮护取样阀。

一般电液伺服阀控制系统的油样取样点（阀）如图 5-1 所示。

（2）液压油化验的主要项目

L-HM 液压油化验的主要项目、换油指标的技术要求和试验方法见表 5-9。其他液压油液化验的（主要）项目应按相关标准规定，或参考本书相关内容。

表 5-9　L-HM 液压油换油指标的技术要求和试验方法

项目		换油指标	试验方法
40℃运动黏度变化率/%	超过	±10	GB/T 256 及本标准 3.2 条
水分（质量分数）/%	大于	0.1	GB/T 260
色度增加/号	大于	2	GB/T 6540
酸值增加[①]/(mgKOH/g)	大于	0.3	GB/T 264、GB/T 7034
正戊烷不溶物[②]/%	大于	0.1	GB/T 8926 A 法

续表

项目		换油指标	试验方法
铜片腐蚀(100℃,3h)/级	大于	2a	GB/T 5096
泡沫特性(24℃)(泡沫倾向 泡沫稳定性)/(mL/mL)	大于	450/10	GB/T 12579
清洁度②	大于	—/18/15 或 NAS9	GB/T 14039—2002 或 NAS1638

①结果有争议时以 GB/T 7034 为仲裁方法。

②允许采用 GB/T 511 方法,使用 60～90℃石油醚作溶剂,测定试样机械杂质。

③根据设备制造商的要求适当调整。

作者注:表 5-9 摘自 NB/SH/T 0599—2013《L-HM 液压油换油指标》中表 1。

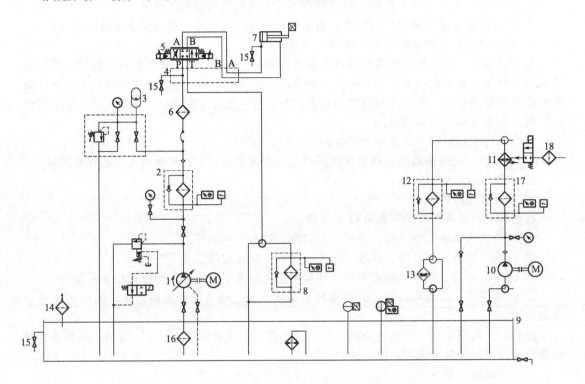

图 5-1　一般电液伺服阀控制系统中过滤器的布置图

1—恒压泵;2—压力管路过滤器;3—液压蓄能器;4—油路块(安装座);5—电液伺服阀;6—电液伺服阀前过滤器;
7—伺服液压缸;8—回油管路过滤器;9—油箱;10—循环泵;11—冷却器;12—循环过滤器Ⅰ;13—磁性过滤器;
14—空气滤清器;15—油样取样阀;16—粗过滤器;17—循环过滤器Ⅱ;18—冷却水过滤器

注:1. 对于管路很长的大型液压系统,压力管路过滤器可能不止一个。

2.过滤器精度配置举例 A—2～6μm,B—6～12μm,C—12～20μm。

3.图 5-1 参考了参考文献[72]表 22-4-46 中布置图,有修改。

(3) 过滤器的布置、功用及精度配置

图 5-1 所示为一般电液伺服阀控制系统中过滤器的布置图。

一般电液伺服阀控制系统过滤器的布置、功用及精度配置见表 5-10。

表 5-10　过滤器的布置、功用及精度配置

位置	名称	功用	精度
主系统内过滤器	压力管路过滤器	①防止泵磨损下来的污染物进入系统 ②防止液压阀或管路的污染物进入伺服阀块	B
	回油管路过滤器	防止元件磨损或管路中残存的污染物回到油箱	C

续表

位置	名称	功用	精度
主系统内过滤器	空气过滤器	防止空气中灰尘进入油箱	A
	电液伺服阀前过滤器	拟采用无旁通阀的压力管路过滤器安装于电液伺服阀外部先导控制和/或供油管路上,以确保电液伺服阀性能稳定和工作可靠,并减小磨损,提高使用寿命	A
辅助系统内过滤器	循环(旁路)过滤器	对于大型或重要的液压系统配置循环过滤冷却系统,用于提高系统的清洁度和控制油温 循环过滤冷却系统上过滤器规格应按循环泵流量配置,一般按系统流量的 1/3～1/2 之间选择	A
	专用冲洗过滤器	对于长管路的液压系统,利用专用冲洗设备对短接的车间管路进行循环冲洗,防止将管路内的污染物带入系统	B
	注油过滤器	即使是新油也必须经专用过滤设备(如过滤车)过滤后方可加注到液压系统中	A

（4）过滤系统的日常检查及清洁度检验

过滤系统的日常检查及清洁度检验见表 5-11。

表 5-11　过滤系统的日常检查及清洁度检验

内容		说明
日常检查	项目	①检查并记录过滤器前后压力、压差 ②检查并记录过滤器堵塞发讯器的信号或颜色 ③根据需要及时更换滤芯 注意:单筒压力管路过滤器必须停机并泄压后方可更换滤芯;双筒压力管路过滤器可以在运行状态下切换,切换后方可更换滤芯;双筒回油过滤器必须在停机状态下切换,因为其切换瞬间回油背压会剧增,切换后方可更换滤芯
	时间	新系统每日检查一次
清洁度检验	取样	从指定的取样口定期取样检验或送检
	时间	新系统每月检验一次,旧系统 3～6 个月检验一次

（5）热污染对液压油液的影响

将液压工作介质中存在过多热量理解为一种能量污染物,这本身就是科学进步,因为在 GB/T 17446—2012 中定义的"污染物"不包括能量类污染物。尽管这种能量污染物是在给定条件下判定的,当条件发生了变化,其可能不再是污染物。

根据作者的实践经验,液压系统如发生系统性故障,如元件及配管多处外泄漏、元件普遍磨损加剧、多种元件卡紧或堵塞等,其可能已经经历了长时间高温下运行或更高温下的短时间运行,在这种情况下,最直观的表象应该是原系统中的液压油液的劣化。

液压油液温度高的最大危险是液压油液本身的最终分解,伴随液压油液黏性和润滑性损失,分解会导致在液压油液中形成清漆(氧化离子)类物质、酸类物质以及沉积性物质。清漆和沉积性物质会造成阀卡紧并最终造成堵塞,还会导致节流小孔堵塞;酸类物质会腐蚀金属表面,并加速泵、缸、阀的磨损。

在大多数情况下,高温会使液压油液黏性和润滑性损失都很严重。稀薄的液压油液或可造成更大的冲击和振动,增大元件损坏的可能性,甚至造成装配件和座架连接的松动。如果失去润滑性,润滑油膜消失,就会出现金属与金属直接接触并在其表面留下刮擦痕。

温度是液压油液氧化的主要加速剂,温度每升高 10℃氧化反应就会加倍。低于 60℃时,氧化速率会很低;高于 60℃时,温度每升高 10℃矿物基油的寿命就会降低一半,而在

100℃时使用寿命损失率会高达97%。

根据这些事实，液压系统工作温度较低有利于将氧化反应和液压油液降解降到最低。然而，油箱中油液温度并非实际的油液温度，泵出口的温度才能代表实际温度，这样局部氧化非常严重的区域表面会更热。

油液热稳定性是指其抵抗因由温度所引起分解作用的能力。如果在特定范围内其使用不受损坏，那么就确定了液压油极限温度的上限。

本节最后作者提示：有资料介绍，电液伺服阀控制系统的绝大多数故障都是液压油液污染所致，尤其是固体颗粒污染物引起的。当系统出现间歇特性或其他不合理特性，以及出现原因不明的故障时，应首先怀疑是否是液压油液中固体颗粒污染物引起的。

作者注：本小节参考了参考文献 [76]，尽管其中的一些表述作者认为值得商榷或需要进一步确证，但其的主要观点值得肯定。

5.2 电液伺服阀的使用与维护

5.2.1 电液伺服阀的选择与使用

（1）电液伺服阀的选择

电液伺服阀的选择主要根据电液伺服阀控制系统的控制功率及动态响应指标要求来确定。选择电液伺服阀应考虑的主要因素为负载的性质与大小，控制速度、加速度的要求，系统的控制精度及系统频宽的要求，工作环境，可靠性及经济性，尺寸、重量限制以及其他要求。电液伺服阀的选择一般原则与步骤如下。

① 确定电液伺服阀的类型。

根据系统的控制任务、负载的性质确定电液伺服阀的类型。一般位置和速度控制系统应采用方向流量电液伺服阀；力控制系统一般采用方向流量电液伺服阀，也可采用压力控制阀。但如材料试验机因其试件刚度高宜采用压力控制阀；大惯量外负载力较小的系统拟用压力-流量控制阀；系统负载惯量大、支承刚度小，运动阻尼小而又要求系统频宽和定位精度高的系统拟采用流量电液伺服阀加动压反馈网络实现。

② 确定电液伺服阀的种类和性能指标。

根据系统的性能要求，确定电液伺服阀的种类及性能指标。一般来说，电液伺服阀的流量增益曲线应有很好的线性度，并应具有较高的压力增益；还应具有较小的零位泄漏量，以免功率损失过大；再者电液伺服阀的不灵敏区要小，零漂、零偏也应尽量小，以减小由此引起的误差。具体而言，控制精度要求高的系统，拟采用分辨率高、滞环小的电液伺服阀；外负载力大时，拟采用压力增益高的电液伺服阀。

频宽应根据系统频宽要求来选择。频宽过低将限制系统的响应速度，过高则会把高频干扰信号及颤振信号传给负载。

参考文献 [57] 指出："对开环控制系统，伺服阀的相频宽比系统的要求相频宽大 3～5Hz 就足以满足一般系统的要求；但对欲获得良好性能的闭环控制系统而言，则要求伺服阀的相频宽 $(f_{-90°})$ 为负载固有频率 (f_L) 的 3 倍以上"。

另外，工作环境较差的场合拟采用抗污染性能好的电液伺服阀。

③ 确定电液伺服阀的规格。

根据负载的大小和要求的控制速度，确定电液伺服阀的规格，并确定电液伺服阀的额定压力、额定流量及其他参数。

④ 选择合适的电流。

电液伺服阀的额定电流有时可选择。较大的额定电流要求采用较大功率的电液伺服阀放大器，较大额定电流值的电液伺服阀具有较强的抗干扰能力。

（2）电液伺服阀的使用

① 电液伺服阀的安装。

液压系统在安装电液伺服阀前，必须采用电液伺服阀清洗板代替电液伺服阀，对液压系统进行循环冲洗。循环冲洗时要定期检查液压油液的污染度并及时更换新滤芯，直至液压系统的清洁度达到规定的要求后方可安装电液伺服阀。

另外，安装电液伺服阀前请注意，有参考资料介绍，安装座材料是否是铁磁性材料对电液伺服阀的流量增益可能会有影响。

② 线圈的接法。

按电液伺服阀产品样本或参考第 2.3.3（1）节。

③ 颤振信号的使用。

为了提高电液伺服阀的分辨率，改善系统性能，可以在电液伺服阀的输入信号上叠加一个高频低幅值的电信号（即颤振信号）。颤振信号使电液伺服阀始终处于一种高频低幅的微振状态，从而可减小或消除电液伺服阀中由于静摩擦力而造成的死区，并可以有效地防止出现阀的堵塞现象以及阀芯的卡紧。但颤振无助于减小力或力矩马达滞环所产生的电液伺服阀滞环值。

颤振信号的波形可以是正弦波、三角波或方波，通常采用正弦波，但三种波形的效果是相同的。颤振信号的幅值应足够大，其峰值应大于电液伺服阀的死区值。主控制阀阀芯的振幅为其最大行程的 $0.5\% \sim 1\%$（相当于主阀芯运动位移约为 $2.5\mu m$），振幅过大将会把颤振信号通过电液伺服阀传给液压缸及其负载，造成液压缸等过度磨损或疲劳破坏。颤振信号的频率应为控制信号频率的 $2 \sim 4$ 倍，以避免扰乱控制信号的作用。由于力或力矩马达的滤波衰减作用，较高的颤振频率要求加大颤振信号幅值，因此颤振频率不能过高。此外，颤振频率不应是电液伺服阀或液压缸谐振频率的倍数，以避免引起共振，造成电液伺服阀组件的疲劳破坏。

应注意，附加颤振信号也会增加滑阀节流边及阀芯外圆和阀套内孔的磨损，以及力矩马达的弹性支承元件的疲劳，缩短电液伺服阀的使用寿命。因此有参考文献提出，在一般情况下，应尽可能不加颤振信号。

④ 电液伺服阀的调整。

在电液伺服阀通电前，务必按使用说明书检查电液伺服阀线圈接线是否正确。在其线圈接线正确的前提下方可通电，并可进行一些调整。

a.零点的调整。闲置未用的电液伺服阀在投入使用前应调整其零点，但必须在电液伺服阀试验台上进行。如在系统上调零，则得到的实际上是系统的零点，而非是电液伺服阀的零点。

b.颤振信号的调整。由于每台电液伺服阀的装配制造精度都会有差异，因此使用时如加颤振信号，则需针对该阀调整其颤振信号的频率和振幅，以使电液伺服阀的分辨率处于最高状态。有参考资料建议颤振信号的频率可从 1.5 倍的控制信号频率调起，此点与上文略有不同。

5.2.2　电液伺服阀的常见故障及其排除

失效是执行某项规定能力的终结，失效后，该功能项有故障。"失效"是一个事件，而区别作为一种状态的"故障"。实际上，故障和失效这两个术语经常作为同位语使用。

故障是不能执行某规定功能的一种特征状态。它不包括在预防性维护和其他有计划的行动期间，以及因缺乏外部资源条件下不能执行规定功能。

失效通常是可靠性设计中研究的问题，失效是可靠的反义词，如工程中液压缸密封件失去原有设计所规定的密封功能称为密封失效。

失效包括完全丧失原定功能、功能降低或有严重损伤或隐患，继续使用会失去可靠性及安全性。

判断失效的模式，查找失效原因和机理，提出预防再失效的对策的技术活动和管理活动称为失效分析。

失效分析是一门新兴发展中的学科，其在提高产品质量，技术开发、改进，产品修复及仲裁失效事故等方面具有重要现实意义。

(1) 电液伺服阀的主要失效模式、原因及后果

电液伺服阀的主要失效模式、原因及后果见表 5-12。

表 5-12　电液伺服阀的主要失效模式、原因及后果

部件	失效模式	原因及后果
喷嘴-挡板式液压放大器	阀内装过滤器、喷嘴堵塞	液压油液污染可致使阀内装过滤器和/或喷嘴堵塞，此时这种液压前置级放大器即无输出，但却造成了主控制阀以最大流量(压力)输出，从而可能造成重大事故
	冲蚀磨损失效	喷嘴、挡板和/或反馈杆端部小球等机械零件冲蚀磨损或磨损后，一般可降低阀的灵敏度及响应，严重时难以驱动主控制阀
滑阀式液压主控制阀	冲蚀磨损失效	含大量微小颗粒的液压油液高速冲刷阀口，致使阀口冲蚀磨损，零区特性改变，压力增益降低，零位泄漏增大
	淤积卡紧失效	污染物淤积在阀芯与阀套间隙中，不但可致使阀芯与阀套间的磨损加快，启动摩擦力加大，滞环增大，响应时间增长，工作稳定性变差，严重时可出现卡死(锁紧)
	卡紧失效	阀芯与阀套间隙的不均匀、污染物淤积以及其他一些因素可造成侧向力，不平衡力可使阀芯与阀套金属表面直接接触，从而出现微观黏附(冷压接触)，造成阀芯卡滞甚至卡紧。阀芯卡滞时可降低阀的灵敏度及响应，工作稳定性变差；阀芯卡紧致使阀失去了控制功能
	腐蚀失效	液压油液中的水分和添加剂中的硫或零件清洗剂中残留氯产生硫酸或盐酸，致使节流棱边腐蚀，造成与冲蚀相同的后果

(2) 电液伺服阀的常见故障分析与排除

电液伺服阀的常见故障分析与排除见表 5-13。

表 5-13　电液伺服阀的常见故障分析与排除

序号	常见故障	分析与排除
1	电液伺服阀无动作造成执行元件也无动作	①检查供油压力，如供油压力过低造成阀先导控制压力不够导致故障发生，则需根据电液伺服阀要求提高其阀先导控制压力，排除此故障 ②检查电液伺服阀安装，在一些特殊情况下如P、T装反导致故障发生，可通过正确安装电液伺服阀排除此故障 ③检查电液伺服阀安装，如安装面平面度超差或安装面孔位置度超差，造成电液伺服阀在安装时变形导致故障，可通过修改安装面使其合格排除此故障 ④检查电液伺服阀放大器，如其接线错误或接触不良(如接头虚焊)导致故障，可按图纸重新正确接线或焊牢接头，排除此故障 ⑤拆解、检查力马达或力矩马达线圈及插头和插座，如断线、脱焊或接触不良导致故障发生，可采取适当方法维修排除此故障，但不能降低其绝缘电阻及绝缘介电强度

序号	常见故障	分析与排除
1	电液伺服阀无动作造成执行元件也无动作	⑥拆解、检查力马达或力矩马达等,如零件损坏导致故障,可更换已损坏零件排除此故障 ⑦拆解、检查阀芯,如污染物将阀芯卡紧导致故障,则需清洗、组装电液伺服阀排除此故障 ⑧拆解、检查喷嘴,如喷嘴被污染物堵塞导致故障,则需清洗、组装电液伺服阀排除此故障 ⑨拆解、检查挡板,如污染物黏附在挡板(反馈杆)上导致故障发生,则需清洗、组装电液伺服阀排除此故障 ⑩拆解、检查内装滤芯,如污染物黏堵塞滤芯导致故障发生,则需清洗、组装电液伺服阀;如滤芯已损坏,则应更换滤芯并全面检查、清洗各零件,然后再进行组装电液伺服阀排除此故障
2	电液伺服阀无输入信号但是执行元件发生移动	①拆解、检查主滑阀,如主滑阀卡滞在某一位置导致故障发生,可清洗、局部修研排除此故障 ②拆解、检查喷嘴,如某一喷嘴堵塞导致故障发生,可清洗此喷嘴排除此故障 ③拆解、检查节流孔,如某一节流孔堵塞导致故障发生,可清洗此节流孔排除此故障 ④拆解、检查喷嘴与挡板和力矩马达,如喷嘴与挡板间隙不相等、力矩马达气隙不相等导致故障发生,则可通过修研、重新组装等排除此故障
3	电液伺服阀经常出现零位漂移且零位漂移量大	①检查供油压力,如因供油压力波动大导致零位漂移,可通过在阀前供油管路上加装液压蓄能器进行稳压来排除此故障 ②检查液压油液温度,如因油温波动大,导致油液黏度和内泄漏量等发生改变,引起零位漂移,可通过在系统中加装加热器和/或冷却器等油温控制装置,将油温控制在要求的范围内来排除来排除此故障 ③检查液压油清洁度,如因液压油液污染加重,油液内颗粒污染物增多,导致零位漂移,可通过更换滤芯、提高过滤精度、冲洗液压系统或在压力管路上加装过滤器,甚至可以通过更换新油等来提高油液清洁度,以此排除故障 ④检查电液伺服阀,如在其零位调节螺钉可调节范围内无法调出零位导致故障发生,可通过清洗内装过滤器及两端节流孔,保证阀制造商的推荐调节 P 口最低供油压力(现行国家标准规定:调节先导供油压力至 10MPa,除非制造商另有规定)来排除此故障 ⑤检查电器如电液伺服阀放大器,如因放大器零位发生变化,引起电液伺服阀零位漂移,可通过对放大器零位调整,从而减小或消除零位漂移 ⑥拆解、检查电液伺服阀各件及其连接,如喷嘴堵塞、内装滤芯堵塞、衔铁组件松动、压合的喷嘴松动等造成零偏超差和不稳定导致故障发生,对于堵塞可采用清洗的方法,对于松动的可采用确实可行措施(如激光点焊)排除故障。其他一些常用调零偏的方法还有:对于有阀套的电液伺服阀,可通过调节阀套位置来调节零偏;对于无阀套的电液伺服阀,可通过交换两边节流孔位置或另外更换一组节流孔来调节零偏;修研力矩马达气隙,也可消除或减小零偏 ⑦检查电气零位、液压零位和机械零位,如滑阀各零位不重合,致使弹性元件在阀处于零位时受力,如在温度变化时电液伺服阀发生零位漂移,可通过在电液伺服阀装配时,首先在喷嘴不起作用,反馈杆不受力情况下使滑阀处于机械零位;其次在喷嘴工作时,使滑阀在弹簧管不受力情况下使滑阀处于液压零位,即可实现机械零位和液压零位重合;最后装上力矩马达的线圈和磁钢,使阀处于电气零位,即实现了电气零位、液压零位和机械零位重合。另外,弹性元件选用恒弹性模量材料等弹性模量温度系数小的材料,可减小弹性元件造成的零位漂移,从而排除此故障 ⑧检查多级电液伺服阀,如电液伺服阀各级不同时处于零位,导致故障发生,可通过对其逐级进行调零,是各级同时处于零位来排除此故障。 ⑨拆解、检查电液伺服阀,如因阀内零件堵塞或松动(退)导致故障发生,可通过清洗、重新装配电液伺服阀,重新调试喷嘴等排除此故障 ⑩拆解、检查各节流孔,如因固定节流孔、可变节流孔(喷嘴)尺寸与形状及角度不一致(对称),造成液压参数不对称,液压零位偏移,两喷嘴压力差大于 0.3MPa,产生零漂,可通过互换两节流孔、用两固定节流的差异来弥补两喷嘴差异,或更换喷嘴,重新装配等排除此故障 ⑪拆解、检查阀各零组件如阀体、阀套、阀芯、衔铁等,如因温度变化导致各零组件几何尺寸发生变化,引起零位漂移,可选用相同材料或线胀系数一致或接近的材料制造阀各零组件,注意提高零件加工、装配的对中度和对称性,以排除此故障 ⑫拆解、检查电液伺服阀各级液压放大器,如因其液压对称性差,放大了液压油液因温度变化而致使的黏度变化造成的零位漂移,可通过使节流孔孔形好、无毛刺、节流长度尽量短,使喷嘴孔形好、端面环带尽量窄、无毛刺,使节流孔和喷嘴具有足够高的硬度和耐磨性,提高各级液压放大器的对称性,从而排除此故障 ⑬检查阀芯位移量,如因阀芯位移偏小,在温度变化时造成零位漂移增大,可通过适当增大阀芯位移量来排除此故障 ⑭拆解、检查电液伺服阀,如阀芯、阀套的节流边被冲蚀磨损,阀芯和阀套尺寸精度、几何精度有问题,阀芯和阀套配合不当如间隙过小(一般应大于 0.002mm)等造成零位偏移或零漂增大,可通过修理、更换阀零件来排除此故障

序号	常见故障	分析与排除
4	电液伺服阀输出流量少	①检查电液伺服阀,如供油压力过低导致故障发生,可通过适当增加电液伺服阀的供油压力排除此故障 ②检查电液伺服阀,如输入流量不足导致故障发生,可通过增加供油量排除此故障 ③检查电液伺服阀放大器及其输入信号,如电液伺服阀放大器输出功率不足导致故障发生,应先检查输入信号是否正常,再检查电液伺服阀放大器是否存在故障,根据检查结果维修或更换电液伺服阀放大器排除故障 ④检查内装过滤器,如过滤器堵塞导致故障发生,可清洗或更换过滤器排除故障。但同时也注意检查液压油液的清洁度
5	内泄漏量增大压力增益下降	①拆解、检查液压前置级放大器,如喷嘴与挡板间间隙大导致先导级阀流量(或包括先导级阀流量在内的总的内泄漏量)过大,从而导致故障,则采取合适办法修复或更换零件排除故障 ②拆解、检查主滑阀阀芯、阀套,如配合间隙、几何公差、表面粗糙度等导致内泄漏量增大而出现故障,可采取合适办法修复或更换零件排除故障 ③拆解、检查电液伺服阀,如因阀套节流矩形孔边塌边导致故障发生,可采取配磨方法,严格控制阀芯与阀套的搭接量,保持节流矩形孔边锐边,排除此故障
6	电液伺服控制系统稳定性差稳态误差增大产生振动	①检查执行机构和被控对象,如产生爬行,则应从设计、制造和控制等方面查找原因,解决好动静摩擦力等问题,排除此故障 ②检查液压油液,如因油液含气量超标造成压力脉动和执行元件液压固有频率降低,导致系统连续振动这样的不稳定工况,可采取适当措施尽量降低油液的含气量排除此故障 ③检查电液伺服阀与伺服液压缸间的连接管道,如因管道弹性变形造成系统产生振动,可通过提高管道的刚度排除此故障 ④检查电液伺服阀与伺服液压缸间的连接管道,如因其中液压油液体积过大,导致系统稳定性差,可通过尽量缩短管道长度,适当减小管道直径,或改变液压缸结构(如适当增大活塞有效面积)等措施,排除此故障 ⑤检查反馈机构,如反馈机构存在由间隙造成的死区导致系统的稳定性差,可通过减小或消除该死区排除此故障 ⑥检查液压动力源和负载,如因供油压力和负载发生突变,导致系统产生自振,可采取加装液压蓄能器等措施提高系统的抗干扰能力,排除此故障 ⑦检查电液伺服阀,如因射流管式电液伺服阀在供油压力高时产生振动,应另选其他型式的电液伺服阀以排除此故障 ⑧检查液压系统,如因系统随动速度大,系统稳定性差,稳态误差大,导致故障发生,可通过适当降低被控对象速度排除此故障 ⑨检查作用于伺服液压缸上的负载力,如因负载力大,系统稳定性差,稳态误差大,导致故障发生,可适当减小执行机构及被控对象运动部件质量,采用液压蓄能器稳压等措施,排除此故障 ⑩检查电液伺服阀和机械信号传递机构等,如电液伺服阀存在正遮盖、机械信号传递机构存在变形或间隙,生产死区、不灵敏区,系统中各部分油液泄漏生产无效腔不灵敏区,无效腔的存在和死区大小的变化导致系统不稳定,可通过选用负遮盖电液伺服阀、减小或消除机械信号传递机构间隙,提高机械信号传递机构刚度,减小泄漏量等措施排除此故障
7	电液伺服阀动态特性差	①检查供油压力,如因供油压力过低,造成速度放大系数小,响应速度低,导致动态特性差,可通过提高供油压力排除此故障。但供油压力不能超过极限值,否则将造成系统发生振动乃至不稳定 ②检验液压油液温度,如因油温过低、黏度过大,造成系统响应速度降低,可通过选择合适液压油液,并将油液温度控制在规定的范围内,消除或减小油液黏度受油温的影响,从而排除此故障 ③检查液压油液及电液伺服阀,如因油液中污染物挤入阀芯阀套间,造成阀芯运动卡滞或阻力增大,致使电液伺服阀响应速度降低,可通过清(冲)洗电液伺服阀排除此故障 ④检查液压系统背压,如因背压过高,虽然提高了系统的稳定性,但系统的动特性可能因此变差,可通过调整系统背压将其控制在合适的范围内来排除此故障 ⑤检查液压伺服阀的输入电流,如因输入电流信号的幅值过大,造成系统的动态特性变差,超调量增大,可通过调整输入电流将其控制在一定范围内来排除此故障 ⑥拆下电液伺服阀检查阀的安装面,如因安装面平面度超差或安装面孔位置度超差,造成电液伺服阀在安装时变形过大,导致系统动态特性变差,可通过修改安装面使其合格排除此故障 ⑦检查电液伺服阀,如因阀套通流面积小,致使流量放大系数小,灵敏度低,造成系统响应速度慢,可增大阀套的通流面积和采用负遮盖电液伺服阀,使流量系数增大,提供阀的灵敏度,使系统的响应速度加快,排除此故障

续表

序号	常见故障	分析与排除
7	电液伺服阀动态特性差	⑧拆解、检查力矩马达，如因力矩马达存在磁滞现象或各零部件间产生摩擦，造成系统动态性能变差，可通过尽量减小力矩马达的磁滞现象和消除各零部件间摩擦来排除此故障 ⑨拆解、检查电液伺服阀，如因电液伺服阀机械信号传递（反馈）机构间隙增大致使阀超调量调节时间增长，导致系统动态特性变差，可通过维修更换零件的方法排除此故障 ⑩检查系统设计及系统的修改情况，如因为了提高系统的稳定性，过分地增大伺服液压缸的活塞有效面积，造成了系统的动态性能变差，可通过设计计算及平衡好系统的稳定性与快速性关系，改为适度增大伺服液压缸的活塞有效面积，以排除此故障

（3）电液伺服阀不稳定及其排除

液压动力源中液压泵的流量脉动引起的压力脉动、溢流阀的不稳定、管道的谐振、系统中各种非线性因素引起的极限环振荡，以及伺服阀引起的不稳定等，都会引起系统振荡。

电液伺服阀中的游隙和阀芯上的稳态液动力造成的压力正反馈，都可以引起系统的不稳定。电液伺服阀与液压缸间的管道谐振也会引起系统振荡。电液伺服阀的电气-机械转换器的谐振频率、液压前置级放大器或输出级液压放大器的谐振频率与液压缸的谐振频率、管道的 1/4 波长频率相重合或成倍数时，也可能引发共振。

电液伺服阀中的游隙引起的不稳定可通过改善过滤和加颤振来减弱或消除；与管道及结构谐振频率有关的振荡，则可通过改变管道的长度及支承、液压缸安装和连接等来减弱或消除。

（4）电液伺服阀啸叫及其排除

液压源的压力脉动幅值应尽可能小，因为大的压力脉动幅值，在某些条件下容易引起伺服阀啸叫，导致力矩马达的弹簧管破裂。

具体可参考参考文献［27］或相关论文等。根据作者经验，一旦电液伺服阀发生啸叫，除改变 T 口阻尼外，其他措施一般效果都不大确定。

5.2.3　电液伺服阀的维护

对电液伺服阀的维护主要是保证电液伺服阀能在规定的使用条件下使用，各制造商对其制造的电液伺服阀使用条件一般都有详细规定，如 MOOG G761 系列两级电液伺服阀。

MOOG G761 系列两级电液伺服阀常规技术参数见表 5-14。

表 5-14　MOOG G761 系列两级电液伺服阀常规技术参数

工作压力*	油口 P、X、A 和 B	≤31.5MPa
	油口 T	≤31.5MPa
温度范围	油液温度	−29～+135℃
	环境温度	−29～+135℃
密封材料**	氟橡胶	
工作介质	石油基液压油，或根据需要选用其他油液	
推荐油液黏度	60～450SUS@38℃	
系统过滤	选用无旁路、带报警装置的高压过滤器安装在系统的主油路中。如有可能，直接将滤油器安装在伺服阀的供油口处	
清洁等级（ISO 4406）	常规使用	＜14/11
	长寿命使用	＜13/10
过滤精度（推荐值）	常规使用	$\beta_{10} \geq 75$
	长寿命使用	$\beta_5 \geq 75$
安装要求	可安装在任意固定位置或跟系统一起运动	

振动	三轴,30g
保护等级	EN5052P;IP65 级(带配套插头时)
安装型式	ISO 10372-04-01-0-92
先导级及先导级控制	喷嘴挡板阀,可选择内控式或外控式
供油及供油压力	G761 系列伺服阀在恒定的供油压力下工作,最小 1.4MPa,最大 31.5MPa
耐压	P 口耐压 47.3MPa,工口耐压 31.5MPa

注:1."*"特殊订货的最大工作压力为 55MPa。

2."**"可根据用户需要选用其它密封材料。

作者注:表 5-14 后 4 项为 G761 系列技术参数。此表摘自穆格中国 G761 系列伺服阀纸质样本。

尽管可能已保证了电液伺服阀在规定条件下使用,但其维护还应注意以下问题。

① 电液伺服阀需做定期维护,定期返回制造商处做一些测试和调整。

② 电液伺服阀用户一般不得自行拆解电液伺服阀。

③ 设有外部调零机构的电液伺服阀,应按产品使用说明书进行操作,但只有在电液伺服阀试验台上才能对电液伺服阀本身进行调零。

④ 电液伺服阀内过滤器应按产品使用说明书的规定,定期检查、清洗和更换。

⑤ 安装在电液伺服阀前带报警装置的高压过滤器不但要在报警时及时处理,而且也要定期检查更换滤芯。

⑥ 液压油液应定期化验,达到换油指标时及时换油。

⑦ 电液伺服阀连续工作 3~5 年,应进行更换。

5.3 电液伺服阀控制液压缸的使用与维护

5.3.1 伺服液压缸的使用

(1) 液压缸的使用工况

液压缸的使用工况一般是指由液压缸的用途所决定的环境条件、公称压力或额定压力、速度、工作介质等一组特性值,液压缸设计时一般以额定使用工况给出。

液压缸使用时的环境条件应包括环境温度及变化范围、倾斜和/或摇摆状况、振动、空气湿度(含结冰)、盐雾、环境污染、辐射(含热辐射)等;额定压力包括最低额定压力(即起动压力)和最高额定压力(即耐压压力)、速度包括最低(稳定)速度和最高速度;工作介质包括液压油液品种、液压油液黏度和污染等级等。

额定使用工况是液压缸设计时必须给出或确定的,并按此设计液压缸才能保证液压缸使用寿命足够。

极限使用工况是一个特殊工况,在此工况下,液压缸只能运行一个给定时间,否则将对液压缸造成不可维修的损伤,如在耐压压力下或高温试验时的超时运行。

① 环境温度范围。

额定使用工况:一般情况下,液压缸工作的环境温度应在 $-20\sim+50$℃范围。

极限使用工况:有标准规定,在环境温度为 65℃±5℃时,工作介质温度在 70℃±2℃。液压缸应可以规定速度全行程连续往复运行 1h。

在环境温度为 -25℃±2℃时,工作介质温度在 -15℃,液压缸应可以规定速度全行程连续往复运行 5min。

所以,极限环境温度范围暂定为 $-25\sim+65$℃。

② 最高额定压力。

因为最高额定压力即为耐压压力，耐压压力理论是由液压缸结构强度，主要是由液压缸广义缸体结构强度决定的，如果液压缸结构即已确定，那么，该液压缸的耐压压力也可确定。

尽管在液压缸设计中可以通过类比、反求设计等按上述办法确定最高额定压力，但通常还是以 1.5 倍的公称压力确定最高额定压力亦即耐压压力。

JB/T 10205—2010《液压缸》标准适用于公称压力为 31.5MPa 以下，以液压油或性能相当的其他矿物油为工作介质的单、双作用液压缸。

按照 GB/T 2346—2003《流体传动及元件　公称压力系列》中 31.5MPa 以下为 25MPa，则该标准规定了最高额定压力（耐压压力）为 1.5×25＝37.5MPa 的以液压油或性能相当的其他矿物油为工作介质的单、双作用液压缸。

作者建议通过制造商与用户的协商，将液压缸的耐压（试验）压力确定为：当公称压力大于或等于 20MPa 时，耐压试验压力应为 1.25 倍公称压力。

如果是这样，则 JB/T 10205—2010《液压缸》标准规定了最高额定压力（耐压压力）为 1.25×25＝31.25MPa 的以液压油或性能相当的其他矿物油为工作介质的单、双作用液压缸。

还要强调几点：

a.最高额定压力或耐压（试验）压力应与相应温度组合成组合工况。

b.最高额定压力或耐压（试验）压力应是静态压力，且可以验证。

c.最高额定压力是仅次于爆破压力的压力。

③ 速度范围。

在液压缸试验中，一般（最低）起动压力对应的不是最低速度，因为此时只是液压缸起动，而非具有稳定的速度。

现行标准包括密封件标准规定的液压缸最低速度一般没有低于 4.0mm/s，通常最低速度为 8.0mm/s；船用数字液压缸的最低稳定速度应不大于每秒 20 个脉冲当量。

液压缸的最高速度与密封件及密封系统设计密切相关，丁腈橡胶制成的密封圈一般限定速度在 500mm/s 以下，通常最高速度为 300mm/s 以下；船用数字液压缸的最高速度可达到每秒 2000 个脉冲当量。

速度高于 200mm/s 的液压缸必须设置缓冲装置。

④ 工作介质。

JB/T 10205—2010《液压缸》标准中规定的单、双作用液压缸是以液压油或性能相当的其他矿物油为工作介质的。工作介质必须与材料主要是密封材料相容。

除特殊要求外，在其他液压缸试验时，试验台用液压油油温在 40℃时的运动黏度应为 29～74mm²/s，且最好与用户协调一致。

GB/T 7935—2005《液压元件　通用技术条件》中规定试验用液压油油温在 40℃时的运动黏度应为 42～74mm²/s（特殊要求另做规定）。

JB/T 6134—2006《冶金设备用液压缸（$PN \leqslant 25MPa$）》中规定的试验用油液黏度等级为 VG32 或 VG46。

JB/T 9834—2014《农用双作用油缸　技术条件》中规定的试验用油液推荐用 N100D 拖拉机传动、液压两用油或黏度相当的矿物油，其在 40℃时的运动黏度应为 90～110mm²/s。

JB/T 3818—2014《液压机　技术条件》中规定油箱内的油温（或液压泵入口的油温）最高不应超过 60℃，且油温不应低于 15℃。

用户与制造商协商确定有高温性能要求的液压缸，输入液压缸的工作介质温度一般不能高于90℃，且应限定高温下的运行时间。

一般液压缸（包括船用数字缸）的试验用油液的固体颗粒污染等级不得高于GB/T 14039—2002规定的—/19/15；DB44/T 1169—2013《伺服液压缸》中规定的试验用油液的固体污染等级不得高于GB/T 14039—2002规定的13/12/10。

以上内容仅提供给读者做一些比较、参考，工作介质选择还是应按第5.1.1节。

（2）液压缸使用的技术要求

① 一般要求。

a. JB/T 10205—2010《液压缸》规定了公称压力在31.5MPa以下，以液压油或性能相当的其他矿物油为工作介质的单、双作用液压缸的技术要求。对于公称压力高于31.5MPa的液压缸可参照该标准执行。

b. 一般情况下，液压缸工作的环境温度应在－20～＋50℃范围内，工作介质温度应在－20～＋80℃范围内，最好将工作介质温度限定在＋15～＋60℃范围内。

c. 液压系统的清洁度应符合JB/T 9954—1999《锻压机械液压系统　清洁度》的规定。

d. 一般应使用液压缸设有的起吊孔或起吊钩（环）吊运和安装液压缸，避免磕碰、划伤液压缸，保护好标牌，防止液压缸锈蚀。

e. 液压缸安装和连接应尽量使活塞和活塞杆免受侧向力，安全可靠，并保证精度。

f. 尽量避免以液压缸作为限位器使用。

g. 安装有液压缸的液压系统必须设置安全阀，保证液压缸免受公称压力1.1倍以上的超压压力作用，尤其要避免因活塞面积差引起的增压的超压。

作者注：可按所在主机超负荷试验压力设定安全阀压力，尤其应以1.1倍额定压力设定的超负荷试验压力。

② 性能要求。

a. 液压缸在试运行中应能方便排净各容腔内空气。

b. 液压缸应能在规定的最低起动压力下正常起动，且在低压下能平稳、均匀运行，应无振动、爬行和卡滞现象。

c. 除活塞杆密封处外，其他各部位不得有外泄漏（渗漏）；停止运行后，活塞杆密封处不得有外泄漏；运行中活塞杆密封处（包括低压下）的外泄漏量应符合相关标准规定。

d. 液压缸的内泄漏量应符合相关标准规定。

e. 在公称压力以下，负载效率90%以上的液压缸应能正常驱动负载。

f. 液压缸行程及公差应符合相关标准规定或设计要求。

g. 有行程定位性能的液压缸，其定位精度和重复定位精度应符合相关规定。

h. 液压缸的耐压性、耐久性、缓冲性能、高温性能等应符合相关标准规定。

③ 安全技术要求。

a. 液压缸使用时，应根据液压缸设计时给出的失效模式进行风险评价，并采取防护措施。

b. 活塞杆连接的滑块（或运动件）有意外下落危险的应采取安全防范措施。

c. 液压缸意外超压时有爆破危险，最好在液压缸外部设置防护罩。

d. 液压缸安装必须牢固、可靠，避免倾覆、脱落、断开。

e. 安装和连接液压缸的紧固件宜尽量避免承受剪切力，并应采取防松措施。

f. 在液压缸设计强度、刚度内使用液压缸，避免由于推或拉动负载引起液压缸结构的过度变形。液压缸在推动负载时活塞杆有纵向弯曲的可能，应避免其超过设计规定值。

g. 液压缸活塞（活塞杆）运动速度超过200mm/s时，活塞必须经缓冲后才能与缸底或缸盖（导向套）接触。

h. 一般情况下，工作介质温度超过＋90℃、环境温度超过＋65℃或低于－25℃时，必须停机。

i.液压缸泄漏会造成环境污染，尤其是液压油液喷射可能造成更大危害，应采取防护措施消除人身伤害和火灾危险。

j.使用中的液压缸不可检修、拆装。

5.3.2　伺服液压缸的失效模式与风险评价

5.3.2.1　伺服液压缸的失效模式

（1）缸体的失效模式

① 在额定静态压力下出现的失效模式。

a.结构断裂。

b.在循环试验压力作用下，因疲劳产生的任何裂纹。

c.因变形而引起密封处的过大泄漏。

d.产生有碍压力容腔体正常工作的永久变形。

额定静态压力验证准则：被试压力容腔不得出现如上任何一种失效模式。

② 在额定疲劳压力下出现的失效模式。

a.结构断裂。

b.在循环试验压力作用下，因疲劳产生的任何裂纹。

c.因变形而引起密封处的过大泄漏。

额定疲劳压力验证准则：被试压力容腔不得出现如上任何一种失效模式。

（2）活塞杆失效模式

一般情况下，活塞杆失效模式。

① 冲击损坏。

② 压凹、刮伤和腐蚀等损坏。

③ 弯曲或失稳。

④ 因变形而造成活塞杆表面镀层损坏。

活塞杆失效判定准则：活塞杆不得出现如上任何一种失效模式。

（3）一般液压缸失效模式

除上述液压缸缸体、活塞杆失效模式外，一般液压缸的主要失效模式有以下几点。

① 液压缸安装或连接部结构变形或断裂。

② 液压缸附件结构变形或断裂。

③ 弯曲或纵弯。

④ 缸零件冲击、压凹、刮伤和腐蚀等损坏。

⑤ 有除活塞杆密封处外的外泄漏。

⑥ 内泄漏大，活塞杆密封处外泄漏大。

⑦ 规定的高温或低温下，内和/或外泄漏大。

⑧ 外部污染物（含空气）进入液压缸内部。

⑨ 起动压力大。

⑩ 活塞和活塞杆运动时出现振动、爬行、偏摆或卡滞等异常。

⑪ 金属、橡胶等缸零件重度磨损，工作介质被重度污染。

⑫ 缸零件间连接松脱。

⑬ （最大）缸行程变化，或行程定位不准。

⑭ 排气装置无法排出或排净液压缸各容腔内空气。

⑮ 活塞或活塞头与其他缸件过分撞击。

⑯ 油口损坏。

5.3.2.2 伺服液压缸的风险评价

风险是伤害发生概率和伤害发生的严重程度的综合。但在所有情况下，液压缸应该这样设计、选择、应用、安装和调整，即在发生失效时，应首先考虑人员的安全性，应考虑防止对液压系统和环境的危害。

液压缸在设计时，应考虑所有可能发生的失效（包括控制部分的失效）。

风险评价是包括风险分析和风险评定在内的全过程，是以系统方法对与机械相关的风险进行分析和评定的一系列逻辑步骤。目的是为了消除危险或减小风险，如通过风险评价，存在起火危险之处的液压缸，应考虑使用难燃液压液。

风险评定是以风险分析为基础和前提的，进而最终对是否需要减少风险做出判断。

风险分析包括：

① 机械限制的确定；

② 危险识别；

③ 风险评估。

风险评价信息包括：

① 有关机械的描述；

② 相关法规、标准和其他适用文件；

③ 相关的使用经验；

④ 相关人类工效学原则。

其中用户液压缸使用（技术）说明书、液压缸预期使用寿命说明（描述）、失效模式、相关标准等，对液压缸设计与制造都非常重要。

另外，单个液压缸可以正常承受的压力与其额定疲劳压力和额定静态压力有一定的关系。这种关系可以进行估算，并且可作为液压缸在单独使用场合下寿命期望值的评估基础。这种评估必须由用户作出，用户在使用时还必须对冲击、热量和误用等因素做出判断。

5.3.3 伺服液压缸的在线检（监）测与故障诊断

5.3.3.1 伺服液压缸的在线检（监）测

液压缸在线监测主要是利用安装在机器和/或液压缸上、液压系统上的仪器仪表或装置对液压缸各容腔压力、温度，输入输出流量、工作介质污染度（清洁度），活塞及活塞杆运动速度、加速度及位置等进行监测。

一般液压机上的液压缸主要是进行压力、温度和活塞及活塞杆运动极限位置监（检）测。

（1）压力监测

液压缸在线监测压力经常使用一般压力表、电接点压力表、数字压力表等仪表。其中数字压力表必须配有压力传感器或压力模块等感压元件一同使用。

一般压力表只能目视监测。永久安装的压力表，应利用压力限制器（压力表阻尼器）或压力表开关来保护，且压力表开关关闭时须能完全截止。压力表量程的上限至少宜超过液压缸（液压系统）公称压力的 1.75 倍左右。

电接点压力表和数字压力表可进一步通过检测到的压力并控制其他元件，限定或调节（整）液压缸（液压系统）的压力。

用于检测液压缸压力的压力表（或压力传感器）测量点宜位于离液压缸油口 2～4 倍连接管路内径处。

（2）温度监测

液压缸在线温度监测装置一般应安装在油箱内。为了控制工作介质的温度范围，一般液压系统上都设计有冷却器和/或加热器（统称热交换器）。

最简单的温度监测装置是安装在油箱上的液位液温计，它只能用于目视监测。

液压温度计或控制器既可用于油箱温度检测，又可用于热交换器控制。

在液压缸出厂检验时，一般要求用于检测液压缸温度的测量点应位于液压缸油口 4～8 倍连接管路内径处。

（3）工作介质污染度监测

除大型、精密、贵重的液压设备外，一般液压系统或液压设备上不安装工作介质污染度在线监测装置（如在线颗粒计数器）。

为了较为准确监测液压缸容腔内工作介质的污染度，应按相关标准要求设置油样取样口。

实践中最为困难的是能够坚持定期监测，并在监测到问题时及时处理。

在 JB/T 11588—2013《大型液压油缸》中规定用油污检测仪对液压油缸排出的油液进行检测。

（4）活塞杆运动极限位置监（检）测

非以液压缸为实际限位器的一般液压缸，监（检）测活塞或活塞杆位置主要是为了防止活塞直接与缸底和/或缸盖（导向套）接触（碰撞），即限定活塞和活塞杆行程的极限位置，其经常采用的是行程开关和接近开关或是在数控系统中设定软限位。

有行程定位和重复定位精度要求的液压缸，一般在液压缸内或外设置位移传感器（如磁致伸缩位移传感器），或在液压缸活塞杆（或其连接件，如滑块）上安装或连接位移传感器（LWH 系列电位计式直线位移传感器），其中在液压机上采用最多的是光栅位移传感器，亦即光栅尺。

5.3.3.2 伺服液压缸的故障诊断

因液压缸失效后，液压缸某一或若干功能项有故障，所以，根据液压缸失效模式，对液压缸故障进行诊断。

液压缸故障不但表现在规定的条件下及规定的时间内，不能完成规定的功能，而且可能表现在规定的条件下及规定的时间内，一个和几个性能指标超标，或液压缸零部件损坏（包括卡死）。

本节所列故障不包括因液压控制系统和/或液压缸驱动件（如滑块）非正常情况而造成的液压缸故障或故障假象。

液压缸常见故障及诊断见表 5-15。

表 5-15　液压缸常见故障及诊断

序号	故障	诊断
1	缸体变形或结构断裂	①缸体结构、材料、热处理等可能有问题，其强度、刚度不够 ②压力过高或受耐压压力作用时间过长 ③活塞高速撞击缸底和/或缸盖（导向套） ④缓冲腔内压力峰值过高 ⑤缸零件间连接有问题 ⑥缸安装和连接有问题 ⑦受外力作用造成的缸体变形 ⑧低温下缸零件材料选择有问题等
2	缸体因疲劳产生裂纹	①缸体结构、材料、热处理等可能有问题 ②各表面尤其是缸内径表面质量有问题

序号	故障	诊断
2	缸体因疲劳产生裂纹	③过渡圆角、砂轮越程槽或退刀槽等处应力集中 ④压力过高或交变力频率过高 ⑤已达到使用寿命等 ⑥对高频振动用液压缸设计欠考虑,疲劳安全系数选取不当
3	缸零件如活塞杆因冲击、压凹、刮伤和腐蚀等造成损坏	①受外力作用造成活塞杆损坏 ②受外部环境因素影响造成活塞杆损坏 ③缺少必要的活塞杆保护措施,如没有加装活塞杆防护套 ④活塞杆材料选择不合理 ⑤活塞杆(机体)表面硬度低 ⑥活塞杆表面镀层硬度低等
4	活塞杆受力后弯曲或失稳	①液压缸设计不合理或超过设计负载、工况(包括行程)使用 ②缸安装和/或连接有问题等
5	因变形而造成活塞杆表面镀层损坏	①热处理尤其是活塞杆表面热处理可能有问题,包括硬度不均 ②活塞杆刚度不够或受超高负载作用 ③镀层太厚或太薄,镀层硬度低 ④镀层质量有缺陷等
6	液压缸安装或连接部结构变形或断裂	①液压缸及其附件设计、安装和/或连接不合理 ②螺纹连接或标准件性能等级低 ③连接松脱,螺纹连接缺少防松措施 ④接合件(包括附件)强度、刚度低 ⑤没有按规定及时检修、维护,如活塞杆螺纹锁紧螺母松脱、销轴上开口销或锁板脱落等 ⑥超高负荷或疲劳断裂等
7	液压缸整体受力后弯曲或失稳	①设计、安装和/或连接、使用不合理 ②活塞杆刚度不够或受超高负载作用等
8	有除活塞杆密封处外的外泄漏	①静密封的设计、制造有问题 ②密封件质量可能有问题 ③漏装、少装或装错(反)了密封件(含挡圈) ④缸零件受压变形或缸筒膨胀过大 ⑤密封件损伤,主要可能是安装时损伤 ⑥沟槽和/或配合偶件尺寸、几何精度或表面粗糙度有问题 ⑦超高温、超低温下运行 ⑧缸体结构、材料、热处理等有问题,表面会出现渗漏 ⑨如在焊接结构的缸体焊缝处泄漏,则焊接质量差等
9	活塞杆密封处外泄漏量大	①活塞杆密封(系统)设计不合理 ②密封件质量可能有问题 ③漏装、少装、装错(反)了密封圈(含挡圈) ④活塞杆超高速下运行 ⑤超高温、长时间下运行 ⑥超低温下运行 ⑦活塞杆变形,尤其是局部压凹、弯曲 ⑧活塞杆几何精度有问题 ⑨活塞杆表面(含镀层)质量有问题 ⑩导向套(静压支承)或缸盖变形 ⑪活塞杆(局部)磨损 ⑫密封圈磨损,包括防尘密封圈失效导致的 ⑬工作介质(严重)污染 ⑭活塞杆密封系统因内、外部原因损坏等
10	内泄漏量大	①活塞密封(系统)包括间隙密封设计不合理 ②密封件沟槽设计错误或制造质量差 ③活塞往复运动速度太快等 ④缸内径尺寸和公差、几何精度或表面质量差 ⑤缸内径与导向套(缸盖)内孔同轴度有问题

序号	故障	诊断
10	内泄漏量大	⑥超过1m行程的液压缸缸筒中部受压膨胀过大 ⑦密封件破损,包括被绝热压缩的高温空气烧伤(毁) ⑧缸内径、密封件磨损或已达到使用寿命 ⑨液压缸受偏载作用 ⑩超高压、超低压、超高温、超低温运行 ⑪工作介质(严重)污染 ⑫高频、短行程往复运动致使缸筒局部磨损 ⑬可能长期闲置或超期储存,密封件性能降低
11	高温下,有除活塞杆密封处外的外泄漏	①设计对高温这一因素欠考虑,主要是热膨胀问题 ②密封件沟槽设计、密封件选型、工作介质选择等有问题 ③对密封件预期寿命设定过高等
12	高温下,活塞杆密封处外泄漏量大	
13	高温下,内泄漏量大	
14	低温下,有除活塞杆密封处外的外泄漏	①设计对低温这一因素欠考虑,主要是冷收缩问题 ②密封件沟槽设计、密封件选型、工作介质选择等有问题 ③对密封件预期寿命设定过高等
15	低温下,活塞杆密封处外泄漏量大	
16	低温下,内泄漏量大	
17	外部污染物(含空气)进入液压缸内部	①没有设计、安装防尘密封圈 ②液压缸结构设计不合理,活塞杆端安装导入倒角缩入防尘密封圈内 ③防尘密封圈沟槽设计、制造有问题 ④防尘密封圈选型有问题,如在低温、高温下的选型 ⑤防尘密封圈被内压破坏(撕裂)或顶出 ⑥防尘密封圈被外部尖锐物体刺穿 ⑦防尘密封圈被冰损坏或飞溅焊渣烧坏 ⑧防尘密封圈磨损 ⑨防尘密封圈被外部水、水蒸气、盐雾或其他物质损坏 ⑩防尘密封圈在超低温、超高温下损坏 ⑪防尘密封圈被损坏的活塞杆表面损坏 ⑫防尘密封圈被连接件或附件损坏 ⑬防尘密封圈被重度环境污染损坏(包括泥浆等) ⑭防尘密封圈被臭氧、紫外线、热辐射等损坏 ⑮液压缸吸空时,混入空气从液体相分离 ⑯防尘密封圈缺少必要的活塞杆防护罩(套)保护等
18	活塞和活塞杆无法起动	①长期闲置且保护不当,活塞和/或活塞杆锈死 ②密封件与金属件黏附或对金属件腐蚀 ③活塞密封损坏或无密封(无缸回程) ④密封圈压缩率过大或溶胀过大 ⑤聚酰胺等材料制造的挡圈、支承环等吸湿后尺寸变化 ⑥金属件间烧结、粘连(粘接) ⑦缸零件变形,尤其可能是活塞杆弯曲 ⑧异物进入液压缸内部 ⑨装配质量问题,尤其可能是配合问题等
19	(最低)起动压力大	①密封系统设计不合理,密封件选择错误 ②密封圈压缩率过大或溶胀过大 ③聚酰胺等材料制造的挡圈、支承环等吸湿后尺寸变化 ④密封系统冗余设计 ⑤导向与支承结构设计不合理 ⑥缸零件公差与配合、几何精度、表面质量有问题 ⑦支承环沟槽设计、加工有问题,或支承环尺寸有问题 ⑧装配质量问题,尤其可能是配合问题等

续表

序号	故障	诊断
20	活塞和活塞杆运动时出现振动、爬行、偏摆或卡滞等异常	①容腔内空气无法排出或未排净 ②工作介质中混入空气或其他污染物 ③缸径尺寸和公差、几何精度有问题 ④缸径或导向套同轴度有问题 ⑤缸径和/或导向套内孔表面质量有问题 ⑥活塞杆弯曲或纵弯 ⑦活塞杆外径尺寸和公差、几何精度有问题 ⑧活塞杆表面质量有问题 ⑨活塞和/或活塞杆密封有问题 ⑩缸径和/或活塞杆局部磨损 ⑪液压缸装配质量问题 ⑫液压缸安装和/或连接问题等
21	缸输出效率低或实际输出力小	①设计时活塞尺寸圆整不合理,甚至设计计算错误 ②装配质量差,缸零件间有干涉或干摩擦 ③摩擦力或带载动摩擦力过大,最可能是密封圈、支承环或挡圈等压缩率过大 ④活塞密封系统装置泄漏量大 ⑤油温过高,内泄漏加大 ⑥系统背压过高 ⑦缸容腔压力测量点或压力表有问题 ⑧系统溢流阀设定压力低等
22	金属、橡胶等缸零件快速或重度磨损	①缸零件公差与配合的选择有问题 ②相对运动件表面质量差,表面硬度低或硬度差不对 ③工作介质(严重)污染或劣化 ④高温或低温下零件尺寸(形状)变化 ⑤缸零件加工工艺选择不合理,如缸筒选择滚压还是珩磨做精整加工以适应不同材料的密封件、支承环和挡圈 ⑥缸零件及零件间几何精度、表面粗糙度等有问题 ⑦装配质量有问题 ⑧缸安装和/或连接有问题 ⑨缸零件变形,尤其是活塞杆弯曲或纵弯 ⑩已达到使用寿命等
23	工作介质污染	①使用劣质液压油液试验液压缸 ②液压缸及液压系统其他部分的清洁度在组装前不达标 ③加注工作介质时没有过滤 ④油箱设计不合理,或加注劣质液压油液 ⑤拆解、安装液压缸或液压系统其他元件、附件和管路等带入污染物 ⑥外泄漏油液直回油箱 ⑦防尘密封圈破损,在液压缸回程时带入污染物 ⑧过滤器滤芯没有及时清理或更换 ⑨液压元件中的零配件含密封件(严重)磨损 ⑩工作介质超过换油期等
24	缸零件间连接松脱	①设计不合理,包括螺纹连接缺少防松措施 ②没有按规定及时检修、维护 ③加工、装配质量有问题,包括螺纹连接拧紧力矩未达到规定值 ④液压缸超负载工作 ⑤设计时对振动、倾斜、摇摆等欠考虑 ⑥高速撞击等
25	(最大)缸行程变化	①缸内零件连接松脱 ②缸零件定位设计不合理,或没有定位 ③装配质量有问题,包括螺纹连接拧紧力矩未达到规定值 ④缸零件刚度不够 ⑤静压、冲击造成缸零件变形 ⑥缓冲装置处有问题,其中一种可能是出现困油等

续表

序号	故障	诊断
26	行程定（限）位不准	①行程定位结构设计不合理、不可靠 ②定（限）位件松脱，如安装在活塞杆上的定位卡箍松动 ③定（限）位装置精度差，包括输入装置精度差 ④其他因素，如传感器、控制系统问题等
27	排气装置无法排出或排净液压缸各容腔内空气	①设计不合理，或没有放（排）气装置设计 ②密封件安装工艺有问题，唇形密封圈凹槽内存有空气 ③试验时与主机安装时的液压缸放置位置不同，致使液压缸无法自动放气或无法接近、操作排（放）气装置 ④液压缸试运行次数太少或混入空气没有足够时间排出等
28	活塞与其他缸零件过分撞击	①液压缸上没有缓冲装置设计，或设计不合理 ②超设计（额定）工况使用或工况变化过大 ③缸连接的可动件（如滑块）带动非正常下落 ④高温下高速运行 ⑤环境温度升高 ⑥使用低黏度工作介质 ⑦缓冲阀调整不当，如全部松开或开启太大 ⑧控制系统软限位设置不当等
29	油口损坏	①使用非标接头与标准孔口螺纹旋合 ②油口设计不规范、加工质量差 ③使用被代替的标准接头与现行标准油口连接 ④用错密封件 ⑤油口螺纹（攻螺纹）长度短等

5.3.4　伺服液压缸的维修与保养

5.3.4.1　液压缸维修规程

（1）准备

① 液压缸在定期检修或发生故障时应由经过专业培训的技术人员检修。

② 应有维修计划，查清故障，备好图纸、零配件、拆装工具等，预定好工期。

③ 准备好维修场地，处理好外泄（漏）油液，保证清洁、无污染作业。

④ 拆卸液压缸前一定要将连接件（如滑块等）支承、固定好，并使用吊装工具吊装。

⑤ 必要时应对维修后的液压缸性能（包括精度）的恢复、安全性、可靠性等进行预评估。

⑥ 液压缸必须在停机后检修，包括断开总电源（动力源）。

⑦ 油口处接头拆卸后，应立即采取封堵措施，避免和减少对环境的污染。

⑧ 一般液压缸拆卸应由制造商完成。制造商与用户商定由用户自行拆卸的，制造商一般应提供作业指导文件。

警告：在拆卸液压缸油口处接头及管路前，必须将液压缸与所驱动件（如滑块等）的连接断开，并将液压缸各腔压力卸压至零。否则，拆卸液压缸将可能出现危险。

（2）拆卸

① 按照图纸及工艺（作业指导书）拆卸液压缸，杜绝野蛮拆卸，如直接锤击缸零件。

② 拆检前，没有安装工作介质污染度在线监测装置的，应对液压缸容腔内工作介质采样后，再对液压缸表面进行清污处理。工作介质的离线分析应与液压缸维修同步进行。

③ 清污处理后，应首先对液压缸安装和连接部位进行检查，并做好记录。

④ 活塞密封（系统）和活塞杆密封（系统）上的密封件必须检查、记录后再拆卸，拆

卸时应尽量保证其完整性，并不得损伤其他零件。拆卸下的密封件（含挡圈、支承环等）必须作废，但应按规定保存一段时间备查。

⑤ 除对液压缸外形尺寸、缸内径、活塞杆外径、活塞外径、导向套（缸盖）配合孔和轴（主要是导向套内孔）、各密封件沟槽的表面质量及尺寸进行检验外，主要应对故障所涉及的零部件进行重点检查和分析。

⑥ 查找故障原因即失效分析是一门科学，应由具有专业知识的工程技术人员协同完成。根据工程技术人员做出的《失效分析报告》，对液压缸的各零部件分别采取措施，具体包括：再用、修复、更换、修改设计重新制作、报废或整机退货（报废）等。

⑦ 定期检修时的拆卸，也应有《失效分析报告》。对液压缸及缸零件功能降低或有严重损伤或隐患，继续使用会失去可靠性及安全性的零部件或整机做出具体说明。

⑧ 未做出《失效分析报告》的已拆卸的液压缸，不得重新装配。

（3）维修

① 需要维修的零部件应运（搬）离拆装工作间。

② 未拆解的液压缸不许焊接。

③ 维修不得破坏原液压缸及缸零件的基准，尤其不得破坏活塞杆两中心孔。

④ 维修后的液压缸应尽量符合相关标准，如缸内径、活塞杆外径、活塞杆螺纹、油口、密封件沟槽（沟槽）等。

⑤ 具体问题，具体分析，并采用安全、可靠、快速、性价比高的维修办法修复。一般而言，除更换所有密封件包括挡圈、支承环等外，液压缸及缸零件可修复性较差。

⑥ 因强度、刚度问题变形、断裂的缸零件一般不可维修再用，即有"无可修复性"。

（4）装配

① 液压缸装配应按照液压缸装配工艺进行。

作者注：具体可参考第3.19.2节。

② 用于液压缸装配的所有件必须是合格件，包括外协件和外购件。如需使用已经磨损超差的再（回）用件用于装配，必须经过批准。

③ 所有原装密封件必须全部更换，包括挡圈、支承环等。

④ 保证液压缸清洁度要求。

（5）试验

① 维修后的液压缸应在试验台上检验合格后，再用于主机安（组）装。

② 利用主机液压系统检验液压缸时，存在危险。

可能的危险有：

a. 不可预知的误操作、误动作；

b. 液压油液喷射、飞溅；

c. 超压，爆破；

d. 对其他零部件的挤压等。

③ 至少应经过密封性能试验，液压缸才能与所驱动件（如滑块）连接。

④ 液压缸应在无负载、低速下试运行多次，直至缸内空气排净后，再与所驱动件连接。

⑤ 可采用测量沉降量来检查液压缸内泄漏量。

5.3.4.2 液压缸保养

液压缸保养对保证液压缸的安全性和可靠性，延长液压缸的使用寿命具有重要意义。液压缸的保养应着眼液压系统乃至整机，日常保养最主要的内容是保证工作介质的清洁和在规定的温度下工作。具体应包括如下内容。

① 及时清理、更换滤油器滤芯。

② 保证换热器换热介质充足。

③ 定期监测、检查油品质量，并按换油周期及时换油。

④ 按规定巡检或点检油箱温度，并保证液压机（械）在规定的温度范围内工作。

⑤ 定期检查液压缸安装和连接。

⑥ 活塞杆防护套（罩）破损后及时更换。

⑦ 按规定时间检修，并更换全部密封件含挡圈、支承环等。

⑧ 一般液压缸在经历了（剧烈地）振动、倾斜和摇摆后应进行试运行再开始工作。

⑨ 发生（现）故障的液压缸应及时检修，不得带病工作。

⑩ 长期闲置的液压缸应将液压缸各容腔卸压，但不得排空液压油液。

⑪ 保护液压缸外表面不得锈蚀，并可重新涂装。

⑫ 保护好标牌和警示、警告标志。

⑬ 整机吊运时，不得使用作为部件的液压缸起吊孔或起吊钩（环）。

⑭ 达到预期使用寿命的液压缸一般应予报废。如用户继续使用，则需特别防护。

液压缸是液压机（械）上的主要部件，一旦出现故障，液压机（械）就可能被迫停机。液压缸又是一种较为精密的液压元件，需要具有专业技能的人员精心维护与保养。液压缸的维护与保养应列入液压机（械）的技术文件中，并得到切实执行。

5.4　电液伺服阀控制系统的使用与维护

电液伺服阀控制系统的使用要求按第 4.2 节，限于本书篇幅，这里不再赘述。

5.4.1　电液伺服阀控制系统的故障分析

为了能较为迅速、准确地判断和找出故障器件，液压和电气工程师必须良好配合；为了对系统的正确分析，除了要熟悉每个器件的技术特性外，还必须具备能够分析有关工作循环图、液压原理图和电气接线图的能力。由于液压系统的多样性，因此没有什么快速准确地查找并排除故障的通用诀窍。表 5-16 给出了查找、排除故障的要点，但其不包括设计不良的液压伺服阀控制系统，只是希望能为读者查找及排除系统故障提供一些帮助。

表 5-16　电液伺服阀控制系统的故障分析

系统分类	故障	原因	
		机械/液压部分	电气/电子部分
开环控制系统	轴向运动不稳定压力或流量波动	①液压泵故障 ②管道中有空气 ③液体清洁度不合格 ④两级阀先导控制油压不足 ⑤液压缸密封摩擦力过大引起忽停忽动 ⑥液压马达速度低于最低许可速度	①电功率不足 ②信号接地屏蔽不良，产生电干扰 ③电磁铁通断电引起电或电磁干扰
	执行机构动作超限	①软管弹性过大 ②液控单向阀不能及时关闭 ③执行机构内空气未排尽 ④执行机构内部漏油	①偏流设定值太高 ②斜坡时间太长 ③限位开关超限 ④电气切换时间太长
	停顿或不可控制的轴向运动	①液压泵故障 ②控制阀卡死（由于脏污） ③手动阀或调整装置不再正确位置	①接线错误 ②控制回路开路 ③信号装置整定不当或损坏、断电或无输入信号 ④传感器机构校准不良

系统分类	故障	原因	
		机械/液压部分	电气/电子部分
开环控制系统	执行机构运行太慢	①液压泵内部泄漏 ②流量控制阀整定太低	①输入信号不正确 ②增益值调整不正确
	输出力和力矩不够	①供油及回油管道阻力过大 ②控制阀设定压力值太低 ③控制阀两端压降过大 ④泵和阀由于磨损而内部漏油	①输入信号不正确 ②增益值调整不正确
	工作时系统有撞击	①阀切换时间太短 ②节流口或阻尼损坏 ③液压蓄能器前未加节流 ④机构重量或驱动力过大	斜坡时间太短
	工作温度太高	①管道截面不够 ②连续的大量溢流消耗 ③压力设定值太高 ④冷却系统不工作 ⑤工作期间无压力卸荷	
	噪声过大	①过滤器堵塞 ②液压油起泡沫 ③泵或电动机安装松动 ④吸油管阻力过大 ⑤控制阀振动 ⑥阀电磁铁腔内有空气	高频脉冲调整不正确
	控制信号输入系统后执行元件不动作	①系统油压不正常 ②液压泵、溢流阀和执行元件有卡紧现象	①放大器的输入、输出电信号不正常 ②电液阀的电信号有输入和变化时,液压输出不正常,可判定电液阀不正常(阀故障一般应由生产厂家处理)
	控制信号输入系统后,执行元件向某一方向运动到底		①传感器未接入系统 ②传感器的输入信号与放大器误接
	执行元件零位不准确	阀调零不正常	①阀的调零偏置信号调节不当 ②阀的颤振信号调节不当
	执行元件出现振荡	系统油压太高	①放大器的放大倍数调得过高 ②传感器的输出信号不正常
	执行元件跟不上输入信号的变化	①系统油压太低 ②执行元件和运动机构之间游隙太大	放大器的放大倍数调得过低
	执行机构出现爬行现象	①油路中气体没有排尽 ②运动部件静摩擦力过大 ③油源压力不够	
闭环控制—静态工况	低频振荡	①液压功率不足 ②先导控制压力不足 ③阀因磨损而脏污有故障	①比例增益设定值太低 ②积分增益设定值太低 ③采样时间太长
	高频振荡	①液体起泡沫 ②阀因磨损或脏污有故障 ③阀两端 Δp 太高 ④阀电磁铁室内有空气	①比例增益设定值太高 ②电干扰
	短时间内出现一个方向或两个方向的高峰(随机性的)	①机械连接的不牢固 ②阀电磁铁室内有空气 ③阀因磨损或脏污有故障	①偏流不正确 ②电磁干扰

续表

系统分类	故障	原因	
		机械/液压部分	电气/电子部分
闭环控制—静态工况	自励放大振荡	①液压软管弹性过大 ②机械非刚性连接 ③阀两端 Δp 过大 ④液压阀增益过大	①比例增益值太高 ②积分增益值太高
闭环控制—动态工况阶跃响应	一个方向超调	阀两端 Δp 过高	①微分增益值太低 ②插入了斜坡时间
	两个方向超调	①机械连接不牢固 ②软管弹性过大 ③控制阀安装得离驱动机构太远	①比例增益值设定太高 ②积分增益值设定太低
	逼近设定值的时间长	控制阀压力灵敏度过低	①比例增益值设定太低 ②偏流不正确
	驱动达不到设定值	压力或流量不足	①积分增益值设定太高 ②增益及偏流不正确 ③比例及微分增益设定值太低
	不稳定控制	①反馈传感器接线时断时续 ②软管弹性过大 ③阀电磁铁室内有空气	①比例增益值设定太高 ②积分增益值设定太低 ③电噪声
	抑制控制	①反馈传感器机械方面未校准 ②液压功率不足	①电功率不足 ②没有输入信号或反馈信号 ③接线错误
	重复精度低及滞后时间长	反馈传感器接线时断时续	①比例增益值设定太高 ②积分增益值设定太低
闭环控制—动态工况频率响应	峰值降低	压力及流量不足	①比例增益值设定太低 ②增益值设定太低
	波形放大	①软管弹性过大 ②控制阀离驱动机构太远	增益值调整不正确
	时间滞后	压力和流量不足	①插入了斜坡时间 ②微分增益设定值太低
	振动型的控制	阀电磁铁内有空气	①比例增益设定值太高 ②电干扰 ③微分增益设定值太高

5.4.2　电液伺服阀控制系统的自动诊断监控

在 GJB 638A—1997 中规定："在每套完整的液压系统中，应当设置一套诊断系统在飞行过程中连续不断地监控系统和附件并探测出超出容差的状态，给出已失效或正在失效附件的指示，而且指出修理工作，如需要更换过滤器、蓄能器需再次充气及超温指示等。在飞行过程中，这些信息将被贮存起来。飞行结束后，这些信息将按要求在飞机上容易接近的位置集中地显示出来，而维护人员可不借助工作台或其他地面维护设备就能观察到。自动诊断监控系统安装在液压系统中用以完成监控的传感器应不降低液压系统的安全等级。监控系统的设计应能使其主机（CPU）、所有传感器和传感器电路都能得到准确的检测。该系统至少应能监控下列附件和状态，并记录显示要求维护的状态和显示导致失效的附件故障状态：主系统液压泵、蓄能器、过滤器、油箱油位、油箱油液温度和系统游离空气等。

应合理地确定告警等级并提供必要的告警信息，如灯光、音响、语言等以及向空勤人员指出液压系统的不安全工作状态，并能使空勤人员采取正确、适当的纠正措施。液压系统、控制元件和有关的监控告警装置的设计应尽量减少空勤人员心理负担和操作失误。每套告警系统的可靠性应当与其对应的液压系统的总可靠性相匹配。每套告警系统的设计应将误警减到最少。"

参考文献［46］指出："对液压设备的早期故障检查与诊断是整个生产流程中必不可少的环节，也是设备维修管理体制中'预知维修'阶段研究的核心问题。不断提高液压系统的故障诊断技术水平，研究开发各类新的准确有效的故障诊断方法，在现代工业生产中是非常必要且紧迫的。"

5.4.3 电液伺服阀控制系统的维护与保养

(1) 维护与保养的主要内容

① 每周维护工作包括取样观察，检查软管/接头有无泄漏，从油箱底部排放阀放水，检查冷却器，检查滤芯。

② 每500h（大约一个半月）维护工作，包括每周所做的维护工作，还包括清洗进油口的过滤器，若报警则更换高压过滤器，清洗冷却水滤芯，清洗空气滤芯。

③ 每1000h（大约三个月）维护工作，包含500h的维护工作，进行油品化验分析，进行油品清洁度检测，必要时进行过滤、清洗液压油冷却器（散热器）。如果，油品的化验结果证明油品有问题，则在化验后立即更换油箱中以及管路中所有的液压油。

④ 每5000h（大约一年）维护工作，包含1000h的维护工作，必须更换液压油，必须清理冷却器。

(2) 液压系统检查项目和检查周期

表 5-17 列出来液压系统的检查项目和检查周期。

表 5-17 液压系统的检查项目和检查周期

检查项目	检查周期						
	每日	每周	每月	两个月	六个月	一年	二年
油箱液面	检①	检	检				
油箱油温	检①	检	检				
取样点油样		检①			检		
换油时间					检	检	检
不带堵塞指示器的过滤器	检①	检	检	检			
带堵塞指示器的过滤器	检						
空气滤清器			检	检	检		
压力表	检①			检	检		
泵、阀上信号装置	检①			检	检		
水冷的冷却器						检	检
风冷的冷却器				检	检		
外泄漏	检						
污染物				检	检		
系统及元件损坏	检						
噪声	检						
仪表						检	检

①需要重点检查的项目。

注：当液压系统维修或更换元件后应即时进行清洁度检测。

作者注：表 5-17 参考了参考文献［42］表 6-28，但其再引用文献现在未查清楚。

（3）液压油液取样检查

液压油颜色变为乳白色即表示其受到了水分污染而乳化；浑浊并有悬浮物及沉淀物表示其受到了颗粒污染物污染；颜色变深（色度增加）表示其已经氧化到了一定程度；有焦油味表示其过热氧化严重。

表 5-18 给出了油样目视观察及分析，仅供参考。

表 5-18　油样目视观察及分析

外观	污染物	原因
油样呈乳白色	水	水或潮气侵入
有悬浮或沉淀污染物	固体颗粒污染物	磨损、污染、老化
有气泡或泡沫	空气	空气侵入,例如由于液面低或吸油管漏气
油水分层	水	水侵入,例如冷却水
油液颜色变深	氧化产物	过热、换油不彻底(或其他油液侵入)
有焦油味	过热氧化(物)	过热

（4）液位检查

检查方法是将设备停放在比较水平的地面，检查油箱的液位（液温）计，确定液压油液在油箱中的液面高度。液位过高，停机时油液会溢出油箱；液位过低，油液易起泡、易乳化和使泵吸空，应保持 70％～85％液位。

（5）油温检查

液压系统能良好工作表示液压油液选择合适。液压油液温度一般应在＋35～＋55℃之间，理想的工作温度范围应控制在＋35～＋45℃之间，一般不应超过 65℃，短时间最高不应超过 85℃。检查工具是接触式温度计和非接触式温度计各一个。油温过高将使液压油液氧化加剧，油液的使用寿命下降；密封件老化加剧；油的黏度下降，零部件间润滑不良。

（6）外泄漏检查

液压系统液压油液的泄漏，一般是指液压系统的外泄漏。

通过目视可判断软管接头部位当前泄漏状态，液压系统中液压软管组合件外部泄漏分级见表 5-19。

表 5-19　泄漏分级

级	描述
0	无潮气迹象
1	未出现流体
2	出现流体但未形成液滴
3	出现流体形成不滴落液滴
4	出现流体形成液滴且滴落
5	出现流体液滴的频率形成了明显的液流

作者注：表 5-19 摘自 GB/Z 18427—2001 中表 1。

泄漏的后果是直接导致系统的压力下降，设备的污染增加，液压油减少，泵可能出现吸空，严重的会导致系统元件的损坏、设备损坏。

对泄漏量的简单判定如下。

① 每 10s 泄漏一滴相当于年泄漏一桶（200L）液压油液。

② 每秒泄漏一滴相当于年泄漏十桶（2000L）或以上液压油液。

③ 连续细流相当于年泄漏十桶（2000L）以上或更多液压油液。

作者注：作者曾在《液压缸密封技术及其应用》一书中指出："液压缸外泄漏一旦成滴，如按每20滴约为1mL计算，一班的泄漏量也是挺可观的。"

（7）油箱底部排水

空气中冷凝水进入油箱，冷却器密封不好也会造成水分进入油箱，油箱底部应设计成有斜度，放泄阀都安装在油箱最低处，定期放水可避免油液乳化。具体操作方法是：将设备停放在倾斜的地面，使得油箱的排水口在较低的位置，停放12h后，在下次启动之前，放掉大约100mL的油水。

附 录

电液伺服控制技术现行相关标准目录

标准是为了在一定范围内获得最佳秩序，经协商一致制定并由公认机构批准，共同使用和重复使用的一种规范性文件。

标准是一种规范性文件，是以科学、技术和经验的综合成果为基础，为了达到在一定范围内获得最佳秩序的目的，按协商一致原则制定并经公认机构批准，具有共同使用和重复使用的特点。

作者注：阐明要求的文件，这类文件称为规范。而规范性文件是诸如标准、技术规范、规程和法规等这类文件的通称。

电液伺服阀/液压缸及其系统的设计与制造等涉及很多现行标准，根据这些相关标准，可以对电液伺服阀/液压缸及其系统进行标准化设计与制造，进而获得统一、简化、协调、优化的电液伺服阀、电液伺服阀控制液压缸或电液伺服阀控制液压缸系统。

尽管下列 337 项标准并非全部会在某一种（台）电液伺服阀、电液伺服阀控制液压缸或电液伺服阀控制液压缸系统设计、制造中被直接引用或使用，但却有一定参考价值。

电液伺服阀/液压缸及其系统设计与制造等相关的国际、国家、行业及地方标准目录，见附表 A-1～附表 A-7。

附表 A-1　基础标准目录

序号	标　　准
1	GB/T 786.1—2009《流体传动系统及元件图形符号和回路图　第 1 部分:用于常规用途和数据处理的图形符号》
2	GB/T 2298—2010《机械振动、冲击与状态监测　词汇》
3	GB/T 2346—2003《流体传动系统及元件　公称压力系列》
4	GB/T 2348—1993《液压气动系统及元件　缸内径及活塞杆外径》
5	GB 2349—1980《液压气动系统及元件　缸活塞行程系列》
6	GB 2350—1980《液压气动系统及元件　活塞杆螺纹型式和尺寸系列》
7	GB/T 2422—2012《环境试验　试验方法编写导则　术语和定义》
8	GB/T 2900.13—2008《电工术语　可靠性与服务质量》
9	GB/T 2900.56—2008《电工术语　控制技术》
10	GB/T 2900.60—2002《电工术语　电磁学》
11	GB/T 2900.99—2016《电工术语　可信性》
12	GB/T 3766—2015《液压传动　系统及其元件通用规则和安全要求》
13	GB/T 4728(所有部分)《电气简图用图形符号》

序号	标　准
14	GB/T 4971—2009《汽车平顺性术语和定义》
15	GB/T 6444—2008《机械振动　平衡词汇》
16	GB/T 7665—2005《传感器通用术语》
17	GB/T 7666—2005《传感器命名法及代码》
18	GB/T 7935—2005《液压元件　通用技术条件》
19	GB/T 7937—2008《液压气动管接头及其相关元件　公称压力系列》
20	GB/T 8129—2015《工业自动化系统　机床数值控制　词汇》
21	GB/T 10623—2008《金属材料　力学性能试验术语》
22	GB/T 10853—2008《机构与机器科学词汇》
23	GB/T 11464—2013《电子测量仪器术语》
24	GB/T 14479—1993《传感器图用图形符号》
25	GB/T 15312—2008《制造业自动化　术语》
26	GB/T15706—2012《机械安全　设计通则　风险评估与风险减小》
27	GB/T 16978—1997《工业自动化　词汇》
28	GB 17120—2012《锻压机械　安全技术条件》
29	GB/T 17212—1998《工业过程测量和控制　术语和定义》
30	GB/T 17446—2012《流体传动系统及元件　词汇》
31	GB/T 17611—1998《封闭管道中流体流量的测量术语和符号》
32	GB/T 18725—2008《制造业信息化　技术术语》
33	GB/T 20002.3—2014《标准中特定内容的起草　第3部分:产品标准中涉及环境的内容》
34	GB/T 20002.4—2015《标准中特定内容的起草　第4部分:标准中涉及安全的内容》
35	GB/T 20625—2006《特殊环境条件　术语》
36	GB/T 20921—2007《机器状态监测与诊断　词汇》
37	GB/T 23715—2009《振动与冲击发生系统　词汇》
38	GB/T 24340—2009《工业机械电气图用图形符号》
39	GB/T 27000—2006《合格评定　词汇和通用原则》
40	GB 28241—2012《液压机　安全技术要求》
41	GB/T 30206.1—2013《航空航天流体系统词汇　第1部分:压力相关的通用术语和定义》
42	GB/T 30206.2—2013《航空航天流体系统词汇　第2部分:流量相关的通用术语和定义》
43	GB/T 30206.3—2013《航空航天流体系统词汇　第3部分:温度相关的通用术语和定义》
44	GB/T 30208—2013《航空航天液压、气动系统和组件图形符号》
45	GB/T 33905.3—2017《智能传感器　第3部分:术语》
46	GB/T 50670—2011《机械设备安装工程术语标准》
47	GJB 67A—2008《军用飞机结构强度规范》
48	GJB 190—1986《特性分类》
49	GJB 638A—1997《飞机Ⅰ、Ⅱ型液压系统设计、安装要求》
50	GJB 1482—1992《飞机液压系统附件通用规范》

序号	标　　准
51	GJB 2532—1995《舰船电子设备通用规范》
52	GJB 3849—1999《飞机液压作动筒、阀、压力容器脉冲试验要求和方法》
53	GJB 4000—2000《舰船通用规范》
54	GJB/Z 9001—1996《质量体系—设计、开发、产生、安装和服务的质量保证模式》
55	GJB/Z 9004—1996《质量管理和质量体系要素—指南》
56	HB 0—83—2005《航空附件产品型号命名》
57	HB 7117—2014《民用飞机液压系统通用要求》
58	HB 7471—2013《民用飞机液压系统设计和安装要求》
59	HB 8459—2014《民用飞机液压管路系统设计和安装要求》
60	HB 8506—2014《民用飞机液压系统试验要求》
61	HB 8521—2015《民用飞机软油箱设计和安装要求》
62	HB 8522—2015《民用飞机液压系统特性要求》
63	HB 8524—2015《民用飞机液压系统附件通用规范》
64	JB/T 1829—2014《锻压机械　通用技术条件》
65	JB/T 2184—2007《液压元件　型号编制方法》
66	JB/T 3042—2011《组合机床　夹紧油缸　系列参数》
67	JB/T 3818—2014《液压机　技术条件》
68	JB/T 4174—2014《液压机　名词术语》
69	JB/T 7406.1—1994《试验机术语　材料试验机》
70	JB/T 7406.2—1994《试验机术语　无损检测仪器》
71	JB/T 7406.3—1994《试验机术语　振动台与冲击台》
72	JB/T 7939—2010《单活塞杆液压缸两腔面积比》
73	JB/T 9268—1999《分散型控制系统　术语》
74	QJ 976—1986《液压系统及元件压力温度分级》
75	QJ 1495—1988《航天流体系统术语》
76	QJ 1499A—2001《伺服系统零、部件制造通用技术要求》

附表 A-2　伺服阀技术条件、技术要求和规范及试验方法标准目录

序号	标　　准
1	ISO 10770-1：2009（E）《Hydraulic fluid power-Electrically modulated hydraulic control valves—Part 1：Test methods for four-port directional flow-control valves》
2	SAE ARP 490F—2008《（R）Electrohydraulic Servovalves》
3	GB/T 10844—2007《船用电液伺服阀通用技术条件》
4	GB/T 13854—2008《射流管电液伺服阀》
5	GB/T 15623.1—2003《液压传动　电调制液压控制阀　第1部分：四通方向流量控制阀试验方法》
6	GB/T 15623.2—2017《液压传动　电调制液压控制阀　第2部分：三通方向流量控制阀试验方法》
7	GB/T 15623.3—2012《液压传动　电调制液压控制阀　第3部分：压力控制阀试验方法》
8	GJB 3370—1998《飞机电液流量伺服阀通用规范》

续表

序号	标 准
9	GJB 4069—2000《舰船用电液伺服阀规范》
10	CB/T 3398—2013《船用电液伺服阀放大器》
11	HB/Z 111—1986《电液流量伺服阀系列型谱》
12	QJ 504A—1996《流量电液伺服阀通用规范》
13	QJ 1737—1989《伺服阀放大器通用技术条件》
14	QJ 2078A—1998《电液伺服阀试验方法》
15	QJ 2478—1993《电液伺服机构及其组件装配、试验规范》

注：GB/T 15623.1—2018 替代了 GB/T 15623.1—2003。

附表 A-3　伺服液压缸技术条件、技术要求和规范及试验方法标准目录

序号	标 准
1	GB/T 13342—2007《船用往复式液压缸通用技术条件》
2	GB/T 15622—2005《液压缸试验方法》
3	GB/T 24946—2010《船用数字液压缸》
4	GB/T 32216—2015《液压传动　比例/伺服控制液压缸的试验方法》
5	CB/T 3812—2013《船用舱口盖液压缸》
6	HB 6090—1986《飞机Ⅰ、Ⅱ型液压系统直线式作动筒通用技术条件》
7	JB/T 2162—2007《冶金设备用液压缸（$PN \leqslant 16MPa$）》
8	JB/T 6134—2006《冶金设备用液压缸（$PN \leqslant 25MPa$）》
9	JB/T 10205—2010《液压缸》
10	JB/T 11588—2013《大型液压油缸》
11	DB44/T 1169.1—2013《伺服液压缸　第1部分:技术条件》
12	DB44/T 1169.2—2013《伺服液压缸　第2部分:试验方法》

附表 A-4　伺服系统技术条件、技术要求和规范及试验方法标准目录

序号	标 准
1	GB/T 2611—2007《试验机通用技术要求》
2	GB/T 5170.1—2016《电工电子产品环境试验设备检验方法　第1部分:总则》
3	GB/T 5170.15—2005《电工电子产品环境试验设备基本参数检定方法　振动（正弦）试验用液压振动台》
4	GB/T 5170.19—2005《电工电子产品环境试验设备基本参数检定方法　温度/振动（正弦）综合试验设备》
5	GB/T 5170.21—2008《电工电子产品环境试验设备基本参数检验方法　振动（随机）试验用液压振动台》
6	GB/T 10179—2009《液压伺服振动试验设备　特性的描述方法》
7	GB/T 16826—2008《电液伺服万能试验机》
8	GB/T 21116—2007《液压振动台》
9	GB/T 25917—2010《轴向加力疲劳试验机动态力校准》
10	GB/T 30069.2—2016《金属材料　高应变速率拉伸试验　第2部分:液压伺服型与其他类型试验系统》
11	GB/T 34516—2017《航天器振动试验方法》
12	GB/T 50387—2017《冶金机械液压、润滑和气动设备工程安装验收规范》
13	GB 50699—2011《液压振动台基础技术规范》

续表

序号	标 准
14	GJB 1396—1992《飞机液压、应急气动系统试验要求和方法》
15	DL/T 563—2016《水轮机电液调节系统及装置技术规程》
16	DL/T 824—2002《汽轮机电液调节系统性能验收导则》
17	DL/T 996—2006《火力发电厂汽轮机电液控制系统技术条件》
18	JB/T 5488—2015《高频疲劳试验机》
19	JB/T 6869—2008《水平振动台(正弦)技术条件》
20	JB/T 6996—2007《重型机械液压系统 通用技术条件》
21	JB/T 8612—2015《电液伺服动静万能试验机》
22	JB/T 12811—2016《液压高频振动筛》
23	JJF 1296.2—2011《静力单轴试验机型式评价大纲 第2部分:电液伺服万能试验机》
24	JJF 1315.1—2011《疲劳试验机型式评价大纲 第1部分:轴向加荷疲劳试验机》
25	JJG 298—2015《标准振动台检定规程》
26	JJG 556—2011《轴向加力疲劳试验机》
27	JJG 638—2015《液压式振动试验系统检定规程》
28	JJG 1063—2010《电液伺服万能试验机》
29	Q/HBM 108—1994《汽车零部件振动试验方法》
30	TB/T 2542—2000《铁路机车车辆部件振动试验方法》

附表 A-5 密封件、沟槽标准目录

序号	标 准
1	SAE AS 4716C—2017《O形圈和其他橡胶密封的密封结构设计》
2	GB/T 2878.3—2017《液压传动连接 带米制螺纹和O形圈密封的油口和螺柱端 第3部分:轻型螺柱端(L系列)》
3	GB/T 2879—2005《液压缸活塞和活塞杆动密封沟槽尺寸和公差》
4	GB 2880—1981《液压缸活塞和活塞杆窄断面动密封沟槽尺寸系列和公差》
5	GB/T 3452.1—2005《液压气动用O形橡胶密封圈 第1部分:尺寸系列及公差》
6	GB/T 3452.2—2007《液压气动用O形橡胶密封圈 第2部分:外观质量检验规范》
7	GB/T 3452.3—2005《液压气动用O形橡胶密封圈 沟槽尺寸》
8	GB/T 4459.8—2009《机械制图 动密封圈 第1部分:通用简化表示法》
9	GB/T 4459.9—2009《机械制图 动密封圈 第2部分:特征简化表示法》
10	GB/T 5719—2006《橡胶密封制品 词汇》
11	GB/T 5720—2008《O形橡胶密封圈试验方法》
12	GB/T 5721—1993《橡胶密封制品标注、包装、运输、贮存的一般规定》
13	GB 6577—1986《液压缸活塞用带支承环密封沟槽型式、尺寸和公差》
14	GB/T 6578—2008《液压缸活塞杆用防尘圈沟槽型式、尺寸和公差》
15	GB/T 10708.1—2000《往复运动橡胶密封圈结构尺寸系列 第1部分:单向密封橡胶密封圈》
16	GB/T 10708.2—2000《往复运动橡胶密封圈结构尺寸系列 第2部分:双向密封橡胶密封圈》
17	GB/T 10708.3—2000《往复运动橡胶密封圈结构尺寸系列 第3部分:橡胶防尘密封圈》

序号	标 准
18	GB/T 13871.1—2007《密封元件为弹性体材料的旋转轴唇形密封圈 第1部分:基本尺寸和公差》
19	GB/T 14832—2008《标准弹性材料与液压液体的相容性试验》
20	GB/T 15242.1—2017《液压缸活塞和活塞杆动密封装置尺寸系列 第1部分:同轴密封件尺寸系列和公差》
21	GB/T 15242.2—2017《液压缸活塞和活塞杆动密封装置尺寸系列 第2部分:支承环尺寸系列和公差》
22	GB/T 15242.3—1994《液压缸活塞和活塞杆动密封装置用同轴密封件安装沟槽尺寸系列和公差》
23	GB/T 15242.4—1994《液压缸活塞和活塞杆动密封装置用支承环安装沟槽尺寸系列和公差》
24	GB/T 15325—1994《往复运动橡胶密封圈外观质量》
25	GB/T 20739—2006《橡胶制品贮存指南》
26	GJB 250A—1996《耐液压油和燃油丁腈橡胶胶料规范》
27	HB/Z 4—1995《O型密封圈及密封结构的设计要求》
28	HB 4—56~57—1987《圆截面橡胶圈密封结构》
29	HB 4—58—1987《圆截面橡胶圈密封结构保护圈》
30	HB 4—59—1987《螺纹连接件的密封结构》
31	HB 4—69—1983《管接头的堵盖》
32	HG/T 2579—2008《普通液压系统用O形橡胶密封圈材料》
33	HG/T 2810—2008《往复运动橡胶密封圈材料》
34	HG/T 2811—1996《旋转轴唇形密封圈橡胶材料》
35	HG/T 3326—2007《采煤综合机械化设备橡胶密封件用胶料》
36	JB/T 982—1977《组合密封垫圈》
37	JB/ZQ 4264—2006《孔用Y_X形密封圈》
38	JB/ZQ 4265—2006《轴用Y_X形密封圈》
39	JB/T 8241—1996《同轴密封件词汇》
40	MT/T 576—1996《液压支架立柱、千斤顶活塞和活塞杆用带支承环的密封沟槽型式、尺寸和公差》
41	MT/T 985—2006《煤矿用立柱千斤顶聚氨酯密封圈技术条件》
42	MT/T 1164—2011《液压支架立柱、千斤顶密封件 第1部分:分类》
43	MT/T 1165—2011《液压支架立柱、千斤顶密封件 第2部分:沟槽型式、尺寸和公差》
44	QJ 1035.1—1986《O形橡胶密封圈》

附表 A-6 工作介质、清洁度标准目录

序号	标 准
1	SAE AS 1241C—2016《Fire Resistant Phosphate Ester Hydraulic Fluid for Aircraft》
2	GB/T 3141—1994《工业液体润滑剂 ISO黏度分类》
3	GB/T 7631.2—2003《润滑剂、工业用油和相关产品(L类)的分类 第2部分:H组(液压系统)》
4	GB 11118.1—2011《液压油(L-HL、L-HM、L-HV、L-HS、L-HG)》
5	GB/T 14039—2002《液压传动 油液 固体颗粒污染等级代号》
6	GB/Z 19848—2005《液压件从制造到安装达到和控制清洁度的指南》
7	GB/T 20082—2006《液压传动 液体污染 采用光学显微镜测定颗粒污染度的方法》
8	GB/Z 20423—2006《液压系统总成 清洁度检验》

续表

序号	标 准
9	GB/T 25133—2010《液压系统总成 管路冲洗方法》
10	GB/T 27613—2011《液压传动 液体污染 采用称重法测定颗粒污染度》
11	GB/T 30504—2014《船舶和海上技术 液压油系统 组装和冲洗导则》
12	GB/T 30506—2014《船舶和海上技术 润滑油系统 清洁度等级和冲洗导则》
13	GB/T 30508—2014《船舶和海上技术 液压油系统 清洁度等级和冲洗导则》
14	GJB 380.2A—2004《航空工作液污染测试 第2部分:在系统管路上采集油样的方法》
15	GJB 380.4A—2004《航空工作液污染测试 第4部分:用自动颗粒计数法测定固体颗粒污染度》
16	GJB 380.5A—2004《航空工作液污染测试 第5部分:用显微镜计数法测定固体颗粒污染度》
17	GJB 380.7A—2004《航空工作液污染测试 第7部分:在液箱中采集液样的方法》
18	GJB 380.8A—2004《航空工作液污染测试 第8部分:用显微镜对比法测定固体颗粒污染度》
19	GJB 420B—2006《航空工作液固体污染度分级》
20	GJB 1177A—2013《15号航空液压油规范》
21	HB 6639—1992《飞机Ⅰ、Ⅱ型液压系统污染度验收水平和控制水平》
22	HB 6649—1992《飞机Ⅰ、Ⅱ型液压系统重要附件污染度验收水平》
23	HB 7799—2006《飞机液压系统工作液采样点设计要求》
24	HB 8460—2014《民用飞机液压系统污染度验收水平和控制水平要求》
25	HB 8461—2014《民用飞机用液压油污染度等级》
26	JB/T 7858—2006《液压件清洁度评定方法及液压元件清洁度指标》
27	JB/T 9954—1999《锻压机械 液压系统清洁度》
28	JB/T 10607—2006《液压系统工作介质使用规范》
29	JB/T 12920—2016《液压传动 液压油含水量检测方法》
30	NB/SH/T 0599—2013《L-HM液压油换油指标》
31	Q/XJ 2007—1992《12号航空液压油》
32	QC/T 29104—2013《专用汽车液压系统液压油固体污染度限值》
33	QJ 2724.1—1995《航天液压污染控制 工作液固体颗粒污染等级编码方法》
34	SH 0358—1995《10号航空液压油》

附表 A-7 其他标准目录

序号	标 准
1	GB/T 699—2015《优质碳素结构钢》
2	GB/T 1184—1996《形状和位置公差 未注公差值》
3	GB/T 1299—2014《工模具钢》
4	GB/T 1800.2—2009《产品几何技术规范(GPS) 极限与配合 第2部分:标准公差等级和孔轴极限偏差》
5	GB/T 1801—2009《产品几何技术规范(GPS) 极限与配合 公差带和配合的选择》
6	GB/T 2423.1—2008《电工电子产品环境试验 第2部分:试验方法 试验A:低温》
7	GB/T 2423.2—2008《电工电子产品环境试验 第2部分:试验方法 试验B:高温》
8	GB/T 2423.4—2008《电工电子产品环境试验 第2部分:试验方法 试验Db 交变湿热(12h+12h循环)》

续表

序号	标 准
9	GB/T 2423.10—2008《电工电子产品环境试验 第2部分:试验方法 试验Fc:振动(正弦)》
10	GB/T 2423.16—2008《电工电子产品环境试验 第2部分:试验方法 试验J及导则:长霉》
11	GB/T 2423.17—2008《电工电子产品环境试验 第2部分:试验方法 试验Ka:盐雾》
12	GB/T 2423.101—2008《电工电子产品环境试验 第2部分:试验方法 试验:倾斜和摇摆》
13	GB/T 2828.1—2012《计数抽样检验程序 第1部分:按接受质量限(AQL)检索的逐批检验抽样计划》
14	GB/T 3077—2015《合金结构钢》
15	GB/T 3323—2005《金属熔化焊焊接接头射线照相》
16	GB 4208—2017《外壳防护等级(IP代码)》
17	GB/T 4879—2016《防锈包装》
18	GB/T 5231—2012《加工铜及铜合金牌号和化学成分》
19	GB/T 5777—2008《无缝钢管超声波探伤检验方法》
20	GB/T 5860—2003《液压快换接头 尺寸和要求》
21	GB/T 6402—2008《钢锻件超声检测方法》
22	GB/T 6587—2012《电子测量仪器通用规范》
23	GB/T 8163—2008《输送流体用无缝钢管》
24	GB/T 9094—2006《液压缸气缸安装尺寸和安装型式代号》
25	GB/T 9286—1998《色漆和清漆 漆膜的划格试验》
26	GB/T 9969—2008《工业产品使用说明书 总则》
27	GB/T 11379—2008《金属覆盖层 工程用铬电镀层》
28	GB/T 12611—2008《金属零(部)件镀覆前质量控制技术要求》
29	GB/T 12771—2008《流体输送用不锈钢焊接钢管》
30	GB/T 13384—2008《机电产品包装通用技术条件》
31	GB/T 14409—1993《航空航天管路识别标志》
32	GB/T 14976—2012《流体输送用不锈钢无缝钢管》
33	GB/T 17487—1998《四油口和五油口液压伺服阀 安装面》
34	GB/T 17490—1998《液压控制阀 油口、底板、控制装置和电磁铁的标识》
35	GB/Z 18427—2001《液压软管组合件 液压系统外部泄漏分级》
36	GB/T 18853—2015《液压传动过滤器 评定滤芯过滤性能的多次通过方法》
37	GB/T 18854—2015《液压传动 液体自动颗粒计数器的校准》
38	GB/T 19925—2005《液压传动 隔离式充气液压蓄能器优先选择的液压油口》
39	GB/T 19926—2005《液压传动 充气式液压蓄能器 气口尺寸》
40	GB/T 19934.1—2005《液压传动 金属承压壳体的疲劳压力试验 第1部分:试验方法》
41	GB/T 20080—2017《液压滤芯技术条件》
42	GB/T 28782.2—2012《液压传动测量技术 第2部分:密闭回路中平均稳态压力的测量》
43	GB/T 30207—2013《航空航天 管子 外径和壁厚 米制尺寸》
44	GB/T 32957—2016《液压和气动系统设备用冷拔或冷轧精密内径无缝钢管》
45	GJB 4.6—1983《舰船电子设备环境试验 交变湿热试验》

续表

序号	标 准
46	GJB 4.7—1983《舰船电子设备环境试验 振动试验》
47	GJB 4.9—1983《舰船电子设备环境试验 冲击试验》
48	GJB 4.10—1983《舰船电子设备环境试验 霉菌试验》
49	GJB 4.11—1983《舰船电子设备环境试验 盐雾试验》
50	GJB 145A—1993《防护包装规范》
51	GJB 150.3A—2009《军用装备实验室环境试验方法 第3部分:高温试验》
52	GJB 150.4A—2009《军用装备实验室环境试验方法 第4部分:低温试验》
53	GJB 150.9A—2009《军用装备实验室环境试验方法 第9部分:湿热试验》
54	GJB 150.10A—2009《军用装备实验室环境试验方法 第10部分:霉菌试验》
55	GJB 150.11A—2009《军用装备实验室环境试验方法 第11部分:盐雾试验》
56	GJB 150.15A—2009《军用装备实验室环境试验方法 第15部分:加速度试验》
57	GJB 150.16A—2009《军用装备实验室环境试验方法 第16部分:振动试验》
58	GJB 150.18A—2009《军用装备实验室环境试验方法 第18部分:冲击试验》
59	GJB 150.23A—2009《军用装备实验室环境试验方法 第23部分:倾斜和摇摆试验》
60	GJB 450A—2004《装备可靠性通用要求》
61	GJB/Z 594A—2000《金属镀覆层和化学覆盖层选择原则与厚度》
62	GJB 599A—1993《耐环境快速分离高密度小圆形电连接器总规范》
63	GJB 899A—2009《可靠性鉴定和验收试验》
64	GJB 1443—92《产品包装、装卸、运输、贮存的质量管理要求》
65	GJB 2532—1995《舰船电子设备通用规范》
66	GJB 4000—2000《舰船通用规范总册》
67	CB 1146.4—1996《舰船设备环境试验与工程导则 湿热》
68	CB 1146.6—1996《舰船设备环境试验与工程导则 冲击》
69	CB 1146.8—1996《舰船设备环境试验与工程导则 倾斜与摇摆》
70	CB 1146.9—1996《舰船设备环境试验与工程导则 振动(正弦)》
71	CB 1146.11—1996《舰船设备环境试验与工程导则 霉菌》
72	CB 1146.12—1996《舰船设备环境试验与工程导则 盐雾》
73	CB/T 3317—2001《船用柱塞式液压缸基本参数与安装连接尺寸》
74	CB/T 3318—2001《船用双作用液压缸基本参数与安装连接尺寸》
75	HB 0—2—2002《螺纹连接和销钉连接的防松方法》
76	HB 6—84～87—1979《航空附件产品标牌》
77	HB/Z 223.19—2002《飞机装配工艺 起落架的装配与试验》
78	HB/Z 417—2017《民用飞机用钢的热处理工艺》
79	HB/Z 418.1—2017《民用飞机用铝合金的热处理工艺 第1部分:铸造铝合金热处理工艺》
80	HB/Z 418.2—2017《民用飞机用铝合金的热处理工艺 第2部分:变形铝合金热处理工艺》
81	HB 6167.1—2014《民用飞机机载设备环境条件和试验方法 第1部分:总则》
82	HB 6167.4—2014《民用飞机机载设备环境条件和试验方法 第4部分:湿热试验》

序号	标　　准
83	HB 6167.6—2014《民用飞机机载设备环境条件和试验方法　第6部分:振动试验》
84	HB 6167.11—2014《民用飞机机载设备环境条件和试验方法　第11部分:霉菌试验》
85	HB 6167.12—2014《民用飞机机载设备环境条件和试验方法　第12部分:盐雾试验》
86	HB 6167.13—2014《民用飞机机载设备环境条件和试验方法　第13部分:结冰试验》
87	HB 5870—1985《航空辅机产品运输包装通用技术条件》
88	HJB 34A—2007《舰船电磁兼容性要求》
89	JB/T NB/T 47013.3—2015《承压设备无损检测　第3部分:超声检测》
90	JB/T 5000.2—2007《重型机械通用技术条件　第2部分:火焰切割件》
91	JB/T 5000.3—2007《重型机械通用技术条件　第3部分:焊接件》
92	JB/T 5000.4—2007《重型机械通用技术条件　第4部分:铸铁件》
93	JB/T 5000.5—2007《重型机械通用技术条件　第5部分:有色金属铸件》
94	JB/T 5000.6—2007《重型机械通用技术条件　第6部分:铸钢件》
95	JB/T 5000.7—2007《重型机械通用技术条件　第7部分:铸钢件补焊》
96	JB/T 5000.8—2007《重型机械通用技术条件　第8部分:锻件》
97	JB/T 5000.9—2007《重型机械通用技术条件　第9部分:切削加工件》
98	JB/T 5000.10—2007《重型机械通用技术条件　第10部分:装配》
99	JB/T 5000.11—2007《重型机械通用技术条件　第11部分:配管》
100	JB/T 5000.12—2007《重型机械通用技术条件　第12部分:涂装》
101	JB/T 5000.13—2007《重型机械通用技术条件　第13部分:包装》
102	JB/T 5000.14—2007《重型机械通用技术条件　第14部分:铸钢件无损探伤》
103	JB/T 5000.15—2007《重型机械通用技术条件　第15部分:锻钢件无损探伤》
104	JB/T 5058—2006《机械工业产品质量特性重要度分级导则》
105	JB/T 5673—2015《农林拖拉机及机具涂漆　通用技术条件》
106	JB/T 5924—1991《液压元件压力容腔体的额定疲劳压力和额定静态压力试验方法》(已废止)
107	JB/T 5943—1991《工程机械焊接件通用技术条件》
108	JB/T 5963—2014《液压传动　二通、三通和四通螺纹插装阀　插装孔》
109	JB/T 7033—2007《液压传动　测量技术通则》
110	JB/T 7486—2008《温度传感器系列型谱》
111	JB/T 8727—2017《液压软管总成》
112	JB/T 10759—2017《工程机械　高温高压液压软管总成》
113	JB/T 10760—2017《工程机械　焊接式液压金属管总成》
114	JB/T 11718—2013《液压缸　缸筒技术条件》
115	JB/T 12232—2015《液压传动　液压铸铁件技术条件》
116	JB/T 12706.1—2016《液压传动　16MPa系列单杆缸的安装尺寸　第1部分:中型系列》
117	JB/T 12921—2016《液压传动　过滤器的选择与使用规范》
118	QC/T 484—1999《汽车油漆涂层》
119	GB/T 35480—2017《紧固件　螺栓、螺钉和螺柱预涂微胶囊粘合层技术条件》

续表

序号	标 准
120	GB/T 35478—2017《紧固件 螺栓、螺钉和螺柱预涂聚酰胺紧固层技术条件》
121	QC/T 625—2013《汽车用涂镀层和化学处理层》
122	QJ 786—1983《半导体集成电路筛选技术条件》
123	QJ 787—1983《半导体分立元件筛选技术条件》
124	QJ 788—1983《钽电解电容器筛选技术条件》
125	QJ 789—1983《密封电磁继电器筛选技术条件》
126	QJ 1737—1989《伺服阀放大器通用技术条件》

附录 B 各标准中规定的量、符号和单位

在各项标准、各版手册、各部专著以及其他各种参考资料中，量、符号和单位不尽相同，这给本书作者及读者阅读、理解和应用这些资料带来了困扰，但作者确实没有能力将其统一。

为了方便大家理解、遵照各项标准，本书将部分标准中量、符号和单位列于附录 B。

B.1 CB/T 3398—2013《船用电液伺服阀放大器》

附表 B-1 符号和单位

参数	符号	单位
输入电阻	R	Ω
颤振幅值	—	V
颤振频率	f	Hz
输入电压	U	V
额定电流	I_n	mA
输出电流	I_o	mA
线性度	—	%

B.2 GB/T 10179—2009《液压伺服振动试验设备特性的描述方法》

附表 B-2 符号

符号	含义
A	有效横截面积
a	加速度
a_b	随机振动最大均方根值加速度
a_g	放大器输入端无控制信号且加载一个与信号源阻抗等值的阻抗时,所产生的噪声加速度
a_0	最大空载加速度
a_{max}	最大加速度
b	黏性阻尼

符号	含义
c	纵波速度
D	试验负载直径
d	总失真度
d_0	额定总失真度
E	纵向弹性模量(杨氏模量)
F_0	额定正弦力
F_{0b}	额定宽带随机力
F_{0mt}	对应试验质量块 m_t(下标 t 表示不同的质量)的额定正弦力
F_{st}	静态力
f	基频
f_{max}	最高工作频率
f_{min}	最低工作频率
f_0	试验质量块最低模态频率
f_{0h}	标称液压固有频率
g_n	自由落体标准重力加速度
$H_h(s)$	液压传递函数
$H_I(f)$	恒流下加速度传递特性
I_d	伺服阀输入电流
I_{s0}	伺服阀输入端的额定正弦均方根值电流
k_h	直线运动液压刚度
L	试验质量块的高度
m_e	运动部件质量
m_t	试验质量块($t=0,1,4,10,20,40$,见5.4)
p_s	供油压力
$p_{s,max}$	最大供油压力
q_v	伺服阀额定流量
q_{vn}	液压传动系统额定流量
S	动态放大系数
s	拉普拉斯算子
U	位置环路放大器输入端的控制电压
U_{s0}	伺服阀输入端的额定正弦均方根值电压
v	速度
x	位移
x_b	随机振动位移均方根值
ε	衰减阻尼系数
μ	横向收缩系数(泊松比)
υ	模态频率

续表

符号	含义
ρ	密度
ϕ	工作噪声
$\theta(f)$	位移功率谱密度（位移 PSD）
$\Phi(f)$	加速度功率谱密度（加速度 PSD）

B.3 GB/T 10844—2007《船用电液伺服阀通用技术条件》

附表 B-3 符号和单位

参数	符号	单位
线圈阻抗	Z	Ω
线圈电感	L	H
线圈电阻	R	Ω
励振幅值	—	mA
励振频率	—	Hz
输入电流	I	mA
额定电流	I_n	mA
控制流量	q_v	L/min
流量增益	k_v	L/(min·mA)
滞环	—	%
内漏	q_{vin}	L/min
负载压降	$P_L = P_a - P_b$	MPa
供油压力	P_s	MPa
额定压力	$P_n = P_v + P = P_s + P_t$	MPa
回油压力	P_t	MPa
控制压力	P_a 或 P_b	MPa
伺服阀压力降	$P_v = P_s - P_t - P_L$	MPa
压力增益	S_v	MPa/mA
分辨率	—	%
幅值比	—	dB
相位滞后	—	(°)
控制油口	A、B	—
供油阀口	P	—
回油阀口	T	—
安装固定螺纹孔	F_1、F_2、F_3、F_4	—

B.4 GB/T 13854—2008《射流管电液伺服阀》

附表 B-4 符号和单位

参数	符号	单位
线圈阻抗	Z	Ω

续表

参数	符号	单位
线圈电感	L	H
线圈电阻	R	Ω
励振幅值	—	mA
励振频率	f	Hz
输入电流	I	mA
额定电流	I_n	mA
控制流量	q_v	L/min
流量增益	k_v	L/(min,mA)
滞环	—	%
内漏	q_{vin}	L/min

B.5　GB/T 15623.1—2003《液压传动　电调制液压控制阀　第1部分：四通方向流量控制阀试验方法》

附表 B-5　特性参数符号和单位

特性参数	符号	单位
线圈阻抗	Z	Ω
线圈电感	L	H
线圈电阻	R	Ω
绝缘电阻	R_1	Ω
颤振幅度	—	%最大输入信号的百分比
颤振频率	f_d	Hz
输入信号	I 或 U	A 或 V
额定信号	I_N 或 U_N	A 或 V
输出流量	q	L/min
额定流量	q_N	L/min
流量增益	$K_V = (\delta q/\delta I$ 或 $\delta q/\delta U)$	L/min/输入信号单位
迟滞	—	%最大输入信号的百分比
内泄漏	q_1	L/min
供油压力	p_P	MPa(bar)
回油压力	P_T	MPa(bar)
负载压力	p_A	MPa(bar)
阀压降	$p_v = p_P - p_A$ 或 $p_p - p_T$	MPa(bar)
额定的阀压降	p_N	MPa(bar)
压力增益	$S_V = (\delta p_A/\delta I$ 或 $\delta p_A/\delta U)$	MPa(bar)/输入信号单位
阈值	—	%最大输入信号的百分比
振幅比	—	dB

特性参数	符号	单位
相位移	—	度(°)
温度	—	℃
频率	f	Hz
时间	t	s

注：$1bar = 10^5 N/m^2 = 0.1MPa$。

B.6 GB/T 15623.2—2017《液压传动 电调制液压控制阀 第2部分：三通方向流量控制阀试验方法》

附表 B-6 符号

参量	符号	单位
电感	L_c	H
绝缘电阻	R_i	Ω
绝缘试验电流	I_i	A
绝缘试验电压	U_i	V
电阻	R_c	Ω
颤振幅值	—	%(最大输入信号的百分比)
颤振频率	—	Hz
输入信号	I 或 U	A 或 V
额定输入信号	I_n 或 U_n	A 或 V
输出流量	q	L/min
额定流量	q_n	L/min
流量增益	$K_v = (\Delta q / \Delta I)$ 或 $K_v = (\Delta q / \Delta U)$	L/(min・A)，或 L/(min・V)
滞环	—	%(最大输入信号的百分比)
内泄漏	q_I	L/min
供油压力	p_p	MPa
回油压力	p_T	MPa
负载压力	p_A 或 p_B	MPa
负载压差	$p_L = p_A - p_B$ 或 $p_L = p_B - p_A$	MPa
阀压降	$p_v = p_p - p_T - p_L$	MPa
额定阀压降	p_n	MPa
压力增益	$K_p = (\Delta p_L / \Delta I)$ 或 $K_p = (\Delta p_L / \Delta U)$	MPa/A 或 MPa/V
阈值	—	%(最大输入信号的百分比)
幅值比(比率)	—	dB
相位移	—	(°)
温度	—	℃
频率	f	Hz
时间	t	s

参量	符号	单位
时间常数	t_c	s
线性误差	q_{err}	L/min

B.7 GB/T 30508—2014《船舶和海上技术 液压油系统 清洁度等级和冲洗导则》

附表 **B-7** 符号和单位

名称	符号	单位
管子通流截面积	A	mm^2
颗粒过滤比	β_x	
管子内径	d	mm
压降	Δp	MPa
冲洗滤器系数	K_1	
雷诺数	R_e	
过滤器流量	Q_1	L/min
系统流量	Q_2	L/min
运动黏度	v	cSt
流速	W	m/s

注：$1cSt = 10^{-6} m^2/s$。

B.8 GB/T 32216—2015《液压传动 比例/伺服控制液压缸的试验方法》

附表 **B-8** 量、符号和单位

名　称	符　号	单　位
压力	p	MPa
位移	x	mm
速度	v	m/s
力	F	N
响应时间	Δt	ms
频率	f	Hz
动摩擦力	$F_d(F_d)$	N
进口压力	$P_1(p_1)$	MPa
出口压力	$P_2(p_2)$	MPa
进口腔活塞有效面积	A_1	mm^2
出口腔活塞有效面积	A_2	mm^2

注：1.对液压缸而言，没有"进口"或"出口"这样的称谓。
2."活塞有效面积"是 GB/T 17446—1998 中规定的术语，现行标准 GB/T 17446—2012 中无此术语。
3.压力符号一般应小写；各角标应正写。

B. 9　JB/T 10205—2010《液压缸》

附表 B-9　量、符号和单位

名称	符号	单位
压力	p	Pa(MPa)
压差	Δp	Pa(MPa)
缸内径、套筒直径	D	mm
活塞杆直径、柱塞直径	d	mm
行程	L	mm
外渗漏量、内泄漏量	q_v	mL
活塞杆有效面积	A	mm^2
实际输出力	W	N
温度	θ	℃
运动黏度	ν	m^2/s(mm^2/s)
负载效率	η	—

注：附表 B-9 中的一些问题请见《液压缸设计与制造》一书。

附录 C　重大危险一览表（资料性附录）

　　本书作者并不认为 GB/T 3766—2015 现在就一定涵盖了涉及与液压系统相关的所有重大危险。但是，每当您从事液压系统及元件设计、制造时多看几遍以下"重大危险一览表"及该标准中的相关内容，对液压系统及元件设计者、制造商及用户而言都是一种负责任的态度，同时应遵守该标准的规定，这样做才有可能避免表中所列的这些重大危险。

附表 C-1　在机器中与使用液压传动相关的重大危险一览表

危险		在 GB/T 3766—2015 标准中的相关条款
编号	类别	
C.1	机械危险 ——形状； ——运动零件的相对位置； ——质量和稳定性（元件的势能）； ——质量和速度（元件的动能）； ——机械强度不足； ——下列方式的势能聚集： •弹性元件 •液压和气体 •真空	5.2.1；5.2.2；5.2.3；5.2.5；5.3.1；5.3.2.1；5.3.2.2；5.3.4；5.4.1；5.4.2；5.4.3；5.4.4；5.4.6；5.4.5.2；7.3；7.4.1
C.2	电气危险	5.3.1；5.4.4.4.1；5.4.5.2.2.8；5.4.7.2.1；5.4.7.2.2
C.3	热危险，由于可能的身体接触，火焰或爆炸以及热源辐射导致的人员烧伤和烫伤	5.2.6.1；5.2.6.2；5.3.1；5.2.7；5.4.5.4.2
C.4	噪声产生的危险	5.2.4；5.3.1；5.4.5.2.2.2
C.5	振动产生的危险	5.2.3；5.3.1；5.4.5.2.2.2
C.6	辐射/电磁场产生的危险	5.3.1

续表

危险		在 GB/T 3766—2015 标准中的相关条款
编号	类别	
C.7	材料和物质产生的危险	5.4.2.15.2;5.4.5.1.2;7.2;7.3.1
C.8	在机器设计中因忽略环境要素产生的危险	5.3.1;5.3.1;5.3.2.2;5.3.2.3;5.3.2.4
C.9	打滑、脱离和坠落危险	5.2.5; 5.3.1; 5.3.2.2; 5.3.2.6; 5.4.6.1.4; 5.4.7.6.2
C.10	火灾或爆炸危险	5.2.5;5.3.1;5.3.2.6;5.4.5.1.1;5.4.6.5.3
C.11	由能量供给失效、机械零件破坏及其他功能失控引起的危险	5.3.1;5.4.7
C.11.1	能量供给失效（能量和/或控制回路） ——能量的变化； ——意外启动； ——停机指令无响应； ——由机械夹持的运动零件或部件坠落或射出； ——阻止自动或手动停机； ——保护装置仍未完全生效	5.4.4.4.1;5.4.7
C.11.2	机械零件或流体意外射出	5.2.2;5.2.5;5.2.7;5.4.1.3;5.4.2.6;5.4.6.5.3;5.4.6.6
C.11.3	控制系统的失效和失灵（意外启动、意外超限）	5.4.7
C.11.4	安装错误	5.3.1;5.3.2;5.3.4;5.4.1.1;5.4.3.3;5.4.4.2;5.4.6;7.4
C.12	由于暂时缺失和/或以错误的手段或方法安置保险装置所引起的危险。例如以下方面：	
C.12.1	起动或停止装置	5.4.7.2
C.12.2	安全标志和信号	5.4.3.1;7.3;7.4
C.12.3	各种信息或警告装置	5.4.5.2.3;5.4.5.3.2.2;5.4.7.5.1;7.4
C.12.4	能源供给切断装置	5.4.3.2;5.4.7.2.1;7.3
C.12.5	应急装置	5.4.4.4.1;5.4.7.7
C.12.6	对于安全调整和/或维修的必要设备和配件	5.3.2.2;5.4.2.11;5.4.7.3